HARLEY-DAVIDSON
Sportster 1200

mit Einspritzung
ab Modelljahr 2007

In diesem Buch werden die abgebildeten Sportster 1200er-Modelle für die Märkte Deutschland, Österreich und Schweiz behandelt.*

Custom XL 1200 C
Mj. 2007 bis 2010

Custom Limited ED XL 1200 CA
Mj. 2013 bis 2016

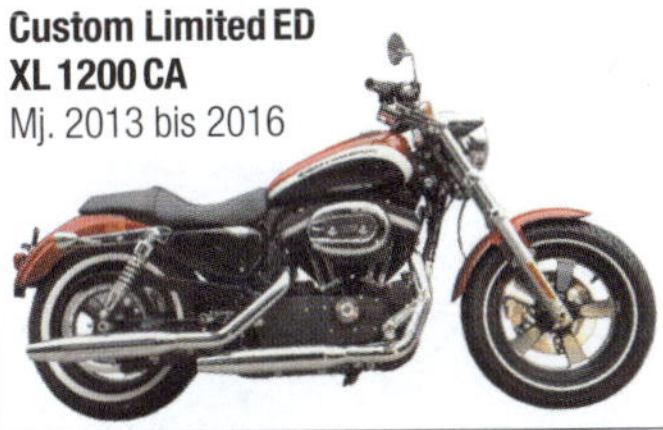

Roadster XL 1200 R
Mj. 2007 bis 2008

Custom XL 1200 C
Mj. 2011 bis 2015

Custom Limited ED XL 1200 CB
ab Mj. 2013

Roadster XL 1200 CX
ab Mj. 2016

Custom XL 1200 C Anniversary 110th
Mj. 2013

Forty-Eight XL 1200 X
ab Mj. 2010

Seventy-Two XL 1200 V
Mj. 2012 bis 2016

Custom XL 1200 C
ab Mj. 2016

Low XL 1200 L
Mj. 2007 bis 2009

Super Low XL 1200 T
ab Mj. 2014

Nightster XL 1200 N
Mj.2008 bis 2012

- **Custom XL 1200 C** Mj. 2007 bis 2010
- **Custom XL 1200 C** Mj. 2011 bis 2015
- **Custom XL 1200 C Anniversary 110th** Mj. 2013
- **Custom XL 1200 C** ab Mj. 2016
- **Custom Limited Edition XL 1200 CA** Mj. 2013 bis 2016
- **Custom Limited Edition XL 1200 CB** ab Mj. 2013
- **Forty-Eight XL 1200 X** ab Mj. 2010
- **Low XL 1200 L** Mj. 2007 bis 2009
- **Nightster XL 1200 N** Mj. 2008 bis 2012
- **Roadster XL 1200 R** Mj. 2007 und 2008
- **Roadster XL 1200 CX** ab Mj. 2016
- **Seventy-Two XL 1200 V** Mj. 2012 bis 2016
- **Super Low XL 1200 T** ab Mj. 2014

bucheli verlag

* = Stand der Recherche zum Druck dieses Buchs im Oktober 2016

Impressum

ISBN 978-3-7168-2209-8

Motorrad-Reparaturanleitung
Technik-Sonderband 6014

Redaktion und Gestaltung:
Schermer Verlag GmbH,
D-70563 Stuttgart

Mitarbeiter dieser Ausgabe:
Bernd Burbulla (Daten- und Technikrecherche), Dieter Hambrecht (Fotos und Texte), Horst Liebermann (Technik), Helmut Mader (technische Beratung), Axel Schermer, Franz Josef Schermer (Fotos und Texte), Dipl. Ing. (FH) Helmut Städele (Elektrik, Elektronik)

Zeichnungen: Daniel Horvat, Stefanie Schenk, Wolf Kurz, Tomoko Wakayama

Für diese Motorrad-Reparaturanleitung wurden unter anderem Bilder, Texte und Daten aus den Archiven der Bucheli Verlags AG (Schweiz), dem Motorbuch Verlag, dem Schermer Verlag und dem Harley-Davidson-Pressearchiv verwendet.

Ein ganz spezieller Dank geht an Fred Pistor und Gerd Maier, Chefs von »Harley-Davidson Stuttgart«, die uns viele Tipps zur Wartung, Pflege und Reparatur der Sportster 1200-Modelle mit Einspritzung gegeben haben, damit wir sie an die Leser weitergeben können.

Satz und Layout: Stefanie Schenk
Lektorat: Myrta Baumberger
Druck: Druck- und Medienzentrum Gerlingen GmbH
D-70839 Gerlingen
Bindung: K. Dieringer
D-70839 Gerlingen

Sie finden uns im Internet unter www.motorbuch.de und www.bucheli-verlag.de

1. Auflage 2017

Wichtige Informationen zum Kauf von Ersatzteilen und Werkzeug

Die Informationen in diesem Buch zu Werkzeugen, Maßen und Fahrzeugteilen, wie z. B. Reifen, Zahnriemen, Zündkerzen, Öl, Ölfilter, etc. entsprechen dem Stand der Technik zum Redaktionsschluss dieses Buchs im Oktober 2016.

Bild 1: Wenn Sie für Ihre 1200er Sportster Ersatzteile oder Werkzeugteile kaufen, beachten Sie bitte Folgendes:

■ Legen Sie dem Ersatzteilverkäufer beim Harley- oder Zubehörhändler die Fahrgestellnummer Ihrer Maschine vor. Diese ist im Kfz-Schein, -Brief oder »Zulassungsbescheinigung« vermerkt.

■ Bilder 2 und 3: Die **Fahrgestellnummer** der Maschine ist rechts vorne auf dem Lenkkopf eingeschlagen und ein zweites Mal im **Typenschild** zu finden, das am Rahmenrohr aufgeklebt ist. Beide Nummern müssen gleich sein und mit der Nummer in der Zulassungsbescheinigung Teil II (früher Fahrzeugbrief) und in der Zulassungsbescheinigung Teil I (früher Fahrzeugschein) übereinstimmen.

■ Bevor Sie Werkzeugteile kaufen, vermessen Sie die Köpfe der Schrauben und Muttern, welche bearbeitet werden sollen.

■ Bitte beachten Sie dazu besonders das Kapitel 3 »Werkstatt«.

Bild 2 – Fahrgestellnummer

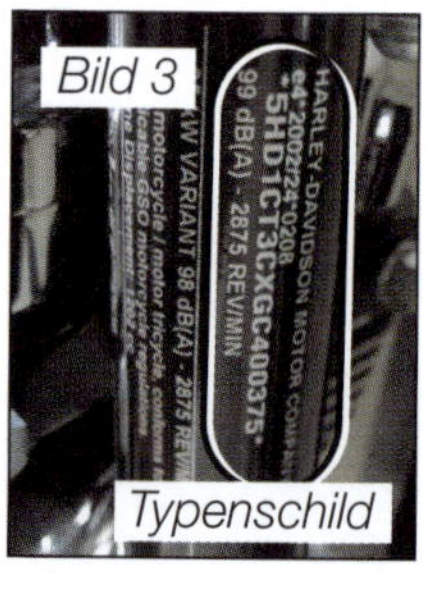

Bild 3 – Typenschild

Warum dieses Buch wichtig ist

Zur Saison 2007 brachte Harley-Davidson runderneuerte Sportster 1200-Modelle mit Einspritzung auf den Markt. Der Modellname Sportster 1200 ist seit 1957 fest im Modellprogramm von Harley-Davidson verwurzelt; er steht für ein klares und schnörkelloses Naked-Bike. Auch die dreizehn verschiedenen Sportster 1200-Modelle ab Modelljahr 2007, welche wir in diesem Buch behandeln, folgen dieser Grundphilosophie. Sie sprechen vor allem Käufer an, die ein leicht zu beherrschendes Motorrad suchen, das die Grundwerte des Motorradfahrens rüberbringt: Mit dem Wind im Gesicht die Welt erkunden. Kein Wunder, dass die aktuellen Sportster-Modelle sich sehr gut verkaufen.

Cooler Auftritt und mechanisch spürbare Fortbewegung bestimmen das Fahren mit einer Sportster XL 1200 X.

Bei aller Zuverlässigkeit, welche der Markenname Harley-Davidson den Kunden gegenüber verspricht, kann es immer wieder Überraschungen geben, deswegen wurde dieses Buch geschrieben. Für die Behebung möglicherweise auftretender Probleme bietet diese Motorrad-Reparaturanleitung in Bild und Text eine Menge Tipps, die man kennen sollte, um eine Sportster 1200 zuverlässig am Laufen zu halten. Doch diese Reparaturanleitung will mehr sein als nur ein Buch, das man nur dann zur Hand nimmt, wenn etwas kaputt ist.

Wenn Sie sich dieses Buch gekauft haben, um Ihr Motorrad besser kennen zu lernen und zu erfahren, was in ihm steckt, ist das gut so. Dieses Buch kann Ihnen helfen, die komplexe Mechanik, die in einer Sportster 1200 steckt, begreifen zu können und bietet gleichzeitig Lesestoff, der Ihnen hilft, Ihr Motorrad besser zu verstehen. Denn ein Fahrer, der sein Motorrad versteht, geht sorgsamer damit um. Was hilft, Probleme entweder schon im Ansatz zu erkennen oder gar nicht erst auftreten zu lassen. Auf Zerlegung und Zusammenbau des Motors haben wir in diesem Buch bewusst verzichtet, weil eine Operation am offenen Herzen der Harley-Davidson Sportster 1200 den Umfang dieses Buches bei Weitem sprengen würde.

Die bei Zerlegung und Zusammenbau des Motors zu berücksichtigenden, wichtigsten Verschleißmaße und Drehmomentwerte sind jedoch in diesem Buch enthalten. Wer sich mit den amerikanischen V2-Motoren auskennt, kann seinen Erfahrungsschatz anwenden. Für Laien gilt der Ratschlag, dass Revisionen von Motor und Getriebe den Harley-Davidson-Händlern und -Spezialisten vorbehalten bleiben sollten; diese wurden in mehrtägigen Technik-Lehrgängen bei den Harley-Davidson-Importeuren speziell auf die Sportster 1200-Modelle geschult.

Der Spagat zwischen allgemein verständlicher Technik und präziser Anleitung zum Selbstschrauben bestimmt also den Inhalt dieses Buches. In diesem Sinne wünschen wir Ihnen, lieber Leser, viel Spaß bei der Lektüre – und hoffen gleichzeitig, dass Sie keinen Ärger mit Ihrer Maschine haben. Sollten dennoch Probleme auftreten, dann kann Ihnen dieses Buch helfen, dass Sie diese rasch und kostengünstig beseitigen können.

Einige wichtige Grundsätze zu diesem Buch:

- Die Lektüre dieses Buches kann weder eine dreijährige Lehre zum Motorradmechaniker noch eine mehrjährige Praxis im Kraftfahrzeughandwerk ersetzen. Interessierte Laien sollten sich die Pflegetipps zu Herzen nehmen, denn bei guter Pflege lernt man auch seine Maschine besser kennen.
- Die Umsetzung der im Buch gezeigten Arbeitsschritte setzt einen gewissen Grundstock an Werkzeug voraus. Weil die Sportster 1200-Modelle ohne Bordwerkzeug ausgeliefert werden, muss man sich für Wartungs- und Reparaturarbeiten einiges an Zoll- und metrischem Werkzeug anschaffen.
- Für verschiedene Arbeiten sind Spezialwerkzeuge von Harley-Davidson nötig, die den Umfang einer Hobby-Werkzeugausstattung bei Weitem sprengen. Selbst wer die grundsätzliche Bereitschaft hat, sich diese Spezialwerkzeuge zuzulegen, sollte sich reiflich überlegen, ob es sich wirklich rentiert. Spezialwerkzeuge sind erstens sehr teuer, und zweitens erfordert es Erfahrung und Fingerfertigkeit, um damit umzugehen.

In diesem Sinne wünsche ich Ihnen allzeit gute Fahrt mit Ihrer Harley-Davidson Sportster 1200!

Herzlichst, Ihr
F. J. Schermer
(Redaktionsleiter)

Wenn in diesem Buch von »Fahrern« die Rede ist, meinen wir natürlich auch die weiblichen Leser. Der leichteren Lesbarkeit halber beschränken wir uns jedoch auf die allgemeine (männliche) Form.

Inhalt

Folgende Symbole verdienen während der Arbeiten besondere Beachtung:

Sichtprüfung:
Teil genau ansehen, besonders beachten

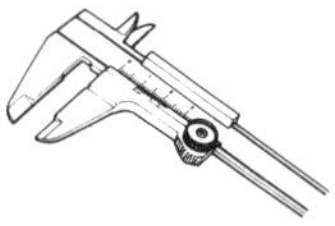

Messen:
Messschieber oder anderes Messwerkzeug nötig

Achtung:
Besondere Vorsicht geboten, Sicherheitshinweise beachten

Tipp:
Wertvoller Hinweis für einfacheres Schrauben

Hörprüfung:
Bei Prüfung genau hinhören

Folgende Symbole verdeutlichen den Schwierigkeitsgrad der Arbeiten:

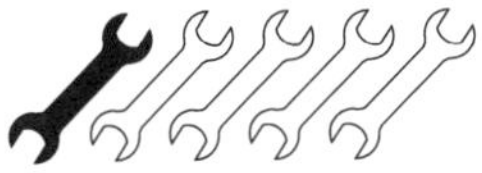

Ein Schlüssel:
Einfache Arbeit, erweitertes Bordwerkzeug reicht aus

Zwei Schlüssel:
Anspruchsvolle Arbeit, extra Werkzeug notwendig

Drei Schlüssel:
Gutes Werkzeug und Spezialkenntnisse erforderlich

Vier Schlüssel:
Spezialwerkzeug und sehr gute handwerkliche Fertigkeit gefragt

Fünf Schlüssel:
Spezialwerkzeug und meisterliche Fertigkeiten notwendig: Fachwerkstatt!

Pflege

In diesem Kapitel: Waschen · Lackpflege und Politur · Öl- und Graphitspray · Schmierstellen · Überwintern · Inbetriebnahme nach der Winterpause.

Bilder 1 und 2: Rundbürsten in verschiedenen Größen, Lappen, Schwämme, Wassereimer und guter Motorradreiniger als Grundausstattung zum Waschen der Maschine.

Waschen

Bilder 1 bis 4: Eine Sportster 1200 nur mit milden Waschmitteln und weichen Schwämmen oder Lappen waschen! Wenn aggressive Reinigungsmittel und harte Bürsten verwendet werden, zerkratzen Lack-, Alu- und Kunststoffteile, sie werden matt und damit hässlich.

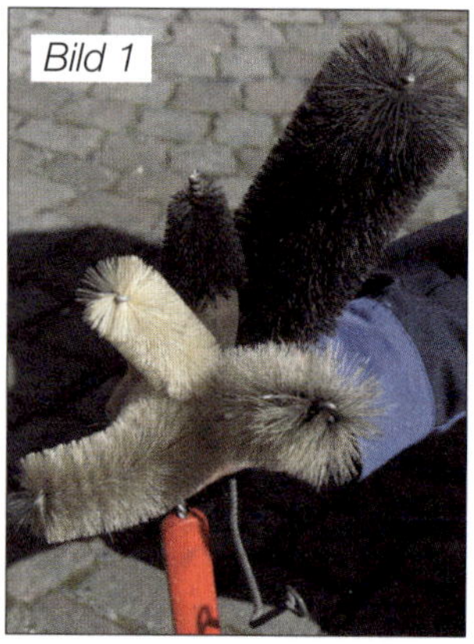

Bild 1

Bild 2

Wichtig: Motorrad in kaltem Zustand an einem schattigen Platz waschen. Bei warmem Motor oder in direkter Sonneneinstrahlung verdunstet das Waschwasser schnell, und die rückständigen Waschmittelzusätze brennen sich in die heißen Oberflächen von Motor, Auspuffkrümmer und Auspufftopf regelrecht ein.

Zwei große Eimer lauwarmes Wasser, Reinigungsmittel und ein großer, weicher Schwamm genügen für die Wäsche. Die in Motorrad- und Zubehör-Fachgeschäften angebotenen speziellen Motorradreiniger sind sehr zu empfehlen, sie lösen Dreck und Fettrückstände gut ab. **Nicht zu viel Reiniger verwenden!**

Wichtig: Warum zwei Eimer mit lauwarmem Wasser? Weil man den schmutzigen Waschschwamm immer nur im zweiten Wassereimer ausdrücken soll! Alle Dreckpartikel müssen zuverlässig aus dem Schwamm rausgedrückt werden, sonst geraten sie ins warme Waschwasser, werden dort vom Waschschwamm wieder aufgenommen und produzieren Kratzer auf dem Lack! Nach der warmen Wäsche mit reichlich klarem, kaltem Wasser nachspülen. Nach der Klarwasser-Nachwäsche sofort alle Verkleidungs- und Lackteile mit einem weichen »Waschleder« oder einem weichem Tuch abtrocknen.

Sicherheitshinweise ⚠ **Achtung** und ☞ **Tipps** für dieses Kapitel

⚠ Das Waschen von Kraftfahrzeugen im »öffentlichen Verkehrsraum« (Straßen, Wege, Plätze) ist grundsätzlich dann nicht erlaubt, wenn Waschmittel benutzt werden – nur mit klarem Wasser darf gewaschen werden. Waschen mit Waschmitteln ist nur auf speziellen Waschplätzen erlaubt.

⚠ Eine Handwäsche ist einer Dampfstrahlaktion immer vorzuziehen, denn das unter Druck stehende, heiße Waschwasser enthält sehr aggressive Reinigungsmittel, welche die Dichtungen in der Bremsanlage beschädigen können. Dazu dringt Wasserdampf überall ein, wo er nicht soll: Hebelgelenke, Gaszüge, Steckkontakte und Schalter der Elektrik, Radlager, Telegabel und Federbeine – und an all diesen Stellen richtet er Schäden an!

☞ Motorrad immer von oben nach unten waschen, die weniger verschmutzten Teile zuerst. Waschwasser fern halten von elektrischen Anschlüssen, Schaltern, Steckern und den Gaszügen unten an den Drosselklappen.

⚠ Nach dem Waschen besonders Reifen und Bremsscheiben mit reichlich klarem Wasser abspülen, damit alle glitschigen Rückstände abgespült werden – denn rutschige Reifen können in der ersten Kurve für Überraschungen sorgen und die Bremsen mit einem Schmierfilm überzogen sein, was der Bremsleistung nicht förderlich ist.

⚠ Schmieren Sie niemals die Gaszüge oder den Kupplungszug mit Kettenspray oder Motoröl. Ein mit ungeeignetem Öl geschmierter Zug ist nicht mehr leichtgängig, was bis zum völligen Festsitz des Zuges führen kann! Wenn ein Schmieren der Züge nötig sein sollte, verwenden Sie spezielles »Zugschmiermittel«, säurefreies Nähmaschinenöl oder WD-40.

⚠ Schmieren Sie keinesfalls die Gelenkstellen der Drosselklappe mit Fett, Öl oder Kettenspray, denn das Schmiermittel kann durch die Hitze festbacken und die Beweglichkeit der Drosselklappe beeinträchtigen, was bis zum Festgehen führt!

☞ Wenn Sie eine Abdeckhaube kaufen, um die Maschine darunter überwintern zu lassen, dann nehmen Sie eine, die unten Ösen hat, in welche die Haken von Gepäckgummis eingehängt werden können, damit die Plane gesichert ist und nicht beim ersten Windstoß abhebt.

☞ »Richtig überwintern« heißt vor allem, dass die Maschine über die Wintermonate so abgestellt werden soll, dass beide Räder frei in der Luft sind, also keinen Bodenkontakt haben. Wenn eine Sportster 1200 monatelang auf dem Seitenständer steht und die Reifen womöglich schleichend Luft verlieren, bekommen die Reifen einen »schrägen Standplatten«, also eine abgeflachte Stelle.

■ Angetrocknete Insektenreste auf Lampen- und Blinkergläser, Rückspiegel, Gabelbeinen sowie vorderem Schutzblech mit reichlich Wasser einweichen (z. B. nasses Tuch auflegen) und abwaschen. Nicht mit harten Gegenständen versuchen, den Schmodder abzukratzen!
■ Wenn mit heißem Wasser, Reiniger und Putzlappen nichts mehr geht, hilft nur noch Insektenentferner aus dem Fachhandel. Glasreiniger ist die preisgünstigere Lösung! Betroffene Stellen triefend nass einsprühen und mit einem Massagewaschlappen (Handschuh mit unterschiedlich rauen Seiten, zu finden in gut sortierten Drogerien) feste rubbeln, so wird auch die hartnäckigste Fliegenleiche im Nu verschwinden.

Waschen im Winter
Nach einer Winterfahrt das Motorrad mit kaltem Wasser abspülen und mit weichem Lappen trocknen. Kein heißes Wasser verwenden, denn dieses verstärkt die korrodierende Wirkung des Streusalzes. Lauwarm darf das Waschwasser im Winter sein. In den Bildern 5 und 6 sind ein korrodierter Schraubenkopf und ein Bremsleitungsanschluss einer Maschine zu sehen, die nach einer Winterfahrt auf trockenen (!) Straßen nicht gewaschen, sondern für einige Tage abgestellt wurde.

Putztipp aus der Praxis: Oberflächenkorrosion dieser Art lässt sich mit Topfreiniger (»Akopads«) entfernen oder mit »Luster Lace« (Bild 7).

Lackpflege und Politur

Eine regelmäßige Reinigung der Maschine beugt Langzeitwirkungen der Umwelt auf den Lack vor. Ob sich die Lackkonservierung in einem guten Zustand befindet, erkennt man daran, dass Wasser schön von der Oberfläche abperlt. Wenn dies nicht mehr der Fall ist, dann ist es höchste Zeit, den Lack mit einem »Autowachs« neu zu konservieren.

Lackpflegemittel, die Karnauba- oder synthetische Wachse enthalten, sind besonders zu empfehlen. Harley-Händler bieten spezielle Politurmittel an (Bild 9), die auf die Grundfarben der Maschine abgestimmt sind. Wenn Sie diese anwenden, sind Sie auf der sicheren Seite. Dies gilt auch für Teer- und Insektenentferner, Lackreiniger und »Cockpitspray«.

Wichtige Pflegetipps:
■ Kühlrippen von Zylinder und Zylinderkopf sauber halten! Um einer Überhitzung des Motors durch ungenügende Kühlung vorzubeugen, soll man Zylinder und Zylinderköpfe regelmäßig mit viel Wasser und einer Wurzelbürste reinigen.
■ Wenn Sie bei einem Lackpflegemittel nicht sicher sind, ob es geeignet ist, prüfen Sie es erst an einer wenig sichtbaren Stelle auf Tauglichkeit.
■ Lack- und Kunststoffteile sowie Metalloberflächen nicht mit Benzin oder anderen Lösungsmitteln bearbeiten: Erstens ist das Zeug giftig

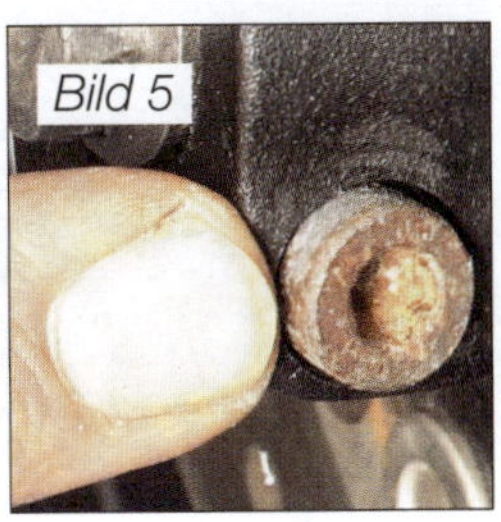

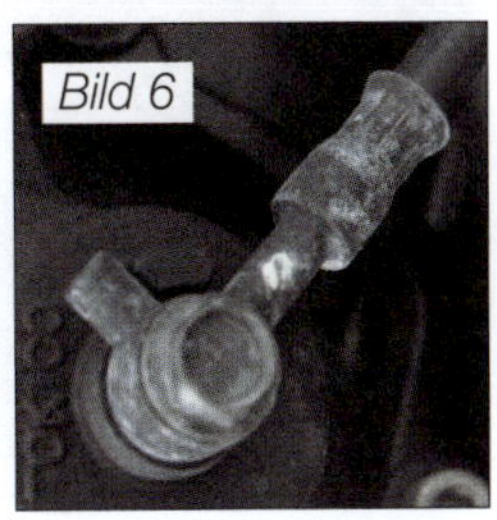

Bild 3: Aus dem umfangreichen Pflegeprogramm von Harley ist dieser Eimer mit Schürze, der viele Wasch- und Pflegemittel enthält.

Bild 4: Dieser schäfchenweiche Harley-Waschhandschuh schmeichelt der Maschine bei jeder Wäsche.

Bilder 5 und 6: Wegen schlechter Pflege sind Schraubenkopf und Bremsleitungsanschluss korrodiert.

Silikonhaltige Pflegemittel

⚠ Silikonspray und andere silikonhaltige Pflegemittel immer fein dosiert verwenden, also nie zu viel auftragen, sonst kann der Lack mit der Zeit »blind« werden.

Bilder 7 und 8: Schmutzige, fleckige oder angelaufene Auspuffrohre kann man mit feinen Polierbändern putzen.

und zweitens brennen sich solche Mittel in die Oberflächen ein und hinterlassen dort Flecken, die nicht mehr entfernt werden können.

■ Ausnahme: Wenn sich Teer oder ein Stück Schuhsohle in den Auspuff eingebrannt hat, kann man diese mit Bremsenreiniger und der rauen Seite eines Haushaltsschwammes vorsichtig bearbeiten. Selbst hartnäckige Flecken lassen sich so entfernen.

■ Wenn die Auspuffkrümmer durch Straßenschmutz fleckig geworden sind, kann man sie mit WD-40 und der rauen Seite eines Haushaltsschwammes, einem sehr feinen Schleifkissen oder Polierbändern (Bilder 7 und 8) bearbeiten. Selbst hartnäckige Teerflecken lassen sich damit entfernen, Auspuffkrümmer und Auspufftopf werden metallisch rein und glänzen wieder.

■ Aggressive »Lackkiller« wie übergelaufenes Benzin, Öl, Bremsflüssigkeit und Vogelsekrete sollten sofort entfernt (abgewaschen) werden.

■ Kleinere Lackschäden können mit original Harley-Lackstiften ausgebessert werden. Diese gibt es beim Harley-Händler. Auch gute Farben-Fachgeschäfte können helfen.

Fett-, Öl- und Graphitspray

Den Gelenkstellen von Fußrasten, Brems- und Schalthebel nach dem Waschen einen Schuss Fett- oder Ölspray geben. Vor allem, wenn das Motorrad durch Regen gefahren wird, schützt frisches (und somit »elastisches«) Schmiermittel davor, dass Nässe in jede Ritze kriecht. Verwenden Sie bei der regelmäßigen Pflege ein gutes Fett- oder Ölspray; bewährt und empfehlenswert ist WD-40.

Nach einer Regenfahrt zu Hause jeder Schmierstelle einen Schuss Ölspray spendieren; das aufgesprühte Öl wirkt sichtbar wasserverdrängend. Leichter Lauf und Gelenkstellen ohne Korrosionsrückstände werden es Ihnen danken.

Wichtig 1: Zünd- und Lenkschloss und das Schloss im Tankdeckel (wenn eines vorhanden ist) NICHT mit Öl- oder Fettspray schmieren, sondern spezielles Schlossspray auf Graphitbasis zum Schmieren der Schlösser verwenden.

Wichtig 2: Halten Sie jede Art von Schmiermittel und auch Fett- und Ölspray fern von Sensoren und elektrischen Steckverbindungen.

Bild 7

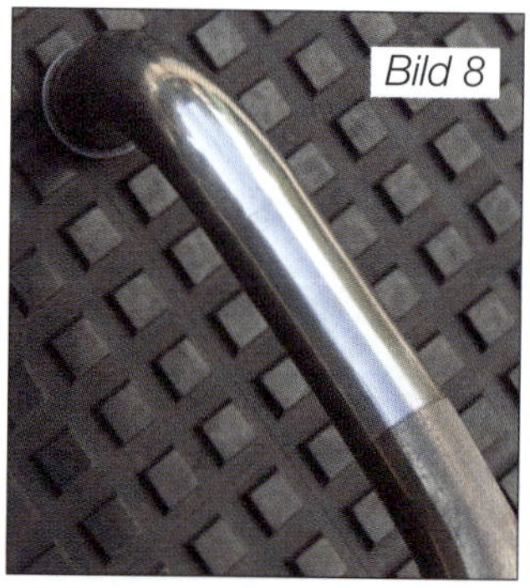

Bild 8

In Bild 7 sieht man, wie ein Band um das Rohr gewickelt in beide Richtungen »gezogen« wird, in Bild 8 ist der Unterschied »vorher – nachher« zu sehen.

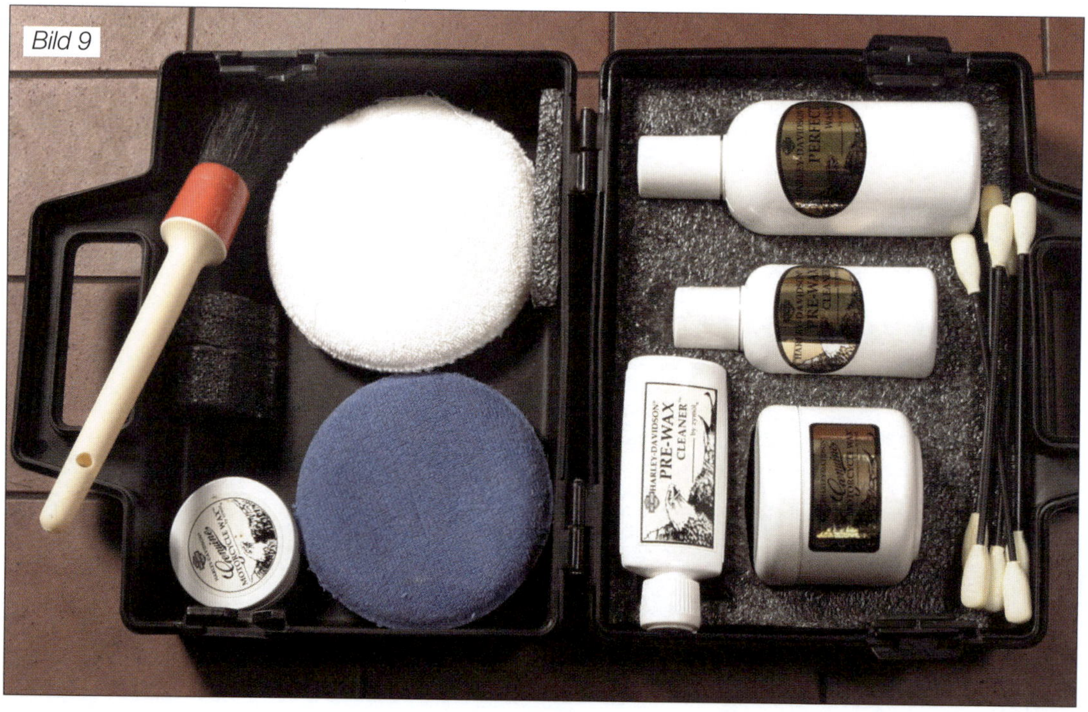

Bild 9

Bild 9: Noch ein originales Harley-Produkt zur Pflege lackierter Teile. Auch verwitterte Lacke werden wieder glänzend, selbst Kratzer können leicht auspoliert werden. Man beachte die extra großen Wattestäbchen.

Schmierstellen

Abschmieren beweglicher Teile dient in erster Linie dazu, Schmutz und Wasser von ihren Gelenkstellen fern zu halten und Rost vorzubeugen, damit Leichtgängigkeit und lange Lebensdauer gewährleistet werden. Auch die zueinander beweglichen Aluminiumteile korrodieren, wie z. B. die Gelenke von Kupplungs- und Bremshebel. Wenn diese Gelenk- und Kontaktstellen nicht regelmäßig gepflegt werden, gibt es im Laufe der Zeit Schwergängigkeit – speziell dann, wenn das Motorrad im Freien abgestellt ist, lagert sich Umgebungsdreck aus der Luft darauf ab und kriecht in Gelenkstellen hinein.

Gasdrehgriff: Wenn er schwer geht, muss er mit leichtem Molybdänfett geschmiert und dazu geöffnet werden. Das Öffnen des Gasgriffs und »Gaszüge wechseln« sind in Kapitel 20 »Gasgriff · Gaszüge« beschrieben.

Überwintern

Mit einem Saisonkennzeichen braucht man die Maschine über Winter nicht abzumelden, darf aber in bestimmten Monaten nicht am öffentlichen Straßenverkehr teilnehmen.

Wichtig: Eine Maschine mit Saisonkennzeichen darf ebenso wenig wie ein abgemeldetes Motorrad während der Stilllegemonate auf der Straße im öffentlichen Verkehrsraum abgestellt werden. Deswegen: Ab mit der Maschine in eine gut gelüftete Garage oder in einen trockenen Hofraum, wo sie abgedeckt überwintern kann.

Zum Einmotten in die Winterpause folgende Vorbereitungen treffen:

1. Maschine ordentlich heiß fahren.

Bild 10: Gelenke von Brems- und Kupplungshebel liegen voll im Fahrtwind. Ab und zu ein Schuss Pflegeöl aus der Dose hält das Gelenk leichtgängig und verhindert Korrosion.

Bild 11: Wichtige Schmier- und Pflegestellen am Beispiel der Sportster XL1200 X Forty-Eight Mj. 2011.

Sichtprüfung Messen

Fit in die neue Saison

Nicht nur die im Frühjahr aus der Winterpause entmottete Maschine, sondern auch der Fahrer müssen sich wieder langsam an das Motorradfahren mit all seinen Eigenheiten gewöhnen. Üben Sie vor allem das Bremsen, am besten auf einem großen, leeren Parkplatz (sonntags beim Supermarkt). Besser noch: Nehmen Sie an einem Frühjahrs-Sicherheitstraining teil.

Bild 12: »Fuel Stabilizer« verhindert Rost im Tank und Ablagerungen in der Einspritzung.

2. Tank randvoll machen, einen Schuss »Fuel Stabilizer« (Bild 12) dazugeben.
3. An der Tankstelle gleich die Reifen auf vorne 3 bar und hinten 3,5 bar aufpumpen.
4. Zügig zum Winterabstellplatz fahren und Motor abstellen.
5. Batterie ausbauen (Kapitel 14 »Batterie«).
6. Gelenkstellen von Brems- und Kupplungshebel (Bilder 10 und 11), Fußrasten (Bilder 13a und 13b) und Seitenständer (Bild 14) mit Fett- oder Ölspray einsprühen.
7. Blanke und verchromte Teile mit säurefreiem Fett (Vaseline) dünn einreiben.
Wichtig: Auspuff vorher kalt werden lassen.
■ In Motorrad- und Autozubehörläden gibt es spezielles Korrosionsschutzspray, das sich zur Überwinterung hervorragend eignet.
8. Die Maschine soll über Winter nicht auf dem Seitenständer abgestellt werden, weil dadurch die Reifen auf der linken Seite einen schrägen »Standplatten« bekommen können. Man sollte sich die Mühe machen, die Maschine so aufzubocken, dass beide Reifen keinen Bodenkontakt haben, z.B. mit einem unter den Motor geschobenen Zentralmontageständer: Solches zeigen und beschreiben wir in den Kapiteln 3 »Werkstatt«) und in 6 »Räder«. Lenkschloss sperren.

Wenn der letzte Ölwechsel schon lange zurückliegt, haben sich aggressive Verbrennungsrückstände darin angesammelt, die im Motor über Winter Schäden anrichten können. Deswegen sollte man vor der Überwinterung einen Öl- und Filterwechsel machen.

Wenn Sie Ihr Motorrad vor der Winterpause zum Ölwechsel in die Harley-Werkstatt geben, lassen Sie gleich eine komplette Inspektion machen. Dann können Sie im Frühjahr durchstarten, weil zum Saisonstart sämtliche Werkstätten grundsätzlich überlastet sind!

Was Sie über Winter tun können: Alle paar Tage Vorder- und Hinterrad einige Male durchdrehen und in eine andere Ruheposition bringen. Das verhindert das Festkleben der Bremsbeläge an den Scheiben und somit hässliche Flecken durch Korrosion zwischen Bremsbelägen und Scheibe.

Inbetriebnahme nach der Winterpause

1. Motorrad abdecken, Korrosionsschutz von blanken und verchromten Teilen mit weichem Lappen abwischen. Kein Benzin oder ähnliche Lösungsmittel verwenden!
2. Betriebsbereite, gut geladene Batterie einbauen, Polanschlüsse mit säurefreiem Fett (»Polfett«) dick einschmieren (Kapitel 14 »Batterie«).
3. Reifenluftdruck prüfen und ggf. korrigieren (Kapitel 5 »Reifen« und Fahrzeughandbuch).
4. Motor starten: Zündung einschalten und VOR dem Betätigen des Starterknopfes zwei- bis dreimal Gas geben, damit der Drosselklappenpositions-Sensor Signale an das Motorsteuergerät senden und dieses sich einstellen kann.
5. Wenn die Batterie abgeklemmt war, muss sich das Motorsteuergerät erst wieder neu einjustieren. Deswegen läuft der Motor direkt nach dem Anspringen nicht gleich rund und braucht einige Sekunden, bis er seinen Rhythmus gefunden hat.
6. Motor nicht zu lange im Standgas laufen lassen, sondern nach spätestens drei Minuten losfahren.
7. Vorher Sicherheitskontrolle machen: Fern- und Abblendlicht, Rücklicht, Bremslicht, Blinker, Warnblinker und Hupe prüfen.
8. Motor sanft warm fahren. Darauf achten, dass alle Funktionen in Ordnung sind: Öldruck, Bremsleistung, Federung und Dämpfung.
■ Gute Fahrt in die neue Saison!

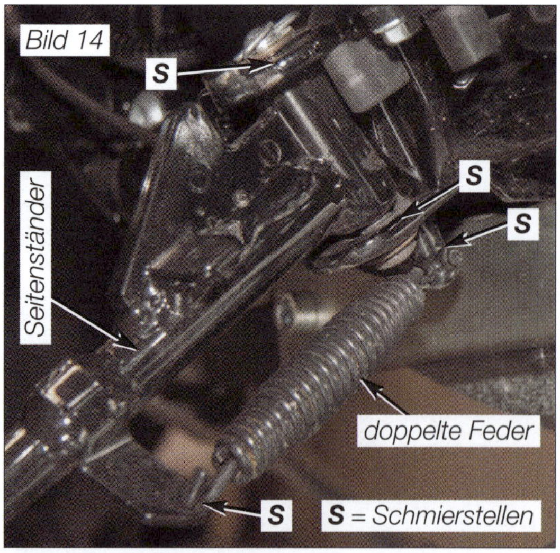

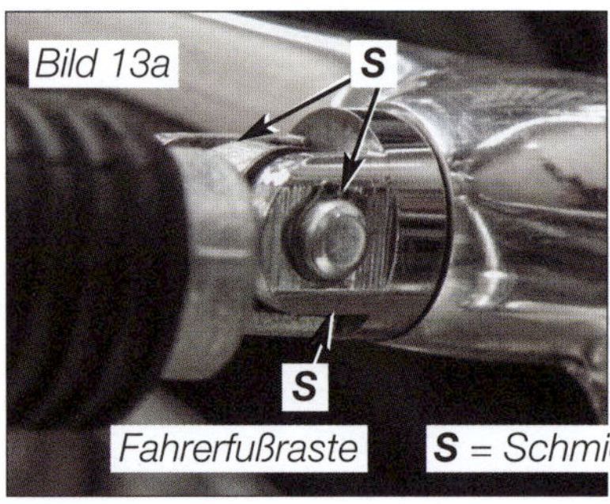

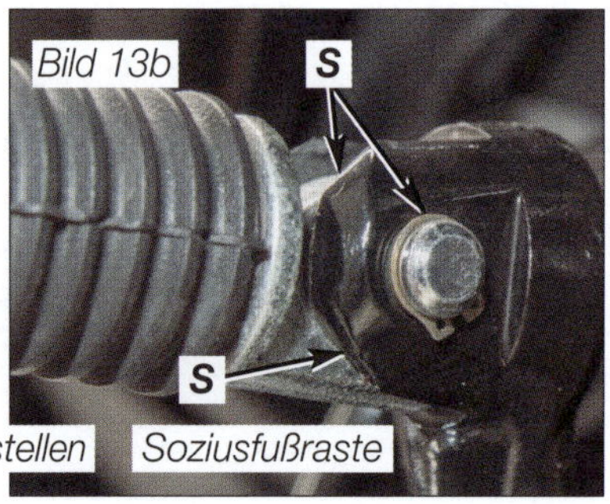

Bilder 13a, 13b und 14: Diesen Gelenkstellen nach dem Waschen einen guten Schuss Fett- oder Kettenspray geben verhindert Korrosion.

Wartung

In diesem Kapitel: Inspektionen · Tabelle(n) Wartungs- und Inspektionsintervalle · Erklärungen zu den Tabellen · Regelmäßige Prüfpunkte · Regelmäßige Kontrollen von Beleuchtung, Reifen, Luftdruck, Bremsen, Ölstand, Seitenständerschalter.

Wartung und Inspektionen

Bei Wartung und Inspektion werden Motor und Fahrwerk durchgesehen, Einstellungen korrigiert und verschlissene Teile ersetzt. Zu »verschlissene Teile« gehören zum Beispiel Motoröl und Ölfilter. Innerhalb der ersten 24 Monate ab Kauf bzw. Datum der Erstzulassung sollten alle Inspektionen von einer Harley-Fachwerkstatt durchgeführt und im Wartungsheft abgestempelt werden, damit die Ansprüche auf Garantie oder Kulanz gegenüber Importeur und Hersteller erhalten bleiben. Wer nach der zweijährigen Garantiezeit die Wartungs- und Inspektionsarbeiten an seinem Motorrad

Fußnoten zur Tabelle »Wartungs-/Inspektionsintervalle«

1) Ab 48 000 km die Wartungsintervalle ab 8000 km wiederholen.
2) Bei Fahrten unter Extrembedingungen (Staub, Schmutz, Kurzstrecke, Winter) ist eine häufigere Wartung ratsam. Die Wartungsintervalle können dann je nach Einsatzbedingungen auf 500 oder 300 km bzw. auf 6 oder 3 Monate sinken. Auch bei häufigen Vollgasfahrten sowie im Regen sollen die Wartungsarbeiten häufiger durchgeführt werden. Luftfilter erneuern bei Bedarf.
3) Jährlich oder zum angegebenen Wartungsintervall durchführen.
4) Gaszüge auf Leichtigkeit, Scheuer- und Knickstellen prüfen, ggf. einstellen.
5) Alle zwei Jahre oder zum angegebenen Wartungsintervall durchführen.
6) Ladezustand/Spannung der Batterie prüfen, ggf. laden, Anschlüsse prüfen.
7) Alle vier Jahre oder zum angegebenen Wartungsintervall durchführen.
8) Lagerung, Leichtgängigkeit, Federn und Federspannung kontrollieren.
9) Wenn Speichenräder verbaut sind: Speichenspannung prüfen bei 1600 km, 8000 km, 32 000 km, dann alle weiteren 24 000 km.

Wartungs- und Inspektionsintervalle Harley-Davidson Sportster XL 1200 mit Einspritzung

Baugruppe / Intervall [1]	1600 km	8 000 km	16 000 km	24 000 km	32 000 km	40 000 km	48 000 km	siehe Kapitel
Motor								
Motoröl und Ölfilter [2) 3)]	Erneuern	Erneuern	Erneuern	Erneuern	Erneuern	Erneuern	Erneuern	22
Öl in Primärantrieb und Getriebe [2)]	Erneuern	–	Erneuern	–	Erneuern	–	Erneuern	8, 22
Öl- und Bremsleitungen [3)]	Prüfen	Prüfen	Prüfen	Prüfen	Prüfen	Prüfen	Prüfen	7, 22
Primärkette	Prüfen/Einstellen	Prüfen/Einstellen	Prüfen/Einstellen	Prüfen/Einstellen	Prüfen/Einstellen	Prüfen/Einstellen	Prüfen/Einstellen	8
Gaszüge Spiel und Funktion [4)]	Prüfen/Einstellen	Prüfen/Einstellen	Prüfen/Einstellen	Prüfen/Einstellen	Prüfen/Einstellen	Prüfen/Einstellen	Prüfen/Einstellen	20
Zündkerzen [5)]	–	–	–	–	–	–	Erneuern	17, 18
Kraftstoffsystem (alle Anschlüsse) [3)]	Prüfen	Prüfen	Prüfen	Prüfen	Prüfen	Prüfen	Prüfen	4, 18
Benzinfilter	Benzinfilter alle 160 000 km erneuern.							4, 18
Luftfilter [2)]	Reinigen/Erneuern	Reinigen/Erneuern	Reinigen/Erneuern	Reinigen/Erneuern	Reinigen/Erneuern	Reinigen/Erneuern	Reinigen/Erneuern	19
Auspuffanlage [2) 3)]	Prüfen	Prüfen	Prüfen	Prüfen	Prüfen	Prüfen	Prüfen	21
Batterie [3) 6)]	Batterie jährlich prüfen und bei Bedarf laden. Anschlüsse regelmäßig auf Festsitz prüfen.							14, 15
Antrieb								
Antriebs-Zahnriemen, Riemenräder	Prüfen/Einstellen	Prüfen/Einstellen	Prüfen/Einstellen	Prüfen/Einstellen	Prüfen/Einstellen	Prüfen/Einstellen	Prüfen/Einstellen	8
Kupplungszug: Spiel und Funktion	Prüfen/Einstellen	Prüfen/Einstellen	Prüfen/Einstellen	Prüfen/Einstellen	Prüfen/Einstellen	Prüfen/Einstellen	Prüfen/Einstellen	23
Kupplungseinstellung [2)]	Prüfen	Prüfen	Prüfen	Prüfen	Prüfen	Prüfen	Prüfen	23
Bremsen								
Bremsflüssigkeit [2)]	Stand prüfen	Stand prüfen	Stand prüfen	Stand prüfen	Stand prüfen	Stand prüfen	Stand prüfen	2, 7
	Schraubanschlüsse der Bremsanlage prüfen, Bremsflüssigkeit alle zwei Jahre erneuern (DOT 4 verwenden).							
Verschleiß Bremsbeläge, -scheiben	Prüfen	Prüfen	Prüfen	Prüfen	Prüfen	Prüfen	Prüfen	2, 7
Handbremshebel-Lagerbolzen	–	Prüfen	Prüfen	Prüfen	Prüfen	Prüfen	Schmieren [7)]	7
Bremssattel-Gleitstifte	–	Prüfen	Prüfen	Prüfen	Prüfen	Prüfen	Schmieren [7)]	7
Manschetten in Bremssätteln und Bremspumpen	–	Prüfen	Prüfen	Prüfen	Prüfen	Prüfen	Erneuern [7)]	7
Bremszylinderkolben [7)]	–	–	–	–	–	–	Schmieren	7
Rahmen und Fahrwerk								
Seitenständer [8)]	Prüfen/Schmieren	Prüfen/Schmieren	Prüfen/Schmieren	Prüfen/Schmieren	Prüfen/Schmieren	Prüfen/Schmieren	Prüfen/Schmieren	2, 3, 4, 18
Seitenständerschalter	Prüfen	Prüfen	Prüfen	Prüfen	Prüfen	Prüfen	Prüfen	2, 4, 13, 18
Radspeichenspannung [2) 9)]	Prüfen	Prüfen	–	–	Prüfen	–	–	5, 6
Elektrische Ausrüstungen, Schalter	Prüfen	Prüfen	Prüfen	Prüfen	Prüfen	Prüfen	Prüfen	13, 18
Gabelöl	Gabelbeine alle 80 000 km zerlegen, prüfen, Gabelöl erneuern.							10
Lenkkopflager [3)]	Prüfen/Einstellen	–	Prüfen/Einstellen	–	Prüfen/Einstellen	–	Schmieren	9
Schwingenlager		–	–	–	–	–	Prüfen	11
Sicherheitsrelevante Schrauben [3)]	Prüfen	–	Prüfen	–	Prüfen	–	Prüfen	27
Motoraufhängung, Stabilisatorstangen	–	–	Prüfen	–	Prüfen	–	Prüfen	4, 27

Reparaturauftrag geben

Wenn Ihre Maschine eine Störung hat und Sie zum Auffinden und Beheben des Fehlers weder technische Fertigkeiten noch Messgeräte haben, dann ist es zu empfehlen, die Fehlersuche und Behebung beim Harley-Davidson-Händler gezielt in Auftrag zu geben.

Ein »gezielter Auftrag« beim Händler sollte schriftlich erfolgen, das Problem sollte möglichst klar geschildert und eine finanzielle Obergrenze genannt werden.

Beispiel: »Motor stottert beim Beschleunigen und geht bei Kolonnenfahrt öfter aus. Wenn Sie denken, dass die Reparatur 150 Euro übersteigt, rufen Sie mich bitte an«.

selbst machen möchte, erhält in diesem Buch die notwendigen Basisinformationen. Es liegt im Ermessen jedes Fahrzeugbesitzers, wie er damit umgeht.

In der Tabelle »Wartungs- und Inspektionsintervalle Harley-Davidson Sportster XL 1200 mit Einspritzung« auf der vorherigen Seite sind die von Harley-Davidson vorgegebenen Inspektionsintervalle und die zugehörigen Arbeiten aufgelistet. Eine Sportster 1200 muss zum ersten Mal bei 1600 km, dann bei 8000 km und danach alle weiteren 8000 Kilometer (oder einmal im Jahr) zur Inspektion in die Werkstatt.

Die vorgeschriebenen Wartungsintervalle müssen bei normaler Fahrweise und Belastung nicht immer ganz genau eingehalten werden. Wenn das Motorrad grundsätzlich gut gepflegt wird, dann kann z. B. eine während einer Urlaubsfahrt fällig werdende »große Inspektion« durchaus um 1000 bis 2000 Kilometer hinausgeschoben werden – wobei es generell besser ist, eine anstehende Inspektion rechtzeitig *vor* einer längeren Fahrt durchzuführen.

Sehr wichtig: Unabhängig von »großer« oder »kleiner Inspektion« muss der Abnutzungsgrad von Bremsbelägen und Reifen regelmäßig beobachtet werden (siehe Tabelle hier auf dieser Seite unten). Denn es kann durchaus sein, dass Bremsbeläge, Bremsscheiben und Profiltiefe der Reifen bei einer Inspektion als »gut« beurteilt wurden, aber nach weiteren 3500 Kilometern die Reifen so weit abgefahren sind, dass sie erneuert werden müssen – und im Zuge der Radmontagen sollte man auch die Bremsbeläge ganz genau ansehen und sie erneuern, selbst wenn sie ihre Verschleißgrenze von 1,02 mm noch nicht erreicht haben.

Für alle kleinen wie großen Wartungsarbeiten gilt: Nur mit gutem Werkzeug in den entsprechenden Größen mit dem Schrauben anfangen. Lesen Sie vor Beginn aller Arbeiten das betreffende Kapitel komplett durch, um die benötigten Werkzeuge und den Zeitaufwand abschätzen zu können.

Für einige Prüf- und Einstellarbeiten werden Harley-Spezialwerkzeuge benötigt. Diese gibt es in der Regel nur in Harley-Fachwerkstätten. Deswegen ist es manchmal günstiger, preiswerter und schneller, entsprechende Arbeiten beim Harley-Händler in Auftrag zu geben, als bei halb auseinandergeschraubtem Motorrad hilflos dazustehen, weil das entsprechende Spezialwerkzeug oder die benötigten Ersatzteile nicht greifbar sind.

Erklärungen zur Wartungstabelle

Auf der vorherigen Seite steht eine Tabelle mit den von Harley-Davidson vorgeschriebenen Wartungs- und Inspektionsarbeiten. In der letzten Spalte dieser Tabelle stehen Verweise zu den Kapiteln, in denen die Arbeiten beschrieben sind.

■ Bei »Erneuern«, z. B. beim »Motorölwechsel«, kommen bei 1600 km, bei 8000 km und dann alle weiteren 8000 km neues Öl in und ein neuer Ölfilter an den Motor.

■ Beim Öl für den Primärantrieb und das Getriebe ist »Erneuern« angesagt bei der ersten Inspektion bei 1600 km, dann bei 16 000 km und alle weiteren 16 000 km vorgeschrieben.

■ »Sicherheitsrelevante Schrauben« betrifft die Kontrolle wichtiger Schraubverbindungen, wie z. B. Vorder- und Hinterachse, Befestigungsschrauben der Bremssättel und Motorhalterung bei der ersten Inspektion bei 1600 km, bei 16 000 km und dann alle weiteren 16 000 km.

■ Harley-Davidson empfiehlt, die Einstellung der Kupplung sowie den Zahnriemen zum Hinterrad bei jeder Inspektion zu prüfen auf Zustand und Spannung (»Spiel«); ggf. muss diese korrigiert werden. Übrigens ist der Zahnriemen sehr pflegeleicht und zuverlässig, er ist nach außen hin gut abgedeckt und somit vor Schmutz, der der Innenseite des Riemens und den Zahnrädern Schaden zufügen könnte, ordentlich geschützt.

Wichtig: Bei schlechtem Wetter oder überwiegendem Fahrbetrieb in staubigen und schmutzigen Gegenden sowie Fahrten über Schotter- und Staubstraßen (!) ist eine Kontrolle des Zahnriemens mit eventueller Reinigung öfter nötig; während bei reinem Schönwetterbetrieb und sanfter Fahrweise der Riemen nur selten kontrolliert werden muss, also quasi »vernachlässigt« werden kann.

Regelmäßige Prüfpunkte der Fahrsicherheit und Maschinentechnik		
Beleuchtungs- und Signalanlage	vor jeder Fahrt	Kapitel 12
Reifenprofil, Luftdruck	vor jeder Fahrt, bei jedem Tanken	Kapitel 5
Hand- und Fußbremse	vor jeder Fahrt und während der Fahrt	Kapitel 7
Warn-/Kontrollleuchten, Instrumente	Prüfung vor und während der Fahrt	Kapitel 12, 13, 18
Lenkung, Federung und Dämpfung	mindestens einmal wöchentlich und nach Gefühl beim Fahren	
Bremsflüssigkeit	vor jeder Fahrt und während der Fahrt	Kapitel 2, 7
Schaltung	vor jeder Fahrt und während der Fahrt	Kapitel 24
Motoröl	Ölstand prüfen beim Tanken	Kapitel 22
Batterie	Wartung/Laden wichtig nach Winterpause	Kapitel 14
Seitenständerschalter	mindestens einmal wöchentlich	Kapitel 2, 4, 13

■ Über die Einhaltung der Wartungspunkte hinaus sollten Hand- und Fußhebelgelenke regelmäßig mit einigen Tropfen Öl bedacht werden. In Kapitel 1 »Pflege« sind die Schmierstellen beschrieben.

Regelmäßige Kontrollen

Beleuchtung: Werfen Sie vor jeder Fahrt einen Blick auf die Beleuchtung und betätigen Sie dabei auch beide Bremsen: Leuchtet das Bremslicht auf, brennen alle Kontrolllampen, hupt die Hupe (»Signalhorn«), geht die Lenkung nach beiden Seiten bis zum Anschlag gleichmäßig leicht, federn Vorder- und Hinterrad leicht ein und gedämpft aus? Bei einem gut gepflegten Motorrad ist meistens alles in Ordnung; bei einer schlecht gewarteten Maschine quietscht möglicherweise etwas – gehen Sie der Sache auf den Grund, bevor sich daraus möglicherweise ein größerer Schaden entwickelt!

Reifen: Einmal die Woche, mindestens aber alle 500 Kilometer, einen Blick auf die Reifen werfen: Profil ok? Klemmt ein Stein im Profil? Ventilkappe vorhanden, sitzt sie fest?

Reifenluftdruck: Bei kalten Reifen prüfen. Die Pneus dürfen von der Kurzstreckenfahrt zur Tankstelle nur handwarm (30 °C) sein. Er ist je nach Modell verschieden (Kapitel 5 »Reifen«).

Bremsen: Den beiden Vorratsbehältern für die Bremsflüssigkeit (Bilder 4, 5a und 5b) öfter einen Blick schenken: Sinkt der Pegelstand im Behälter unter die Mitte und damit zur unteren Markierung ab, wird es höchste Zeit, nach der Dicke und dem Verschleißzustand der Bremsbeläge zu sehen (siehe Kapitel 7 »Bremsen«). **Wichtig:** Dunkle Bremsflüssigkeit in den Behältern ist alt und muss erneuert werden. Mehr zum Thema Bremsflüssigkeit und Bremsbelagverschleiß im Kapitel 7 »Bremsen«.

Arbeiten an Bremsen: Arbeiten an den hydraulischen Scheibenbremsen dürfen aus Sicherheitsgründen nur von ausgebildeten Mechanikern durchgeführt werden, die sehr gute technische Kenntnisse, handwerkliche Fertigkeiten und passende Werkzeuge haben. Wenn Sie auch nur geringste Zweifel an Ihren eigenen Schrauberfähigkeiten haben, sollten Sie alle Arbeiten an der Bremsanlage der Harley-Werkstatt überlassen. Reparaturtipps zu »Bremsen« in diesem Buch sind nur für echte Notfälle gedacht, wenn z. B. sich kein Harley-Händler in der Nähe befindet und ein Weiterkommen sonst nicht möglich ist.

Bild 1: Luftdruck regelmäßig und bei kalten Reifen prüfen.

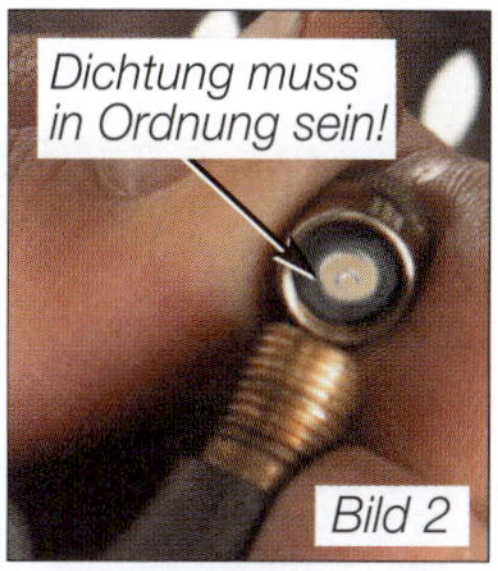

Bild 2: Auf das Reifenventil gehört eine Schraubkappe mit einwandfreier Dichtung.

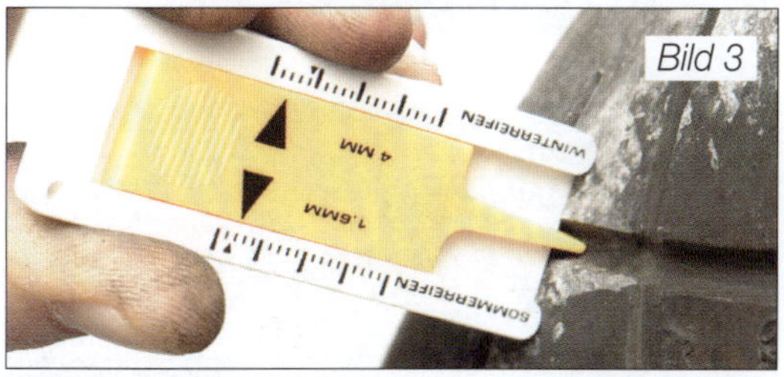

Bild 3: Dieser Reifen hat noch 2 mm Profiltiefe und sollte bald erneuert werden.

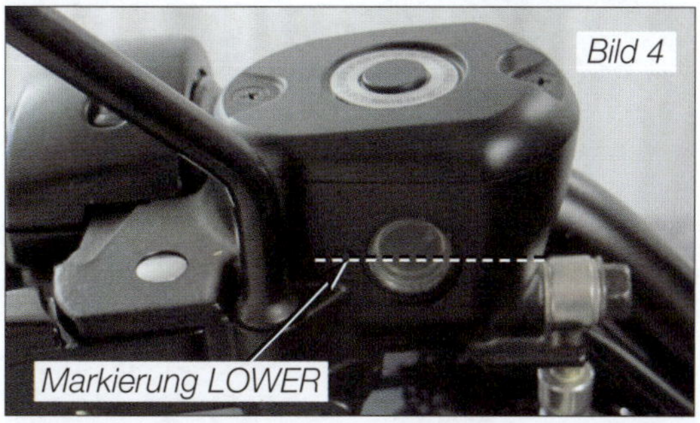

Bilder 4, 5a, 5b und 5c: Stand der Bremsflüssigkeit im vorderen (Bild 4) und hinteren Vorratsbehälter regelmäßig prüfen.

■ Bei ABS ab Modelljahr 2014 ist das Schauglas hinten am Vorratsbehälter über der Fußbremspumpe.

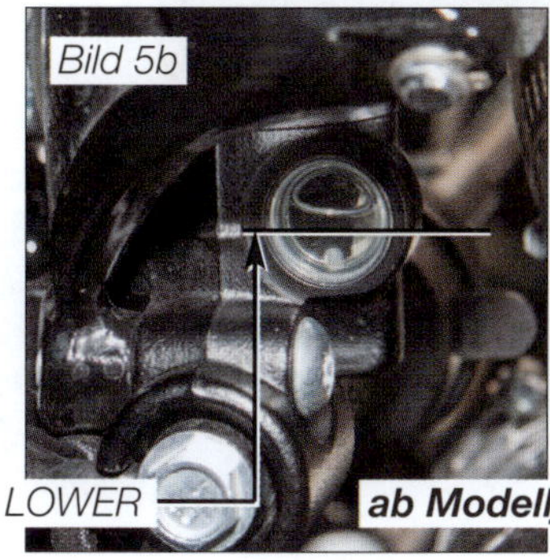

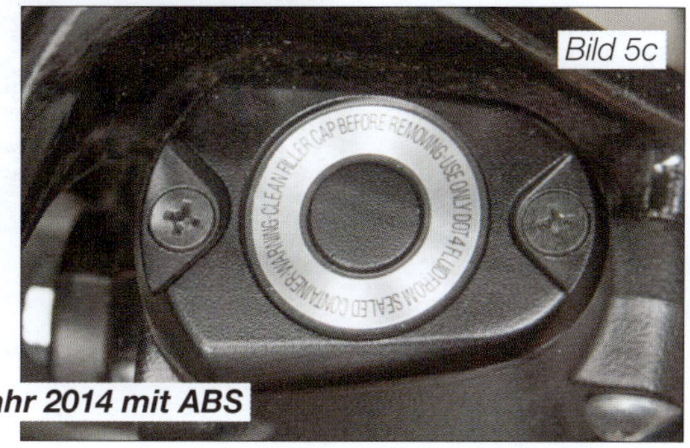

Motorölstand: Ölstand nicht vor dem Start des Motors bei kaltem Motor kontrollieren, sondern erst dann, wenn der Motor mindestens 10 Minuten gelaufen und warm ist.

■ Zum korrekten Prüfen des Ölstands den Motor abschalten, Motorrad auf waagerechtem Untergrund auf dem Seitenständer abstellen.

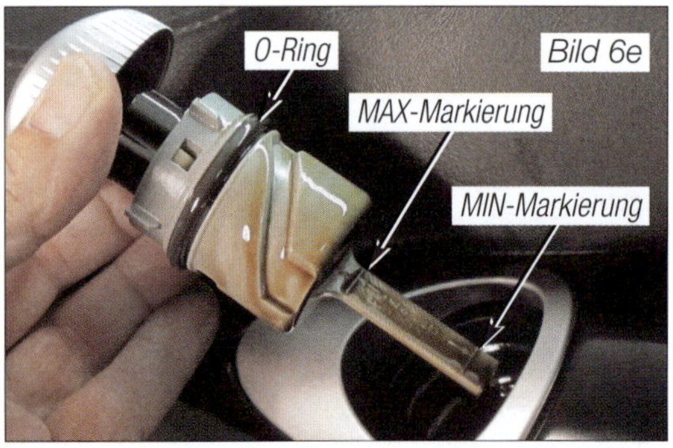

Bilder 6a bis 6e: Ölstand bei warmem Motor kontrollieren. Dazu Motorrad auf Seitenständer abstellen und ca. zwei Minuten im Leerlauf laufen lassen. Motor AUSschalten. Öltank-Verschlussstopfen herausnehmen, Ölmessstab mit sauberem Lappen abwischen. Verschlussstopfen wieder einsetzen, herausnehmen und den Ölstand am Messstab begutachten: Er sollte zwischen den Markierungen MIN und MAX liegen.

Bild 7: Seitenständerschalter bei ausgeklapptem Ständer.

■ Bild 6e: Der Ölstand wird am Ölmessstab begutachtet, er sollte sich zwischen den Markierungen befinden. Mehr zum Thema Ölstand, Motoröl und Ölwechsel im Kapitel 22 »Schmiersystem«.

Öltank-Verschlussstopfen ausbauen

1. Bilder 6a, 6b und 6c: Verschlussstopfen senkrecht nach unten drücken und wieder loslassen, er springt von selbst nach oben.
2. Bild 6d: Verschlussstopfen um 1/4 Umdrehung nach links drehen.
3. Bild 6e: Verschlussstopfen mit Ölmessstab kann ausgezogen werden.

Öltank-Verschlussstopfen einsetzen

1. Bild 6e: Verschlussstopfen am Öltank ansetzen.
2. Bild 6d: Verschlussstopfen um 1/4 Umdrehung nach rechts bis zum Anschlag drehen.
3. Bild 6b: Verschlussstopfen nach unten drücken, bis er einrastet und oben bündig abschließt.

Seitenständerschalter prüfen

Der Seitenständerschalter sollte regelmäßig auf Funktion geprüft werden. Er sitzt links unten beim Seitenständergelenk (Bild 7) und ist Dreck und Nässe ausgesetzt. Wenn er nicht mehr richtig funktioniert, verhindert er entweder das Starten des Motors oder ermöglicht im anderen Extremfall, ein Wegfahren der Maschine mit ausgeklapptem Seitenständer – und das ist ziemlich gefährlich.

Der Seitenständerschalter wird folgendermaßen auf einwandfreie Funktion geprüft:

■ Motor mit ***aus**geklapptem* Seitenständer und eingelegtem Leerlauf starten.
■ Kupplung ziehen, Gang einlegen, Kupplung herauslassen: Motor muss ausgehen.

Umkehrprobe:

■ Motor mit ***ein**geklapptem* Seitenständer und eingelegtem Leerlauf starten.
■ Kupplung ziehen, Gang einlegen.
■ Kupplung gezogen halten, Seitenständer ausklappen, Kupplung langsam herauslassen: Motor muss ausgehen.

Hat der Seitenständerschalter diese Tests bestanden, ist er technisch und elektrisch in Ordnung. Ansonsten, wenn sich also z. B. mit ausgeklapptem Seitenständer losfahren lässt, muss der Seitenständerschalter unbedingt erneuert werden. Der Stecker des vom Seitenständerschalter zum Kabelbaum führenden Kabels ist im dicken Kabelsteckerbund links unter der Seitenverkleidung.

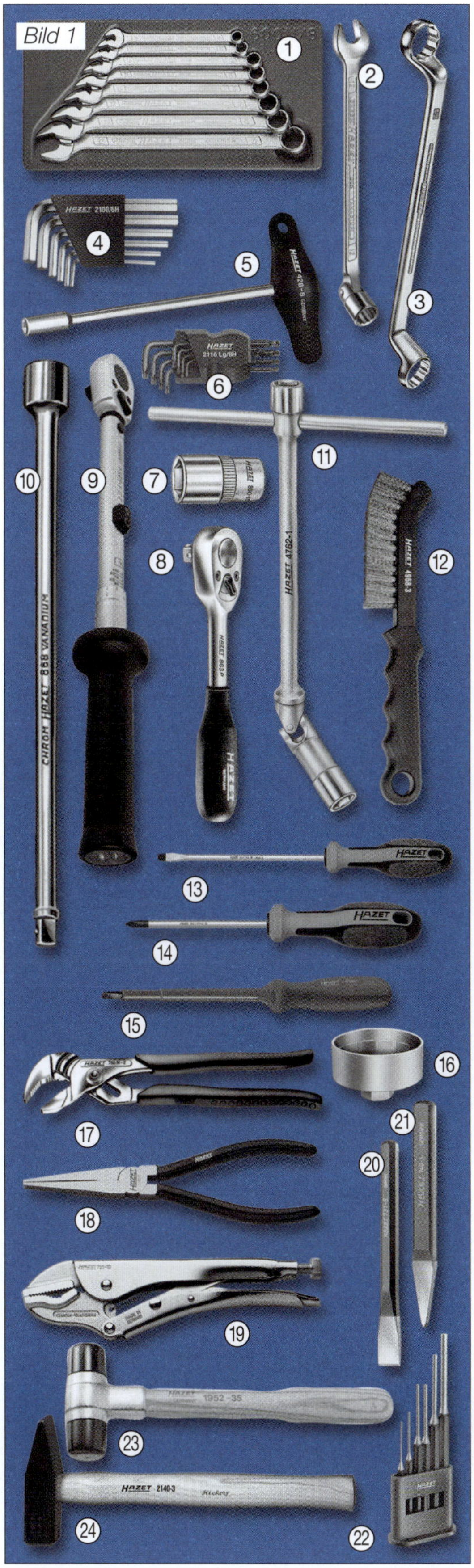
Bild 1

Werkstatt

In diesem Kapitel: Grundsätzliches zum Werkzeug · Bordwerkzeug · Werkzeug für die Heimwerkstatt · Zoll-/metrische Gewinde, Schlüsselweiten · Montageständer, Werkzeugwagen und Hebebühne · Öl und Fett · Werkstatthilfsmittel · Richtig schrauben · Schrauben, Scheiben, Muttern · Fetten, Ölen, Kleben, Sichern · Anziehdrehmomente · Flächendichtmittel · Gewindereparatur mit HeliCoil.

Grundsätzliches

Wer an seiner Maschine kleinere bis größere Wartungsarbeiten in Eigenregie durchführen möchte, braucht Werkzeug – und zwar gutes. Werkzeugregel Nr. 1: Mit schlechtem Werkzeug kann man keine gute Arbeit machen. Und daraus folgt Werkzeugregel Nr. 2: Kaufen Sie Werkzeug nicht im Baumarkt, sondern entweder beim Kfz-Werkzeughandel oder Motorrad-Zubehör-Shops.

Ein sorgfältiger Mechaniker geht nur mit exakt passenden Werkzeugen an alle Schraubstellen. Vermurkste Schrauben und Muttern oder gar hässliche Kratzer im Umfeld von Schraubverbindungen, die von abgerutschten, weil nicht passenden Schlüsseln herrühren, sind schlimm anzusehen. Ganz zu schweigen von den Verletzungen, die sich ein Mechaniker zuziehen kann, wenn er mit schlechtem Werkzeug arbeitet.

In diesem Kapitel zeigen und beschreiben wir Werkzeugteile, welche für eine Sportster 1200 benötigt werden. Es handelt sich in allen Fällen um spezielles Kraftfahrzeugwerkzeug. Es heißt »Kraftfahrzeugwerkzeug« deswegen, weil es dem Verwendungszweck in Material, Form und Größe angepasst ist. Elektriker, Gas-Wasser-Installateure oder auch Schreiner brauchen anderes Werkzeug. Weiterhin gehen wir im Detail darauf ein, welche Teile für einfache Arbeiten zwingend benötigt werden. Als »einfache Arbeiten« bezeichnen wir solche, die mit einem, zwei oder drei Schlüssel(n)

Bild 1: Sinnvolles Basis-Werkzeugsortiment für eine Hobbywerkstatt.

Teilebezeichnungen: Satz Ring-Maulschlüssel (1), Maul-Steckschlüssel (2), Doppelringschlüssel (3), Satz Inbusschlüssel (4), Sechskant-Steckschlüssel mit Querknauf (5), Satz Torx-Schlüssel (6), Steckschlüsselnuss mit Innensechskant (7), Umschaltknarre (8), Drehmomentschlüssel (9), Verlängerung (10), Zündkerzenschlüssel (11), Bremssattelbürste mit Messingborsten (12), Schlitz-Schraubenzieher (13), Kreuzschlitz-Schraubenzieher (14), Elektriker-Schraubenzieher (15), Ölfilterschlüssel (16), Universalzange (17), Flachzange (18), Gripzange (19), Flachmeißel (20), Kreuzmeißel (21), Satz Splinttreiber (22), Kunststoffhammer (23), Schlosserhammer (24).

Bild 2: Digitaler Messschieber (A), Bügelmessschraube (B), Fühlerlehren (C).

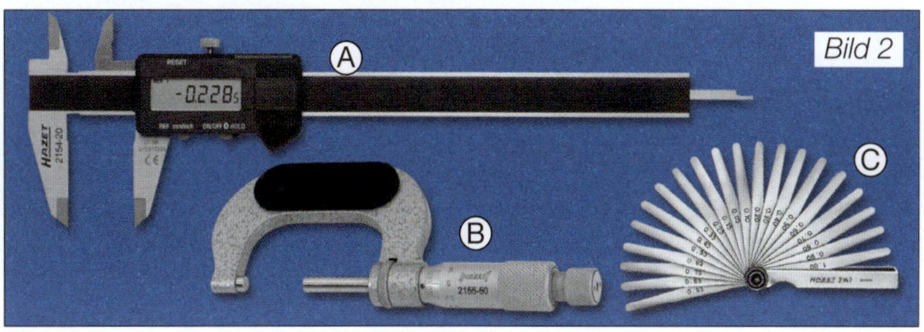
Bild 2

Bilder 3a und 3b: Schlechtes Werkzeug aus dem Baumarkt ist nicht belastbar und wird schnell defekt.

Bild 4a: Bordwerkzeug gibt's beim Harley-Händler. Man sollte es um einen Hakenschlüssel zur Federverstellung (Bild 4b) und Schlüssel zur Radmontage ergänzen.

Bild 3a

Bild 3b

Bild 4a

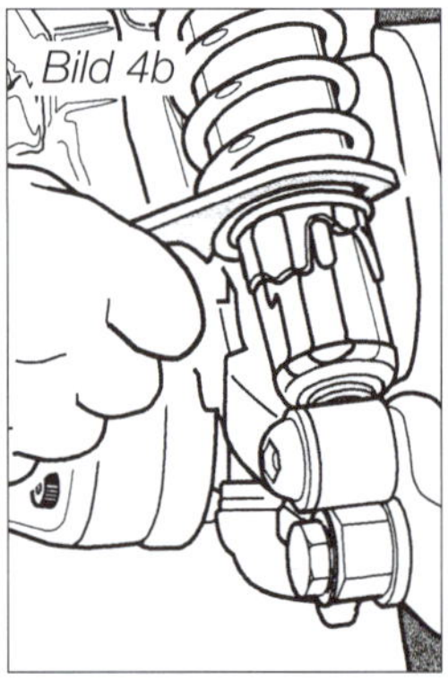

Bild 4b

Sicherheitshinweise ⚠ Achtung und ☞ Tipps

⚠ Werkzeug nicht im Baumarkt kaufen, auch wenn dessen Sonderangebot verlockend ist! Das in Baumärkten angebotene Werkzeug ist in vielen Fällen eher schlecht als recht, in vielen Fällen sogar gefährlich, weil es aus minderwertigem Material besteht und deswegen bruchgefährdet ist.

☞ Gutes Werkzeug gibt es im Werkzeughandel und bei Kfz-Ersatzteilhändlern. Mit *www.hazet.de* kommen Sie auf die Internetseite des bekannten deutschen Herstellers von Kraftfahrzeug-Qualitätswerkzeugen.

☞ Im Haushaltswarengeschäft (z. B. bei IKEA) gibt es für kleines Geld Besteckablagen für Schubladenkästen in verschiedenen Unterteilungen. Diese eignen sich ganz hervorragend als Schrauben- und Kleinteileablage (Bild 4).

☞ Wenn teure Spezialwerkzeuge benötigt werden, bei der Werkstatt um die Ecke nachfragen, ob man gegen Hinterlegung eines Pfands und einen Obolus in die Trinkgeldkasse das Werkzeug geliehen bekommt – das funktioniert manchmal.

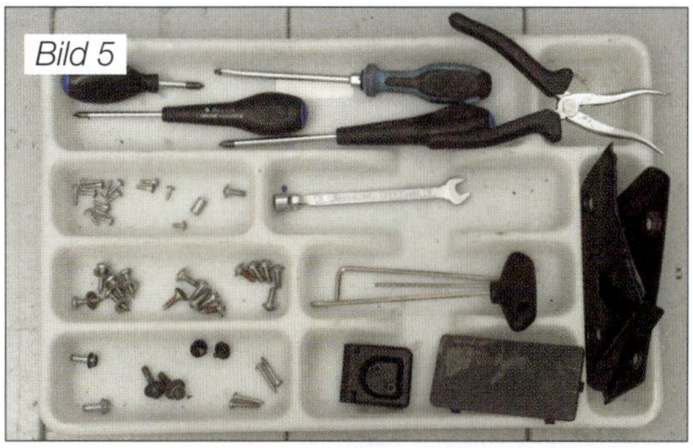

Bild 5

Bild 5: Besteckkasten als Werkzeug-/Teileablage.

gekennzeichnet sind. Die Schlüssel-Symbole mit den zugehörigen Schwierigkeitsgraden finden Sie im Inhaltsverzeichnis dieses Buchs.

Werkzeuge für tiefergreifende Arbeiten, die mit vier oder fünf Schlüsselsymbolen gekennzeichnet sind, zeigen wir hier in diesem Kapitel nicht im Detail, weil entsprechend qualifizierte Mechaniker, die schwierige Arbeiten durchführen können, ihre eigenen Werkzeuge haben. Wenn Spezialwerkzeuge benötigt werden, gehen wir in den entsprechenden Kapiteln auf diese ein.

Bordwerkzeug

Keine der Sportster 1200 unseres Buchs hat serienmäßig Bordwerkzeug. Überdies gibt es auch keinen entsprechenden Platz an der Maschine, wo sich Bordwerkzeug unterbringen lässt. Raum in der Größe einer kräftigen Männerfaust wird benötigt: Die Sitzbank ist verschraubt (siehe Kapitel 4) und in der Einbaugegend der Batterie (siehe Kapitel 14 »Batterie«) ist ebenso wenig Werkzeugraum wie unter den beiden Seitendeckeln rechts und links unterhalb des Fahrersitzes.

Harley-Händler wissen um die Nöte ihrer Kunden und bieten kleine, stilvolle Ledertaschen an, die z. B. rechts oder links hinten am Rahmen hinter der oberen Federbeinbefestigung angebracht werden können. In sie passt das nachträglich angeschaffte Bordwerkzeug. Im Bild 4a ist ein Harley-Bordwerkzeugsatz zu sehen, er ist zwar qualitativ hochwertig, aber nicht sehr umfangreich und muss durch folgende Teile ergänzt werden:

- Zur Einstellung der Federvorspannung der beiden hinteren Federbeine (Bild 4b) braucht man einen Hakenschlüssel (gibt's beim Harley-Händler). Ab Mj. 2016 ist ein Hakenschlüssel für Einstell- und Kontermuttern unter dem Sitz.
- Nüsse und Knebel zur Radmontage, denn was macht man unterwegs bei einem Plattfuß, wenn zum Einbau eines neuen Schlauchs der Reifen abgezogen und dazu das Rad ausgebaut werden muss? Vorsichtige Zeitgenossen haben auch Reifenmontierhebel dabei und natürlich Flickzeug, damit man ein Loch im Schlauch auch flicken kann. Wie das geht ist in Kapitel 5 »Reifen« beschrieben.
- Reifendruckprüfer: Bitte verwenden Sie KEIN Plastikteil aus dem Baumarkt, sondern ein Präzisionsmessgerät. Bestes Druckmessgerät, das wir kennen und verwenden, stammt vom deutschen Hersteller Flaig und hat ein stabiles Alugehäuse. Erhältlich ist es in gut sortierten Motorradzubehörläden und auch bei Motorradhändlern.

Werkzeug für die Heimwerkstatt

Beim Bordwerkzeug haben wir entsprechende Nüsse für die Radmontage aufgeführt. Für die Radmontage zu Hause sollte man sich einen Drehmomentschlüssel anschaffen, denn Achsmuttern und Befestigungsschrauben der Bremssättel müssen mit dem vorgeschriebenen Drehmoment festgezogen werden. In einer gut ausgerüsteten Heimwerkstatt sollten weiterhin folgende Teile vorhanden sein:

- verschiedene Zangen
- Wasserpumpenzange
- Fächer-Fühlerlehre von 0,05 bis 0,5 mm
- zwei Schlosserhämmer mit 100 Gramm und 250 Gramm sowie ein Kunststoffhammer
- Satz Durchschläge (»Splint-Austreiber«)
- Schublehre (»Messschieber«) Messbereich 0 bis 250 oder 300 mm
- Ölfilterschlüssel zum Wechseln des Ölfilters.

Bitte benutzen Sie einen solchen Schlüssel beim Ölwechsel und würgen Sie den alten Ölfilter nicht mit einer großen Wasserpumpenzange ab oder gar den neuen auf – einen passenden Ölfilterschlüssel gibt es für kleines Geld im Motorradzubehörhandel oder beim Harley-Händler.

Zwar können manche Zoll-Schraubenköpfe und -Muttern auch mit entsprechenden Metrisch-Schlüsseln bearbeitet werden, aber so ganz korrekt ist es nicht. Beispiel: Ein Schlüssel in 1/2 Zoll misst 12,7 mm, es passt also auch der 13er-Schlüssel. Aber die 3/10 mm, welche der 13er-Schlüssel größer ist als der mit 1/2 Zoll können dafür sorgen, dass der Schlüssel überdreht wird, und dann sind die Kanten der Sechskantmutter »rund« und damit vermurkst. Wir gehen weiter hinten in diesem Kapitel darauf ein (siehe dazu auch die Bilder 17a und 17b).

Der Begriff »**SW**« ist die Abkürzung für »**S**chlüssel**w**eite«. SW 13 oder SW 1/2 Zoll bedeutet also, dass dieser Schlüssel für einen Schraubenkopf oder eine Mutter mit 13 mm bzw. 1/2 Zoll bestimmt ist, gemessen über die Mitte an zwei

Bild 6: Prüfer für Reifenluftdruck vom deutschen Hersteller Flaig mit stabilem Alugehäuse.

Bild 7: In einem Zoll-Werkzeugkasten sind fast alle Teile, welche man für Hobby-Schraubarbeiten an einer Sportster 1200 benötigt.

Zoll-/metrische Gewinde, Schlüsselweiten
Die meisten Gewinde an der Sportster 1200 sind amerikanische Zollgewinde. Aber es gibt auch reichlich metrische Gewinde, beispielsweise an den Bremsen. Für Zollschrauben und Zollmuttern muss man andere Schlüssel verwenden als für die Köpfe von metrischen Schrauben bzw. die Sechs- oder 12-Kante von metrischen Muttern. Deswegen sollte man sich einen speziellen Zollwerkzeugkasten kaufen; in Motorradzubehörshops gibt es solche zu verträglichen Preisen. Dazu braucht man dann noch zwei Nüsse für Vorderachs- und Hinterachsmutter.

zueinander parallelen Flächen. Und zu einem normgerecht als »Schraubendreher« bezeichneten Werkzeug sagen wir hier in dieser Motorrad-Reparaturanleitung »Schraubenzieher«. Das ist unter Motorradfahrern üblich, wenn auch nach DIN- oder ISO-Norm fachlich nicht ganz korrekt.

Montageständer

Weil alle Sportster 1200 unseres Buchs keinen Mittelständer, sondern nur einen Seitenständer haben, auf dem das Motorrad weit nach links geneigt abgestellt werden kann, ist es nicht möglich, die Räder aus- und wieder einzubauen. Deswegen braucht man für die meisten Arbeiten entsprechende Montageständer.

Im Buch verwenden wir einfache Front- und Heckmontageständer (Bilder 8 und 9), die es im Motorradzubehörhandel für kleines Geld zu kaufen gibt. Zwar muss zum korrekten Ansetzen des hinteren Ständers der Auspuff abgeschraubt werden, weil man in angebautem Zustand die Kralle des Ständers nicht unter dem rechten Schwingarm ansetzen kann, aber weil der Auspuff zum Radausbau sowieso abgeschraubt werden muss, haben wir diesen Ständer bei unseren Schraubarbeiten benutzt.

Sehr gut ist aber auch ein »Mittelmontageständer«, wie er in den Bildern 9 und 10 zu sehen ist. Er wird unter dem Motor am Rahmen angesetzt und hebt die ganze Maschine hoch. Solche Mittelmontageständer werden auch »Scherenwagenheber« genannt. Es gibt sie mit Gewindespindel oder hydraulischer Hebeeinheit.

Wichtig: Mit einem Gewinde-Scherenmontageständer lässt sich die Maschine feiner dosiert hochheben und ablassen als mit einem hydraulischen Heber. Mittelmontageständer in breiter und schmaler Ausführung gibt es beim Harley-Händler zu Preisen ab 250 Euro.

Hebebühne, Werkzeugwagen

Perfekt ist eine Motorradhebebühne. Sie erleichtert alle Schraubarbeiten an der Maschine, man kann die Maschine hydraulisch in die gewünschte Arbeitshöhe bringen und muss sich nicht bücken. In den Shops der Versandhandelsketten gibt es preiswerte Hebebühnen.

Werkzeug muss nicht nur vorhanden, sondern auch auffindbar sein. Und weil es mit der Ordnung immer so eine Sache ist, empfehlen wir, das am meisten benötigte Werkzeug im falt- und fahrbaren Hazet-Werkzeugwagen »Assistent« (Bild 11) aufzubewahren. Dieser ist innen größer, als er von außen aussieht. Das Grundmaß des »Assistent« beträgt 725 mm x 398 mm, aufgezogen ist er etwas mehr als einen Meter hoch, zusammengeschoben kaum noch die Hälfte.

Tipp: Kaufen Sie in einem Haushaltswarengeschäft (z. B. bei IKEA) Besteckablagen für Schubladenkästen. Die gibt es in verschiedenen Unterteilungen, sie sind billig, leicht und praktisch und eignen sich ganz hervorragend als Schrauben- und Kleinteileablage.

Bilder 8 und 9 zeigen die Sportster mit entlasteten Rädern. Das Vorderrad wird mittels Front-Montageständer, das Hinterrad vom zentral platzierten Scheren-Wagenheber (Bild 10) angehoben. Alternativ kann das Hinterrad vom Heck-Montegeheber (Bild 10), der an der Schwinge angreift, in die Höhe geliftet werden. Dafür muss der Endschalldämpfer aus Platzgründen demontiert werden, was beim Radausbau jedoch sowieso erforderlich ist. In jedem Falle ist das Motorrad gegen Umkippen mit Riemen zu sichern.

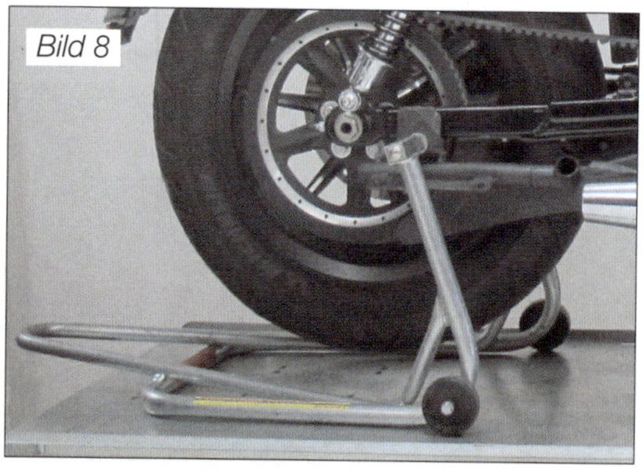
Bild 8

Bild 9

Bild 10

Öl und Fett

Öl: Das wichtigste Werkstatthilfsmittel. Bild 12a: Ein stilvolles Ölkännchen muss auf jede Werkbank, weil vor der Montage ein Tropfen Öl an Schrauben und Muttern gehört. Natürlich kann man auch Öl-Allzweckspray oder WD-40 verwenden, aber die häufige Benutzung von Spray wird mit der Zeit richtig teuer. In unser Ölkännchen gehört gutes Qualitätsöl. Und damit eine weitere Warnung vor dem Baumarkt: Dort kein »prima Ölkännchen mit 150 ml Allzwecköl für nur 1,95 Euro« kaufen, das ist viel zu teuer für Schmierfusel. Besser ist es z. B., die letzten Reste aus Motoröldosen oder -flaschen zu sammeln, indem man die Ölflasche zum Austropfen kopfüber in einen Becher stellt (Bild 12b) und so »Tropföl« sammelt. Das ist nun beileibe kein übertriebener Geiz, aber warum die scheinbar leere Öldose wegwerfen, wenn sich noch ein paar Kubikzentimeter gutes (und teueres!) Motoröl darin befinden?

Fett: Schmierfett ist neben Öl ein weiteres wichtiges Grundhilfsmittel in der Motorradwerkstatt. Schmierfett für Motorräder muss unbedingt resistent gegen Salzwasser sein. Wir brauchen in unserer Hobbywerkstatt drei Fettarten (Bild 14):

- **»Schweres Wälzlagerfett«** ist für langsam drehende Bauteile wie Lenkkopf- und Schwingenlager, Gelenkbolzen der Fußrasten und des Bremshebels. Man spürt beim Reiben zwischen den Fingern, dass das schwere Fett ziemlich steif ist, weswegen es für schnell drehende Bauteile wie z. B. Radlager nicht geeignet ist. Schweres Fett hält sehr hohe Drücke aus.
- **»Leichtes Wälzlagerfett«** schmiert man in schnell drehende Bauteile wie Radlager. Wie die Bezeichnung »leicht« schon sagt, fühlt sich das Fett »leicht« an, weil es besonders geschmeidig ist. Wenn man es zwischen den Fingern verreibt, wird es extrem glitschig. Man spürt während des Reibens quasi den Schmierfilm, und danach lässt sich das Fett kaum mehr von der Haut abwaschen.
- «**Sprühfett**« oder »**Fettspray**« kommt aus der Dose und eignet sich sehr gut zum Schmieren von Bauteilen wie z. B. Gelenkbolzen der Brems- und Kupplungshebel, Fußbremshebel und Fußrasten, wie in Kapitel 1 »Pflege« beschrieben ist. Es ist »leicht« und auch für Radlager geeignet.

Weiteres zur Verwendung von Öl und Fett weiter hinten im Kapitelabsatz »Richtig schrauben«.

Hilfsmittel, Spezialwerkzeuge

Viele Werkstatthilfsmittel (Bild 13) werden vom Chemiegiganten Henkel hergestellt, wie z. B. flüssige Schraubensicherungen (»Loctite«) und Dichtmittel. Im Internet unter *www.loctite.de*

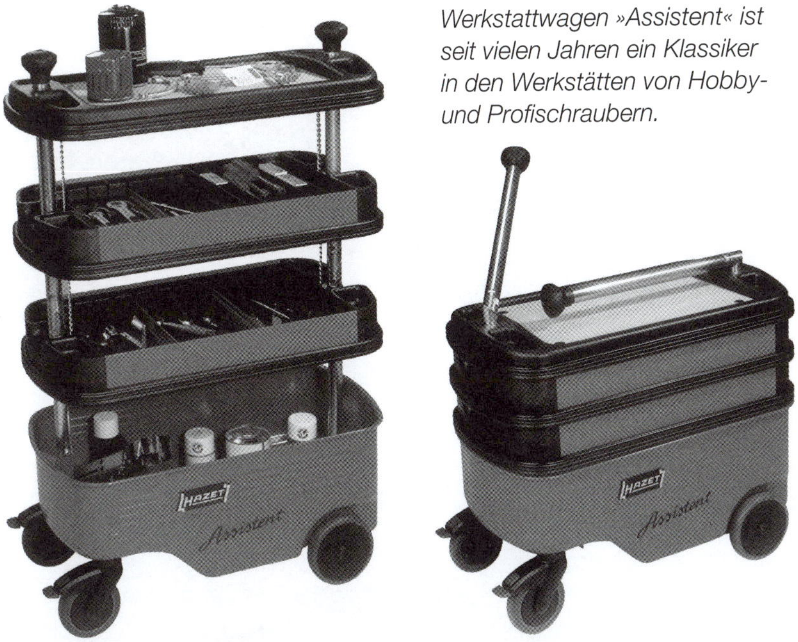

Bild 11: Der fahr- und faltbare Werkstattwagen »Assistent« ist seit vielen Jahren ein Klassiker in den Werkstätten von Hobby- und Profischraubern.

Bild 12a

Bild 12b

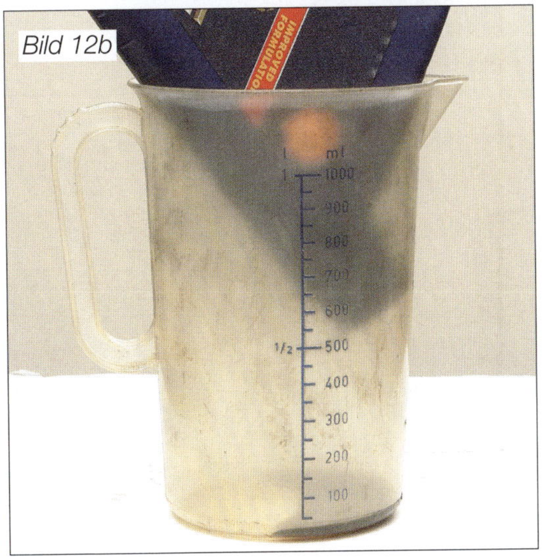

Bilder 12a und 12b: Aus scheinbar leeren Öldosen kommt immer noch so viel Öl heraus, dass es als Tropföl im stilvollen Ölkännchen zum täglichen Hilfsmittel wird.

Sichtprüfung Messen

Bild 13: Werkstatthilfsmittel wie Bremsenreiniger (1), Kältespray zum Einbau von Lagern (2), Kontaktspray für Elektrostecker (3), Lagerfett (4), Loctite Schraubensicherung »mittelfest« (5) und »hochfest« (6), Chrom-Politurpaste (7), Dichtmasse für Gehäusedeckel (8), Molykotefett (9).

Bild 14

Schweres Fett ist für langsam drehende Lager und Bauteile, wie z. B. Lenkkopf- und Schwingenlager.

Leichtes Fett ist für schnell drehende Lager, z. B. Radlager, und zum Schmieren von Simmerringen.

Bilder 14: Schweres und leichtes Fett sind fürs richtige Schmieren verschiedener Bauteile wichtig.

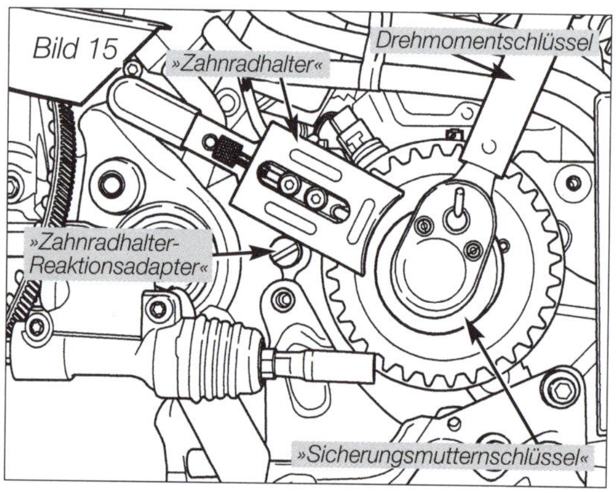

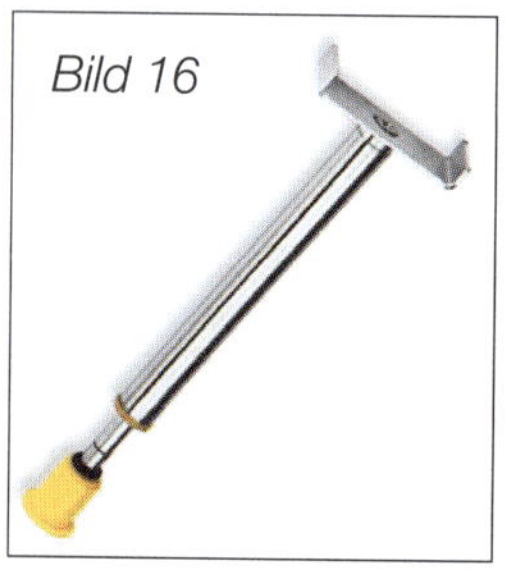

Bilder 15 und 16: Spezialwerkzeuge zum Wechsel des vorderen Zahnriemenrads.

findet man Loctite-Produktbeschreibungen und kann sich über deren Anwendung informieren. Harley-Händler sind in der Regel gut sortiert und haben alle Werkstatthilfsmittel auf Lager.

Man sollte die oben schon besprochenen Fette haben sowie Bremsenreiniger, Kontaktspray, Molykote 111 (Silikonfett), Dichtmittel 3-Bond (Flächendichtmittel), Loctite 577 (Gewindedichtmittel) und Loctite 243 (Schraubensicherung »mittelfest«).

Spezialwerkzeuge

in den Bildern 15 und 16 sehen Sie zwei typische Harley-Spezialwerkzeuge:

- Das wichtigste Spezialwerkzeug, welches sich jeder ab-und-zu-Hobbyschrauber leisten sollte, ist das »Kontrollwerkzeug für die Zahnriemenspannnung« (»Zahnriemen-Prüfgerät«, Bild 16) und wie der Name schon sagt, dient es zur Kontrolle der Spannung des Zahnriemens.
- Ambitionierte Hobbyschrauber, die sich an einen Wechsel von Zahnriemen und Riemenrädern trauen, brauchen die Spezialwerkzeuge »Getriebezahnradhalter« und »Zahnradhalter-Reaktionsadapter« (Bild 15).

Die Anwendung dieser Spezialwerkzeuge zeigen wir in Kapitel 8 »Zahnriemen · Primärkette«.

Auf weitere Spezialwerkzege, wie z. B. den »Arretierungshalter für Kupplung«, »Tellerfeder-Druckschraube« oder auch Telegabel-Werkzeuge gehen wir in den entsprechenden Kapiteln ein.

Richtig schrauben

Gut schrauben zu können ist keine angeborene Gottesgabe, sondern eine Sache der realen Einschätzung: Was habe ich bisher gelernt, kann ich schon, traue ich mir zu, muss ich noch lernen? Und: Von was lasse ich die Finger weg, weil mein Wissens- und Könnenstand sowie der eigene Werkzeugbestand nicht ausreichend genug sind? Das Wissen um die eigenen Fähigkeiten ist die beste Voraussetzung, um ein guter Schrauber zu sein – oder zu werden.

Maschine waschen vor dem Schrauben

Bevor man anfängt an irgendeiner Baugruppe zu schrauben, sollte man die Maschine gründlich waschen (Kapitel 1 »Pflege«), denn an verdreckten Bauteilen und verschmutzten Schrauben kann man kein Werkzeug sicher ansetzen.

Sicherer Werkzeuggebrauch

Am Anfang dieses Kapitels haben wir es schon gesagt, hier wiederholen wir es: Mit schlechtem Werkzeug kann man keine gute Arbeit machen! Hier ergänzen wir thematisch: Mit gutem Werkzeug muss man auch umgehen können. Die Bilder 17a bis 18b zeigen, was wir meinen:

- Wenn ein Schraubenkopf oder eine Mutter einen 13er-Schlüssel braucht (Bild 17a), dann ist der 14er (Bild 17b) das falsche Werkzeug.
- Jeder Kreuz- oder Schlitz-Schraubenkopf braucht einen passenden Kreuz- oder Schlitz-Schraubenzieher (Bilder 18a und 18b). Nicht versuchen, eine Kreuzschlitzschraube mit einem Flachklingen-Schraubenzieher zu öffnen!

Schrauben, Scheiben, Muttern

Stahlschrauben, die in Aluminium (z. B. Motorgehäuse) gedreht werden, müssen mindestens mit der Länge des 1,5-fachen Schraubendurchmessers in das Innengewinde eingeschraubt werden (M6 oder 1/4 Zoll also 9 mm). In Bild 19a sieht man eine zu kurze Schraube, in Bild 19b eine in der richtigen Länge und zwei zu kurze. Natürlich ist die serienmäßige Schraube immer die beste Schraube, aber manchmal geht halt eine verloren – deswegen nachstehend einige Grundlagen für die Verwendung von nicht serienmäßigen Schrauben.

- Wenn man keine Schrauben in der passenden Länge bekommt und nur solche, die 5 mm zu kurz oder 20 mm zu lang sind, dann lieber die zu langen kaufen und auf passende Länge zurechtsägen.
- Wenn Schmutz oder Reste von Schraubenkleber an der Schraube haften, diese mit einer Messingbürste reinigen (Bild 20). KEINE Stahlbürste verwenden, denn die scharfkantigen Stahldrähte können die Oberflächen des Gewindes aufreißen!
- Bei jeder ausgedrehten Schraube und abgedrehten Mutter vor der Montage das Gewinde begutachten: Bei den in Bild 21 gezeigten Schrauben sind die Gewinde defekt (»überdreht«) und damit sind sie reif für die Mülltonne. Die Begutachtung der Gewinde VOR der Montage (oder gleich nach der Demontage, also dem Ausschrauben!) ist besonders wichtig bei sicherheitsrelevanten Baugruppen wie Fahrwerk mit Rahmen, Federung, Rädern und Bremsen sowie dem Antrieb.

In Bild 22 sind verschiedene Scheiben und Muttern dargestellt:

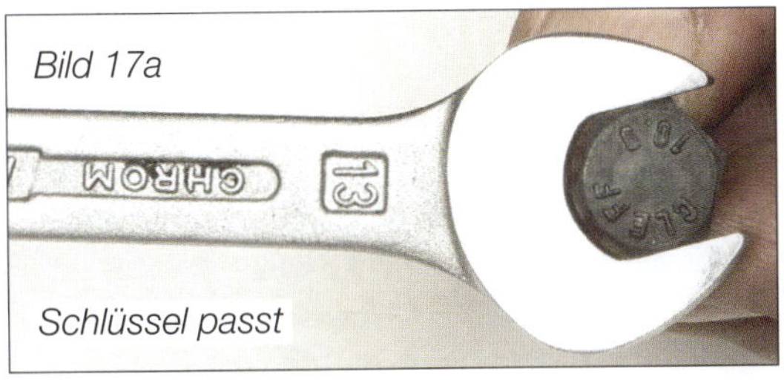

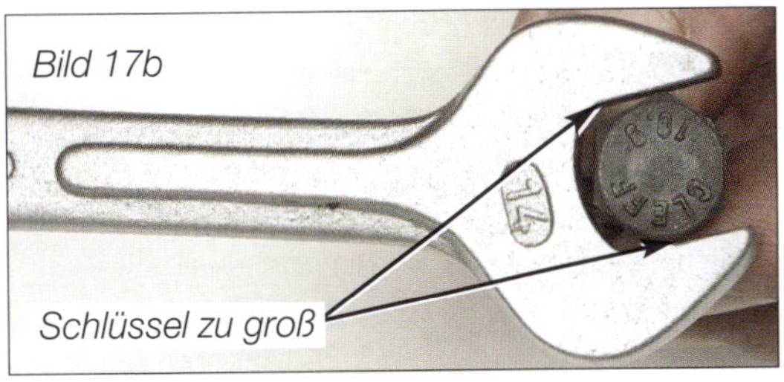

Bilder 17a bis 18b: Immer passendes Werkzeug verwenden. Ein zu großer Schlüssel vermurkst beim ersten Ansatz den Schraubenkopf, ein zu kleiner Schraubenzieher rutscht durch, ein zu großer versaut den Schlitz im Schraubenkopf.

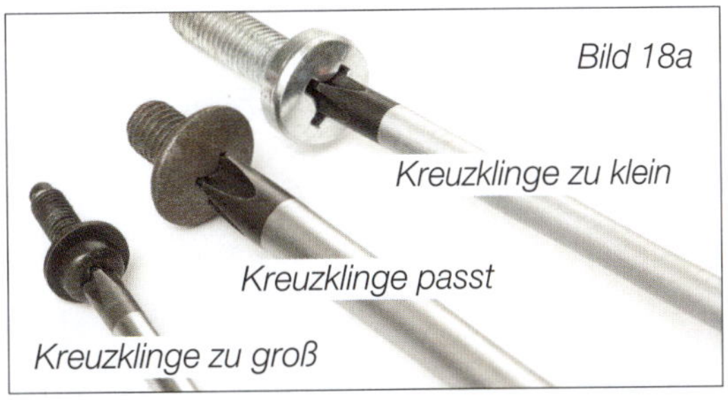

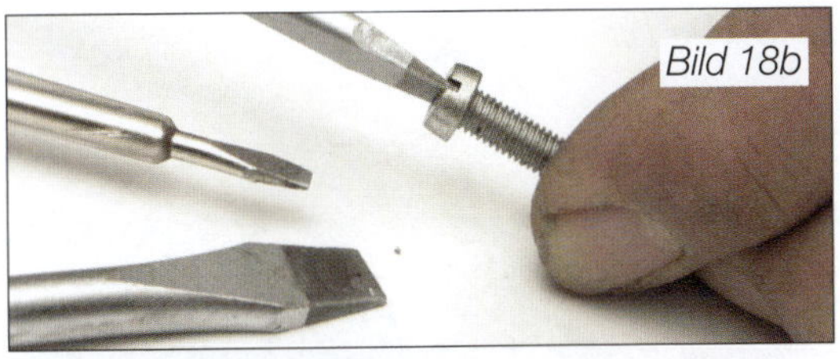

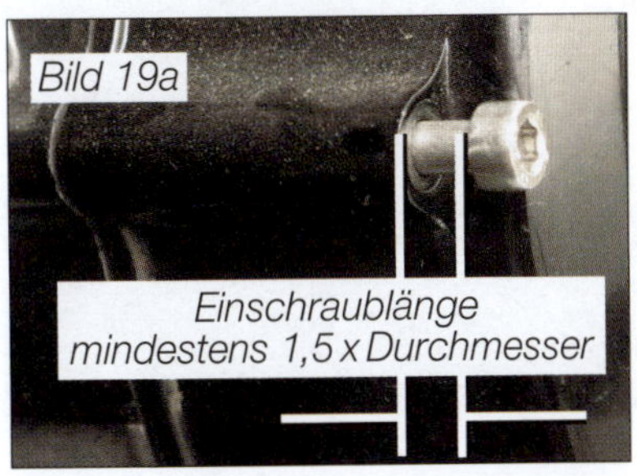

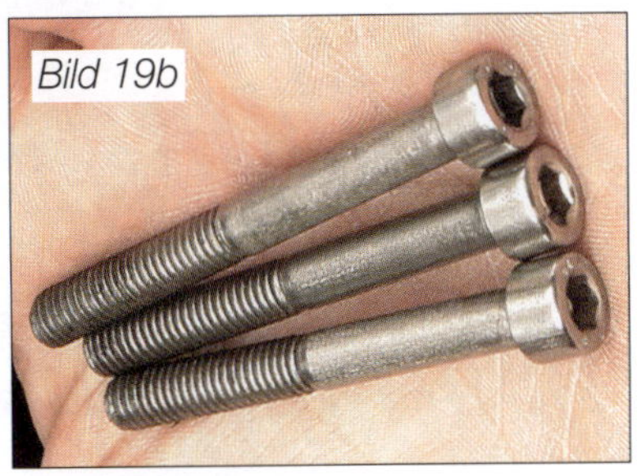

Bilder 19a und 19b: Bei Stahlschrauben in Alu auf genügend Einschraublänge achten.

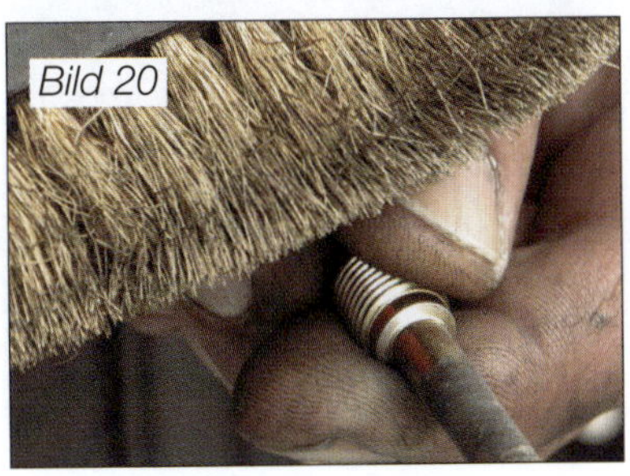

Bild 20: Gewinde immer nur mit einer Messingbürste reinigen.

Bild 21: Defekte Schraubgewinde.

■ **Unterlag- oder Wellenscheiben** sollen zwischen Stahlmuttern und Aluminium gelegt werden, das verbessert die Flächenpressung und schont das Alu.

■ Eine **Federscheibe**, auch »Sprengring« genannt, verhindert durch ihre Zacken bis zu einem gewissen Maße das Lösen der Schraube/Mutter. Nur bei Stahl auf Stahl verbauen!

■ In eine **Stoppmutter** ist ein Sicherungsring aus Kunststoff oder ein mehrteiliges Stahlsegment eingesetzt, der/das die Mutter auf dem Gewinde der Schraube »verklemmt« und damit sichert. Eine Stoppmutter mit Kunststoff-Sicherungsring soll nur einmal (zulässige Ausnahme: höchstens zweimal) verwendet werden; eine Stoppmutter mit mehrteiligem Stahlsegment kann mehrmals verbaut werden.

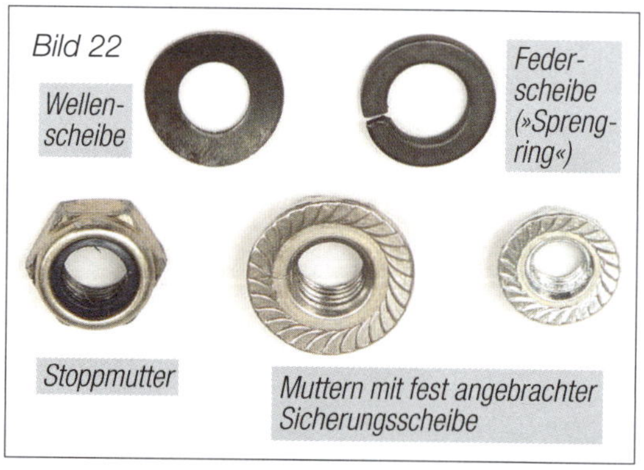

Bild 22: Verschiedene Scheiben und Muttern.

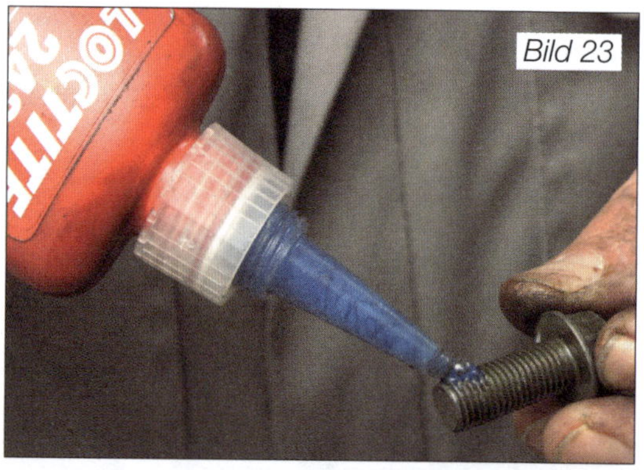

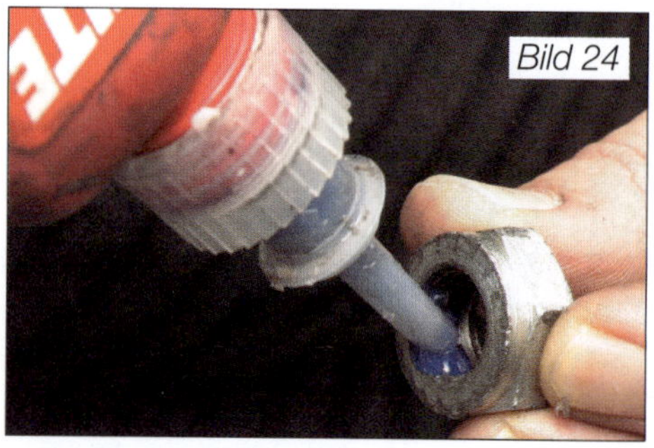

Bilder 23 und 24: Zur Gewindesicherung einen Tropfen Loctite auf die Schraube bzw. in die Mutter geben.

Bild 25: Farbmarkierung zur Sichtprüfung.

■ Eine **Stahlmutter mit** fest angefügter **Feinzahnscheibe** wird ohne zusätzliche Unterlegscheibe auf Alu oder Stahl verschraubt. Nach zwei- oder dreimaliger Verwendung ist die Verzahnung »flach« und sichert nicht mehr richtig. Für die Befestigung einer Nummernschildschraube ist eine solche Mutter aber immer noch gut genug! Zum Thema Nummernschild: Bitte legen Sie eine große Scheibe zwischen Schraubenkopf und (Alu-)Nummerntafel.

Fetten, Ölen, Kleben, Sichern

■ Wenn blanke Bauteile miteinander verschraubt werden, die Kontaktflächen beider Teile gut mit Fett einschmieren, dann rosten sie nicht zueinander fest, weil Fett zwischen den Passflächen das Eindringen von Feuchtigkeit verhindert. Dies gilt auch für Alu auf Alu oder Alu auf Stahl, denn ohne schützende Fettschicht dazwischen bildet sich mit der Zeit böse Korrosion!

■ Wenn Schrauben und Muttern verarbeitet werden, immer einen Tropfen Öl auf/in ihre (gereinigten!) Gewinde und Anlageflächen geben.

■ Loctite »mittelfest« hält jede Schraubverbindung zuverlässig zusammen. Bei extrem belasteten Schraubverbindungen, wie z. B. den Befestigungsschrauben der Bremsscheiben, ist Loctite »hochfest« nötig. Bei Schrauben einen Tropfen auf (Bild 23), bei Muttern in das Gewinde (Bild 24) geben.

Wichtig: Wenn Loctite ans Gewinde gegeben wird, dieses (und das Gegengewinde auch) von Öl und Fett sorgfältig reinigen, am besten mit Bremsenreiniger.

Farbmarkierung: Profis zeichnen jede Schraube (Mutter), die sie mit dem vorgeschriebenen Anziehdrehmoment angezogen haben, mit einer Farbmarkierung (Bild 25). Sollte sich eine Schraubverbindung wider Erwarten öffnen, sieht man das an den zueinander verdrehten Farbstrichen!

Anziehdrehmomente

Um eine notwendige Verbindungs-Haltekraft ausüben zu können, muss eine Schraube (Mutter) in dem ihr zugeordneten Innengewinde (Außengewinde) mit einem bestimmten Anziehdrehmoment festgezogen werden. Nur damit ist garantiert, dass die durch die Schraube (Mutter) zueinander verspannten Bauteile ausreichend fest sind und sich die Schraubverbindung nicht von alleine löst (z. B. durch Vibrationen).

■ Werden Schrauben/Muttern zu leicht angezogen, besteht die Gefahr, dass sich die Schraubverbindung lockert.
■ Werden Schrauben/Muttern zu fest angezogen, werden ihre Gegengewinde »weich«, reißen bzw. brechen dabei aber (noch) nicht: Die Schraubverbindung erscheint »gefühlt fest«, lockert sich aber später und fällt ab.

Im Kapitel 27 »Anziehdrehmomente« sind alle von Harley-Davidson vorgeschriebenen Anziehdrehmomente aufgelistet. Die wichtigsten Werte sind in zwei doppelseitigen Schaubildern direkt an der Maschine bzw. beim Bauteil dargestellt. Weiterhin nennen wir in den einzelnen Kapiteln die Anziehdrehmomente direkt bei den Arbeitsschritten der zu bearbeitenden Bauteile.

Flächendichtmittel

Spezielle Kraftfahrzeug-Silikondichtmasse, öl- und fettverträglich mit einer Temperaturbeständigkeit von –40 °C bis 250 °C wird benötigt, wenn Bauteil auf Bauteil ohne zwischengelegte Papier- oder Korkdichtung verbaut wird.

Wichtig ist zu wissen, dass grundsätzlich immer eine neue Dichtung verwendet werden muss, wenn bei der Demontage die alte herausgenommen wurde. Aber wie es eben beim Motorradschrauben so ist, kommt es manchmal auch vor, das man keine neue Dichtung zur Hand hat bzw. es nicht möglich ist, eine zu kaufen, und dann muss man eben Dichtmittel verwenden.

Bei Verwendung von Silikondichtmasse unbedingt beachten, dass vor dem Zusammenfügen der Bauteile die aufgebrachte Silikondichtmasse ungefähr 10 Minuten »ablüften« muss.

Gewindereparatur mit HeliCoil

Speziell an älteren Motorrädern sind Gewinde oft beschädigt oder zerstört, weil häufiges Lösen und Anziehen zu Verschleiß oder Zerstörung des Gewindes geführt haben. Es kann auch sein, dass Schrauben oder Muttern mit zu großen Anziehdrehmomenten angezogen wurden und deswegen das Gewinde »ausgerissen« ist. Es kann auch durch Korrosion (»Rost«) zwischen Schraube und Bauteilwerkstoff zum »Festbacken der Schraube« gekommen sein, und beim Versuch die Schraube zu lösen wird das Mutterngewinde zerstört.

Zerstörte Gewinde können mit geringem Aufwand und Kosten einfach und zuverlässig repariert werden, indem das defekte Innengewinde ausgebohrt und ein aus gewickeltem Draht bestehender Gewindeeinsatz eingedreht wird: »HeliCoil« nennt sich dieses Reparaturverfahren, das von der Firma Böllhoff Verbindungstechnik GmbH in Bielefeld hergestellt und weltweit vertrieben wird (www.helicoil.de).

HeliCoil bietet so genannte »Repairkits« in Abmessungen von M2 bis M36 bzw. in Zollgrößen 2-56 bis 1 1/2 Zoll an. Ein HeliCoil-Repairkit (Bild 26) kostet ca. 40 Euro, ist im Zubehör-Fachhandel erhältlich und enthält:
■ Kernlochbohrer mit dem Kernloch-Gewindedurchmesser für das neue Gewinde.
■ HeliCoil-Gewindebohrer.
■ HeliCoil-Einbauwerkzeug, das ist eine Einbau-Gewindespindel mit einem kleinen Ansatz vorne.
■ 20 HeliCoil-Drahtgewindeeinsätze aus hoch korrosionsbeständigem Stahl der Legierung 1.4301 (Festigkeit mehr als 1.400 N/mm²).

Gewinde reparieren

Am Beispiel eines ausgerissenen M6-Gewindes in einem Motorblock (Bilder 27 bis 34) erklären wir die Gewindereparatur mit einem HeliCoil-Drahtgewindeeinsatz:
1. Schritt: Wenn der Rest einer abgebrochenen Schraube (Bild 27) im alten Gewinde steckt: Den sichtbaren Schraubenrest exakt mittig ankörnen und mit scharf geschliffenem Bohrer, der 0,5 mm kleiner ist als der alte Gewinde-Nenndurchmesser (Beispiel M6: Bohrer 5,5 mm), das abgebrochene Gewindestück vorsichtig ausbohren.
2. Schritt: Mit dem im HeliCoil-Repairkit befindlichen Bohrer das beschädigte Gewinde komplett ausbohren (Bild 28): Bohrerdurchmesser entspricht dem Kerndurchmesser des

Wichtige Adressen:
■ **Hazet** (Spezialwerkzeuge für Kraftfahrzeuge)
Hazet Werk, Postfach 10 04 61
D-42804 Remscheid
www.hazet.de
www.karlernstag.ch
■ **HeliCoil Gewindeeinsätze Böllhoff GmbH & Co. KG**
Archimedesstraße 1–4
D-33649 Bielefeld
www.boellhoff.de
www.boellhoff.at
■ **Kern Montagetechnik**
(Montageständer, Hebebühnen)
Gewerbestraße 13–16
D-79364 Malterdingen
www.kern-stabi.de
www.motacc.ch
■ **Loctite Deutschland GmbH**
(Schraubenkleber, Dichtmittel)
Gutenbergstraße 3
D-85748 Garching
www.loctite.de
www.loctite.at
www.loctite.ch
■ **Profi Products** (Zahnriemenfluchttester, Spurprüfsysteme)
Flörsheimer Ring 6
D-67705 Trippstadt
www.profi-products.de
www.faie.at
www.gcg-gering.ch

Bilder 26 bis 34: Gewindereparatur mit HeliCoil.
■ 26: Kompletter HeliCoil-Reparaturkit.
■ 27: Defektes Gewinde, überdrehte Schraube.

neuen Aufnahmegewindes für den HeliCoil-Einsatz.

3. Schritt: Aufnahmegewinde für den HeliCoil-Drahtgewindeeinsatz mit dem beiliegenden Gewindebohrer schneiden (Bild 29).

Wichtig: Damit keine Späne in Gewindebohrungen hineinfallen, den Gewindebohrer vor dem Gewindeschneiden in Fett eintauchen, dann bleiben die Späne am Gewindebohrer haften.

4. Schritt: Gewinde reinigen, z. B. mit Druckluft ausblasen. ALLE Späne entfernen!

5. Schritt: HeliCoil-Drahtgewindeeinsatz mit der Einbauspindel montieren. Dieses ist sehr einfach, der Drahtgewindeeinsatz wird mit der Spindel wie eine Schraube in das vorbereitete Aufnahmegewinde eingedreht (Bilder 30 und 31).

6. Schritt: Nach der Montage des Drahtgewindeeinsatzes dessen Mitnehmerzapfen abbrechen (Bild 32): Zapfenwerkzeug zuvor in etwas Fett tauchen, ganz in den Drahtgewindeeinsatz einführen, mit einem kleinen Hammer einen leichten Schlag auf das Zapfenwerkzeug geben und den abgebrochenen Mitnehmerzapfen aus dem Drahtgewindeeinsatz entfernen.

Wichtig: Bei der Reparatur von Durchgangsbohrungen muss Obacht gegeben werden, wo der abgebrochene Mitnehmerzapfen hinfällt, damit er z. B. nicht in den Motor zwischen empfindliche Motorenmechaniken gerät!

Eine solche Gewindereparatur ist innerhalb von zehn Minuten ohne Schweißaufwand erledigt. Nach der Reparatur mit HeliCoil ist das Gewinde um ein Vielfaches belastbarer als das Originalgewinde. Das Gewinde wurde nicht etwa »geflickt«, sondern seine Qualität wurde deutlich verbessert: Der HeliCoil-Drahtgewindeeinsatz aus Edelstahl macht das Gewinde verschleißfester und korrosionsbeständiger. Zukünftige Wartungsarbeiten können diesem Gewinde nichts mehr anhaben (Bilder 33 und 34).

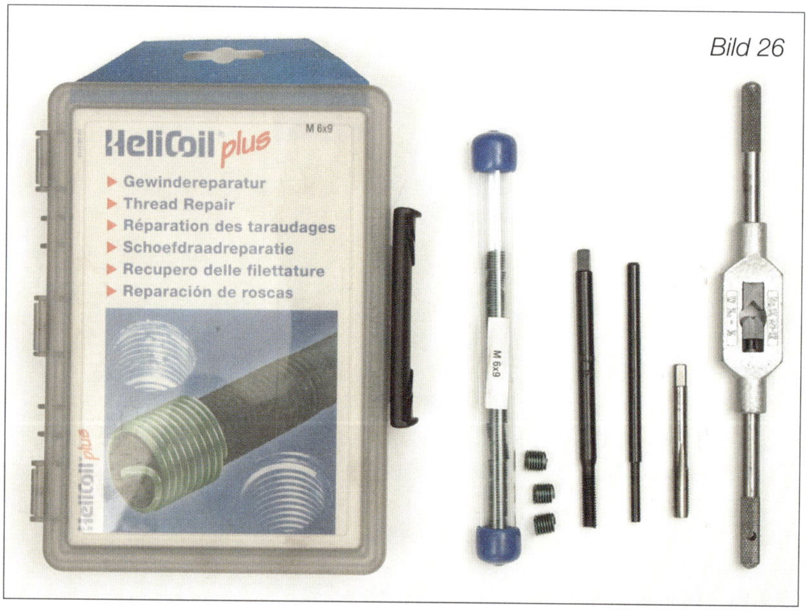

Bild 26

■ 28: Schraubenreste ausbohren, sauberes Kernloch erzeugen.
■ 29: Neues Aufnahmegewinde für den HeliCoil-Gewindeeinsatz schneiden.
■ 30 und 31: HeliCoil-Gewindeeinsatz mit der Einbauspindel montieren.
■ 32: Zapfen brechen und entfernen.
■ 33: Perfekt ist das neue Gewinde mit HeliCoil-Gewindeeinsatz.
■ 34: Schraube eindrehen und anziehen, fertig!

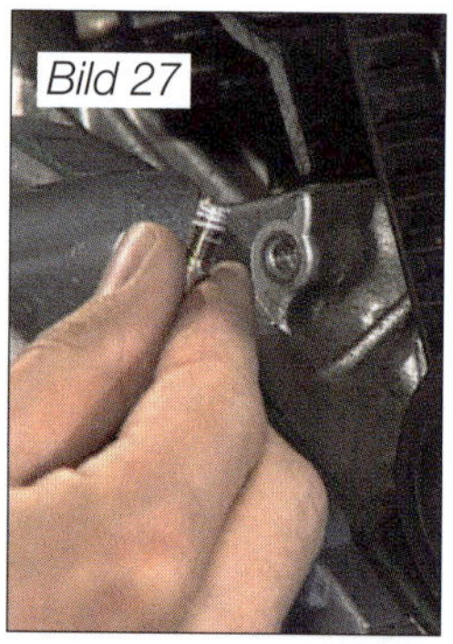
Bild 27

Bild 28

Bild 29

Bild 30

Bild 31

Bild 32

Bild 33

Bild 34

Tank • Rahmen • Anbauteile

In diesem Kapitel: Spiegel · Seitendeckel · Sitzbank · Tank ab- und anbauen · Wasser im Tank · Rahmen: Lenkanschlag · Seitenständer, Fußrasten, Fußrastenhalter, Vorderrad- und Hinterradkotflügel ab- und anbauen · Motor aus- und einbauen.

Spiegel

Bilder 1 bis 3: Die Rückspiegel sind in den Halterungen von Handbrems- und Kupplungsarmatur eingesteckt und mit einer Hutmutter befestigt.

Rückspiegel einstellen
In den Bildern 2a und 2b sieht man die Grundeinstellung der Spiegelarme. Jeder Rückspiegel kann über ein Kugelgelenk fein eingestellt werden. Wenn diese Einstellmöglichkeit nicht ausreicht, den Spiegelarm neu positionieren:
1. Hutmutter unten am Spiegelarm lösen, diesen in die gewünschte Position drehen.
2. Spiegelarm in dieser Position festhalten und die Hutmutter mit 14 Nm festziehen.

Bitte beachten: Die Zahnscheibe zwischen Hutmutter und Armatur muss vorhanden sein, denn sie verhindert, dass sich die Hutmutter durch Vibrationen löst und sich dann der Spiegel unter dem Druck des Fahrtwinds verdreht.
■ Wenn das Gewinde des Spiegelarms oder der Mutter kaputt ist: Neue Mutter und neue Zahnscheibe besorgen.
■ Spiegel abbauen, Gewinde reinigen und mit einem Schneideisen nachschneiden, etwas dickes Fett an das Gewinde geben, Spiegel einsetzen, Zahnscheibe aufschieben, Hutmutter auf Gewinde drehen und leicht festziehen.
■ Spiegel in gewünschte Position bringen, festhalten und Hutmutter mit 14 Nm festziehen.

Seitendeckel

Seitendeckel ab- und anbauen
Beide Seitendeckel kann man ohne Werkzeug ab- und anbauen.

Linker Seitendeckel (Bilder 4a bis 4c): Seitendeckel oben links und rechts anpacken, vorsichtig aus den Befestigungsclips ziehen, schräg halten. Unten aus dem Befestigungshaken nehmen und abnehmen.

Rechter Seitendeckel: Unten anpacken, durch Ziehen vom Knubbel am Öltank lösen, schräg ziehen, oben von den beiden Befestigungshaken nehmen und abnehmen.

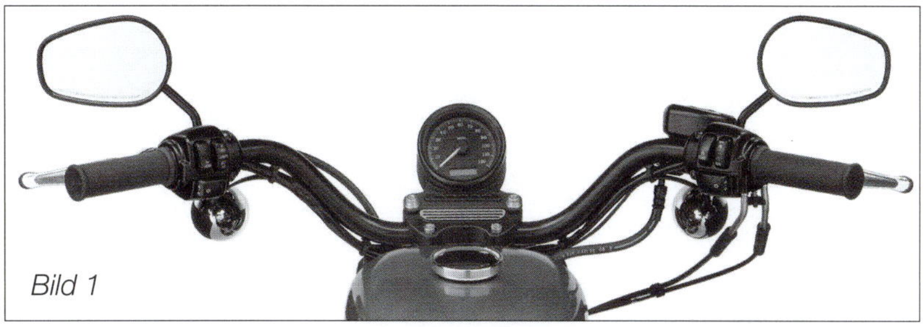

Bild 1

Bild 2a

Spiegelarm links in Kupplungsarmatur

Bild 2b

Spiegelarm rechts in Handbremsarmatur

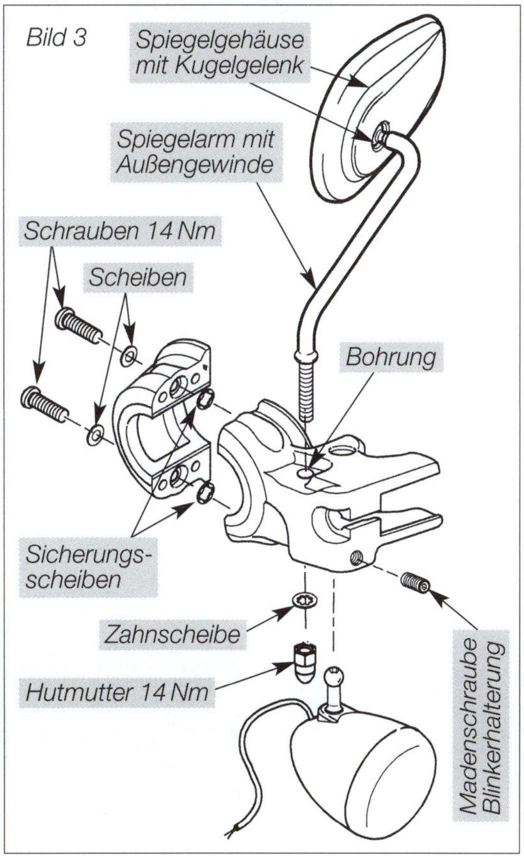

Bild 3

Bilder 1 bis 3: Korrekt angebaute Rückspiegel und Explosionszeichnung. Im Lauftext sind die zu den Bildern gehörenden Arbeitsschritte nummeriert beschrieben.

Sitzbank

Die Bilder 5a bis 6b zeigen Doppel- und Einzelsitz, beide sind auf gleiche Weise befestigt: Die einzige Schraubstelle ist hinten am Schutzblech.

Zum **Abbau** Schraube lösen und ausschrauben, Sitzbank leicht nach vorne schieben, in der Mitte etwas anheben und damit das Doppelloch vom Haltebolzen lösen, dann Sitzbank nach hinten ziehen und die Zunge vorne an der Sitzbank aus der Tankhalterung ziehen.

Bilder 4a bis 4c: Details des linken Blech-Seitendeckels und seiner Befestigung.

Aufbau in umgekehrter Reihenfolge: Sitzbank in ungefährer Aufbauposition anlegen, Zunge in Tankhalterung schieben, Sitzbank auflegen und darauf achten, dass das Doppelloch über den Haltebolzen rutscht, Sitzbank leicht nach unten drücken und gleichzeitig nach hinten ziehen, damit der Haltebolzen einrastet, Schraube eindrehen und »handfest« festziehen:

- mit 3,5 Nm bis Modelljahr 2015
- mit 2,5 Nm ab Modelljahr 2016

Tank ab- und aufbauen

Der Tank soll zur Montage möglichst leer sein, weil er weniger wiegt und die Gefahr geringer ist, dass Sprit ausläuft.

⚠ **Achtung:** Benzin ist leicht entflammbar. Während der Arbeiten am Kraftstoffsystem nicht rauchen, keine offenen Flammen und kein (möglicher) Funkenflug in weitem Umkreis des Arbeitsplatzes! Auch muss der Arbeitsplatz gut gelüftet sein.

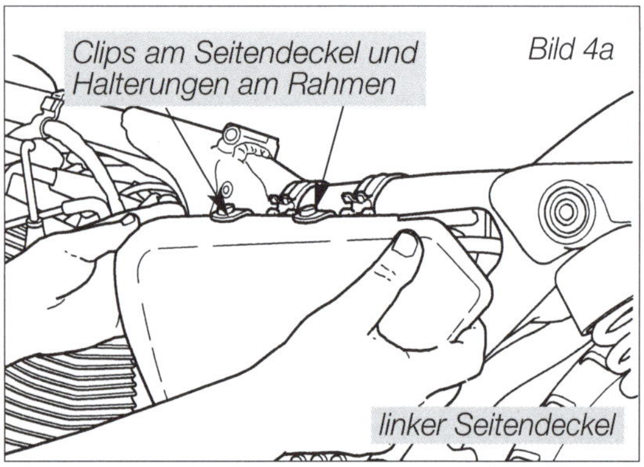

Bild 4a

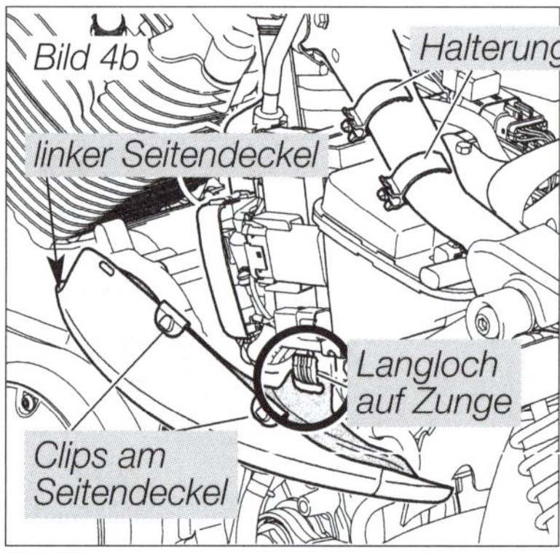

Bild 4b

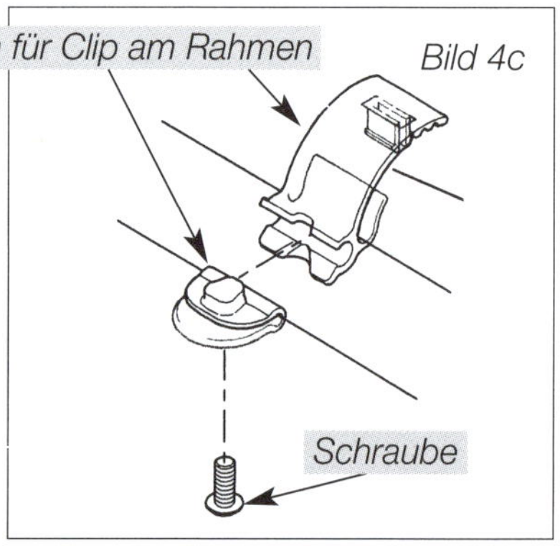

Bild 4c

Bilder 5a bis 6b: Befestigungen von Doppel- und Solo-Sitzbank. Der mittlere Haltebolzen ist bei beiden Sitzen an dieser Stelle angebracht.

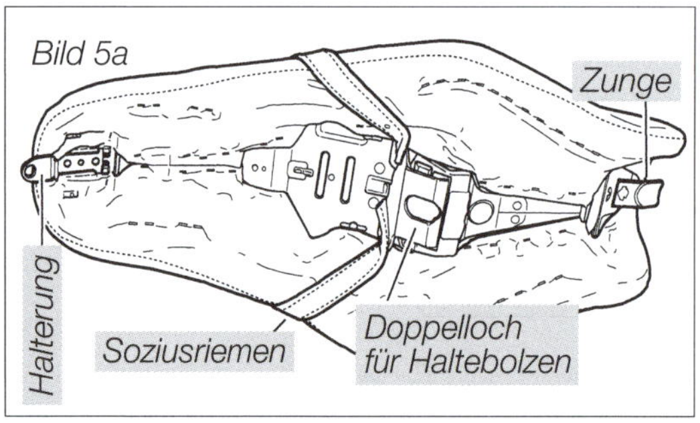

Bild 5a

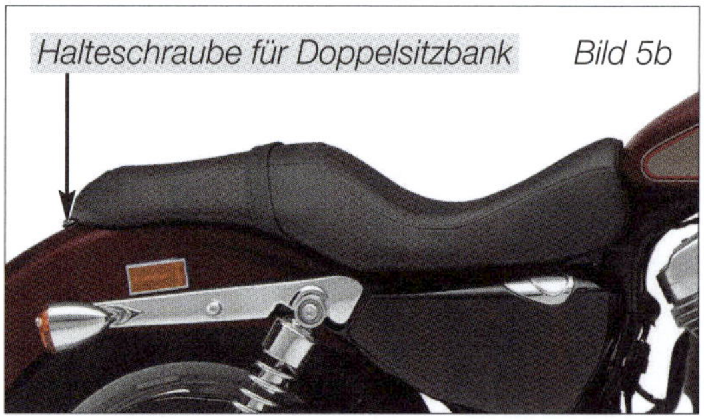

Bild 5b

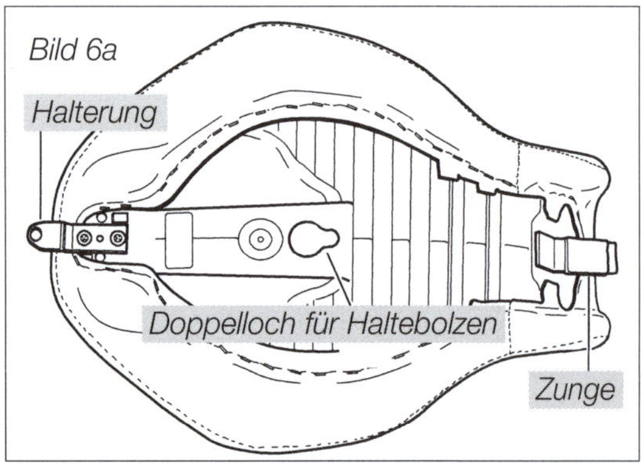

Bild 6a

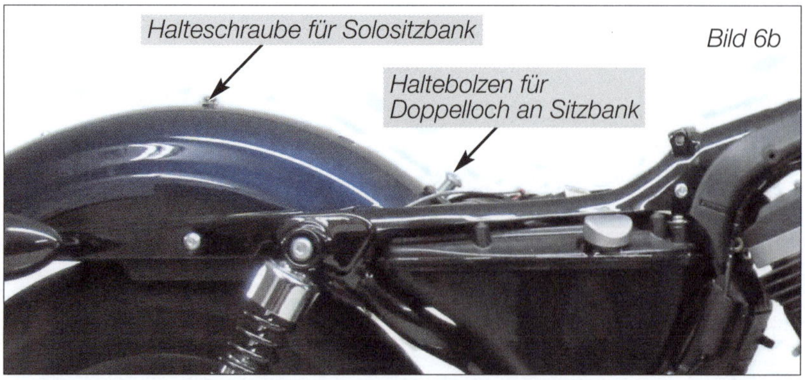

Bild 6b

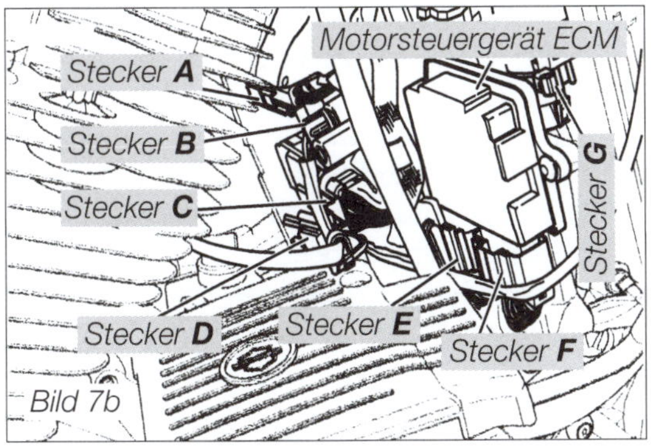

*Bezeichnungen in Bild 7b: Stecker **A** = Benzinpumpe/Benzinstandgeber [141], Stecker **B** = Sicherheitssirene [142], Stecker **C** = Motorkabelbaum [145], Stecker **D** = Widerstandbaugruppe [200], Stecker **E** = Motorsteuergerät ECM [78-1], Stecker **F** = Motorsteuergerät ECM [78-2], Stecker **G** = Steuergerät BCM (Body Control module) [259]. Anmerkung: [xy] = siehe Bezeichnungen in den Schaltplänen.*

Tank abbauen

Vorarbeiten

1. Zum Abbau des Tanks müssen Sitzbank und linker Seitendeckel abgebaut werden (siehe weiter vorne in diesem Kapitel).

2. Druck im Kraftstoffsystem vermindern: Damit beim Abbau der Kraftstoffleitung vom Tank kein Benzin verspritzt, muss der Benzindruck im Einspritzsystem vermindert werden.

2.1. Zündung AUSschalten, Stecker im Kabel zur Benzinpume trennen (Bild 9f): Dieser befindet sich hinter der Kunststoffabdeckung vor dem Batteriekasten (siehe Bild 7b), welcher hinter dem linken Seitendeckel ist.

2.2. Bild 9f: Zum Trennen des Steckers der Benzinpumpe die beidseitigen Verriegelungen am Stecker gleichzeitig eindrücken und sie so lösen, dann den Stecker auseinanderziehen.

3. Jetzt die Zündung wieder EINschalten, Motor starten und laufen lassen, bis er mangels Benzinzufuhr ausgeht.

3.1. Wenn der Motor abgestorben ist, den Anlasser zirka 3 Sekunden lang betätigen, um letzte

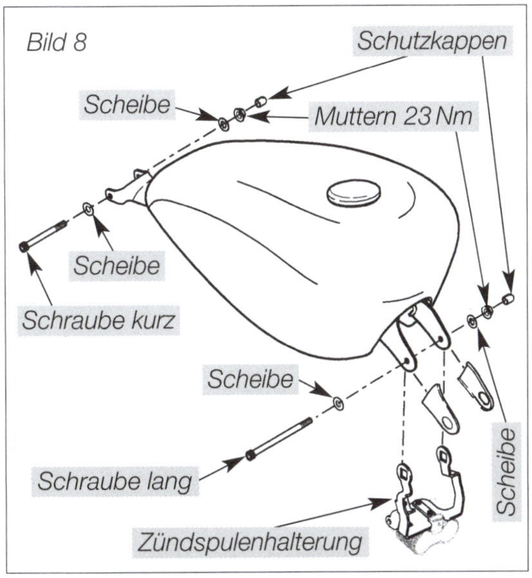

Bilder 7a bis 9f: Explosionszeichnung der Tankbefestigung und Ab-/Aufbau des Tanks. Im Lauftext sind die zu den Bildern gehörenden Arbeitsschritte nummeriert beschrieben.

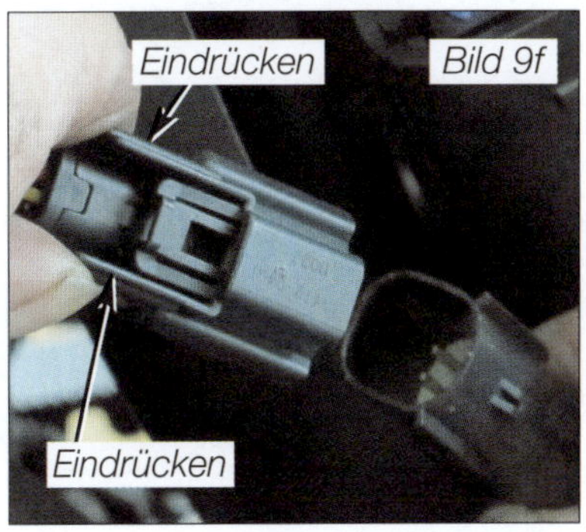

Bild 10a: Benzinpumpe und Benzinstandgeber sind in den Tank eingebaut.

Bild 10b: Benzinpumpe beim Ausbau zur Seite neigen, wenn sie fast ganz herausgezogen ist.

Bild 10c: Anziehreihenfolge 1 bis 5 beachten.

Bild 11: Tankdeckel beim Schließen so weit aufschrauben, bis drei Klicks zu hören sind.

Benzinreste aus dem System zu entfernen.
4. Zündung AUSschalten, Hauptsicherung demontieren (siehe Kapitel »Sicherungen, Relais, Stecker«).

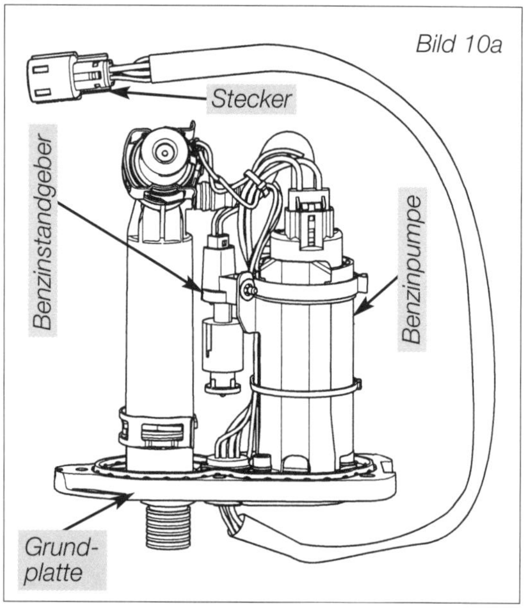

Benzinschlauch vom Tank abbauen

1. Bild 9b: Kupplungsstück am Benzinschlauch mit dem Daumen eindrücken. Druck halten.
1.1. Bild 9c: Mit der anderen Hand die Schiebehülse nach oben schieben, Position halten.
1.2. Bild 9d: Druck auf Kupplungsstück lösen und den Schnellverschluss nach unten abziehen.
2. Bild 9e: Entlüftungsschlauch abziehen.
3. Kabel der Benzinpumpe aus dem Kabelclip hinter dem hinteren Zylinder lösen.
4. Schutzkappen von den Gewinden der Tankbefestigungsschrauben abziehen.
4.1. Muttern mit 1/2-Zoll-Nuss abschrauben und mit Scheiben abnehmen. Schrauben am Kopf mit 7/32-Zoll-Inbus dabei gegenhalten. Dann Schrauben ausziehen.
5. Tank nach hinten-oben abnehmen. An einem sicheren Ort auf sauberen Lappen lagern.

Tank aufbauen

Bild 8: Tankmontage in umgekehrter Reihenfolge. Auf Folgendes besonders achten:
■ Schläuche und Kabel müssen exakt verlegt sein, sie dürfen nicht zwischen Tank und Rahmen verklemmt werden.

1. Bild 8: Tank vorne in Einbauposition schieben. Darauf achten, dass die vorderen Tankhalterungen außerhalb der Zündspulenhalterung sitzen. Dann Tank hinten ablassen.
2. Scheibe auf lange Tankbefestigungsschraube schieben, Schraube von rechts durch Tankhalterung, Zündspulenhalterung und Rahmen schieben. Scheibe aufschieben und Mutter von Hand aufdrehen.
3. Tank hinten vorsichtig anheben. Darauf achten, dass er nicht an der oberen Gabelbrücke anstößt.

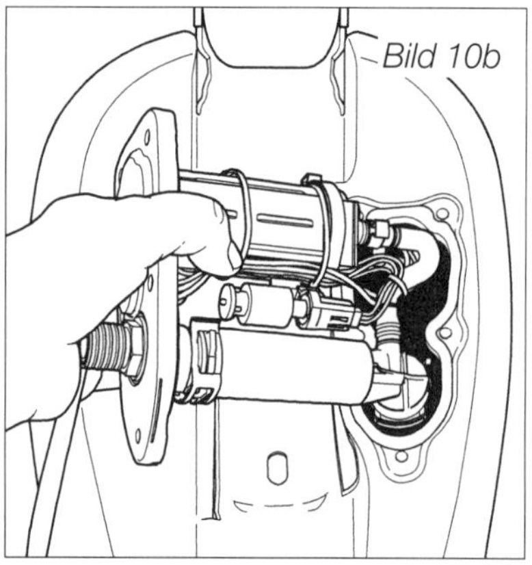

Bild 10c: Befestigungsschrauben Benzinpumpeneinheit 4,8 Nm, Anziehreihenfolge beachten.

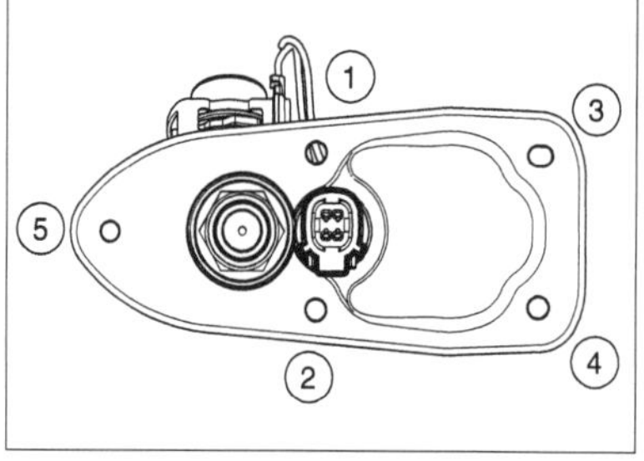

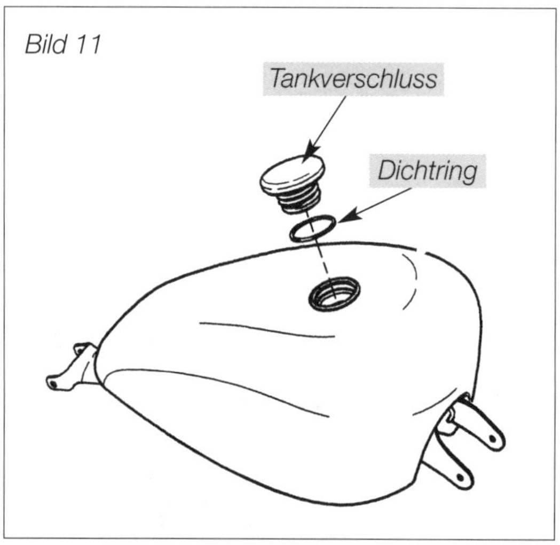

Wasser im Tank?
Wenn der Motor stottert, nicht rund läuft oder sogar oft ausgeht und man denkt, dass etwas verstopft oder die Zündung defekt ist, kann Wasser im Tank die Fehlerquelle sein. Wasser gelangt auf zwei Wegen in Tanks:
1. Wenn das untere Ende des Be- und Entlüftungsschlauchs (Bild 9e) nicht richtig verlegt ist und zu tief unter dem Motor bzw. vor dem Hinterrad hängt, kann bei einer Regenfahrt Spritzwasser durch eben diesen Schlauch in den Tank angesaugt werden.
2. Der Dichtring (Bild 11) des Tankverschlusses ist defekt. Wenn das Motorrad einige Zeit im Regen steht, läuft Wasser an den Rand des Tankverschlusses und sammelt sich unten neben dem inneren Rand des Tankeinfüllstutzens: In dem Moment, wo der Tankverschluss geöffnet wird, läuft dieses Wasser in den Tank.

Lösung des Problems:
■ Wenn Wasser im Tank ist, zuerst »Ethanol Guard / Fuel Stabilizer« in den Tank kippen und eine Zeit lang fahren.
■ Wenn das nichts hilft, zuerst das Benzin-Wasser-Gemisch aus dem Tank abpumpen und fünf Liter frisches Benzin tanken.
■ Wenn auch das nichts hilft, muss man den Tank und den Benzinschlauch abbauen, die Benzinpumpe ausbauen (Bild 10b) und alle Bauteile sorgfältig reinigen und austrocknen.

4. Kabel der Benzinpumpe unter dem Tank herausführen und in den Kabelclip einlegen, Kabelclip an der Kunststoffplatte hinter dem hinteren Zylinder befestigen.
■ Dabei darauf achten, dass das Kabel zwischen Benzinpumpe und Clip nicht straff gespannt ist, sondern einen kleinen Bogen macht.
5. Tank hinten in Einbauposition absenken. Scheibe auf kurze Tankbefestigungsschraube setzen, Schraube von rechts durch Tankhalterung und Rahmen schieben. Eine weitere Scheibe aufschieben und Mutter von Hand aufdrehen.
6. Muttern der Tankbefestigungsschrauben mit 23 Nm festziehen. Schutzkappen auf Gewinde schieben
7. Bild 9e: Entlüftungsschlauch auf Stutzen schieben.
8. Bild 9f: Stecker am Kabel der Benzinpumpe zusammenstecken. **Beachten:** Verriegelungen müssen sicher einrasten (»Klicken«).
9. Bild 9d: Schiebehülse am Tank nach oben schieben, Position halten.
10. Bild 9c: Kupplungsstück am Benzinschlauch in den Schnellverschluss am Tank einschieben und eindrücken, während die Schiebehülse nach oben gehalten wird.
10.1. Schiebestück loslassen bzw. nach unten ziehen. Beim Einrasten der Schnellkupplung muss es fühl- und hörbar klicken als Zeichen, dass die Verriegelung einrastet.
10.2. Zur Sicherheit das Schiebestück am Tank nach unten ziehen.
10.3. Vorsichtig am Kupplungsstück ziehen und so prüfen, ob die Schnellkupplung richtig sitzt.
11. Stecker von Benzinpumpe auf Halter aufstecken, Kunststoffabdeckung einbauen.
11.1. Hauptsicherung einsetzen. Zündung einschalten und prüfen, ob die Benzinpumpe anläuft und die Schnellkupplung dicht ist.

Prüfen: Entlüftungsschlauch darf nicht geknickt sein. **Trick:** Dort wo er unten ins Freie ragt, ganz leicht daran ziehen.

Rahmen

Lenkanschlag

Als Lenkanschlag fungieren das vorne vom Lenkkopf abstehende Flacheisen sowie die beiden Vorsprünge rechts und links auf der unteren Gabelbrücke. Dadurch werden die Lenkbewegungen nach rechts und links begrenzt. Besonders beim Gebrauchtkauf sollte man auf den Lenkanschlag ein Auge haben. Ist der Anschlag gebrochen oder deformiert, ist dies ein sicherer Hinweis auf Sturz oder Unfall der Maschine.

Seitenständer

Der Seitenständer ist hohen Belastungen ausgesetzt, schließlich hat er eine große Last zu tragen, wenn das Motorrad darauf abgestellt wird. Beim Aus- und Einklappen muss er sich leicht bewegen lassen und zuverlässig nach oben an den Gummipuffer-Anschlag (Bild 13c) in die Waagerechte schnappen. Die Gelenkstellen der Rückholfeder, ihre Haken und Ösen an Seitenständer und Halteplatte müssen regelmäßig geschmiert werden. Am besten Öl, Keramikpaste oder Sprühfett verwenden.

Bild 13c: Rückholfeder gelegentlich kontrollieren, sie darf weder gerissen noch an ihren umgebogenen Haken verschlissen sein. Falls doch, unbedingt ersetzen.

Wenn der Seitenständer lange Zeit trocken und ohne Schmierstoff bewegt wird, verschleißen seine Lagerstellen. Dann müssen neue Gelenkbauteile eingebaut werden, da die alten Teile eingelaufen und durch Fress- und Kerbstellen stark bruchgefährdet sind.

Seitenständer abbauen

1. Motorrad auf Heck- oder Mittelmontageständer aufbocken, Seitenständer muss hochgeklappt sein.
2. Bild 13c: Anschlaggummi am Rahmen entfernen, damit sich der Seitenständer weiter hochklappen und dadurch die Feder leichter aushängen lässt.
3. Bilder 14a und 14b: Bretzelclip aus dem Bolzen ausbauen.
4. Bolzen nach unten ziehen/drücken, bis er sich aus der oberen Aufnahme löst.

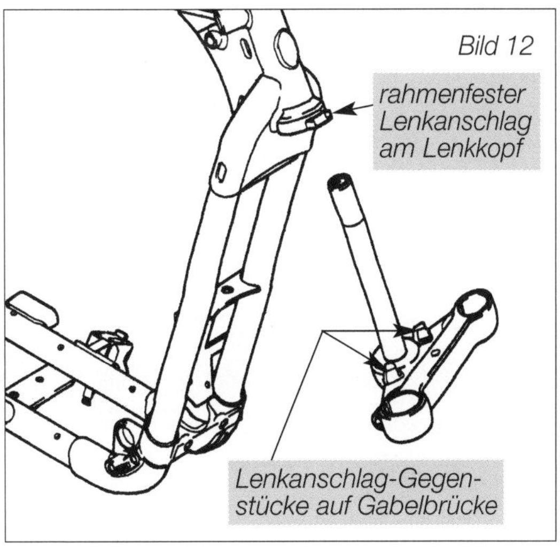

Bild 12: Der angeschweißte Lenkanschlag vorne am rahmenfesten Lenkkopf und seine beiden Gegenstücke, die auf der unteren Gabelbücke angegossen sind.

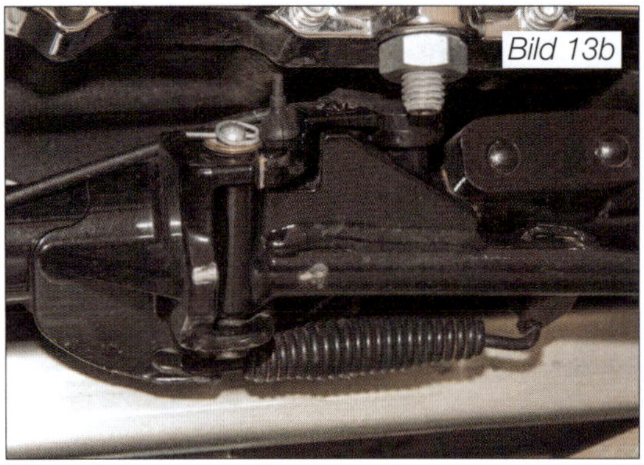

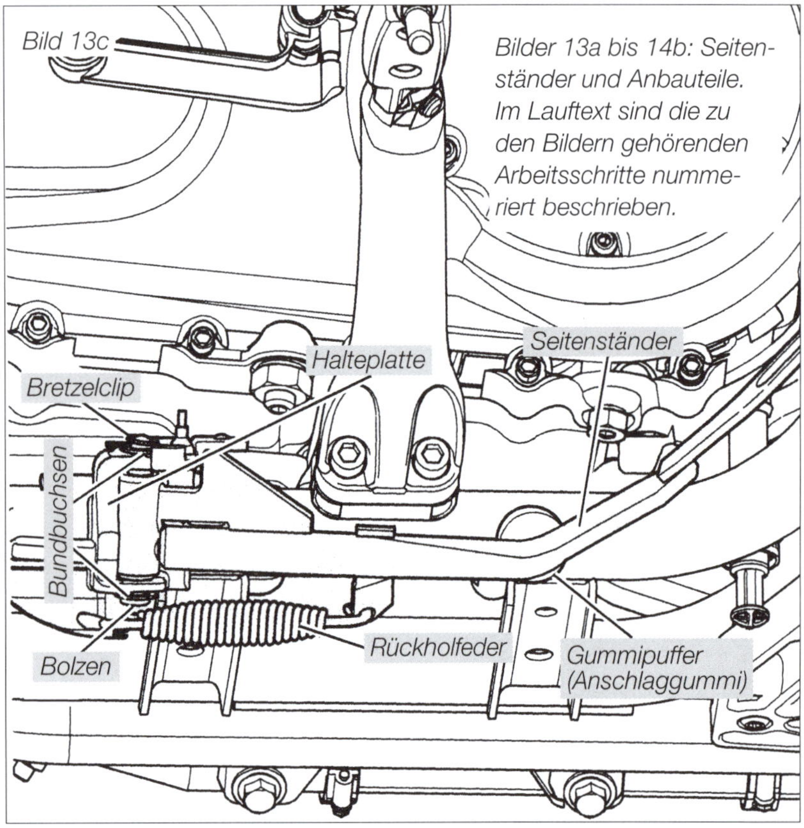

Bilder 13a bis 14b: Seitenständer und Anbauteile. Im Lauftext sind die zu den Bildern gehörenden Arbeitsschritte nummeriert beschrieben.

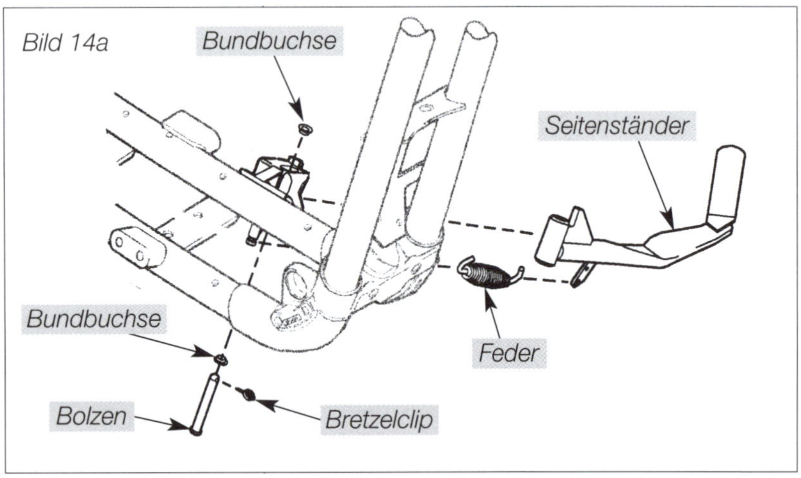

5. Feder mit einer Flachzange am Federbolzen an der Halteplatte aushängen und dann aus Bohrung am Ständer aushängen.
6. Bolzen vollständig ausziehen/ausdrücken und den Seitenständer abnehmen.
6.1. Die beiden Bundbuchsen in der Bohrung des Bolzens herausnehmen.

Seitenständer anbauen
1. Alle Teile gründlich reinigen.
2. Bild 14a: Bolzen, Bohrungen in Seitenständer und Halteplatte sowie Bundbuchsen mit hochwertigem und druckstabilem Wälzlagerfett satt einschmieren.
3. Untere Buchse in ihre Bohrung einsetzen.
4. Feder am Haltebolzen des Ständers einhängen, anderes Ende an Federbolzen an Halteplatte anhängen.
5. Seitenständer gegen die Federkraft ziehen und in Einbauposition zur Halteplatte bringen.
6. Bolzen von unten durch Bundbuchse in Halteplatte bis in Seitenständer schieben.
7. Durch Hin- und Herbewegen des Seitenständers den Bolzen auf obere Bohrung ausrichten, dann den Bolzen ganz durchschieben.
8. Obere Bundbuchse über den Bolzen in Bohrung einsetzen.
9. Bild 14b: Neuen (!) Bretzelclip in Bohrung im Bolzen so weit einschieben, dass seine Schleife über dem Ende des Bolzens einrastet.
10. Gummipuffer (Anschlaggummi) auf den Bolzen am Rahmen aufdrücken.
10.1. Jetzt den Seitenständer mehrmals nach unten und zurückklappen und seine ordnungsgemäße Funktion prüfen: Alles muss leicht gehen, und in Ruheposition »waagerecht« muss er sicher halten.
Redaktioneller Hinweis: Die Prüfung des Seitenständerschalters ist in Kapitel 2 »Wartung« beschrieben.

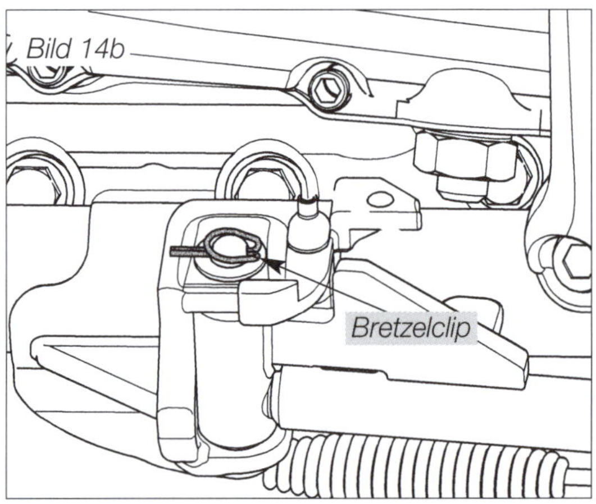

Fußrasten

Die Fußrasten sind gelenkig und über Halteplatten mit dem Rahmen verschraubt. Beschädigte Fußrasten, zum Beispiel nach Sturz oder Umfaller, können erneuert werden.

Fußrasten abbauen
1. Bilder 16a, 16b und 17: Seegerring mit einer Seegerringzange vom Bolzen abnehmen.
2. Bolzen langsam ausdrücken, Fußraste mit Federscheibe herausnehmen.

Fußrasten anbauen
1. Gelenk- und Lagerstellen reinigen, trocken putzen und mit dickem Fett einschmieren.
2. Fußraste mit Federscheibe in U-Halterung einsetzen. Darauf achten, dass die rechtwinklige Kante der Federscheibe nach innen zeigt.
3. Bohrungen zueinander in Deckung bringen, Bundbolzen ein- und ganz durchschieben.
4. Seegerring in seine Nut einbauen.

Fußrastenhalter: Die modelltypischen Fußrastenanlagen sind in den Explosionszeichnungen der Bilder 17 bis 20 dargestellt.

Fußrastenhalter abauen
1. Bei mittig montierter Fußrastenanlage muss der vordere Auspuff abgebaut werden (siehe Kapitel 21 »Auspuffanlage«).
2. Am rechten Fußrastenhalter die Bremsstange vom Brems-Umlenkhebel abschrauben.
3. Bei vorne montierter Fußrastenanlage am linken Fußrastenhalter die Schaltstange vom Schalthebel abschrauben.
4. Schrauben des Fußrastenhalters lösen und ausdrehen, Fußrastenhalter abnehmen.
■ Bei vorne montierten Rastenanlagen auch das J-förmige Blech abnehmen.

Fußrastenhalter anbauen
■ An Schraube von Bremshebel bzw. Bremsstange einen Tropfen Loctite »mittelfest« geben, Schraube mit 17 Nm festziehen.
■ **Bei vorne montierter Fußrastenanlage:** Schraube der Schaltstange mit 17 Nm festziehen.
■ Schrauben der Fußrastenhalter an Rahmen mit 65 Nm festziehen.

Kotflügel

Vorderradkotflügel (Bilder 21a und 21b)
1. Muttern lösen, abdrehen, Schrauben ausziehen.
2. Kotflügel nach vorne abnehmen.

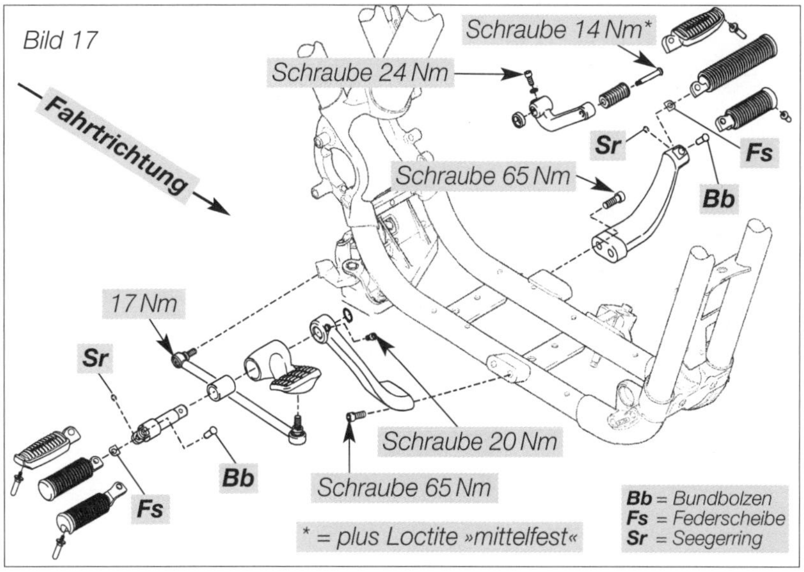

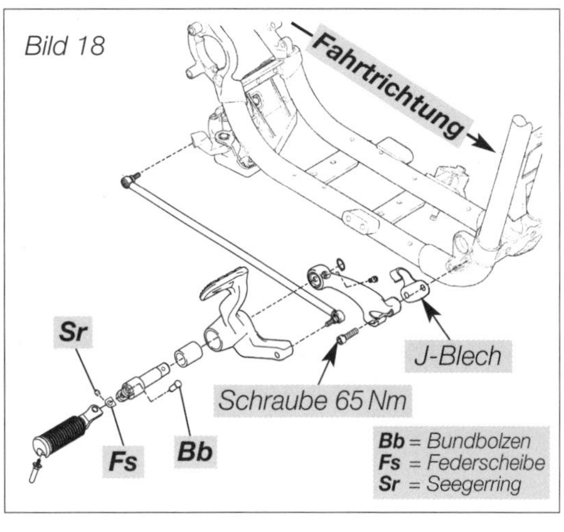

Bild 15: Halteschraube arretiert den Gabelkopf-Bolzen.

Bild 16a und 16b: Seegerring sichert den Gelenkbolzen.

Bild 16c: Befestigung des Fußrastenhalters.

Bilder 17 und 18: Mittig und vorne montiere Rasten mit Bremshebel.

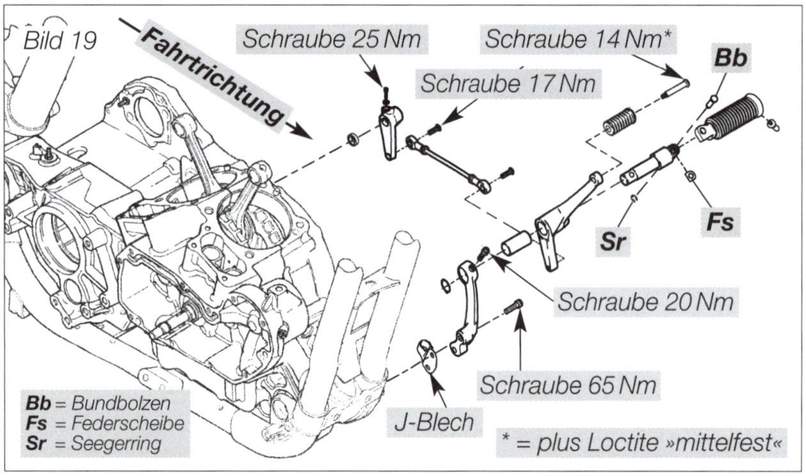

Bild 19: Vorne platzierte Raste und Schalthebel.

Bild 20: Soziusfußrastenbefestigung.

Bilder 21a und 21b: Abhängig von dem verwendeten Vorderradreifen kann es sein, dass zum Aus- und Einbau des Rads der Vorderradkotflügel abgebaut werden muss.

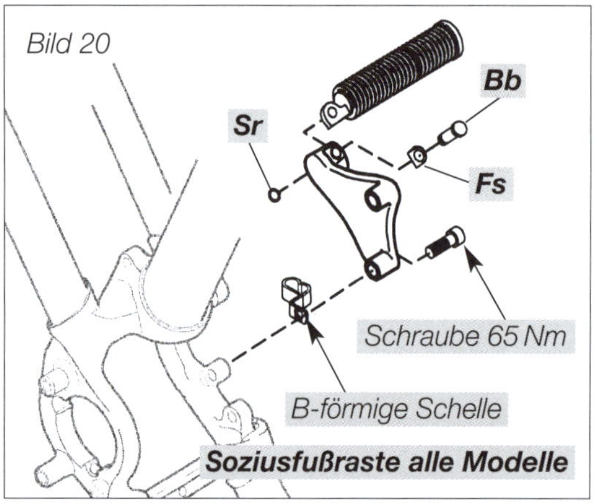

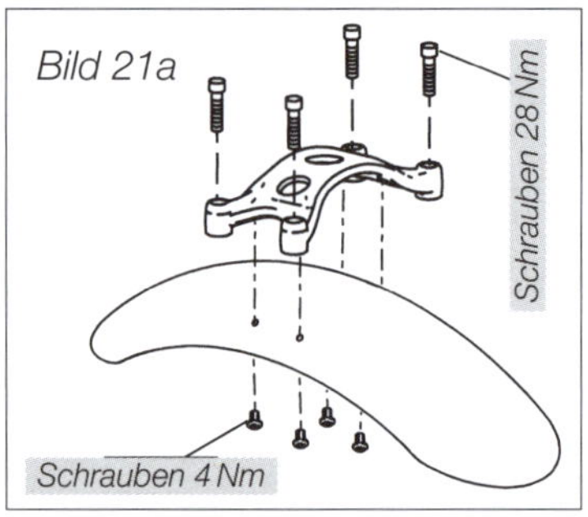

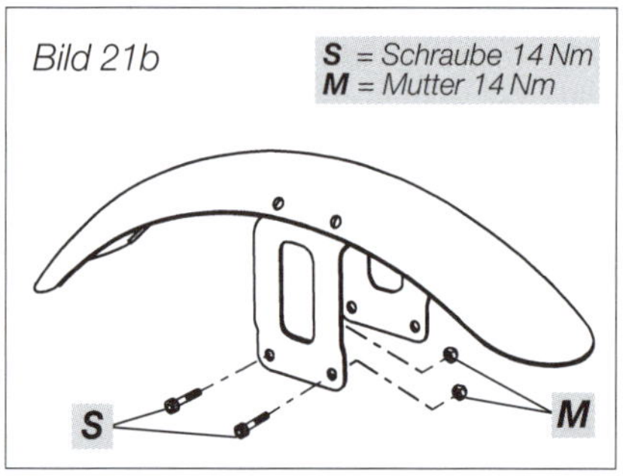

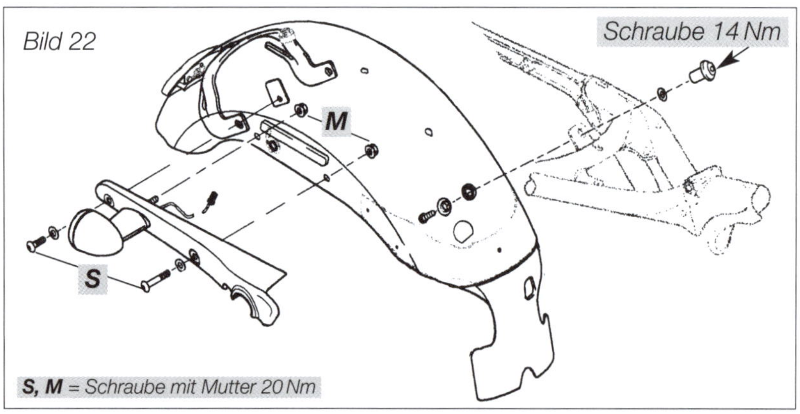

Anbau in umgekehrter Reihenfolge. Muttern/Schrauben mit 4 Nm (Bild 21a) bzw. 14 Nm (Bild 21b) festziehen.

Hinterradkotflügel (Bilder 22, 23a und 23b) In den Explosionszeichnungen Bilder 22 und 23b sind die verschiedenen Hinterradkotflügel mit den Anbau- und Befestigungsteilen gut zu sehen. Wenn daran geschraubt werden muss: Blinker abbauen, wozu die Hauptsicherung ausgebaut werden muss (siehe weiter vorne in diesem Kapitel bei »Tank ab- und aufbauen«).

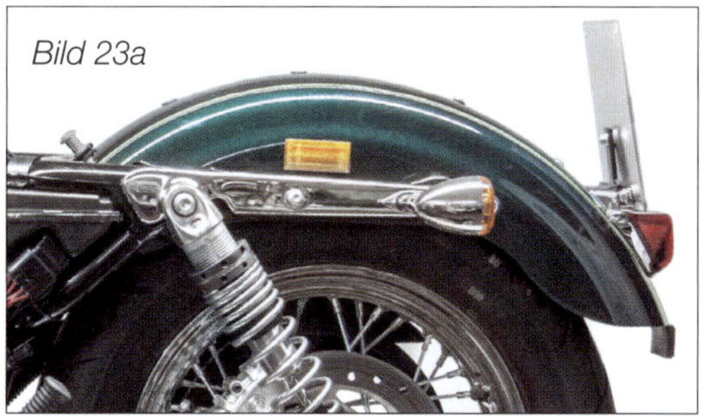

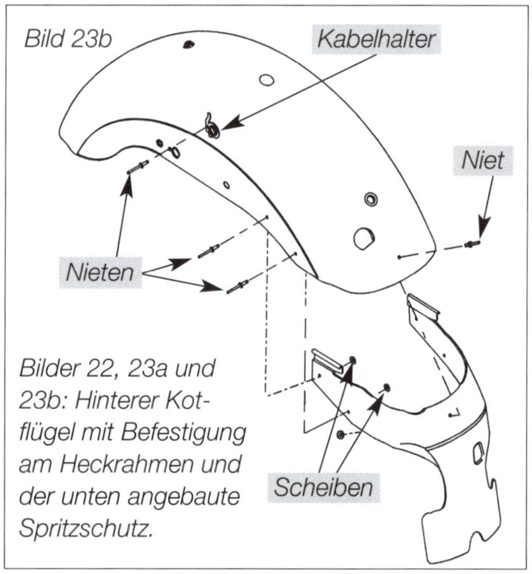

Bilder 22, 23a und 23b: Hinterer Kotflügel mit Befestigung am Heckrahmen und der unten angebaute Spritzschutz.

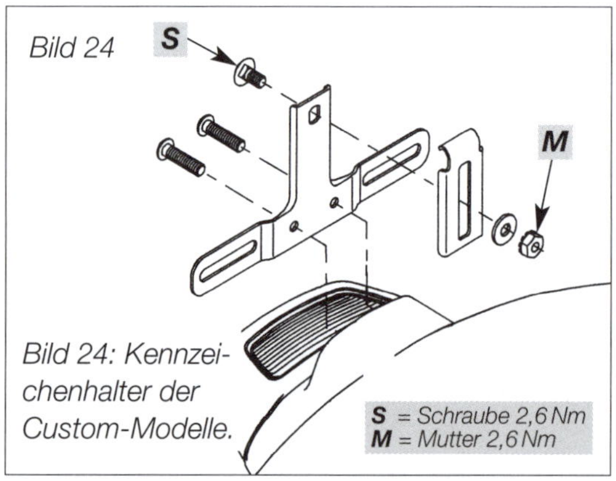

Bild 24: Kennzeichenhalter der Custom-Modelle.

Motor aus- und einbauen

Vorbereitende Arbeiten zum Motorausbau:

1. Sitzbank, Tank, linken Seitendeckel abbauen.
2. Batterie ausbauen (Kapitel 14 »Batterie«).
3. Getriebeöl ablassen. Motoröltank entleeren (Kapitel 22 »Schmiersystem«).
4. Stecker der Lambdasonden trennen, Auspuffanlage abbauen (Kapitel 21 »Auspuffanlage«).
5. Rechte Fahrerfußraste, Halter, Bremsgestänge abbauen (siehe dieses Kapitel weiter vorne).
6. Interferenzrohr ausbauen (Kapitel 21 »Auspuffanlage«).
7. Abdeckung des Riemenritzels abbauen, Hinterradachse lösen, Hinterrad nach vorne schieben, unter Schraube des linken Federbeines ausschrauben, Zahnriemen abnehmen (Kapitel 8 »Zahnriemen · Primärkette«).
8. Öltankzulauf, Ablass- und Rücklaufleitungen vom Öltank abbauen.
9. Luftfilter ausbauen, Luftfiltergehäuse abbauen (Kapitel 19 »Luftfilter«).
9.1. Bei Modellen mit Kraftstoffdampf-Rückhaltesystem den Ablassschlauch von der Ansaugeinheit entfernen.
10. Hupe abbauen (Kapitel 12 »Licht · Blinker · Hupe«).
11. Drosselklappeneinheit abbauen.
12. Kupplungszug ausbauen (Kapitel 23 »Kupplung«).
13. Wichtig: Alle Kabel und Leitungen, die vom Motor aus zum Rahmen, zum Lenker und durch den hinteren Kotflügel nach hinten führen, müssen getrennt werden.

Tipp: Die Lage der Kabelbinder notieren, damit man diese beim Einbau wieder korrekt platzieren kann und die Kabelverlegung mit Fotos dokumentieren. Lose Elektrokabel zur Demontage des Motors »bündeln« und sorgsam weghängen.

Wichtig: Kabel und Leitung dürfen sich beim Trennen von Motor und Rahmen nicht verheddern oder verklemmen, um diese nicht zu beschädigen oder abzureißen.

14. Modelle mit Kraftstoffdampf-Rückhaltesystem: Den Aktivkohlefilter samt Clip entfernen, die Schläuche jedoch angeklemmt lassen.
15. ABS-Modelle: Schrauben aus Halteblech der ABS-Hydraulikeinheit ausschrauben, Halte-

Bild 25: Explosionszeichnung zum Aus- und Einbau des Motors bei Modellen bis Modelljahr 2013.

■ Bitte beachten Sie das Massekabel unter dem Motor. Wenn dieses nicht richtig angebracht ist oder die Anschlüsse korrodiert sind, ist der Motorlauf gestört.

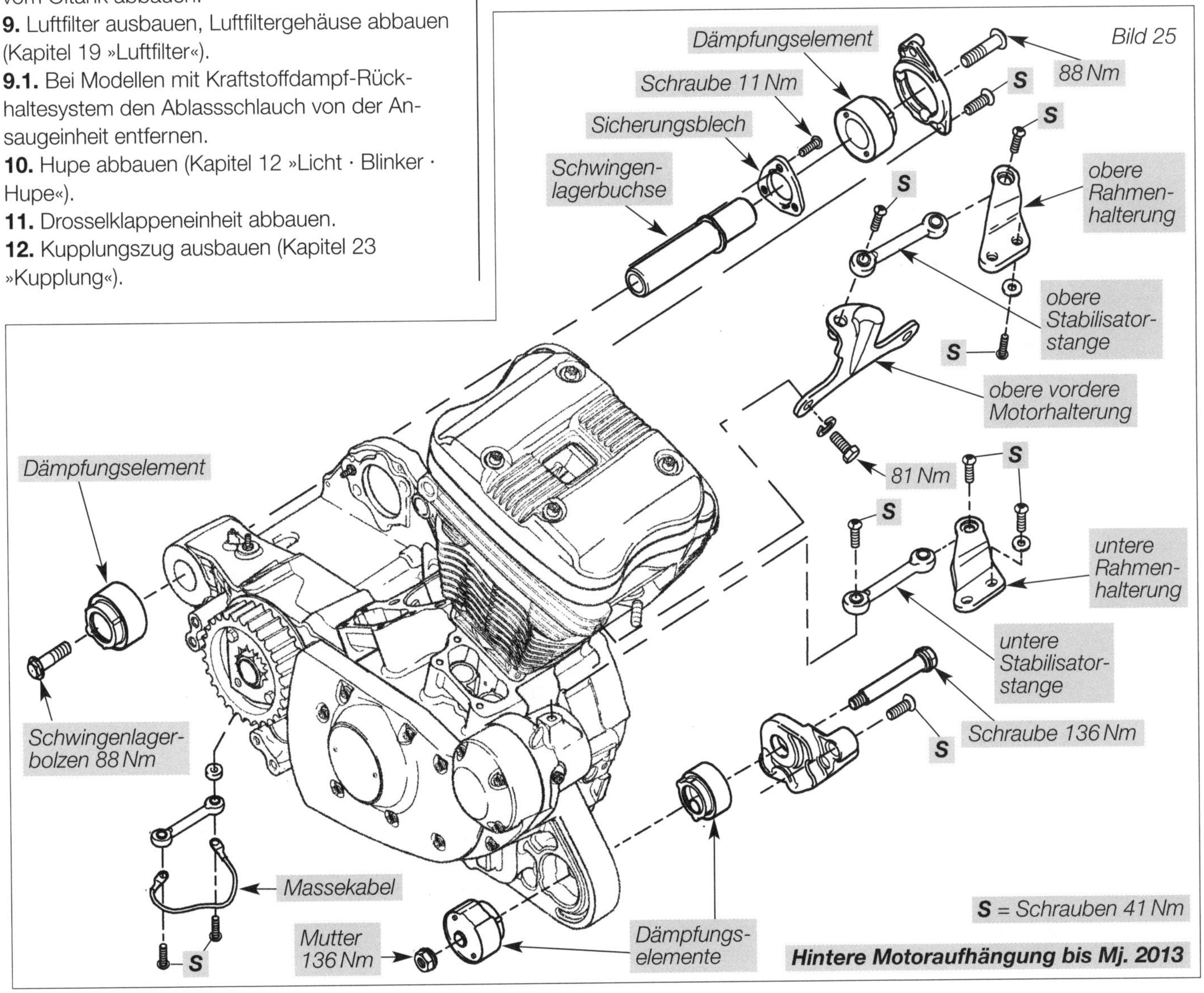

Hintere Motoraufhängung bis Mj. 2013

Sichtprüfung Messen

Korrespondenzkapitel zu diesem Kapitelabsatz »Motor aus- und einbauen«:

- 3 »Werkstatt«
- 7 »Bremsen«
- 8 »Zahnriemen · Primärkette«
- 12 »Licht · Blinker · Hupe«
- 14 »Batterie«
- 18 »Zünd-Einspritzanlage«
- 19 »Luftfilter«
- 21 »Auspuffanlage«
- 22 »Schmiersystem«
- 23 »Kupplung«
- 27 »Anziehdrehmomente«

Bild 26: Explosionszeichnungen zum Aus- und Einbau des Motors bei Modellen ab Modelljahr 2014, welche eine andere hintere Motoraufhängung haben im Vergleich zu der in Bild 25.

blech etwas absenken, Steckverbinder abziehen und den Kabelbaum-Strang herausziehen. Anschlüsse der Bremsleitungen NICHT von der ABS-Hydraulikeinheit abschrauben (siehe dazu entsprechenden Textabschnitt »ABS-Hydraulikeinheit« im Kapitel 7 »Bremsen«).

Motor ausbauen

1. Bild 27: Hintere Stabilisatorstange mit Massekabel und Distanzstück ausbauen.
2. Bild 29: Vordere obere Stabilisatorstange und Halterungen ausbauen.
3. Bild 30: Vordere untere Stabilisatorstange und Halterungen ausbauen.
4. Bilder 17 und 19: Linke Fahrerfußraste und Halter abbauen.
5. Schalthebel abbauen.
6. Bild 20: Bei Modellen mit Soziusfußrasten: Linke Soziusfußraste mit Halterung abbauen.
7. Modelle ohne ABS: Hinteren Bremsflüssigkeitsbehälter am Rahmen abschrauben und senkrecht weghängen.
7.1. Hinteren Bremslichtschalter vom Batteriefach abbauen.
7.2. Hinterradbremsschlauch vom Batteriefach abschrauben.
8. Wagenheber unter dem Motor ansetzen.
9. Bild 28: J-förmigen Clip vom Rahmen abschrauben.
10. Bilder 25 und 26: Schrauben der Dämpfungselement-Aufhängung vorne links lösen, nicht ausschrauben.
11. Bilder 25 und 26: Befestigungsschrauben der Dämpfungselement-Aufhängung hinten links lösen, nicht ausschrauben.
12. Wagenheber so weit hochpumpen, dass die Motorhalteschrauben entlastet sind.

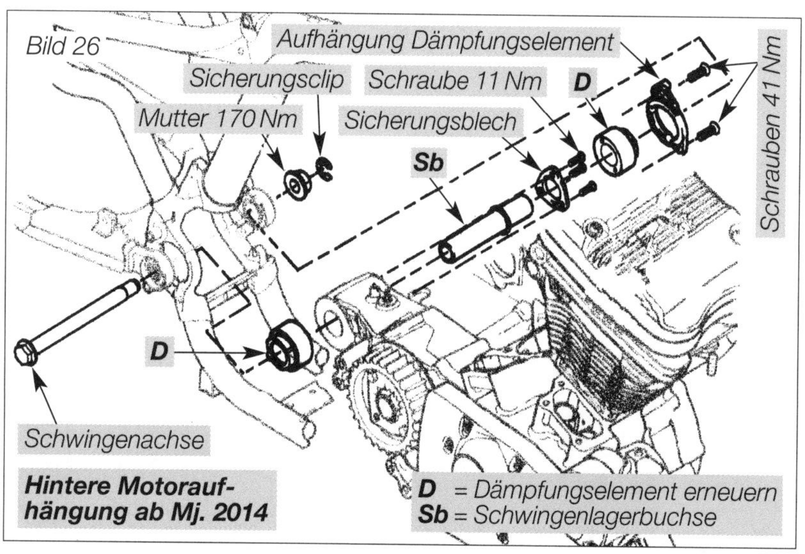

13. Mutter auf vorderer Motorhalteschraube lösen und abdrehen, Schraube ausziehen.
14. Befestigungsschrauben der Dämpfungselementaufhängung vorne links ausschrauben, Aufhängung abnehmen.
15. Bis Mj. 2013, Bild 25: Schwingenlagerbolzen ausschrauben.
15.1. Ab Mj. 2014, Bild 26: Sicherungsclip entfernen, Mutter abschrauben und Schwingenachse ausziehen.
15.2. Schwinge so weit nach hinten ziehen, dass die Lagerstelle frei kommt.
16. Öltankentlüftungsschlauch ausbauen.
17. Befestigungsschrauben der Dämpfungselementaufhängung hinten links ausschrauben, Aufhängung abnehmen.
18. Motor anheben. Nach links aus dem Rahmen herausschwenken, zuerst hinten, dann vorne.

Motor einbauen

1. Bilder 25 und 26: Sicherstellen, dass Schwingenlagerbuchse und Sicherungsblech (siehe Bild 25) hinten am Motor befestigt sind.
1.1. Rechtes hinteres Dämpfungselement auf Schwingenlagerbuchse an Motorrückseite aufschieben.
- Linkes Dämpfungselement noch nicht anbringen.

2. Bils 28: Rechtes vorderes Dämpfungselement am Motor anbringen.
- Linkes Dämpfungselement noch nicht anbringen.

3. Motor auf Wagenheber platzieren und an linker Seite des Rahmens in Montageposition bringen.
3.1. Motor mit der Vorderseite in den Rahmen einschwenken.
4. Das linke hintere Dämpfungselement über der Steckachse anbringen, jedoch noch nicht festziehen.
5. Motor so anheben oder absenken, bis das rechte vordere Dämpfungselement mit der Befestigungsbohrung im Rahmen fluchtet.
6. Linkes vorderes Dämpfungselement anbringen, Schrauben noch nicht festziehen.
7. Vordere Motoraufhängungsschraube von links durch Rahmen und Dämpfungselemente einschieben, Mutter aufdrehen, noch nicht festziehen.
8. Beide Schrauben der vorderen Dämpfungselementeaufhängung mit 41 Nm festziehen.
9. Schrauben der hinteren Dämpfungselementeaufhängung mit 41 Nm festziehen.
10. Öltankentlüftungsschlauch mit neuer Schelle am Öltank befestigen.
11. Hinterradschwinge einschieben.
11.1. Bis Mj. 2013, Bild 25: Schwingenlager-

bolzen einschrauben, mit 88 Nm festziehen.
11.2. Ab Mj. 2014, Bild 26: Schwingenachse einschieben, Mutter aufschrauben und mit 170 Nm festziehen. Sicherungsclip auf Achse schieben.
12. Mutter der vorderen Motoraufhängungsschraube mit 136 Nm festziehen.
13. Modelle ohne ABS: Bremslichtschalter und Bremsleitungen befestigen. Schalterbaugruppe an der Batteriegrundplatte befestigen. Bremsschlauch an Batteriegrundplatte befestigen, Stecker am hinteren Bremslichtschalter einstecken, Behälter des hinteren Hauptbremszylinders anbauen.
14. Bei Modellen mit ABS: ABS-Hydraulikeinheit anheben, Kabelbaum zur ABS-Hydraulikeinheit in Einbauposition bringen, Stecker einstecken.
14.1. ABS-Hydraulikeinheit mit Halteblech festschrauben – Bremsleitungen nicht knicken!
15. Wenn vorhanden Soziusfußrasten anbauen.
16. Fahrerfußrasten anbauen.
17. Vordere untere Stabilisatorstange und untere Rahmenhalterung einbauen, Schrauben mit 41 Nm festziehen.
18. Vordere obere Stabilisatorstange, obere Rahmenhalterung und Motorhalterung einbauen.
■ Schrauben der Motorhalterung mit 81 Nm, Schrauben der Stabilisatorstange und Rahmenhalterung mit 41 Nm festziehen.
19. Distanzstück, hintere Stabilisatorstange und Massekabel einbauen, Schrauben mit 41 Nm festziehen.
20. Demontierte Bauteile wieder anbauen, Kabel und Züge sorgfältig verlegen, Stecker sicher zusammenstecken. Abschließend nicht vergessen Getriebe und Motor mit Öl zu befüllen.

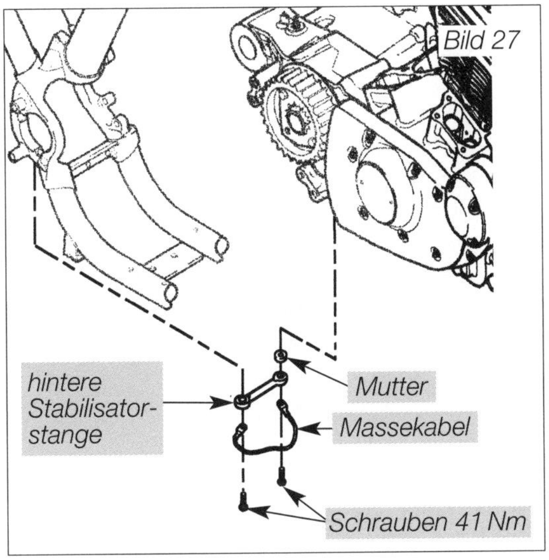

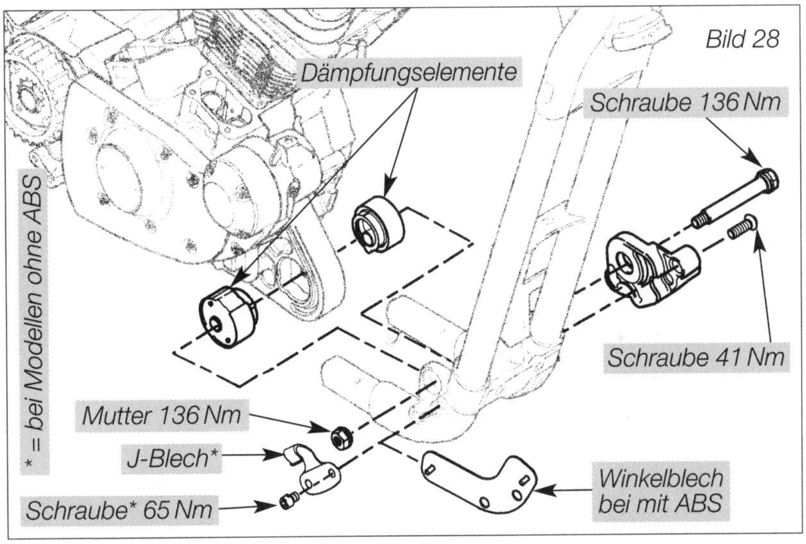

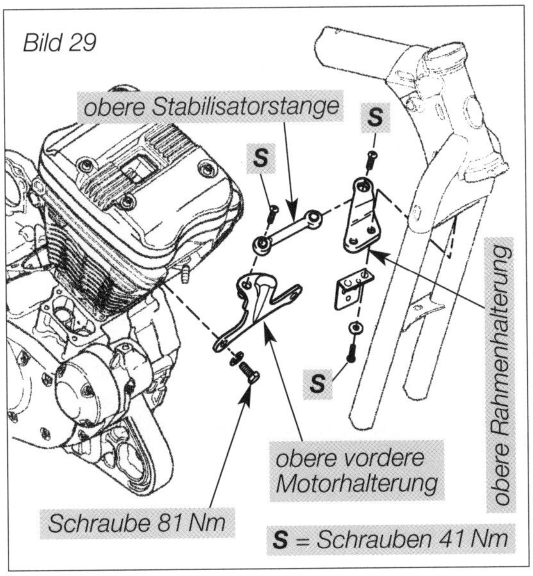

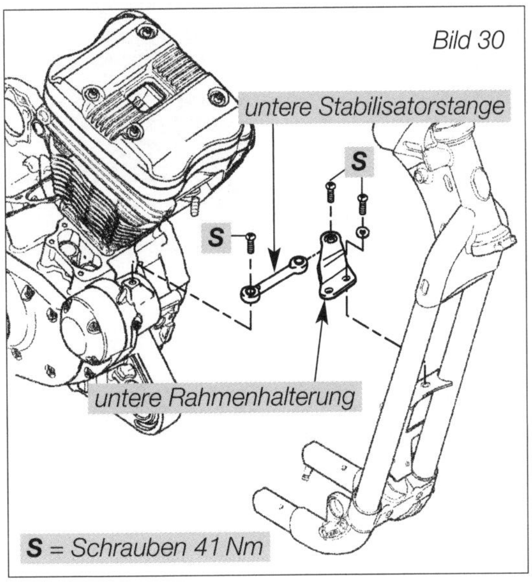

Bilder 27 bis 30: Explosionszeichnungen zum Aus- und Einbau des Motors. Im Lauftext sind die zu den Bildern gehörenden Arbeitsschritte nummeriert beschrieben.

Reifen

In diesem Kapitel: Felgen- und Reifengrößen · Reifenluftdruck · Luftdruckkontrolle · Reifendruckprüfer · Reifenverschleiß · Profiltiefe · Was auf dem Reifen steht · Adressen der Reifenhersteller und Importeure · Neue Reifen · Reifenlebensdauer, Reifenalter · Reifenschäden · Reifenmontage und Auswuchtung.

Räder und Reifen

Serienmäßig montierte Reifen
Die Sportster 1200-Modelle unseres Buchs sind ausgestattet mit Reifen mit Schlauch auf Speichenrädern oder schlauchlosen Reifen auf Gussrädern in den Größen 16, 17, 18, 19 und 21 Zoll. Die modellspezifischen Felgen- und Reifengrößen stehen in der Tabelle auf der nächsten Seite.

Reifenluftdruck: Achten Sie immer auf korrekten Reifenluftdruck. Dieser soll bei kalten Reifen (20 °C) gemessen werden; die maximal zulässige Reifentemperatur beträgt 30 °C (= »handwarm«).

Vorgeschriebene Luftdrücke, Modelle
■ Vorderrad 2,1 bar ■ Hinterrad 2,8 bar
Bei Custom XL 1200 C der Modelljahre 2007 bis 2010, Low XL 1200 L, Nightster XL 1200 N, Roadster XL 1200 R, Seventy-Two XL 1200 V

■ Vorderrad 2,5 bar ■ Hinterrad 2,8 bar
Bei Custom XL 1200 C ab Modelljahr 2011, Custom XL 1200 C Anniversary 110th, Custom Limited ED XL 1200 CA, Custom Limited ED XL 1200 CB, Forty-Eight XL 1200 X

■ Vorderrad 2,5 bar ■ Hinterrad 2,9 bar
Bei Roadster XL 1200 CX, Super Low XL 1200 T

Luftdruckkontrolle: Der Reifenluftdruck sollte mindestens alle zwei Wochen geprüft (Bild 1) und ggf. korrigiert werden. Immer gut schließende Ventilkappen mit einwandfreier Gummidichtung verwenden (Bild 2). Wenn keine Kappe aufgeschraubt ist, kann Schmutz in das Ventil hinein kommen, und der Ventileinsatz kann durch die Fliehkraft nach außen gedrückt wird. Dann entweicht Luft aus dem Reifen – und das ist lebensgefährlich!

Reifendruckprüfer: Verlassen Sie sich bei der Kontrolle des Reifenluftdrucks nicht unbedingt auf die Angabe auf der Skala des Tankstellengeräts, sondern besorgen Sie sich einen ordentlichen Reifendruckprüfer und führen diesen im Motorrad mit.

⚠ **Achtung:** Kaufen Sie KEIN billiges Plastikteil im Baumarkt, sondern ein Präzisionsmessgerät. Sehr gut ist das Druckmessgerät mit stabilem Alugehäuse vom deutschen Hersteller Flaig (Bild 1). Erhältlich ist es in gut sortierten Motorrad- und Zubehörläden.

Neue Radventile: Wenn neue Ventileinsätze verwendet werden, achten Sie darauf, dass ihr Prüfdruck mindestens 4 bar (oder mehr) betragen hat. Die entsprechenden Angaben finden Sie im Kleingedruckten auf der Verpackung des Ventils.

Reifenverschleiß

Reifen sind Verschleißteile: Die Oberfläche (»Lauffläche«) des Reifens wird mit fortschreitender km-Leistung immer dünner, die Rillen (»Profilrillen«) immer niedriger. Der Gesetzgeber schreibt vorne und hinten eine **Mindestprofiltiefe** von 1,6 mm vor, das ist europäischer Standard. Harley-Davidson gibt »Mindestprofiltiefe 0,8 mm« an. Dies entspricht allerdings der in den USA geltenden Vorschrift bezüglich der Mindestprofiltiefe von Motorradreifen – und gilt in keinem Fall als Ausrede bei einer Polizeikontrolle, weil eine Harley ein amerikanisches Motorrad sei.

Profiltiefe: In die Profilrillen sind Verschleißanzeiger eingearbeitet; ihre Lage ist außen am Profilrand mit TWI bezeichnet (Bild 4).

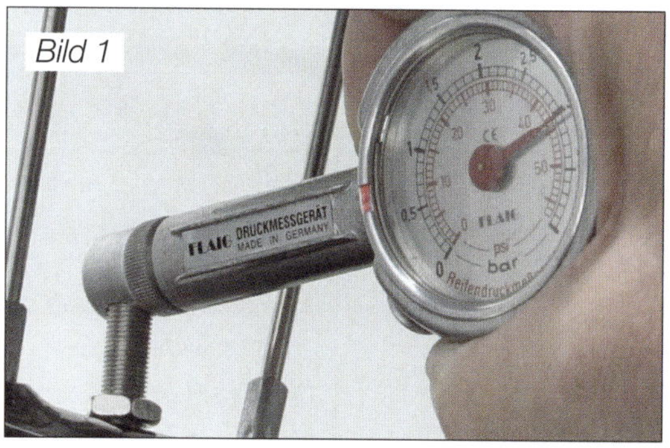

Bild 1: Luftdruck bei kaltem Reifen prüfen: Vorgeschriebene Werte beachten!

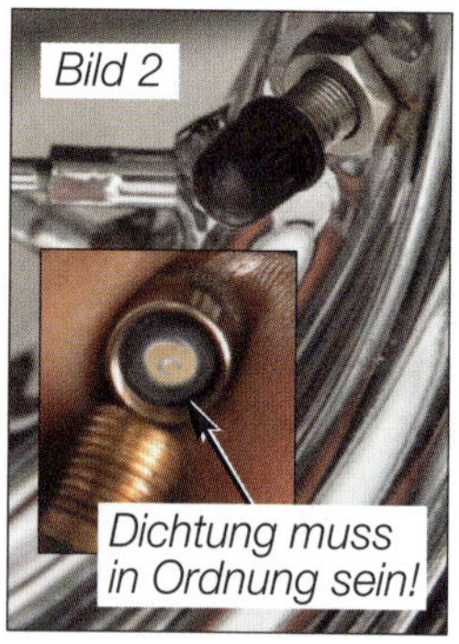

Bild 2: Auf das Reifenventil gehört eine Schraubkappe mit einwandfreier Dichtung.

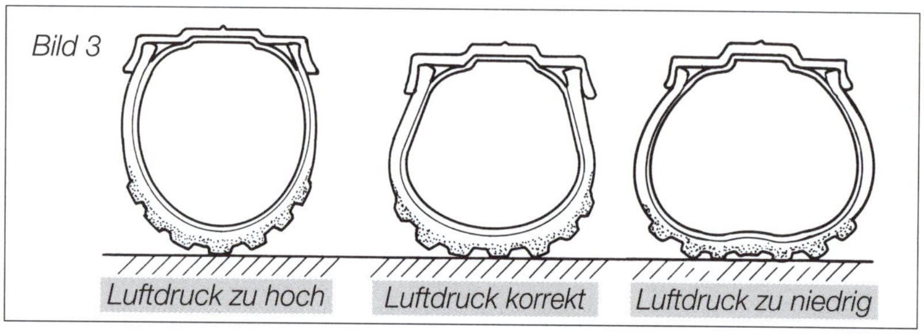

Bild 3: So wirken sich verschiedene Luftdrücke auf die Form des Reifens aus.

»**TWI**« ist die Abkürzung von »**T**read **W**ear **I**ndicator«. Bei Michelin ist es der »BIB« (Bild 5b), das ist der Name des Michelin-»Reifenmännchens«; bei Metzeler ist es ein Elefant (Bild 4). Einige Hersteller haben nur ein kleines Dreieck angebracht. Die Verschleißanzeiger der auf den Modellen unseres Buchs am meisten verwendeten Reifen von Michelin und Dunlop sind in den Bildern 5a und 5b erklärt.

Wichtig: Ein TWI markiert an der Seitenwand eine Hauptprofilrille, in der diese Erhebungen eingearbeitet sind. Die TWI-Erhebungen sind entweder 0,8 mm oder 1,6 mm hoch; hier noch einmal die Länderbestimmungen bezüglich der Restprofiltiefe:

- 0,8 mm entspricht der in Amerika vorgeschriebenen Mindestprofiltiefe.
- 1,6 mm ist die europaweit gesetzlich vorgeschriebene Mindestprofiltiefe.

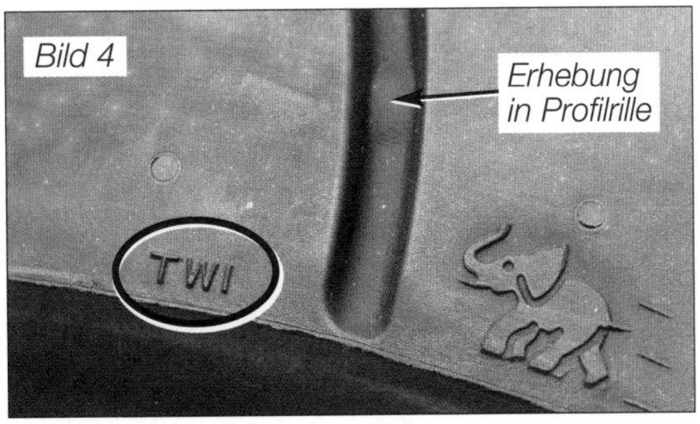

Bild 4: Verschleißanzeiger in der Profilrille, TWI-Kennzeichnung am Rand des Profils.

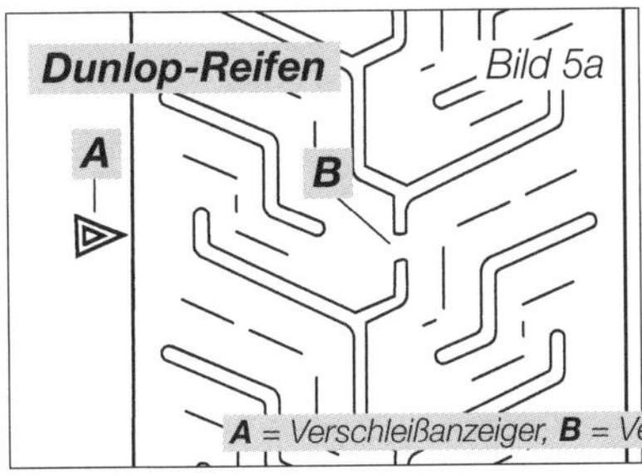

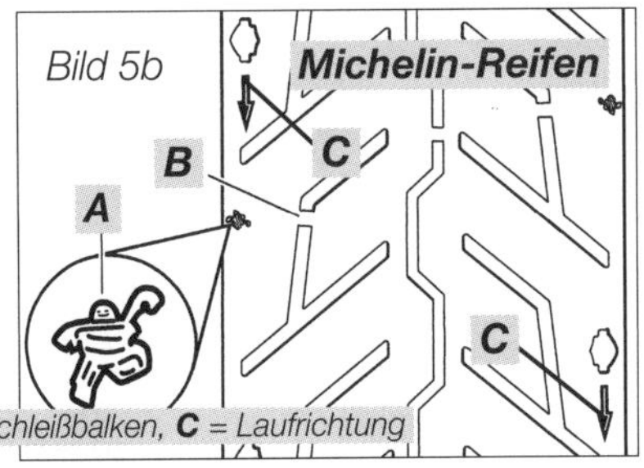

Bilder 5a und 5b: Profilbilder, Verschleißanzeiger bei serienmäßig montierten Dunlop- und Michelin-Reifen.

Übersicht Räder, Felgen- und Reifengrößen der Modelle unseres Buchs*					
Modelle/Modelljahr(e)	**Räder**	**Felgengrößen**		**Reifengrößen**	
		vorne	**hinten**	**vorne**	**hinten**
Custom XL 1200 C Modelljahre 2007 bis 2010	vorne Speichenrad hinten Scheibenrad	T21 x 2,15 TLA	T16 x 3,00 MT	vorne mit Schlauch	hinten schlauchlos
				MH 90-21 M/C 54H	150/80 B16 M/C 71H
Custom XL 1200 C Modelljahre 2011 bis 2015	Speichenräder...	T16 x 3,00 D	T16 x 3,00 D	Reifen mit Schlauch	
				130/90 B16 M/C 72H	150/80 B16 M/C 77H
	...oder Gussräder	T16 x 3,00 MT	T16 x 3,00 MT	Schlauchlosreifen	
				130/90 B16 M/C 72H	150/80 B16 M/C 77H
Custom XL 1200 C Anniversary 110th Mj. 2013	Gussräder	T16 x 3,00 MT	T16 x 3,00 MT	Schlauchlosreifen	
				130/90 B16 M/C 72H	150/80 B16 M/C 77H
Custom XL 1200 C ab Modelljahr 2016	Speichenräder	T16 x 3,00 D	T16 x 3,00 D	Reifen mit Schlauch	
				130/90 B16 M/C 72H	150/80 B16 M/C 77H
Custom Limited ED XL 1200 CA Modelljahre 2013 bis 2016	Gussräder	T16 x 3,00 MT	T16 x 3,00 MT	Schlauchlosreifen	
				130/90 B16 M/C 72H	150/80 B16 M/C 77H
Custom Limited ED XL 1200 CB ab Modelljahr 2013	Speichenräder	T16 x 3,00 D	T16 x 3,00 D	Reifen mit Schlauch	
				130/90 B16 M/C 72H	150/80 B16 M/C 77H
Forty-Eight XL 1200 X Modelljahre 2010 bis 2015 ab Modelljahr 2016	Speichenräder	T16 x 3,00 D	T16 x 3,00 D	Reifen mit Schlauch	
				130/90 B16 M/C 72H	150/80 B16 M/C 77H
	Gussräder	T16 x 3,00 D	T16 x 3,00 D	Schlauchlosreifen	
				130/90 B16 M/C 72H	150/80 B16 M/C 77H
Low XL 1200 L Modelljahre 2007 bis 2009	Speichenräder	T19 x 2,15 MT	T16 x 3,00 D	Reifen mit Schlauch	
				100/90-19 M/C 57H	150/80 B16 M/C 77H
Nightster XL 1200 N Modelljahre 2008 bis 2012	Speichenräder	T19 x 2,15 MT	T16 x 3,0 D	Reifen mit Schlauch	
				100/90-19 M/C 57H	150/80 B16 M/C 77H
Roadster XL 1200 R Modelljahre 2007 und 2008	Speichenräder	T19 x 2,15 MT	T16 x 3,00 D	Reifen mit Schlauch	
				100/90-19 M/C 57H	150/80 B16 M/C 77H
Roadster XL 1200 CX ab Modelljahr 2016	Gussräder	T19 x 3,00 MT	T18 x 4,25 MT	Schlauchlosreifen	
				120/70 ZR19 M/C 60W	150/70 B18 M/C 76H
Seventy-Two XL 1200 V Modelljahr 2012 bis 2016	Speichenräder	T21 x 2,15 TLA	T16 x 3,00 D	Reifen mit Schlauch	
				MH 90-21 M/C 54H	150/80 B16 M/C 71H
Super Low XL 1200 T ab Modelljahr 2014	Gussräder	T18 x 3,5 MT	T17 x 4,5 MT	Schlauchlosreifen	
				120/70 ZR18 M/C 59W	150/70 ZR17 M/C 69W

* = Stand der Recherche zum Redaktionsschluss dieses Buchs im Oktober 2016

Sichtprüfung Messen

Bild 6: Dieser Reifen hat noch 2 mm Profiltiefe und sollte erneuert werden.

Bild 7: Beispielhafte Reifenbezeichnungen.

Gemessen wird die tatsächliche Profiltiefe neben einer TWI-Erhebung (Bild 6). Noch einmal: Europaweit gesetzlich vorgeschrieben ist eine Mindestprofiltiefe von 1,6 mm.
Wichtig 1: Wenn bei einer Polizeikontrolle die Profiltiefe an einer Stelle des Reifens weniger als 1,6 mm beträgt (die anderen Messstellen können noch mehr Profiltiefe haben!), wird es ungemütlich, denn neben 60 Euro Bußgeld gibt es für den Fahrer auch einen Punkt in Flensburg auf's Konto. Im Zweifelsfall kann das Motorrad sogar am Ort der Kontrolle stillgelegt werden!
Wichtig 2: Weiterhin informiert die Polizei das zuständige Landratsamt und dieses verlangt eine Beseitigung der Mängel innerhalb von zwei Wochen. Wird der Nachweis der »Mängelbeseitigung« nicht erbracht, wird das Motorrad von der Behörde zwangsweise stillgelegt.

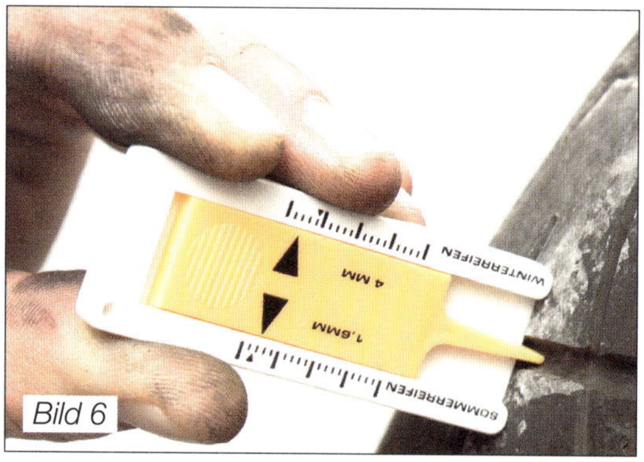

Bild 6

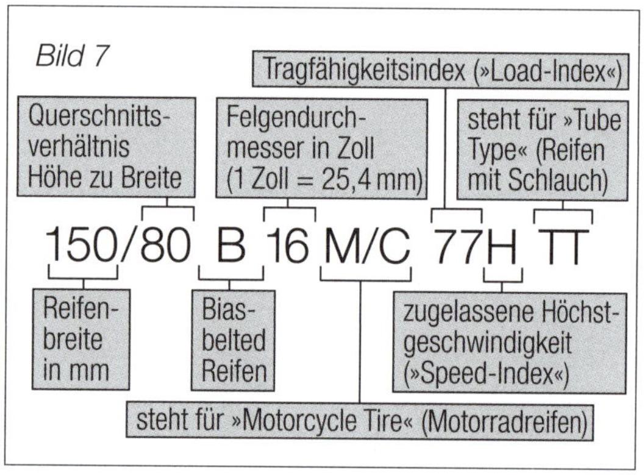

Bild 7

Was auf dem Reifen steht

Beispielhafte Reifenbezeichnungen: In der Textdarstellung in Bild 7 ist als Beispiel die Bezeichnung eines 16-Zoll-Hinterradreifens, wie er auf den meisten Modellen unseres Buchs montiert ist, erklärt. Nachfolgend noch einige Erklärungen zu den Buchstaben und Zahlen, die auf Vorder- und Hinterradreifen aufgedruckt oder auch eingraviert sind.

- Vorderreifen: 130/90 B16 M/C 72H
- Hinterreifen: 150/80 B16 M/C 77H

Zahlen und Buchstaben bedeuten:
- **130** bzw. **150** = Reifenbreite in Millimeter
- **/90** bzw. **/80** = Querschnittsverhältnis Höhe zu Breite = 90 : 130 bzw. 80 : 150
Vorderreifen 117 mm hoch (= 90% von 130), Hinterreifen 120 mm hoch (= 80% von 150)
- **B** = Bias-belted Reifen ist ein Reifen, dessen Karkasse ähnlich aufgebaut ist wie bei einem Diagonalreifen. Über der Karkasse liegt aber noch ein Gürtel aus Nylon- oder Kevlarfäden, der dem Reifen zusätzliche Stabilität verleiht.
- **Wichtig:** Anstelle von **B** ist bei anderen Reifen ein **R** oder **ZR** zu finden, beides steht für Gürtelreifen in Radialbauweise. Wenn ein Strich »**–**« zu finden ist, er steht für »Diagonalreifen«.
- **16** = Felgendurchmesser in Zoll
1 Zoll = 25,4 mm; 16 Zoll = 406,4 mm.
- **M/C** = steht für »Motorcycle Tire« (englisch für Motorradreifen)

Reifenhersteller und Reifenimporteure in D, A, CH*

Avon
- **Cooper Tire & Rubber Company Deutschland GmbH**
Otto-Hahn-Straße 46, D-63303 Dreieich
www.avonreifen.com
- **Autoplus GmbH**
Erdbergstr. 189 – 193, A-1030 Wien
www.avon.at
- **Cooper Avon (Suisse SA)** Urs Gohl
Ribistrasse 26, CH-4466 Ormalingen
www.avontyres.com

Bridgestone
- **Bridgestone Deutschland GmbH**
Justus-von-Liebig-Straße 1
D-61352 Bad Homburg v.d.H.
www.bridgestone-mc.de
- **Bridgestone Austria GmbH**
Maria-Jakobi-Gasse 1, A-1030 Wien
www.bridgestone.at
- **Bridgestone Schweiz AG**
Bodenäckerstrasse 1
CH-8957 Spreitenbach
www.bridgestone.ch

Continental
- **D und A: Continental Reifen Deutschland GmbH**
Business Unit Motorcycle Tyres
Continentalstraße 3 – 5
D-34497 Korbach
www.conti-moto.de
- **Semperit Reifen Ges.m.b.H.**
Triester Straße 14
A-2351 WienerNeudorf
www.conti-moto.de
- **Continental Suisse SA**
Lerzenstrasse 19, CH-8953 Dietikon
www.continental-reifen.ch

Dunlop
- **Goodyear Dunlop Tires Germany GmbH**
Dunlopstraße 2, D-63450 Hanau
www.dunlop.eu
- **Goodyear Dunlop Tires Austria GmbH**
Pottendorfer Straße 25, A-1120 Wien
www.dunlop.eu
- **Goodyear Dunlop Tires Suisse SA**
Industriestrasse 21, CH-8604 Volketswil
www.dunlop.eu

Heidenau
- **Reifenwerk Heidenau GmbH & Co. KG**
Hauptstraße 44, D-01809 Heidenau
www.reifenwerk-heidenau.de
- **RBT Reifen und Kfz GmbH**
Goethegasse 61, A-2340 Mödling
www.rbt-reifen.at

Maxxis
- **D und A: Maxxis International GmbH**
Kaddenbusch 31, D-25578 Dägeling
www.maxxis.de
- **Profi Pneu AG**
Gewerbestrasse 6, CH-4553 Subingen
www.profipneu.ch

Metzeler
- **Pirelli Deutschland AG Metzeler Motorradreifen**
Brabanter Straße 4, D-80805 München
www.metzeler.de
- **Metzeler Motorradreifen**
Salzburger Straße 196, A-4600 Wels
www.metzelermoto.at

- **Hostettler AG Pneuservice**
Haldenmattstrasse 3, CH-6210 Sursee
www.pneu-service.ch

Michelin
- **Michelin Reifenwerke AG & Co. KGaA**
Michelinstraße 4, D-76185 Karlsruhe
www.motorrad.michelin.de
- **Michelin Verkaufsgesellschaft**
Römerweg 8, A-4844 Regan
www.michelin.at
- **Michelin Suisse S.A.**
Route de Jo Siffert 36, CH-1762 Givisiez
www.michelin.ch

Pirelli
- **Pirelli Deutschland AG Pirelli Motorradreifen**
Brabanter Straße 4, D-80805 München
www.pirellimoto.de
- **Pirelli GmbH**
Lemböckgasse 47a, A-1230 Wien
www.pirelli.at
- **Pirelli Tyre (Suisse) SA**
St. Jakobs-Strasse 54, CH-4052 Basel
www.pirelli.ch

* = Stand der Recherche zum Redaktionsschluss dieses Buchs im Oktober 2016

- **72** bzw. **77** = Tragfähigkeitsindex (Load-Index): Der 72er-Vorderradreifen darf mit 355 kg belastet werden, der 77er-Hinterradreifen mit 412 kg. Andere Tragfähigkeitsindexe sind

54 = 212 kg	**60** = 250 kg	**71** = 345 kg
57 = 230 kg	**61** = 257 kg	**76** = 400 kg
59 = 243 kg	**69** = 325 kg	

- **H** oder **W** = Symbol für zugelassene Höchstgeschwindigkeit, auch Speed-Index genannt. »H« steht für »bis 210 km/h«, ein **W** für »bis 270 km/h«. Der Speed-Index muss in jedem Fall höher sein als das Motorrad schnell ist (damit ist gemeint: »Was an Höchstgeschwindigkeit im Kraftfahrzeugbrief eingetragen ist«).
- Am Ende der Reifenbezeichnung können noch zwei Buchstaben stehen und zwar TT oder TL. **TT** = Tube Type = Reifen mit Schlauch **TL** = tubeless = schlauchloser Reifen.
- Es kann auch »**TL/TT**« aufgedruckt sein, was bedeutet, dass dieses ein schlauchloser Reifen ist, der auch mit einem Schlauch montiert werden darf.

Neue Reifen

Die 1200er Sportster-Modelle unseres Buchs sind serienmäßig* mit Michelin-Reifen ausgerüstet. Wenn Sie neue Reifen benötigen, können Reifen anderer Marken montiert werden, sofern diese in Größe und Bezeichnung den Serienreifen entsprechen und es dafür eine Freigabe gibt. Immer gut über Bereifungsmöglichkeiten informiert sind die Harley-Davidson-Motorradhändler. Verfolgen Sie zum Thema »neue Reifen« auch die aktuelle Motorrad-Fachpresse.

Die Adressen der großen Reifenmarken Avon, Bridgestone, Continental, Dunlop, Metzeler, Michelin und Pirelli haben wir auf der linken Seite aufgelistet.

Bei neuen Reifen unbedingt beachten: Andere Reifenmarken und Reifentypen als die serienmäßigen können im Laufe der Zeit von Harley-Davidson und/oder den Reifenherstellern empfohlen werden, sie müssen aber in jedem Fall die zum Modell passende Größe haben. Auch die Bezeichnungen für Tragkraft und Geschwindigkeitsklasse müssen passen.

- Vorder- und Hinterradreifen müssen von einem Hersteller sein und vom Profil her zusammenpassen.

Produktionsdatum

An einer Stelle auf der Seitenwand des Reifens ist die DOT-Buchstabenkombination einvulkanisiert, danach eine vierstellige Zahl ohne Punkt und Komma (Oval in Bild 8), diese steht für die Produktionswoche und das Produktionsjahr (»0815« bedeutet 8. Kalenderwoche 2015).

Garantie

Für neue Reifen garantiert jeder Reifenhersteller die von ihm zugesagten Qualitätseigenschaften für den Zeitraum von mindestens fünf Jahren. Ein neuer Reifen, der laut Produktionscode vor drei Jahren produziert wurde, gilt als »frisch«. Dazu gibt es folgende offizielle Erklärung aller namhaften Hersteller von Motorradreifen:

»Ein bis zu maximal 5 Jahren sachgemäß gelagerter Reifen entspricht der Spezifikation eines Neureifens und ist in seiner Verwendungstauglichkeit und Qualität nicht beeinträchtigt und damit neuwertig. Daraus ergibt sich jedoch nicht zwangsläufig, dass Reifen, welche älter als 5 Jahre sind und immer sachgemäß gelagert wurden, nicht mehr verkehrssicher sind oder irgendwelchen qualitativen Einschränkungen unterliegen«.

Laufrichtungspfeil: Reifen mit Laufrichtungspfeil sind grundsätzlich in der auf den Reifen angegebenen Drehrichtung zu montieren, da sich sonst das Abrieb- und Fahrverhalten verschlechtert oder unter extremen Einsatzbedingungen die Reifen beschädigt werden.

Bild 8: Die letzten vier Ziffern nach der DOT-Bezeichnung nennen das Produktionsdatum. Reifen im Bild wurde in der 8. Kalenderwoche 2015 gefertigt.

Bilder 9 bis 10b: Beispiel für Laufrichtungspfeil. Farbpunkt ist leichteste Stelle des Reifens. Aufgeklebte Auswuchtgewichte.

Reifenquerschnitte

Vorderradreifen

US-Größen	metrische Größen
MH90	entspricht 80/90
MJ90	entspricht 90/90
MM90	entspricht 100/90
MR90	entspricht 120/90
MT90	entspricht 130/90

Hinterradreifen

US-Größen	metrische Größen
MN90	entspricht 110/90
MP85	entspricht 120/90
MT90	entspricht 130/90
MU90	entspricht 140/90
MV85	entspricht 150/90

Bild 8

Bild 9

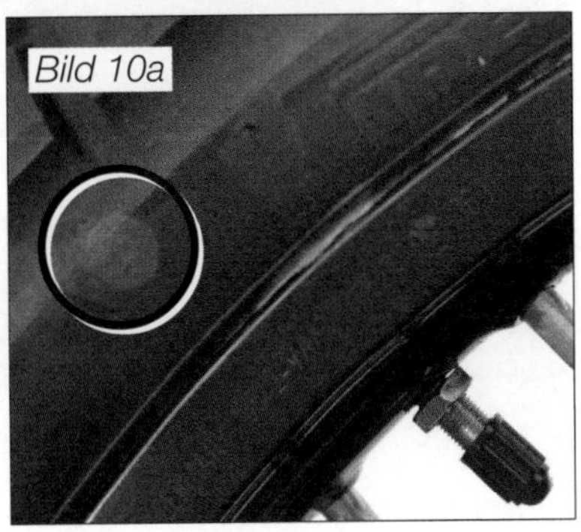
Bild 10a

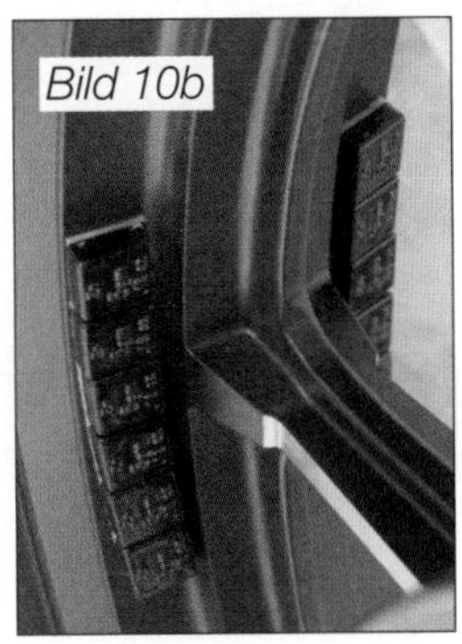
Bild 10b

* = Stand der Recherche zum Redaktionsschluss dieses Buchs im Oktober 2016

> **Achtung:** Wenn Reifen in anderen Dimensionen als den serienmäßigen montiert werden sollen, klären Sie beim Harley-Davidson-Händler unbedingt *vor* Kauf und Montage der Reifen, ob diese auch wirklich montiert und gefahren werden dürfen.
>
> Falls »Ja«, müssen Sie eine Unbedenklichkeitsbescheinigung bzw. Reifenfreigabe vom Hersteller ausstellen lassen und als Teil der Fahrzeugpapiere immer mitführen.

Reifen länger als fünf Jahre fahren?
Wenn ein neuer Reifen montiert wird, der vor vier Jahren und elf Monaten produziert wurde, ist er in einem Monat fünf Jahre alt (logisch!). Wenn dieser Reifen regelmäßig gefahren wird, bleibt er »frisch« im Sinne der eben beschriebenen Garantie, denn durch die Walkarbeit des Reifens während des Fahrens laufen in seinem Inneren chemische Prozesse ab, die dem Reifen seine zugesicherten Eigenschaften erhalten.

Gebrauchte Reifen
Wenn ein montierter Reifen auf einer Maschine, die regelmäßig gefahren wird, zwar noch genügend Profil hat, aber langsam »blank« wird und älter als fünf Jahre ist, sollte er baldmöglichst erneuert werden (besonders wichtig beim Kauf einer gebrauchten Maschine).

Fazit: Weil Reifen so ziemlich die wichtigsten Fahrwerksbauteile sind, empfehlen wir, auf sie sehr zu achten – und im Zweifelsfall lieber neue Reifen aufzuziehen, als mit alten zu fahren!

Reifenschäden

Es kann selbst auf gut gepflegten Straßen zu Reifenschäden (»Plattfuß«) kommen. In Bild 11 ist ein »Reifen-Reparaturset« von Tip-Top für Schlauchlosreifen; bei Reifen mit Schlauch kann man Flickzeug verwenden wie vom Fahrrad bekannt. Entsprechend den Reifen auf seiner Maschine sollte man ein Flickzeug immer dabei haben, es ist klein und passt zum Bordwerkzeug.

Bitte beachten Sie, dass ein »geflickter« Reifen bzw. Schlauch immer nur ein Notbehelf ist und umgehend erneuert werden muss. Fahren Sie mit einem geflickten Reifen/Schlauch äußerst vorsichtig, niemals mit Vollgas und auch nicht mit maximaler Zuladung.

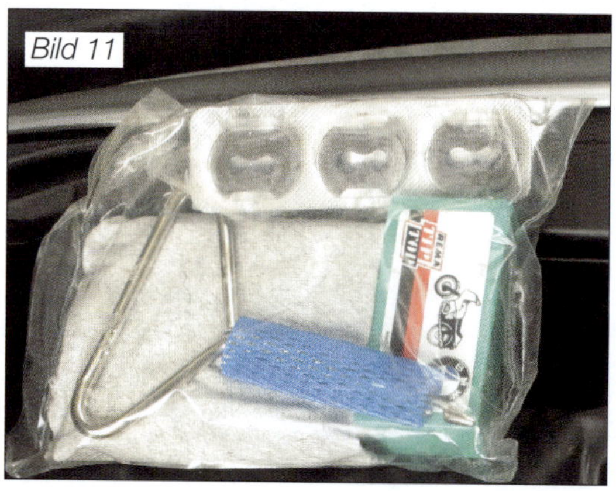

Bild 11: Reifen-Pannenhilfeset zur notdürftigen Reparatur eines Plattfußes bei einem schlauchlosen Reifen.

Reifenmontage, Auswuchten

Reifenmontage
Die Montage neuer Reifen sollte generell beim Harley-Davidson-Händler oder bei einem Reifenhändler, der auf Motorradreifen eingerichtet ist, erfolgen. Dies gilt besonders für die schlauchlosen Reifen (TL), denn mit normalen Reifenmontiereisen lassen sich Schlauchlosreifen weder ab- noch aufziehen.

Anmerkung: Auf den nächsten Seiten zeigen wir eine Reifenmontage in Bild und Text. Diese soll aber nur für Notfälle gelten. In einer Fachwerkstatt stehen auch elektronische Auswuchtmaschinen zur Verfügung und man kann sich als Kunde darauf verlassen, dass die Auswuchtung fachgerecht durchgeführt wird.

Unwucht, Auswuchtgewichte
Ein neu montierter Reifen muss ausgewuchtet werden, damit das Rad auch wirklich rund läuft. Wenn es nicht (oder nicht gut) ausgewuchtet ist, beginnt es ab 60 bis 80 km/h zu »hüpfen«. Ein unwuchtiges Rad stört das Fahrverhalten, Telegabel und Stoßdämpfer verschleißen rasch. Weiterhin kann schlechte Wuchtung dazu führen, dass das Rad während der Fahrt den Bodenkontakt verliert!

Die leichteste Stelle des Reifens wurde im Werk mit einem Farbpunkt markiert, dieser muss beim Ventil stehen (Bild 10a). Beim Auswuchten werden gegenüber der schwersten Stelle des Reifens entsprechende Gewichte (Bild 10b) auf der Felge aufgeklebt; bei Speichenrädern werden die Gewichte auf die Speiche aufgeschoben und am Nippel fixiert. Pro Rad sind maximal 100 Gramm an Wuchtgewichten zulässig.

Rad selbst auswuchten? Ein Rad wird statisch ausgewuchtet, indem man es in leichte Drehung bringt und auspendeln lässt – die schwerste Stelle bleibt unten stehen. Dazu wird das Rad am besten in ausgebautem Zustand in einen Zentrierständer eingehängt. Auf der gegenüberliegenden Seite der Felge werden entsprechende Auswuchtgewichte aufgeklebt (siehe auch weiter hinten). Diese Gewichte kann man beim Harley-Davidson-, Motorrad- oder Reifenhändler kaufen. Es ist aber das Beste, das Rad beim Händler auf einer Auswuchtmaschine dynamisch wuchten zu lassen. Reifenmontage und auch Auswuchtung machen Harley-Davidson-, Motorrad- oder Reifenhändler zu moderaten Preisen.

Reifenmontage

Schlauchreifen mit Montierhebel montieren

Wie weiter vorne im Text schon gesagt, soll diese Reifenmontageanleitung für Notfälle sein, wenn die Maschine mit Schlauchreifen ausgerüstet ist. Sie brauchen dazu zwei Reifenmontierhebel und etwas Spülmittel oder viel Spucke. Natürlich ist Reifenmontagepaste (siehe Bild M9) die beste Wahl.

Bild M1: Zur Schonung der Felgenhörner vor Beschädigung durch Montierhebel einen Felgenschutz aus vorgeformtem Kunststoff verwenden.

Bild M1

Wichtig: Bei der Reifenmontage nur ordentliche Montierhebel verwenden, keine Schraubenzieher, Gabelschlüssel oder Flacheisen!

■ Felgenschützer und stabile Montierhebel gibt's für kleines Geld beim Motorradhändler oder im Zubehör-Shop.

Bild M2: Vor der Reifendemontage die Luft ablassen, nach der Reifenmontage die Felgenmutter nicht gegen die Felge, sondern gegen die Ventilkappe kontern.

Bild M2

Bild M3: Anstatt eines Felgenbandes, das bei der Reifenmontage immer gerne verrutscht, kann man auch eine Lage ca. 25 mm breites Gewebeklebeband ins Felgenbett einkleben. Unbedingt Gewebeklebeband verwenden, kein klares Büro-Klebeband (Tesafilm).

Bilder M1 bis M13 auf der nächsten Seite: Arbeitsschritte sind im Lauftext nummeriert beschrieben.

Bild M3

Bild 12: Rad auf manuellem Auswuchtbock. Auf dem linken Teil der Achse sind für das Foto eine Reihe Klebegewichte angeordnet.

Auswuchten

Statisch oder dynamisch wuchten?

Ein neu montierter Reifen muss ausgewuchtet werden, damit das Rad auch wirklich »rund« läuft. Ist es nicht (oder nicht gut) ausgewuchtet, beginnt es ab 60 bis 80 km/h zu »hüpfen«. Ein unwuchtiges Rad stört das Fahrwerk, verschleißt Federung und Stoßdämpfer sehr schnell und ist überdies einer guten Straßenlage und damit der Fahrsicherheit abträglich. Schlechte Wuchtung führt im Extremfall dazu, dass das Rad während der Fahrt den Bodenkontakt verliert!

Bild 12

Beim Auswuchten werden gegenüber der schwersten Stelle des Reifens entsprechende Gewichte (bei Speichen- und Gussrad) auf der Felge aufgeklebt (Bild 13). Pro Rad sind maximal 100 Gramm an Wuchtgewichten zulässig. Man kann ein Rad statisch auswuchten, indem man das Rad in leichte Drehung bringt und es auspendeln lässt – die schwerste Stelle bleibt unten stehen. An der gegenüberliegenden Stelle werden auf der Felge entsprechende Auswuchtgewichte aufgeklebt. Diese Auswuchtgewichte kann man beim Motorrad- oder Reifenhändler kaufen.

Bevor Sie sich mit der Auswuchtung abmühen: Wir empfehlen, das Rad dynamisch auf einer Auswuchtmaschine wuchten zu lassen. Sowohl Reifenmontage als auch Auswuchtung machen Motorrad- oder Reifenfachhändler zu moderaten Preisen.

Tipp: Wenn Sie einen neuen Reifen selbst montieren, dann schon während der Montage des neuen Reifens die (nach der Montage durchzuführende) Wuchtung berücksichtigen: Die leichteste Stelle des Reifens ist auf der Seitenwand mit einem Farbpunkt markiert (Bild 10a), der beim Ventil montiert werden muss.

■ Wenn die nötigen Wuchtgewichte trotzdem 100 Gramm überschreiten, kann der Farbpunkt im Reifenwerk an der falschen Stelle aufgebracht worden sein: Reifen um 180 Grad verdrehen, Unwucht erneut messen.

■ Wenn ein ausgebautes Rad mit einem gebrauchten Reifen auf dem Wuchtbock ausgependelt wird (Bild 12) und sich zeigt, dass die Wuchtung nicht mehr stimmt: Durch Verschleiß können sich die Wuchtverhältnisse geändert haben.

■ Wenn dann beim Nachwuchten mehr als 100 Gramm Auswuchtgewichte aufgebracht werden müssen, folgendermaßen vorgehen: Luft ablassen, Reifen ins Tiefbett drücken, auf der Felge um 180 Grad drehen, aufpumpen, Unwucht erneut messen und korrigieren.

Bild 13

Bild 13: 5 g schwere Klebegewichte.

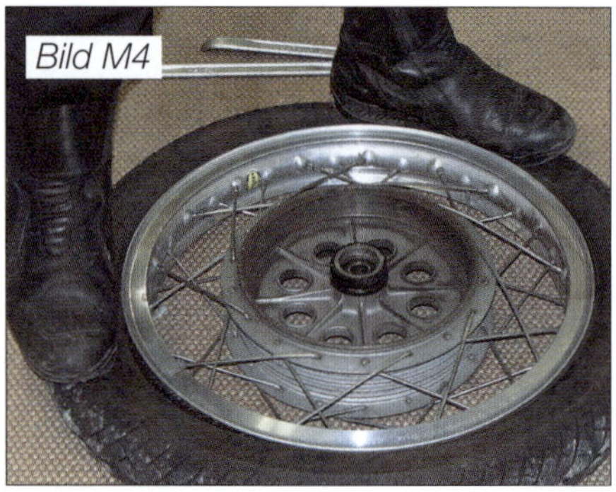

Bild M4

Bild M4: Luft ist abgelassen, Rad platt auf dem Boden, Lappen unter der Radnabe (oder das Rad liegt auf einem sauberen Teppich). NICHT auf der Bremsscheibe ablegen! Reifen mit dem Fuß ringsum ins Felgenbett drücken.

Bild M5: Montierhebel rechts und links kurz neben dem Ventil ansetzen und beginnen, den Reifenwulst vorsichtig über das Felgenhorn zu hebeln.

Bild M5

Bild M6

Bild M6: Reifenwulst Stück für Stück abwälzen. Darauf achten, dass der Wulst gegenüber der Arbeitsstelle sicher im Tiefbett sitzt (mit dem Stiefel nachtreten). Wenn der Reifenwulst ganz abgewälzt ist, Schlauch herausziehen.

Bild M7: Anderen Reifenwulst über das Felgenhorn drücken und heben. Reifen von der Felge trennen.

Bild M7

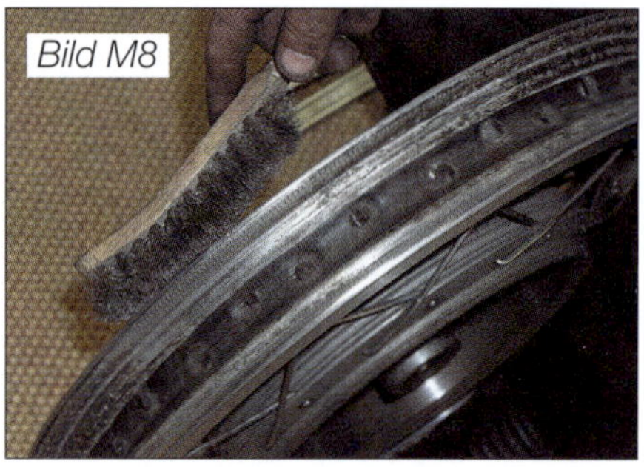

Bild M8

Bild M8: Felgenbett putzen. Dazu eine nicht zu harte Stahlbürste nehmen. Felgenband erneuern (Notfall: Auf unbeschädigten Zustand und genügend Spannung kontrollieren!) oder durch Klebeband ersetzen (siehe Bild M3).

Bild M9: Wulst des neuen Reifens mit Montagepaste einschmieren. Zur Not Seifenlauge nehmen (oder viel Spucke).

Bild M9

Bild M10

Bild M10: Reifen mit einer Seite über das Felgenhorn heben und ringsum ins Tiefbett eindrücken. VORHER die Drehrichtung beachten!

Bild M11: Rad umdrehen. Schlauch leicht aufpumpen, in Reifen einlegen. Streng darauf achten, dass er weder Falten bekommt noch verdreht wird. Ventil ins Ventilloch der Felge einführen.

Bild M11

Bild M12

Bild M12: Montierhebel gegenüber vom Ventil ansetzen, Reifenwulst Stück für Stück über Felgenhorn heben.

M13: Erst zum Schluss kommt der Bereich am Ventil! Wenn der Reifenwulst auf der Felge sitzt: Reifen aufpumpen mit 3,5 bis 4 bar (maximal!), damit er ringsum sauber kommt. Reifen auf Rundlauf prüfen, ggf. korrigieren.

Bild M13

Räder

In diesem Kapitel: Montageständer, Werkzeuge, Anziehdrehmomente · Holzklotz · Vorderrad aus- und einbauen · Bauteile reinigen, prüfen · Hinterrad aus- und einbauen · Radlager, Räder und Radachsen prüfen · Bremsscheiben montieren · Radlager aus- und einbauen.

Werkzeuge, Drehmomente

Montageständer (Bilder 1a, 1b und 1c)
Wenn das Motorrad auf dem Seitenständer abgestellt ist, kann kein Rad ausgebaut werden. Deswegen muss man die Maschine zum Aus- und Einbau des Vorderrads auf Front- und Heckmontageständer stellen; zum Aus- und Einbau des Hinterrads genügt der Heckmontageständer. Zum Ansetzen des Heckmontageständers an den Schwingenarmen muss ein Auspufftopf abgeschraubt werden; aber dieser muss für den Ausbau des Hinterrads sowieso demontiert werden, damit die Hinterradachse ausgezogen werden kann. Zu empfehlen ist die Aufbock-Kombination von Frontständer (Bild 1a) und einem Wagenheber unter dem Motor (Bild 1c). Siehe dazu auch Kapitel 3 »Werkstatt«.

Bilder 1a und 1b: Front- und Heck-Montageständer.

Bild 1c: Ein Scherenwagenheber ist zu empfehlen, er wird unter dem Motor angesetzt und mit ihm kann die Maschine gut in Arbeitshöhe gebracht werden.

■ *Eine aufgebockte Maschine unbedingt mit Riemen gegen Umfallen sichern!*

Bild 2: Farbmarkierung an einer mit dem richtigen Drehmomentwert angezogenen Schraube.

Sicherheitshinweise Achtung und Tipps für dieses Kapitel

Achtung: Hand- bzw. Fußbremshebel nicht betätigen, wenn die Bremssättel abgebaut sind! Sonst rutschen die Bremsklötze weit in den Sattel und man kann ihn nicht mehr montieren.

Tipp: Lappen so dick um den Gasgriff wickeln, dass er den Handbremshebel blockiert.

Achtung: Wenn die Vorder- bzw. Hinterradachse wegen Korrosion festsitzen sollte, NICHT mit einem Eisenhammer oder einem Rohrstück auf das Ende der Achse bzw. auf deren Gewinde klopfen, um die Achse auszutreiben! Falls die Achse sehr fest sitzt, was bei einem älteren Motorrad schon mal vorkommen kann, Kriechöl (»Rostlöser«) satt auf die Stellen sprühen, wo die Achse durch die Aufnahmen der Gabel, Schwinge und Radlager führt. Einige Minuten einwirken lassen und erneut versuchen. Gummi- oder Kunststoffhammer zu Hilfe nehmen.

Achtung: Nach jeder Radmontage alle Schrauben und Muttern nochmals auf Festsitz kontrollieren! Ganz penible Menschen machen sich Farbmarkierungen an die Schraubenköpfe und Muttern (Bild 2), die mit dem richtigen Drehmomentwert angezogen sind.

Achtung: Beim Zusammenbau nur originale Schrauben und Muttern verwenden – nie Schrauben/Muttern undefinierbarer Herkunft aus einer typischen Schraubenkiste benutzen!

Achtung: Niemals versuchen, krumme Räder oder krumme Achsen geradezurichten, sondern Neuteile verwenden.

Achtung: Nach der Radmontage alles überschüssige Fett von den Radlager-Simmerringen sauber abwischen, damit es nicht auf die Bremsscheiben gelangt!

Achtung: Vor der ersten Fahrt die Bremsklötze durch Pumpen am Bremshebel in Position bringen.

Werkzeug zur Bremsscheibenmontage (Bild 39)
Wenn die Bremsscheiben ab- und wieder angebaut werden sollen, werden zusätzlich zu den im Text erwähnten Radmontage-Werkzeugen noch folgende Teile benötigt:

- Nuss Torx T40 für die Schrauben der Bremsscheiben vorne
- Nuss Torx T45 für die Schrauben der Bremsscheibe hinten

Montage des Riemenzahnrads ans Hinterrad
Schrauben Riemenzahnrad an Hinterrad ... 108 Nm

- Voranzug .... 81 Nm
- Schrauben um eine halbe Umdrehung lösen
- Endanzug .... 108 Nm
- Schrauben über Kreuz anziehen

Werkstatthilfsmittel

- Fusselfreie Lappen und Ölspray zum Reinigen der ausgebauten Teile
- Bremsenreiniger zum Reinigen der Bremssättel und Bremsscheiben
- Kupfer- oder Keramikpaste für die Gewinde der Bremssattelschrauben
- schweres Kfz-Fett für Radachsen und Distanzbuchsen

Der Trick mit dem Holzklotz (Bild 3)
Wenn man beim Aus- und Einbau eines Rades alleine arbeiten muss, kann das zu einer nervigen Frickelei ausarten. Eigentlich bräuchte man drei oder vier Hände, bis Distanzbuchsen und Bremssattel in Montageposition gebracht und eingebaut sind. Organisieren Sie sich vor dem Radausbau einen Holzklotz und/oder Bretter sowie Bierdeckel und basteln daraus ein Paket, das knapp so dick ist, dass es bei aufgebockter Maschine zwischen Rad und Boden passt. So knallt das Rad beim Ausziehen der Achse nicht herunter und lässt sich später viel einfacher wieder einbauen.

Bild 3: Vor der Radmontage einen Holzklotz so unter den Reifen legen oder einige Bretter stapeln, dass keine Luft mehr ist zwischen Reifen und Boden.

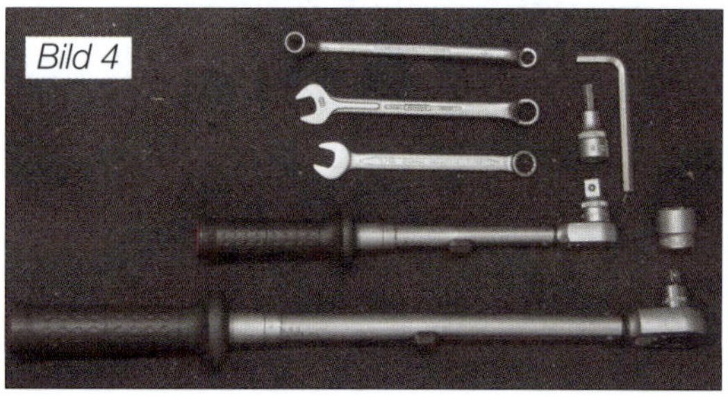

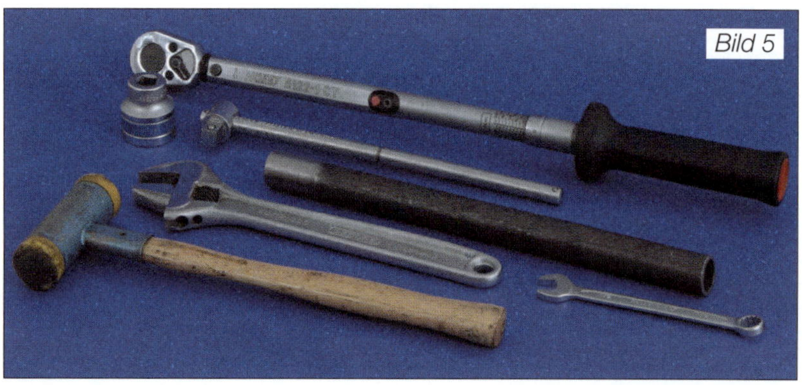

Bilder 4 und 5: Werkzeuge zur Vorderrad- und Hinterradmontage.

Anziehdrehmomente Vorderrad

Achsmutter .... 85 Nm
Mutter auf Achsklemmschraube .... 33 Nm
Schrauben Bremssattel an Gabelbein .... 45 Nm
Schrauben Bremsscheibe an Radnabe ..... 27 Nm

- *Neue Schrauben verwenden!*

Anziehdrehmomente Hinterrad

Hinterachsmutter .... 136 Nm
Mutter auf Federbeinschraube .... 65 Nm
Schrauben Bremsscheibe an Rad .... 51 Nm

- *Neue Schrauben verwenden!*

Werkzeug zur Vorderradmontage (Bild 4)

- Nuss 9/16 Zoll (14,29 mm) für Mutter auf Achsklemmschraube der Vorderachse
- Inbusschlüssel 5/16 Zoll (7,94 mm) für Achsklemmschraube der Vorderachse
- Nuss 15/16 Zoll (23,81 mm) für Achsmutter
- Knebel (Querknauf) für die Nüsse
- Rohrverlängerung für den Knebel
- Gepäckgummis zum Weghängen der Bremssättel
- Kreuzschlitzschraubenzieher zum Ausziehen der Vorderradachse
- 12-Kant-Nuss 10 mm für Bremssattelschrauben
- Ring-Maulschlüssel 1/2' Zoll (12,7 mm) für Muttern auf Kotflügel-Befestigungsschrauben
- Inbusschlüssel 1/4 Zoll (6,35 mm) für Befestigungsschrauben des Kotflügels an den Standrohren
- Großer und kleiner Drehmomentschlüssel

Werkzeug zur Hinterradmontage (Bild 5)

- Nuss 1 7/16 Zoll (36,51 mm) für Hinterachsmutter (es kann auch eine 36er-Nuss verwendet werden)
- Ring-Maulschlüssel 1 1/8 Zoll (28,58 mm) oder Rollgabelschlüssel zum Gegenhalten der Achse am Sechskant-Achskopf
- Ring-Maulschlüssel 1/2 Zoll (12,7 mm) für die Muttern auf den Riemenspanngewinden (Achsaufnahmen)
- Torx T50 für die Federbeinschraube rechts unten
- Ring-Maulschlüssel 3/4 Zoll für die Mutter auf der Federbeinschraube
- mittelbreiter Schlitzschraubenzieher oder Nuss 5/16 Zoll (7,9 mm) für die Schrauben der Schellen, mit denen die Hitzeschutzbleche befestigt sind
- Nuss 9/16 Zoll (14,29 mm) für die Mutter auf der Klemmschraube der Auspuffschelle
- Nuss oder Ringschlüssel 1/2 Zoll (12,7 mm) für die Schrauben der Schalldämpfer-Befestigung am Halter
- Knebel (Querknauf) für die Nüsse
- Rohrverlängerung für den Knebel
- Kunststoffhammer zum Aus- und Eintreiben der Hinterachse
- Dorn oder ein großer Schraubenzieher zum Ausdrücken der Hinterachse
- Großer und kleiner Drehmomentschlüssel

Vorderrad aus- und einbauen

Vorderrad ausbauen

1. Bilder 1a, 1b und 1c: Motorrad so aufbocken wie zu Anfang des Kapitels und im Kapitel 3 »Werkstatt« beschrieben ist.

Wichtig: Der Vorderrad-Montageständer muss entweder zusammen mit einem Wagenheber unter dem Motor oder einem Heck-Montageständer verwendet werden.

2. Bild 6: Mit 10 mm 12-Kant-Schlüssel die Bremssattelschrauben ausschrauben, Bremssattel von Bremsscheibe ziehen und mit Gepäckgummis seitlich vom Rad weghängen (Bild 7).

■ Bremsschläuche dabei nur so wenig wie möglich verdrehen und nicht knicken!

3. Bild 8: Mit 15/16 Zoll-Nuss die Achsmutter lösen und abdrehen.

4. Mit 5/16 Zoll-Inbusschlüssel die Achsklemmschraube am rechten Gabelfuß gegenhalten. Mit 9/16 Zoll-Nuss Mutter der Achsklemmschraube lösen, einige Umdrehungen aufdrehen.

5. Bilder 10 und 11: Achse unter gleichzeitigem Drehen und Ziehen ausziehen. Wenn es schwer geht, mit Gummi-/ Kunststoffhammer ausschlagen. Oder Schraubenzieher in die Bohrung des Achskopfes stecken und Achse ausziehen.

■ Rad dabei mit einer Hand hochhalten und gleichzeitig leicht daran wackeln.

6. Rad ablassen, ABS-Sensorring sowie Distanzbuchsen (Bild 12) vorsichtig entnehmen, Einbauposition merken. Rad nach vorne aus Telegabel herausnehmen.

■ Falls der Montageheber den Vorderbau nicht ausreichend hoch positioniert, muss zur Entnahme des Rades das Schutzblech demontiert werden.

Bauteile reinigen, prüfen

1. Mit Ölspray und Lappen reinigen: Achse, Buchsen, ABS-Sensorring, Radlager, Achsbohrungen in Gabelfüßen.

2. Radlager prüfen: Zeigefinger in den Lager-Innenring stecken und drehen. Dabei spürt man, ob das Lager gleichmäßig läuft.

■ Wenn die Lager spielfrei sind, ohne Knacken und Rubbeln laufen, sind sie in Ordnung.

■ Wenn die Lager beschädigt sind, also Luft haben oder laut, knackend oder schwer laufen, müssen sie ersetzt werden. Wie das geht, steht weiter hinten in diesem Kapitel.

3. Bild 13: Achse dünn mit Fett einschmieren.

4. Bremssattel mit Bremsenreiniger säubern.

Dicke der Bremsbeläge kontrollieren (siehe dazu auch Kapitel 7 »Bremsen«).

5. Gewinde der Bremssattel-Halteschrauben mit einer Messingbürste reinigen.

Kontrollieren Sie jetzt bitte noch einmal die Gewinde der Schrauben und die zugehörigen Innengewinde im Bremssattel: Sie müssen technisch in Ordnung sein und auch für die Schraubenköpfe gibt es keine Kompromisse.

Bilder 6 und 7: Bremssattelschrauben mit 10er-12-Kant-Schlüssel ausschrauben, Bremssattel abziehen und so zur Seite hängen, dass er die Radmontage nicht stört.

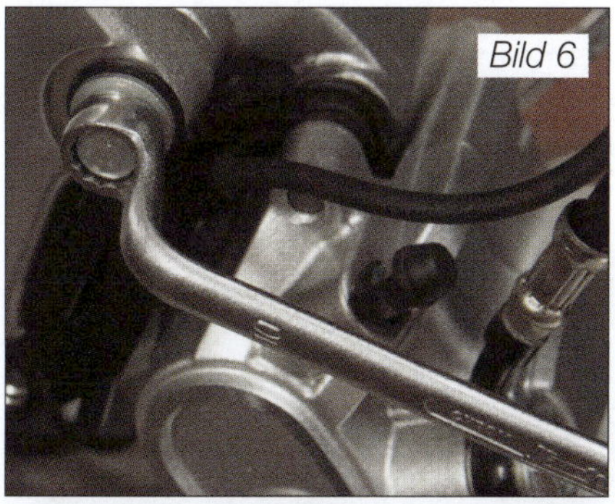
Bild 6

Bild 7

Bilder 8 bis 13: Aus- und Einbau des Vorderrads.

■ Im Lauftext sind die zu den Bildern gehörenden Arbeitsschritte beschrieben.

Bild 8

Bild 9

Bild 10

Bild 11

Bild 12

Bild 13

Vorderrad einbauen

1. Rad von vorne in die Telegabel einschieben.

■ Bei Modellen mit einer Scheibenbremse ist die Bremsscheibe links.

1.1. Bild 14: Bei einer Doppelscheibenbremse kann man sich am Pfeil »Drehrichtung« auf dem Reifen orientieren.

2. Rad anheben und/oder so »unterfüttern«, bis die Bohrungen der Radlager und Gabelfüße fluchten.

2.1. Distanzbuchsen und ABS-Sensorring zwischen Radnabe und Gabelfüßen platzieren, mit einer Hand festhalten.

Bilder 14 bis 19: Aus- und Einbau des Vorderrads. Im Lauftext sind die zu den Bildern gehörenden Arbeitsschritte beschrieben.

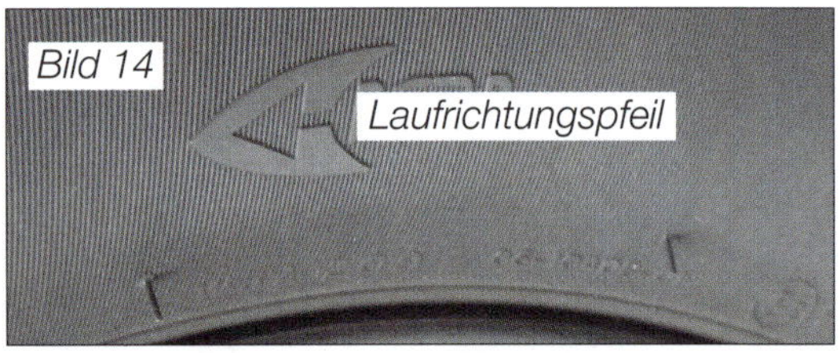

Bild 14

Bild 15

Bild 16a

Bild 16b

Bild 16c

Bild 17

Bild 18

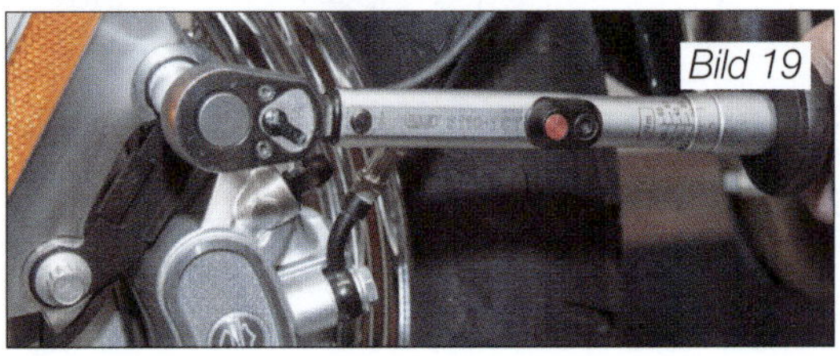
Bild 19

2.2. Achse von rechts einführen und ganz durchschieben. Bild 15: Mit einem Gummihammer die Achse bis zum Anschlag eintreiben.

■ **ABS-Modelle**, Bilder 16b und 16c: ABS-Sensorring in Laufrichtung nach links drehen, bis der Passstift den Bund am linken Gabelholm berührt.

3. Unterlegscheibe aufsetzen, Achsmutter aufdrehen. Schraubenzieher in Achsbohrung auf der rechten Seite einstecken und damit die Achse beim Festziehen der Achsmutter (85 Nm) gegenhalten.

4. Bild 18: Achsklemmschraube im rechten Gabelfuß mit 33 Nm festziehen.

5. Bremsscheibe(n) mit Bremsenreiniger reinigen.

5.1. Bremssattel auf Bremsscheibe schieben.

5.2. Bild 19: Bremssattel-Halteschrauben eindrehen, mit 45 Nm festziehen.

6. Motorrad abbocken, Bremse einige Male betätigen, damit sich die Beläge an der Bremsscheibe anlegen.

Wichtig: Überschüssiges Fett von Achse und allen anderen Schraubstellen gut abwischen.

Hinterrad aus- und einbauen

Hinterrad ausbauen

1. Als Erstes muss der hintere Auspufftopf abgebaut werden (Bilder 20, 21 und 22), weil sich sonst die Achse nicht ausziehen lässt.

2. Maschine aufbocken, mit Riemmen sichern.

Tipp: Wenn der Auspufftopf abgebaut ist, kann man einen höhenverstellbaren Heck-Montageständer mit langen L-Aufnahmen beidseitig an den Schwingenarm ansetzen und das Heck damit hochbocken. Allerdings muss die Maschine hinten ziemlich hoch kommen, sonst kann man das Hinterrad nicht unter dem Schutzblechende herausziehen. Ein Aufbocken mit Frontmontageständer und einem Wagenheber unter dem Motor ist also die bessere Variante, weil so die Montagehöhe der Maschine recht einfach variiert werden kann (siehe dazu Kapitel 3 »Werkstatt«). Wir arbeiten mit einem zentral platzierten Scherenwagenheber oder einem am Schwingenende angesetzten Heck-Montageständer.

3. Bilder 25 und 26: Mutter der unteren Federbein-Halteschraube abdrehen. Dann die Schraube bündig einschieben, um hässliche Kratzspuren durch überstehenden Schraubenteile an Riemenzahnrad und Felge zu vermeiden.

3.1. Obere Riemenabdeckung abschrauben.

3.2. Ab Mj. 2014, Bild 23: Mit einem 10er 12-Kant-Schlüssel beide Bremssattelschrauben lösen, ausdrehen, Bremssattel von der Scheibe ziehen und so aufhängen (Bild 24), dass er bei der Radmontage nicht stört. Bis Mj. 2013 muss der Bremssattel nicht abgebaut werden.

4. Bild 27: Mit einem mittelgroßen Schraubenzieher den Sicherungsclip von der Hinterachsmutter abschieben.

5. Bild 28: Achsmutter lösen und abschrauben. Mutter und Scheibe abnehmen.

Tipp: Jetzt muss der Antriebsriemen entspannt werden, damit sich die Hinterachse ausziehen lässt. Um später beim Einbau des Hinterrads die gleiche Position der Hinterachse – und damit auch die gleiche Riemenspannung – wie vor dem Ausbau zu erreichen, mit einer Schieblehre die freie Länge der Einstellgewinde der Achsaufnahmen auf beiden Seiten messen und notieren.

5.1. Muttern auf beiden Einstellgewinden einige Umdrehungen lose drehen.

5.2. Dann das Hinterrad nach vorne schieben, damit der Riemen lose wird.

■ Wenn das Rad sich nicht bewegen will, von hinten einen kontrollierten Fußtritt auf den Reifen geben, damit das Rad mit der Achse im Langloch nach vorne rutscht.

6. Bild 30: Achse mit Kunststoffhammer vorsichtig etwas ausschlagen.

6.1. Bild 31: Achse am Achskopf auf der anderen Seite packen und ganz ausziehen, Rad dabei mit einer Hand hochheben und daran wackeln.

7. Holzklotz unterm Rad wegnehmen, Rad ablassen und nach vorne rollen.

8. Bild 34: Antriebsriemen nach außen herunternehmen.

9. Bis Mj. 2013: Rad so weit nach hinten ziehen bis die Bremssscheibe aus dem Bremssattel gleitet.

10. Rad nach hinten herausnehmen.

Bauteile reinigen, prüfen

Arbeits- und Prüfschritte wie vorne im Text »Vorderrad ausbauen« beschrieben. Auch die Zähne des Zahnriemen-Zahnrads mit klarem Wasser und einer Zahnbürste sauber putzen.

Hinterrad einbauen

1. Rad in Schwinge einfädeln und nach vorne schieben.

1.1. Bis Mj. 2013: Dabei die Bremsscheibe in den Bremssattel zwischen die Bremsbeläge einführen.

2. Rad so weit es geht nach vorne schieben. Bild 33: Riemen auf Zahnrad auflegen.

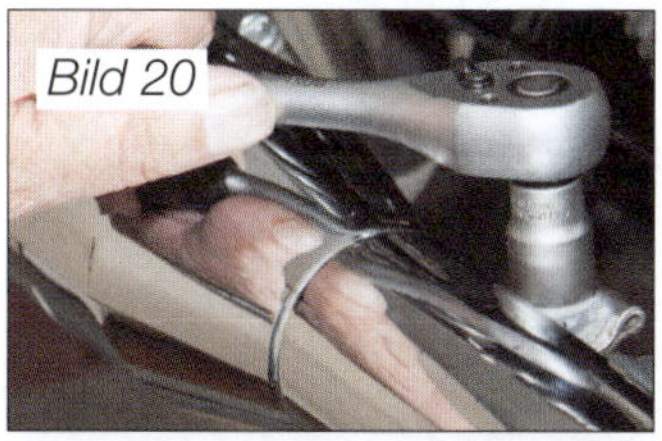
Bild 20

Bild 21

Bild 22

Bild 23

Bild 24

Bild 25

Bild 26

Bild 27

Bilder 20 bis 30: Aus- und Einbau des Hinterrads. Im Lauftext sind die zu den Bildern gehörenden Arbeitsschritte nummeriert beschrieben.

Bild 28

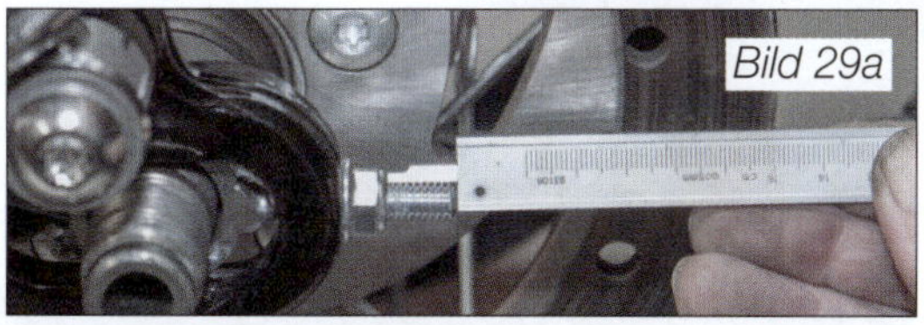
Bild 29a

Bild 29b

Bild 30

Sichtprüfung Messen

Bilder 31 bis 38: Einbau des Hinterrads. Im Lauftext sind die zu den Bildern gehörenden Arbeitsschritte beschrieben.

Bild 31

Bild 32a

Bild 32b

Bild 33

Bild 34

Bild 35

3. Rad zurückziehen, hochheben und den Holzklotz unterlegen (Bild 3).
3.1. Distanzbuchse rechts zwischen Rad und Schwinge einsetzen.
4. Langloch im rechtem Schwingenholm, Bohrungen von Riemenspanner, Distanzbuchse und Radlager aufeinander ausrichten.
5. Bild 31: Achse von rechts ansetzen, einführen und mindestens zwei Drittel einschieben.
6. Bis Mj. 2013: Linke Distanzbuchse zwischen Radlager und Schwinge einsetzen. Bremssattelhalter in Montageposition bringen.
6.1. Ab Mj. 2014, Bild 32a: ABS-Sensor in Montageposition bringen.
7. Achse weiter durchschieben: Durch linke Distanzbuchse, Bremssattelhalter, Riemenspanner und Langloch im Schwingenholm schieben, Rad dabei etwas hin und her kippeln.
8. Scheibe aufsetzen, Mutter aufdrehen, aber noch nicht festziehen.
9. Untere Federbeinschraube einschieben, Mutter aufdrehen und mit 65 Nm festziehen.
10. Bilder 29b und 29a: Spannung des Antriebsriemens einstellen, indem die Muttern auf den Gewinden rechts und links auf das zuvor ermittelte Maß aufgedreht werden.
10.1. Riemenspannung kontrollieren, ggf. neu einstellen (Kapitel 8 »Zahnriemen · Primärkette«).
11. Bild 35: Achsmutter festziehen mit 136 Nm.
12. Ab Mj. 2014: Abs-Sensorring in Laufrichtung nach links drehen, bis der Passstift am Bremssattelhalter anliegt.
13. Ab Mj. 2014: Bremssattel auf Scheibe schieben, Schrauben eindrehen, mit 45 Nm festziehen.
13.1. Bremse einige Male betätigen, damit sich die Bremsbeläge an der Bremsscheibe anlegen.
13.1. Bremse lösen, Rad durchdrehen und prüfen, ob es leicht und frei läuft. Überschüssiges Fett von Buchsen und Achse gut abwischen.

Bremsscheiben montieren

Harley schreibt vor, dass bei der Montage von Bremsscheiben neue Schrauben verwendet

Bild 36

Bild 37

Bild 38

werden müssen. Wenn diese nicht vorhanden sind, kann man die bisherigen Schrauben noch einmal verwenden, denn technisch spricht nichts dagegen, sofern ihre Gewinde, Köpfe und Sechskante in Ordnung sind.

Bremsscheiben abschrauben

1. Vor dem Abbau die Drehrichtung der Bremsscheiben mit einem dicken Filzstift aufzeichnen, damit sie nachher wieder in richtiger Drehrichtung angebaut werden können.
2. Beachten: Die Bremsscheibenschrauben sind oft mit Loctite eingeklebt und lassen sich deswegen nur schwer ausschrauben. Wenn dem so ist: Schrauben mit einem Heißluftföhn am Kopf etwas anwärmen, das löst die Verklebung.
3. Exakt passenden Torxschlüssel verwenden: Schrauben über Kreuz lösen und ausdrehen. Bremsscheibe abnehmen.

Bremsscheiben anschrauben

1. Anlageflächen von Bremsscheibe, Radnabe und Gewinde der Schrauben mit einer Messingbürste und Lappen reinigen.
2. Bremsscheibe auf Radnabe aufsetzen.
3. Etwas Loctite »mittelfest« an die Gewinde der gereinigten(!) Schraubengewinde geben.
4. Schrauben eindrehen und über Kreuz in mehreren kleinen Schritten festziehen:
- Vorderrad mit Torxschlüssel T40 auf 27 Nm
- Hinterrad mit Torxschlüssel T45 auf 51 Nm

5. Vor Radeinbau die Bremsscheiben mit Bremsenreiniger sorgfältig reinigen.

Radlager wechseln

Ab einer Laufleistung von ca. 30 000 km besteht die Gefahr, dass die Radlager Spiel bekommen. Deswegen speziell bei älteren Maschinen bei jedem Radausbau die Radlager prüfen (siehe Text unten auf dieser Seite).

Wichtig: Einseitig offene Lager werden mit der offenen Seite nach innen eingebaut. Bei ge-

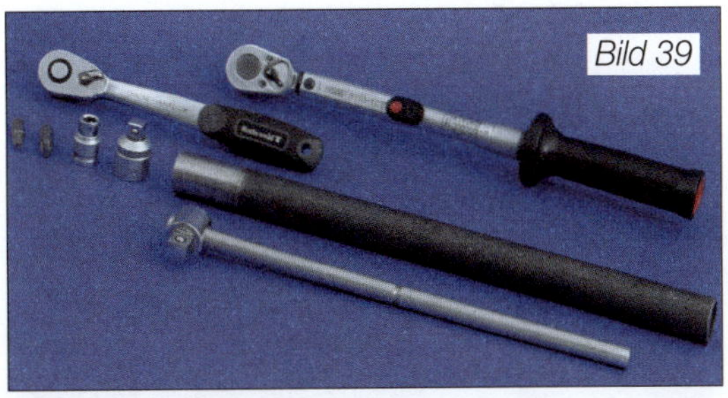

Bild 39: Werkzeuge zur Bremsscheibenmontage.

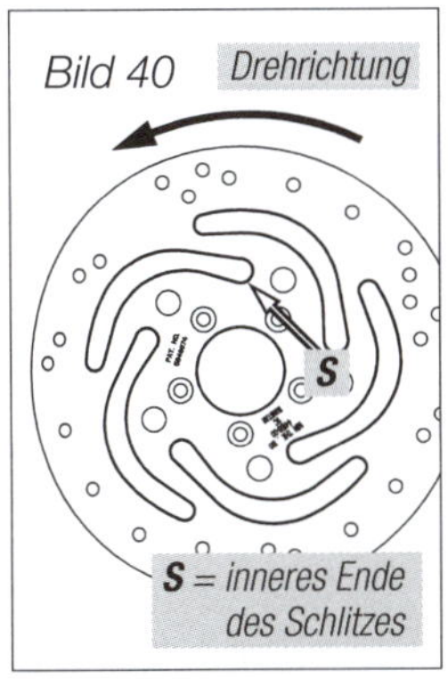

Bild 40: Drehrichtung der Bremsscheibe.

Radlager, Räder und Radachsen prüfen

Radlager prüfen

Zur Prüfung der Lager steckt man den Zeigefinger in den Innenring des Lagers, dreht diesen und spürt im Finger, wie das Lager läuft.
- Wenn die Lager spielfrei sind und ohne fühlbares Knacken und Rubbeln laufen, sind sie o.k.
- Wenn die Lager beschädigt sind, also »Luft« haben oder laut und knackend laufen, Lager ausbauen und durch Neuteile ersetzen.

Serienmäßig sind beidseitig geschlossene Lager eingebaut. Wenn es diese nicht gibt, sollte man zumindest einseitig geschlossene einbauen; auf keinen Fall offene (nicht abgedeckte) Lager.

Rad auf Rundlauf prüfen

1. Rad in Zentrierständer einhängen. Wenn keiner zur Verfügung steht:
- Radachse in einen Schraubstock spannen und Messuhrhalter auf der Werkbank befestigen.
- Oder in eingebautem Zustand prüfen: Messuhr an Gabelholm/Hinterradschwinge befestigen.

2. Felgenrand putzen, mit Allzweckspray einsprühen, Messspitze der Messuhr anführen:
- Zum Messen des Höhenschlags innen am Felgenhorn auf der bearbeiteten Fläche (Bild 41).
- Zum Messen des Seitenschlags außen am Felgenhorn (muss unbeschädigt sein, Bild 41).

3. Verschleißgrenze Axial- und Radialschlag beim Gussrad 0,76 mm (Praxiswert 1,5 bis 2 mm), beim Speichenrad 0,76 mm (Praxiswert bis zu 3 mm).
Radachse auf Schlag prüfen: Radachse in Prismenblöcke legen (Bild 42), Achsschlag mit Messuhr feststellen, Verschleißgrenze 0,1 mm.
Beachten: Der tatsächliche Schlag ist nur halb so groß wie der von Messuhr angezeigte Wert.

Bild 41: Vermessen des Rads auf Seiten- und Höhenschlag.

Bild 42: Vermessen der Radachse.

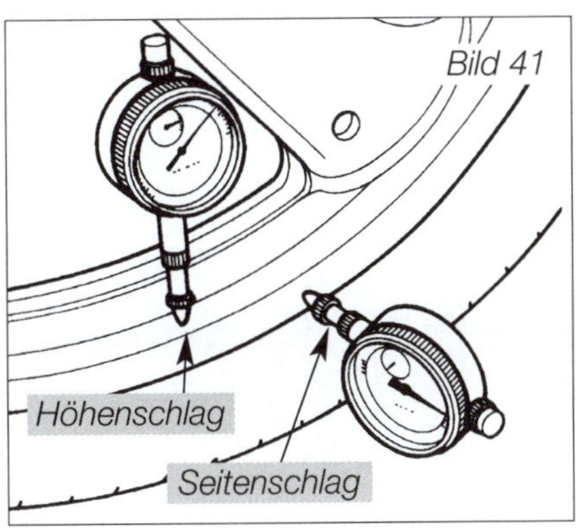

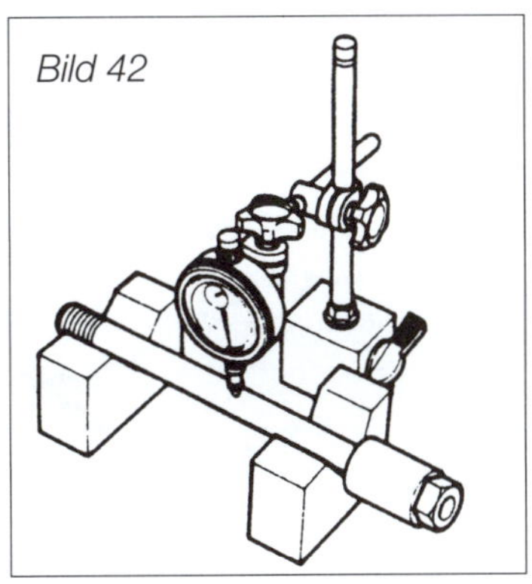

schlossenen Lagern auf Bezeichnung auf dem Lageraußenring achten, dies ist die äußere Seite.

⚠ **Achtung:** Aus- und Einbau von Radlagern mit Hammer und Dorn erfordert fachliches Können und Fingerspitzengefühl. Besser ist der von Harley als Spezialwerkzeug angebotene Lagereinbausatz oder ein entsprechendes Lagermontage-Spezialwerkzeug aus dem Kfz-Werkzeughandel. Damit ist die Gefahr gering, dass die neuen Lager beim Einbau beschädigt werden.

Wenn keine Spezialwerkzeuge zur Verfügung stehen, sollte man zumindest eine Heizplatte

Bild 43

Bild 44

Bilder 43 und 44: Zum Wechsel der Radlager benötigte Werkzeuge und Hilfsmittel. Radnabe auf 80 °C bis 120 °C erwärmen, dann lassen sich die alten Radlager leicht austreiben.

haben (Bild 43): Zum Ausbau der Lager das Rad mit der Nabe einige Minuten lang auf die kalte Heizplatte legen, Schalter auf mittlere Stufe stellen, Heizplatte und Radnabe zusammen langsam aufheizen bis auf mindestens 80 °C, maximal 120 °C (Bild 44). Dann fallen die Lager fast alleine heraus, wenn das Rad von der Heizplatte heruntergenommen wird. Wenn keine Heizplatte vorhanden ist, kann man die Radnabe auch mit einem starken Werkstatt-Heißluftföhn erwärmen.

Radlager ausbauen

Vorderrad

1. Bremsscheibe(n) abschrauben.

■ Schrauben über Kreuz mit Torxnuss T40 lösen und ausdrehen. Scheibe abnehmen.

Hinterrad

1. Bremsscheibe abschrauben.

1.1. Riemenzahnrad abschrauben (siehe dazu Kapitel 8 »Zahnriemen · Primärkette«).

Die weiteren Arbeitsschritte gelten für Vorder- und Hinterrad.

2. Rad auf feste Unterlage legen, die unten so weit offen ist, dass das auszutreibende Lager Platz hat und beim Herausschlagen nach unten herausfallen kann.

■ Am besten die Backen eines Schraubstocks weit genug öffnen und das Rad unter Zwischenlegen von Hölzern darauf ablegen.

3. Bild 45: Radlager mit einem mindestens 1 cm dicken und mindestens 20 cm langen Dorn schrittweise mit trockenen, bedachten Hammerschlägen am Innenring über Kreuz austreiben. Schrittweise und über Kreuz deswegen, weil dadurch das Lager immer ein kleines Stück weiter ausgetrieben und ein Aufweiten der Lagersitze vermieden wird.

4. Nach dem Austreiben der Lager die Lagersitzbohrungen gut reinigen.

Bild 45

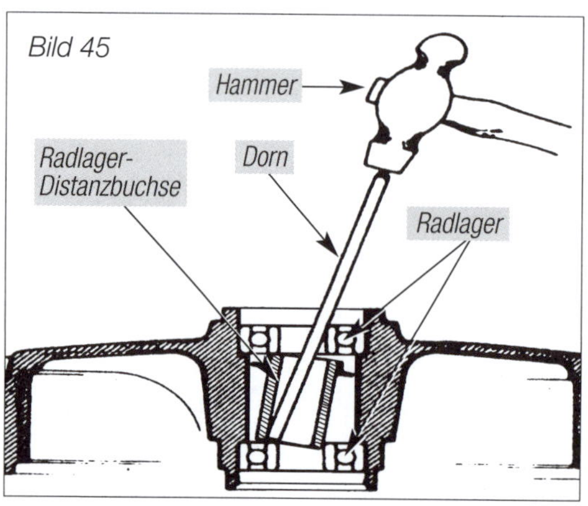

Bild 45: Austreiben der Radlager mit Hammer und langem Dorn.

Bild 46

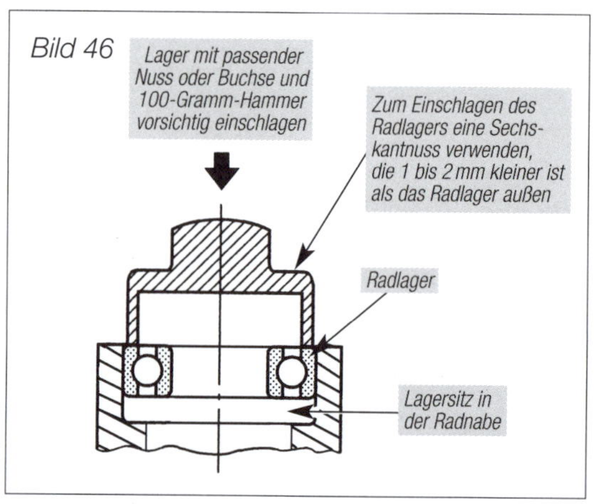

Bild 46: Eintreiben von neuem Lager mit einer Nuss oder speziellen Buchse.

Wichtig: Wenn beim Austreiben der Lager in den Sitzbohrungen einige Grate entstanden sind, diese mit sehr feinem Schmirgelleinen (»Läpppapier« oder »Polierleinen«) vorsichtig und punktgenau entfernen. KEINE Rundfeile dazu nehmen oder ein anderes spanabhebendes Werkzeug!

Radlager einbauen

1. Bilder 43 und 44: Radnabe auf der Heizplatte auf maximal 120 °C anwärmen.

2. Lager in den erwärmten Lagersitz einschieben, es fällt fast von alleine hinein. **Wichtig:** Einbaurichtung der Lager beachten.

■ Ein beidseitig geschlossenes Lager wird mit der Aufschrift nach außen eingebaut.

■ Ein einseitig geschlossenes Lager wird mit der Abdeckung nach außen eingebaut.

2.1. Bild 46: Mit einer passenden Nuss, deren Außendurch-

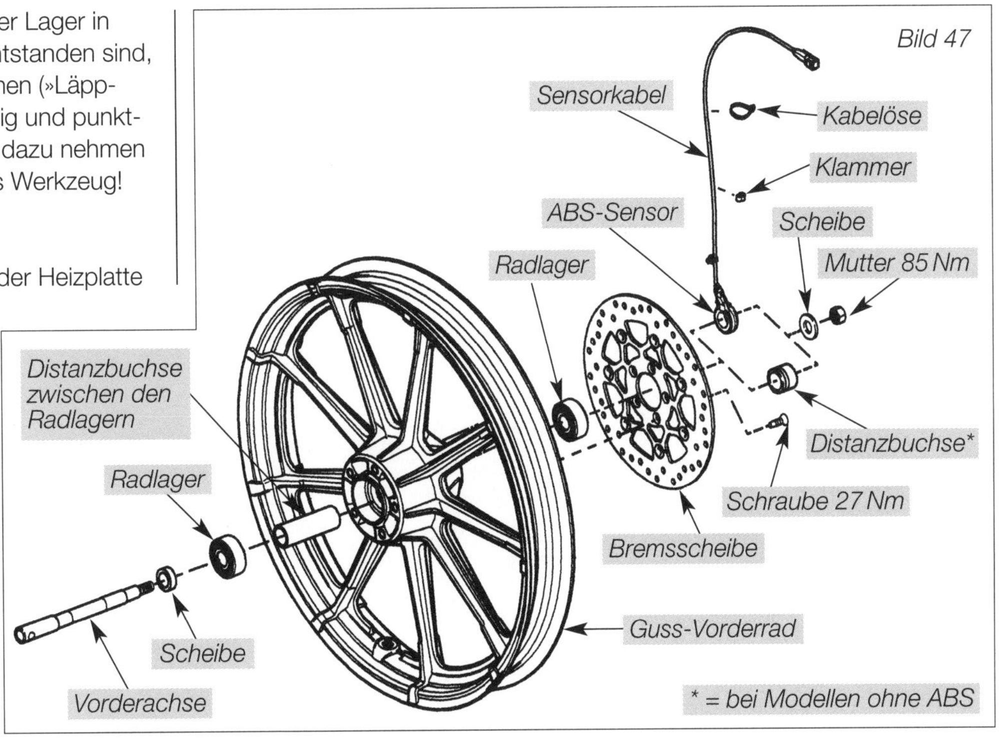

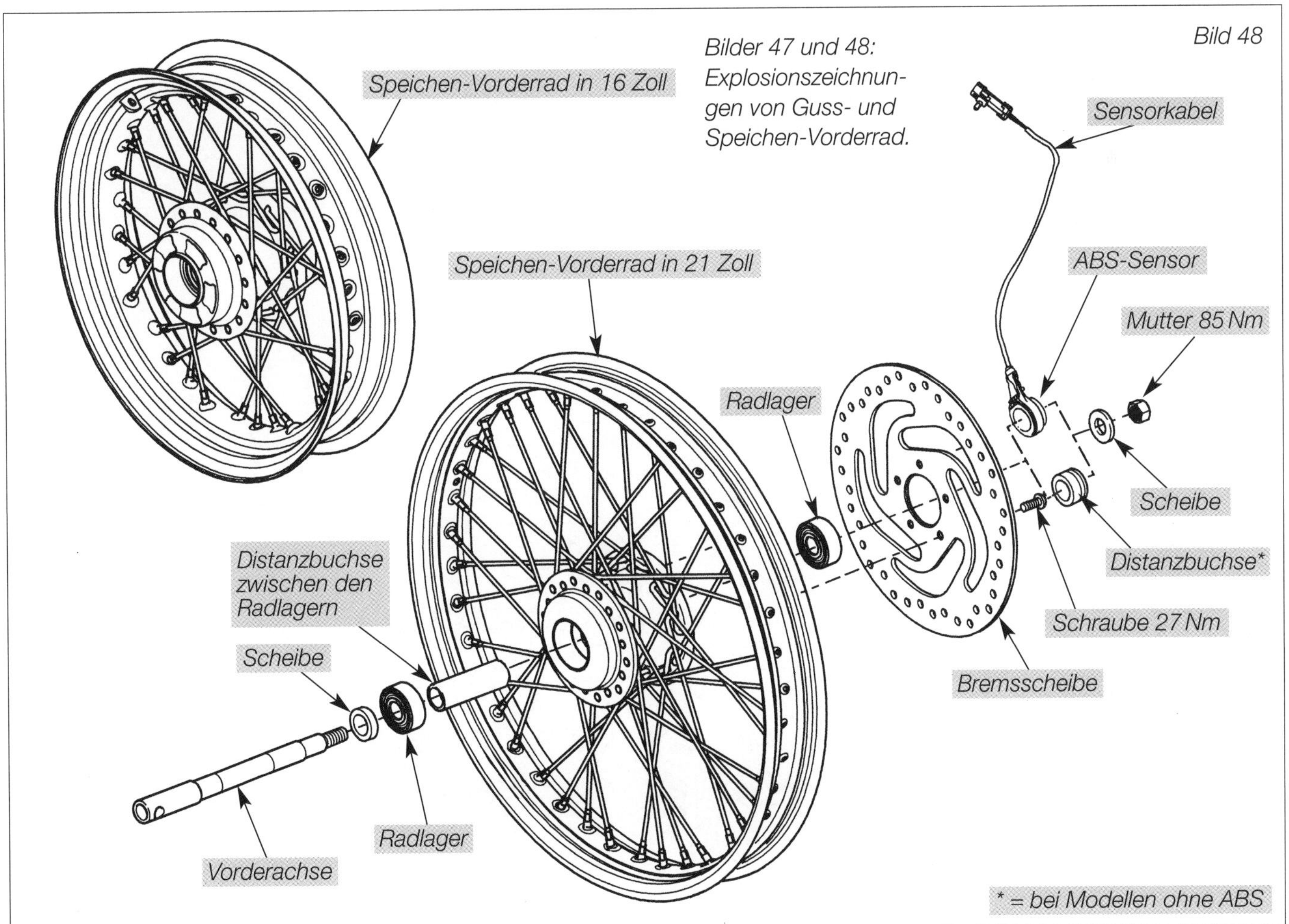

Bilder 47 und 48: Explosionszeichnungen von Guss- und Speichen-Vorderrad.

messer 1 bis 2 mm geringer ist als der des Lagers (bzw. der Passbohrung), und einem 100-Gramm-Hammer sanft nachklopfen, bis das Lager im Grund der Bohrung aufsitzt.

■ Wenn keine passende Nuss vorhanden ist: Dorn nehmen, aber diesen unbedingt nur am Lageraußenring (!) ansetzen.

2.2. Rad umdrehen.

3. Distanzbuchse einsetzen. Lager auf anderer Seite einschieben, mit Dorn oder passender Nuss und Hammer am Lageraußenring sanft (sanft!) nachklopfen.

4. Jetzt mit dem Zeigefinger prüfen, ob die Distanzbuchse zwischen den Lagerinnenringen fluchtet, nicht zu viel Spiel hat, aber auch nicht zu fest sitzt: Sie muss satt zwischen den Lagerinnenringen sitzen und darf sich nur ganz leicht seitlich bewegen!

5. Bremsscheibe(n) anschrauben (siehe weiter vorne in diesem Kapitel).

6. Am Hinterrad Riemenzahnrad anschrauben (siehe Kapitel 8 »Zahnriemen · Primärkette«).

Bild 49

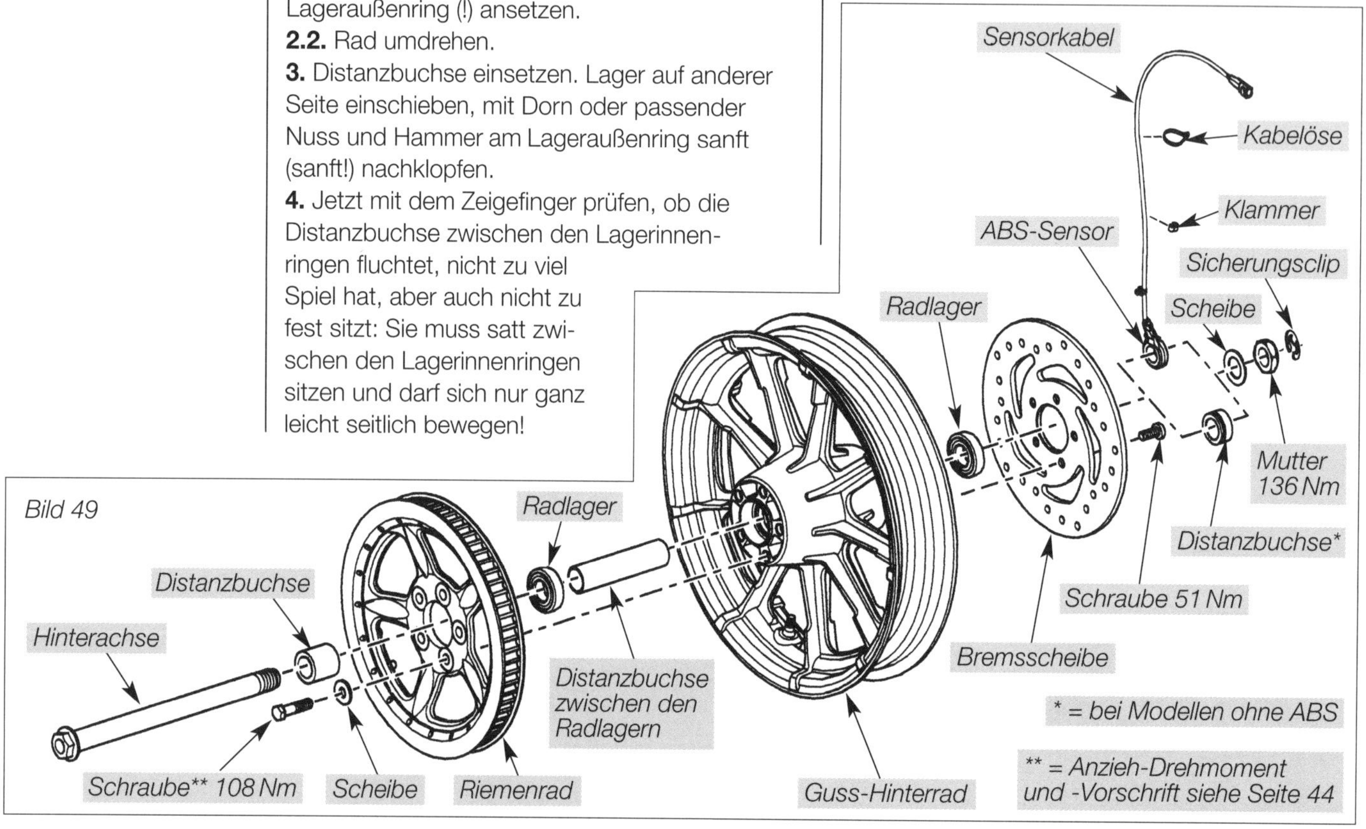

Bilder 49 und 50: Explosionszeichnungen von Guss- und Speichen-Hinterrad mit Teilebezeichnungen und Anziehdrehmomentwerten.

Bild 50

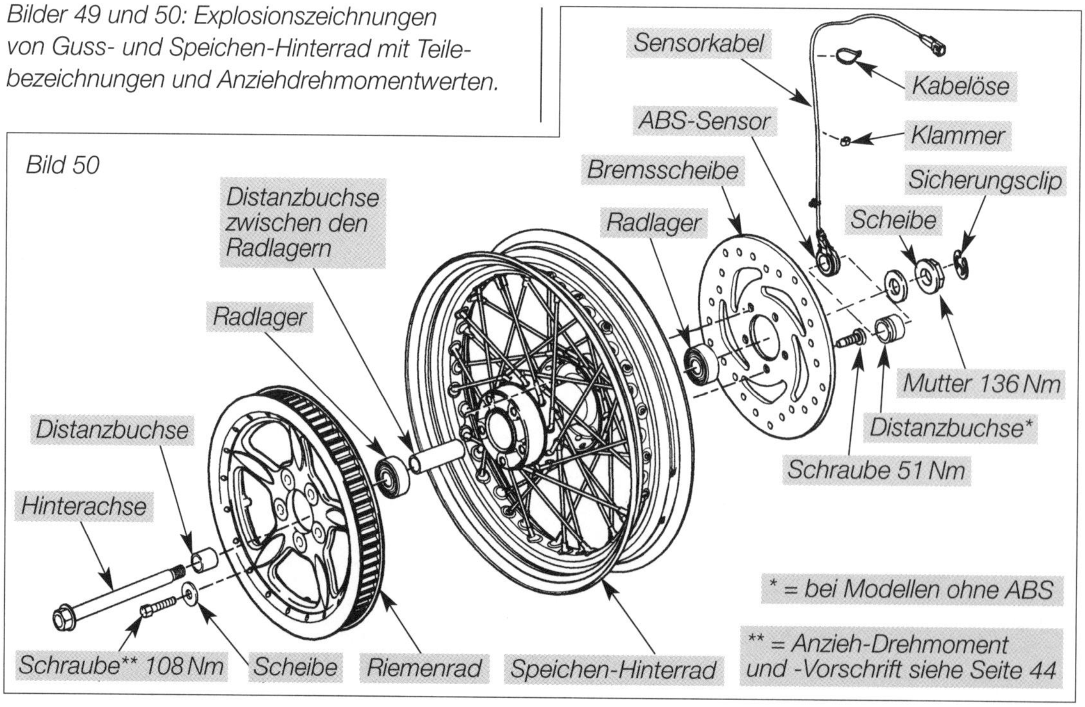

Bremsen

In diesem Kapitel: Bauart der Bremsen · Bremsanlage prüfen · Bremsflüssigkeit prüfen, auffüllen · Bremsklötze wechseln · Bremsscheiben kontrollieren · Bremsflüssigkeit wechseln, Bremse entlüften · Bremslichtschalter · Bremssättel, Bremspumpen · Probleme mit dem ABS? · ABS-Hydraulikeinheit.

Bauart der Bremsen

Bremsen vorne
Einscheibenbremsen, schwimmende Bremssättel mit zwei Kolben. Gelochte Bremsscheiben,
Durchmesser bis Mj. 2013 .... 292 mm
ab Mj. 2014:.................... 300 mm
Doppelscheibenbremse bei XL 1200 R der Mj. 2007/08 und XL 1200 CX ab Mj. 2016.

Bremsen hinten
Scheibenbremsen, gelochte Bremsscheiben,
Durchmesser bis Mj. 2010 ....292 mm
ab Mj. 2011 ....260 mm

Schwimmende Bremssättel mit einem Kolben bis Modelljahr 2013.
Festbremssattel mit zwei Kolben ab Mj. 2014

ABS = **A**nti-**B**lockier-**S**ystem bei allen Modellen ab Modelljahr 2014.

Bremssättel im Detail
Bei einer **Schwimmsattelbremse**, wie sie an den meisten Modellen unseres Buchs vorne und hinten verbaut ist, sind die Bremskolben in der äußeren Hälfte des Bremssattels eingebaut, die innere Hälfte ist starr.

Bild 1: Farbmarkierung an Schrauben, die mit dem richtigen Drehmomentwert festgezogen sind.

Bild 2: Druckluftbetriebenes Gerät zum Wechsel der Bremsflüssigkeit.

Bild 3: Obenauf eine geschliffene Bremsscheibe, die darunter hat tiefe Riefen.

Sicherheitshinweise ⚠ Achtung und ☞ Tipps für dieses Kapitel

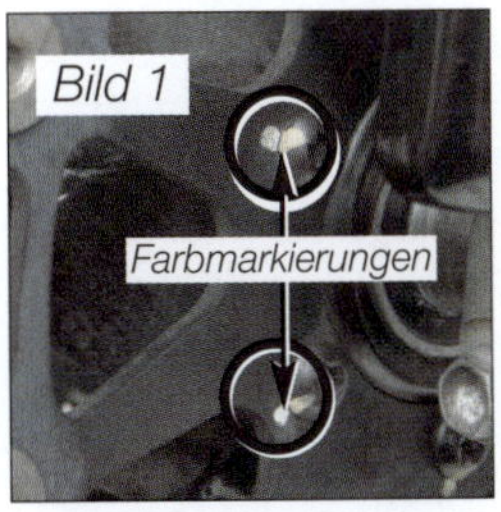

⚠ Nach jeder Bremssattelmontage alle Schrauben und Muttern nochmals auf Festsitz kontrollieren! Ganz penible Mechaniker setzen Farbmarkierungen an Schraubenköpfe und Muttern (Bild 1), die sie mit dem richtigen Drehmomentwert angezogen haben.

☞ Gebirgstouren mit Passabfahrten oder Reisen in besonders staubige Gebiete bedeuten extreme Belastungen für die Bremsen, weil der Verschleiß der Bremsbeläge dabei sehr hoch ist. Bevor Sie mit der Maschine in Urlaub oder auf eine Passtour fahren, machen Sie rechtzeitig vorher einen umfangreichen Check der Bremsanlage.

⚠ Bremsflüssigkeit ist giftig. Hautkontakt vermeiden. Nicht in die Augen, nicht in die Atemwege, nicht auf die Schleimhäute kommen lassen. Nicht trinken! Immer nur geeignete Gefäße verwenden. Bremsflüssigkeit umweltgerecht beseitigen (bei einer Entsorgungsstelle abgeben).

⚠ Wenn ein Bremsflüssigkeitsbehälter offen ist, unbedingt darauf achten, dass kein Schmutz in den Behälter und in die Bremsflüssigkeit gelangt.

☞ Im Motorrad-Zubehörhandel sowie im Kfz-Werkzeughandel gibt es Bremsentlüftungs-Vakuumpumpen, mit denen man ohne Kontakt zur Bremsflüssigkeit und ohne Gefahr des Verschüttens die Bremsen entlüften bzw. Bremsflüssigkeit wechseln kann (Bild 2).

⚠ Bei abgebautem Bremssattel bzw. entfernten Klötzen den Bremshebel nicht betätigen! Sonst fahren die Kolben ungehindert aus und müssen mühsam wieder in den Sattel gedrückt werden. Wenn sie ganz aus ihren Zylindern im Sattel herausrutschen, verursacht das eine üble Bremsflüssigkeitssauerei!

⚠ Bremsenreiniger ist meist in Spraydosen erhältlich und ziemlich aggressiv. Nur im Freien oder in gut gelüfteten Werkstatträumen verwenden. Nicht rauchen! Nicht auf die Haut, in die Augen oder Atemwege sprühen! Einatmen vermeiden!
■ Zur Reinigung von Bremsenbauteilen nur Bremsenreiniger oder Aceton verwenden, KEIN Benzin, Dieselöl, Motorenöl oder Ölspray!
■ Bremsenreiniger sparsam und ganz gezielt einsetzen, Sprühkopf direkt auf die zu reinigende Stelle richten und nicht länger als zwei Sekunden betätigen.
■ Teile nach Besprühen mit Bremsenreiniger sofort mit weichem, nicht fusselndem Lappen durchputzen.
■ Druckluft bei Reinigung und anderen Arbeiten am Bremssattel nur sehr sparsam und gezielt einsetzen.

⚠ Nicht mit scharfkantigen Gegenständen wie Schraubenzieher oder Schraubenschlüssel im Bremssattel herumwerken, dabei können die Gleitflächen der Bremskolben zerkratzt werden!

⚠ Niemals unterschiedlich dicke Bremsklötze oder solche von verschiedenen Herstellern in einem Bremssattel verwenden! Niemals einen neuen und einen alten Bremsklotz in einen Sattel einsetzen!

☞ Riefige Bremsscheiben, die noch nicht ihre Minimaldicke erreicht haben, können nachgeschliffen werden; das machen Spezialbetriebe zum Preis von etwa 50 Euro pro Bremsscheibe. Eine Originalbremsscheibe kostet 250 bis 300 Euro.

Sichtprüfung Messen

Der Bremssattel ist über zwei Gleitstifte (Bilder 9, 11 und 15) mit dem Bremssattelhalter verbunden. Wird nun der Bremshebel betätigt und damit der Kolben im Hand- oder Fußbremszylinder, steigt der Druck in der Bremsflüssigkeit an, drückt auf die Kolben im äußeren Bremssattel und diese wiederum drücken die Bremsbeläge gegen die sich drehende Bremsscheibe. Der Bremsdruck stützt sich gegen die hintere Hälfte des Bremssattels ab, zieht diese an und die darin gelagerten Bremsbeläge bekommen ebenfalls Kontakt zu der Bremsscheibe.

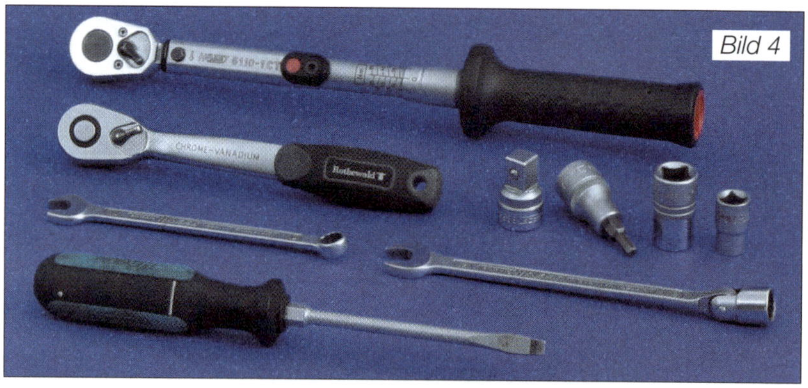

Bild 4: Werkzeug zur Bremsenmontage.

Werkzeug zur Bremsenmontage
- Kleiner Drehmomentschlüssel
- Knarre
- 12-Kant-Nuss SW 10 für Befestigungsschrauben des Bremssattels am Gabelbein und am hinteren Bremssattelhalter ab Mj. 2014
- Schlitzschraubenzieher für Kontermadenschraube des Bremsklotz-Haltestifts bis Mj. 2013
- Nuss Inbus SW 5 für Bremsklotz-Haltestift bis Mj. 2013 oder 6-Kant-Nuss SW 8 ab Mj. 2014
- Ringschlüssel SW 10 für Entlüfternippel im Bremssattel bis Mj. 2013 oder SW 8 ab Mj. 2014
- Ring-Gabelschlüssel 12 mm für Hohlschrauben der Bremsschlauch-Anschlüsse

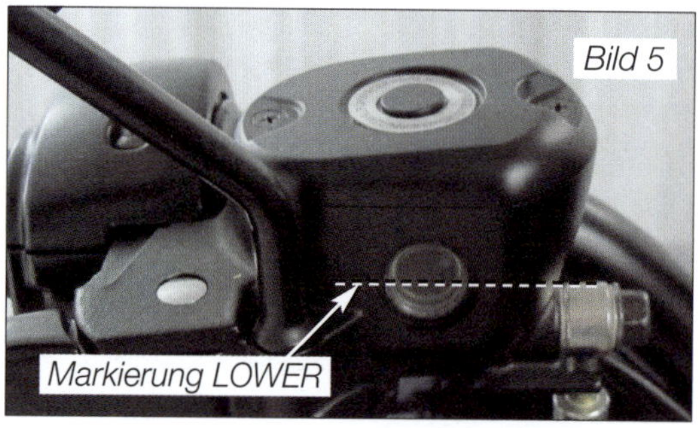

Bilder 5, 6a und 6b: Stand der Bremsflüssigkeit im vorderen (Bild 5) und hinteren Vorratsbehälter (Bilder 6a und 6b) regelmäßig prüfen.

■ Bei ABS ab Modelljahr 2014 ist das Schauglas hinten am Vorratsbehälter über der Fußbremspumpe.

Der vordere Bremssattelhalter ist am Gabeltauchrohr verschraubt. Beim Bremssattelhalter hinten ist die U-förmige Vorderseite auf den Schwingenholm geschoben, die hintere Bohrung fluchtet mit den Radlagern und ist mit der Hinterradachse befestigt.

Ab Mj. 2014 – und somit bei Einführung des ABS – ist hinten eine **Festsattelbremse** angebracht, bei der außen und innen je ein Bremskolben eingebaut ist.

Bremsanlage prüfen

Beim Thema »Bremsen« gibt es keine Kompromisse: Die volle Leistungsfähigkeit der Bremsanlage muss auf jedem Meter Fahrstrecke zur Verfügung stehen. Deshalb muss die Bremsanlage regelmäßig überprüft werden, während der Saison am besten einmal pro Woche.

1. Bilder 5, 6a und 6b: Der Stand der Bremsflüssigkeit in den Vorratsbehältern ist leicht zu erkennen, nämlich...
- Bild 5: Vorne im Auge in der Behälterwand.
- Bild 6a: Hinten durch den Schlitz in der Abdeckung des Behälters bis Mj. 2013.
- Bild 6b: Oder im Auge, das hinten am Behälter angebracht ist ab Mj. 2014.

1.1. Wenn der Stand der Bremsflüssigkeit zu niedrig ist und Bremsflüssigkeit aufgefüllt werden muss, kontrollieren Sie bitte zuerst die Bremsbeläge, ob sie stark verschlissen sind oder noch genügend dick.
- Das Auffüllen der Bremsflüssigkeit wird auf der nächsten Seite beschrieben.

2. Die Bremsflüssigkeit muss spätestens nach zwei Jahren erneuert werden.

3. Bremsschläuche auf Risse, Knicke und Scheuerstellen überprüfen. Kontrollieren Sie vor allem die Anschlussstellen der Gummischläuche zu den metallenen Bremsschlauchrohren und den Anschlussösen.

4. Alle Anschlüsse der Bremsleitungen an den Bremspumpen und Bremssätteln müssen fest und staubtrocken sein.

4.1. Laut Harley-Vorschrift müssen die Kolbenmanschetten in den Bremssätteln und Bremspumpen alle 48 000 km (oder alle vier Jahre) erneuert werden.

5. Regelmäßige Sichtkontrolle der vorderen und hinteren Bremsklötze: An der Bremsscheibe entlang kann man die Dicke der Bremsbeläge erkennen. Taschenlampe zu Hilfe nehmen.

5.1. Bremsklötze vorne und hinten allerspätestens erneuern bei einer Mindestdicke des Bremsbelags von 1,0 mm.

6. Auch verglaste, verschmutzte oder riefige Bremsbeläge reduzieren die Bremswirkung: Umgehend erneuern, selbst wenn sie noch nicht die Minimaldicke erreicht haben.

7. Bild 3: Ältere Bremsscheiben haben Riefen, die man beim Drüberfahren mit dem Fingernagel spürt. Bis zu einer gewissen Tiefe ist das ganz normal. Wenn die Riefen sehr tief sind und der Nagel von Riefe zu Riefe deutlich stolpert, die Bremsscheibe im Übergang zur Fläche, die nicht vom Bremsbelag berührt wird (außen am Rand und innen zu den Befestigungsbohrungen hin), tiefe Riefen oder Absätze aufweist, ist die Bremsscheibe verschlissen und muss nachgeschliffen oder erneuert werden.

8. Wenn neue Reifen aufgezogen und deswegen die Räder aus- und eingebaut werden müssen, liegt es in der Natur der Sache, dass man die Bremsbeläge prüft und die Bremssättel reinigt.

9. Größere Belastungen wie z. B. Gebirgstouren mit langen Passabfahrten erfordern häufigere Kontrollen der Bremsen.

10. Verschmierte Bremsscheiben ausschließlich mit Bremsenreiniger reinigen, NICHT mit Allzwecköl oder anderen ölhaltigen Reinigungsmitteln.

Bremsflüssigkeit prüfen, auffüllen

1. Motorrad auf ebenem Untergrund senkrecht und waagerecht abstellen und den Lenker so drehen, dass der Bremsflüssigkeits-Vorratsbehälter am Lenker möglichst waagerecht steht.

2. Der vordere Behälter (Bild 5) und der hintere ab Mj. 2014 (Bild 6b) haben ein Auge mit Markierung »LOWER«, der hintere bis Mj. 2013 (Bild 6a) in der Abdeckung einen Schlitz und die Markierungen »LOWER« und »UPPER«.

■ Stand der Bremsflüssigkeit darf nicht unter Markierung »LOWER« stehen, sondern muss leicht darüber sein, bis maximal an die Markierung »UPPER«.

3. Wenn Bremsflüssigkeit aufgefüllt werden muss, zuerst den Behälter mit einem weichen, saugfähigen Lappen umwickeln (gut zu sehen in Bild 7d), damit eventuell ausschwappende Hydraulikflüssigkeit aufgesaugt wird und nicht an Lackteile kommt.

4. Zum Abnehmen des vorderen Deckels (Bild 7b) und des hinteren ab Mj. 2014 die Schrauben ausdrehen, Deckel abnehmen. Beim hinteren Behälter bis Mj. 2013 Abdeckung abziehen und Deckel abschrauben.

5. Bilder 7c bis 8b: Vorne und hinten ab Mj. 2014 Stützscheibe abnehmen und Membran vorsichtig herausnehmen.

5.1. Bilder 8b und 8a: Hinten bis Mj. 2013 Stützscheibe abnehmen, Membran vorsichtig herausnehmen.

6. Bremsflüssigkeit auffüllen:

■ Vorderer Behälter und hinterer ab Mj. 2014: Auge muss knapp voll sein.

■ Hinterer Behälter bis Mj. 2013: Maximalstand »UPPER« muss knapp erreicht sein.

■ Behälter NICHT überfüllen!

7. Membran mit sauberem, nicht fusselnden Lappen reinigen, in Form bringen und einsetzen. Stützscheibe aufsetzen.

8. Bild 7b: Vorne und hinten ab Mj. 2014 Deckel auflegen, Schrauben eindrehen und rechts-links-rechts leicht handfest anziehen.

■ Beim hinteren Behälter bis Mj. 2013 Deckel aufdrehen, leicht handfest festdrehen und Abdeckung aufdrücken.

Wichtig: Eventuell herausgespritzte oder übergelaufene Bremsflüssigkeit mit reichlich klarem Wasser abspülen und gut abtrocknen.

Bilder 7a bis 8b: Bremsflüssigkeit auffüllen siehe Lauftext.

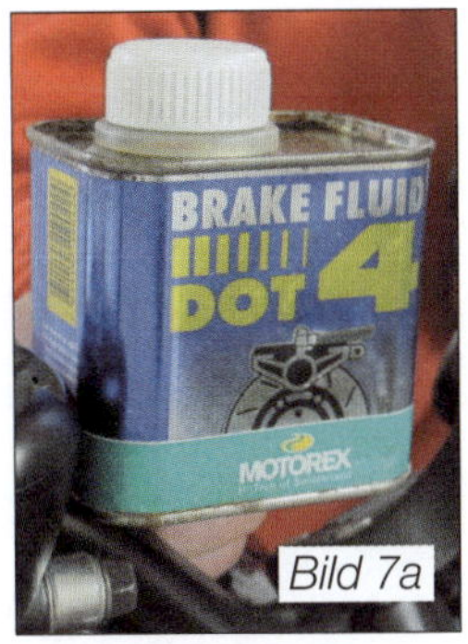

Bild 7a

Bild 7b

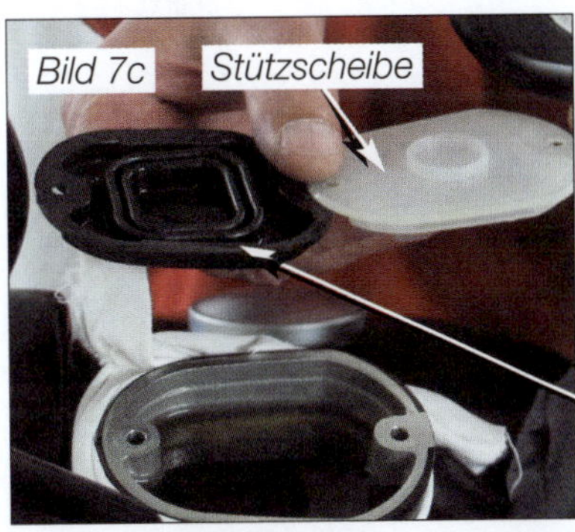

Bild 7c

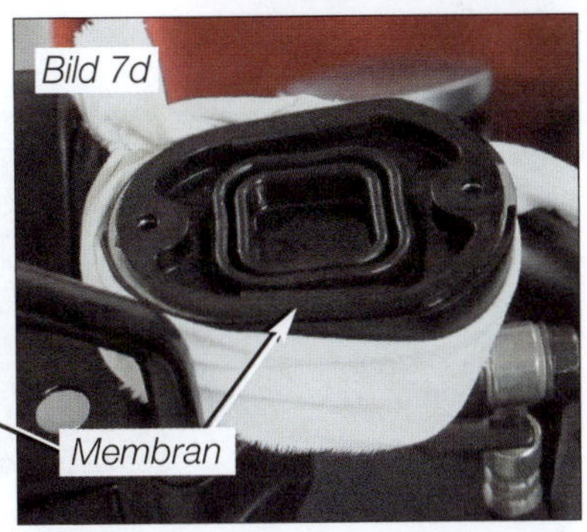
Bild 7d

Bild 8a

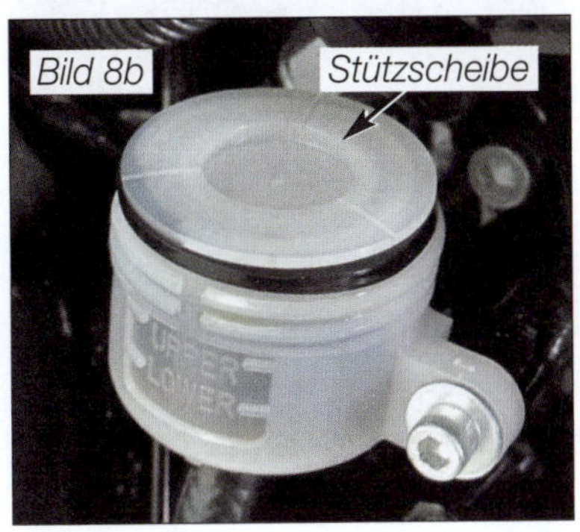

Bild 8b

Bremsklötze wechseln

Wichtig: Bremsklötze müssen immer paarweise gewechselt werden. Ein Satz Bremsklötze besteht aus zwei Stück pro Scheibe, in jedem Bremssattel ist ein Satz verbaut.

⚠ **Achtung:** Bremse beim Ausbau von Klötzen und Abbau des Sattels sowie bei ausgebautem Bremssattel bzw. entfernten Klötzen nicht betätigen! Sonst fahren die Kolben ungehindert aus und müssen mühsam wieder in den Sattel gedrückt werden. Sie können sogar ganz aus ihren Zylindern im Sattel herausrutschen, das verursacht eine üble Bremsflüssigkeitssauerei!

Aufbocken: Wir empfehlen, zum Wechsel der Bremsklötze die Maschine auf Montageständer aufzubocken, damit man sicher daran arbeiten kann.

Reinigen: Wenn die Bremsbeläge abgenutzt sind, sollte man vor dem Einbau neuer Bremsklötze den Bremssattel gründlich reinigen, wozu man ihn zweckmäßigerweise abbaut. Benötigt werden Bremsenreiniger, Messingbürste oder eine harte Zahnbürste und fusselfreie Lappen.

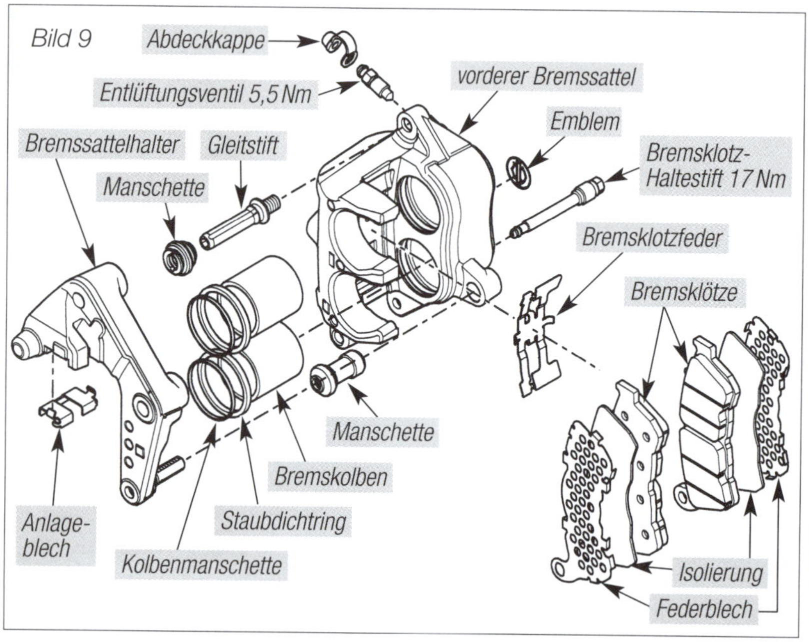

Bild 9: Explosionszeichnung des vorderen Bremssattels.

Bilder 10 bis 13: Vordere Bremsklötze wechseln siehe Lauftext.

Bremsklötze vorne

Zum Wechseln der vorderen Bremsklötze muss der Bremssattel zwar nicht abgebaut werden, aber zur gründlichen Reinigung schon.

Bremsklötze ausbauen

1. Bis Mj. 2013: Kontermadenschraube über dem Bremsklotz-Haltestift ausschrauben.
2. Bild 12, alle Modelljahre: Bremsklotz-Haltestift lösen und ausschrauben, noch nicht ausziehen.
3. Ab Mj. 2014: Kabel des ABS-Sensors aus den Halterungen am Bremsschlauch ausclipsen.
4. Bild 10, alle Modelljahre: Bremssattelschrauben lösen und ausdrehen, Bremssattel von der Bremsscheibe ziehen, in der Hand halten.
5. Mit den Fingern das untere Ende der Bremsklötze gegen das Federblech drücken und den jetzt entspannten Bremsklotz-Haltestift ganz ausschrauben und ausziehen.
6. Bremsklötze herausnehmen. Unbedingt darauf achten, dass die Bremsklotzfeder (Bild 9) oben im Bremssattel fest sitzt.
■ Bremsschlauch dabei nur so wenig wie möglich verdrehen und nicht knicken!
7. Die Bremskolben stehen noch in ihrer herausgefahrenen Position, deswegen jetzt den Brems-

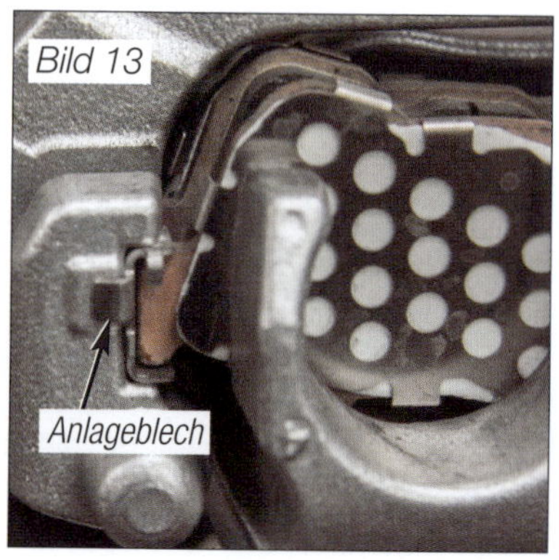

sattel außen und innen reinigen: Mit Bremsenreiniger einsprühen und gut durchputzen.
7.1. Festen Dreck mit Messingbürste oder Zahnbürste entfernen.
8. Bremskolben in ihre Bohrungen eindrücken, um Platz zu schaffen für die neuen (dickeren) Klötze: Dazu den äußeren alten Bremsklotz in den Bremssattel einführen, lose auf beide Kolben legen und mit kräftigem Fingerdruck beide Kolben ganz tief in ihre Bohrungen drücken.
Dabei wird Bremsflüssigkeit nach oben in den Behälter gedrückt; man muss also darauf achten, dass der Vorratsbehälter nicht überläuft.
8.1. Wenn Ihre Fingerkraft nicht ausreicht, um die Bremskolben zurückzudrücken, setzen Sie die beiden alten (!) Bremsklötze lose ein, fahren mit einem großen Schraubenzieher dazwischen und drücken so die Bremskolben in ihre Bohrungen.

Gleitstifte prüfen
Prüfen Sie, ob sich der Bremssattel auf den Gleitstiften leicht bewegt: Bremssattelhalter in eine Hand nehmen und mit der anderen Hand den beweglichen Teil des Bremssattels langsam auf den Stiften hin und her schieben. Gleitstifte sind vorne und hinten, Bilder 9, 15, 18 und 19.

Bild19: Die Manschette muss über dem Bund des Stifts sitzen. Sie darf weder porös noch hart, löchrig oder eingerissen sein. Wenn doch: Neuteil einbauen.

Wenn sich äußere und innere Bremssattelhälften nur schwer oder gar nicht bewegen: Bremssattel auseinanderziehen, Stifte, Bohrungen und Manschetten mit Ölspray gut reinigen, etwas reines Silikonfett in Bohrungen und Manschetten geben, Bremssattel zusammensetzen, Manschetten über die Bünde der Stifte ziehen.

Federbleche: Bild 9: Auf die Bremsklötze sind Federbleche mit Isolierscheiben aufgeklickt. Sie erfüllen zwei Funktionen: Sie halten Hitze von den Bremskolben und damit der Bremsflüssigkeit fern und sie verhindern Quietschen der Bremse. Bei neuen Original-Bremsklötzen sind neue Federbleche und Isolierscheiben dabei.

Wenn Sie Zubehör-Bremsklötze kaufen, bei denen keine Federbleche und Isolierscheiben dabei sind, klicken Sie die Federbleche und Isolierscheiben von den alten Bremsklörtzen ab und bauen sie auf die neuen Bremsklötze.

Bremsklötze einbauen
Wichtig 1: Bilder 9 und 13: Achten Sie unbedingt darauf, dass das Anlageblech sicher und fest im Bremssattelhalter sitzt.
Wichtig 2: Bild 9: Sehr wichtig ist der korrekte Sitz der Bremsklotzfeder, sie muss innen-oben im Schacht des Bremssattels fest sitzen.

1. Bremsklötze mit den Belägen zueinander von unten in den Bremssattel einschieben.
1.1. Bilder 9 und 13: Achten Sie darauf, dass die Nasen an den Bremsklötzen in das Anlageblech eingreifen.
2. Mit dem Daumen das untere Ende der Bremsklötze gegen die Bremsklotzfeder drücken, Bremsklotz-Haltestift durch Bohrungen von Bremssattel und Bremsklötzen führen und eindrehen, aber noch nicht festziehen.
3. Bremssattel auf Bremsscheibe schieben, in richtige Position bringen, Schrauben reinigen, einschrauben, Bild 14: mit 45 Nm festziehen
4. Bild 12: Bremsklotz-Haltestift mit 17 Nm festziehen.
4.1. Bis Mj. 2013: Kontermadenschraube eindrehen und mit 2,5 Nm festziehen.
5. Durch Pumpen am Bremshebel Druck im System aufbauen, bis die Bremsbeläge an der Bremsscheibe anliegen.
■ Erst bei deutlich fühlbarem Druckpunkt ist die Bremse betriebsbereit!
Nun den Bremsflüssigkeitsstand kontrollieren ggf. auffüllen!

Hinterradbremse bis Mj. 2013
Bremsklötze ausbauen
In den Bildern 16 bis 19 zeigen wir den Bremsklotzwechsel bei eingebautem Rad. Wie vorne gesagt, muss zur Reinigung des Bremssattels dieser abgebaut werden, was nur bei ausgebautem Rad möglich ist (siehe Kapitel 6 »Räder«).

1. Bild 16: Kontermadenschraube ausschrauben.
2. Kopf des Bremsklotz-Haltestifts ist nun zu se-

Bild 14

Bild 14: Bremssattelschrauben reinigen, einschrauben und mit 45 Nm festziehen.

hen, mit Inbusschlüssel lösen, ausschrauben.
3. Bremsklotz-Haltestift ganz herausziehen und dabei beide Bremsklötze an ihren Enden gegen die Bremsklotzfeder drücken.

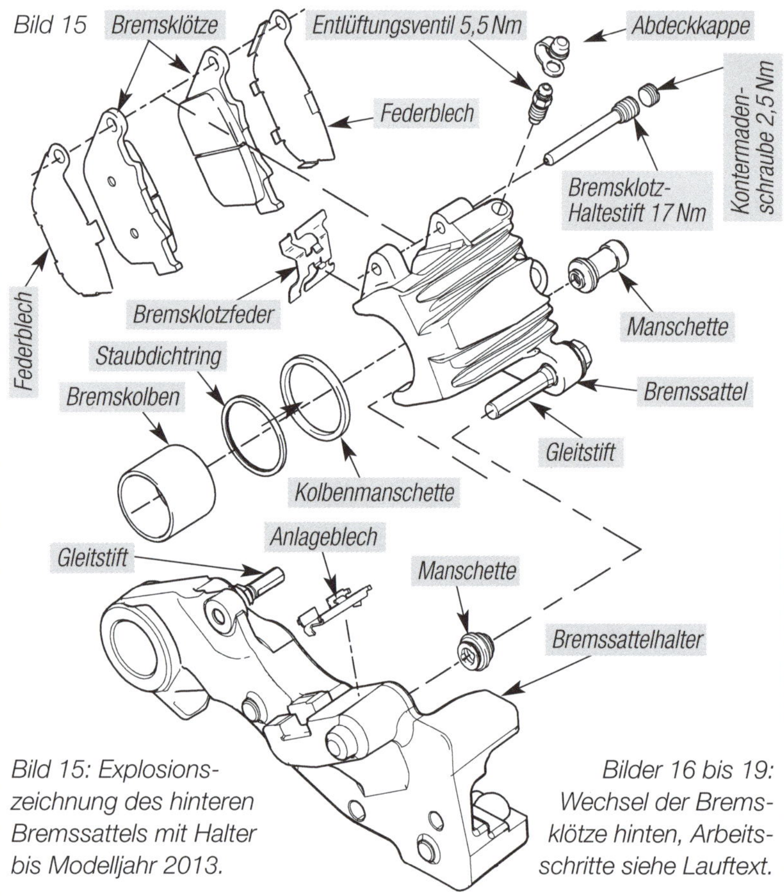

Bild 15: Explosionszeichnung des hinteren Bremssattels mit Halter bis Modelljahr 2013.

Bilder 16 bis 19: Wechsel der Bremsklötze hinten, Arbeitsschritte siehe Lauftext.

Bild 16

Bild 17

Bild 18

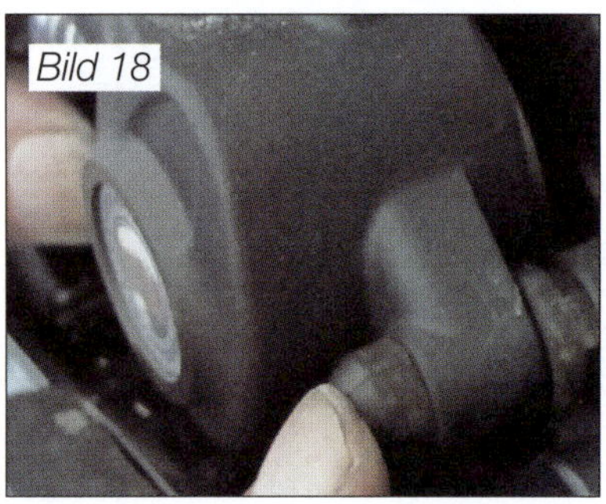

Bild 19

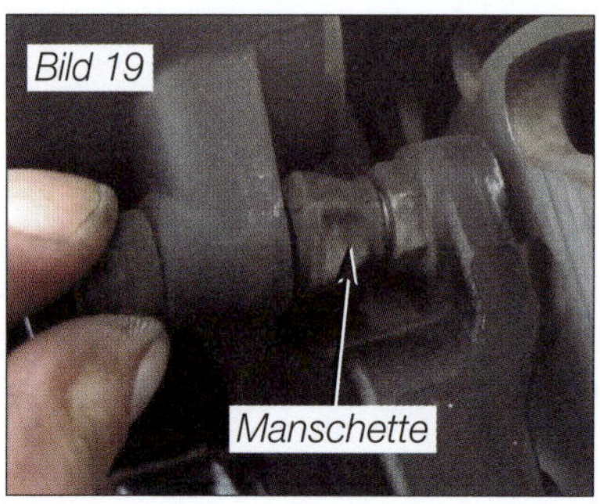

4. Zuerst den äußeren, dann den inneren Bremsklotz aus dem Bremssattel herausziehen.
5. Bremssattel außen und innen mit Bremsenreiniger und sauberem Lappen reinigen. Bremsklotz-Haltestift und Kontermadenschraube mit Messingbürste reinigen.
6. Alten Bremsklotz einsetzen und mit festem Fingerdruck den Bremskolben zurückdrücken, um Platz für die neuen Bremsklötze zu schaffen.
7. Bilder 18 und 19: Nun prüfen, ob sich der Bremssattel auf den beiden Gleitstiften leicht hin und her verschieben lässt.
7.1. Bild 19: Ganz genau prüfen, ob die Gummimanschetten richtig sitzen.
7.2. Wenn sich der Bremssattel auf den Stiften nur schwer oder gar nicht bewegen lässt: Auseinanderziehen, Manschetten und Gleitstifte gut reinigen, etwas Silikonfett in die Manschetten geben. Bremssattel und Halter zusammenstecken, Manschetten über Bünde ziehen.
Wichtig: Eingerissene Manschette erneuern.

Bremsklötze einbauen

1. Bild 15: Sicherstellen, dass die Bremsklotzfeder innen-oben im Bremssattel sitzt.
2. Inneren Bremsklotz in den Bremssattel einschieben, in seinen Sitz im Bremssattelhalter einsetzen. Bild 13: Darauf achten, dass die Nase am Bremsklotz vorne im Anlageblech sitzt.
3. Äußeren Bremsklotz einschieben und in Position bringen.
4. Bremsklotz-Haltestift mit einer Messingbürste reinigen.
4.1. Enden der Bremsklötze nach oben gegen die Bremsklotzfeder drücken. Haltestift einstecken, eindrehen und mit 17 Nm festziehen.
4.2. Kontermadenschraube eindrehen und mit 2,5 Nm festziehen.
5. Rad einbauen. Bremsbeläge durch mehrmaliges Pumpen am Fußbremshebel an Scheibe anlegen.
6. Stand der Bremsflüssigkeit im Vorratsbehälter prüfen, ggf. etwas absaugen oder auffüllen.
7. Rad von Hand durchdrehen und prüfen, ob es frei läuft oder etwas schleift. Fußbremshebel zwei-, dreimal betätigen, loslassen und Rad drehen: Alles in Ordnung?

Hinterradbremse ab Mj. 2014
Bremsklötze ausbauen (Bilder 20 bis 21b)
1. Motorrad so anheben, dass die hinteren Federbeine nicht belastet sind, am besten mit einem Scheren-Wagenheber (Kapitel 3 »Werkstatt«).

2. Mutter der unteren Schraube vom linken Federbein abschrauben, Schraube ausziehen, Federbein nach hinten vom Bremssattel wegziehen.
3. Schelle der Bremsleitung von der Schwinge abschrauben.
4. Bremsklotz-Haltestift lösen und ausschrauben, aber noch nicht ausziehen.
5. Bremssattel vom Bremssattelhalter abschrauben und abnehmen.
6. Den Bremsklotz-Haltestift herausziehen. Dabei mit zwei Fingern leicht auf die Bremsklotzfeder drücken und den Haltestift entlasten, so kann er leichter ausgezogen werden. Feder abnehmen.
7. Bremsklötze aus Bremssattel herausziehen.
8. Bremssattel außen und innen mit Bremsenreiniger und sauberem Lappen reinigen. Bremsklotz-Haltestift mit Messingbürste reinigen.
9. Bremskolben in ihre Bohrungen eindrücken, um Platz zu schaffen für die neuen Bremsklötze: Beide alten Bremsklötze in den Bremssattel einführen und lose auf die Kolben legen, mit einem breiten Schraubenzieher zwischen die Bremsbeläge fahren, am Schraubenzieher hebeln und so die Kolben gleichmäßig zurückdrücken.

Bremsklötze einbauen

1. Bremsklötze mit der Belagseite zueinander in den Belagschacht einschieben. Bild 21b: Bremsklotzfeder in Bremssattel einsetzen.
2. Bremsklötze und Bremsklotzfeder mit einer Hand drücken. Bild 21a: Mit der anderen Hand den Bremsklotz-Haltestift durch die Bohrungen von Bremssattel, Bremsklötzen und die Feder einschieben und einschrauben.
3. Bremsscheibe mit Bremsenreiniger und sauberem Lappen reinigen.
4. Schrauben mit einer Messingbürste reinigen.
5. Mit dem Daumen unten zwischen die Bremsbeläge greifen, auseinanderdrücken, Bremssattel auf Bremsscheibe schieben, Schrauben eindrehen und mit 45 Nm festziehen (Bild 14).
5.1. Bremsklotz-Haltestift mit 17 Nm festziehen.
6. Bremsflüssigkeit und Freigängigkeit des Rads prüfen wie weiter vorne bei der Schwimmsattelbremse beschrieben.
7. Schelle der Bremsleitung an Schwinge anschrauben und festziehen mit 4 Nm.
7.1. Untere Stoßdämpferschraube montieren, Mutter aufdrehen und festziehen mit 65 Nm.

Bremsscheiben

Bremsscheiben kontrollieren

1. Bremsscheiben vorne und hinten sollen keinen messbaren Schlag haben, noch zuläassig 0,2 mm.
1.1. Den tatsächlichen Schlag mit einer Messuhr ermitteln: Motorrad so aufbocken, dass das Rad frei drehbar ist, Messuhr am Gabel- bzw. Schwingenholm befestigen, Messstift zur Anlage an der Bremsscheibe bringen, Rad langsam drehen und Messuhr beobachten.
2. Wenn die Bremsscheibe stark »eiert«, was sich während des Bremsens am Bremshebel durch Pumpen bemerkbar macht, überprüfen Sie auch die Radlager, vielleicht sind diese defekt.
3. Ein pulsierender Bremshebel deutet auf eine nicht planparallele Bremsscheibe hin: Scheiben nachschleiffen lassen oder erneuern (ist besser).

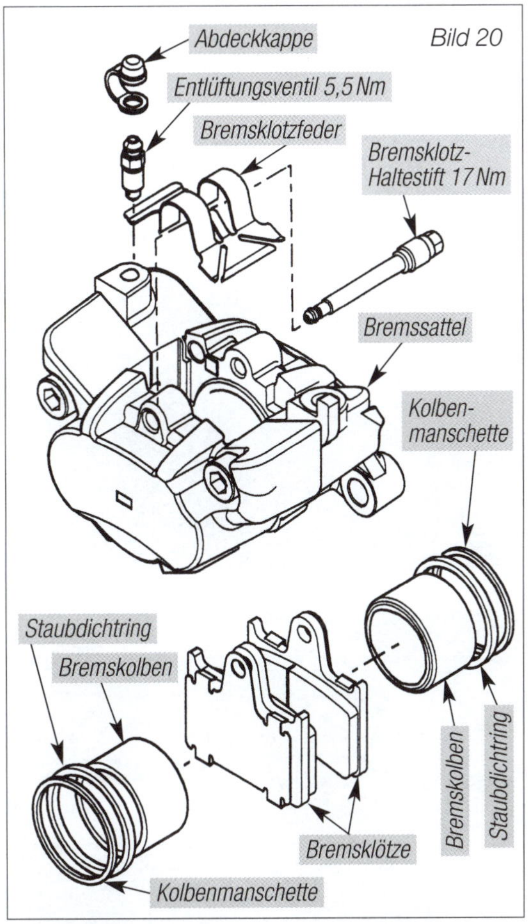

Bild 20: Explosionszeichnung des hinteren Bremssattels ab Modelljahr 2014.

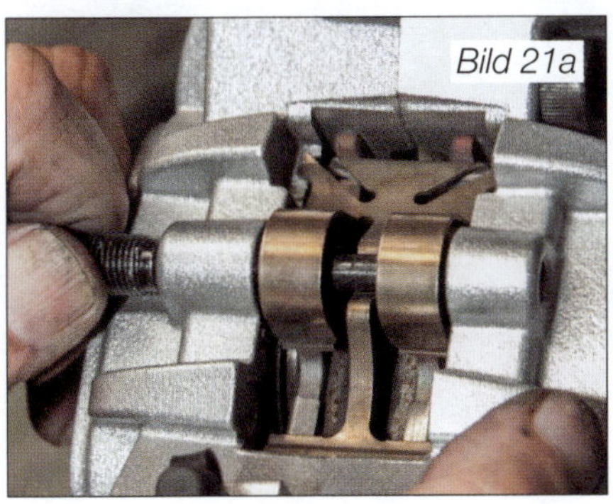

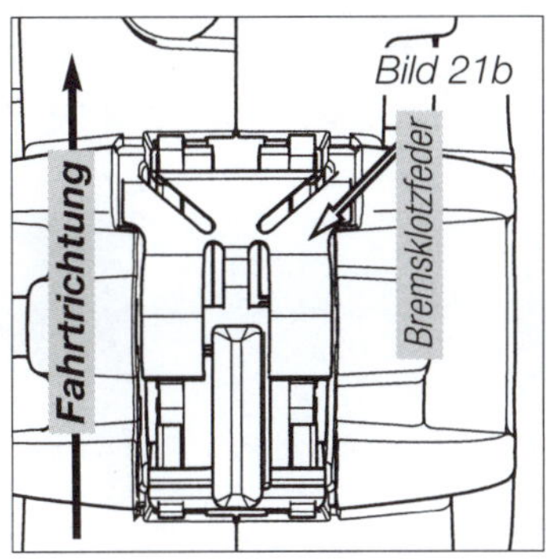

Bilder 21a und 21b: Hintere Bremsklötze wechseln, Arbeitschritte siehe Lauftext.

Bild 22: Bremsflüssigkeit DOT 4 von Harley.

Bild 23: Dicke der Bremsscheibe an mehreren Stellen messen.

Bild 22

4. Bild 23: Dicke der Scheiben mit Mikrometer an mehreren Punkten messen.

■ Die vorderen Bremsscheiben müssen bis Modelljahr 2010 mindestens 4,57 mm dick sein, ab Modelljahr 2011 mindestens 5,08 mm.

■ Die hinteren Bremsscheiben müssen an allen Punkten bis Modelljahr 2010 mindestens 5,21 mm, ab Modelljahr 2011 mindestens 5,84 mm dick sein.

■ Auf der Bremsscheibe ist die Verschleißgrenze bei »MIN TH« (Mindestdicke) eingraviert.

Anmerkung: Bremsscheiben ab- und anschrauben siehe Kapitel 6 »Räder«.

Bremsflüssigkeit wechseln

Die Bremsflüssigkeit soll alle zwei Jahre erneuert werden. Für das Bremssystem der Harley-Modelle unseres Buchs ist Bremsflüssigkeit in der Qualität DOT 4 vorgeschrieben (Bilder 7a und 22). **Wichtig:** Keine Flüssigkeiten anderer Art verwenden oder dazumischen und nie ältere Bremsflüssigkeitsreste verwenden. Im Zweifelsfall neue Bremsflüssigkeit aus einer neuen, ungeöffneten Dose benutzen. Keinesfalls dürfen Verunreinigungen, Schmutz oder Wasser in den Behälter gelangen. Bremsflüssigkeit gibt es in kleinen, preiswerten Gebinden. Wenn ein Wechsel der Bremsflüssigkeit ansteht, wird etwas mehr als ein halber Liter benötigt.

Bild 23

Bild 24

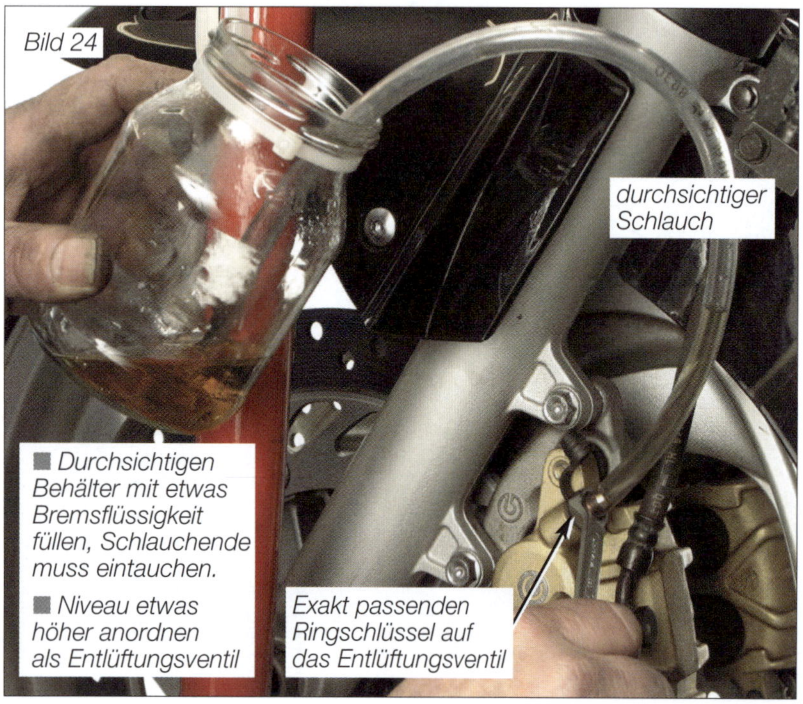

Wir empfehlen, die vorgeschriebenen Wechselintervalle einzuhalten, denn Bremsflüssigkeit zieht im Laufe der Zeit Wasser aus der Luft an und wird dadurch anfällig für »Kochen«, dabei bilden sich bei Hitze in ihr regelrechte Dampfblasen und dann »fällt« die Bremse durch.

Bremsflüssigkeit wechseln

1. Bilder 7b bis 8b: Deckel vom Bremsflüssigkeitsbehälter abschrauben, Membran und Stützscheibe herausnehmen.

2. Alte Bremsflüssigkeit aus dem Behälter absaugen, z. B. mit einer Einwegspritze.

2.1. Behälter innen gut reinigen. Dazu unbedingt saubere und fusselfreie Lappen benutzen.

3. Frische Bremsflüssigkeit einfüllen.

■ Behälter bleibt offen.

4. Gummikappe vom Entlüfternippel am Bremssattel abziehen.

4.1. Bild 24: Einen exakt passenden Ringschlüssel auf das Sechskant des Entlüftungsventil aufstecken und dann einen passenden durchsichtigen Schlauch, der in einem Auffanggefäß endet, auf das Entlüftungsventil stülpen.

5. Bremshebel bzw. Bremspedal ein paar Mal anziehen/runterdrücken, bis Widerstand spürbar ist. Schön langsam pumpen, Hebel/Pedal zwischendurch immer wieder einige Sekunden in Ruhestellung lassen, damit Bremsflüssigkeit luftfrei nachlaufen kann.

5.1. Hebel/Pedal laaaangsam betätigen, bis man einen Widerstand spürt: Dann Hebel/Pedal gezogen/gedrückt halten.

6. Entlüftungsventil 1/4 bis 1/3 Umdrehung öffnen, Hebel bzw. Bremspedal ganz durchziehen/durchdrücken und rasch das Entlüftungsventil wieder schließen (»leicht handfest« genügt!).

7. Hebel langsam wieder loslassen. Einige Male pumpen, Hebel in Druckposition halten, Entlüftungsventil aufdrehen und wieder schließen.

■ Diese Vorgänge einige Male wiederholen, bis aus dem Schlauch nur noch saubere Bremsflüssigkeit kommt. Dazwischen immer wieder nachsehen, ob im Vorratsbehälter noch genü-

gend Bremsflüssigkeit ist: Pegelstand sollte nicht unter die Minimum-Marke fallen, sonst kann Luft ins System kommen.
8. Tritt am Entlüftungsschlauch nur noch frische Bremsflüssigkeit ohne Luftbläschen aus, Bremshebel nochmals in Druckposition bringen und das Entlüftungsventil mit 5,5 Nm festziehen.
9. Abschließend noch einmal sehr sorgsam den Bremsdruck prüfen. Auch den Bremsflüssigkeitsstand im Vorratsbehälter prüfen und ggf. auffüllen.

Wichtig für Maschinen mit ABS: Harley schreibt vor, dass bei Modellen mit ABS das Bremssystem mit dem Harley-eigenen Werkstatt-Computersystem »Digital Technician II« entlüftet werden muss. Nur so kann Luft aus der ABS-Zentraleinheit entfernt werden.

Bremslichtschalter

Hinterer Bremslichtschalter

Der Bremslichtschalter sitzt bei Modellen ohne ABS hinter dem linken Seitendeckel (Bild 25). Er ist über einen Adapter in die Bremsleitung eingeschraubt. Bei Modellen mit ABS sitzt er hinter dem hinteren Hauptbremszylinder (Bild 26). Seine Zuleitung ist über die Hohlschraube mit dem Hauptbremszylinder verbunden. Beide Bremslichtschalter werden über den Druck in der Bremsleitung angesteuert und können weder eingestellt noch repariert werden. Wenn sie defekt sind, müssen sie erneuert werden.

Bremslichtschalter erneuern ohne ABS

1. Linken Seitendeckel abnehmen.
2. Bild 6a: Abdeckung des hinteren Bremsflüssigkeitsbehälters abziehen.
3. Bremsflüssigkeitsbehälter abschrauben und senkrecht weghängen.
4. Stecker am Bremslichtschalter abziehen.
5. Bremslichtschalter ausschrauben. Dabei läuft etwas Bremsflüssigleit aus, deswegen Lappen unterlegen.
6. Neuen Bremslichtschalter einschrauben, mit 17 Nm festziehen.
7. Stecker einstecken, abgebaute Teile anbauen.
8. Stand der Bremsflüssigkeit kontrollieren und ggf. auffüllen.
9. Hintere Bremse entlüften wie weiter vorne beschrieben. Übergelaufene Bremsflüssigkeit mit warmem Wasser entfernen.

Bremslichtschalter erneuern mit ABS

1. Beide Auspufftöpfe abbauen (Kapitel 21 »Auspuffanlage«).
2. Bremsflüssigkeit aus der Hinterradbremse abpumpen: Schlauch auf Entlüfterventil stecken und in einem geeigneten Gefäß enden lassen. Deckel vom Bremsflüssigkeitsbehälter abschrauben. Entlüfterventil 1/2 Umdrehung öffnen und so lange mit dem Bremspedal pumpen, bis keine Bremsflüssigkeit mehr kommt.
3. Schrumpfschlauch über dem Anschlusskabel aufschneiden. Stecker trennen.
4. Bremslichtschalter von Zuleitung abschrauben, Wichtig: Lappen unterlegen, denn es läuft etwas Bremsflüssigkeit aus.
5. Neuen Bremslichtschalter anschrauben, mit 1,5 Nm festziehen.
6. Stecker einstecken, Schrumpfschlauch anbringen, abgebaute Teile anbauen.
7. Stand der Bremsflüssigkeit kontolllieren und ggf. auffüllen.
8. Hintere Bremse entlüften wie weiter vorne beschrieben. Übergelaufene Bremsflüssigkeit mit warmem Wasser entfernen.

Bremssättel und Bremspumpen

Wir wiederholen uns: Arbeiten an den Radbremssätteln und den Bremspumpen setzen meisterliche Fähigkeiten und reichlich Motorraderfahrung voraus. Wenn Sie Probleme mit der Bremsanlage haben, konsultieren Sie als Erstes den Harley-Händler.

Bremspumpen und Bremssättel kann man entweder in der Harley-Fachwerkstatt oder auch in speziellen Bremsenfachbetrieben überholen lassen. Fachlich versierte Selbstschrauber können beim Harley-Händler Ersatzteil-Dichtungskits kaufen. Doch bei aller Freude am Reparieren und Geld sparen: Oft sind neue Bremspumpen oder Bremssättel die bessere Empfehlung als zweifelhaft überholte oder gar gebrauchte Teile (vielleicht sogar unbekannter Herkunft!).

Alle 48 000 km oder alle vier Jahre sollen die Kolbenmanschetten und Staubdichtringe in Bremssätteln und Bremspumpen erneuert werden. Falls Dreck in die Bremsanlage gekommen ist, wie z. B. bei einem Sturz, bei dem Teile der

Bild 24 auf der linken Seite: Sehr einfache Entlüftungsmethode mit Schlauch und Glas.

Bilder 25 und 26: Einbaulage des hinteren Bremslichtschalters bei Modellen ohne und mit ABS.

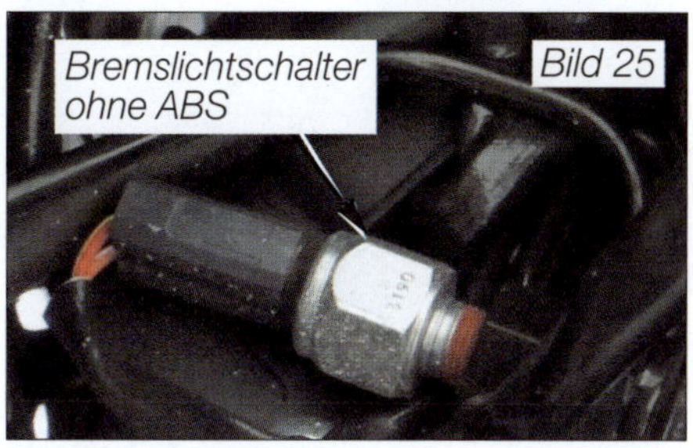

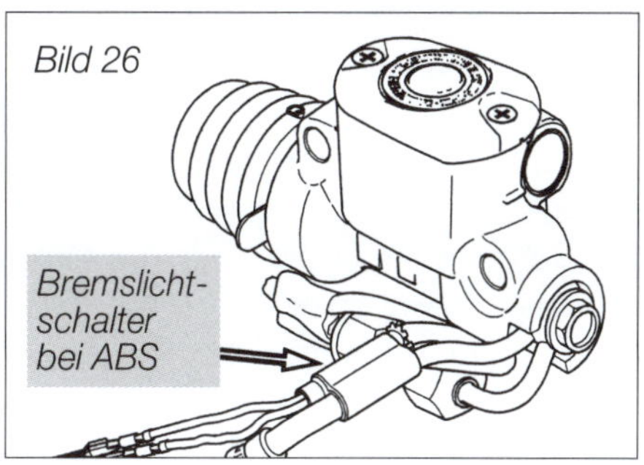

Sichtprüfung   Messen

Bild 27: Vordere Bremspumpe: Je nach Baustand und Ausführung ist entweder ein Kolbensatz mit oder ohne Primärfederteller verbaut.

Bremsanlage zerstört wurden, muss ebenfalls die komplette Bremse zerlegt, penibelst gereinigt und mit neuen Kolbenmanschetten und Staubdichtringen bestückt werden.

Bei einem alten, schlecht gewarteten oder lange gestandenen Motorrad kann es vorkommen, dass die Bremskolben durch starke Verschmutzung festsitzen und/oder Kolbenmanschetten undicht sind und dadurch die Bremse nicht mehr einwandfrei funktioniert.

Beim Lösen aller Bremsschlauchanschlüsse und Zerlegen der Bremssättel und Bremspumpen reichlich frische Lappen bereithalten und unterlegen. Ausgelaufene Bremsflüssigkeit sofort mit reichlich Wasser neutralisieren und aufputzen, sonst gibt es hässliche Flecken an der Maschine.

Wichtig: Beim Anbringen der Bremsschläuche unbedingt neue Dichtscheiben verwenden, diese also rechtzeitig zusammen mit den anderen benötigten Ersatzteilen vor Beginn der Arbeiten kaufen.

Vorbereitende Arbeiten

1. Bremsklötze ausbauen.
2. Hohlschraube, mit der der Bremsschlauch am Bremssattel (oder der Bremspumpe) befestigt ist, schon öffnen, solange der Bremssattel (bzw. die Bremspumpe) noch festgeschraubt ist.
3. Bremssattel abschrauben. Hinten ohne ABS muss dazu das Hinterrad ausgebaut werden.

Bremssattel zerlegen

1. Bremssattel vom Halter abziehen.
2. Bremskolben herausdrücken:
2.1. Lappen über die Bremskolben legen.
2.2. Bremssattel auf eine feste Holzunterlage legen, Bremskolben weisen nach unten.
2.3. Druckluft in Bremsflüssigkeits-Zulaufbohrung oder Bohrung des Entlüftungsventils blasen. Offene Bohrung fest zuhalten! Druckluft fein dosieren – Bremskolben werden ausgestoßen.

Bild 27

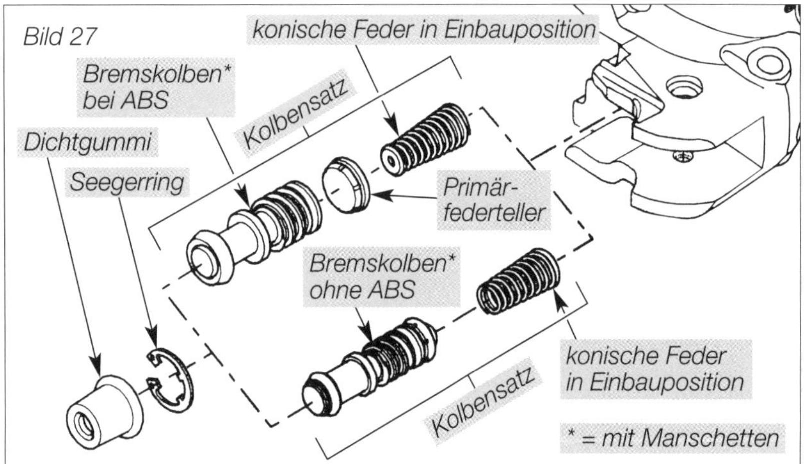

Bild 28

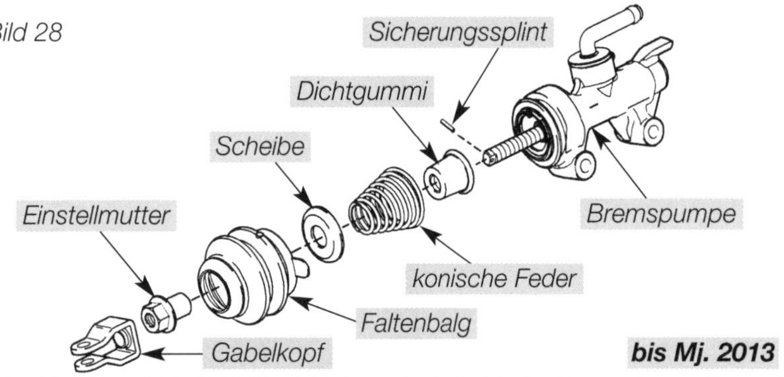

Bild 29

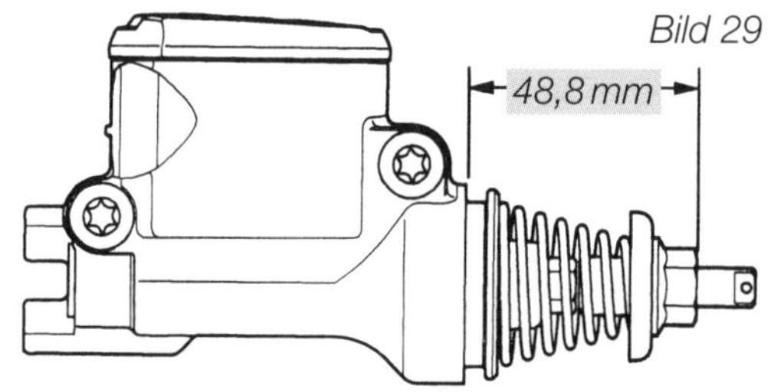

■ *Bremskolben und Manschetten sind ein Bauteil, die Manschetten sollen nicht vom Kolben abgezogen werden. Nur gemeinsam erneuern.*

Bilder 28 und 30: Explosionszeichnung der hinteren Bremspumpe.

Bild 30

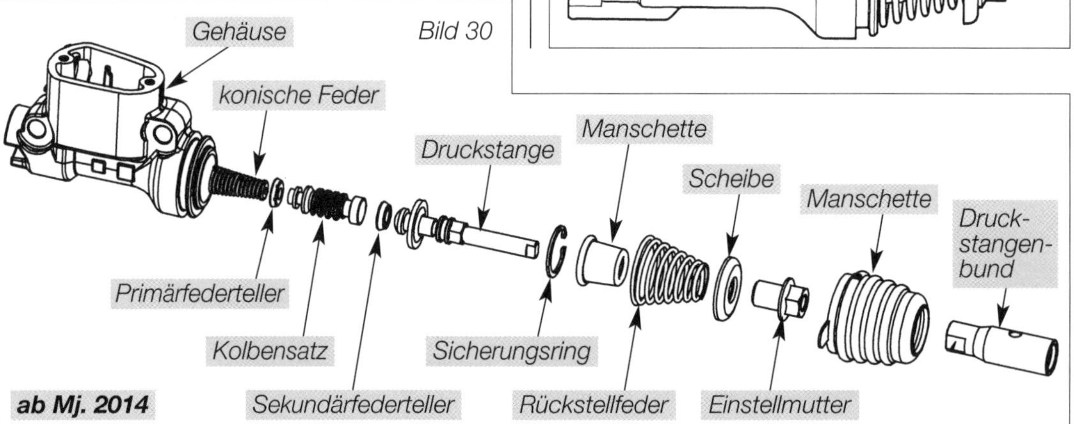

Achtung: Vorsicht beim Umgang mit Druckluft! Luftdruck vorsichtig dosieren, damit die Bremskolben nicht herausschießen! Finger aus dem Bremssattel nehmen, um Verletzungen zu vermeiden.

3. Staubdichtungen und Manschetten mit kleinem Schraubenzieher oder Haken heraushebeln. **Wichtig:** Staubdichtungen und Kolbenmanschetten nicht wieder verwenden, Neuteile also rechtzeitig vor Beginn der Arbeiten besorgen!
4. Reinigung: Ausgebaute Bremskolben, Bohrungen im Bremssattel und Dichtringnuten pingelig sauber reinigen. Festen Dreck mit WD-40 einsprühen und mit rauem Lappen abrubbeln. **Wichtig:** Weder Bremskolben noch Kolbenbohrungen mit Schmirgel oder Feile bearbeiten!

Bauteile des Bremssattels prüfen
1. Bremskolben und zugehörige Bohrungen im Bremssattel dürfen keine Riefen, Kratzer, Rostnarben oder sonstige Beschädigungen aufweisen. Wenn doch, müssen sie erneuert werden. Beim geringsten Zweifel am einwandfreien Zustand der Kolbenoberflächen müssen neue Kolben eingebaut werden.
2. Es gibt keine festen Verschleißmaße für die Bohrungen in den Bremssätteln und Bremszylindern sowie deren Bremskolben. Wenn Präzisionsmessgeräte zur Verfügung stehen, kann man das Spiel zwischen Bremskolben (Außendurchmesser) und Gehäusebohrung (Innendurchmesser) messen. Anhaltswert: Das Spiel darf rund 1/10 mm betragen!
3. Oberflächen in Bohrungen und der Bremskolben müssen so glatt wie möglich sein!

Bremssattel zusammenbauen
Umgekehrt zur Zerlegung, speziell beachten:
1. Sauberkeit der Nuten für Manschetten und Dichtringe in jedem Winkel kontrollieren, bevor neue Dichtringe eingesetzt werden.
2. Manschetten und Dichtringe vor dem Einsetzen mit reinem Silikonfett oder spezieller Paste für Manschetten einschmieren.
■ Man kann diese Bauteile auch mit sauberer Bremsflüssigkeit anfeuchten.
3. Dicht- und Staubringe in Nuten einsetzen.
4. Bilder 9, 15 und 20: Bemskolben mit der geschlossenen Seite nach innen (also der offenen Seite nach außen!) an Sackbohrung ansetzen, ganz tief eindrücken.
4.1. Lippen der Dichtringe dürfen sich beim Einsetzen der Kolben nicht zerdrücken oder gar umwenden!

Bremspumpe ausbauen
Wenn die Bremssättel zerlegt werden müssen, sollten auch die Bremspumpen zerlegt und die Bremsschläuche gereinigt werden. Denn wenn Schmutz in die Bremsanlage gelangt ist, sitzt dieser auch in den Bremspumpen und den Schläuchen.

1. Bremsflüssigkeit absaugen, Schlauch- und Leitungsanschlüsse abschrauben.
2. Vordere Bremspumpe: Bremshebel abmontieren:
bis Mj. 2013: Seegerring abnehmen und Bolzen ausdrücken;
ab Mj. 2014: Mutter abschrauben und Bolzen ausschrauben.
3. Hintere Bremspumpe bis Mj. 2013: Gelenkstift zwischen Gabelkopf, Bremshebel und Gestänge ausbauen.
3.1. Bremspumpe abschrauben:
4. Hintere Bremspumpe ab Mj. 2014: Auspuffanlage und rechte Fahrerfußraste mit Halter und Bremshebel abbauen.
4.1. Sicherungsclip entfernen, Bolzen ausziehen. Befestigungsschrauben ausschrauben, Bremspumpe abnehmen.

Bremspumpe zerlegen
Vordere Bremspumpe alle Modelljahre
Bitte Bild 27 zu Hilfe nehmen.
1. Faltenbalg aus Bremszylinder ausziehen.
1.1. Seegerring ausbauen: Dabei den Kolben über die Druckstange gegen die konische Feder drücken, damit der Seegerring entlastet ist. **Wichtig:** Zum Ausbau des Seegerrings eine spezielle Innen-Seegerring-Zange verwenden.
2. Kolben und Feder herausnehmen.

Hintere Bremspumpe bis Mj. 2013
Bitte Bilder 28 und 30 zu Hilfe nehmen.
1. Faltenbalg aus Bremszylinder ausziehen.
2. Sicherungssplint ausbauen.
3. Gabelkopf festhalten, Einstellmutter lösen, Gabelkopf abnehmen.
4. Federscheibe gegen die konische Feder drücken, Einstellmutter abschrauben.
5. Federscheibe, konische Feder und Dichtgummi abnehmen.
6. Einstellmutter wieder auf Druckstange aufdrehen um das Gewinde zu schützen.
7. Seegerring ausbauen. Dabei Kolben über Druckstange gegen innere Feder drücken, damit der Seegerring entlastet ist.
8. Druckstange, Kolbensatz und Feder herausnehmen.

Bild 29 auf der linken Seite: Einstellmutter so weit auf die Kolbenstange schrauben, dass das Maß von der Stirnseite der Bremspumpe bis auf das Sechskant der Einstellmutter 48,8 mm beträgt.

Hintere Bremspumpe ab Mj. 2014
Bitte Bild 30 zu Hilfe nehmen.
1. Druckstangenbund ausbauen, dabei an der Einstellmutter gegenhalten. Einstellmutter ausbauen.
2. Federscheibe, Faltenbalg, konische Feder und Dichtgummi ausbauen.
3. Seegerring ausbauen: Dabei Kolben über Druckstange gegen innere Feder drücken, damit der Seegerring entlastet ist.
4. Druckstange, Kolbensatz mit Sekundär- und Primärfederteller und Feder herausnehmen.

Bremspumpe kontrollieren
Hierfür gelten die gleichen Punkte wie im Text weiter vorne unter »Bauteile des Bremssattels prüfen«.

Bremspumpe zusammenbauen
1. Konische Feder mit großem Durchmesser nach innen einsetzen.
2. Kolbensatz in Pumpe einschieben, Druckstange einführen, Seegerring in Montageposition ansetzen, Kolbensatz gegen Feder eindrücken, Seegerring einbauen.
2.1. Dichtgummi einbauen.
3. Hintere Bremspumpe bis Mj. 2013: Konische Feder, Federscheibe, Faltenbalg, Einstellmutter, Gabelkopf einbauen. Einstellmutter so weit auf die Kolbenstange schrauben, dass das Maß von Mitte Bohrung im Gabelkopf bis Mitte vordere Befestigungsbohrung 86,3 bis 88,3 mm beträgt.
3.1. Sicherungssplint einbauen.
4. Hintere Bremspumpe ab Mj. 2014, Bild 30: Konische Feder, Federscheibe, Einstellmutter, Druckstangenkopf einbauen. Einstellmutter so weit auf die Kolbenstange schrauben, dass das Maß von der Stirnseite der Bremspumpe bis zum Ende der Einstellmutter 48,8 mm beträgt (siehe Bild 29).
4.1. Druckstangenbund auf Druckstange bis zur Einstellmutter aufschrauben. Druckstangenbund festziehen mit 17 Nm, dabei Einstellmutter gegenhalten. Faltenbalg einbauen.

Bremspumpe anbauen
Vordere Bremspumpe:
1. Pumpe am Lenker anbringen: Schrauben eindrehen, zuerst die obere und dann die untere festziehen mit 14 Nm.
2. Bremshebel anbringen: Bremshebel in Anbauposition bringen.
- bis Mj. 2013: Bolzen einschieben, Seegerring unten einbauen.
- ab Mj. 2014: Bolzen einschrauben, festziehen mit 1 Nm, Mutter auf Bolzen aufdrehen, festziehen mit 6 Nm.

Hintere Bremspumpe:
3. Gelenkstift zwischen Gabelkopf, Druckstangenbund und Bremshebel einbauen.
4.1. Bremspumpe ansetzen, Schrauben eindrehen und mit 27 Nm festziehen.
4.2. Schlauch zum Behälter anbringen.

Vordere und hintere Bremspumpe:
5. Bremsschlauch/Bremsleitung mit neuen Dichtscheiben anschrauben, Hohlschraube festziehen mit
- 30 Nm bis Mj. 2013
- 22 Nm ab Mj. 2014.

6. Befüllen des Hydrauliksystems und Bremse entlüften siehe Text weiter vorne in diesem Kapitel.

Probleme mit dem ABS?

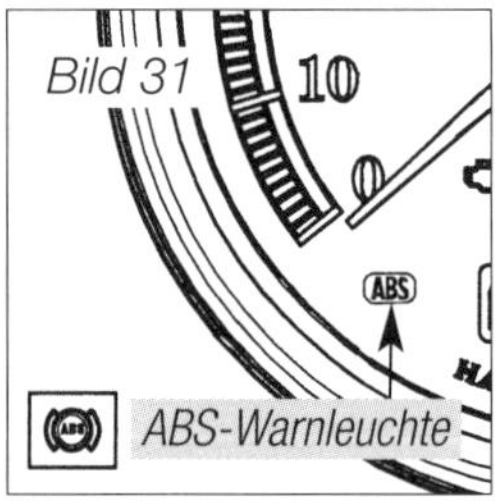

Bild 31: Funktioniert das ABS nicht korrekt, leuchtet oder blinkt die ABS-Warnleuchte.

Bei einem Ausfall des ABS bleibt die Bremswirkung selbst erhalten; die Bremsen funktionieren dann wie normale Bremsen ohne ABS. Wenn das ABS nicht funktioniert, wird dies durch konstantes Leuchten oder Blinken der ABS-Anzeige (Bild 31) während der Fahrt im Cockpit angezeigt. Beim Anhalten der Maschine geht die Lampe nicht aus. Um festzustellen, ob die Lampe fehlerhaft arbeitet oder ein echtes Problem mit dem ABS vorliegt, gehen Sie folgendermaßen vor:
1. Wenn die ABS-Lampe während der Fahrt aufleuchtet, halten Sie an und schalten den Motor am Motorbetriebsschalter aus (also dem »Killschalter« rechts am Lenker).
2. Nach einer Pause von etwas mehr als einer Minute den Motor starten und losfahren.
3. Wenn die ABS-Anzeige weiter leuchtet und nicht ausgeht, funktioniert das ABS nicht.
4. Prüfen Sie auch die ABS-Sensoren an Vorder- und Hinterrad. Sie müssen sauber sein, auch ihre Kabelstecker.
5. Der große Zentralstecker muss sicher in die ABS-Hydraulikeinheit eingesteckt sein.
6. Batterie muss ok sein, ihre Spannung muss mindestens 12,6 Volt (oder mehr) betragen!

Kabel an den ABS-Sensoren: Wenn das ABS unterwegs ausfällt, muss man die korrekte Verlegung der ABS-Sensorkabel prüfen, denn es kann durchaus sein, dass während einer Schraubaktion im Bereich der Räder durch grobes Herumwerken an Sensoren und Kabeln ein Wackelkontakt entstanden ist, ein Kabel innerhalb der Isolierung abgedrückt oder gerissen ist.

Wort zum Schluss: Wenn das ABS nach Beachtung all unserer »Hausmann-Schraubertipps« immer noch nicht funktioniert, bleibt nur noch der Gang zum Harley-Händler, der mit seinem Werkstatt-Computer Fehler auslesen, Fehlerquellen eingrenzen und Fehler beheben kann.

ABS-Hydraulikeinheit (EHCU)

Bilder 32, 33 und 34: Die ABS-Hydraulikeinheit ist hinten unten im Rahmen eingebaut. Wir raten dringend, die Hydraulikeinheit an ihrem Platz montiert und die Bremsleitungen angeschraubt zu lassen, denn wenn Luft in die Hydraulikeinheit kommt, kann nach Entlüftung nur der Harley-Händler mit der Spezialsoftware »Digital Technician II« (Nr. HD-48650) überprüfen, ob alle Luft entfernt wurde.

ABS-Hydraulikeinheit aus- und einbauen

Ein Verweis zum Kapitel 4 und dort zum Kapitelabsatz »Motor aus- und einbauen«: Wenn der Motor ausgebaut werden soll, müssen die ABS-Hydraulikeinheit und ihre Halterung ausgebaut werden. Mit etwas Geschick und Nachdenken geht das ohne Lösen der Bremsleitungen!

1. Schellen vom Rahmen abziehen.
2. Schelle der Hinterradbremsleitung von der Schwinge abschrauben. Die Kunststoffschellen an der Bremsleitung weiter hinten öffnen und die Bremsleitung herausnehmen.
3. Halterung der ABS-Hydraulikeinheit vom Rahmen abschrauben.
3.1. Halterung zusammen mit der ABS-Hydraulikeinheit zuerst nach hinten aus den Gummitüllen am Rahmen ziehen, dann etwas nach unten, damit man Zugang hat zum Zentralstecker.
■ Dabei darauf achten, dass die Metall-Bremsleitungen nicht verbogen werden.
4. Zentralstecker ausstecken.
5. ABS-Hydraulikeinheit von der Halterung abschrauben und nach unten so abhängen, dass der Motor ausgebaut werden kann. Mit stabilen Bändern sichern!

ABS-Hydraulikeinheit einbauen

1. Gummitüllen am Rahmen prüfen. Wenn sie beschädigt sind, erneuern.
2. ABS-Hydraulikeinheit an ihre Halterung anschrauben, Schrauben einschrauben und festziehen mit 7 Nm (***A*** in Bild 34).
3. Zentralstecker in ABS-Hydraulikeinheit einstecken.
4. Jetzt die Halterung zusammen mit der ABS-Hydraulikeinheit etwas nach oben drücken und dann nach vorne in die Gummitüllen am Rahmen schieben. Schrauben einschrauben und festziehen mit 22 Nm (***R*** in Bild 34).
5. Hinterradbremsleitung in die beiden Kunststoffschellen einlegen und diese verschließen.
5.1. Schelle der Hinterradbremsleitung an der Schwinge befestigen, Schraube festziehen mit 4 Nm.
5.2. Rahmenschellen auf die Bremsleitungstüllen schieben.

Beachten Sie auch den ABS-Schaltplan im Kapitel 28 »Schaltpläne«.

Bild 32: Einbaulage des ABS-Steuergeräts/Hydraulikeinheit.

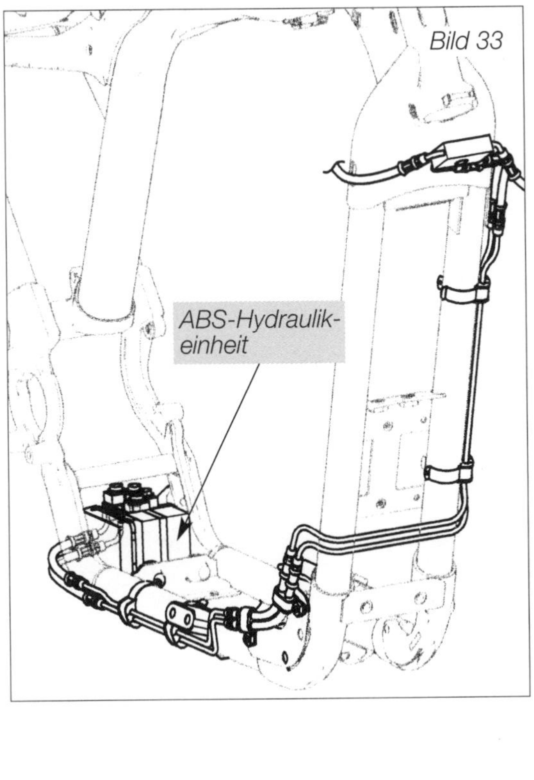

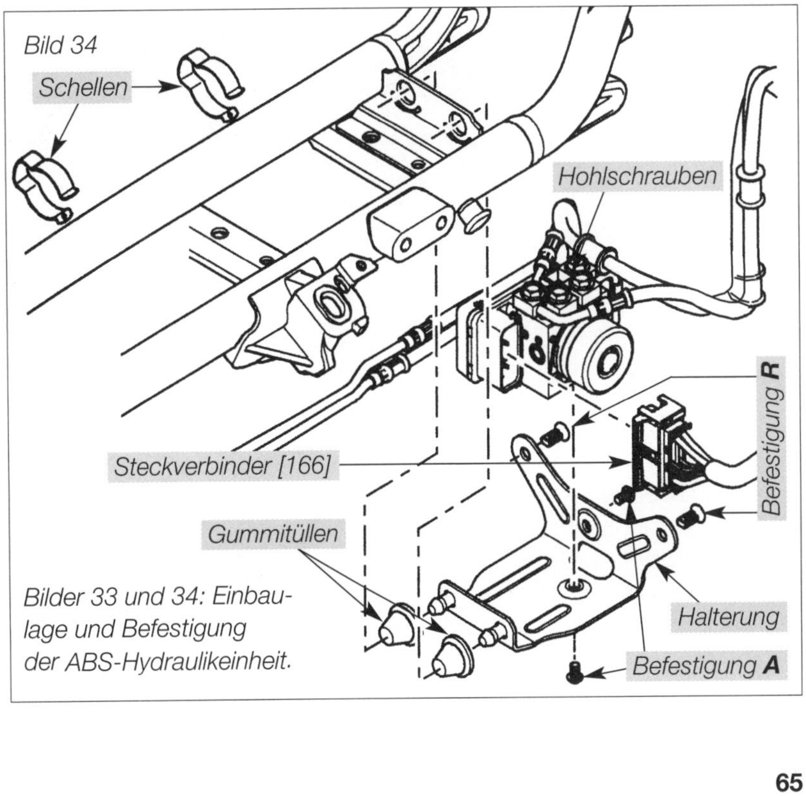

Bilder 33 und 34: Einbaulage und Befestigung der ABS-Hydraulikeinheit.

Zahnriemen · Primärkette

In diesem Kapitel: Zahnriemen · Verschleißbilder · Zahnriemenspannung (»Durchhang«) prüfen und einstellen ·Zahnriemen wechseln · Primärkettenspannung prüfen und einstellen.

Zahnriemen

Zum Antrieb des Hinterrads wird ein Zahnriemen verwendet. Dieser ist weitgehend wartungsfrei und sehr langlebig. Allerdings muss er regelmäßig auf Sauberkeit, Zustand und korrekte Spannung geprüft werden. Wenn er zu lose ist, muss man ihn einstellen (»spannen«).

Die von Harley-Davidson vorgeschriebenen Prüfintervalle sind Bestandteil der Wartungs- und Inspektionstabelle (siehe Kapitel 2 »Wartung«):

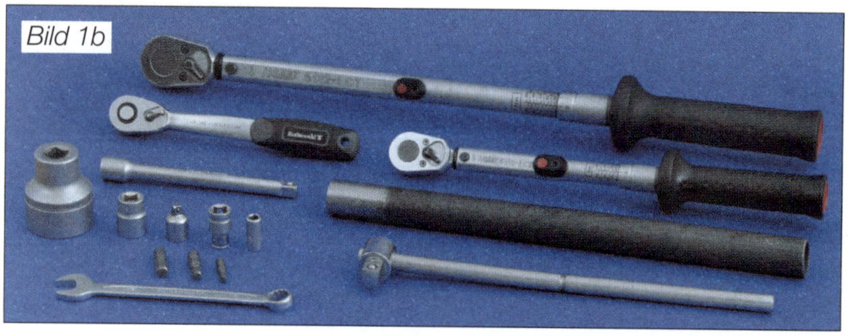

Bilder 1a, 1b und 1c: Werkzeug zum Spannen und Wechseln des Zahnriemens und zum Spannen der Primärkette.

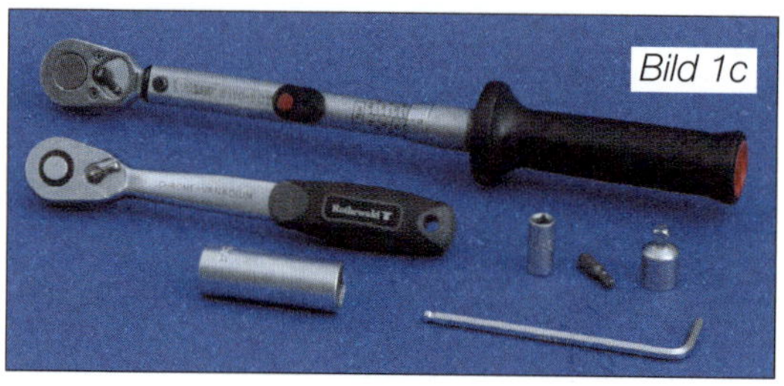

*Bild 2: Spezialwerkzeug zum Wechsel des vorderen Zahnriemenrads. ■ **L** bedeutet Linksgewinde.*

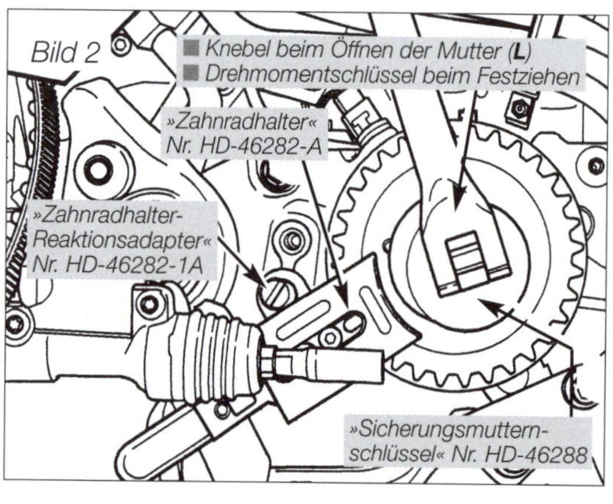

Bild 4 auf der rechten Seite: Hinteres Zahnriemenrad und vorderes Zahnriemenritzel müssen jederzeit in einwandfreiem Zustand sein.

Bei km-Stand 1600, 8000, 16 000 und dann alle weiteren 8000 km. Die Prüfung des Riemens umfasst auch die Sichtkontrolle der Zähne des Riemens, seinen Verschleißzustand sowie der Zähne der beiden Antriebsräder.

Zahnriemen prüfen

Gute Pflege, regelmäßige Kontrolle und eventuelles Nachspannen vorausgesetzt, gelten folgende Lebensdauer-Angaben:

■ Bei überwiegend solo, sanft und gutem Wetter sowie auf sauberen Straßen gefahrenen Maschinen hält der Zahnriemen 60 000 km oder mehr.

■ Bei solo scharf, oft mit Sozius und Gepäck sowie bei schlechtem Wetter gefahrenen Maschinen hält der Zahnriemen 35 000 bis 50 000 km.

Werkzeug zur Einstellung der Zahnriemenspannung

■ Nuss 1 1/4 Zoll (31,8 mm) für Mutter Hinterachse
■ Große Knarre und/oder Knebel
■ Großer Drehmomentschlüssel
■ Ring-Maulschlüssel 1/2 Zoll (12,7 mm) für die Hinterachs-Einstellmuttern auf den Riemenspannern
■ Ring-Maulschlüssel 7/16 Zoll (11,1 mm) für Schrauben des unteren Riemenschutzes
■ Riemenspannungs-Messgerät (Harley-Davidson-Spezialwerkzeug »Zahnriemen-Prüfgerät« Nr. HD-35381A)

Werkzeug zum Wechseln des Zahnriemens

Zusätzlich zum Werkzeug, das zum Spannen des Zahnriemens benötigt wird, braucht man zum Wechseln des Zahnriemens folgende Werkzeugteile:

■ Kleiner Drehmomentschlüssel
■ Große und kleine Knarre
■ Nuss Inbus 1/4 Zoll (6,4 mm) für vordere Schraube oberer Riemenschutz
■ Ring-Maulschlüssel 1/2 Zoll (12,7 mm) für Mutter auf Schraube Riemenschutz vorne
■ Nuss Inbus SW 5/16 Zoll (7,9 mm) für Schraube Auspuffschellenwinkel an Deckel Riemenritzel
■ Nuss Inbus SW 3/16 Zoll (4,8 mm) für Schrauben des Deckels über Riemenritzel und Schrauben im Sicherungsblech der Ritzelmutter
■ Nuss 1 1/2 Zoll (38,1 mm) für Mutter vorderes Riemenritzel auf Getriebeausgangswelle
■ Nuss 5/8 Zoll (15,9 mm) für Schrauben des Riemenrads am Hinterrad
■ Loctite »mittelfest« und »hochfest« für die Gewinde der großen Ritzelmutter und der Schrauben des Riemenrads am Hinterrad

Werkzeug zum Spannen der Primärkette

■ Nuss Inbus 5/32 Zoll (4,0 mm) für Schrauben des Inspektionsdeckels im Primärantriebsdeckel
■ Ring-Maulschlüssel 7/8 Zoll (22,2 mm) für Kontermutter der Einstellschraube des Primärkettenspanners
■ Inbusschlüssel 1/4 Zoll (6,4 mm) für die Einstellschraube des Primärkettenspanners
■ Nuss Inbus 3/16 Zoll (4,8 mm) für Schrauben des Deckels des Primärantriebs

Wenn der Zahnriemen eine gewisse km-Leistung hinter sich gebracht hat und in immer kürzeren Abständen nachgespannt werden muss, ist es an der Zeit, einen neuen Zahnriemen und neue Zahnriemenräder aufzubauen.

Verschleißbilder des Riemens in Bild 3
Die acht Beispielzeichnungen in Bild 3 zeigen typische Verschleißerscheinungen am Riemen; in den zugehörigen Bildtexten sind sie beschrieben. Dazu gibt es Empfehlungen, ob der Riemen erneuert werden muss oder ob man damit weiter fahren kann.

Zum Verschleißbild 5 in Bild 3: An den Seiten des Riemens sind oft ausgefranste Fäden zu beobachten, die bei fortschreitender km-Leistung immer zahlreicher werden. Aber solange der Riemen seitlich nicht einreißt, ist dies eine normale Verschleißerscheinung – und hier kommt das Schmieren des Riemens ins Spiel, denn dieses Verschleißbild lässt sich vermeiden, wenn der Riemen regelmäßig mit speziellem Riemenspray von innen und an den Seiten eingesprüht wird. Geeignetes Riemenschmiermittel hat jeder Harley-Händler auf Lager (siehe dazu Text weiter hinten in diesem Kapitel).

Achtung: Zum Schmieren des Antriebszahnriemens KEIN Ölspray oder gar Kettenspray verwenden! Dieses zieht Staub an und bindet diesen, was der Zahnriemen in kürzester Zeit übel nimmt, denn solcher Schmutz fördert den Verschleiß enorm.

Die Zeichnung in Bild 4 zeigt das Profil des großen Riemenzahnrads. Verschleiß an ihm (und auch am vorderen Riemenritzel) ist an den Zahnprofilen zu sehen: Ihre Nuten laufen wellenförmig aus. Auf der Innenseite des Zahnriemens (und damit besonders an den Zähnen) ist ein korrespondierendes Verschleißbild zu sehen.

Bild 4

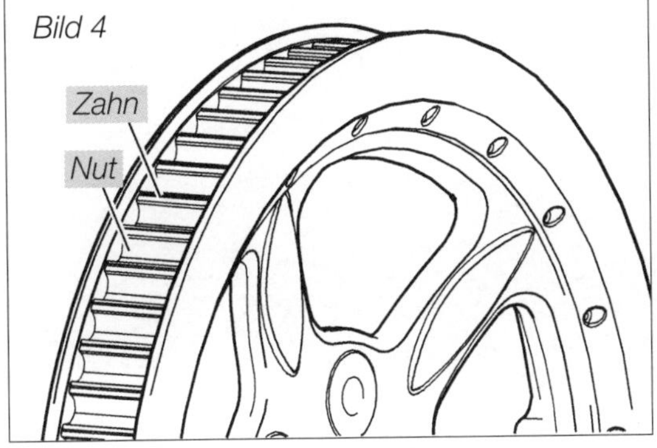

Aber nicht nur normaler Verschleiß, sondern auch Beschädigungen können einen Riemenwechsel notwendig machen. In Bild 3 sind verschiedene Beschädigungen dargestellt und aufgeführt, ob ein sofortiger Riemenwechsel notwendig ist.

Bild 3: Verschleißbilder des Zahnriemens.

Bild 3

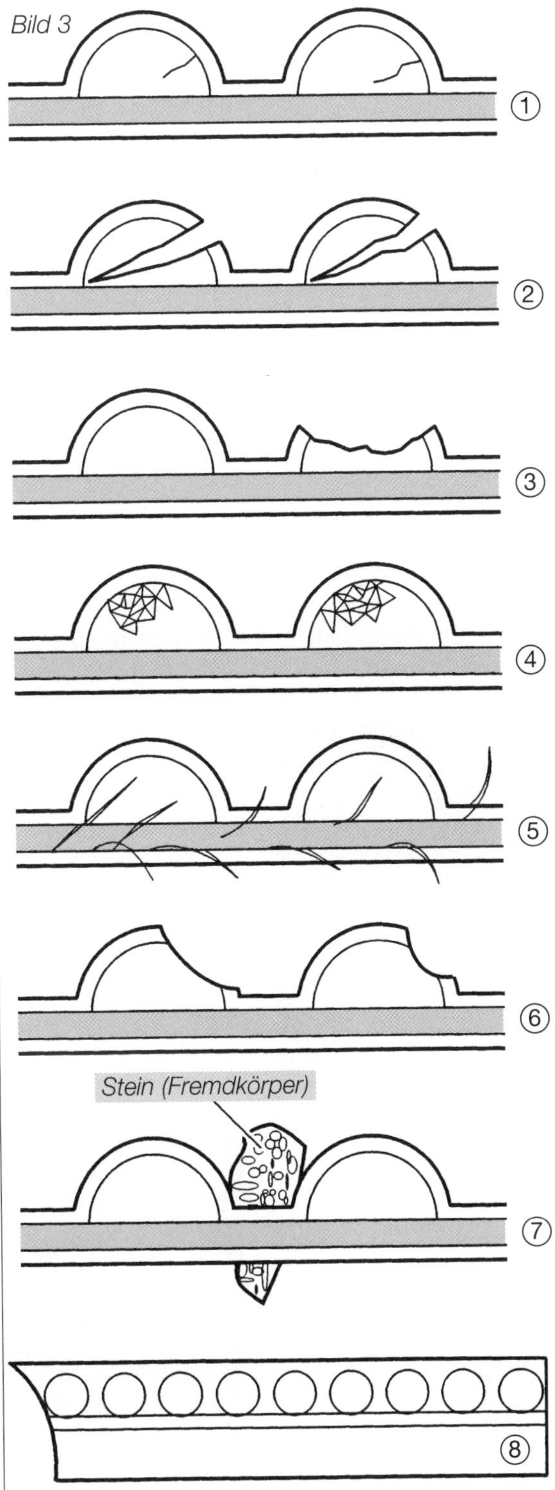

❶ Risse im Zahn → Betrieb ok, Zustand im Auge behalten

❷ Risse durch den Zahn → Riemen ersetzen

❸ fehlende Zähne → Riemen ersetzen

❹ leichte Absplitterung → Betrieb ok, Zustand im Auge behalten

❺ ausgefranster Cord außen → Betrieb ok, Zustand im Auge behalten

❻ teilweise ausgerissene Zähne → Riemen ersetzen

❼ durchgedrückter Stein → Riemen ersetzen, wenn der Schaden an der Kante vorliegt

❽ Schrägverschleiß an der äußeren Kante → Betrieb ok, Zustand im Auge behalten

Bilder 5a, 5b und 5c: Zu Kontrolle und Einstellung der Riemenspannung das Harley-Messgerät benutzen.

■ Es wird am unteren Trum des Zahnriemens in der Mitte zwischen hinterem und vorderem Zahnriemenrad angesetzt.

Bild 5d: Der Zahnriemen ist langlebig und wartungsarm.

Wichtig für eine lange Lebensdauer des Zahnriemens ist auch, dass die beiden Zahnriemenräder in exakter Flucht zueinander stehen. Das Hinterrad muss genau in der Flucht des Vorderrads eingebaut sein. Es darf nicht schief stehen, was leider oft passiert, wenn bei einem Einbau des Hinterrads die Hinterachsmutter nicht richtig festgezogen und/oder durch unterschiedliche Einstellung der Muttern auf den Riemenspannern das Hinterrad »schräg«, also nicht in Flucht zum Vorderrad steht. Dazu später mehr.

Abdeckung des Zahnriemens

Für einwandfreie Funktion des Zahnriemens ist es weiterhin wichtig, dass untere und obere Riemenabdeckung vorhanden und korrekt angebaut sind. Man sollte also keine der beiden Abdeckungen aus optischen Gründen abbauen und die Maschine ohne fahren. Sonst besteht nämlich die Gefahr, dass Steine oder andere Fremdteile in den Riemen geraten und große Schäden an Riemen und den Riemenrädern anrichten, was bis zum plötzlichen Reißen des Riemens führen kann.

Zahnriemen reinigen und schmieren

Wenn der Riemen und seine beiden Antriebsräder schmutzig sind, müssen sie gereinigt werden, denn Schmutz ist verschleißfördernd. Zur Reinigung braucht man nur eine milde Seifenlauge und eine Wurzelbürste. Harley-Davidson schreibt nur eine Sichtkontrolle und Reinigung des Riemenantriebs vor, nicht jedoch eine Schmierung. Harley-Spezialisten schmieren den Riemen und zwar ausschließlich nach einer Reinigung, wenn aller Schmutz sowie Staub- und Sandpartikel entfernt sind. Bild 6: Das Riemenschmiermittel »Poly Oil« gibt es von Harley-Davidson in der Tube. Wichtig ist, dass das Schmieren des Riemens sehr sparsam erfolgt (Beipackzettel des Schmiermittels beachten!).

Zahnriemenspannung

Die Kontrolle der Zahnriemenspannung und ihre Einstellung ist zwar km-abhängig in der Wartungs- und Inspektionstabelle aufgelistet, kann aber auch zwischen den alle 8000 km vorgeschriebenen Prüfungen nötig werden, z. B. dann, wenn man mit zwei Personen und Gepäck beladen auf großer Tour ist und der Zahnriemen entsprechend belastet wird.

Damit der Zahnriemen lange hält, muss eine gewisse Spannung (»Durchbiegung«) eingehalten werden. Diese wird über die beiden Einstellmuttern auf den Achseinstellern eingestellt (Bild 9), wozu die Hinterachsmutter gelöst werden muss.

Die Spannung des Zahnriemens, sein Verschleißverhalten (»Längung«) und die Lebensdauer des Riemens und der beiden Zahnriemenräder hängt stark von den Betriebszuständen ab:

■ Der Zahnriemen einer scharf gefahrenen Maschine, die generell stark beschleunigt und verzögert wird, verschleißt schneller als der Zahnriemen einer Maschine, die immer sanft bewegt wird.

■ Der Zahnriemen einer Maschine, die überwiegend in nassen, staubigen oder steinigen Gebieten gefahren wird, muss öfter kontrolliert werden als der Zahnriemen einer Maschine, die in trockenen, staubfreien Gebieten gefahren wird.

Spannungsprüfgerät

Bilder 5a und 5b: Zur Kontrolle der Spannung des Zahnriemens wird ein spezielles »Zahn-

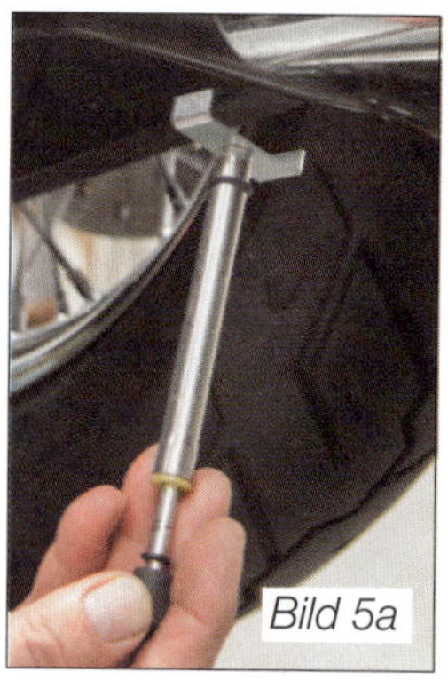

Bild 5a

Bild 5b

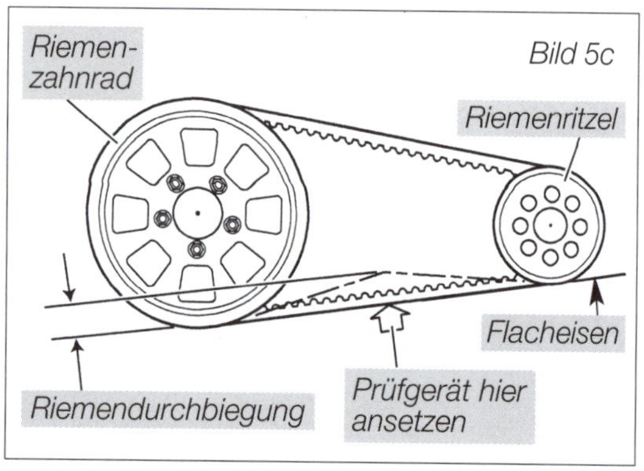

Bild 5c

Bild 5d

riemen-Prüfgerät« benötigt. Es besteht aus einer U-förmigen Riemenauflage, die an einer Stange angebracht ist, welche federbelastet und beweglich in einer Hülse geführt wird. Das Zahnriemen-Prüfgerät kann man beim Harley-Händler kaufen, es kostet ca. 35 Euro und hat die Bestellnummer HD-35381A.

Spannung des Zahnriemens prüfen

1. Bilder 5a und 5c: Zahnriemen-Prüfgerät von unten senkrecht am Riemen ungefähr in der Mitte des Abstands von der Hinterradachse zur vorderen Getriebewelle ansetzen.
2. Bild 5b: Druck auf die Unterseite des Zahnriemen-Prüfgeräts ausüben, dadurch wird die Auflagefläche nach oben gedrückt, bis sich die quer auf dem inneren Rohr angebrachte Markierung mit der Kante des äußeren Rohres deckt.
3. Druck auf den Zahnriemen beträgt 4,5 kg.
3.1. Der Zahnriemen muss sich jetzt an der vom Messgerät belasteten Stelle um folgenden Betrag nach oben gebogen haben: ■ 6,4 bis 7,9 mm

Durchbiegung des Zahnriemens messen

Nachdem wir eben beschrieben haben, wie das Zahnriemen-Prüfgerät angesetzt und gehandhabt wird, beschreiben wir jetzt, wie die Durchbiegung (Bild 5c) gemessen wird. Dazu wird ein Metall-Maßstab oder ein Maßband mit mm-Teilung benötigt. Weiterhin wird ein ca. 70 cm langes Flacheisen gebraucht, das 30 mm breit und 5 mm dick sein soll. **Wichtig:** Das Flacheisen muss gerade sein.

1. Flacheisen von unten auf den Riemen so anlegen, wie in Bild 5c gezeigt.
2. Bild 5b: Nun das Zahnriemen-Prüfgerät zwischen dem Flacheisen und der Unterseite des Riemens ansetzen und den Riemen bis zur Markierung spannen.
2.1. Spannung auf das Prüfgerät halten.
3. Bild 5c: Nun das Maß nehmen von der Oberkante des Flacheisens bis zur Unterkante des unter Spannung stehenden Riemens.
4. Durchbiegung darf betragen: ■ 6,4 bis 7,9 mm

Ergebnis werten

■ **Riemen ist zu lose:** Wenn sich der Riemen unter dem Druck von 4,5 kg weiter durchspannen lässt als die angegebenen Maße, dann ist der Riemen zu lose, die Hinterachse muss nach hinten verschoben werden, um den Riemen zu spannen.
■ **Riemen ist zu fest:** Wenn sich der Riemen unter dem Druck von 4,5 kg weniger durchbiegt als die angegebenen Maße, dann ist der Riemen zu fest gespannt, die Hinterachse muss nach vorne verschoben werden, wodurch der Riemen entspannt wird.

Zahnriemen spannen

1. Bild 9: Mit einem flachem Schraubenzieher den Sicherungsclip von der Hinterachse abschieben und die Hinterachsmutter lösen und um ca. zwei Umdrehungen aufdrehen (siehe dazu auch Kapitel 6 »Räder«).

Bild 6

Bild 6: Beim Schmieren des Riemens das Riemenschmiermittel »Poly Oil« von Harley-Davidson sehr sparsam verwenden.

Bild 7a

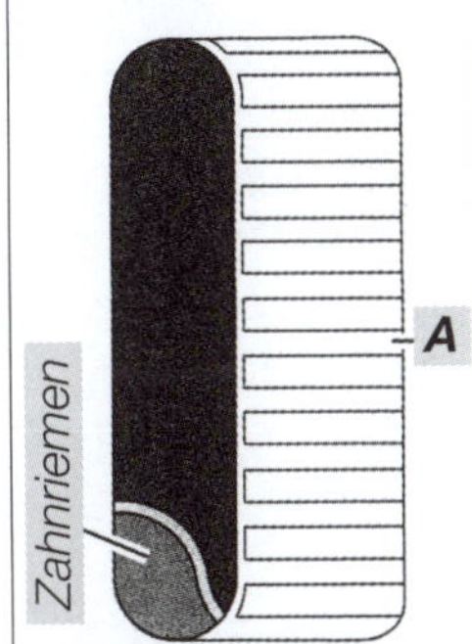

A = Abstand der Durchbiegungsmarkierungen zueinander 1,6 mm

Bild 7b

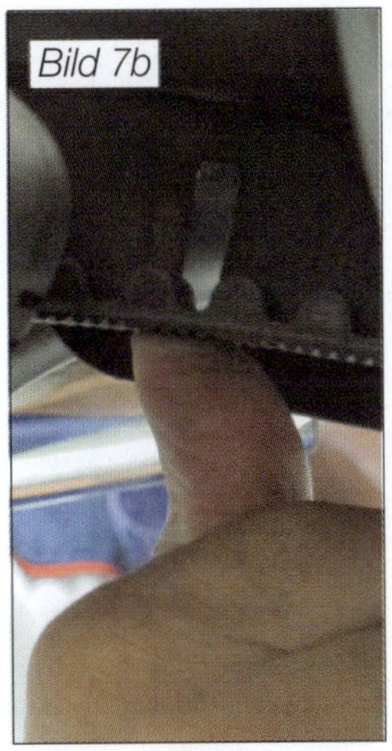

Bilder 7a und 7b: Bei manchen Modellen ist im vorderen Teil der Riemenabdeckung ein Fenster mit einer Skala, mit der man die Riemendurchbiegung ablesen kann. Der Riemen muss sich vier bis fünf Markierungen durchbiegen lassen.

Bild 8a

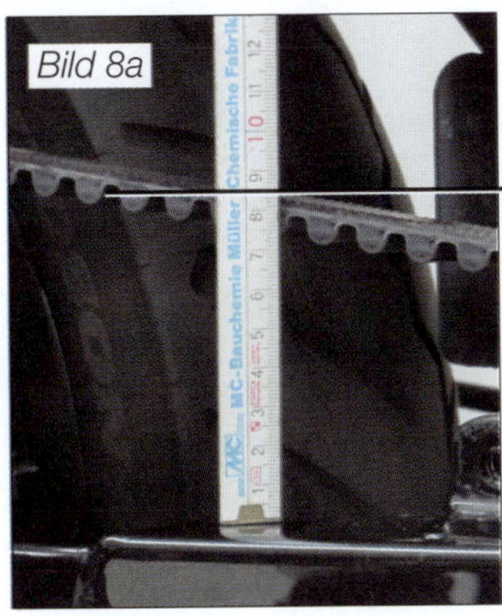

Bild 8b

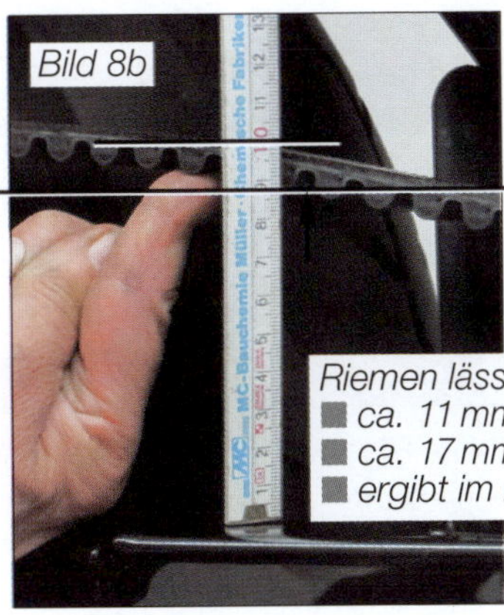

Bild 8c

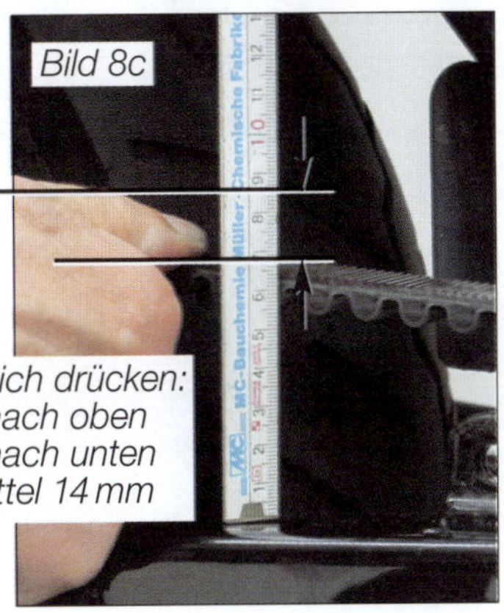

Riemen lässt sich drücken:
■ *ca. 11 mm nach oben*
■ *ca. 17 mm nach unten*
■ *ergibt im Mittel 14 mm*

Bilder 8a bis 8c: Riemendurchbiegung prüfen mit Fingerdruck und Maßstab. Obere Riemenabdeckung abnehmen, Maßstab senkrecht auf Schwinge aufsetzen, mit Fingergefühl 4,5 kg Druck nach oben und unten geben. In beide Richtungen messen, Mittelmaß nehmen.

Bilder 9 bis 10b: Im Lauftext sind die zu den Bildern gehörenden Arbeitsschritte nummeriert beschrieben.

2. Riemen spannen:

■ Wenn der Riemen <u>*zu lose*</u> ist, muss die Hinterachse nach hinten verschoben werden. Dazu die Einstellmuttern (Bild 9) nach rechts gegen die Enden der Schwinge drehen.

■ Wenn der Riemen <u>*zu fest*</u> gespannt ist, muss die Hinterachse nach vorne geschoben werden. Dazu die Einstellmuttern (Bild 9) nach links von den Enden der Schwinge wegdrehen.

3. Wichtig: Einstellmuttern rechts und links in gleichmäßigen Schritten von 1/4 Umdrehung andrehen (spannen) oder wegdrehen (lösen).

■ Nach jedem Spannvorgang die Riemenspannung überprüfen.

4. Wenn die Riemenspannung korrekt ist, die Hinterachsmutter mit 136 Nm festziehen (siehe dazu auch Kapitel 6 »Räder«).

5. Riemenspannung noch einmal prüfen.

6. Sicherungsclip einbauen.

Radausricht-Werkzeug: In Bild 10a ist ein einfaches Werkzeug zu sehen, das man selbst machen kann aus Schweißdraht und Gummi, beides auf einer Seite spitz: Spitze der gewinkelten Seite an Mitte des Schwingenlagerbolzens und Spitze der Gummitülle an der Hinterachse ansetzen. Rechts und links prüfen, ob der Abstand gleich ist. Wenn nicht, die Position der Hinterachse mit den Einstellmuttern auf den Achseinstellern korrigieren.

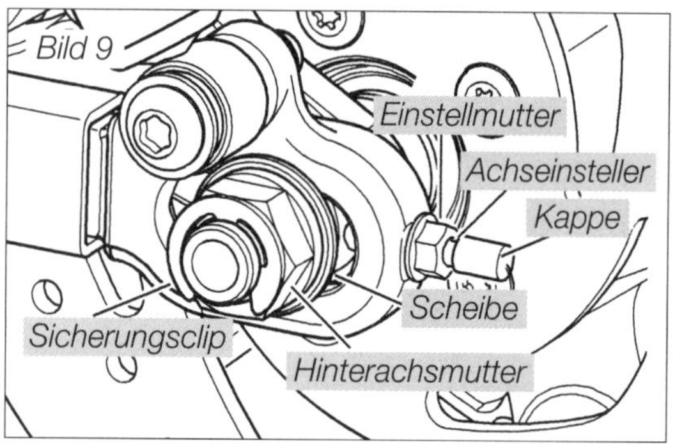

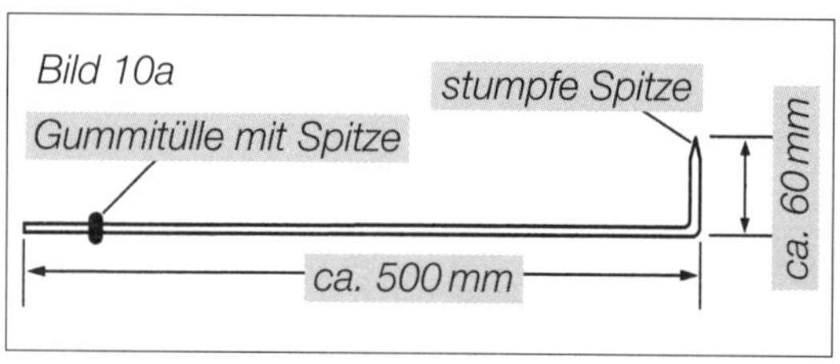

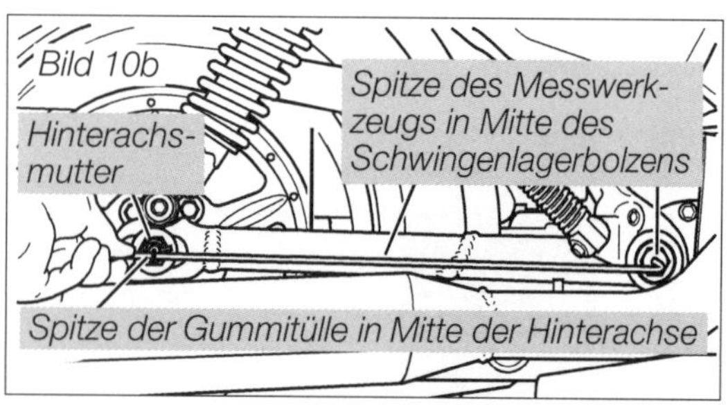

Zahnriemen erneuern

Wenn der Zahnriemen verschlissen oder defekt ist und gewechselt werden muss, müssen auch beide Zahnriemenräder erneuert werden.

Spezialwerkzeug: Laut Harley-Anweisung wird das Riemenritzel erst dann abgebaut, wenn der Zahnriemen schon abgenommen ist. Zum Blockieren des Riemenritzels auf der Getriebewelle werden die Harley-Spezialwerkzeuge »Zahnradhalter für Achsantrieb« (Nr. HD-46282-A) und »Zahnradhalter Reaktionsadapter« (Nr. HD-46282-1A) benötigt, siehe dazu Bild 2.

Wenn diese nicht zur Verfügung stehen, muss man die Mutter schon dann öffnen, wenn der alte Riemen noch aufgelegt ist: Ersten Gang einlegen, Hinterradbremse betätigen und somit das Hinterrad blockieren. Dies soll man aber nur machen beim Abbau eines alten Riemens, der nicht mehr benötigt wird, weil der Riemen beim Öffnen der Mutter über Gebühr belastet wird und deswegen beschädigt werden kann. Besser ist es also, das Harley-Spezialwerkzeug einzusetzen!

Wenn das alte Riemenritzel abgebaut ist und das neue aufgebaut wird, muss man das Festziehen der großen Mutter ebenfalls mit dem alten Riemen machen!

Weiterhin bietet Harley eine Sechskantnuss an »Hauptwellen-Sicherungsmutternschlüssel« (Nr. HD-46288, siehe Bild 2). Man kann aber auch eine Sechskantnuss SW 1 1/2 Zoll« nehmen (38,1 mm). Zum Öffnen eine lange Rohrverlängerung auf den Knebel stecken.

Linksgewinde! Die Zahnriemenrad-Befestigungsmutter hat ein LINKSGEWINDE!

Loctite, Heißluftföhn: Die große Mutter ist mit Loctite »hochfest« gesichert. Deswegen muss man sie vor dem Lösen mit einem Werkstatt-Heißluftföhn ringsum erwärmen, durch die Hitze löst sich der Schraubenkleber. Erst dann die Mutter lösen und abdrehen.

Wichtig: Nicht mit einem Schlagschrauber arbeiten, weil durch die harten Schläge das Getriebe beschädigt werden kann.

Zahnriemen ausbauen

1. Beide Auspufftöpfe abbauen. Auspuffkrümmer des hinteren Zylinders abbauen (siehe Kapitel 21 »Auspuffanlage«).

2. Bei mittig montierter Fußrastenanlage rechte Fußraste mit Bremshebel und Fußrastenhalter abbauen (siehe dazu Kapitel 4 »Tank · Rahmen · Anbauteile« und auch Kapitel 7 »Bremsen«).

3. Deckel über vorderem Riemenritzel abbauen mit Winkel für Schelle des Auspuffkrümmers.

4. Mit einem flachen Schraubenzieher den

Sicherungsclip von der Hinterachse abschieben, Hinterachsmutter lösen und zwei Umdrehungen aufdrehen (siehe dazu Kapitel 6 »Räder«).

5. Einstellmuttern auf den Riemenspannern von den Enden der Schwinge wegdrehen und das Rad so weit wie möglich nach vorne schieben.

6. Schraube der unteren Befestigungsschraube des rechten Federbeins abmontieren.

7. Mutter auf vorderer Befestigungsschraube des oberen Riemenschutzes abdrehen, Schraube mit Scheibe ausziehen, Riemenschutz abnehmen.

8. Schrauben des unteren Riemenschutzes lösen und einige Umdrehungen ausdrehen, aber nicht ganz abschrauben.

8.1. Unteren Riemenschutz etwas nach vorne schieben und nach unten ziehen: Die 8-förmigen Löcher lösen sich von den Schraubenköpfen und der Riemenschutz kann abgenommen werden.

9. Zahnriemen von Riemenrad und Riemenritzel abnehmen, zwischen Federbein und Schwinge herausfädeln.

Riemenritzel aus- und einbauen

1. Schraube der Interferenzrohrhalterung lösen und ausschrauben, mit Scheibe abnehmen.

2. Bild 11a: Die Mutter des Riemenritzels ist mit einem großen Sechskant-Sicherungsblech gegen Verdrehen gesichert. Schrauben im Sicherungsblech lösen und ausdrehen, Sicherungsblech abnehmen.

3. Bild 2: Spezialwerkzeug »Reaktionsadapter« einbauen.

3.1. Spezialwerkzeug »Zahnradhalter für Achsantrieb« _unter_ dem »Reaktionsadapter« anbringen.

4. Bild 2: Zahnriemenradmutter mit Steckschlüssel (»Hauptwellen-Sicherungsmutternschlüssel« Nr. HD-46288) und Rohrverlängerung lösen.

■ **Noch einmal:** Mutter hat *LINKSgewinde*! Sie wird also _rechts herum_ gelöst und abgeschraubt!

4.1. Vor dem Lösen der Mutter diese mit einem Heißluftföhn ringsum erwärmen, das löst den Schraubenkleber.

5. Riemenritzel von der Getriebewelle abziehen.

Einbau des neuen Riemenritzels in umgekehrter Reihenfolge des Ausbaus.

Dabei besonders beachten (Bilder 11a und 11b):

■ Loctite 262 »hochfest« in gereinigtes Gewinde der Ritzelmutter auftragen.

■ Rückseite der Ritzelmutter dünn mit Montagefett »Screamin Eagle« oder einem anderen hochwertigen Fett einschmieren.

■ Mutter hat *LINKSgewinde*, sie wird also gegen den Uhrzeigersinn (_links herum!_) auf das Gewinde gedreht und auch so herum endgültig festgezogen.

■ Schraube der Interferenzrohrhalterung mit Scheibe einschrauben, mit 43 Nm festziehen.

Mutter festziehen und sichern

1. Bild 2: »Reaktionsadapter« in das darüberliegende freie Gewinde einschrauben.

1.1. »Zahnradhalter« _über_ dem »Reaktionsadapter« anbringen, Ritzel so fixieren.

2. Mutter mit 68 Nm festziehen (LINKS herum).

3. Bild 11b: Mit einem dünnen Fettstift eine Linie über Mutter und Ritzel ziehen.

3.1. Mutter um weitere 30 bis 40 Grad festziehen (LINKS herum!).

4. Sicherungsblech so über die Mutter schieben, dass sich zwei der vier Bohrungen im Sicherungsblech mit den Gewinden im Ritzel decken.

4.1. Wenn keine Deckung möglich ist, die Ritzelmutter maximal 45 Grad weiterdrehen, bis sich zwei der vier Bohrlöcher decken.

Wichtig: Mutter auf keinen Fall zurückdrehen.

5. Schrauben des Sicherungsblechs eindrehen und mit 12 Nm festziehen.

Hinteres Riemenrad aus- und einbauen

(Explosionszeichnung in Bild 12)

Ausbau

1. Befestigungsschrauben des Riemenrads vor dem Ausbau des Hinterrads lösen, aber nicht ausschrauben.

2. Hinterrad ausbauen.

3. Schrauben ausdrehen und mit Scheiben abnehmen. Riemenrad abnehmen.

Einbau

1. Anlageflächen von Riemenrad und Flansch am Hinterrad peinlichst sauber putzen.

2. Riemenrad aufsetzen, Schrauben mit Scheiben eindrehen, leicht festziehen.

Wichtig: Harley schreibt die Verwendung neuer Schrauben vor, denn diese sind mit Schraubenkleber beschichtet. Wenn keine neuen Schrauben zur Verfügung stehen, kann man die alten noch einmal verwenden: Reinigen, einen Tropfen Loctite »mittelfest« ans Gewinde geben, eindrehen und leicht festziehen.

Bilder 11a und 11b: Die Ritzelmutter wird mit einem Sicherungsblech gesichert.

■ *Mutter auf Getriebewelle hat ein Linksgewinde!*

■ *Voranzug 68 Nm, dann um weitere 30 bis 40 Grad anziehen (siehe Bild 11b).*

■ *Loctite »hochfest« auf Gewinde auftragen.*

■ *»Screamin Eagle Montagefett« auf Rückseite der Mutter auftragen.*

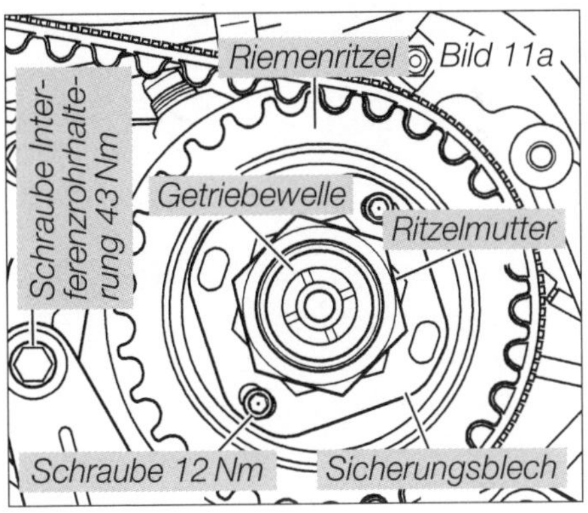

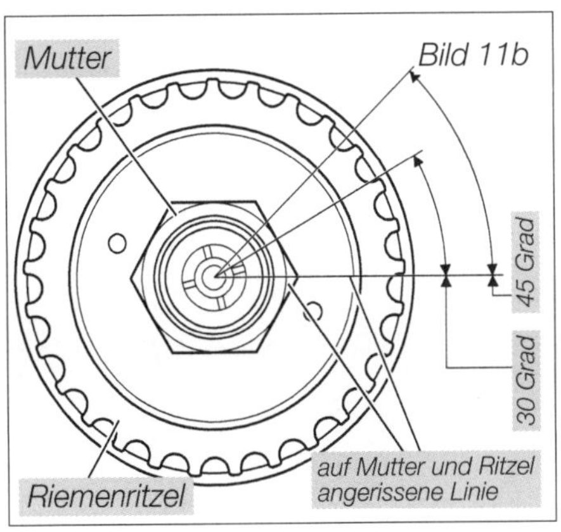

Sichtprüfung Messen

Korrespondenzkapitel:
- 15 »Ladesystem«
- 23 »Kupplung«

Redaktionelle Anmerkung: Wenn die Lichtmaschine (Generatorstator Kapitel 15 »Ladesystem«) defekt ist, muss man zum Ausbau den Primärantrieb abbauen. Der Ab- und Anbau des Primärtriebs ist im Kapitel 23 »Kupplung« beschrieben.

3. Hinterrad einbauen, Hinterachsmutter »gut handfest« festziehen.
4. Schrauben des Riemenrads festziehen:
4.1. Über Kreuz in mehreren Schritten bis 81 Nm.
4.2. Jede Schraube um 180 Grad (1/2 Umdrehung) lösen, wieder mit 108 Nm festziehen.

Zahnriemen einbauen

1. Achsmutter lösen, Rad nach vorne schieben.
1.1. Zahnriemen auf Riemenritzel und Riemenzahnrad sorgfältig auflegen.
2. Oberen Riemenschutz montieren: Mit Schraube, Scheibe und Mutter vorne an Schwinge befestigen, Mutter mit 17 Nm festziehen.
2.1. Unteren Riemenschutz: In Einbauposition bringen, große Öffnungen der 8-förmigen Löcher über Schrauben und Scheiben schieben, Riemenschutz nach hinten ziehen, Schrauben mit 5,5 Nm festziehen.
3. Untere Schraube des rechten Federbeins mit Scheibe durch Federbein, Aufnahme an Schwinge und hintere Bohrung im Riemenschutz schieben, Mutter aufdrehen, mit 65 Nm festziehen.
4. Deckel Riemenritzel in Montageposition bringen, Schrauben eindrehen: kurze Schraube unten, lange Schraube oben.
- Schrauben noch nicht festziehen.

5. Winkel für Schelle des hinteren Krümmers mit Schraube und Scheibe anschrauben.
5.1. Schraube erst bei der Auspuffmontage mit 43 Nm festziehen.
5.2. Schrauben im Deckel des Riemenritzels mit 11 Nm festziehen.
6. Auspuff anbauen Kapitel 21 «Auspuffanlage«.

Primärkette

Vom Motor zur Kupplung wird die Kraft über eine dreireihige Rollenkette (»Primärkette«) übertragen. Sie muss jederzeit korrekt gespannt sein, darf also weder zu wenig noch zu viel Spiel haben. Wenn die richtige Spannung gewährleistet ist, hält die Primärkette quasi ewig, ein Schaden ist weder an der Kette noch den beiden Kettenrädern zu befürchten.

Bild 12: Explosionszeichnung des Riemenzahnrads am Hinterrad mit Drehmomentwerten und Anschraubvorschrift.

Bild 12

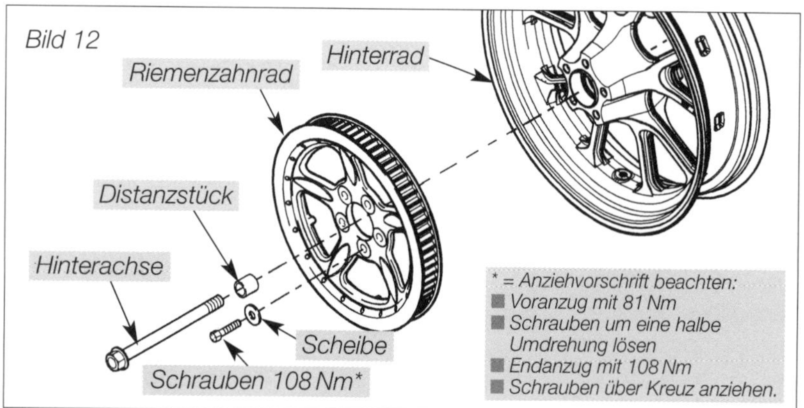

Primärkettenspannung

Zur Kontrolle der Kettenspannung muss die Zündung AUSgeschaltet sein. Harley schreibt vor, die Hauptsicherung auszubauen, damit ein unbeabsichtigtes Starten des Motors in jedem Falle vermieden wird, wenn der Mechaniker gerade mit den Fingern im Primärkasten das Kettenspiel prüft (Bilder 17a bis 17c). Auch wird vermieden, dass die Alarmanlage anspringt.

Das Maß für das Primärkettenspiel wird in der Mitte des oberen Kettenteils gemessen (im »oberen Kettentrum«), es beträgt:
- 9,5 bis 12,7 mm bei kaltem Motor
- 6,3 bis 9,5 mm bei warmem Motor

Bilder 13, 16a und 16b: Zum Prüfen des Primärkettenspiels wird der kleine Inspektionsdeckel im Primärkastendeckel (»Primärketten-Schaulochdeckel«) abgebaut: Schrauben des Deckels öffnen und ausdrehen, Deckel abnehmen.

Tipp: Unter dem Deckel ist eine ziemlich dicke Dichtung eingelegt (Bild 16c). Harley schreibt vor, bei jeder Montage eine neue Dichtung zu verwenden. Wenn beim Abbau des Deckel dieser auf der Dichtung verklebt ist, mit einem Kunststoffhammer leichte Schläge auf (auf!) den Deckel geben, so löst er sich.

Richtig messen: Wenn der Deckel abgenommen ist, kann man kaum mit einem Messwerkzeug in den Primärkasten einfahren, um das Spiel des oberen Kettentrums nach oben und unten exakt zu messen. Weil der Kettenspanner im großen Deckel des Primärkastens unten eingebaut ist, muss der Deckel aufgebaut bleiben. Deswegen braucht ein Mechaniker viel Gefühl in der Hand (und ganz besonders in den »Messfingern« Bilder 17b und 17c) damit er das Maß des Kettenspiels richtig abschätzen kann.
- Bild 17b: Beim Prüfen des Spiels wird das obere Kettentrum zuerst einmal nach unten gedrückt und so eventuelles Spiel zwischen Kette und den Primärräder-Zähnen herausgenommen.
- Bilder 17a und 17c: Die Angaben der Maße »9,5 bis 12,7 mm bei kaltem Motor« sowie. »6,3 bis 9,5 mm bei warmem Motor« gelten, wenn die Kette nach oben gedrückt wird.

Damit das Kettenspiel an verschiedenen Stellen

gemessen werden kann, muss der Motor einige Male durchgedreht werden. Dazu die Zündkerzen ausbauen, einen großen Gang einlegen und den Motor über das Hinterrad langsam durchdrehen und so die Primärkette in eine jeweils andere Prüfposition bringen.

Achtung: Noch einmal die Warnung vom Anfang dieses Textes: ZÜNDUNG MUSS AUSGESCHALTET SEIN!

Primärkettenspannung einstellen

1. Bilder 13, 14 und 15: Kontermutter auf der Kettenspannschraube eine bis zwei Umdrehungen lösen.

2. Kettenspannschraube mit Inbusschlüssel drehen:

- ...rechts herum wird die Kette gespannt,
- ...links herum wird die Kette gelockert.

2.1. Schraube immer nur 1/4 Umdrehung drehen und dann die Kettenspannung erneut prüfen.

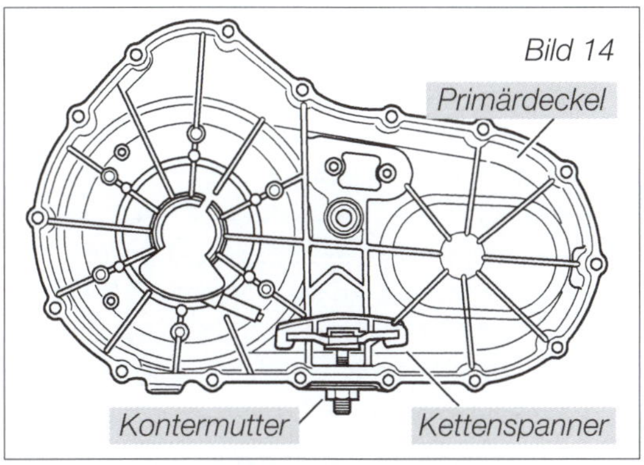

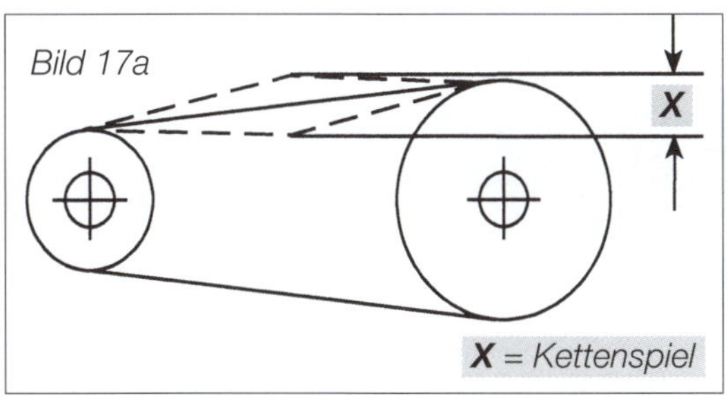

3. Kontermutter mit 31 Nm festziehen. Kettenspannschraube dabei in Position gegenhalten.

4. Nun die Kettenspannung erneut an verschiedenen Stellen prüfen. Wenn zu viel oder zu wenig Spiel, Spannung erneut einstellen.

5. Primärkasten-Schaulochdeckel mit neuer Dichtung einsetzen, Schrauben eindrehen und mit 12 Nm rechts-links-rechts-links festziehen.

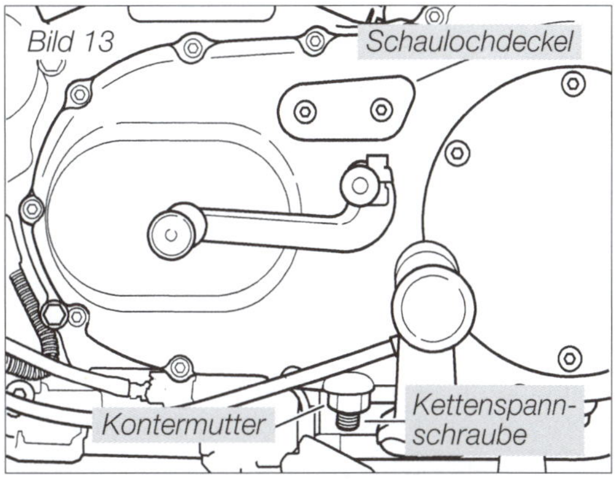

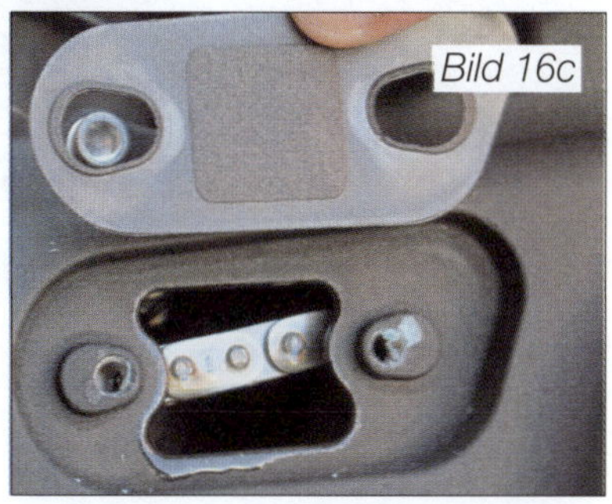

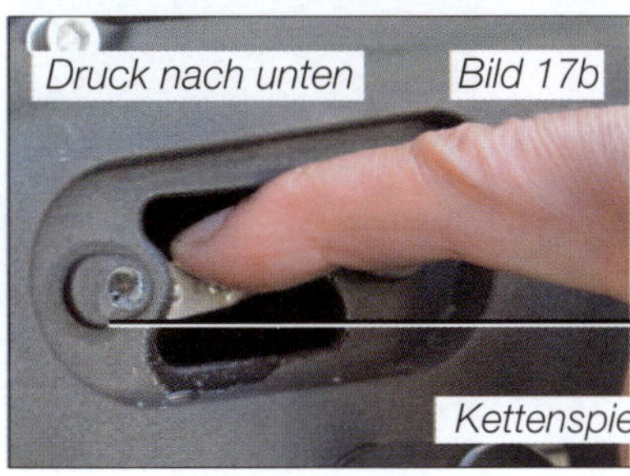

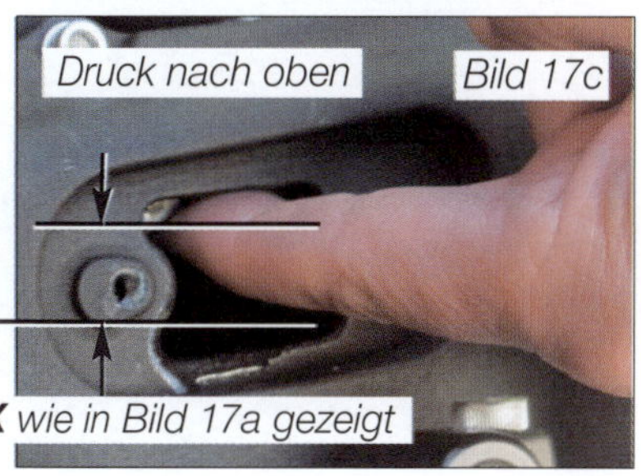

Bilder 13 bis 17c: Spannung der Primärkette prüfen und einstellen.

Im Lauftext sind die zu den Bildern gehörenden Arbeitsschritte nummeriert beschrieben.

Lenkung

In diesem Kapitel: Lenker ab- und anschrauben · Lenklagerung prüfen und einstellen · Lenklager schmieren · Lenklager erneuern.

Lenker ab- und anschrauben

Im nachfolgenden Text beschreiben wir, wie der Lenker mit angebauten Armaturen, Gasgriff, Handbrems- und Kupplungshebel abgebaut wird. Falls der Lenker ganz abgebaut werden soll, weil ein neuer angebaut wird, muss man vor dem Abbau die Befestigungsschrauben der Lenkerarmaturen lösen. Diese werden dann, wenn der Lenker abgeschraubt ist, von den Lenkerenden abgezogen, was bei angebautem Lenker nicht geht, weil Kabel und Züge zu kurz sind.

Gummigriff ab- und aufbauen
Abbau des aufgeklebten Gummigriffs auf der linken Lenkerseite:
■ Entweder Pressluft von außen zwischen Gummi und Lenker einblasen, das löst die Verklebung, den Griff gleichzeitig abziehen.
■ Oder einen Gabelschlüssel, der ca. 1 bis 2 mm größer ist als der Lenker dick, am inneren Bund des Gummigriffs ansetzen und mit einem Plastikhammer so gegen den Gabelschlüssel klopfen, dass sich die Verklebung des Gummigriffs löst und dieser Stück für Stück vom Lenker abgeschoben wird.

Aufbauen: Gummigriff innen und Lenker außen sparsam mit Klebstoff »Patex« einschmieren, kurz ablüften lassen und dann den Gummigriff in einem Zug auf den Lenker schieben. Schon während des Aufschiebens ausrichten.

Lenker abschrauben (Bilder 2 und 3)
1. Lenker-Klemmschrauben lösen und ausdrehen. Lenker dabei mit einer Hand festhalten, damit er nicht wegfällt.
2. Instrumentenhalter abnehmen.
3. Lenker aus den Lenkerböcken herausnehmen und nach vorne ablegen.
■ Lenker nicht verdrehen, sonst kann Luft in die Bremshydraulik geraten!

Lenker anschrauben
1. Lenker in Lenkerböcke einsetzen.
2. Instrumentenhalter aufsetzen.
3. Klemmschrauben eindrehen.
4. Lenker in die gewünschte Position drehen und mit einer Hand festhalten.
5. Klemmschrauben bei XL 1200 C, CA, CB und X: Zuerst vordere Klemmschrauben festziehen mit 20 Nm, dann die hinteren mit 20 Nm.
6. Klemmschrauben bei den anderen Modellen: Zuerst hintere Klemmschrauben festziehen mit 20 Nm, dann vordere mit 20 Nm.

Bild 1: Werkzeug zur Montage und zum Einstellen der Lenkung.

Bild 2: Die Schrauben der Lenkerklemmung werden mit 20 Nm festgezogen.

■ Bei Custom XL 1200 C, CA, CB und X zuerst vordere Schrauben und dann die hinteren festziehen.

■ Bei den anderen Modellen zuerst hinten, dann vorne.

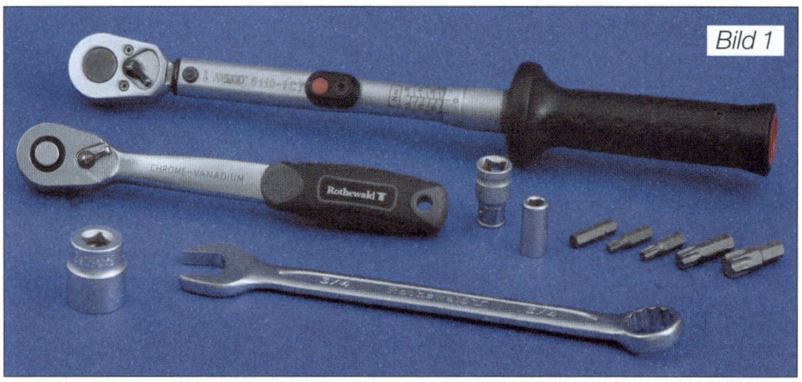

Bild 1

Lenklagerung

Die Lenklagerung setzt sich zusammen aus unterem und oberem Lenklager, dem Lenkschaftrohr sowie dem rahmenfesten Lenkkopf (Bilder 5 und 9). Sie soll laut Wartungsplan bei 1600 km, dann alle 16 000 km oder einmal im Jahr überprüft und ggf. eingestellt werden. Alle 48 000 km soll die Lenklagerung gereinigt und geschmiert werden, wozu sie zerlegt werden muss.

Einstellung der Lenklagerung
Die Lenklagerung muss so eingestellt sein, dass leichtes Schwenken und sicheres Fahren gewährleistet sind.

Werkzeug zum Schrauben an der Lenkung
■ Kleiner Drehmomentschlüssel (bis 60 Nm)
■ Knarre
■ Nuss Torx T45 für Lenkschaft-Klemmschraube in oberer Gabelbrücke
■ Nuss Torx T55 für Einstellschraube Lenklagerung
■ Nuss Inbus 1/4" (6,35 mm) für Klemmschrauben des Lenkers
■ Nuss Torx T25 für Schraube der Lenkerarmatur links und rechts
■ Nuss Torx T27 für Schrauben der Klemmschellen an Brems- und Kupplungshebel
■ Nuss und Gabel-/Ringschlüssel 3/4" (19,05 mm) für Schrauben Lenkerbock an obere Gabelbrücke

Bild 2

Custom XL 1200 C

S = Schrauben 20 Nm
■ Anziehreihenfolge beachten

Wenn die Maschine in lang gezogenen Kurven nicht mehr die gewohnt saubere Linie halten will (sofern die Reifen vom Profil her in Ordnung sind und ihr Luftdruck stimmt!) und es beim kurzen Anziehen der Vorderradbremse verdächtig in der Lenkung knackt, hat meist die Lenklagerung zu viel Spiel.

■ Eine zu lockere Einstellung der Lenklagerung führt zu instabilem Fahrverhalten bei niedrigen Geschwindigkeiten, bei höheren Geschwindigkeiten flattert das Vorderrad.

■ Eine zu straffe Einstellung der Lenklagerung verursacht Pendelbewegungen der Maschine bei niedrigen und hohen Geschwindigkeiten und erschwert Lenkbewegungen. Vor allem die Zielgenauigkeit bei Kurvenfahrten leidet beträchtlich, man »trifft« die Kurven nicht mehr richtig.

Spiel in der Lenklagerung prüfen
Maschine muss so aufgebockt sein, dass das Vorderrad keinen Bodenkontakt hat und die Lenkung frei beweglich ist: Motorrad auf einen Mittelmontageständer aufbocken oder Riemen um den Lenkkopf schlingen und die Maschine vorne mit einem Werkstattkran hochziehen.

1. Lenkung von Anschlag zu Anschlag schwenken und dabei auf ungleichmäßige Bewegung, Rastung oder Knacken im Bereich des oberen und unteren Lenklagers achten. Seilzüge und Kabel dürfen den Lenkeinschlag nicht behindern.
2. Falls die Schwenkbewegung der Lenkung ungleichmäßig verläuft und man spürt, dass die Lenklagerung Spiel hat, muss sie nachgestellt werden.
3. Falls es während der Schwenkbewegung knarzt und man spürt, dass die Lenklager trocken laufen, müssen die Lenkung zerlegt und die Lager gereinigt und frisch gefettet werden.
4. Rastet die Lenkung in verschiedenen Stellungen ein, sind die Lenklager defekt und müssen erneuert werden.

Prüfung nach »Mechaniker-Methode 1«
Diese Prüfung ist in Werkstätten üblich und garantiert eine sehr genaue Feststellung der Luft in den Lenklagern.
1. Motorrad ist so aufgebockt, dass der Vorderbau frei ist.
2. Bild 4a: Mechaniker kniet vor dem Vorderrad, packt bei gerader Radstellung beide Gabelholme unten und bewegt die Telegabel ruckartig nach vorne und hinten.
■ Wenn die Lenklagerung Luft hat, spürt man das ganz deutlich.

Prüfung nach »Mechaniker-Methode 2«
1. Bild 4b: Motorrad steht abgebockt auf dem Boden. Mechaniker stellt sich im Bereich des Sitzes links neben die Maschine.
2. Rechte Hand betätigt die Vorderradbremse.
3. Der Daumen der linken Hand liegt auf der linken Seite der oberen Gabelbrücke und der Zeigefinger liegt außen am rahmenfesten Lenkkopfrohr in Höhe des oberen Lenklagers.
4. Jetzt wird die Maschine mit gezogener Bremse kräftig mehrmals nach vorne gestoßen und wieder zurückgezoen.
■ Wenn die Lenklagerung Luft hat, spürt man dieses Spiel in Daumen und Zeigefinger der linken Hand. Es muss dabei nicht unbedingt hörbar knacken!
Hinweis: Das »Erspüren« des Lenklagerspiels

Bild 3: Explosionszeichnung der Lenkerbefestigung.

Bilder 4a und 4b: Zwei populäre Mechanikermethoden zur Prüfung der Lenklagerung.

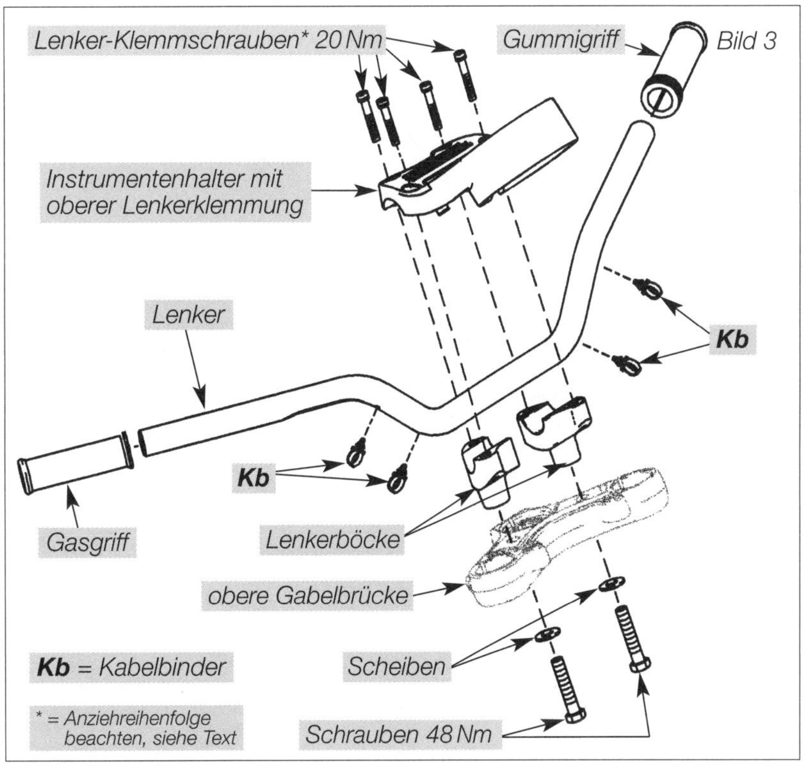

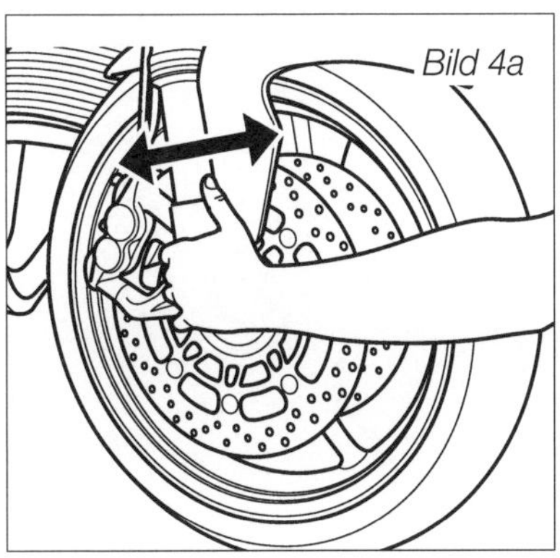

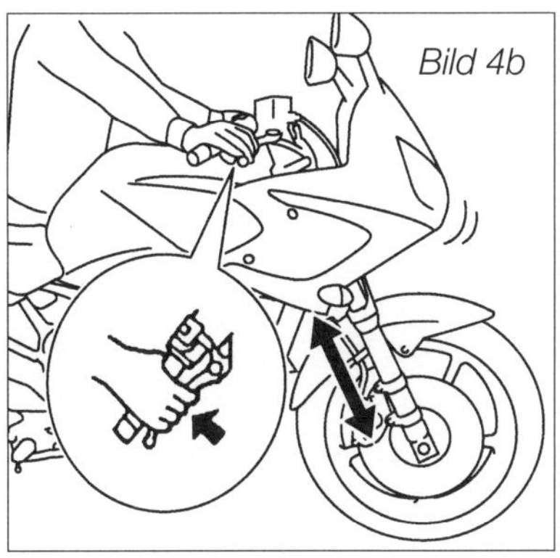

Bild 5: Explosionszeichnung der Lenklagerung mit Darstellung des rahmenfesten Lenkkopfs der beiden Gabelbeine. Beim Einbau den Überstand von 10,7 bis 12,7 mm über der oberen Gabelbrücke beachten.

ist nicht nur Erfahrungssache, sondern auch von Maschine zu Maschine verschieden. Wichtig ist, dass das Spiel beseitigt wird, die Lenklagerung nicht zu fest angezogen wird, also gleichzeitig spielfrei und leichtgängig bleibt.

Technischer Hinweis: Die verschleißarmen Kegelrollenlager im Lenkkopf der Harley-Modelle unseres Buchs sind recht unempfindlich gegen Abnutzung, sofern sie immer ausreichend geschmiert und korrekt eingestellt sind. Deswegen sollte man der Einstellung der Lenklager bei den Inspektionen ein sorgfältiges Augenmerk gönnen, denn die Lager im Lenkkopf dürfen weder Spiel haben, noch zu fest angezogen sein!

Prüfung nach »Wegdreh-Methode«
Harley-Davidson schreibt eine »Wegdreh-Methode« vor, mit der die Lenklagerung auf korrektes Losbrechmoment überprüft wird. Zu dieser Prüfung muss die Maschine so aufgebockt oder an einem Kran aufgehängt sein, dass der Vorderbau frei ist. Alle Teile, die ein freies Schwenken der Gabel behindern, müssen abgebaut werden: Harley-Davidson schreibt sogar vor, dass der Kupplungszug abgebaut werden muss: Oben am Handhebel aushängen (siehe dazu Kapitel 23 »Kupplung«). Mit der Wegdrehmethode wird geprüft, ab welchem Punkt sich die Gabel von selbst beginnt zum Lenkanschlag zu drehen, ausgehend

Bild 5

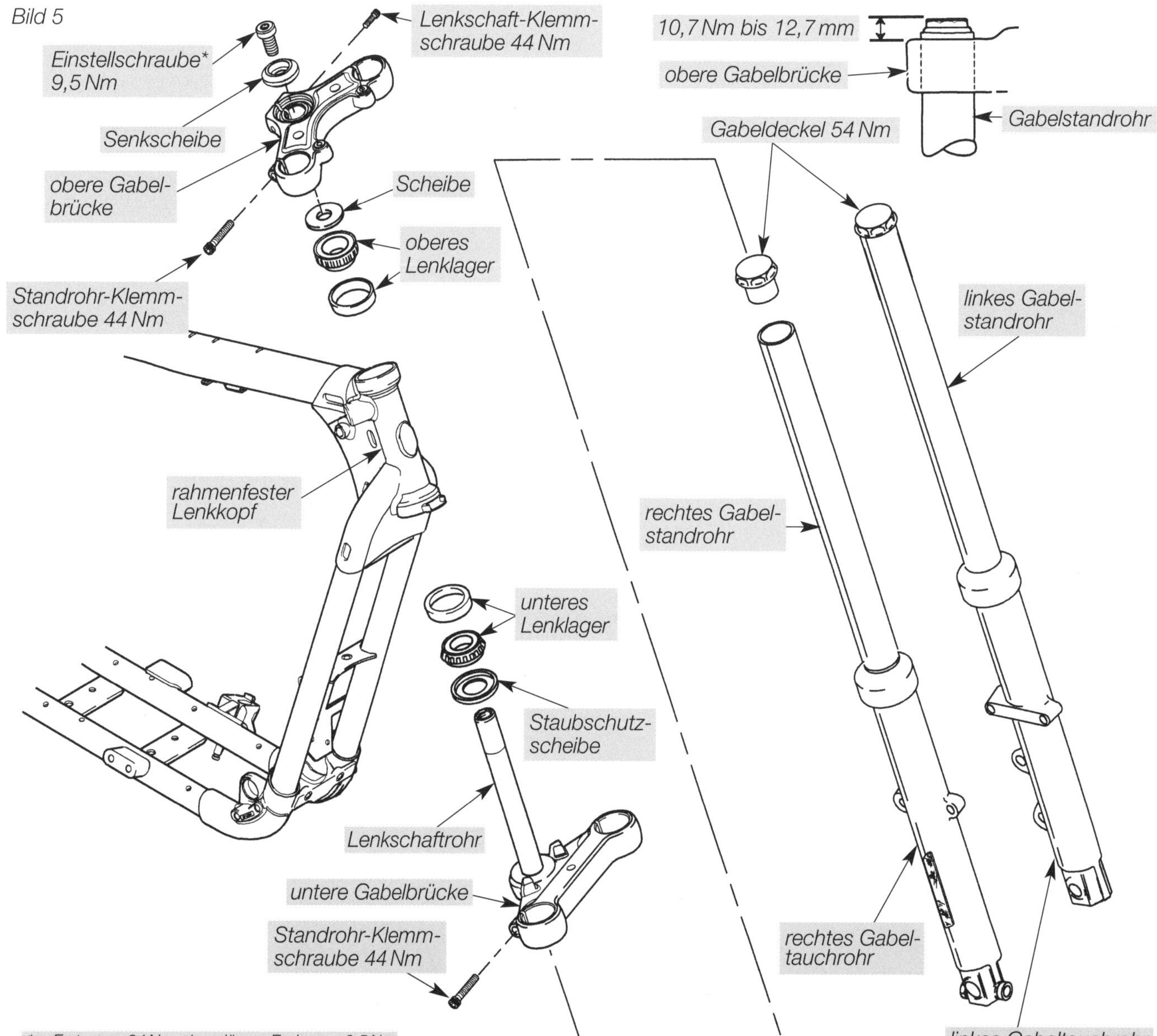

* = Erstanzug 34 Nm, dann lösen, Endanzug 9,5 Nm

von der Geradeausstellumng des Vorderrads.
1. Auf das vordere Ende des Schutzblechs einen Klebestreifen anbringen.
2. Vor dem Vorderrad einen Ständer aufstellen, an dem eine Messspitze angebracht ist, die genau auf die Mitte des Schutzblechs ausgerichtet ist.
3. Wenn die Lenkung exakt geradeaus in Fahrtrichtung steht, ist die Stelllung »0« eingerichtet.
3.1. Exakt an der Stelle, auf die die Messspitze zeigt, auf dem Klebestreifen mit einem Filzstift eine »Mittenmarkierung« oder »0-Markierung« anbringen.
4. Nun mit dem Finger links vorne leicht an das Schutzblech klopfen, bis die Lenkung wieder zurückschnappt und sich von alleine in Fahrtrichtung nach links bewegt und stehen bleibt.
- Den Punkt, auf den jetzt die Messspitze zeigt, auf dem Klebeband markieren.

5. Nun wird die andere Richtung gemessen: Mit dem Finger rechts vorne leicht an das Schutzblech klopfen, bis die Lenkung wieder zurückschnappt und sich von alleine nach rechts bewegt und stehen bleibt.
- Den Punkt, auf den die Messspitze jetzt zeigt, auf dem Klebeband markieren.

6. Messen: Der Abstand zwischen diesen beiden »Wegdrehmarkierungen« soll betragen:
- 150 bis 200 mm bei XL 1200 X
- 25 bis 50 mm bei den anderen Modellen

Lenklagerung einstellen

Vorarbeiten
1. Bilder 5 und 9: Standrohr-Klemmschrauben in der unteren Gabelbrücke lösen und eine bis zwei Umdrehungen aufdrehen.
2. Nun mit einem Plastikhammer einige kurze und trockene Schläge auf die Klemmstellen der unteren Gabelbrücke rechts und links geben, damit diese sich von den Gabelstandrohren lösen.
3. Bilder 5 und 9: Die Lenkschaft-Klemmschraube in der oberen Gabelbrücke hinten lösen und eine bis zwei Umdrehungen aufdrehen.
4. Etwas Kriechöl in die Kontaktstellen der Gabelstandrohre in der unteren Gabelbrücke und in der Lenkschaft-Klemmung in der oberen Gabelbrücke einsprühen.

Nachstellung
1. Bilder 5 und 9: Das Spiel in der Lenklagerung wird jetzt durch geringfügiges Verdrehen der Einstellschraube eingestellt:
- Lösen: Spiel wird größer
- Anziehen: Spiel wird geringer.

2. Lenkung einige Male langsam von Anschlag zu Anschlag schwenken und dabei prüfen, ob sie sich leicht und ohne zu haken bewegen lässt.
2.1. Untere Gabelbrücke fest anpacken, daran wackeln und das Spiel prüfen: Lenklagerung darf keine »Luft« haben!
3. Wenn sich die Lenkung schwer bewegen lässt: Einstellschraube etwas losdrehen.
3.1. Wenn die Lenkung lose ist: Einstellschraube um einen kleinen Betrag fester anziehen.
4. Wernn alles ok ist und die Einstellung stimmt:
4.1. Lenkschaft-Klemmschraube mit 44 Nm festziehen.
4.2. Standrohr-Klemmschrauben mit 44 Nm festziehen.
5. Prüfen: Lenkung muss sich leicht und ohne zu haken nach links und rechts bis zum Anschlag bewegen lassen und darf keine Luft haben.

Lenklager zerlegen, schmieren

Im Laufe der Zeit wird das Fett im Lenklager hart und verliert dadurch seine Schmierfähigkeit. Deswegen soll die Lenklagerung alle 48 000 km gereinigt und geschmiert werden, was der Wartungsplan so auch vorschreibt.

Aber auch schon vorher kann sich das Fett aus dem Lager verflüchtigen – wenn z. B. bei einer gefühllosen Dampfstrahl-Reinigung das Lenkkopflager mit dem Dampfwasserstrahl direkt angestrahlt und das Fett dadurch regelrecht herausgewaschen wird. Dann laufen die Lager trocken und ungeschmiert. Zur Reinigung und Neueinfettung der Lenklagerung muss diese zerlegt werden.

Ein guter Mechaniker spürt ungeschmierte und deswegen trockene Lager beim hin und her Bewegen der Lenkung. **Nochmal der Hinweis:** Das Vorderrad darf dabei keinen Bodenkontakt haben, Maschine also entsprechend aufbocken oder aufhängen, wie weiter vorne beschrieben.

Lenkschaftrohr ausbauen
Bitte nehmen Sie sich die Explosionszeichnungen in den Bildern 5 und 9 zu Hilfe.

1. Maschine muss so aufgebockt sein, dass das Vorderrad keinen Bodenkontakt hat und die Lenkung frei beweglich ist.
2. Vorderrad (siehe Kapitel 6 »Räder«) und Gabelbeine (siehe Kapitel 10 »Telegabel«) ausbauen.
3. Lenkschaft-Klemmschraube lösen und eine bis zwei Umdrehungen aufdrehen.

Bild 6

Bild 6: Einwandfreier Lagerring.

Bild 7

Bild 7: Defekter Lagerring mit Druckstellen.

Bild 8

Bild 8: Defekter Lagerring mit Fressstellen.

Bild 9

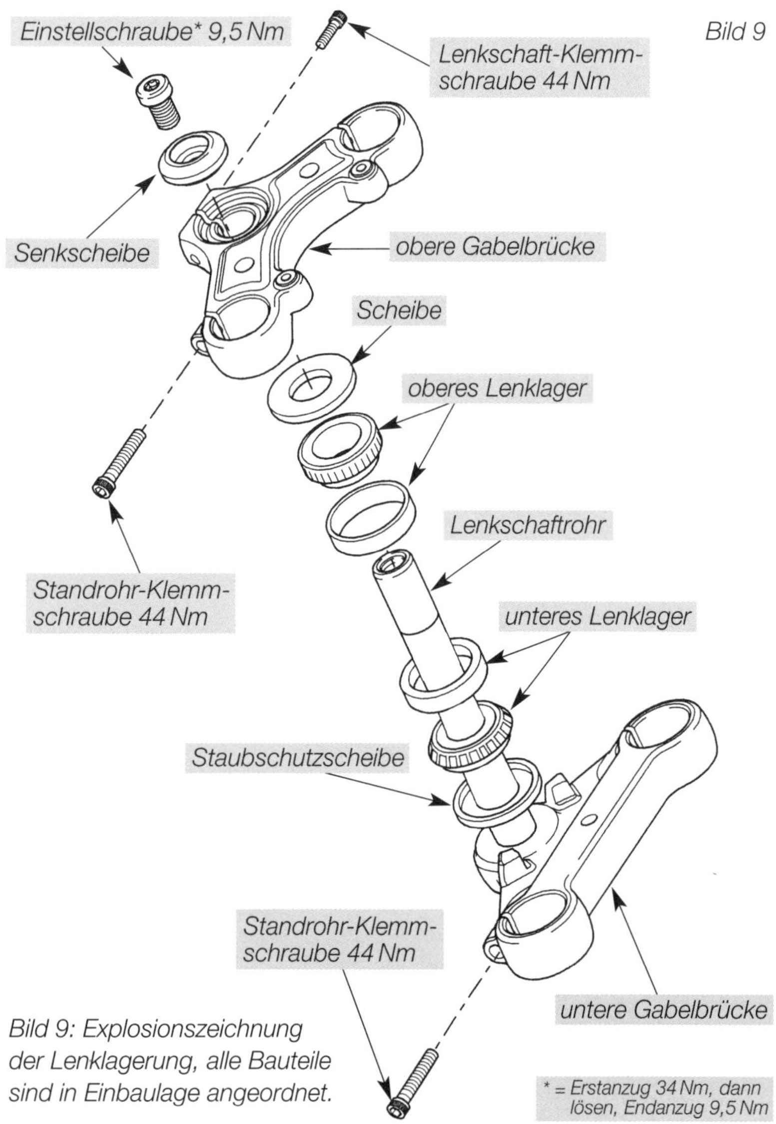

Bild 9: Explosionszeichnung der Lenklagerung, alle Bauteile sind in Einbaulage angeordnet.

4. Einstellschraube lösen und abschrauben, mit Scheibe abnehmen.
5. Obere Gabelbrücke abnehmen: Wenn diese fest sitzen sollte, die Kontaktstellen mit Kriechöl einsprühen, kurz einwirken lassen und die Gabelbrücke mit leichten Schlägen (Plastikhammer) von unten nach oben abtreiben.
■ Dabei die untere Gabelbrücke mit einer Hand nach oben halten.
6. Abgebaute Gabelbrücke mit Lenker auf den mit dicken Tüchern abgedeckten Tank ablegen.
7. Scheibe abnehmen.
8. Eine Hand hält untere Gabelbrücke und mit dem Handballen der anderen Hand (oder Gummihammer) auf das Lenkschaftrohr klopfen, bis man es nach unten herausziehen kann.
9. Oberes Lenklager herausnehmen.

Lenklager prüfen (Bilder 6, 7 und 8).
1. Alle Teile sorgfältig reinigen.
2. Lager genau ansehen: Sie dürfen nicht beschädigt, eingelaufen, punktuell eingedrückt oder anderweitig beschädigt sein (z. B. Korrosion).
2.1. Wenn die Lagerschalen innen matt sind, ist dies ein Zeichen für Verschleiß der Hartschicht: Lager müssen erneuert werden.
3. Lagersitzringe und Lagerinnenringe müssen fest und spielfrei in ihren Passbohrungen oben und unten im Rahmen bzw. auf dem Lenkschaftrohr sitzen.
4. Alle Kegelrollen müssen rund sein und dürfen keine flachen Stellen, Vertiefungen (»Krater«), Materialausbrüche, eingelaufene oder eingeschlagene Stellen haben.
4.1. Die Rollenkäfige müssen zur Gänze vorhanden sein, dürfen nirgendwo ausgebrochen oder gerissen sein und müssen alle Kegelrollen so halten, dass diese sich leicht bewegen, aber nicht herausfallen können.

Lenklager fetten, Lenkschaftrohr einbauen
1. Lager mit schwerem Wälzlagerfett einfetten.
2. Lenkschaftrohr von unten in Lenkkopf einführen. Gabelbrücke mit einer Hand oben halten!
3. Oberes Lager einsetzen, Scheibe aufschieben.
4. Obere Gabelbrücke aufstecken, Einstellschraube mit Scheibe eindrehen und festziehen:
4.1. Im ersten Schritt mit 34 Nm festziehen.
4.2. Im zweiten Schritt die Schraube lösen und gleich wieder mit 9,5 Nm festziehen.
5. Einbau der Gabelbeine (siehe Kapitel 10 »Telegabel«).
5.1. Lenklager einstellen wie weiter vorne beschrieben, restliche Teile anbauen.

Lenklager erneuern

Bei einem Austausch der Lenklager müssen oben und unten komplett neue Lager eingebaut werden. Spezialwerkzeuge zum Aus- und Einbau von Lagern arbeiten mit Gewindespindeln und damit ohne Erwärmung bzw. Ausdehnung des Materials. Wir beschreiben nachstehend den Lagertausch nach einer herkömmliche Handwerkermethode.

Lenklager ausbauen
Maschine ist sicher aufgebockt, damit man kräftig am Lenkkopf arbeiten kann. Telegabel, Gabelbrücken und Lenkschaftrohr sind ausgebaut.

1. Bild 10: Lagerschalen oben und unten im Lenkkopf mit langem Dorn unter leichten Schlägen (Stahlhammer) über Kreuz austreiben.
2. Bild 11: Auf dem Lenkschaftrohr unten sitzt das untere Lager: Fettfrei reinigen, mit Heißluftföhn kurz und heftig anwärmen, ganzes Teil auf stabile Holzunterlage ablegen, unteres Lager mit Hammer und Meißel ringsum in mehreren kleinen Schritten vom Sitz treiben.
■ Dabei das Lenkschaftrohr immer wieder drehen und satt auflegen, damit der Meißel sicher angesetzt werden kann und sich das Lager gleichmäßig vom Lenkschaftrohr abschiebt.
2.1. Staubschutzkappe abnehmen.
3. Lagersitze gut reinigen.

Lenklager einbauen
1. Die beiden neuen Lagerschalen eine Stunde lang ins Tiefkühlfach eines Kühlschranks legen; sie ziehen sich in der Kälte zusammen.
2. Obere Lagerschalen einbauen: Eiskalte Lagerschale sauber am Lenkkopf ansetzen, nach unten eindrücken.
3. Untere Lagerschale einbauen: Sauber ansetzen, nach oben eindrücken.
4. Beide Lagerschalen müssen fest in ihren Sitz gedrückt werden, bis sie und der rahmenfeste Lenkkopf die gleiche Temperatur haben.
■ Eine M16-Gewindestange durch den Lenkkopf führen, oben und unten je eine Karosseriescheibe auf die Lagerschalen setzen und mit zwei Muttern gegeneinander festziehen. Gewindestange erst dann entfernen, wenn Lagerschalen und Lenkkopf gleiche Temperatur haben.
■ Oder Lagerschalen vom Helfer mit zwei Hammerstielen kräftig nach unten und oben drücken und so lange am Anschlag halten lassen, bis Lagerschalen und Lagerstellen des Rahmens gleiche Temperatur haben und fest sitzen.

5. Bild 12: Nach dem Einsetzen der Lager und Erkalten des Lenkkopfes sollte man die Lagerschalen mit einer Nuss, die 1 bis 2 mm kleiner ist als der Lagersitz, noch etwas »nachsetzen«, damit sie richtig satt sitzen.

Lager auf Lenkschaftrohr aufbauen
1. Untere Gabelbrücke auf eine Holzunterlage stellen, Lenkschaftrohr steht jetzt senkrecht.
2. Staubschutzkappe über Lenkschaftrohr schieben und satt aufsetzen.
3. Mit dem Heißluftföhn (oder auf der Heizplatte oder im Ölbad) das untere Lenkkopflager auf ca. 80 °C erwärmen.
■ Nur mit Hitzeschutz-Handschuhen anfassen!
4. Erwärmtes Lager auf das kalte Lenkschaftrohr auffädeln, nach unten auf den Sitz schieben, mit passendem Rohrstück und kurzen Hammerschlägen satt in den Sitz drücken (Bild 13).
■ Zusammenbau der Lenklagerung siehe Text weiter vorne.

Kein Kühlschrank?
Wenn die Lagerschalen nicht in einem Tiefkühlfach abgekühlt werden können, muss man die Lagersitze im Rahmen-Lenkkopf mit einem Heißluftföhn ringsum erwärmen (max. 120 °C). Dann fallen die Lagerschalen fast von selbst hinein. Lagerschalen so lange eindrücken, bis Rahmen und Lager gleiche Temperatur haben und dann noch etwas »nachsetzen«.

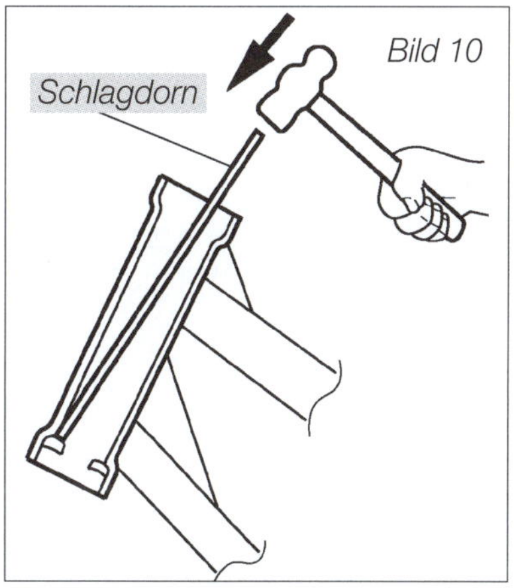

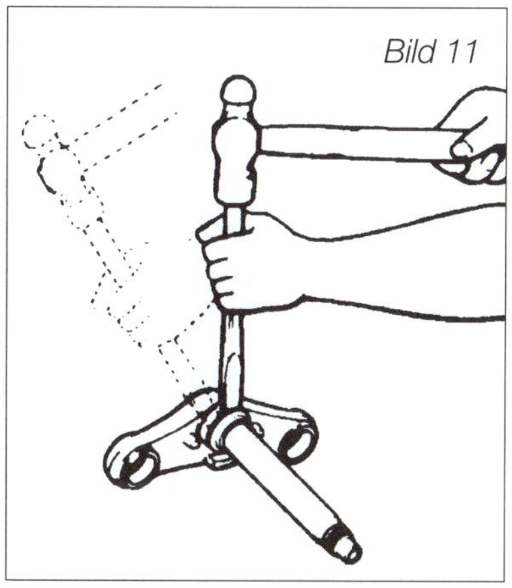

Bild 10: Austreiben der Lagerschalen. Bild 11: Unteren Lagerinnenring mit Meißel vom Lenkschaftrohr abtreiben. Bild 12: Eintreiben der Lagerschalen mit einer Nuss. Bild 13: Auftreiben des unteres Lagers mit einem Rohrstück.

Korrespondenzkapitel:
- 3 »Werkstatt«
- 9 »Lenkung«
- 6 »Räder«
- 7 »Bremsen«
- 26 »Technische Daten«
- 27 »Anziehdrehmomente«

Bilder 1a und 1b: Spezialwerkzeug zur Montage der Gabelbeine, Gabelsimmerringe und Gabelbuchsen.

Bild 2: Vorgeschriebenes Gabelöl von Harley-Davidson in der Viskositätsklasse SAE 15W.

Telegabel

In diesem Kapitel: Gabeltypen, Spezialwerkzeuge · Gabelöl: Wechsel, Verschleiß, Füllmengen · Gabelbeine aus- und einbauen · Gabelöl wechseln · Simmerringe und Gabelbuchsen wechseln.

Gabeltypen, Spezialwerkzeuge

Gabeln in den Modellen unseres Buchs

- Telegabel. Standrohr-Ø 39 mm bei allen Modellen außer Roadster XL 1200 CX und Forty-Eight XL 1200 X ab Mj. 2016
- Telegabel, Standrohr-Ø 49 mm bei Forty-Eight XL 1200 X ab Mj. 2016
- Upside-Down-Telegabel, Tauchrohr-Ø 43 mm bei Roadster XL 1200 CX

Details: Die Gabelstandrohre sind hartverchromt. Der maximal zulässige Schlag beträgt 0,2 mm. Gabelöl Harley-Gabelöl Typ »E« oder ein anderes Markengabelöl in SAE 15W. Menge des Gabelöls und Maße der Luftpolster siehe weiter hinten in diesem Kapitel. Federwege siehe Kapitel 26 »Technische Daten«.

Werkzeug, Spezialwerkzeug

Kapitel 9 »Lenkung« ist das Ergänzungskapitel zu diesem, dort sind die Grundwerkzeuge gezeigt und Arbeiten an den oberen Teilen der Telegabel erklärt. Bilder 1a und 1b: Je nach Modell sind zum Wechsel des Gabelöls sowie zum Einbau neuer Gabelsimmerringe und/oder Gabelbuchsen folgende Harley-Spezialwerkzeuge nötig:

Alle Modelle bis Mj. 2015 für beide Gabelbeine und alle Modelle ab Mj. 2016 für das rechte Gabelbein (außer Forty-Eight XL 1200 X ab Mj. 2016 und Roadster XL 1200 CX), bei Super Low XL 1200 T für beide in allen Mj.

- »Einbauwerkzeug für Gabelbuchsen und Gabeldichtungen« (Nr. HD-36583)

Alle Modelle ab Mj. 2016 für das linke Gabelbein (außer Forty-Eight XL 1200 X, Super Low XL 1200 T und Roadster XL 1200 CX)

- »Einbauwerkzeug für Gabelbuchsen und Gabeldichtungen« (Nr. HD-34634)
- »Gabelfederspanner« (Nr. HD-45966, Bild 1a)
- »Federspannerring« (Nr. HD-4566-2, Bild 1a)

Bei Forty-Eight XL 1200 X ab Mj. 2016 für beide Gabelbeine

- »Einbauwerkzeug für Gabelbuchsen und Gabeldichtungen« (Nr. HD-45305)

Bei Forty-Eight XL 1200 X ab Mj. 2016 für das linke Gabelbein

- »Gabelfederspanner« (Nr. HD-45966, Bild 1a)
- »Federspannerring« (Nr. HD-4566-2, Bild 1a)

Bei Roadster XL 1200 CX ab Mj. 2016 für beide Gabelbeine

- »Gabeldichtungstreiber und Staubmanschettenaufzieher« (Nr. B-42571)
- »Gabelfederspanner« (Nr. HD-45966, Bild 1a)
- »Federspannerring« (Nr. HD-4566-2, Bild 1a)

Bei Roadster XL 1200 CX ab Mj. 2016 für das rechte Gabelbein

- »Aus- und Einbauwerkzeug für innere Gabelmutter« (Nr. HD-47852)

Spezialwerkzeug selbst machen

Bild 1b: Das Spezialwerkzeug zum Aus- und Einbau von Gabelbuchse und Simmerring kann man selbst machen:

- Die beiden kleineren Teile bilden die »Eintreibbuchse«; ihr Innendurchmesser hat je nach Gabeldurchmesser 39,5, 43,5 oder 49,5 mm und ist somit um 0,5 mm größer als der Außendurchmesser des Stand- oder Tauchrohres.
- Mit dem 2,5 mm messenden Bund auf der dünnen Seite wird die Gabelbuchse eingepresst.

Bild 1a

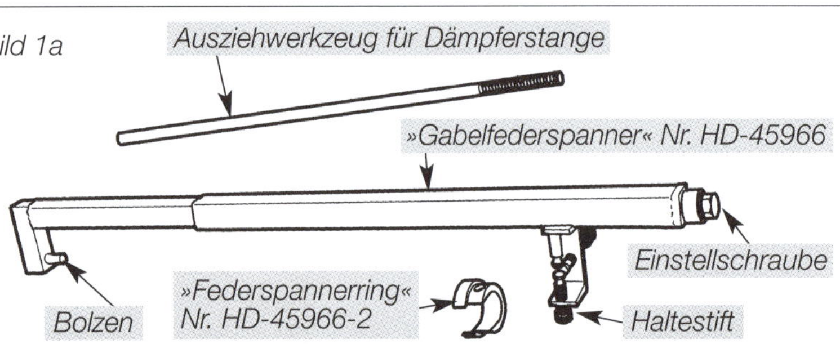

Bild 1b

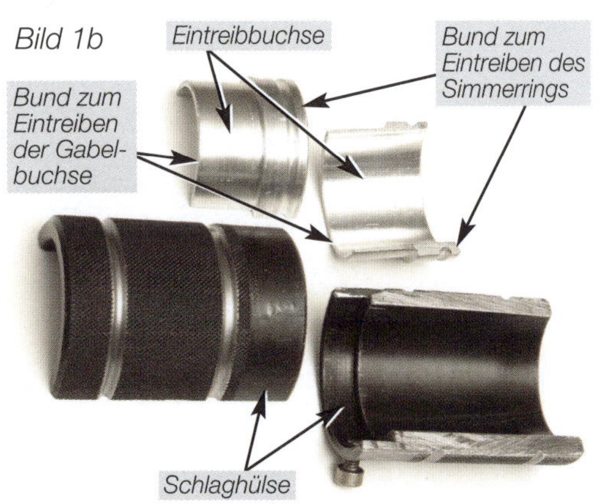

Bild 2

■ Auf der anderen Seite der »Eintreibbuchse« ist der untere innere Rand 2 mm tief um 45 Grad angefast, damit beim Eintreiben des neuen Gabelsimmerrings dessen Dichtlippe nicht auf Druck beansprucht und beschädigt wird.
■ Die »Schlaghülse« ist ein entsprechend massives Rohrstück mit 39,5, 43,5 oder 49,5 mm Innendurchmesser: mit ihr wird die »Eintreibbuchse« beim Einbau des Simmerrings behämmert. Der richtige Umgang mit diesem Spezialwerkzeug wird weiter hinten in diesem Kapitel gezeigt beim Einpressen eines Simmerrings und Gabelbuchse (Bilder 22 und 23).

Wichtig: Wenn man diese Spezialwerkzeuge nicht hat, ist es besser, die Gabelbeine auszubauen und zum Ölwechsel oder Einbau neuer Gabelsimmerringe in die Werkstatt zu geben, anstatt mit nicht geeigneten Werkzeugen herumzuprobieren. Mit »Fachwerkstatt« meinen wir Harley-Händler oder solche Werkstätten, die sich auf Federung und Dämpfung spezialisiert haben.

Gabelöl, Füllmengen, Ölstände

Harley schreibt vor, dass das Gabelöl, auch »Dämpferöl« genannt, in den Gabelbeinen alle 80 000 km erneuert werden muss. Gabelöl verschleißt ebenso wie Motoröl:
■ Es wird mit der Zeit dünnflüssiger, dadurch wird die Dämpfung schlechter und deswegen verschlechtert sich das Fahrverhalten.
■ Altes Gabelöl hat seine Schmiereigenschaften verloren und dadurch erhöht sich der Verschleiß der ineinander gleitenden Gabelbauteile.

Vorgeschriebenes Gabelöl
Bild 2: Harley Gabelöl Typ »E«. Es kann auch ein anderes Marken-Gabelöl in der Viskosität SAE 15W verwendet werden.

Gabelöl-Füllmengen und Gabelölstand
Die **Gabelöl-Füllmenge** ist von Modell zu Modell verschieden, ebenso die Maßangabe für den **Gabelölstand**.

Beachten: Ab Modelljahr 2016 ist bei den meisten Modellen die tatsächliche Gabelöl-Füllmenge nicht mehr angegeben, sondern eine »Einfüllmenge«, die etwas größer ist als die tatsächliche Füllmenge. Ein Teil der »Einfüllmenge« wird beim Einstellen des Gabelölstands wieder abgesaugt. Zum Wechsel des Gabelöls wird bei den meisten Modellen rund ein Liter Gabelöl benötigt; bei der Roadster XL 1200 CX sind es knapp 1,3 Liter.

Der **Gabelölstand** wird auch als »Luftpolster« bezeichnet und meint das Maß in mm von der Oberkante des Gabelstandrohrs bis zum Ölspiegel (Bild 3a). Dabei ist das Gabelstandrohr ganz in das Gabeltauchrohr eingeschoben und die Gabelfeder ist nicht eingesetzt. Die Maßtoleranz beträgt ± 2 mm.

Custom XL 1200 C
■ Modelljahre 2007 bis 2010:
Füllmenge in beiden Gabelbeinen 342 cm³,
Ölstand in beiden Gabelbeinen 146 mm
■ Modelljahre 2011 bis 2015:
Füllmenge in beiden Gabelbeinen 366 cm³,
Ölstand in beiden Gabelbeinen 120 mm
■ ab Modelljahr 2016: Einfüllmenge im rechten Gabelbein 414 cm³, im linken fast bis zum oberen Rand; Ölstand im rechten Gabelbein 120 mm, im linken 142 mm

Custom XL 1200 C Anniversary 110th
■ Füllmenge in beiden Gabelbeinen 366 cm³,
Ölstand in beiden Gabelbeinen 120 mm

Bilder 3a und 3b: Einfache, selbst gemachte Ölabsaugflasche zum Einstellen des Ölstands.

Bild 3a

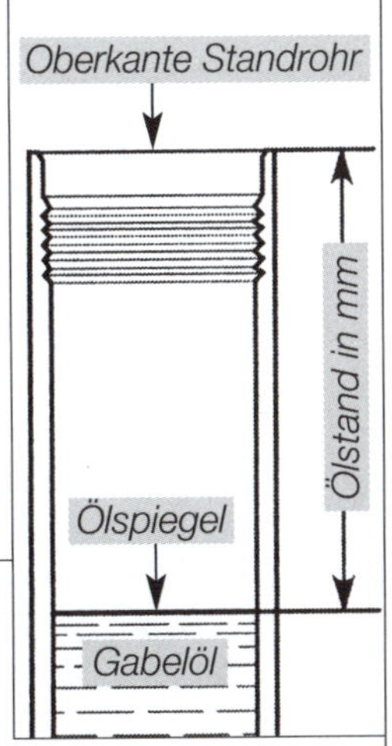

Bild 3b

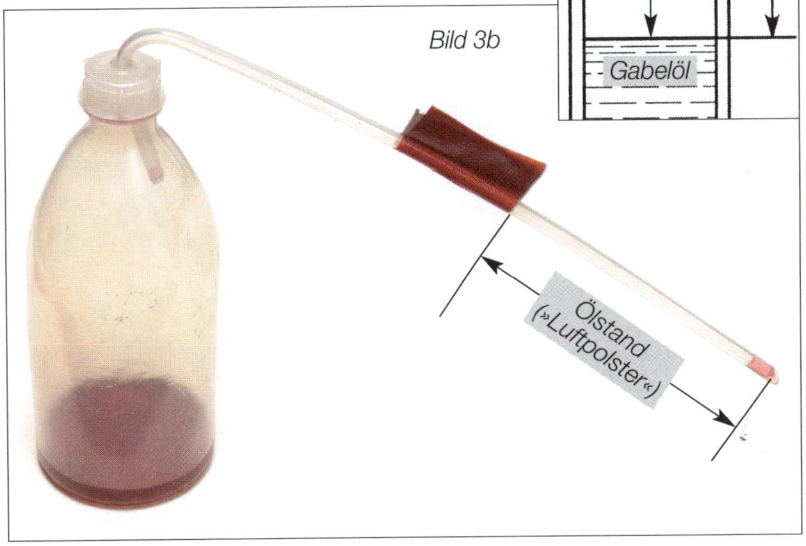

Bild 4

Bild 5

Bilder 4 und 5: Ölstand auffüllen und auf Maß »Luftpolster« absaugen.

Sichtprüfung Messen

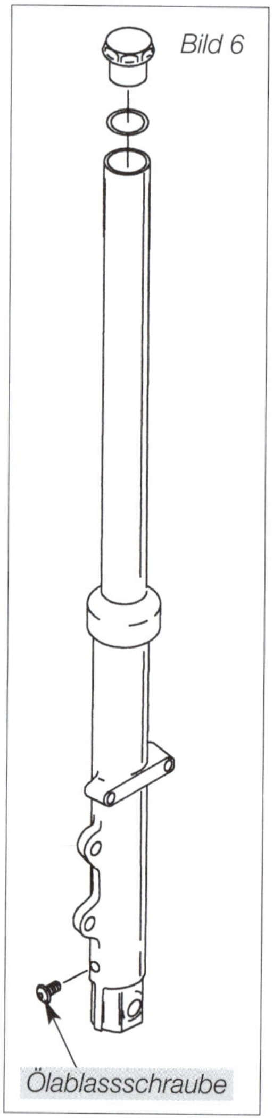

Bild 6: Die Gabelbeine der Nightster XL 1200 N haben Ölablassschrauben hinten an jedem Gabelbein.

Bilder 7a und 7b: Die Gabelbeine werden so eingebaut, dass sie auf beiden Seiten etwas über die Oberseite der oberen Gabelbrücke herausstehen. Montageanleitung siehe Bild- und Lauftext.

Custom Limited Edition XL 1200 CA und CB

- Modelljahre 2013 bis 2015:
  Füllmenge in beiden Gabelbeinen 366 cm³, Ölstand in beiden Gabelbeinen 120 mm
- ab Modelljahr 2016: Einfüllmenge im rechten Gabelbein 414 cm³, im linken fast bis zum oberen Rand; Ölstand im rechten Gabelbein 120 mm, im linken 142 mm

Forty-Eight XL 1200 X

- Modelljahre 2010 bis 2015:
  Füllmenge in beiden Gabelbeinen 337 cm³, Ölstand in beiden Gabelbeinen 161 mm
- ab Modelljahr 2016: Einfüllmenge im rechten Gabelbein 769 cm³, im linken fast bis zum oberen Rand; Ölstand im rechten Gabelbein 161 mm, im linken 123 mm

Low XL 1200 L Modelljahre 2007 bis 2009:

- Füllmenge in beiden Gabelbeinen 364 cm³, Ölstand in beiden Gabelbeinen 122 mm

Nightster XL 1200 N Mj. 2008 bis 2012:

- Füllmenge in beiden Gabelbeinen 401 cm³, Ölstand in beiden Gabelbeinen 79 mm

Roadster XL 1200 R Mj. 2007 und 2008:

- Füllmenge in beiden Gabelbeinen 366 cm³, Ölstand in beiden Gabelbeinen 125 mm

Roadster XL 1200 CX ab Modelljahr 2016:

- Füllmenge im rechten Gabelbein 654 cm³, Ölstand im rechten Gabelbein 99 mm
- Füllmenge im linken Gabelbein 613 cm³, Ölstand im linken Gabelbein 50,8 mm

Seventy-Two XL 1200 V

- Modelljahre 2012 bis 2015:
  Füllmenge in beiden Gabelbeinen 366 cm³, Ölstand in beiden Gabelbeinen 125 mm
- ab Modelljahr 2016: Einfüllmenge im rechten Gabelbein 414 cm³, im linken fast bis zum oberen Rand; Ölstand im rechten Gabelbein 125 mm, im linken 168 mm

Super Low XL 1200 T

- Modelljahre 2014 und 2015:
  Füllmenge in beiden Gabelbeinen 366 cm³, Ölstand in beiden Gabelbeinen 125 mm
- ab Modelljahr 2016: Einfüllmenge in beiden Gabelbeinen 414 cm³, Ölstand in beiden Gabelbeinen 114 mm

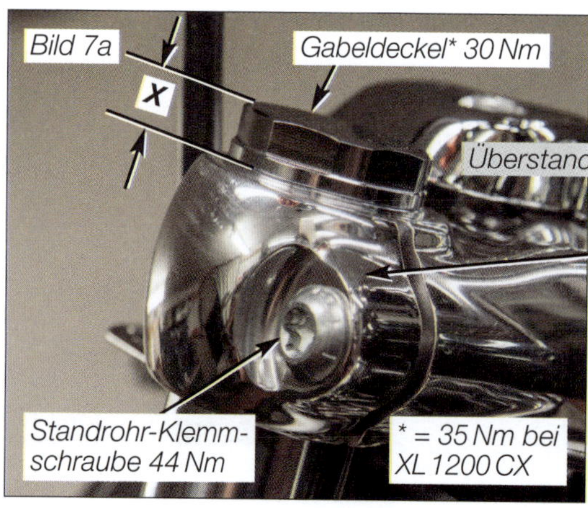

Gabelbeine aus- und einbauen

Gabelbeine mit Ölablassschraube: Bei der Nightster XL 1200 N sind Ablassschrauben hinten an beiden Gabelbeinen (Bild 6), die zum Ölwechsel nicht ausgebaut werden müssen. Schraube beim Einbau mit neuem Dichtring (O-Ring) montieren, »leicht handfest« (2 Nm) festziehen.

Gabelbeine ohne Ölablassschraube: Bei den Modellen ohne Ölablassschrauben müssen die Gabelbeine zum Wechsel des Gabelöls sowie zum Erneuern der Simmerringe und Gabelbuchsen ausgebaut werden.

Montageanleitung zu den Bildern 7a und 7b: Beim Ausbau des Gabelbeins zum Ölwechsel oder Zerlegen zuerst obere Standrohr-Klemmschrauben lösen, dann Gabeldeckel lösen, aber noch nicht ausschrauben. Beim Einbau des Gabelbeins folgendermaßen vorgehen:

- *Standrohr in Position **X** bringen, mit der Hand festhalten*
- *Standrohr-Klemmschrauben in unterer Gabelbrücke festziehen mit 44 Nm*
- *Gabeldeckel festziehen*
- *Standrohr-Klemmschrauben in oberer Gabelbrücke festziehen mit 44 Nm*

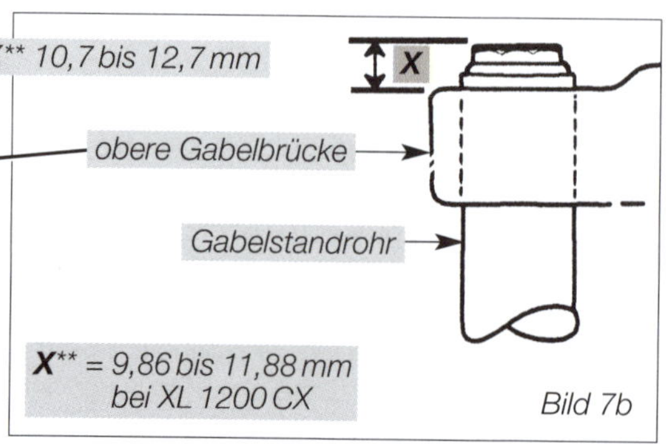

Gabelbeine ausbauen

Vorarbeiten: Motorrad so aufbocken, dass die Gabel entlastet ist und das Vorderrad keinen Bodenkontakt hat; siehe dazu Kapitel 6 »Räder«. Auch im Kapitel 3 »Werkstatt« sind verschiedene Aufbockmöglichkeiten beschrieben.

1. Ab- und ausbauen: Bremssattel, Vorderradschutzblech, Vorderrad. Lenker und Lampe können angebaut bleiben.
■ Bei der Super Low XL 1200 T noch abbauen: Windschutzscheibe, Gaszugführung, Blinker.
■ Bilder 9a und 9b: Bei Forty-Eight XL 1200 X muss man die Verschraubungen des Gabelstabilisators zu den Standrohren lösen und ausschrauben, mit Schutzblech abnehmen.
2. Bild 7a: Auf einer Seite die Standrohr-Klemmschrauben in der oberen und unteren Gabelbrücke öffnen und mindestens drei Umdrehungen aufdrehen.
■ Gabelbein dabei mit einer Hand halten, damit es nicht herausfällt.
3. Wenn die Klemmschrauben geöffnet sind, das Standrohr mit der Hand fest anpacken, drehen und nach unten herausziehen.
4. Beim Gabelbein auf der anderen Seite die Arbeitspunkte 2 und 3 ebenso durchführen.
5. Bild 8: Wenn Faltenbälge an den Gabelbeinen montiert sind, bleiben diese beim Herausziehen der Gabelbeine auf dem Bund des Gabeltauchrohres sitzen, sie sind oben an der Gabelbrücke nicht befestigt.

Hinweis: Wenn Gabelölwechsel und/oder das Erneuern von Gabelsimmerringen und Gleitbuchsen gemacht werden soll, beachten Sie bitte den Bildtext zu den Bildern 7a und 7b.

Gabelbeine einbauen

In umgekehrter Reihenfolge des Ausbaus. Dabei auf Folgendes achten:
1. Alle Schraub- und Klemmstellen gut reinigen und leicht einölen oder einfetten.
2. Die Innenseiten der Faltenbälge leicht einölen. Faltenbalg mit dem großen Durchmesser nach unten auf das Standrohr aufschieben, auf den Bund des Tauchrohres zwingen und die Lippe in die Nut einrasten lassen.
3. Gabelstandrohr unter leichtem Drehen von unten in die untere Gabelbrücke einstecken, durchschieben, nach oben schieben und so weit durch die obere Gabelbrücke durchstecken, dass der Gabeldeckel über die obere Fläche der oberen Gabelbrücke hinausragt, wie ***X*** in den Bildern 7a und 7b:
■ 10,7 bis 12,7 mm bei allen Modellen außer Roadster XL 1200 CX
■ 9,86 bis 11,88 mm bei Roadster XL 1200 CX
3.1. Standrohr-Klemmschrauben in der unteren Gabelbrücke leicht festziehen.
3.2. Anderes Gabelbein einbauen.
4. Schrauben festziehen:
4.1. Zuerst die Standrohr-Klemmschrauben in der unteren Gabelbrücke mit 44 Nm festziehen.
■ Bei Roadster XL 1200 CX und Forty-Eight XL 1200 X ab Mj. 2016 sind auf jeder Seite der unteren Gabelbrücke zwei Standrohr-Klemmschrauben, diese werden festgezogen in der Reihenfolge obere – untere – obere Schraube.
4.2. Wenn der Gabeldeckel abgeschraubt war und noch lose ist:
■ mit 30 Nm festziehen
■ mit 35 Nm festziehen bei Roadster XL 1200 CX
4.3. Jetzt die Standrohr-Klemmschrauben in der oberen Gabelbrücke mit 44 Nm festziehen.
Wichtig 1: Klemmschrauben nicht zu fest anziehen, sonst verbiegen sich die Gabelbrücken. Auch können die Gewinde in den Gabelbrücken ausreißen und es können sogar die Klemmaugen der Gabelbrücken selbst reißen.
Wichtig 2: Harley-Davidson gibt ein Anziehdrehmoment für den Gabeldeckel bei allen Modellen (außer der Roadster XL 1200 CX) an mit »29,9 bis 78,7 Nm«. Der von uns genannte Wert »30 Nm« entspricht dem, wie Harley-Spezialisten den Gabeldeckel festziehen (so steht es auch in Kapitel 27 »Anziehdrehmomente«).
5. Bilder 9a und 9b: Bei Forty-Eight XL 1200 X noch den Gabelstabilisator mit Schutzblech montieren, Schrauben in mehreren Schritten über Kreuz bis auf 28 Nm festziehen.
6. Oberen Bund der Faltenbälge bis an die obere Gabelbrücke schieben.

Bilder 8 bis 9b: Faltenbalg bei Nightster XL 1200 N und Gabelstabilisator mit Befestigung des Schutzblechs bei Forty-Eight XL 1200 X.

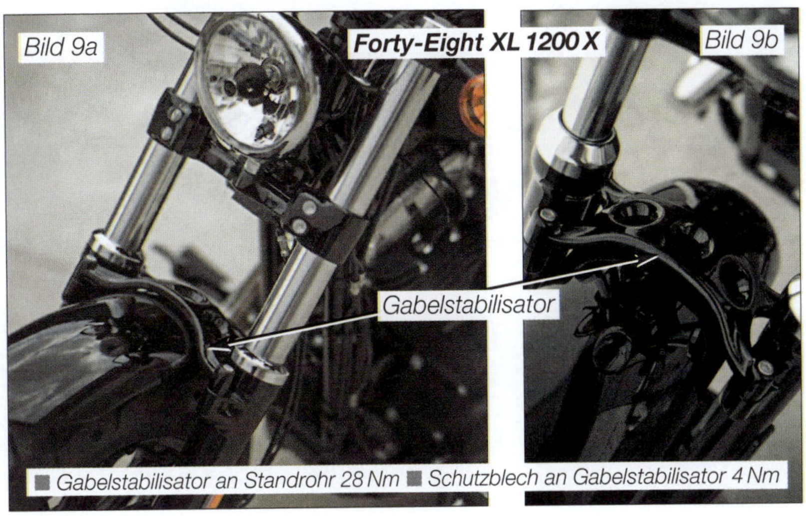

Sichtprüfung Messen

Bild 10: Gabelbein in der Explosionszeichnung.

*■ Zu den Gabelbeinen, die in die Nightster XL 1200 N eingebaut sind, gehören das Gabeltauchrohr **A** und der Faltenbalg.*

*■ Die am Gabeltauchrohr **A** hinten eingezeichnete Ölablassschraube **Öas** ist nur an der Nightster XL 1200 N verbaut.*

Gabelöl wechseln, Absatz 1

Beim Modell Nightster XL 1200 N mit Gabelöl-Ablassschrauben: Weil zum Wechsel des Gabelöls die Gabelbeine nicht ausgebaut werden, aber beide Gabeldeckel ausgeschraubt werden müssen, empfehlen wir dringend, auch die Nightster XL 1200 N so aufzubocken, wie weiter vorne unter »Gabelbeine aus- und einbauen« beschrieben. Das Vorderrad kann, ebenfalls wie der Bremssattel und alle anderen Anbauteile, ein- und angebaut bleiben.

Gabelöl ablassen

1. Bild 7a: Standrohr-Klemmschrauben rechts und links in der oberen Gabelbrücke lösen und zwei Umdrehungen aufdrehen.
2. Bilder 7a und 10: Rechten und linken Gabeldeckel lösen und zwei Umdrehungen aufschrauben, Lenkung dabei festhalten. **Beachten:** Der Gabeldeckel ist an den Ecken angefast und darf nur mit einem exakt passenden Schlüssel (oder besser noch mit einer Nuss) beschraubt werden.

⚠ **Achtung:** Auf den letzten Gewindegängen vorsichtig arbeiten, denn die Gabelfeder drückt von innen gegen den Gabeldeckel: Während des Ausschraubens der letzten Gewindegänge etwas Druck auf das Ausdrehwerkzeug geben, bis der Gabeldeckel ausgeschraubt ist.

2.1. Die Federvorspannhülse steht nun aus dem Gabelstandrohr heraus, sie ganz herausziehen.
3. Ölauffangbehälter unter das Gabelbein stellen.
4. Ölablassschraube lösen, nicht ausschrauben.
4.1. Ölauffangbehälter direkt unter der Ölauslassbohrung positionieren.
5. Ölablassschraube langsam (!) ganz ausdrehen, mit einer Hand halten – jetzt beginnt das Gabelöl auszulaufen, es spritzt heraus: Mit dem Ölauffangbehälter auffangen.
5.1. Wenn das auslaufende Gabelöl nicht mehr spritzt, sondern langsam nach unten ausläuft, den Ölauffangbehälter unter das Gabelbein stellen und dem Öl einige Minuten Zeit geben, bis es ganz ausgelaufen ist.
Bitte beachten: Auf der linken Seite ist die Bremse, es darf kein Öl in den Bremssattel gelangen und auch nicht auf die Bremsscheibe! Diese am besten mit festen Lappen abdecken.

Das war Ölablassen auf einer Seite der Telegabel. Auf der anderen Seite ebenso vorgehen. Dann an den Gabelbeinen rechts und links weiterarbeiten wie folgt.
1. Gabelfedern ausziehen und reinigen.
2. Nun vor das Vorderrad stehen, es unten anfassen und das Rad mitsamt der unteren Gabel einige Male langsam nach oben schieben und wieder ganz nach unten ablassen, so wird das restliche Gabelöl ausgespritzt: Im Ölauffangbehälter auffangen!
3. Von oben in das Gabelbein einen Schuss (ca. 100 cm³) Benzin oder Waschbenzin einfüllen und die Gabel wieder etwas aus- und ein-

Bild 10

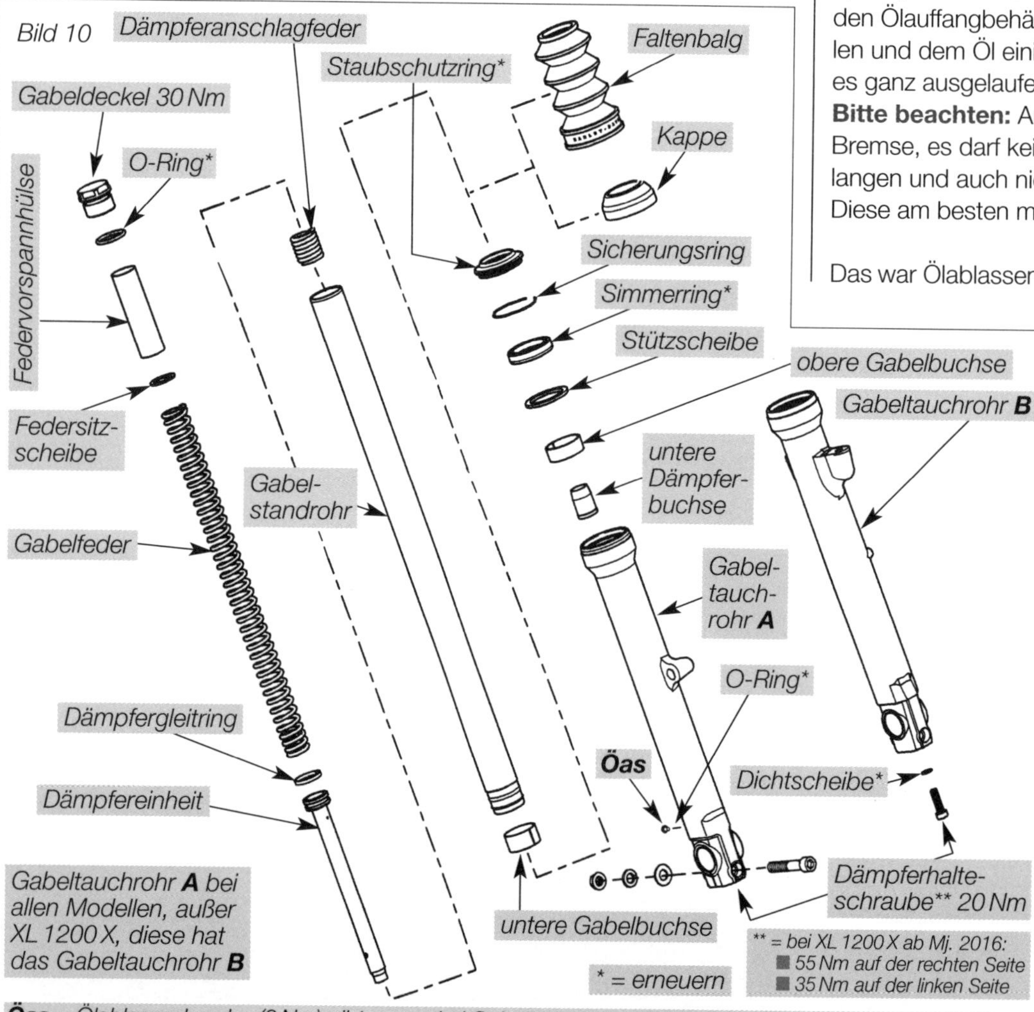

Öas = Ölablassschraube (2 Nm) gibt es nur bei Gabelbein **A** der Nightster XL 1200 N rechts und links

federn, so werden das Innere beider Gabelbeine und die Dämpfereinheiten gereinigt.

■ Spülflüssigkeit lange genug austropfen lassen!

4. Ölablassschraube mit neuem O-Dichtring eindrehen und »leicht handfest« (2 Nm) festziehen.

Gabelöl einfüllen

Montagevoraussetzungen: Die Maschine steht sicher aufgebockt, Gabel ist ganz ausgefedert, die Gabeltragfedern sind noch nicht eingesetzt, beide Ölablassschrauben sind eingedreht und festgezogen – es ist also alles abgearbeitet, wie im Textabsatz »Gabelöl ablassen« detailliert beschrieben ist. Allgemeine Angaben zum Gabelöl stehen am Anfang dieses Kapitels.

1. Bild 4: Frisches Gabelöl langsam(!) in das oben offene Standrohr einfüllen. Benutzen Sie dazu einen Messbecher und füllen Sie etwas mehr als die vorgeschriebene Menge von 401 cm³ ein, also ungefähr 430 bis 440 cm³.

1.1. Auf der anderen Seite der Gabel ebenso.

2. Nun vor das Vorderrad stehen, es unten anfassen und die ganze untere Gabel einige Male langsam (!) nach oben schieben und wieder ganz nach unten ablassen, dadurch wird das frische Gabelöl in den Gabelbeinen verteilt, die Dämpfung füllt sich und eventuell eingeschlossene Luft wird herausgedrückt.

3. Bilder 3a, 3b und 5: Jetzt wird der Gabelölstand gemessen und eingestellt. Dazu eine Absaugflasche vorbereiten, wie sie im Bild 3b zu sehen ist. Das Maß zwischen Spitze des Saugrohres und dem angeklebten Fähnchen muss 79 mm betragen.

3.1. Vor das Vorderrad stehen, es unten anfassen und die ganze untere Gabel langsam (!) nach oben schieben, bis zum Anschlag.

■ Achten Sie darauf, dass aus keinem der oben offenen Standrohre Dämpferöl ausläuft (was garantiert so sein wird, wenn vorher bei Arbeitspunkt 1. viel zu viel eingefüllt wurde!).

3.2. Einen passenden Holzklotz so unter das Vorderrad legen, dass die Gabel in der »oben«-Position stehen bleibt.

3.3. Mit dem Saugrohr der Absaugflasche in das Standrohr einfahren, Kante des Messfähnchens auf die Oberkante des Standrohres aufsetzen und das überschüssige Öl mit der Absaugflasche absaugen (Bild 5).

■ Wenn wider Erwarten der Ölstand zu niedrig ist, diesen auffüllen (Bild 4).

3.4. Mit einem Maßstab in das oben offene Standrohr einfahren bis ganz nach unten auf den Ölstand (Bild 3a) und das Maß zur Oberkante des Standrohres nehmen: Wenn der Gabelölstand auf beiden Seiten 79 mm beträgt, ist die Ölfüllung ok.

■ Wenn das Maß unter- oder überschritten wird, Öl absaugen oder auffüllen. Die Toleranz beträgt ± 2 mm.

4. Vor das Vorderrad stehen, Gabel etwas anheben, Holzklotz herausnehmen und die Gabel langsam ganz ablassen – das Vorderrad darf keinen Bodenkontakt haben!

Gabel zusammenbauen

1. Gabelfeder einschieben: Der kleinere Durchmesser mit der engeren Wicklung nach unten, der große Durchmesser oben.

2. Federsitzscheibe und Federvorspannhülse auf die Feder setzen.

3. O-Ring auf dem Gabeldeckel kontrollieren: Wenn in Ordnung, eingebaut lassen.

■ Wenn beschädigt, neuen O-Ring aufziehen und mit frischem Gabelöl einstreichen.

4. Die Gabel ist ja in ausgefedertem Zustand, also »ganz unten«.

4.1. Gabeldeckel in Standrohr einschrauben: Passende Nuss auf das Sechskant des Gabeldeckels setzen, Gabeldeckel auf Federvorspannhülse setzen und jetzt vorsichtig drücken, damit der Gegendruck der Gabelfeder überwunden wird, und nun zügig in die ersten Gewindegänge einschrauben.

5. Gabeldeckel festziehen mit 30 Nm.

6. Bild 7a: Die vorhin gelösten oberen Standrohr-Klemmschrauben wieder mit 44 Nm festziehen.

7. Schraubstellen öl- und fettfrei putzen. Maschine abbocken, senkrecht stellen und mit gezogener Vorderradbremse ein- und ausfedern.

Gabelöl wechseln, Absatz 2

Bei den Gabelbeinen folgender Modelle ohne Gabelöl-Ablassschrauben:

■ Custom XL 1200 C bis Mj. 2015
→ beide Gabelbeine

■ Custom XL 1200 C ab Modelljahr 2016
→ rechtes Gabelbein

■ Custom XL 1200 C Anniversary 110th
→ beide Gabelbeine

■ Custom Limited Edition XL 1200 CA und CB bis Mj. 2015 → beide Gabelbeine

■ Custom Limited Edition XL 1200 CA und CB ab Mj. 2016 → rechtes Gabelbein

■ Forty Eight XL 1200 X bis Mj. 2015
→ beide Gabelbeine

■ Forty Eight XL 1200 X ab Mj. 2016
→ rechtes Gabelbein

Ergänzung zu Bild 10: Bei allen Modellen ohne Ablassschrauben an den Gabelbeinen, wie sie in der Explosionszeichnung in Bild 10 zu sehen sind, müssen die Gabelbeine zum Gabelölwechsel ausgebaut werden.

Die Montageanleitung dazu beginnt im Lauftext auf dieser Seite ab der grauen Zwischenzeile »Gabelöl wechseln, Absatz 2«.

Die entsprechenden Modelle sind nach der Zwischenzeile aufgelistet. Dabei ist vermerkt, ob es sich um beide Gabelbeine handelt oder nur um das rechte.

Das zugehörige linke Gabelbein ist in der Explosionszeichnung in Bild 11 dargestellt.

Modelle, Gabelbeine, Füllmengen und Ölstände für »Gabelöl wechseln, Absatz 2«

Custom XL 1200 C
- Mj. 2007 bis 2010: beide Gabelbeine 342 cm^3, Ölstand 146 mm
- Mj. 2011 bis 2015: beide Gabelbeine 366 cm^3, Ölstand 120 mm
- ab Mj. 2016: Einfüllmenge rechts 414 cm^3, Ölstand 120 mm

Custom XL 1200 C Anniversary 110th
- beide Gabelbeine 366 cm^3, Ölstand 120 mm

Custom Limited Edition XL 1200 CA und CB
- Mj. 2013 bis 2015: beide Gabelbeine 366 cm^3, Ölstand 120 mm
- ab Mj. 2016: Einfüllmenge rechts 414 cm^3, Ölstand 120 mm

Forty-Eight XL 1200 X
- Mj. 2010 bis 2015: beide Gabelbeine 337 cm^3, Ölstand 161 mm
- ab Mj. 2016: Einfüllmenge rechts 769 cm^3, Ölstand 161 mm

Low XL 1200 L
Mj. 2007 bis 2009:
- beide Gabelbeine 364 cm^3, Ölstand 122 mm

Roadster XL 1200 R
Mj. 2007 und 2008:
- beide Gabelbeine 366 cm^3. Ölstand 125 mm

Seventy-Two XL 1200 V
- Mj. 2012 bis 2015: beide Gabelbeine 366 cm^3, Ölstand 125 mm
- ab Mj. 2016: Einfüllmenge rechts 414 cm^3, Ölstand 125 mm

Super Low XL 1200 T
- Mj. 2014 und 2015: beide Gabelbeine 366 cm^3, Ölstand 125 mm
- ab Mj. 2016: Einfüllmenge beide Gabelbeine 414 cm^3, Ölstand 114 mm

- Low XL 1200 L → beide Gabelbeine
- Roadster XL 1200 R → beide Gabelbeine
- Seventy Two XL 1200 V bis Mj. 2015 → beide Gabelbeine
- Seventy Two XL 1200 V ab Mj. 2016 → rechtes Gabelbein
- Super Low XL 1200 T → beide Gabelbeine

Gabelbeine ausbauen: Weil an den Tauchrohren dieser Modelle keine Gabelöl-Ablassschrauben angebracht sind, müssen die Gabelbeine zum Gabelölwechsel ausgebaut und teilweise zerlegt werden. Das Aufbocken der Maschine und der Aus- und Einbau der Gabelbeine ist vorne in diesem Kapitel beschrieben.

Gabelöl ablassen
Vorwort: Damit Sie nicht alles doppelt und dreifach lesen müssen und die Sache übersichtlicher wird, beziehen wir uns in einigen Punkten auf die Arbeitspunkte auf der vorherigen Doppelseite unter der grauen Absatzzeile »Gabelöl wechseln, Absatz 1«.
1. Bild 7a: Standrohr-Klemmschrauben rechts und links lösen…
2. Bilder 7a und 10: Rechten und linken Gabeldeckel lösen…
2.1. Die Federvorspannhülse steht nun aus dem Gabelbein…
3. Nun müssen die Gabelbeine ausgebaut werden. wie es in diesem Kapitel weiter vorne unter der grauen Absatzzeile »Gabelbeine aus- und einbauen« beschrieben ist.
4. Bild 12: Gabelbein senkrecht in einen Schraubstock spannen und zwar unten an den Achsaufnahmen. Alubacken zum Schutz dazwischenlegen.
- Falls der Gabeldeckel noch nicht ganz ausgeschraubt ist, dieses jetzt machen.

5. Standrohr ganz in das Tauchrohr einschieben, Federsitzscheibe abnehmen, Feder aus Standrohr ziehen.
6. Gabelbein mit einer Hand halten, Schraubstock öffnen, Gabelbein herausnehmen, über einem Ölauffangbehälter umkippen und das alte Dämpferöl auslaufen lassen.
6.1. Während des Ölauslaufens das Standrohr einige Male langsam in das Tauchrohr einschieben und wieder ausziehen, damit alles Öl ausgepumpt wird.
7. Von oben in das Gabelbein einen Schuss (ca. 100 cm^3) Benzin oder Waschbenzin einfüllen und die Gabel wieder etwas aus- und einfedern, so werden das Innere beider Gabelbeine und die Dämpfereinheiten gereinigt.
- Spülflüssigkeit lange genug austropfen lassen!

8. Bild 12: Gabelbein senkrecht in Schraubstock spannen wie unter Punkt **4.** beschrieben.

Gabelöl einfüllen, Ölstand einstellen
Montagevoraussetzungen: Altöl und Spülflüssigkeit sind abgelassen, Gabelbein ist innen trocken und senkrecht in einen Schraubstock eingespannt.

Hinweis: Detaillierte Angaben zum Gabelöl, zur Menge pro Holm bei den einzelnen Modellen sowie zum Ölstand (»Luftpolster«) stehen am Anfang dieses Kapitels ab der grauen Absatzzeile »Gabelöl, Füllmengen, Ölstände« und auch in der linken Randspalte. Bitte beachten Sie auch die Bilder 3a, 3b, 4 und 5.

1. Bild 4: Frisches Gabelöl langsam(!) in das oben offene Standrohr einfüllen. Benutzen Sie dazu einen Messbecher und füllen Sie etwas mehr als die vorgeschriebene Menge ein.
2. Nun das Standrohr einige Male langsam (!) ganz in das Tauchrohr einschieben und ausziehen, dadurch wird das frische Gabelöl im Gabelbein verteilt, die Dämpfung füllt sich und eventuell eingeschlossene Luft wird herausgedrückt.
3. Jetzt wird der Gabelölstand gemessen und eingestellt. Dazu eine Absaugflasche vorbereiten, wie sie im Bild 3b zu sehen ist. Das modellspezifische Maß zwischen Spitze des Saugrohres und dem angeklebten Fähnchen entnehmen Sie bitte den Angaben in der linken Spalte und in diesem Kapitel weiter vorne ab der grauen Absatzzeile »Gabelöl, Füllmengen, Ölstände«.
Nochmal zur Erinnerung: Beim Einstellen des Gabelölstands muss das Standrohr ganz in das Tauchrohr eingeschoben sein und die Gabelfeder ist nicht eingesetzt.
4. Wenn der Gabelölstand stimmt, das Standrohr ganz aus dem Tauchrohr ziehen, Gabelfeder mit Federsitzscheibe und Federvorspannhülse einschieben.
5. Standrohr mit einer Hand fest nach oben halten, Gabeldeckel auf die Feder setzen, energisch nach unten drücken und in das Gabelstandrohr einschrauben.
6. Nun sind beide Gabelbeine befüllt und fertig zum Einbau. Wie das geht ist am Anfang dieses Kapitels unter der grauen Absatzzeile »Gabelbeine aus- und einbauen«. beschrieben.

Bitte nicht vergessen:
- Gabeldeckel festziehen mit 30 Nm.

■ Dann die Standrohr-Klemmschrauben in der oberen Gabelbrücke mit 44 Nm festziehen.
■ Schraubstellen öl- und fettfrei putzen. Maschine abbocken, senkrecht stellen und mit gezogener Vorderradbremse ein- und ausfedern.

Gabelöl wechseln, Absatz 3

Bei den Gabelbeinen folgender Modelle:

- Custom XL 1200 C ab Modelljahr 2016 linkes Gabelbein
- Custom Limited Edition XL 1200 CA und CB ab Mj. 2016 linkes Gabelbein
- Forty Eight XL 1200 X ab Mj. 2016 linkes Gabelbein
- Seventy Two XL 1200 V ab Mj. 2016 linkes Gabelbein

Bild 11: Diese Gabelbeine haben eine Dämpfereinheit mit Dämpferstange, diese Bauteile sind unten im Gabelfuß und oben am Gabeldeckel verschraubt.

Gabelöl ablassen

Vorwort: Um es so einfach und übersichtlich wie möglich zu gestalten, halten wir die Kern-Arbeitspunkte kurz und knackig und konzentrieren uns auf die Unterschiede der Gabelbeine zueinander. Wir werden den Gabelölwechsel ohne die Harley-Spezialwerkzeuge (Bild 1a) durchführen.

1. Gabelbeine ausbauen wie unter »Gabelbeine aus- und einbauen« beschrieben.
2. Bild 12: Gabelbein senkrecht in Schraubstock spannen.
3. Bild 13a: Gabeldeckel ausschrauben. Dabei packt ein Helfer das Standrohr fest an, damit es sich nicht drehen kann.
4. Bild 13b: Standrohr in das Tauchrohr schieben,

Bild 11: Explosionszeichnung der linken Gabelbeine der Modelle ab Mj. 2016 mit einer Dämpfereinheit, die oben im Gabeldeckel und unten im Gabeltauchrohr verschraubt ist.

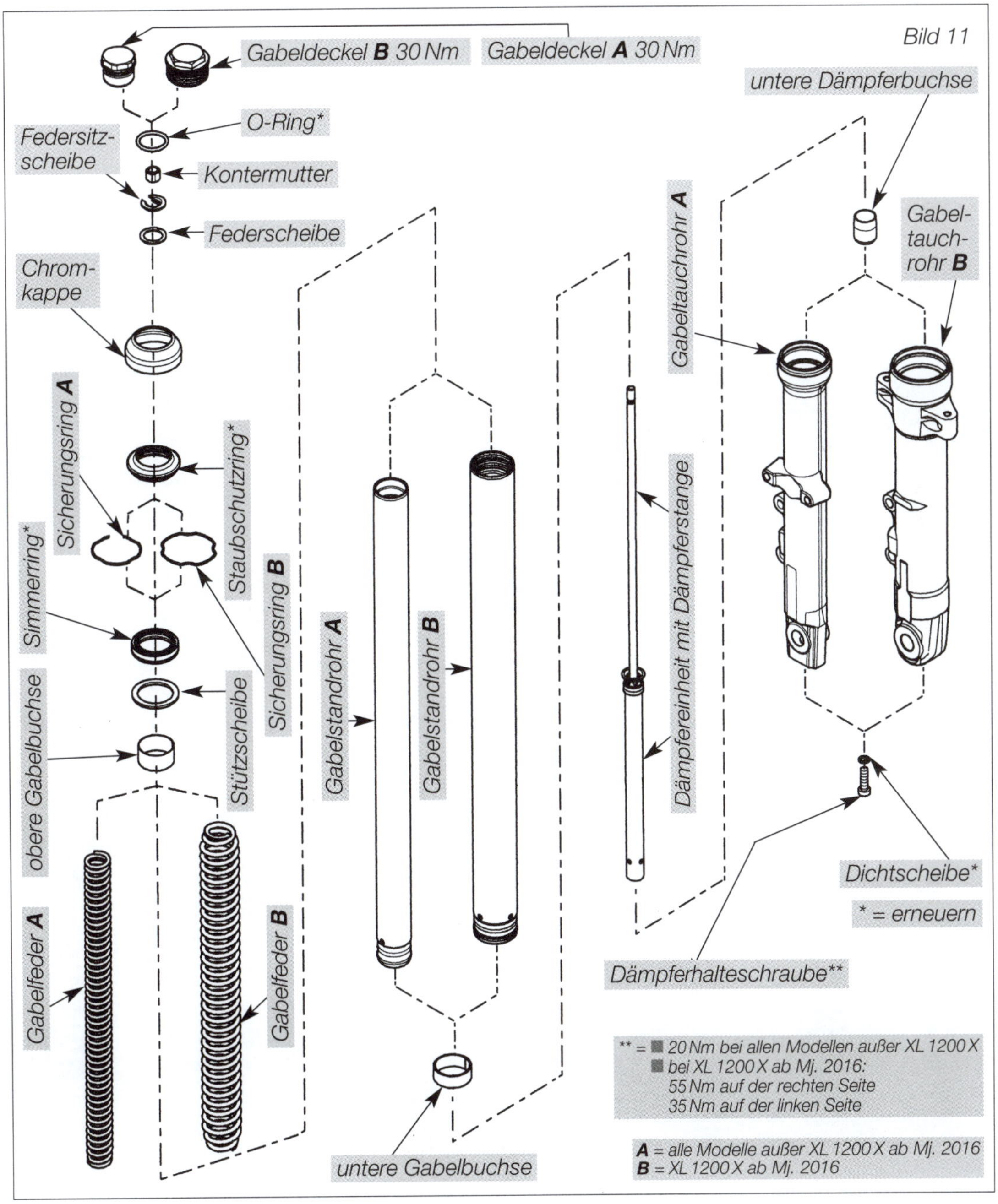

Bild 12: Alubacken verwenden beim Einspannen des Gabelbeins in den Schraubstock.

Sichtprüfung Messen

Modelle, Gabelbeine, Füllmengen und Ölstände für »Gabelöl wechseln, Absatz 3«

- **Custom XL 1200 C** ab Mj. 2016 linkes Gabelbein auffüllen bis fast zum oberen Rand, Ölstand 142 mm
- **Custom Limited Edition XL 1200 CA und CB** ab Mj. 2016 linkes Gabelbein auffüllen bis fast zum oberen Rand, Ölstand 142 mm
- **Forty Eight XL 1200 X** ab Mj. 2016 linkes Gabelbein auffüllen bis fast zum oberen Rand, Ölstand 123 mm
- **Seventy Two XL 1200 V** ab Mj. 2016 linkes Gabelbein auffüllen bis fast zum oberen Rand, Ölstand 168 mm

Gabelbeine, Füllmengen und Ölstände für »Upside-Down-Gabel«

- **Roadster XL 1200 CX** linkes Gabelbein 613 cm³. Ölstand 50,8 mm rechtes Gabelbein 654 cm³. Ölstand 99 mm

Feder, Dämpferstange und Kontermutter werden sichtbar (Bild 13c).
5. Bild 13c: Der Helfer packt die Feder oben energisch an und drückt sie nach unten, Kontermutter auf der Dämpferstange wird sichtbar.
6. Bilder 13c und 13d: Einen passenden Gabelschlüssel auf die Kontermutter setzen, festhalten und den Gabeldeckel entkontern (Bild 13a). Gabeldeckel von der Dämpferstange abschrauben.
6.1. Bild 11: Feder noch einmal nach unten drücken und die geschlitzte Federsitzscheibe herausnehmen.
6.2. Druck auf die Feder langsam lösen, Federscheibe schiebt sich über die (noch auf die Dämpferstange geschraubte) Kontermutter.
Mit der Feder zusammen herausziehen.
6.3. Einen ca. 40 cm langen, dünnen Draht unter der Kontermutter um die Dämpferstange wickeln, damit wir sie jederzeit hochziehen können.
7. Gabelbein ausspannen, kopfüber in einen Behälter kippen und das Gabelöl ablaufen lassen.
■ Standrohr einige Male aus- und einschieben.
■ Dämpferstange ganz einschieben und am Draht wieder ausziehen – mindestens 20 Mal.
8. Etwas Reinigungsflüssigkeit in das Gabelbein füllen, Standrohr in Tauchrohr einschieben und ausziehen, Dämpferstange eindrücken und am Draht wieder ausziehen, Gabelbein entleeren, an eine Wand auf den Kopf stellen und einige Zeit austrocknen lassen.

Gabelöl einfüllen, Ölstand einstellen
Nehmen Sie dazu die Arbeitsschritte im Kapitelabschnitt »Gabelöl einfüllen, Ölstand einstellen« der Gabelbeine ohne Ablassschraube im Kapitelabschnitt »Gabelöl wechseln, Absatz 2« von Arbeitsschritt **1.** bis **4.** Dann geht es hier weiter:
5. Bild 13c: Standrohr nach unten in das Tauchrohr einschieben und die Dämpferstange am Draht ganz nach oben ziehen. Feder über den Draht und die Dämpferstange in das Standrohr einführen, Federscheibe nachführen und auf das Ende der Feder aufsetzen.
6. Helfer packt die Feder oben energisch an, drückt sie nach unten: Geschlitzte Federsitzscheibe einsetzen, Feder loslassen.
6.1. Bilder 13c und 13d: Gabeldeckel auf Dämpferstange aufschrauben, Helfer drückt nun wieder die Feder nach unten, Gabelschlüssel auf Kontermutter schieben und Gabeldeckel dagegen kontern mit 20 Nm, entspricht »gut handfest«. Feder langsam loslassen.
7. Bilder 13b und 13a: Standrohr nach oben schieben, Gabeldeckel einschrauben und handfest anziehen.
8. Nun sind beide Gabelbeine befüllt und fertig zum Einbau, siehe dazu auch am Anfang dieses Kapitels unter »Gabelbeine aus- und einbauen«.

Bitte nicht vergessen:
■ Gabeldeckel festziehen mit 30 Nm.
■ Dann die Standrohr-Klemmschrauben in der oberen Gabelbrücke mit 44 Nm festziehen.
■ Schraubstellen öl- und fettfrei putzen. Maschine abbocken, senkrecht stellen und mit gezogener Vorderradbremse ein- und ausfedern.

Upside-Down-Gabel der Roadster XL 1200 CX

Linkes Gabelbein, Öl ablassen und befüllen
In Bild 14 sind die Upside-Down-Gabelbeine in der Explosionszeichnung dargestellt. Die Zerlege-Montageschritte zum Ablassen und Befüllen des linken Gabelbeins entsprechen denen, wie sie beim linken Gabelbein der konventionellen

Bild 13a

Bild 13b

Bild 13c

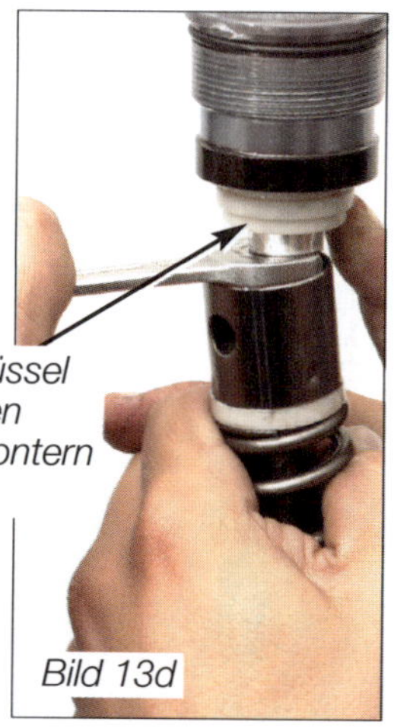
Bild 13d

Bilder 13a bis 13d: Teilzerlegung eines Standrohres ohne Spezialwerkzeug.
■ Gabeldeckel aus Standrohr ausschrauben.
■ Feder nach unten drücken, Gabelschlüssel auf Kontermutter setzen.
■ Mutter entkontern, dabei Gabeldeckel gegenhalten und von der Dämpferstange abschrauben.

Gabel bei »Gabelöl wechseln, Absatz 3« beschrieben sind. Doch anstatt »Gabelbein _in das Tauchrohr_ schieben« muss man bei der Upside-Down-Gabel sagen »Standrohr _auf das Tauchrohr_ schieben«. Ölmenge und Füllstand (»Luftpolster«) siehe Information im grauen Kasten in der Außenspalte auf der linken Seite.

Rechtes Gabelbein, Konstruktion und Besonderheit: Das rechte Gabelbein ist eine andere Konstruktion als die bisher beschriebenen Gabelbeine. Hier ist eine »innere Gabelmutter« eingebaut, die demontiert werden muss, damit die Gabelinnereien wie Federvorspannhülse, Federsitzscheibe und Gabelfeder ausgebaut werden können. Weiterhin hat das rechte Gabelbein keine Dämpfungsfunktion, die Zugstufendämpfung wird alleine vom linken Gabelbein besorgt. Dennoch muss man dem Gabelölwechsel entsprechende Aufmerksamkeit schenken.

Spezialwerkzeuge: Zur Montage der innneren Gabelmutter wird das Harley-Spezialwerkzeug »Aus- und Einbauwerkzeug für innere Gabelmutter« (Nr. HD-47852). Das ist eine ca. 200 mm lange Kreuzmutter-Nuss (Bild 14a) mit Anschlussvierkant für einen Drehmomentschlüssel. Und weil das (nach Harley-Vorschrift) ausgebaute Gabelbein zur Montage der inneren Gabelmutter ja nicht einfach in einen Schraubstock gespannt werden kann, wo es rasch zerdrückt würde, bräuchte man auch das Harley-Spezialwerkzeug »Tauchrohrhalter« (Nr. HD-41177). Wir arbeiten nachfolgend ohne den »Tauchrohrhalter«.

Bild 14a

Rechtes Gabelbein zum Ölablassen vorbereiten: Wie zu Anfang des Kapitels beschrieben, muss man die Maschine sicher aufbocken, Vorderrad und Schutzblech ausbauen.

1. Standrohr-Klemmschraube in der oberen Gabelbrücke lösen. **Wichtig:** Standrohr-Klemmschrauben in der unteren Gabelbrücke bleiben festgezogen.

2. Gabeldeckel mit einem exakt passenden Schlüssel lösen und

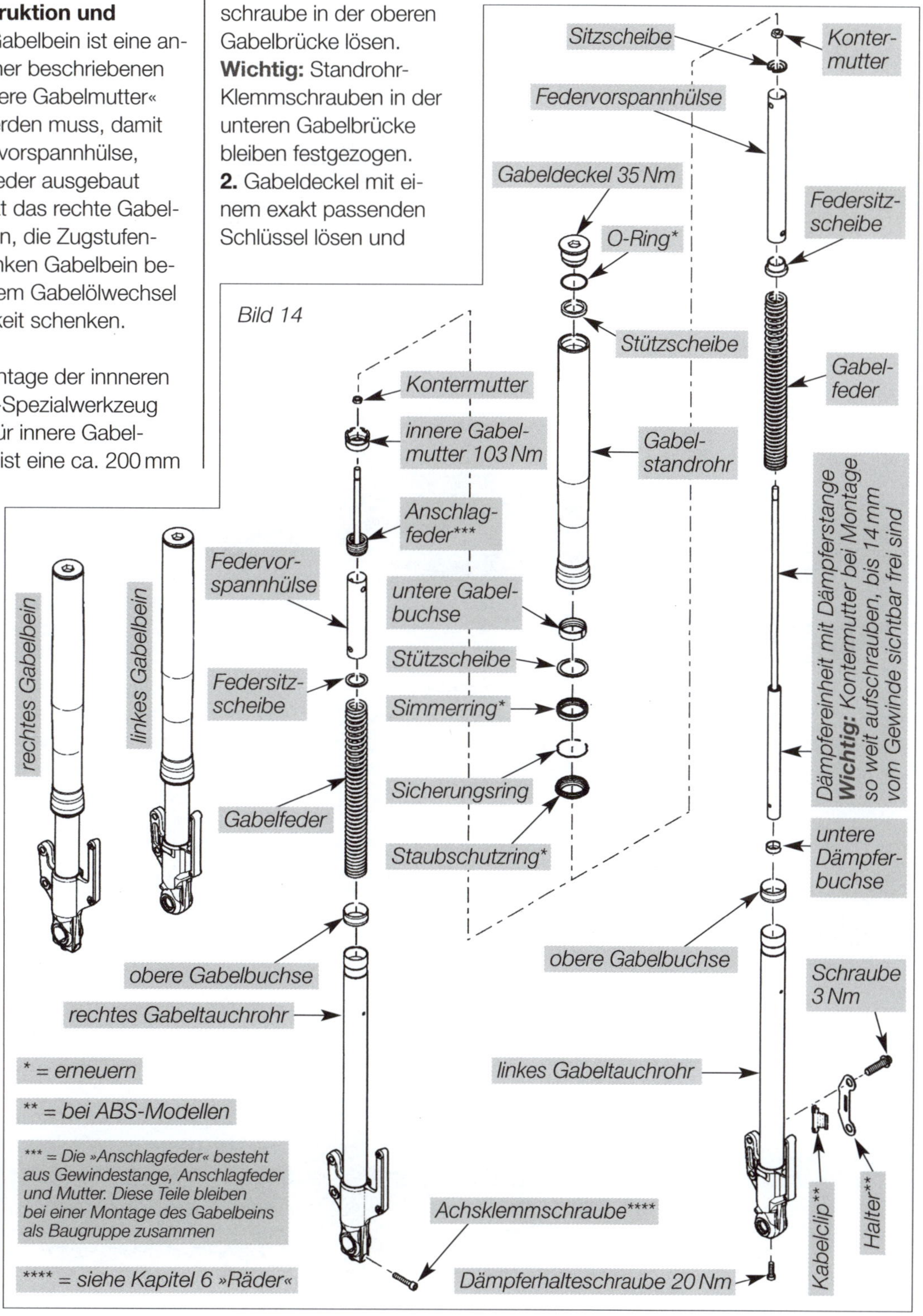

Bild 14: Explosionszeichnung der Gabelbeine der XL 1200 CX.

ausschrauben, nach oben ziehen und das Gabelbein unten so unterstützen, dass es in der oberen Position »eingefedert« stehen bleibt.
3. Kontermutter auf Gewindestange vom Gabeldeckel entkontern, Gabeldeckel abschrauben.
3.1. Kontermutter abschrauben.
4. Lange Kreuzmutter-Nuss über die Gewindestange nach unten bis auf die innere Gabelmutter führen, diese entkontern und ausdrehen. Baugruppe »Anschlagfeder« herausnehmen.

Bild 15: Dämpferhalteschraube mit Schlagschrauber ausschrauben.

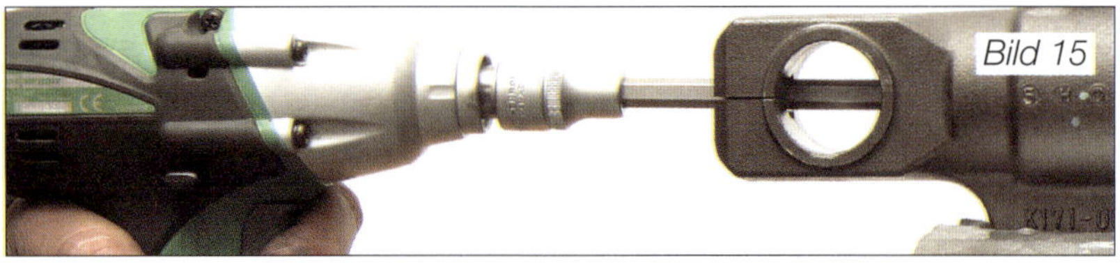
Bild 15

Bilder 16 bis 17b: Staubschutzring und Sicherungsring ausbauen.

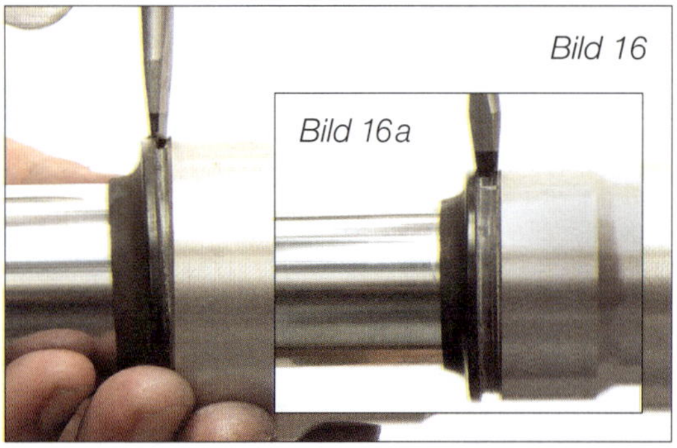
Bild 16
Bild 16a

Bild 17b

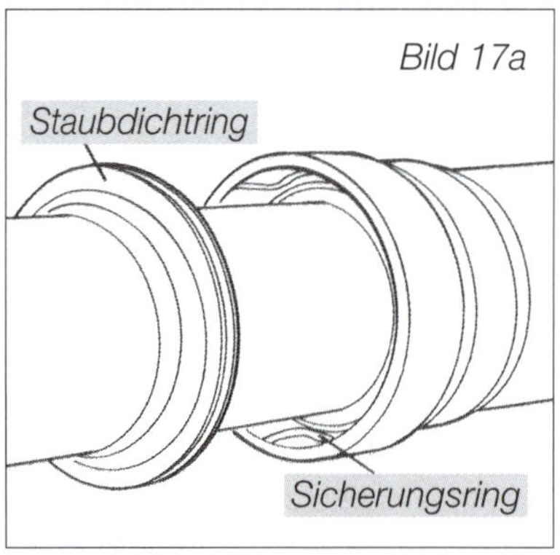

Bild 17a

Bilder 18 und 19: Austreiben von Simmerring, Stützscheibe und oberer Gabelbuchse.

5. Standrohr-Klemmschrauben in der unteren Gabelbrücke lösen, zwei Umdrehungen öffnen.
6. Gabelstandrohr fest mit der Hand anpacken, Stütze unter der Gabefaust wegnehmen, Gabelstandrohr unter leichtem hin und her Drehen aus der unteren Gabelbrücke ausziehen.
7. Gabelbein kopfüber in Ölauffangefäss kippen, die herausfallenden Bauteile auffangen: Federvorspannhülse, Federsitzscheibe und Gabelfeder.

Rechtes Gabelbein: Öl einfüllen, Ölstand einstellen, einbauen

Zum Thema »Öl einfüllen, Ölstand einstellen« lesen Sie bitte die Arbeitspunkte weiter vorne. Füllmengen und Maße siehe zwei Seiten weiter vorne linke Spalte. Einbau des Gabelbeines:
1. Wenn das Gabelbein mit Gabelöl befüllt ist, es in die untere Gabelbrücke einführen, durchschieben und in korrekte Einbauposition bringen, siehe dazu Bilder 7a und 7b.
2. Standrohr-Klemmschrauben in der unteren Gabelbrücke festziehen mit 44 Nm in der Reihenfolge oben-unten-oben.
3. Gabelfeder, Federsitzscheibe und Federvorspannhülse in das Standrohr einführen.
4. Die innere Gabelmutter auf die Gewindestange der Baugruppe Anschlagfeder auffädeln, in Gabelstandrohr einsetzen, innere Gabelmutter am Gewinde ansetzen, mit Kreuzmutter-Nuss zuerst handfest und dann bis auf 103 Nm festziehen.
5. Obere Kontermutter auf Gewindestange aufschrauben, bis 14 mm des Gewindes sichtbar sind, Gabeldeckel aufschrauben, gegen Kontermutter kontern mit 20 Nm, Gabeldeckel in Standrohr einschrauben, mit 35 Nm festziehen.
6. Standrohr-Klemmschraube in oberer Gabelbücke festziehen mit 44 Nm.
7. Restliche Teile an- und einbauen.

Simmerringe, Gabelbuchsen

Zum Einbau neuer Simmerringe müssen die Gabelbeine ausgebaut und so weit zerlegt sein, wie weiter vorne unter »Gabelöl wechseln/Gabelbein zerlegen« beschrieben ist, das Öl ist abgelassen.
1. Bild 18: Gabelbein an Achsfaust oder Bremshalter quer in Schraubstock spannen, Alubacken und Lappen zwischenlegen.

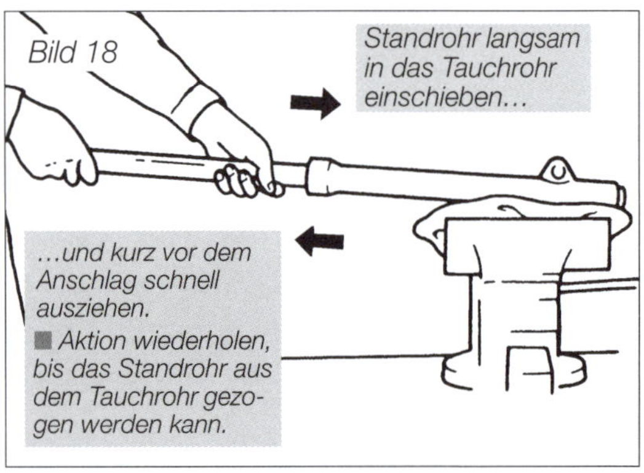

Bild 18

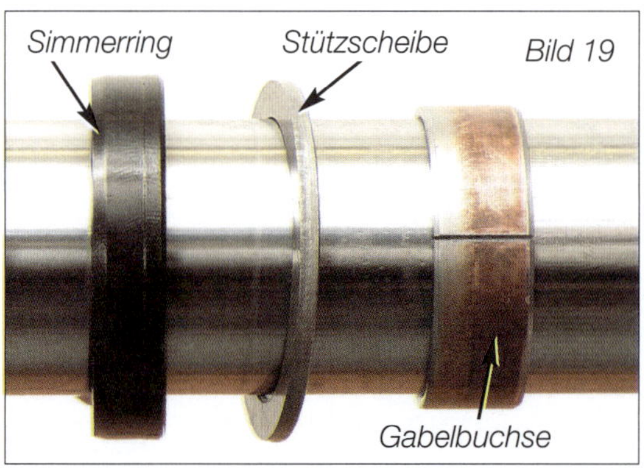

Bild 19

2. Bild 15: Mit Inbussteckschlüssel von unten durch die Achsfaust einfahren, Dämpferhalteschraube lösen und ausdrehen. Dämpfereinheit aus Gabelbein ziehen.

Tipp: Wenn sich die Schraube nicht ausdrehen lässt, weil sich die Dämpfereinheit mitdreht, Gabelfeder wieder einbauen. Durch den Federdruck wird die Dämpfereinheit nach unten gedrückt und die Schraube kann ausgedreht werden. Wir empfehlen, die Dämpferhalteschraube schon zu lösen, aber noch nicht auszuschrauben, wenn das Gabelbein noch zusammengebaut ist.

3. Chromkappe/Faltenbalg vom Sitz abziehen.

■ Wenn sich die Chromkappe nicht freiwillig bewegt: Mit Werkstattföhn ringsum leicht anwärmen, mit kleinem Schraubenzieher von unten lösen und gleichzeitig mit der Hand ziehen.

3.1. Bilder 16 und 16a: Staubschutzring mit kleinem Schraubenzieher ringsum aushebeln und nach oben vom Standrohr abschieben.

4. Bilder 17a und 17b: Sicherungsring mit kleinem Schraubenzieher herausnehmen.

5. Mit Werkstattföhn den oberen Rand des Tauchrohrs ringsum etwas erwärmen.

6. Bild 18: Standrohr mit beiden Händen packen und ruckartig aus dem Tauchrohr ziehen.

6.1. Bild 19: Aus dem oberen Teil des Tauchrohres kommen heraus: Simmerring, Stützscheibe, obere Gabelbuchse. Standrohr ganz ausziehen.

7. Bilder 20a und 20b: Enden der unteren Gabelbuchse mit Fingernägeln vorsichtig auseinanderziehen, Buchse aus Nut nehmen und abziehen.

8. Gabelteile sorgfältig mit Lösungsmittel reinigen, z. B. Bremsenreiniger oder Aceton nehmen.

Gabelbein zusammenbauen

Wenn Simmerringe erneuert werden müssen, sollte man auch neue Gabelbuchsen einbauen.

1. Bilder 20a und 20b: Gabelbuchse mit Fingernägeln aufbiegen, über Standrohr schieben, in Nut einsetzen.

2. Bei Gabel in Bild 10: Dämpfereinheit von oben in Standrohr einfallen lassen, dabei wackeln am Standrohr, Dämpfereinheit muss sauber in ihren Sitz einfallen, mit Besenstiel nachdrücken.

2.1. Dämpferbuchse auf das untere Ende der Dämpfereinheit setzen.

3. Standrohr mit frischem Gabelöl einölen, in Tauchrohr einschieben. Senkrecht stellen.

■ Bei den Gabeln mit durchgehenden Dämpfereinheiten jetzt diese einsetzen (Bilder 11 und 14).

4. Bilder 10, 11 und 14: Neue Dämpferhalteschraube mit neuer Dichtscheibe eindrehen, festziehen:

■ alle Modelle außer XL 1200 X .... 20 Nm
■ XL 1200 X ab Mj. 2016 rechte Seite....... 55 Nm
■ XL 1200 X ab Mj. 2016 linke Seite.......... 35 Nm

5. Tauchrohr quer in Schraubstock einspannen.

6. Obere Gabelbuchse einölen, über das Standrohr schieben bis nach unten an seinen Sitz.

7. Bild 22: Spezialwerkzeug ansetzen und damit die Gabelbuchse eintreiben.

8. Stützscheibe mit konkaver Seite nach unten aufschieben.

9. Neuen Simmerring mit Silikonfett einschmieren und seine Dichtlippen von innen mit den Fingern etwas aufbiegen. Mit markierter Seite nach oben auf Standrohr schieben und langsam nach unten bis zum Sitzbund am Tauchrohr schieben.

10. Bild 23: Spezialwerkzeug ansetzen, Simmerring einpressen.

10.1. Mit der Taschenlampe auf den Simmerring leuchten und prüfen, ob er ganz unten sitzt und die Nut für den Sicherungsring frei ist.

■ Wenn »nein«: Schlagwerkzeug ansetzen, mit gezielten Schlägen den Simmerring bis nach unten eintreiben.

■ Wenn »ja«, Bild 17a: Sicherungsring einbauen. Auch seinen korrekten Sitz mit der Taschenlampe prüfen.

11. Staubschutzring mit Silikonfett einschmieren, auf Standrohr aufschieben bis nach unten an Sitzbund, mit den Fingern in seinen Sitz im Tauchrohr eindrücken.

12. Chromkappe/Faltenbalg montieren.

13. Gabelöl einfüllen, Gabelbein einbaufertig montieren wie weiter vorne beschrieben.

Bilder 20a bis 23 siehe Lauftext.

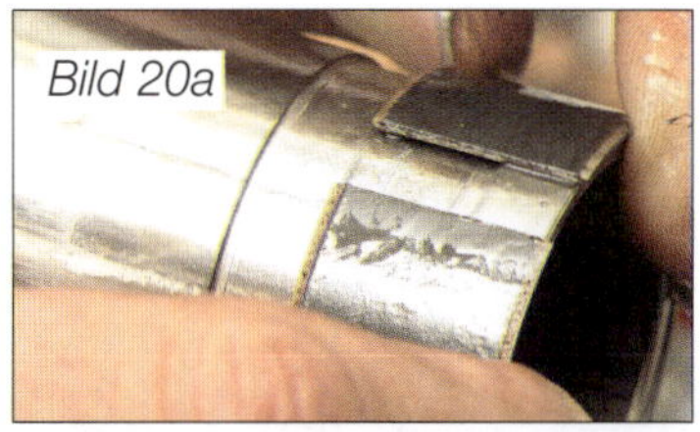
Bild 20a

Bild 20b

Bild 21

Bild 22

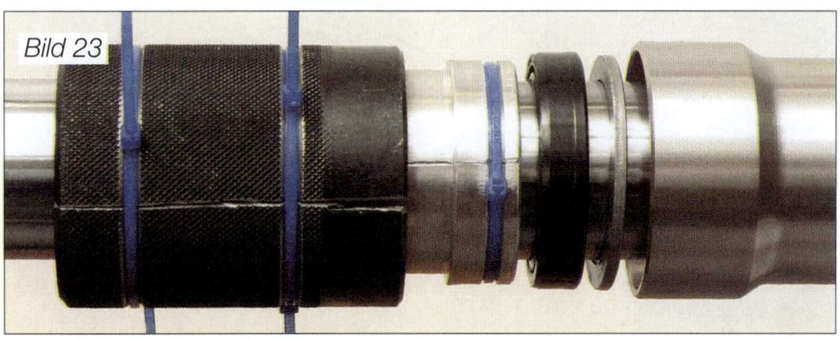
Bild 23

Sichtprüfung Messen

Korrespondenzkapitel:
- 6 »Räder«
- 8 »Zahnriemen · Primärkette«
- 27 »Anziehdrehmomente«

Werkzeug für Federbeine und Schwinge
- Großer Drehmomentschlüssel
- Knarre
- Nuss Torx T50 für Federbeinschrauben unten und oben
- Ring-Gabelschlüssel 3/4 Zoll (19,05 mm) für Muttern auf Federbeinschrauben unten
- Nuss 1 Zoll (25,4 mm) für Schwingenlagerbolzen

Bilder 1a bis 1d: Federvorspannung mit Hakenschlüssel an der Federeinstellhülse einstellen.
■ Feder weniger vorspannen: Einstellhülse »von der Feder wegdrehen« in Richtung ①.
■ Feder stärker vorspannen: Einstellhülse »gegen die Feder drehen« in Richtung ⑤.
■ Vor dem Verstellen einen Schuss Ölspray an die Einstellhülse geben!

Federbeine · Schwinge

In diesem Kapitel: Federung prüfen · Federbeine einstellen, Befestigung der Federbeine · Federbeine ausbauen, prüfen, einbauen · Schwinge ausbauen, prüfen, Nadellager fetten, zusammenbauen · Nadellager erneuern.

Federung prüfen

Hinterradfederung prüfen (Bilder 2 und 3)

■ Aus den Federbeinen darf an keiner Stelle Öl auslaufen, sie müssen überall trocken sein.

■ Federn und Federvorspannhülsen dürfen weder verformt noch gebrochen sein, Widerlager der Federvorspannhülsen und Federauflagen müssen formstabil vorhanden sein.

■ Die Dämpferstangen dürfen weder Riefen noch Kratzer aufweisen.

■ Schwinge und Federbeinbefestigungen oben am Rahmen und unten an der Schwinge dürfen kein Spiel haben: Zur Prüfung die Maschine so aufbocken, dass das Hinterrad frei ist, hinter die Maschine stehen, Hinterrad mit beiden Händen packen und versuchen, die Schwinge ruckartig auf, ab und nach rechts und links zu bewegen. Man spürt dabei eventuelle »Luft« in den Federbeinverschraubungen und dem Schwingenlager.

■ Alle Befestigungs- und Klemmstellen der Federbeine und der Telegabel auf Festsitz prüfen.

Standprüfung der Federung

1. Maschine steht frei auf den Rädern, Seitenständer eingeklappt, Motor aus, Leerlauf drin.

2. Mechaniker lässt sein Körpergewicht immer wieder in den Sitz fallen.

■ Wer fit ist im Umgang mit seinem Motorrad, stellt sich dahinter, nimmt das Motorrad vom Seitenständer, stellt es frei senkrecht und drückt mit den Händen wippend auf Sitzbankende bzw. weit hinten auf das Schutzblech.

3. Hinten wie vorne muss Einfedern schneller gehen als Ausfedern (ca. 1 : 3).

■ Beim Ausfedern dürfen weder Hinter- noch Vorderbau nachschwingen, Federbeine und Telegabel müssen über den gesamten Einfederweg »saugend« wieder ausfedern. Erst ganz zum Schluss federn Heck und Telegabel ganz leicht zurück auf den Tragenullpunkt.

4. Bei dieser Prüfung zeigt sich auch, ob Hinterradschwinge und Telegabel leicht und frei einfedern, die Dämpfung also grundsätzlich in Ordnung oder »lasch« ist.

Aktive Fahrprüfung

1. Wenn Federbeine oder Telegabel beim Überfahren einer Bodenwelle durchschlagen, was für die Telegabel auch beim Betätigen der Vorderradbremse gilt, sind die Federn ermüdet, was bei einer alten Maschine mit vielen Kilometern durchaus vorkommen kann.

2. Wenn Fahrzeugheck oder Front nach dem Überfahren von Bodenwellen nachschwingen und sich die Maschine »weich« anfühlt, hat die Dämpferwirkung nachgelassen. Dann sollte das Dämpferöl gewechselt werden, was man nur bei der Telegabel machen kann, nicht jedoch bei den Federbeinen.

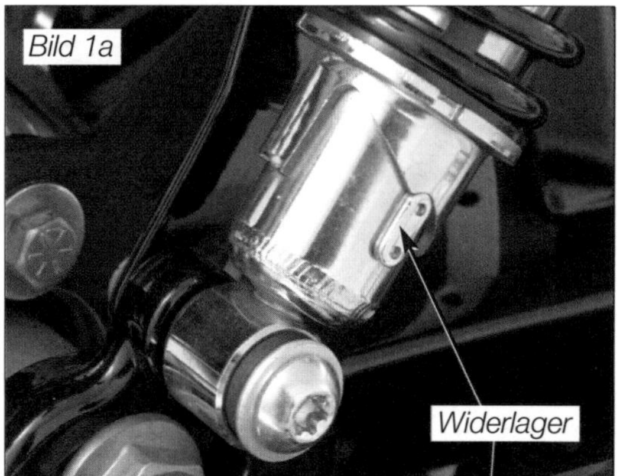

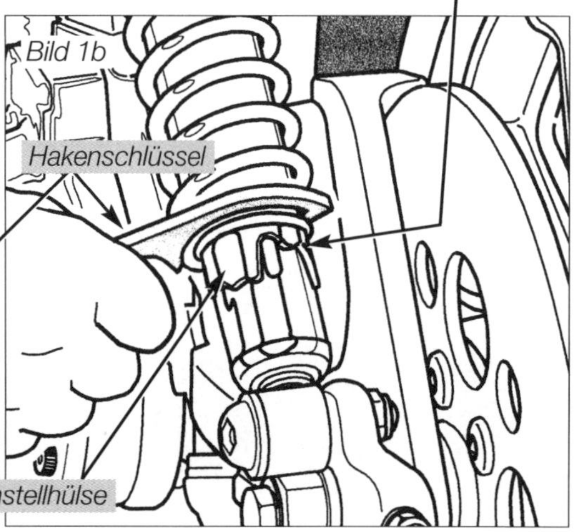

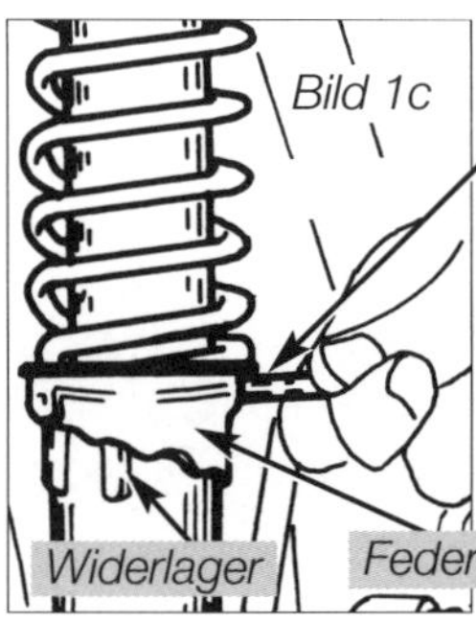

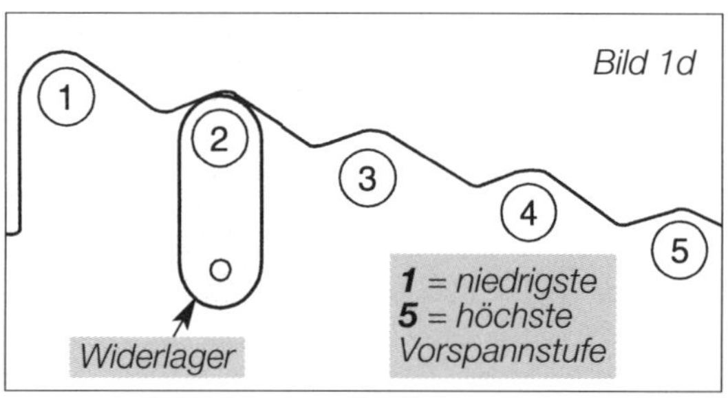

3. Wenn die Federbeine schneller einfedern als im Neuzustand und schon bei leichten Bodenwellen durchschlagen, sind sie defekt und müssen erneuert werden.

Tipp: Defekte Originalfederbeine können nur von Spezialisten repariert werden. Wer sich bessere Federbeine einbauen möchte, die komfortabler ansprechen und besser dämpfen, der sollte sich im reichhaltigen Harley-Zubehörprogramm umschauen oder auf dem freien Markt; Harley-Händler bieten eine große Auswahl.

Federbeine einstellen

Die Harley-Modelle unseres Buchs werden ohne Bordwerkzeug ausgeliefert. Deswegen müssen Sie sich zur Einstellung der Federvorspannung an Maschinen bis Mj. 2015 einen für die Federeinstellhülse (Bilder 1a bis 1d) passenden Hakenschlüssel besorgen (gibt's beim Harley-Händler). Bei Maschinen ab Mj. 2016 mit Gewindeeinstellern ist ein Hakenschlüssel für die Einstell- und Kontermuttern (Bilder 4b und 4c) unter dem Sitz.

Tipp: Vor dem Verdrehen der Einsteller einen Schuss Ölspray daran geben, dann die Maschine über den Seitenständer etwas anheben und somit das Hinterrad entlasten, es soll keinen Bodenkontakt mehr haben. Denn je weniger die Federn unter Spannung stehen, desto leichter lassen sich die Einstellhülsen und Einstellmuttern drehen. Man(n) sollte also zum Einstellen der hinteren Federbeine eine(n) Helfer(in) haben.

Übrigens: Eine Federverstellung bringt weder härtere noch weichere Federwirkung, sondern es wird nur die Nulllage des Hecks verändert:
■ Fahrer mit kurzen Beinen können durch Einstellen auf niedrige Federstufen (Bilder 1d und 5b) die Sitzhöhe verringern, weil in der Federbein-Nulllage das Heck niedriger wird.
■ Bei hoher Zuladung wird die Feder stärker vorgespannt bis hin zur stärksten Vorspannstufe (siehe ⑤ in Bild 1d), was dem Gesamt-Radfederweg zugutekommt.

Federbeine aus- und einbauen

Zur Federbeinmontage muss der Fahrzeughinterbau frei sein, das Hinterrad darf keinen Bodenkontakt haben. Am besten einen Mittelmontageständer nehmen (siehe Kapitel 3 »Werkstatt«). Wenn keiner vorhanden ist, die Maschine am Heckrahmen an einem Werkstattkran oder Flaschenzug aufhängen. Riemen unter den Heckrahmenrohren durchführen und darauf achten, dass keine Kabel oder elektrischen Bauteile gedrückt werden.

Achtung: Für die Federbeinbefestigung gilt:
■ Nur originale Schrauben und Muttern von Harley verwenden.
■ Niemals Schrauben undefinierbarer Herkunft aus einer typischen Werkstatt-Schraubenkiste (oder gar aus dem Baumarkt) einbauen!

Federbeine ausbauen
Hinweis zur XL 1200 T: Zur Montage der Federbeine müssen die beiden Packtaschen (»Satteltaschen«) abgebaut werden.

1. Maschine aufbocken oder aufhängen wie oben beschrieben. Einen längeren Holzklotz unter das Hinterrad legen und damit die Schwinge samt Hinterrad beim Aus- und Einbau des Federbeins etwas nach oben und unten bewegen, damit man die Schrauben gut und sicher aus- und auch wieder einfummeln kann.
2. Untere Federbeinschraube lösen und ausschrauben, Mutter dabei gegenhalten, mit Scheibe abnehmen.
■ Während des Ausziehens der Schraube das Hinterrad mit dem untergelegten Holzklotz etwas nach oben heben, die Schraube lässt sich so leichter ausziehen.
3. Obere Federbeinschraube lösen, dabei das Federbein mit der Hand halten, Schraube ausschrauben und mit Scheibe und Abdeckung abnehmen.

Federbeine und Schwinge prüfen
■ Bilder 2 und 6a: Bis Mj. 2015 sind Gummi-Stahlbuchsen im oberen und unteren Federbeinkopf verbaut, die erneuert werden können. Wenn bei einer Sichtkontrolle festgestellt wird, dass die Gummi-Stahlbuchsen porös oder ausgebrochen

Bild 2: Federbein mit 5-stufiger Einstellhülse bis Modelljahr 2015.

Bilder 3 bis 4c: Federbein mit Gewindeeinstellern ab Mj. 2016. Mit dem unteren Gewindering wird die Federvorspannung eingestellt, mit dem oberen gekontert.

ab Mj. 2016

Bilder 5a und 5b: Federbein der XL 1200 T.

Bilder 6a und 6b: Federbeinbefestigung in den unterschiedlichen Modelljahren.

sind, unbedingt neue Teile einbauen, sonst besteht die Gefahr, dass sich das Gummi ganz auflöst und deswegen das Federbein während der Fahrt von den Schrauben löst und wegfliegt!

■ Bild 6b: Ab Mj. 2016 sind schlanke Gummi-Stahlbuchsen verbaut, die nicht mehr erneuert werden können.

■ Bild 7: Bei ausgebauten Federbeinen die Beweglichkeit der eingebauten Schwinge prüfen, sie muss sich gleichmäßig weich auf und ab bewegen lassen, die Schwingenlagerung darf kein Spiel haben.

■ Am Ende der Schwinge (***A*** in Bild 7) ist ein Seitenspiel von 1 bis 2 mm zulässig.

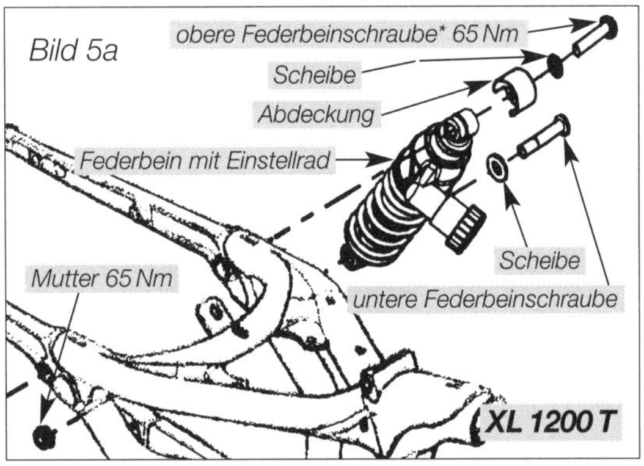

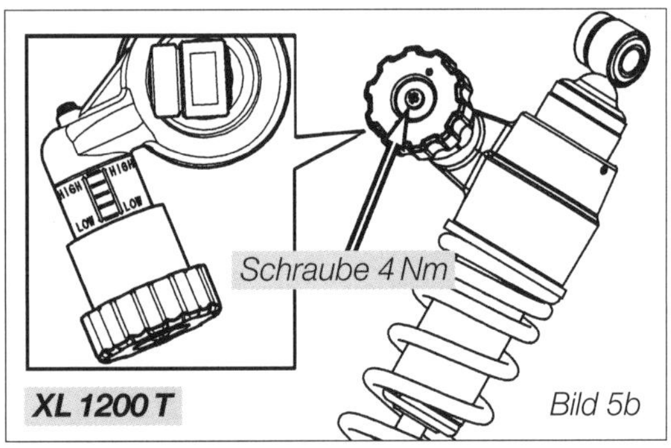

Federbein einbauen

1. Federbein in Einbauposition bringen und fest mit der Hand halten.

2. Obere Schraube mit Scheibe (und Abdeckung) ansetzen und leicht anziehen.

3. Hinterrad mit dem untergelegten Holzklotz hochheben, untere Schraube mit Scheibe ansetzen und durch Federbein und Bohrung in Schwinge einschieben.

3.1. Mutter aufdrehen, leicht anziehen.

4. Obere Schraube wieder ausdrehen, Loctite »mittelfest« an das gereinigte Gewinde geben, Schraube eindrehen und mit 65 Nm festziehen.

5. Mutter der unteren Schraube mit 65 Nm festziehen.

Schwinge

Schwinge prüfen: Vorgehen wie im Text in der linken Spalte beschrieben und in Bild 7 gezeigt. Wenn bei dieser Prüfung die Schwinge kein Spiel hat, kann man vor dem Ausbau der Schwinge sicher sein, dass die Nadellager spielfrei und nicht verschlissen sind.

Wenn die Schwinge ausgebaut ist, sie auf Verzug und Risse und die Lagerbohrungen auf Rundheit untersuchen.

Lagerbolzen/Schwingenachse auf Druck- und Fressstellen untersuchen, in die Lager einsetzen und das Spiel erfühlen. Falls es übermäßig groß ist (Erfahrung!), Lager erneuern.

Schwinge ausbauen

1. Motorrad aufbocken, wie im Text weiter vorne bei »Federbein aus- und einbauen« beschrieben.

2. Auspufftopf und Krümmer des hinteren Zylinders abbauen (siehe Kapitel 21 »Auspuffanlage«).

3. Hinterrad ausbauen.

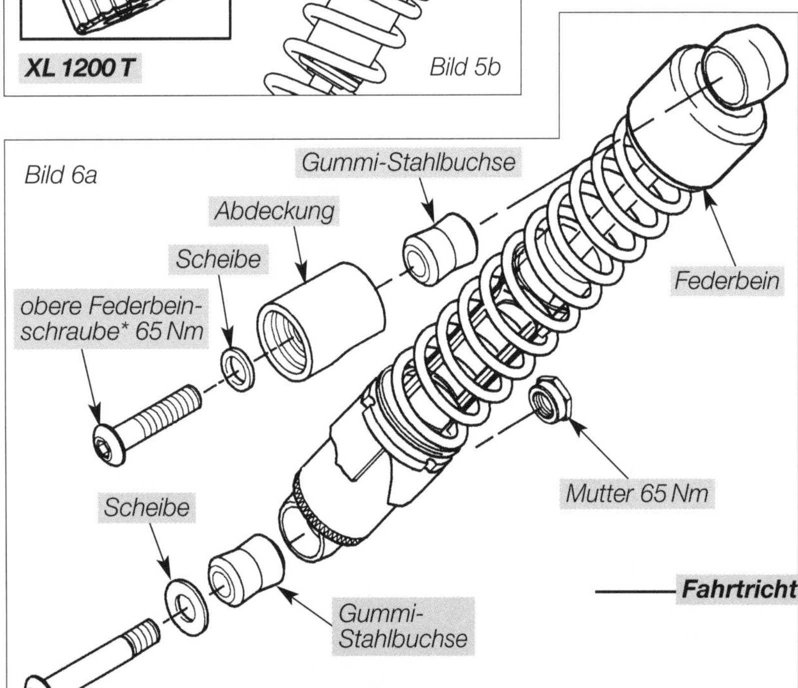

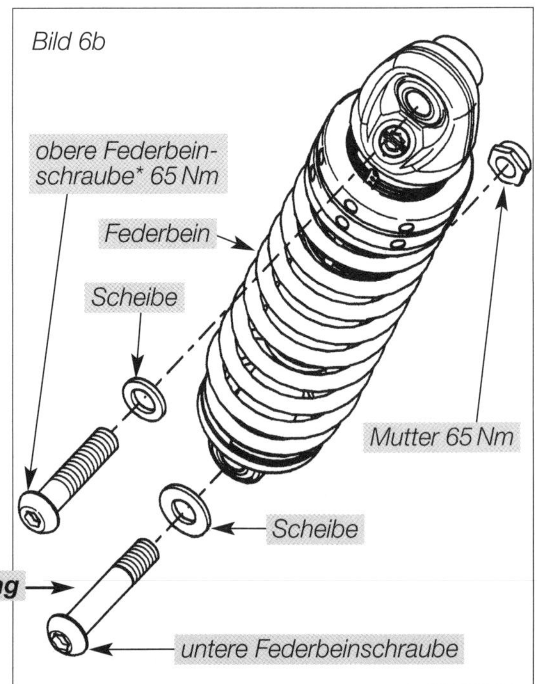

Fahrtrichtung

* = Loctite »mittelfest« an gereinigtes Gewinde

4. Schellen der Bremsleitung von der Schwinge abschrauben.
5. Hinteren Bremssattel von der Schwinge abmontieren und nach oben weghängen.
6. Untere Federbeinbefestigungen abschrauben.
7. Oberen und unteren Riemenschutz abbauen (siehe Kapitel 8 »Zahnriemen · Primärkette«).
8. Hinteren Bremsflüssigkeitsbehälter abschrauben und mit einem Gepäckgummi senkrecht weghängen (siehe Kapitel 7 »Bremsen«).
9. Wenn Soziusfußrasten angebaut sind:
■ Bis Mj. 2013: Obere Schraube des linken Soziusfußrastenhalters lösen, aber nicht ausdrehen, untere Schraube lösen und ausdrehen.
■ Ab Mj. 2014: Linken Soziusfußrastenhalter abbauen.
10. Bis Mj. 2013: Bremsschläuche und die P-förmige Schelle etwas nach vorne schieben.
10.1. Ab Mj. 2014: P-förmige Schelle von der Schwinge abschrauben. Wenn keine Soziusfußrasten angebaut sind, Bremsleitungshalterung abschrauben.
11. Bis Mj. 2013, Bild 8: Schwingenlagerbolzen rechts und links lösen und ausschrauben.
11.1. Ab Mj. 2014, Bild 9: Sicherungsclip mit einem mittleren Schraubenzieher von der Schwingenachse abschieben, Mutter auf Schwingenachse lösen und abschrauben, Schwingenachse ausziehen.
■ Dabei die Schwinge mit der Hand halten, damit sie nicht herunterfällt.
11.2. Schwinge nach hinten herausnehmen.

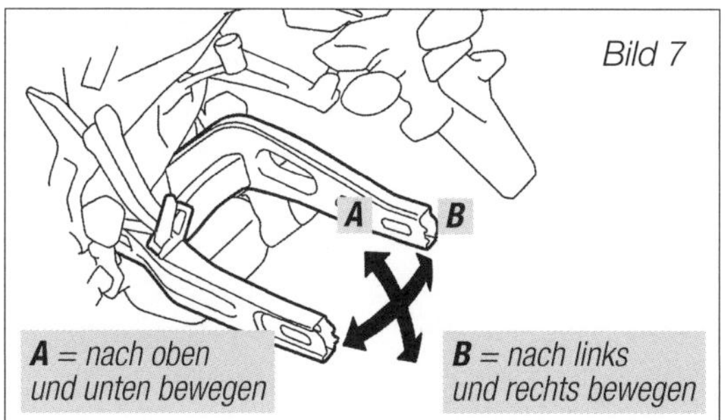

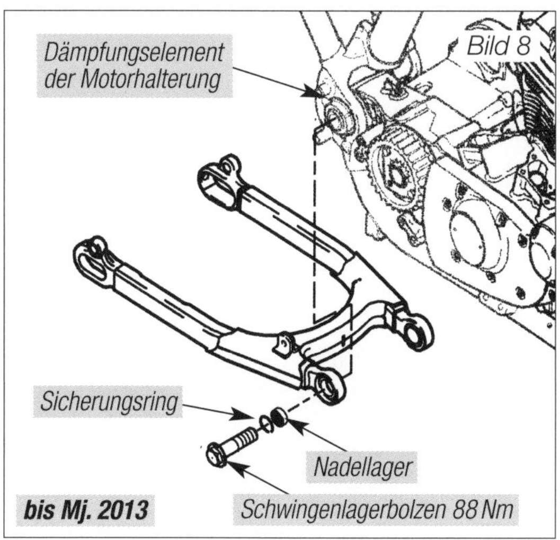

Schwinge reinigen, einbauen

1. Lager, Befestigungsstellen und Schwingenlagerbolzen/Schwingenachse reinigen.
1.1. Nadellager auf Luft prüfen.
1.2. Prüfen, ob der Sicherungsring des Nadellagers richtig in seiner Nut sitzt. Er muss in der Gänze formstabil vorhanden sein.
2. Lagerteile gut einfetten: Unbedingt hochwertiges Kfz-Lagerfett verwenden.
3. Schwinge von hinten an den Rahmen anschieben und an die Dämpfungselemente der Motorhalterung rechts und links anlegen.
3.1. Schwinge in Einbauposition halten.
4. Bild 8, bis Mj. 2013: Beide Schwingenlagerbolzen einschrauben und in mehreren Schritten bis auf 88 Nm festziehen.
4.1. Bild 9, ab Mj. 2014: Schwingenachse von rechts durch Lager und Dämpfungselemente schieben. Mutter aufschrauben und mit 170 Nm festziehen.
4.2. Sicherungsclip auf Schwingenachse aufschieben.
5. Bild 7: Jetzt die Schwinge auf Beweglichkeit prüfen. Wenn alles ok ist, die restlichen Teile in umgekehrter Reihenfolge des Ausbaus einbauen.

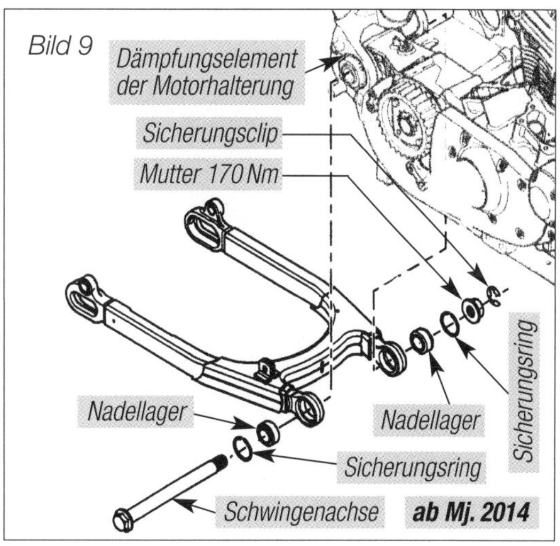

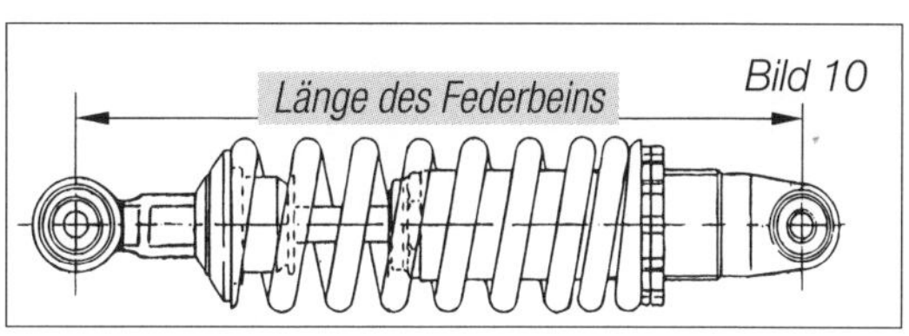

Nadellager defekt?
Aus- und Einbau der Nadellager ist vergleichbar mit »Radlager aus- und einbauen« im Kapitel 6 »Räder«. Allerdings ist der Aus- und Einbau von Nadellagern kein Fall für die Hobbywerkstatt, weil Nadellager sehr empfindlich sind. Harley bietet entsprechende Spezialwerkzeuge an, mit denen die Nadellager aus- und eingepresst werden können. Dazu wird eine Spindelpresse benötigt. **Ratschlag:** Es ist besser, die Nadellager entweder beim Harley-Händler oder in einem mechanischen Spezialbetrieb aus- und einbauen zu lassen.

Bild 7: Schwingenlager prüfen.

Bilder 8 und 9: Explosionszeichnungen der Schwinge mit Lager- und Befestigungsbauteilen.

Federbeinlängen
Die Modelle unseres Buchs haben drei verschieden lange Federbeine. Bild 10: Die Länge eines Federbeines wird von Mitte zu Mitte der Befestigungsbohrungen angegeben.
■ Länge 339,5 mm (»langes Federbein«) bei Nightster XL 1200 N
■ Länge 297,5 mm (»mittellanges Federbein«) bei Custom XL 1200 C, Custom Anniversary 110th, Custom Limited ED XL 1200 CA und CB, Forty Eight XL 1200 X in den Mj. 2010 bis 2015, Low XL 1200 L, Roadster XL 1200 R und XL 1200 CX, Seventy Two XL 1200 V
■ Länge 285 mm (»kurzes Federbein«) bei Forty Eight XL 1200 X ab Mj. 2016, Super Low XL 1200 T

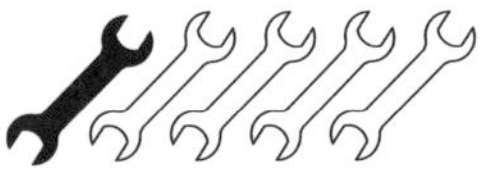

Werkzeug für Licht, Blinker und Hupe
- Inbusschlüssel 1/4 Zoll (6,35 mm) für Abdeckung/Halter über Scheinwerfer
- Nuss 3/4 Zoll für Mutter Scheinwerfer in Abdeckung/Halter
- Torxschlüssel T25 für Schrauben Hupenhalterung an Rahmen
- Kreuzschlitz-Schraubenzieher und Ringmaulschlüssel 1/4 Zoll für Schraube und Mutter im Chromring
- Kreuzschlitz-Schraubenzieher für Schrauben im Rücklichtglas
- Inbusschlüssel SW 3/16 Zoll für Schraube im Kugelbolzen Blinkerbefestigung vorne
- Torxnuss T40 für vordere und hintere Schraube der Schutzblechstreben-Abdeckung
- Nuss 1/2 Zoll für Muttern auf vorderer Schraube der Schutzblechstreben-Abdeckung und der Blinkerbefestigungsstange

Licht · Blinker · Hupe

In diesem Kapitel: Kontrollen vor der Fahrt · Scheinwerfereinstellung · Lampen wechseln in Scheinwerfer, Standlicht, Blinker, Kennzeichen- und Instrumentenbeleuchtung · Hupe und Lichthupe prüfen, Reparaturtipps.

Kontrollen vor der Fahrt

Eine Funktionsprüfung der Beleuchtungs- und Signalanlage ist Bestandteil des Wartungsplans. Aber sie ist auch eine sicherheitsrelevante Aufgabe, die vom Fahrer an jedem Fahrtag erledigt werden sollte. Aufwand und Nutzen stehen in günstiger Relation und bringen ein unverzichtbares Maß an Fahrsicherheit.

Scheinwerfereinstellung

Die Einstellung des Scheinwerfers soll mit korrektem Reifenluftdruck und der Federbeineinstellung, mit der normal gefahren wird, überprüft werden, denn die Federvorspannung der Federbeine beeinflusst die Höhe von Heck und Front und damit die Leuchtweite. Besonders die Zuladung mit zwei Personen und Gepäck hat großen Einfluss auf die Leuchtweite, weil die Maschine tiefer in die Federn sinkt. Deswegen sollte man vor einer Urlaubsfahrt die Leuchtweite unbedingt mit voller Zuladung überprüfen und ggf. einstellen, um eine Blendung des Gegenverkehrs zu vermeiden und eine optimale Lichtausbeute zu erhalten. **Wichtig:** Wenn andere Federbeine eingebaut werden, muss der Scheinwerfer überprüft und eventuell neu eingestellt werden. Ein Parkhaus mit seinem difusen Licht eignet sich sehr gut zur Überprüfung der Scheinwerfereinstellung.

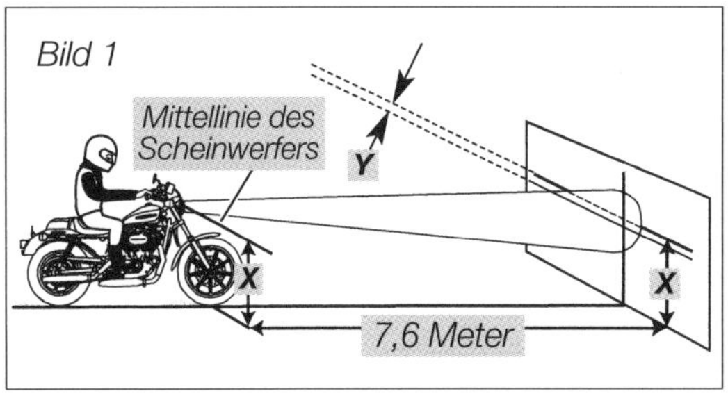

Bild 1: Schemazeichnung einer Scheinwerfer-Leuchtweiten-Kontrolle gegen eine Wand.

■ x = Mitte des Scheinwerfers, y = 5,3 cm.

Leuchtmittel
- Fern-/Abblendlichtlampe 12 V60/55 W (H4)
- Standlichtlampe 12 V/4 W
- Blinkerlampen 12 V/21 W
- LED zur Instrumentenbeleuchtung
- LED als Kontrollleuchten
- Rücklicht-, Bremslicht- und Kennzeichenlampe 12 V/25/7 W bei Custom bis Mj. 2010, Low, Roadster R, Super Low
- LED als Rücklicht-, Bremslicht- und Kennzeichenlampe bei Custom ab Mj. 2011, Anniversary, Ltd. Edition CA und CB
- LED als Rücklicht-, Bremslicht- und Blinkerlampen hinten bei Forty-Eight, Nightster, Seventy-Two, Roadster CX
- Kennzeichenlampe 12 V/5 W bei Forty-Eight, Nightster, Seventy-Two, Roadster CX

Scheinwerfereinstellung prüfen

1. Bild 1: Motorrad vor einer Wand aufstellen, das Maß von der Wand bis zur Mitte der Vorderachse beträgt 7,6 Meter. Der Boden sollte eben sein, die Maschine steht senkrecht, Fahrer sitzt auf dem Motorrad und stützt sich mit den Füßen leicht auf dem Boden ab.

2. *X* in Bild 1: Abstand vom Boden bis Mitte des Scheinwerfers messen, Abstand mit einem Kreidekreuz auf die Wand übertragen.

3. *Y* in Bild 1: Unter dieses Kreuz im Abstand von 5,3 cm ein weiteres Kreuz anzeichnen.

4. Zündung EINschalten, Motor starten, im

Sicherheitshinweise ⚠ Achtung und ☞ Tipps

☞ Wenn Sie an einer roten Ampel zufällig vor einem Schaufenster stehen und Ihr Spiegelbild darin betrachten, betätigen Sie abwechselnd die Hand- und Fußbremse und checken das Bremslicht.

⚠ Während des Lampenwechsels müssen Motor und Zündung stets ausgeschaltet sein! Dies gilt auch für alle anderen Arbeiten an der Lichtanlage.

⚠ Brennende Halogenlampen werden bis einschließlich Metallsockel sehr heiß. Wenn eine Lampe herausgenommen werden soll, immer sicherstellen, dass sie genügend abgekühlt ist.

☞ Beim Lampeneinbau Folgendes beachten:
- Steckkontakte und Glaskörper einer Lampe nicht mit bloßen Fingern anfassen! Sonst setzen sich Hautfette ab und brennen sich ins Glas ein, was Leuchtkraft und Lebensdauer mindert.
- Lampe immer nur mit einem sauberen Lappen in die Hand nehmen. Schmutz oder Fingerabdrücke mit Spiritus abwischen!

☞ Beim Anbau von Blinkern oder Lampen aus dem Zubehör unbedingt auf korrekt sitzende Kabelstecker achten. Oft versteckt sich genau dort ein »Fehlerteufel«, wenn sich Schmutz oder Wasser in nicht fest sitzenden Steckkontakten sammelt und zur Korrosion führt. Daher auch diese Stecker öfter kontrollieren.

Standgas laufen lassen, und das Abblendlicht einschalten.

5. Die Hell-/Dunkelgrenze soll in der Mitte des unteren Kreuzes beginnen, bis zum oberen Kreuz nach rechts ansteigen und dann wieder abfallen.

Scheinwerfer einstellen

Bild 2a: Bei den meisten Modellen unseres Buchs ist der Scheinwerfer auf der unteren Gabelbrücke montiert.

1. Einstellung horizontale (rechts-links) Ausrichtung: Schraube in der unteren Gabelbrücke lockern, Scheinwerfer ausrichten, festhalten.

2. Schraube mit 44 Nm festziehen.

3. Vertikale Ausrichtung nach oben und unten (= »Leuchtweite«) über die Schraube unten am Schweinwerfer: Kontermutter lösen, Scheinwerfer ausrichten, festhalten.

3.1. Mutter mit 44 Nm festziehen.

Bild 2b: Bei einigen Modellen unseres Buchs wird der Scheinwerfer mit der Mutter auf der Oberseite der Scheinwerferhalterung eingestellt.

1. Adeckkappe entfernen.

2. Mutter lösen.

2.1. Scheinwerfer nach oben oder unten kippen ändert die vertikale Einstellung.

2.2. Scheinwerfer nach links oder rechts drehen ändert die horizontale Ausrichtung.

3. Wenn der Scheinwerfer korrekt eingestellt ist, die Mutter mit 21 Nm festziehen und dann die Abdeckkappe montierten.

Lampen wechseln

Scheinwerferlampe ausbauen (Bild 3)

1. Beim oben befestigten Scheinwerfer: Mutter von Schraube unten am Zierring lösen, abdrehen, Schraube ausziehen.

1.1. Beim unten befestigten Scheinwerfer: Schraube am Zierring lösen und ausdrehen, Zierring abziehen. Dabei unbedingt Reflektor mit Adapterring festhalten.

2. Stecker abziehen: Beide Sicherungsriegel eindrücken und gleichzeitig Stecker abziehen.

3. Gummikappe abnehmen, indem fest an der Lasche gezogen wird.

4. Bilder 4a und 4b: Durch gleichzeitiges Zusammen- und Niederdrücken den Bügel aus seiner Arretierung heben, wegklappen und dann die defekte Lampe entnehmen.

Scheinwerferlampe einbauen

Einbau einer neuen Lampe in umgekehrter Reihenfolge des Ausbaus, dabei besonders

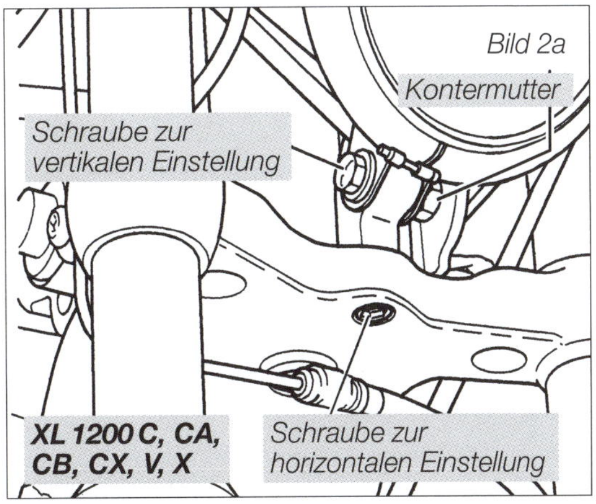

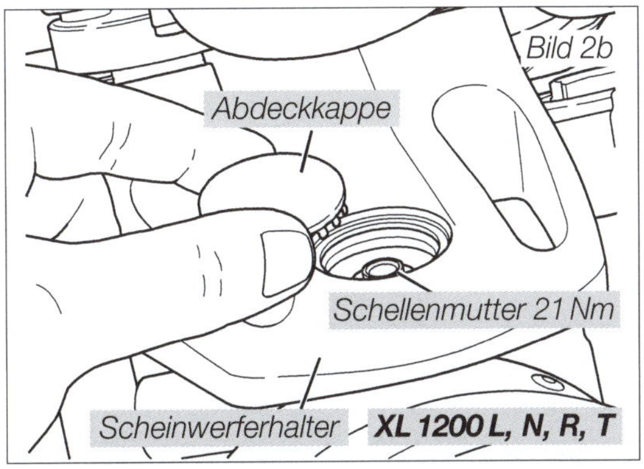

Bilder 2a und 2b: Je nach Modell ist der Scheinwerfer entweder unten (Bild 2a) oder oben befestigt (Bild 2b).

Bild 3: Explosionszeichnung des Scheinwerfers.

Bilder 4a und 4b: Ausbau der Scheinwerferlampe. Enden des Bügels zusammendrücken und aus ihrer Verriegelung herausziehen.

■ Glaskolben und Steckkontakte der Glühlampe nicht mit bloßen Fingern anfassen!

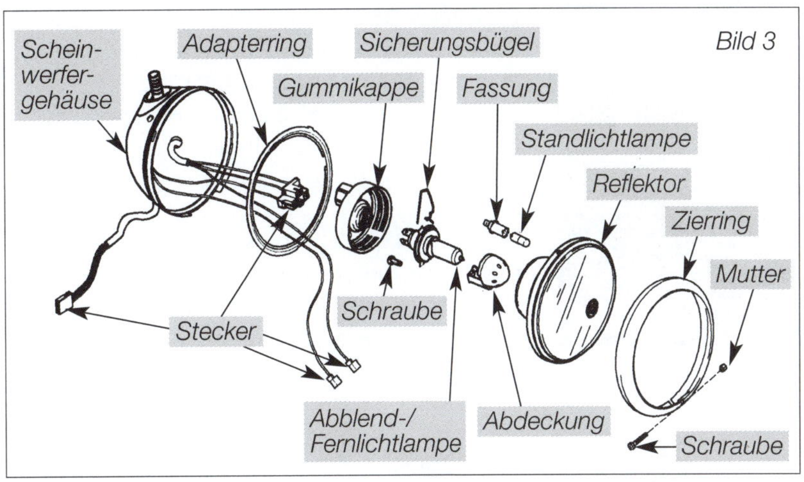

Enden des Bügels zusammendrücken und aus der Arretierung heben

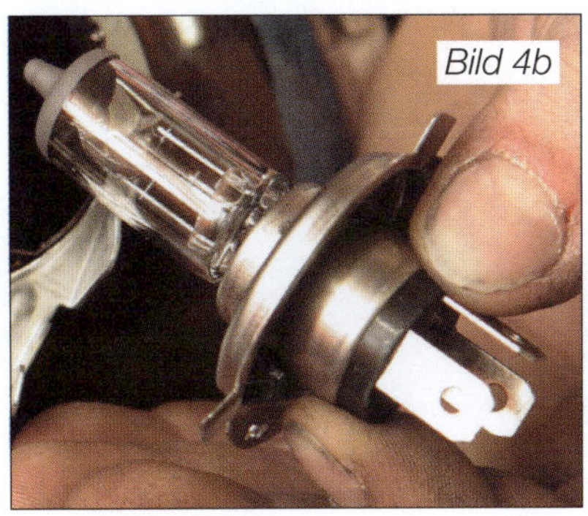

Bild 5: Korrosionsschicht mit feinem Schleifpapier entfernen und mit Kontaktspray behandeln wirkt Wunder.

Bild 6: Standlichtlampe in Gummifassung.

Bilder 7a und 7b: Vorderer (Bild 7a) und hinterer Blinker (Bild 7b).

Bild 5

Bild 6

beachten, dass die Laschen am Lampensockel in die zugehörigen Nuten eingesetzt werden.

■ Bild 4a: Sicherungsbügel einrasten lassen.

■ Gummikappe so einbauen, dass die Markierung TOP nach oben zeigt.

■ Bild 3: Adapterring mit Reflektor in Scheinwerfer einsetzen, Zierring positionieren, Schraube mit Gefühl festziehen.

Standlichtlampe aus- und einbauen

Bilder 3 und 6: Die Standlichtlampe sitzt im Scheinwerfer in einer Gummifassung.

1. Am ausgebauten Reflektor (siehe »Scheinwerferlampe«) Stecker von Fassung des Standlichts abziehen, Gummifassung vom Reflektor abziehen, Standlichtlampe 1/4 links drehen, aus der Fassung herausziehen.

2. Neue Lampe einstecken, 1/4 rechts drehen, Gummifassung einstecken, Stecker aufstecken.

Blinkerlampen aus- und einbauen

Bilder 7a und 7b: Bei den Blinkern werden die Lampen auf die gleiche Art gewechselt:

1. Bild 8: Am Rand des Blinkerglases befindet sich eine kleine Kerbe: Spitze eines kleinen Schraubenziehers in die Kerbe einstecken und den Schraubenzieher vorsichtig (!) drehen, bis das Blinkerglas aus dem Gehäuse herausspringt, Blinkerglas abnehmen.

2. Die Lampen sitzen in Bajonettfassungen:

■ Zum Ausbau die Lampe leicht in die Fassung eindrücken, bis die Haltenippel entriegelt sind, dann unter leichtem Druck nach links bis zum Anschlag drehen, aus Fassung herausziehen.

Problem: Blinklicht flackert? Bild 5: An den Metallkontaktstellen von Fassung und Lampensockel sowie am Pluskontakt entsteht im Laufe der Zeit Korrosion, was zu einer Art »schleichender Dekontaktierung« und flackernden Ausfällen der Lampe führt.

Abhilfe: Korrosionsstellen mit feinem Schmirgel abziehen, Lampe mit Kontaktspray einsetzen. Auch in der Fassung nachsehen, denn Korrosion sitzt oft auch hier und muss entfernt werden.

Beim Zusammenbau beachten: Das Blinkerglas vorsichtig in das Blinkergehäuse eindrücken und einschnappen lassen.

Brems-/Rücklicht

Bei den meisten Modellen ist ein kombiniertes Brems-/Rücklicht angebaut. Darin befindet sich entweder konventionelle Lichttechnik mit einer Lampe (12 Volt 25/7 Watt), oder LED-Leuchten, die jedoch nicht erneuert werden können. Ein Tausch konventioneller Lampen geht so:

1. Bild 10: Zum Wechsel der Lampe beide Schrauben der Streuscheibe ausdrehen, Streuscheibe und Schrauben abnehmen.

2. Bild 11: Sicherungsriegel des Steckers eindrücken, Stecker abziehen.

3. Lampenfassung 1/4 links drehen, Fassung aus Lampengehäuse herausziehen, Lampe aus Fassung ziehen.

Einbau einer neuen Lampe in umgekehrter Reihenfolge, dabei besonders beachten, dass die Schrauben der Streuscheibe nur »leicht handfest« angezogen werden (2,5 Nm).

Blinker, Brems- und Rücklicht als eine LED-Einheit

Bild 9: Bei den Modellen Forty-Eight, Nightster, Seventy-Two und Roadster CX sind die Blinker hinten auch Brems- und Rücklicht. Diese LED-Einheiten können nicht zerlegt werden. Bei einem Ausfall der LED muss der komplette Blinker erneuert werden.

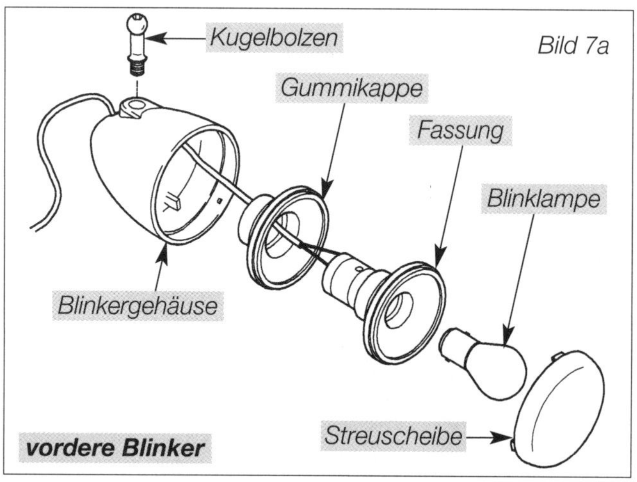

Bild 7a

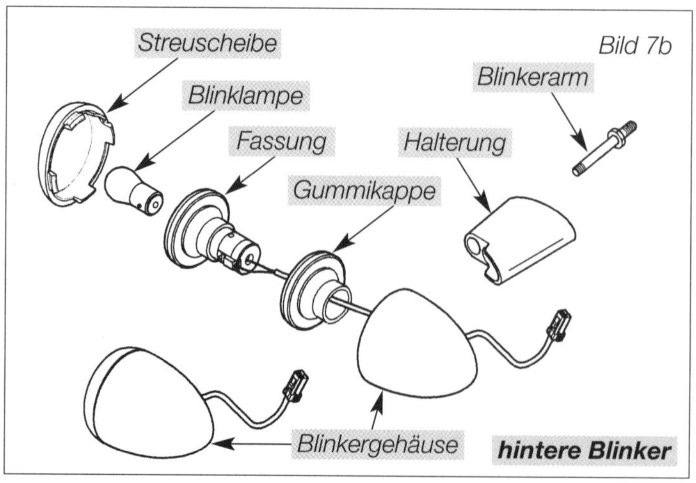

Bild 7b

Kennzeichenbeleuchtung

Die Kennzeichenbeleuchtung bei Modellen mit in den Blinkern integriertem Rück-/Bremslicht (Bild 12) hat zwei Lampen 12 Volt 5 Watt.

1. Die beiden auf der Rückseite des Kennzeichenhalters sichtbaren Schrauben, mit denen das Lampengehäuse am Kennzeichenhalter befestigt ist, ausdrehen, Lampengehäuse und Dichtung vom Kennzeichenhalter abnehmen.

2. Spitze eines kleinen Schraubenziehers in Schlitze des Lampengehäuses einsetzen und den Schraubenzieher behutsam drehen, bis sich das Innengehäuse von der Abdeckung abheben lässt. Innengehäuse von der Abdeckung trennen.

3. Innengehäuse von Nuten in der Abdeckung wegziehen. Zum Wechsel die Lampen vorsichtig und gerade aus der Fassung ziehen.

Einbau in umgekehrter Reihenfolge.

Instrumentenbeleuchtung und Kontrollleuchten (Bilder 13a bis 13c)

Wenn eine LED der Kontrollleuchten in der Instrumentenkonsole bzw. die LED der Hintergrundbeleuchtung des Tachometers defekt ist, kann sie nicht erneuert werden. Dann muss die komplette Instrumentenkonsole mit dem Instrumentenkabelbaum bzw. der komplette Tachometer ausgetauscht werden. Dies kommt allerdings im normalen Betrieb kaum vor, denn LEDs halten üblicherweise ein Motorradleben lang.

Zum Ausbau folgendermaßen vorgehen:

1. Scheinwerferhalterung abdecken.

2. Tachogehäuse von der oberen Gabelbrücke abschrauben.

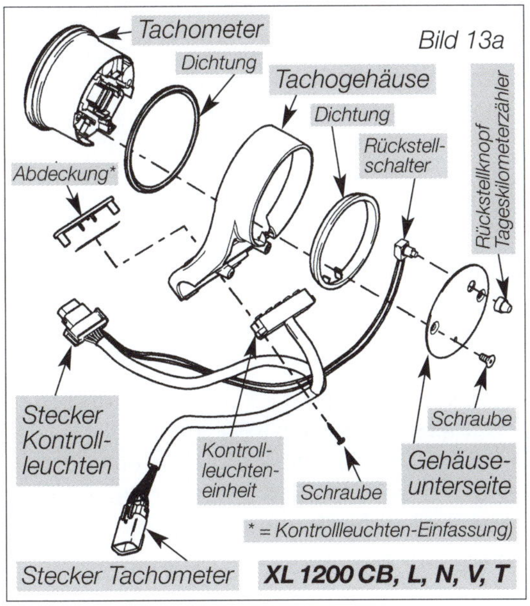

Bild 13a

3. Kappe vom Rückstellknopf des Tageskilometerzählers auf der Unterseite des Tachometers abbauen (falls vorhanden).

4. Bei allen außer XL 1200 C, Anniversary und

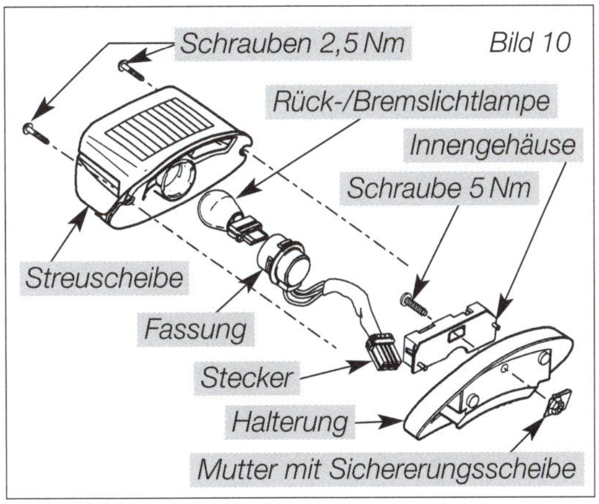

Bild 10

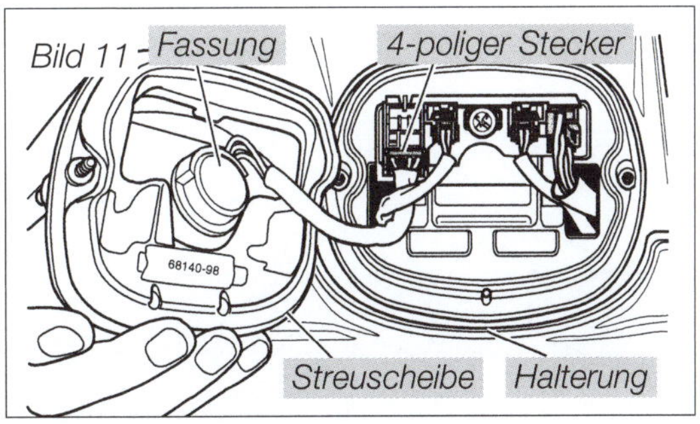

Bild 11

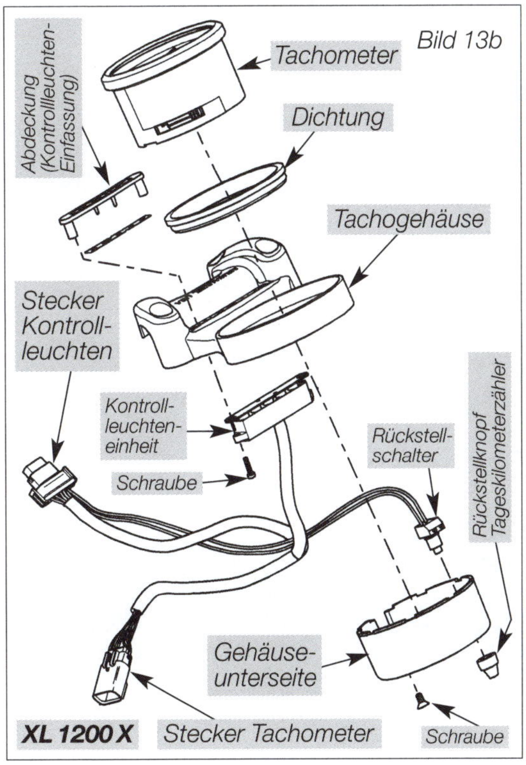

Bild 13b

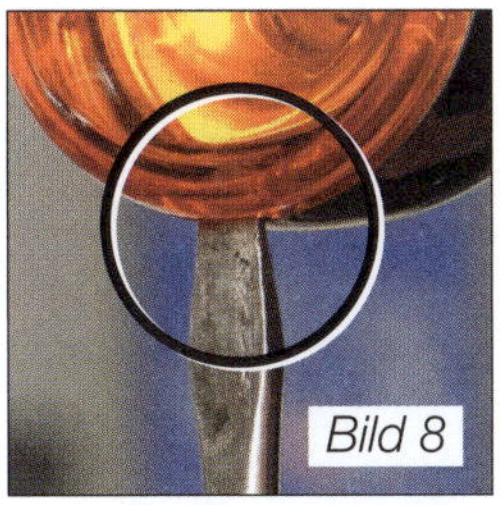

Bild 8

Bild 9

Bild 12

Bild 8: Im Blinkerglas ist eine kleine Nut zum Heraushebeln (vorsichtig!) eingearbeitet.

Bild 9: Kombinierte LED-Einheit aus Blinker, Rück-/Bremslicht.

Bild 10: Konventionelles Rück-/Bremslicht.

Bild 11: Lampenfassung des konventionellen Rück-/Bremslichts.

Bild 12: Kennzeichenbeleuchtung.

Bilder 13a bis 13c: Explosionszeichnungen der Instrumenteneinheiten.

Sichtprüfung Messen

Bilder 14a und 14b: Vorne montierte Hupe und Bauteile der Befestigung.

Bilder 15a und 15b: Seitlich montierte Hupe und Bauteile der Befestigung.

Bild 14a

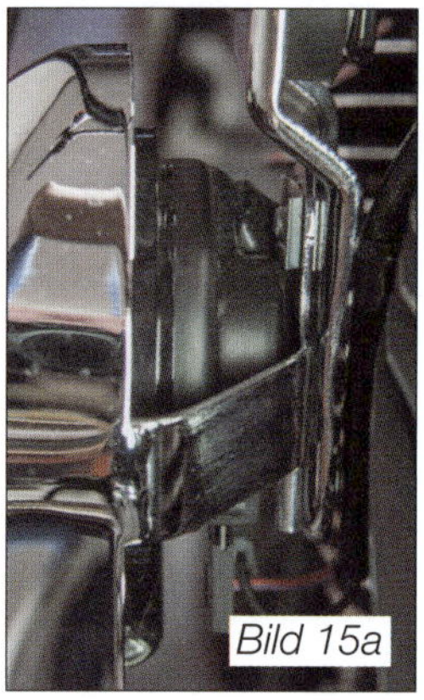

Bild 15a

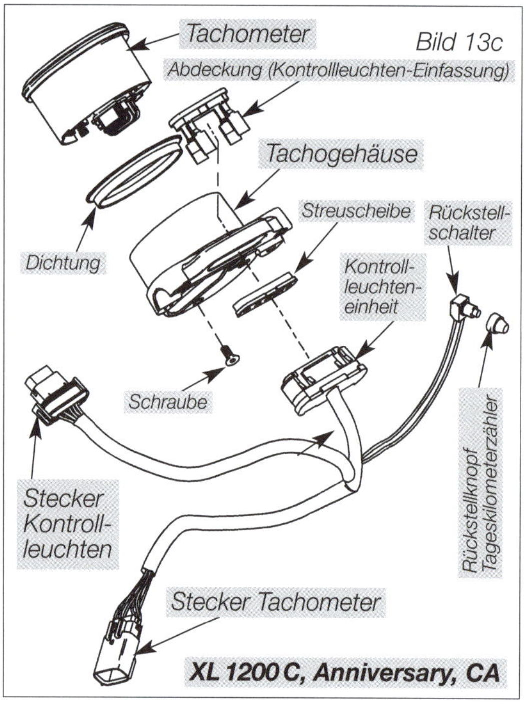

Bild 13c

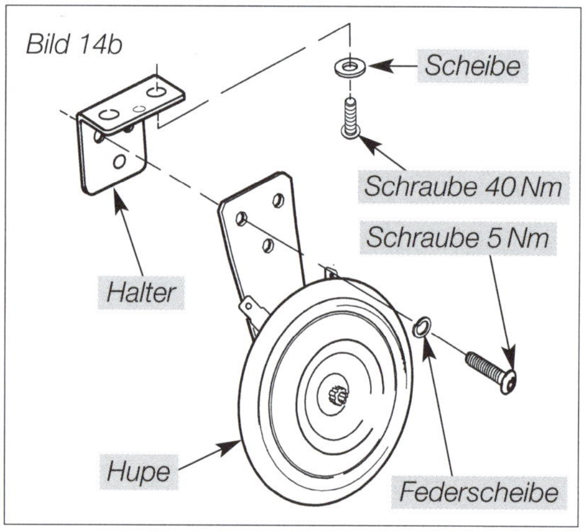

Bild 14b

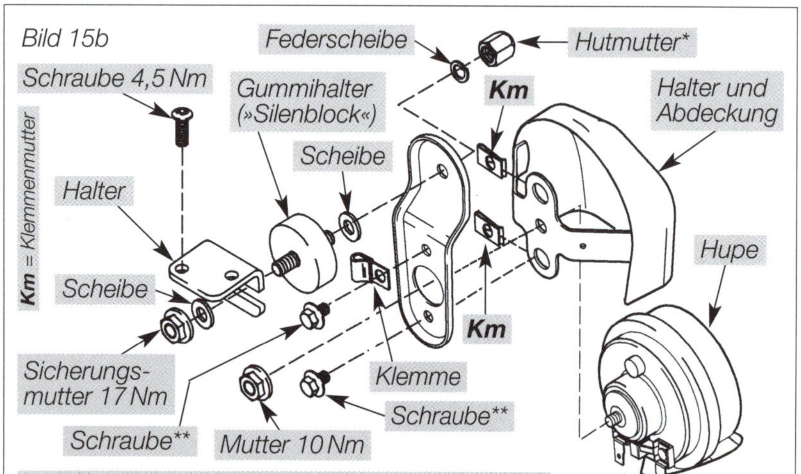

Bild 15b

* = 14 Nm, 15 Nm ab Mj. 2016; ** = 4,5 Nm, 5 Nm ab Mj. 2016

CA, Bilder 13a und 13b und auch bei der Roadster XL 1200 R mit Doppelinstrument: Gehäuseunterseite abschrauben. Kontrollleuchteneinheit durch Ausdrehen der beiden Schrauben vom Tachogehäuse lösen.

4.1. Bei XL 1200 C, Anniversary und CA, Bild 13c: Haltenasen der Kontrollleuchten-Einfassung vorsichtig zurückbiegen, Kontrollleuchteneinheit nach unten ausziehen.

5. Beide Schrauben und die Unterseite des Tachometers entfernen.

6. Stecker des Tachometers von der Unterseite des Tachometers abschrauben.

7. Tachometer und vordere Dichtung vorsichtig aus dem Gehäuse herausdrücken.

Einbau in umgekehrter Reihenfolge. Beim Zusammenbau beachten:

■ Kabel des Tachometers sorgfältig zwischen den Passkeilen und der Gehäusedichtung sowie der Aussparung in der Tachometerunterseite verlegen.

Hupe, Lichthupe

Bilder 14a und 14b: Die **Hupe** sitzt entweder vorne am Rahmen vor dem vorderen Zylinder oder auf der linken Seite des Motors (Bilder 15a und 15b). Wenn dieses Signalhorn nicht ertönt oder nur schwach krächzt, liegt die Ursache meist an der Stromzuführung zur Hupe (»Signalhornstromkreis«) oder einer schlechten Masseverbindung zum Rahmen hin.

Spannungsprüfung: Beide Stecker abziehen, mit aktiver Zündung und gedrücktem Hupenknopf muss Batteriespannung anliegen. Falls nicht, liegt eine Unterbrechung in Kabel oder Schalter vor. Auch korrodierte Steckerkontakte können die Funktion stören, diese mit Schmirgelpapier säubern und Kontaktspray nutzen. Liegt Spannung an, ist der Massekontakt zu prüfen. Ist der Stromkreis in Ordnung, ist die Hupe defekt.

Lichthupe prüfen

Falls das Fernlicht nicht aufleuchtet, zuerst die Lampe überprüfen: Auf Fernlicht schalten und nachsehen, ob die Lampe brennt.

■ Wenn die Lampe in Ordnung ist, Kabel und Steckverbindungen kontrollieren.

■ Wenn Kabel und Steckverbindungen in Ordnung sind, sollte man die Lenkerschaltereinheit öffnen und nachsehen, ob beim Drücken des Schalters innen ein einwandfreier Kontakt hergestellt wird.

Sicherungen · Relais · Stecker

In diesem Kapitel: Elektrische Bauteile · Sicherungen · Relais · Tipps und Tricks zur Überprüfung der elektrischen Anlage · Stecker, Kabel, Kabelanschlüsse · Aufgescheuerte Kabel · Fehlersuche in Stromkreisen · Schalter · Serielles Datennetz · CAN-Bus · Zündschlüssel · Alarmanlage · Steckverbinder, Kabelverlegung · elektrische Bauteile erklärt · Einbaulage elektrischer Bauteile.

Elektrische Bauteile

In diesem Kapitel werden die elektrischen Bauteile erklärt, welche in die Modelle unseres Buchs eingebaut sind, und ihre Einbaustellen beschrieben. Zuerst einzeln im Detail in Bildern und Zeichnungen; weiter hinten auf zwei Doppelseiten finden Sie eine übersichtliche Darstellung mit kompletter Auflistung. Sehr wichtig in diesem Zusammenhang sind auch die Steckverbindungen (Bilder 14 bis 20), die unterschiedlich verklinkt und arretiert sind.

Die Modelle bis Mj. 2013 haben ein so genanntes »**Seriellen Datennetz**«. Ab Modelljahr 2014 mit **CAN**-Bus (**C**ontroller **A**rea **N**etwork). Mehr dazu im Laufe dieses Kapitels.

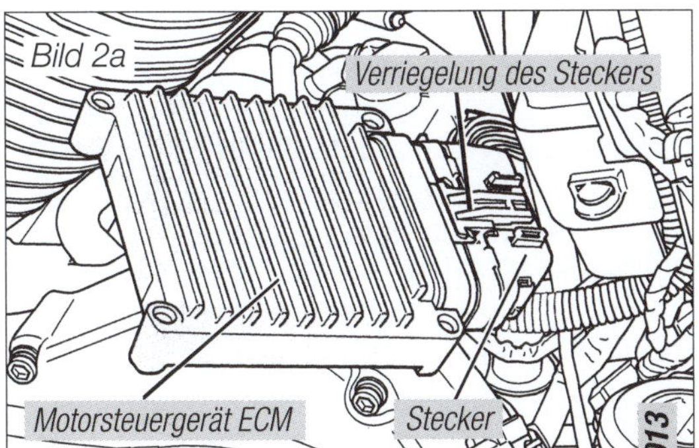

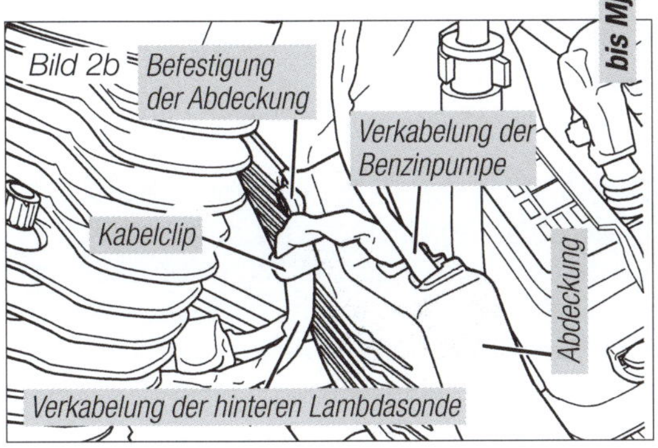

Bilder 2a, 2b und 3: Das Motorsteuergerät wird »**ECM**« (**E**ngine **C**ontrol **M**odule) genannt. Es überwacht die Funktion der Motorsensoren, steuert Einspritzung und Zündung und ist mit einem Selbstdiagnosesystem ausgestattet: Wenn im Einspritz-/Zündsystem eine Störung erkannt wird, schaltet das ECM über die Warnleuchte »Motorelektronik« im Tacho (Bilder 34a und 34b) eine Fehleranzeige ein. Zugleich wird die Störung mit einem entsprechenden Fehlercode »**DFC**« (**D**iagnostic **F**ailure **C**ode) gespeichert.

Bild 3: Das Zentralsteuergerät »**BCM**« (**B**ody **C**ontrol **M**odule) ist in Fahrzeugen ab Mj. 2014 (mit Can-Bus) verbaut. Es befindet sich unter der linken Seitenabdeckung beim Motorsteuergerät ECM, liefert Spannung für die Zündung und einen Großteil der Nebenverbraucher und steuert den Energiemodus des elektrischen Systems.

Gemeinsam mit anderen Fahrzeugfunktionen steuert es auch die Beleuchtung, indem die Schalter als Eingänge und die Stromkreise für die Beleuchtung als Ausgänge benutzt werden. Weiterhin werden vom BCM die Funktionen eines Blinkrelais und Umkipp-Sensors übernommen. Das BCM ist mit den CAN-Bus (Controller Area Network) verbunden und tauscht Informationen mit anderen Fahrzeugmodulen aus.

Wenn eine Störung im Einspritz-Zündsystem auf-

Korrespondenzkapitel:
- 12 »Licht · Blinker · Hupe«
- 14 »Batterie«
- 15 »Ladesystem«
- 16 »Anlasser«
- 18 »Zünd-Einspritzanlage«
- 28 »Schaltpläne«

Benötigte Werkzeuge zu diesem Kapitel
- Elektroschraubenzieher
- Quetschverbinderzange
- Multimeter

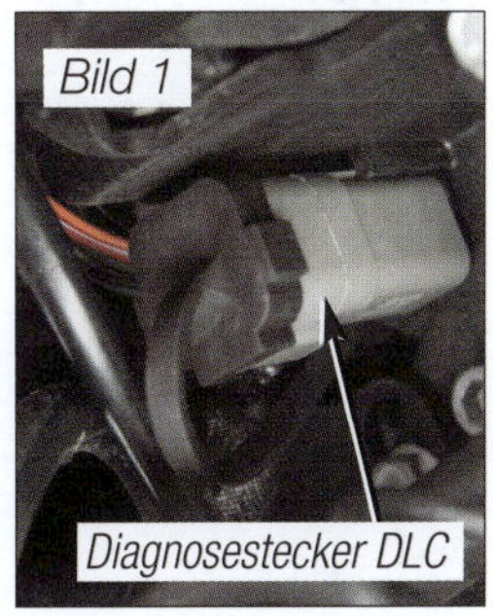

Bild 1: Einbaulage des Diagnosesteckers DLC. Zur Kommunikation mit den elektrischen Bauteilen wird er an das Harley-eigene Diagnosegerät »Digital Technician II« angesteckt.

Bilder 2a und 2b: Motorsteuergerät ECM, seine Abdeckung und weitere Verkabelung bis Mj. 2013.

Bild 3: Steuergeräte ECM für die Motorelektrik und Zentralsteuergerät BCM für die Fahrzeugelektrik ab Mj. 2014.

tritt, schaltet das ECM auf einen Notlauf-Modus um, in dem der Motor weiter läuft und ohne große Unterschiede zum Normalbetrieb weitergefahren werden kann.

Wenn die Warnleuchte »Motorelektronik« im Tacho brennt, können bis Mj. 2013 über den Rückstellknopf für den Tageskilometerzähler am Tacho aktuelle und historische (= ältere) Fehlercodes ausgelesen werden; ab Mj. 2014 können

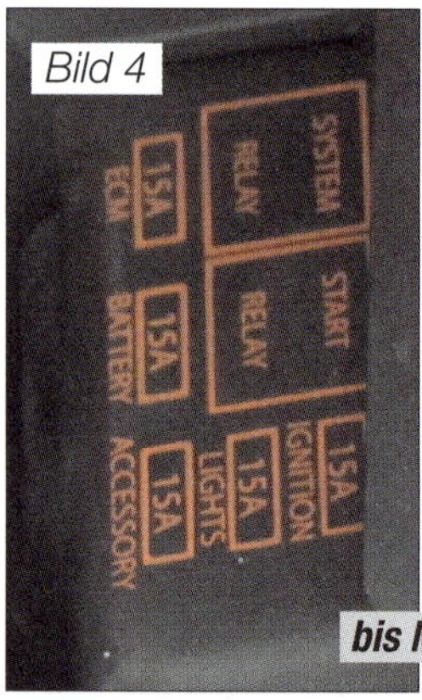

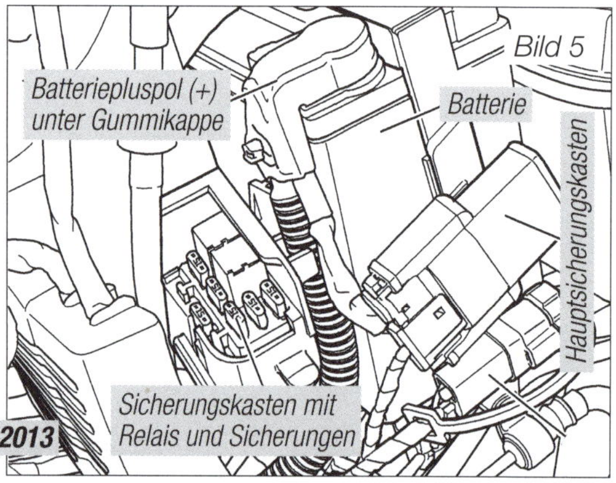

Bilder 4 bis 6: Sicherungskasten mit Relais und Sicherungen bis Modelljahr 2013.

Bilder 7a bis 7d: Bis Modelljahr 2013 ist die Hauptsicherung in einem extra Kästchen.

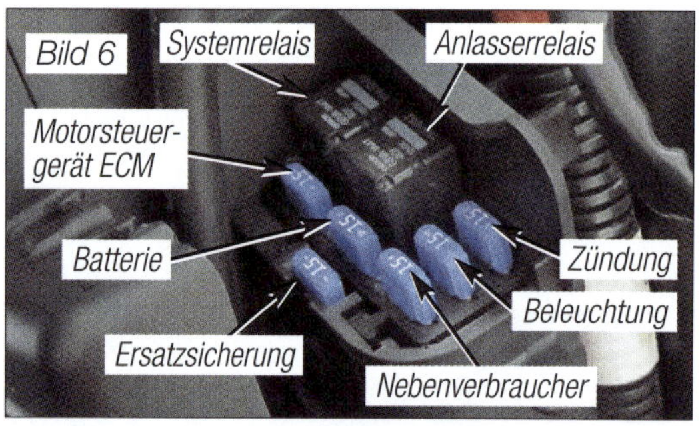

über den Rückstellschalter für Tageskilometerzähler im linken Lenkerschalter nur noch aktuelle Fehlercodes ausgelesen werden; sie geben einen ersten Hinweis auf mögliche Ursachen der Störungen. **Guter Ratschlag:** Möglichst rasch eine Harley-Davidson-Werkstatt aufsuchen, denn nur dort können die Fehler mit dem Harley-Davidson Diagnosegerät »Digital Technician II« ausgelesen, behoben und die Fehlercodes gelöscht werden.

Sicherungen

Hauptsicherung: Die Hauptsicherung mit 30 Ampere ist bis Modelljahr 2013 unter dem linken Seitendeckel, neben der Batterie zu finden (Bild 5). Ab Modelljahr 2014 befindet sich die Hauptsicherung mit 40 Ampere ebenfalls unter dem linken Seitendeckel im Sicherungsblock (Bilder 9a und 9b). Die Sicherung muss zum Beispiel ausgebaut werden, wenn man die Batterie ausbaut zum Laden oder eine neue einbaut (siehe Kapitel 14 »Batterie«).

⚠ **Achtung 1:** Bei Modellen, die eine Alarmanlage mit einer Sirene haben, muss **VOR dem Entfernen** der Hauptsicherung oder einer Verbrauchersicherung der Zündschlüssel auf IGNITION gedreht werden; der Motorbetriebsschalter auf ON, sonst wird Alarm ausgelöst!

⚠ **Achtung 2:** Beim Wiedereinbau müssen Zündschlüssel oder der Motorbetriebsschalter auf OFF gestellt werden. Erst dann die Sicherung wieder einstecken.

Sicherungs-/Relaiskasten: In den Modelljahren 2007 bis 2013 befindet sich der Sicherungskasten unter dem linken Seitendeckel; er ist vor der Batterie angebaut (Bilder 4, 5, 6 und 10a).

Bild 6: Im Sicherungskasten sind die Sicherungen für Zündung (Ignition), Beleuchtung (Lights), Nebenverbraucher (Accessory), Motorsteuergerät ECM (ECM) und die Batterie (Battery) und eine Ersatzsicherung; alle mit 15 Ampere. Auch im Sicherungskasten sind Relais für das elektrische System und den Anlasser (Bilder 6 und 10a).

Bilder 9a und 9b: Die **Sicherungen** ab Modelljahr 2014 sind im Sicherungsblock links neben der Batterie; es sind die Hauptsicherung mit 40 Ampere, eine Sicherung für Nebenverbraucher (P & A = Parts & Accessories) mit 15 Ampere und eine Sicherung für die Batterie mit 10 Ampere.

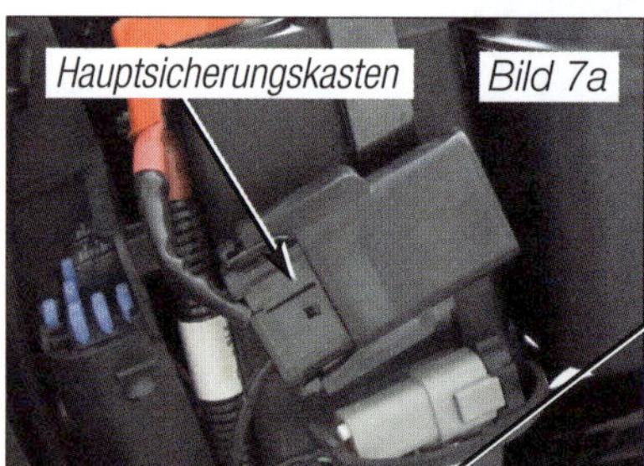

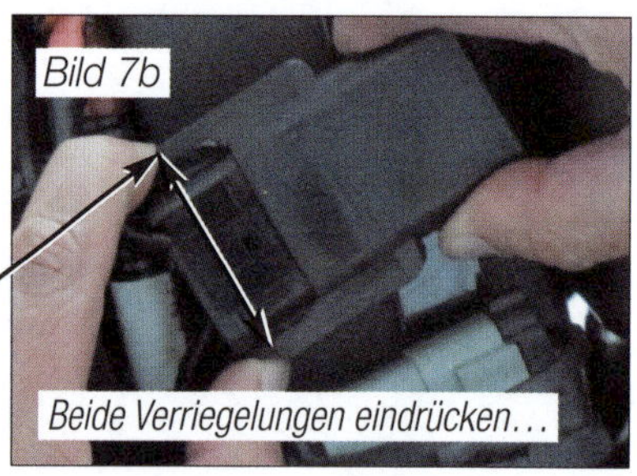

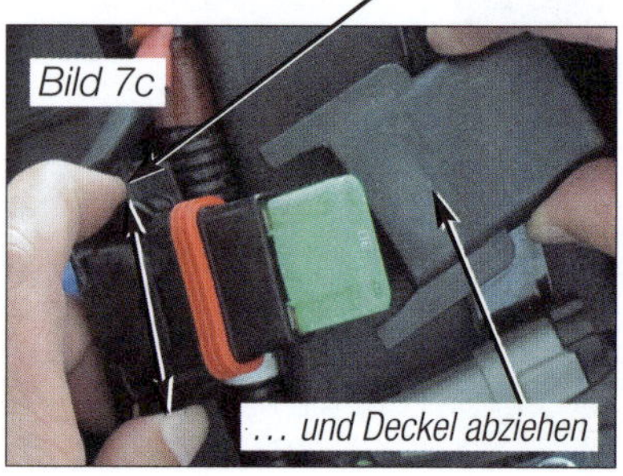

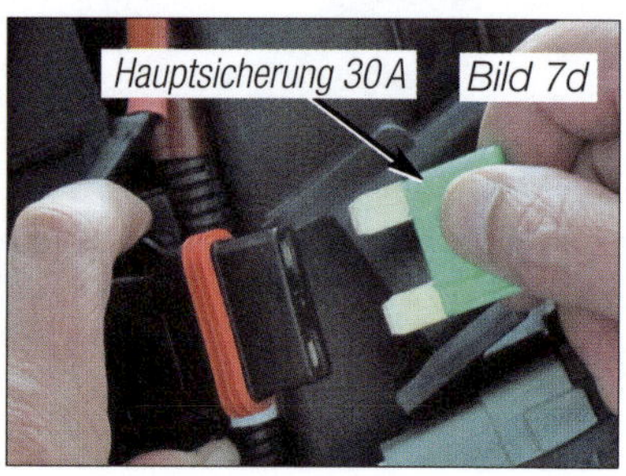

Beim Arbeiten an Sicherungen beachten:

■ Vor Sicherungswechsel die Zündung sicher ausschalten, Zündschlüssel abziehen/Motorbetriebsschalter auf OFF. **Ausnahme:** Modelle mit Alarmanlage (siehe »Achtung 1« auf der vorhergehenden Seite).

■ Defekte Sicherungen nicht reparieren, etwa mit alubeschichtetem Papier aus der Zigarettenschachtel: Die Gefahr, dass der Kabelbaum (und damit die Maschine!) anfängt zu brennen, ist ziemlich hoch!

■ Im Sicherungskasten bis Mj. 2013 ist eine Reservesicherung mit 15 Ampere vorhanden. Wenn diese benötigt wurde, sie umgehend ersetzen.

■ Für die Sicherungen im Sicherungsblock ab Modelljahr 2014 gibt es keine Reservesicherungen. Es wird empfohlen Reservesicherungen zu kaufen und mitzuführen; z. B. mit Klebeband an den Batteriekasten anzukleben.

■ Auch für die Hauptsicherung 30 bzw. 40 Ampere gibt es keine Reservesicherung. Auch hier empfehlen wir eine Reservesichrung mitzuführen.

■ Nur vorgeschriebene Sicherungen verwenden!

■ Wenn Korrosion an den Zungen der Sicherung zu sehen ist und sich deswegen kein zuverlässiger Kontakt einstellt, kann man die Zungen mit feinem Schmirgelpapier abziehen (Bild 8).

⚠ **Achtung:** Falls eine Sicherung wiederholt durchbrennt, den Fehler suchen und beheben. Auf keinen Fall eine Sicherung mit einem höheren Ampere-Wert einsetzen.

Sicherungen erneuern

Hauptsicherung

1. Bis Modelljahr 2013 (Bilder 7a bis 7d): Seitliche Verriegelung eindrücken, Deckel nach oben abziehen.

1.1. Defekte Sicherung mit einer Spitzzange aus der Steckklemme ziehen.

1.2. Neue Sicherung in Steckklemme einsetzen, Deckel sorgfältig verschließen.

2. Ab Modelljahr 2014 (Bilder 9a und 9b): Die seitlichen Zungen anheben, Deckel nach oben abziehen.

2.1. Sicherung aus- und einbauen wie bei Hauptsicherung bis Modelljahr 2013.

Allgemeine Sicherung

1. Bis Modelljahr 2013 (Bilder 4, 5 und 6): Riegel im Deckel mit kleinem Schraubenzieher oder leichtem Fingerdruck lösen, Deckel aufklappen.

1.1. Sicherungen aus- und einbauen wie bei Hauptsicherung bis Modelljahr 2013.

2. Ab Modelljahr 2014 (Bilder 9a und 9b): Die allgemeinen Sicherungen sitzen mit der Hauptsicherung im Sicherungsblock.

2.1. Deckel öffnen wie bei Hauptsicherung ab Modelljahr 2014, Sicherungen aus- und einbauen wie bei Hauptsicherung bis Modelljahr 2013.

Relais

Wie weiter vorne im Textabschnitt »Sicherungen« erwähnt, sind bis Modelljahr 2013 im allgemeinen Sicherungskasten auch das System- und Anlasserrelais eingebaut (Bilder 6 und 10a). Zum Ausbau eines Relais dieses am Gehäuse fest anpacken und mit einer leichten Hin- und Herbewegung aus den Kontakten herausziehen.

Wichtig: NICHT verkanten. Bei Wiedereinbau darauf achten, dass die Relaiskontakte aufeinander ausgerichtet werden. Relais fest eindrücken.

Neben diesen beiden Relais gibt es bis Modelljahr 2013 noch Blinkrelais, das mit dem Umkipp-Sensor (BAS) zu einer Baueinheit zusammen gefasst ist und »Blinkermodul« oder **TSM** (»**T**urn **S**ignal **M**odule«) genannt wird. Ist eine Alarmanlage verbaut, ist es mit dieser im **HFSM** (»**H**ands **F**ree **S**ecurity **M**odule«) zusammengefasst.

Bild 10b: Das TSM/HFSM ist unter der Batterie angebracht. Zum Abbau des TSM/HFSM muss die Batterie ausgebaut werden (Kapitel 14).

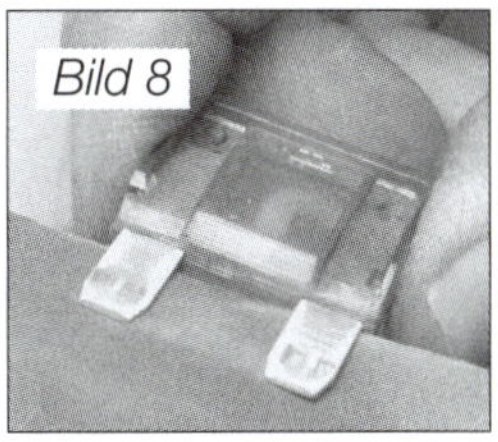
Bild 8

Bild 8: Zungen der Sicherung bei Korrosion mit Schmirgelpapier abziehen.

Bilder 9a und 9b: Sicherungsblock mit Sicherungen und Sicherungsbelegung ab Mj. 2014.

Bilder 10a und 10b: Einbaulage von System- und Anlasserrelais im Sicherungskasten und von TSM, HFSM (Blinkmodul mit BAS – Umkipp-Sensor, Alarmanlage) bis Mj. 2013.

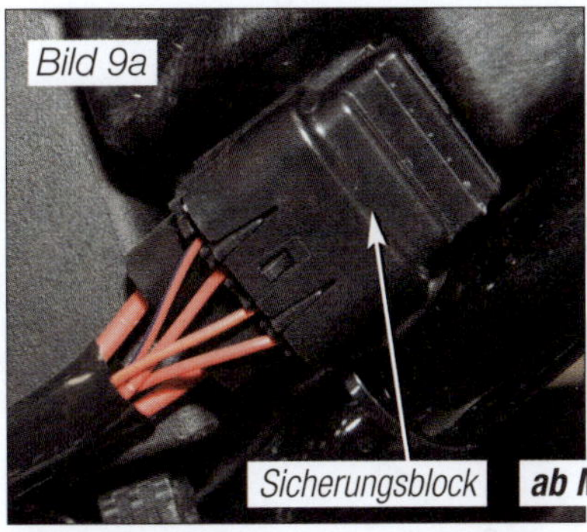

Bild 9a

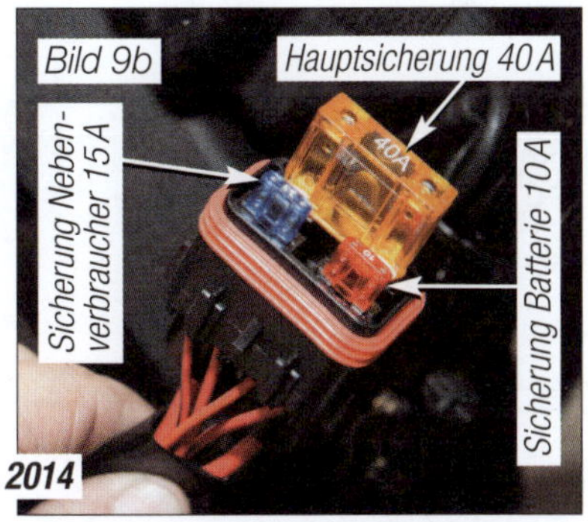

Bild 9b

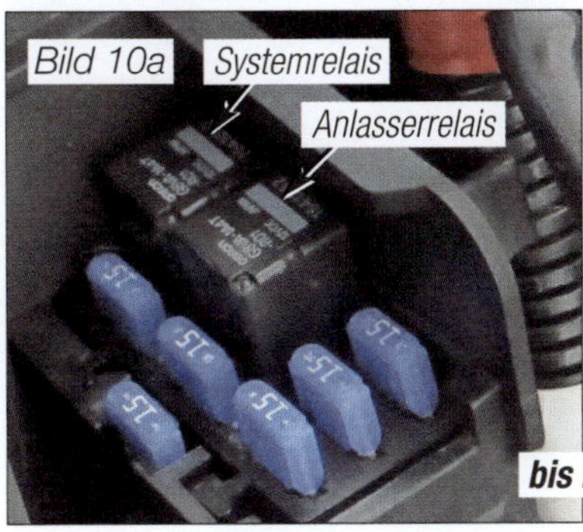

Bild 10a

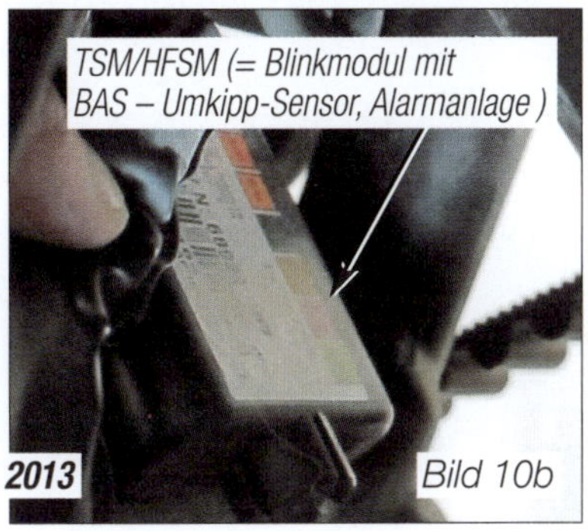

Bild 10b

Sichtprüfung Messen

Dann wird der Kabelbaum-Stecker abgebaut:
- Verriegelung des 4-poligen Steckverbinders lösen,
- 12-poligen Steckverbinder lösen,
- unter Batteriehalter fassen, HFSM nach oben drücken und aus dem Batterieraum herausholen.

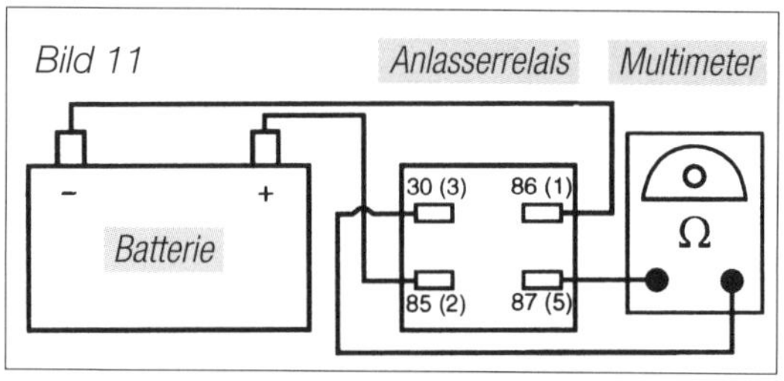

Bild 11: Prüfanordnung eines Anlasserrelais mit 4 Kontakten.

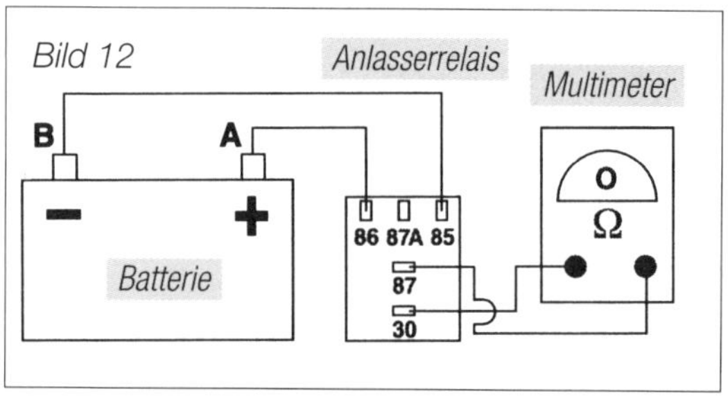

Bild 12: Prüfanordnung eines Anlasserrelais mit 5 Kontakten.

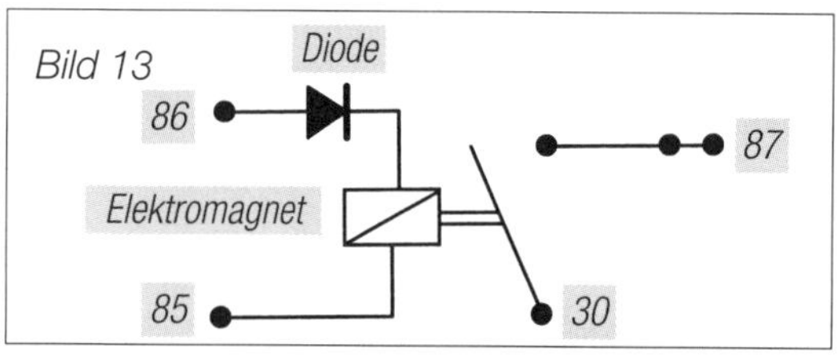

Bild 13: Beispiel eines Relais-Schaltbilds mit Diode zur Prüfung.

Noch einmal: Ab Modelljahr 2014 gibt es keine Relais mehr, die üblichen Relaisfunktionen werden vom Steuergerät BCM übernommen.

Fehlersuche an einem Relais
- Falls eine elektrische Baugruppe nicht funktioniert, die zugehörige Sicherung jedoch in Ordnung ist und die stromzuführenden Kabel ebenfalls, kann das Relais »hängen«: Leicht gegen das Relais klopfen und erneut versuchen.
- Falls immer noch nichts geht, ein erwiesenermaßen funktionstüchtiges Relais einsetzen.
- Auf allen Relaisgehäusen sind die Leiterbahnen eingraviert, die den Stromverlauf durch den Elektromagneten und den Schalter zeigen. Beachten Sie vor dem Durchführen von Prüfungen zunächst die Bezeichnungen der Anschlussstifte, die Leiterbahnen und ob in einer der Leiterbahnen eine Diode vorhanden ist.
- Bilder 11, 12 und 13: Prüfen Sie zunächst den Elektromagneten auf Durchgang, üblicherweise zwischen Stift 86 = Plus und Stift 85 = Minus. Falls der Stromkreis eine Diode enthält, verwenden Sie die Diodenprüfvorrichtung des Multimeters (Voltskala) in Stromlaufrichtung. Ist keine Diode vorhanden, verwenden Sie die Widerstandsprüfeinstellung. Eventuelle Leiterunterbrechung oder ungewöhnlich hoher Widerstandswert deuten auf ein fehlerhaftes Relais hin.
- Legen Sie zur Überprüfung der Schalterseite eine 12 V-Versorgungsspannung zwischen Stift 86 und 85 an. Jetzt genau hinhören: Beim Anlegen der Versorgungsspannung muss ein

Bilder 14 bis 20: Verschiedene Stecker (»Steckverbinder«) und Verriegelungen.

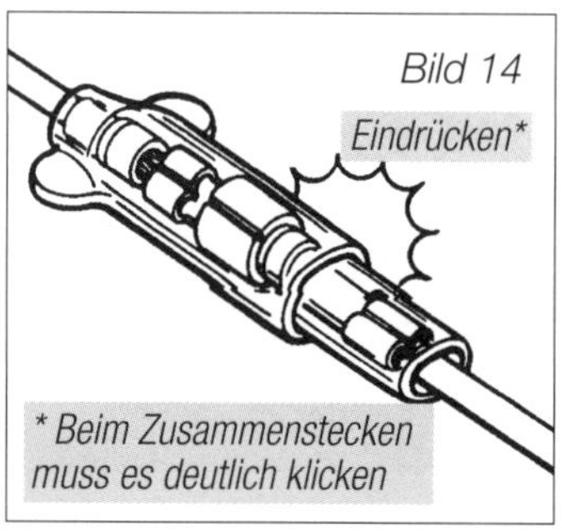

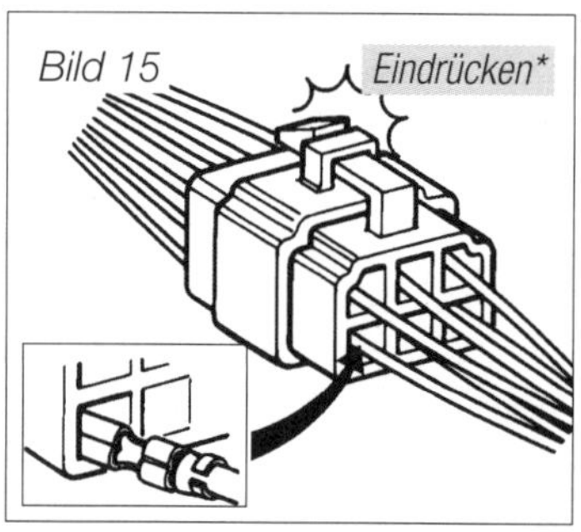

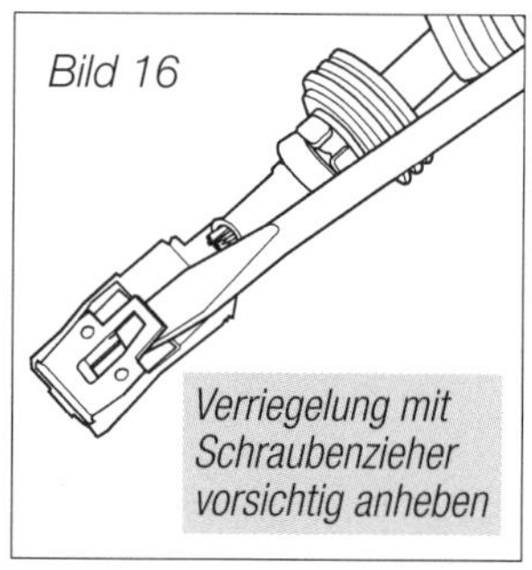

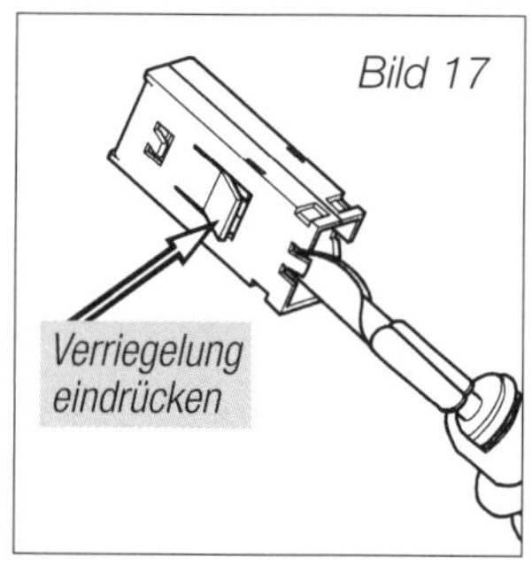

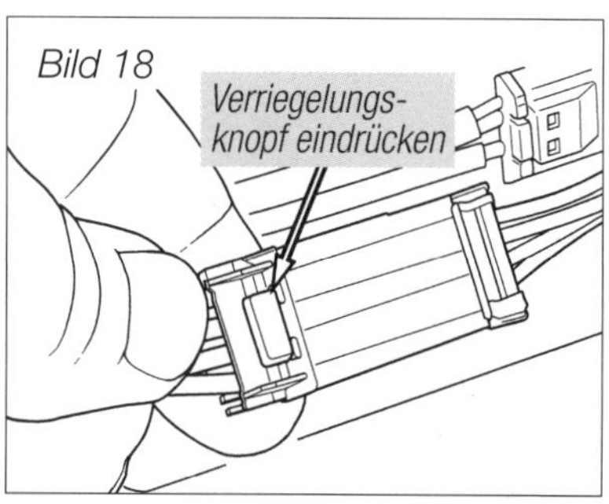

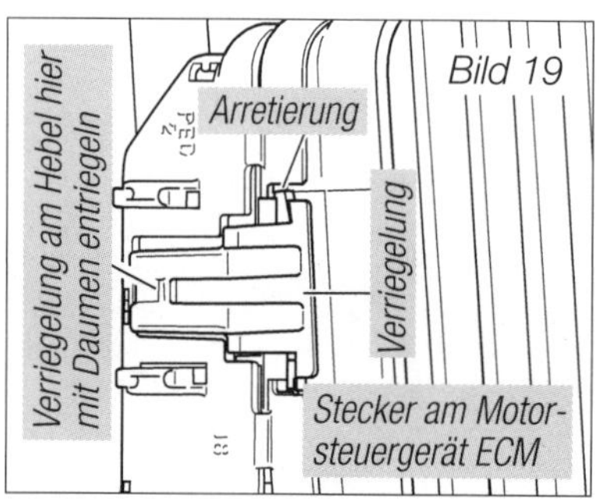

Klicken des Relais zu hören sein, und zwischen den Stiften 30 und 87 muss Stromdurchgang bestehen. Leiterunterbrechung deutet auf ein fehlerhaftes Relais hin.

Stecker, Kabel, Kabelanschlüsse

Stecker trennen: Bei Wartungsarbeiten oder Auswechseln elektrischer Bauteile müssen Stecker (»Steckverbinder«) getrennt werden, z. B. beim Abbau des Tanks oder des Spannungsreglers.

Achtung: Niemals versuchen, durch Ziehen an den Kabeln einen Stecker zu trennen, sonst reißen die Kabel aus!

Beim Trennen von Steckern beachten:

- Bei einfachen Steckern sind Kabelschuhe auf Kontakte aufgeschoben: Gummikappe anheben, Kabelschuh packen und abziehen.
- Bei den meisten Steckern sind Zapfen oder Bügel angebracht: Eindrücken, entriegeln, Steckerhälften auseinanderziehen (Bilder 14 bis 20).
- **Generell gilt:** Jeden Stecker vor dem Trennen genau ansehen, wie er zusammengesteckt ist, dann sorgsam trennen.

Kabel, Anschlüsse und Stecker prüfen

Bilder 21 bis 25b: Ein loser oder korrodierter Anschluss eines Kabels an Batterie, am Rahmen oder in einem Stecker ist oft auf den ersten Blick nicht festzustellen, der Anschluss scheint korrekt, ist aber korrodiert. Ein sicherer Anschluss des Massekabels am Rahmen (»Fahrzeugmasse«) kann schon durch eine dünne Korrosionsschicht, die kaum zu sehen ist, negativ beeinflusst sein: Kontakt abschrauben, abschmirgeln und wieder sicher anschrauben wirkt meist Wunder! ■ Bild 23: Wenn Sie ein Bauteil als Fehlerquelle in Verdacht haben, ziehen Sie den betreffenden Stecker am Bauteil ab und reinigen ihn von Korrosion, Nässe und Schmutz.

- Zum Reinigen von Steckern eine Messingbürste mit sehr feinen Borsten oder eine harte (trockene!) Zahnbürste benutzen sowie Kontaktspray (Bild 23). Druckluft »leicht«, zielgerichtet und sorgfältig anwenden. Harte Korrosion mit einer kleinen Feile (»Schlüsselfeile«) entfernen.
- Batterieanschlüsse müssen sauber und die Kontaktflächen fest mit den Polen der Batterie verbunden sein. Die Verwendung von Polfett bietet Schutz vor Korrosion (wie in Bild 24).
- Sorgen Sie auch dafür, dass kein Kabel gequetscht oder geknickt am Fahrzeug montiert ist. Wenn Sie bei der Suche nach einem Problem auf ein solches Kabel stoßen, ist der Grund meist fehlerhafte Montage.

Kabelverbindungen und Drähte

Alle **elektrischen Drähte** (Kabel) sind entweder ein- oder zweifarbig und sind in der Regel mit Drähten der gleichen Farbe zu verbinden. Bei zweifarbigen Drähten überwiegt eine der beiden Farben. Ein zweifarbiger Draht wird zuerst mit seiner Hauptfarbe bezeichnet, dann mit der Zweitfarbe. So wird ein gelber Draht mit dünnen roten Streifen z. B. als »gelb/rot«bezeichnet. Wenn die Farbverteilung umgekehrt ist, lautet die Bezeichnung »rot/gelb«.

Fehlerhafte **Kabelverbindungen** sind mit den Anschlüssen (Steckern) eine häufige Ursache von Verdrahtungsfehlern. Kabelverbindungen werden dort hergestellt, wo zwei oder mehr Drähte zusammenlaufen und sich, normalerweise zur Versorgung eines anderen Stromkreises, in verschiedene Richtungen verzweigen.

Bilder 21 bis 24: Korrosionsbeispiele und Einsatz von Kontaktspray.

Bilder 25a und 25b: Mögliche Fehlerquellen an Steckverbindungen.

Bild 21
Stecker Einspritzventil

Bild 22

Bild 23

Bild 24
Wenn ein Anschluss so aussieht, geht kein Strom mehr durch. Da hilft nur abschrauben, sauber putzen und wieder anschrauben.

Bild 25a

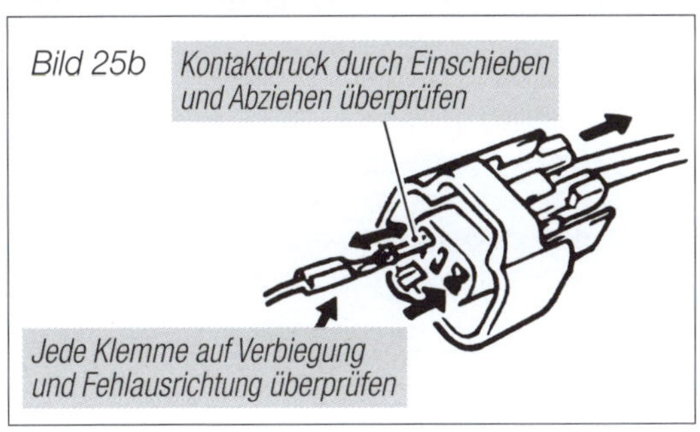

Bild 25b

Redaktionelle Anmerkung: Bitte nutzen Sie bei jedem elektrischen Problem auch die Schaltpläne in Kapitel 28 am Ende des Buchs. Darin sind die Bauteile einzeln eingezeichnet und der Kabelverlauf klar zu sehen, es lenken keine Nebenbauteile ab.

Zum Lokalisieren einer Kabelverbindung ist es erforderlich, die Isolierung zurückzuziehen und die Kabelverbindung auf ihre Unversehrtheit bzw. aufgescheuerte Kabel zu untersuchen.

Der häufigste Fehler besteht darin, dass einer der Drähte aus der Verbindung herausreißt und dabei der von ihm versorgte oder geerdete Stromkreis »stillgelegt« wird.

Aufgescheuerte Kabel

Problem: Elektrische Kabel haben eine Ummantelung aus Kunststoff oder Gummi (»Isolierung«), welche die im Innern liegenden Drähte bzw. Kupferlitzen vor Beschädigungen schützen soll.

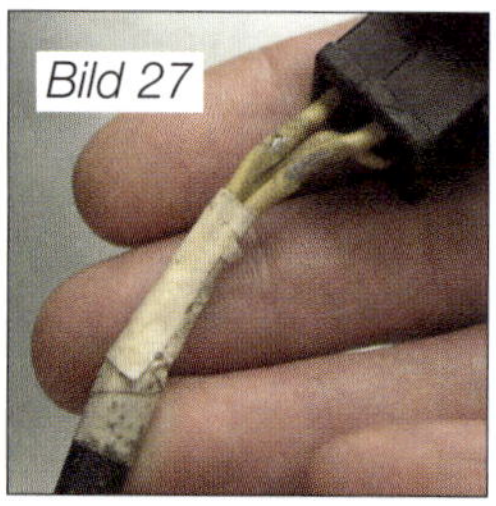

Bilder 26 und 27: Beschädigte Isolierung, die blanke Kupferlitze ist zu sehen. Ein solchermaßen aufgescheuertes Kabel kann man mit Isolierband reparieren.

Falls ein Kabel eingeklemmt war oder über längere Zeit unglücklich an einem Bauteil oder dessen Kante (das ist ganz schlimm!) gescheuert hat, ist die Isolierung beschädigt und der blanke Draht zu sehen (Bild 26). Wenn der Draht nicht durchgescheuert ist, muss man solche Stellen mit einem Isolierband abkleben (Bild 27), damit kein Kurzschluss entstehen kann, der wiederum zum Durchbrennen der Sicherung führt.

Lösung: Isolierband so weit um Scheuerstelle herum kleben, bis es ca. zwei Zentimeter davor und dahinter anliegt. Die Kupferlitze ist jetzt geschützt, es kann kein Wasser mehr eindringen oder bei Kontakt an einem Metallteil (Rahmen, Motor) keinen Kurzschluss auslösen.
Wichtig: Ursache der Beschädigung herausfinden und abstellen, denn der Einsatz von Isolierband ist keine Dauerlösung.

Fehlersuche in Stromkreisen

Nachstehend die häufigsten Arten elektrischer Fehlfunktionen sowie einige Methoden, wie diese aufgespürt werden können.

Tipps und Tricks zur Überprüfung der elektrischen Anlage

Hinweise Fehlersuche und Messungen:
- Zündung immer AUSschalten bevor Sie Anschlüsse an der elektrischen Anlage vornehmen oder unterbrechen. Andernfalls kann dies zu Überspannungen führen, die elektronische Komponenten beschädigen können.
- Hände und Arbeitsflächen müssen sauber und frei von Fett, Metallspänen usw. sein, da Fett Schmutz anzieht, der zu Kriechströmen oder hohen Kontaktwiderständen führen kann.
- Berühren Sie vor Beginn eines Tests einen geeigneten Erdleiter, um die statische Elektrizität Ihres Körpers zu entladen, und wiederholen Sie diesen Schritt während des Tests in regelmäßigen Abständen. Dies ist erforderlich, da einige elektronische Komponenten anfällig auf statische Elektrizität reagieren.
- Wenn an einem elektrischen Bauteil oder an der Einspritzung wiederholt ein Fehler auftritt und/oder eine Sicherung immer wieder durchbrennt, raten wir Ihnen ganz generell, umgehend eine Harley-Davidson-Fachwerkstatt aufzusuchen. Denn sie ist in der Lage, mit dem Harley-Davidson-eigenen Diagnose-System die Motor- und Bordelektrik nach Fehlern zu durchsuchen, Fehlerquellen zu finden und zu beheben.

Elektrische Prüfungen: Damit das elektrische System funktioniert, muss der elektrische Strom von der Spannungsquelle (Batterie) über die Komponenten und zurück zur Batterie durch einen geschlossenen Stromkreis fließen können. Ohne geschlossenen Stromkreis kein Stromfluss. Wenn der elektrische Strom die Batterie am Pluspol verlassen und die jeweilige Komponente passiert hat, muss er anschließend zum Minuspol der Batterie (»Masse« oder »Erde«) zurückgelangen.

Um Kabel, Stecker und Platz zu sparen, wird der Minuspol der Batterie direkt mit dem Rahmen oder Motor verbunden. Rund um den Rahmen und den Motor gibt es verschiedene weitere Erdungspunkte, an denen Anschlusskabel von Komponenten angeschlossen werden. Der Anlassermotor dagegen ist direkt mit dem Motor verschraubt, der wiederum mit dem Rahmen verschraubt ist. So bilden Rahmen und Motor ebenfalls einen Teil der Masseleitung.

Ohmsches Gesetz
Das Verhältnis zwischen Spannung, Stromstärke und Widerstand ist im »ohmschen Gesetz« festgelegt:
- Die **Spannung (U)** einer Batterie wird in **Volt (V)** gemessen.
- Die **Stärke** des in einem Stromkreis fließenden Stroms **(I)** wird in **Ampere** gemessen.
- Die **Leistung (P)** eines Verbrauchers wird in **Watt (W)** angegeben.
- Der **Widerstand** (R) eines Stromkreises wird in Ohm (Ω) gemessen.

Das ohmsche Gesetz lautet wie folgt:

$$\frac{\textbf{Spannung (U)}}{\textbf{Strom (I)}} = \textbf{Widerstand (R)}$$

Die Leistung errechnet sich durch Multiplikation von Spannung und Stromstärke:
Watt = Volt x Ampere (P = U x I)
Durch Umformen einer dieser Gleichungen kann der Wert jeder Größe berechnet werden, wenn die beiden anderen Werte bekannt sind. Wird zum Beispiel eine Glühbirne mit 60 W an eine Batterie mit 12 V angeschlossen, dann…
- kann der im Stromkreis fließende Strom mit Hilfe der folgenden Gleichung berechnet werden:

$$\frac{P}{U} = I \quad (60\,W : 12\,V = 5\,A)$$

- kann der Widerstand der Glühbirne wie folgt berechnet werden:

$$\frac{U}{I} = R \quad (12\,V : 5\,A = 2.4\,\Omega)$$

Verwendung der folgenden Dreiecke: Gesuchten Wert mit dem Finger abdecken. Die verbleibenden Werte multiplizieren, wenn sie nebeneinander liegen, oder den oberen durch den unteren Wert dividieren, wenn sie übereinander liegen.

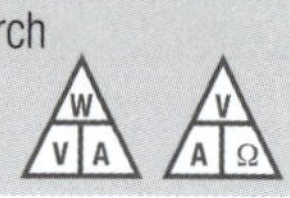

■ Bild 29a: **Leiterunterbrechung (Kabelbruch)** ist eine Unterbrechung in einem elektrischen Stromkreis, Folge: es fließt kein Strom. Mögliche Ursachen: Bruch eines Drahts oder Kabels oder durch eine lockere Verbindung. Treten meistens nur sporadisch auf, was die Diagnose erschwert.
■ Bild 29b: **Kurzschluss:** »Abkürzung« innerhalb eines elektrischen Stromkreises – Strom fließt aus dem Nutzstromkreis in einen anderen Stromkreis oder gegen Masse ab. Ursache ist häufig ein Versagen der Kabelisolierung bei einem durchgescheuerten oder eingeklemmten Draht (siehe weiter vorne). Es gibt zwei verschiedene Arten von Kurzschlüssen: Kurzschluss innerhalb des Kabelbaums gegen Masse und Kurzschluss gegen Batteriespannung.
1. Kurzschluss gegen Masse: Strom fließt vor Erreichen der Komponente, die er versorgen soll, gegen Masse ab. Sicherung des betroffenen Stromkreises brennt häufig durch.
2. Kurzschluss gegen die Batteriespannung (12 V): Wird durch den Kontakt zwischen einem unter Strom stehenden Stromversorgungskabel und einem benachbarten Kabel verursacht. Beachten Sie bitte, dass auch eine 5 V-Sensor-Referenzspannung einen Kurzschluss in einem benachbarten Stromkreis hervorrufen kann, der darüber hinaus zu elektrischen Fehlfunktionen und zum Speichern von DFCs (Diagnose-Fehlercodes) führen kann.
Beachten: Ein Draht verzweigt sich möglicherweise an einer Kabelverbindung und versorgt weitere Stromkreise. Wenn diese Stromkreise funktionieren, überprüfen Sie auf Verdrahtungsfehler ab dieser Verbindung.
■ Das Schaltbild ist keine genaue Wiedergabe der tatsächlichen Position der Teile am Motorrad. Es handelt sich vielmehr um eine schematische Darstellung der Stromkreise.
■ Insbesondere bei Motormanagementgrößen gilt, dass der Stromkreis erst durch das Motorsteuergerät ECM geschlossen wird. Ist das ECM nicht angeschlossen, wird der Stromkreis unter Umständen als unterbrochen erfasst.

Prüfen auf Durchgang (Bild 30a): Stellen Sie sicher, dass der zu prüfende Stromkreis vor dem Messen abgeschaltet wird. Wenn mit dem auf Widerstandsmessung (Ohm Ω) eingestellten digitalen Multimeter ein unter Spannung stehender Stromkreis geprüft wird, kann dies zu Schäden am Messgerät führen.

Im nachfolgenden Beispiel wird der Massestromkreis von der Batterie zum Rahmen hin auf Durchgang geprüft.

Durchgangsprüfung (Widerstandsprüfung)
■ Lokalisieren Sie die beiden Enden des Drahts.
■ Stellen Sie das Multimeter auf Widerstandsmessung Ohm (Ω) ein.
■ Prüfen Sie die beiden Enden des Drahts.
■ Bei Durchgang erfolgt normalerweise ein Piepton oder die Anzeige des Kabelwiderstands; Messgerät zeigt 0 Ω an.
■ Hoher Widerstandswert kann auf eine schmutzige oder korrodierte Verbindung hindeuten.
■ Im Fall eines Kabel-

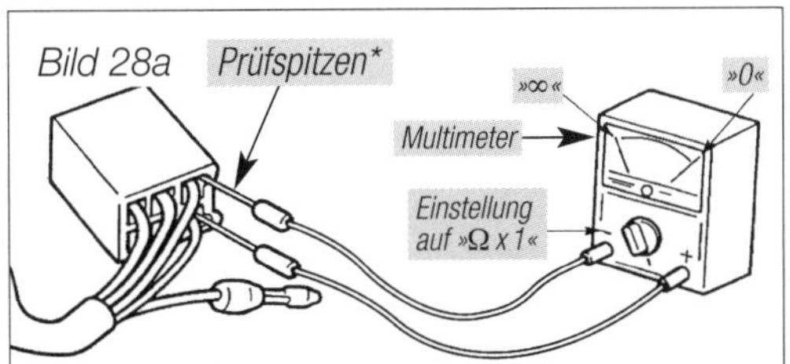

* = Prüfspitzen NICHT in die Steckerkontakte stecken, sondern immer am gegenüberliegenden (hinteren) Steckerende anbringen. Dabei Kabelanschluss nicht lösen oder beschädigen.

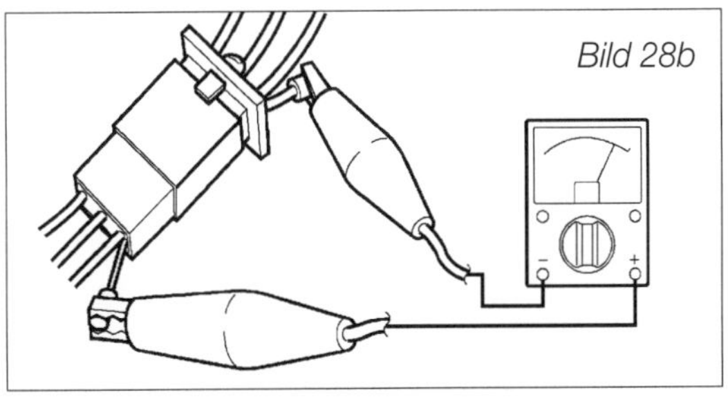

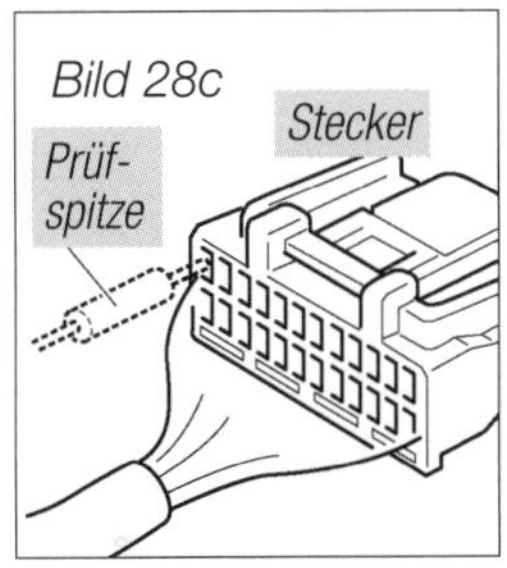

Bilder 28a bis 28c: Beispiele zur Überprüfung von Steckern.

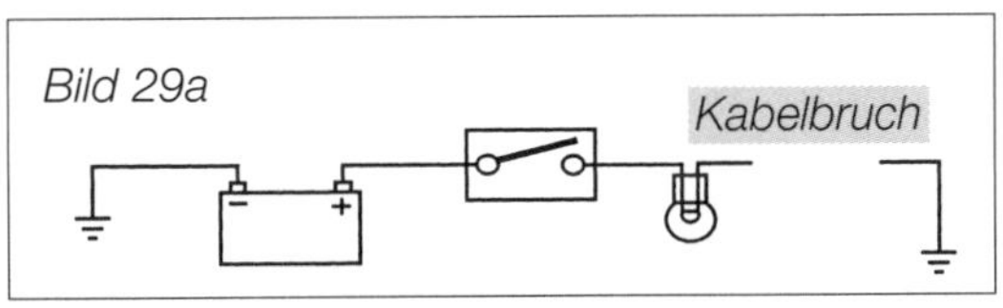

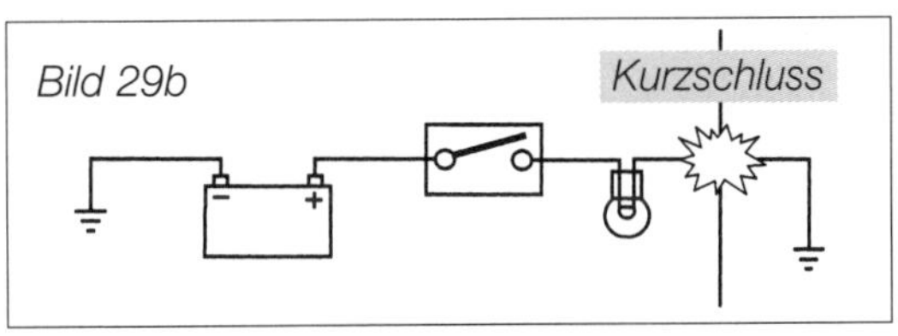

Bilder 29a und 29b: Beispiele für Stromkreisunterbrechungen durch Kabelbruch und Kurzschluss.

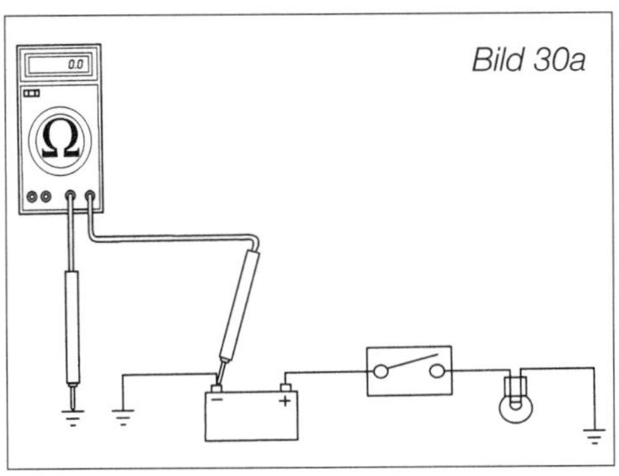

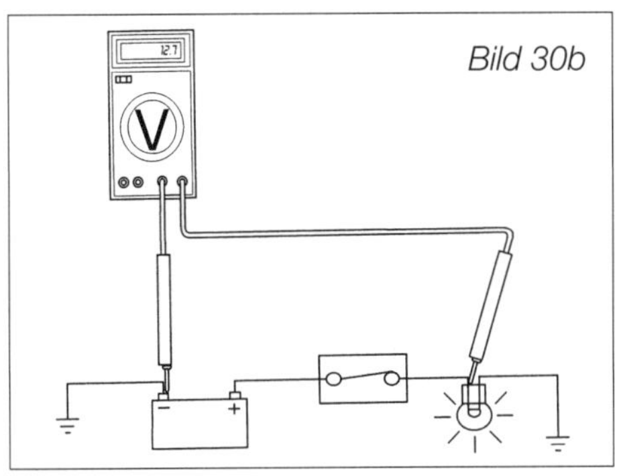

Bilder 30a und 30b: Beispielhafte Prüfanordnung zum Prüfen auf Durchgang und Spannung.

Einbaulage elektrischer Bauteile: Am Beispiel einer Custom ab Mj. 2016 finden Sie auf den folgenden Seiten Erklärungen und Abkürzungen zu den elektrischen Bauteilen der Sportster-Modelle unseres Buchs sowie Text- und Bildübersichten der elektrischen Bauteile und Stecker (Bilder 43a bis 46n) mit Kurzbeschreibung und Einbaudetails.

bruchs erfolgen weder Piepton noch Widerstandsanzeige.
■ Durch Untersuchen verschiedener Stellen des Drahts kann die genaue Position eines erhöhten Widerstands oder eines Kabelbruchs (Leiterunterbrechung) im Draht nach und nach so eingegrenzt und schließlich gefunden werden.

Messen der Spannung (Bild 30b): Im folgenden Beispiel wird die Spannung des Stromkreises an der Plusklemme (+) der Glühbirne gemessen.

Spannungsprüfung
■ Den zu überprüfenden Stromkreis einschalten.
■ Multimeter auf Spannungsmessung (V) einstellen. Vergewissern Sie sich, dass das Multimeter bei Gleichspannungsstromkreisen auf **DC** (häufigster Fall) und bei Wechselspannungsstromkreisen auf **AC** eingestellt ist (üblicherweise Prüfung der Lichtmaschinen-Ausgangsspannung).
■ Multimeter auf den für die Spannung des zu prüfenden Stromkreises am besten geeigneten Messbereich einstellen (meist 20 V). Beachten Sie die Anweisungen des Messgeräteherstellers.
■ Schwarzes Kabel (Masse) des Multimeters mit einem verlässlichen Masseanschluss (normalerweise Batterie oder Rahmen) verbinden.
■ Lokalisieren Sie das plusseitige Ende des zu prüfenden Drahts bzw. die Plusklemme der zu prüfenden Komponente.
■ Rotes Kabel (Pluskabel) des Multimeters mit dem Plus-Ende bzw. der Plusklemme verbinden.
■ Lesen Sie die Spannung vom Messgerät ab.

Schalter prüfen

Stellen Sie das Multimeter zur Überprüfung eines Schalters auf Widerstand/Durchgang und prüfen Sie die beiden Anschlussstifte, die beim Betätigen des Schalters einen geschlossenen Stromkreis bilden. Wenn der Schalter korrekt funktioniert, muss der Widerstand »0 Ω« angezeigt oder ein Piepton vom Messgerät abgegeben werden.

Serielles Datennetz

Die Modelle bis 2013 in unserem Buch sind mit einem so genannten »Seriellen Datennetz« ausgestattet. Dabei sind Tachometer, Motorsteuergerät ECM und TSM/HFSM über ein hellgrün/violettes Kabel miteinander verbunden: Dieses ist als verdrillte Doppelader ausgeführt und funktioniert im Sinne eines Bus-Systems. Über dieses Kabel werden Daten übertragen und ausgetauscht, womit die Kommunikation zwischen den verschiedenen Steuer- und Diagnosegeräten sichergestellt wird. Dieses Datenübertragungskabel führt auch zum Diagnosestecker DLC (Bilder 1 und B7), über den dann die Verbindung zum »Digital Technician II«, dem Harley-Davidson-eigenen Diagnosegerät, erfolgt.

Das Motorsteuergerät ECM übernimmt in diesem System die Überwachung der Sensoren und steuert anhand derer Informationen die Benzinzufuhr (Einspritzmenge) zum Motor und die Zündzeitpunkte. Der Tachometer funktioniert ebenfalls wie ein Steuergerät, da über die dort angeordneten Kontroll- und Warnleuchten auch die Informationen ankommen, wo etwas nicht funktioniert, indem eine entsprechende Warnleuchte angeht.

Das TSM/HFSM überwacht die Blinkersignalschalter und steuert die Blinker. Die Kupplungs- und Leerlaufschalter besitzen ebenfalls Eingänge am TSM/HFSM. Darüber wird geprüft, ob alle Voraussetzungen vorliegen, das Motorrad sicher anzulassen. Über diesen Weg erhält auch das ECM die Information, ob die Einspritzventile zum Starten des Motorrades aktiviert werden sollen. Das HFSM steuert auch die Sicherheitsfunktionen der Wegfahrsperren- und Alarmanlage, falls das Motorrad damit ausgestattet ist.

Bei Problemen können unterschiedliche DFCs ausgelöst werden. Der Kommunikationsverlust an einem einzigen Modul löst keine DFC aus. Erst über die anderen Module werden DFC ausgelöst, wenn keine Verbindung zu dem fehlerhaften Modul aufgebaut werden kann. Bei einem solchen Kommunikationsfehler sollten zunächst die Strom- und Masseanschlüsse geprüft werden (siehe Textabschnitt weiter oben »Stecker, Kabel, Kabelanschlüsse«). Bei einigen Kommunikationsfehlern wird auf der Kilometeranzeige im Tacho »Bus Er« eingeblendet.

CAN-Bus

Modelle ab Modelljahr 2014 sind mit **CAN**-Bus (**C**ontroller **A**rea **N**etwork) ausgestattet. Über CAN-Bus-Stromkreise tauschen die Steuer- und Diagnosegeräte Informationen aus. Die einzelnen Module, also Instrumente, Motorsteuergerät ECM, Steuergerät BCM, Handbedienungselemente (Lenkerschaltereinheiten, LHCM und RHCM) und ABS kommunizieren alle auf dem CAN-Bus. Die Kommunikation und Datenübertragung erfolgt über ein weiß/schwarzes und ein rot/weißes Kabel, verdrillt zu einem Kabelpaar, welches zu allen Modulen führt. Diese Verbindung führt auch zum Diagnosestecker »**DLC**« (= **D**iagnostic **L**ink **C**onnector, Bild 1) und dient der Kommunikation mit den Modulen über das Harley-Davidson Diagnosegerät »Digital Technician II« (Nr. HD-48650).

Zündschlüssel

Bei Modellen mit Zündschlüssel gehören zwei normale Zündschlüssel zum Fahrzeug sowie eine Codekarte. Die beiden Zündschlüssel sind zum normalen Betrieb gedacht. Welcher benutzt wird, ist egal.

Die Schlüssel sind codiert, sodass bei Verlust eines Schlüssels die Codierung auf den neuen Ersatzschlüssel übertragen werden muss – das kann über die Codekarte, aber auch über die Daten in den Fahrzeugpapieren erfolgen. Wichtig in diesem Zusammenhang ist es also, die Codekarte sicher aufzubewahren, um jederzeit eine Nachcodierung zu ermöglichen.

Wichtig: Neue Zündschlüssel können in der Regel nur über einen autorisierten Harley-Davidson-Händler bezogen werden. Wenn dieser kein Zündschlüsselschleifgerät hat, muss man Zündschlüssel-Rohlinge von Harley-Davidson als Originalersatzteile kaufen und unter Vorlage der Code-Karte bei einem Schlüsseldienst bearbeiten lassen.

Gebrauchs- und Behandlungstipps für den Zündschlüssel

- Zündschlüssel immer nur alleine ins Zündschloss stecken, keinen schweren Schlüsselanhänger und schon gar keinen Schlüsselbund an den Zündschlüssel anbringen.
- Bild 31: Zündschlüssel immer exakt in Flucht des Schlitzes im Zündschloss einstecken.
- Zündschlüssel immer bis ganz nach unten in das Zündschloss einstecken.
- Zündschlüssel aus der »Abschließposition« nicht hart oder mit roher Gewalt nach rechts drehen, um das Schloss zu entsperren.
- Zündschlüssel nicht fallen lassen, vor Druck und harten Schlägen schützen.
- Wenn der Zündschlüssel im Zündschloss haken sollte oder wenn man spürt, dass er sich nicht mehr gewohnt leicht bewegen lässt: Das Zündschloss und den Zündschlüssel NICHT mit Motoröl oder Fett schmieren, sondern nur spezielles Schlossspray auf Graphitbasis benutzen.

Bild 31: Zündschlüssel immer exakt in Flucht des Schlitzes im Zündschloss einstecken.

Bild 32: Wegfahrsperre und Alarmanlage werden über diesen Schlüsselanhänger (»Handsfree Schlüsselanhänger«) scharf geschaltet bzw. entschärft.

- Sicherheitsabstand halten zu anderen elektronischen Bauteile wie Handys und Taschencomputern! Mindestens 8 cm und es gilt: Je mehr Abstand desto besser.

- Die eingebaute Knopfzelle Typ 2032 (3,3 Volt) hält ca. zwei Jahre; besser ist es sie jedes Jahr zu erneuern.

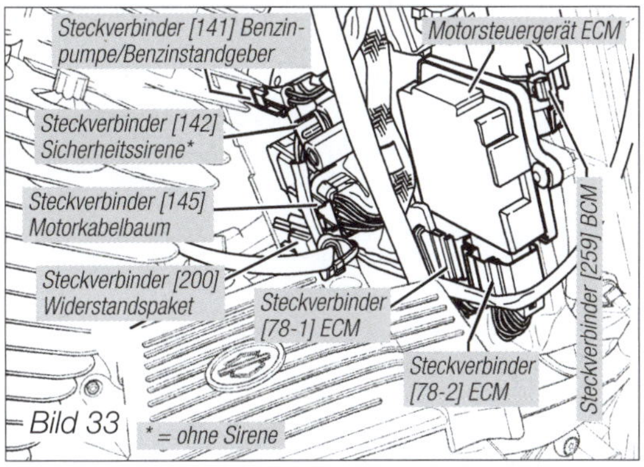

Bild 33: Für die Alarmanlage wichtige Steckverbindungen.

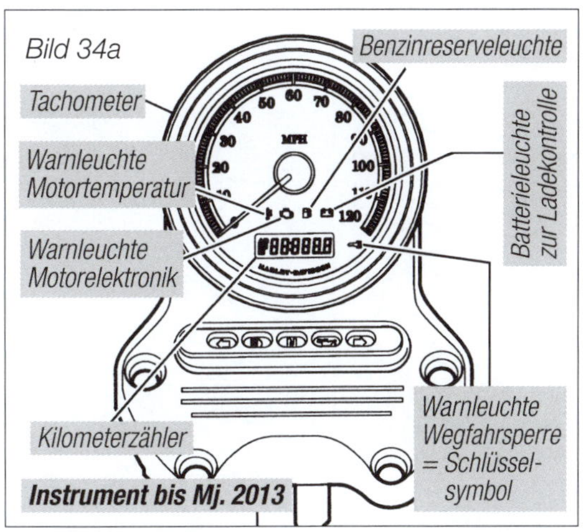

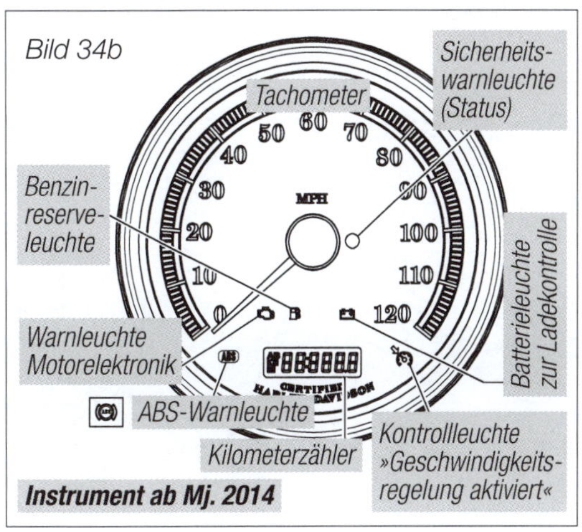

Bilder 34a und 34b: Instrument (Tachometer) mit Warn- und Kontrollleuchten.

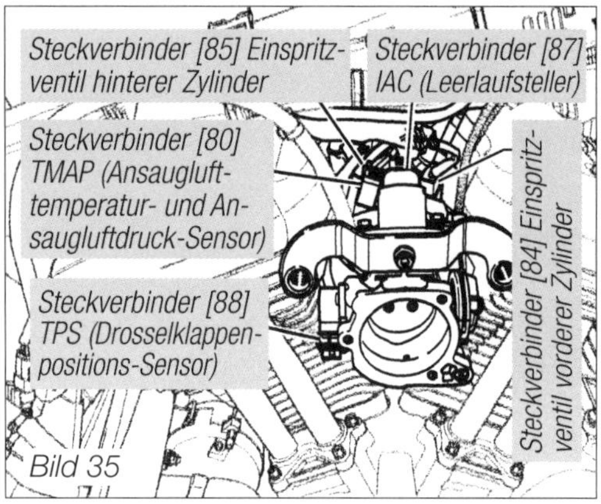

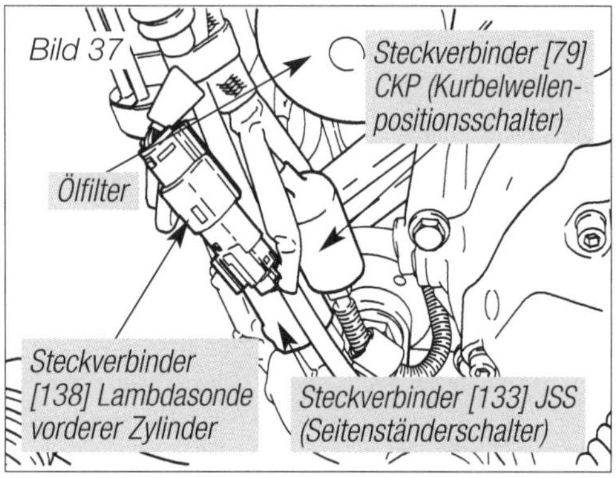

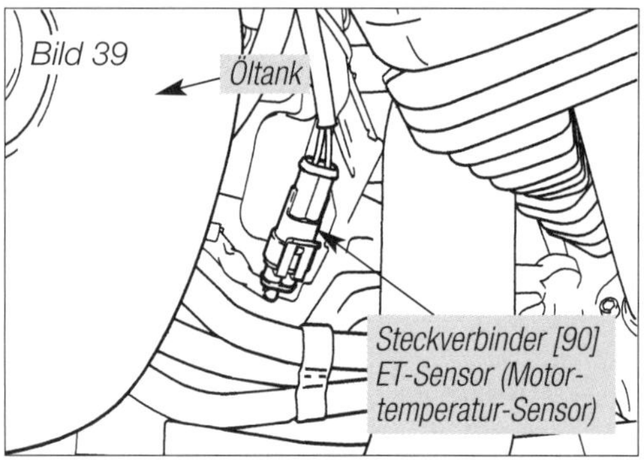

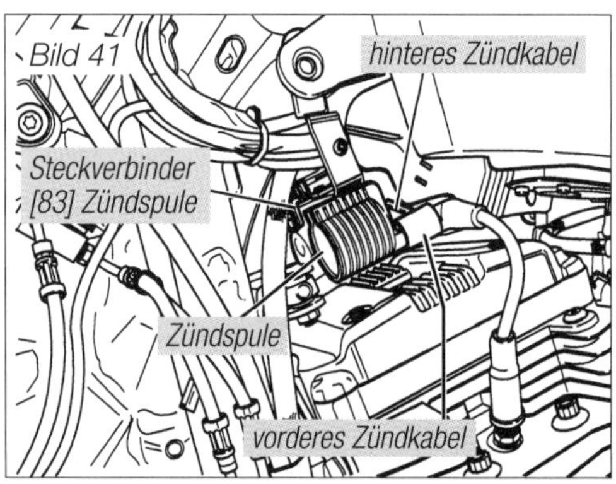

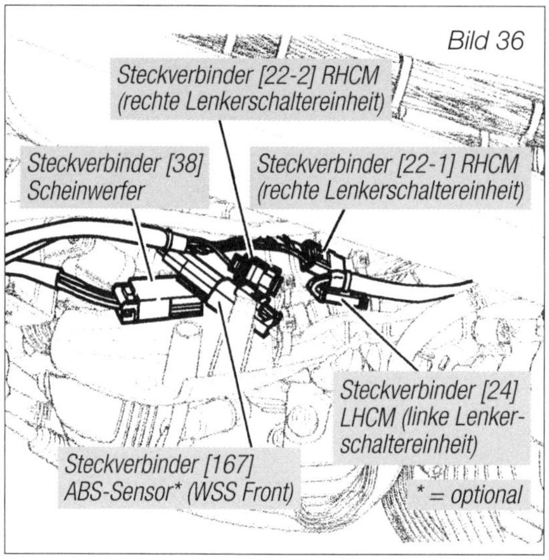

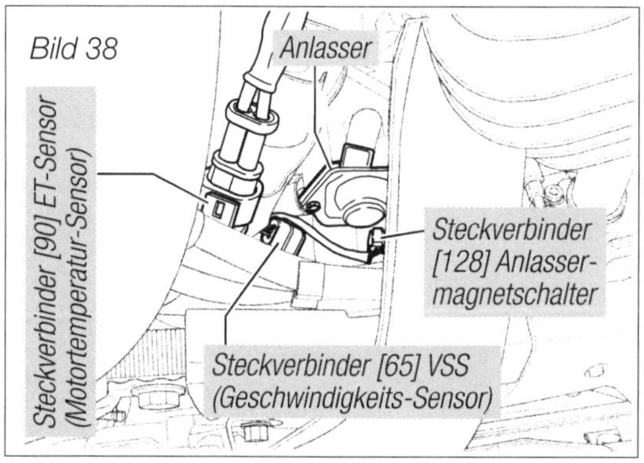

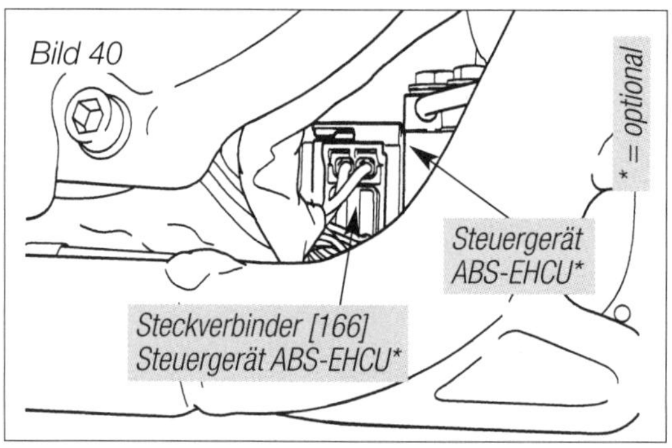

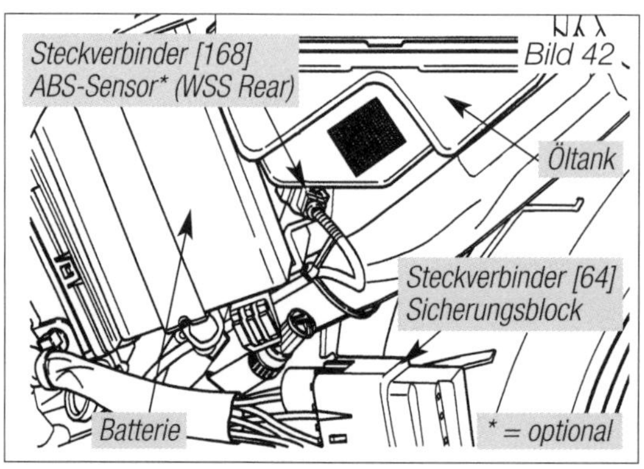

Bilder 35 bis 42: Unterschiedliche Steckverbinder und ihre An-/Einbaulage am Beispiel der Modelle ab Modelljahr 2016.

Alarmanlage

In den Modellen unseres Buchs ist das Wegfahrsperren- und Alarmbauteil **HFSM** (»**H**ands **F**ree **S**ecurity **M**odule«) bis Mj. 2013 als Sonderausstattung erhältlich und ab Mj. 2014 serienmäßig eingebaut. Es aktiviert bzw. deaktiviert die Anlasser- und Zündanlage. Wegfahrsperre und Alarmanlage werden durch einen so genannten »Schlüsselanhänger« (»Handsfree Schlüsselanhänger«, Bild 32) scharf geschaltet bzw. entschärft, was folgendermaßen funktioniert: Unter der Sitzbank im Rahmen ist eine Antenne eingebaut. Wenn das Motorrad gestartet und gefahren wird, muss sich der Schlüsselanhänger in einem Radius von 80 cm (»eine Armlänge«) zur Antenne befinden, also z. B. am Zündschlüssel oder in der Hosentasche des Fahrers. Wenn der Schlüsselanhänger in einem Metallbehälter aufbewahrt wird, kann er keine Signale an die Antenne senden. Informationen zur Batterie und Sicherheitshinweise finden Sie in der Bildunterschrift zu Bild 32 auf Seite 109.

Steckverbinder, Kabelverlegung

Die Bilder 35 bis 42 auf dieser und Bilder A1 bis B7 auf den nächsten beiden Seiten bieten eine Übersicht der unterschiedlichen »Steckverbinder«, ihre An-/Einbaulage und der Kabelführung am Beispiel der Modelle ab Modelljahr 2016.

Elektrische Bauteile der Sportster 1200-Modelle populär erklärt

Allgemeine elektrische Bauteile

- **Anlasser** (auch Elektrostarter genannt) ➔ Bild 43b. Der Anlasser erhält durch den Anlassermagnetschalter Strom von der Batterie. Der Anlassermagnetschalter wird durch das Anlassergehäuse mit Masse verbunden.
- **Zentralsteuergerät BCM** (= **B**ody **C**ontrol **M**odule) ➔ Bild 46a. Verbaut ab Mj. 2014, es liefert Spannung für Zündung und einen Großteil der Nebenverbraucher und steuert den Energiemodus des elektrischen Systems. Steuerung von Beleuchtung gemeinsam mit anderen Fahrzeugfunktionen, indem die Schalter als Eingänge und die Stromkreise für die Beleuchtung als Ausgänge benutzt werden. Übernimmt die Funktionen des entfallenden Blinkrelais und des Umkipp-Sensors. Das BCM ist mit den **CAN**-Bus (= **C**ontroller **A**rea **N**etwork) verbunden und tauscht Informationen mit anderen Fahrzeugmodulen aus.
- **Benzinpumpe** ➔ Bild 43f. Die Benzinpumpe ist in den Tank eingebaut. Sie wird bis Mj. 2013 durch das aktivierte Systemrelais mit Batteriespannung versorgt, ab Mj. 2014 übernimmt dies das Zentralsteuergerät BCM.
- **CAN-Bus** (= **C**ontroller **A**rea **N**etwork) Über den CAN-Bus-Stromkreis tauschen die Steuer- und Diagnosegeräte Informationen aus. Die einzelnen Module, also Instrumente, Motorsteuergerät ECM, Zentralsteuergerät BCM, Handbedienungselemente (Lenkerschaltereinheiten, LHCM und RHCM) und ABS kommunizieren alle auf dem CAN-Bus.
- **Doppelzündspule** ➔ Bilder 44g und 45a. Jede Zündkerze hat eine eigene Zündspule, welche durch den Kurbelwellenpositions-Sensor (CKP) und das Motorsteuergrät ECM angesteuert wird.
- **Instrument** ➔ Bilder 34a, 34b und 44c. Instrument (Tachometer) beinhaltet Kontroll- und Warnleuchten des Motorrads. Es liefert so genannte »B-Codes« zu Fehlerdiagnose.
- **Lichtmaschine** (Generator) ➔ Kapitel 15 »Ladesystem«. Die Lichtmaschine wird von der Kurbelwelle angetrieben (bzw. sie sitzt hinten am Primärantriebsritzel und am Motorgehäuse); sie erzeugt Wechselspannung. Sie besteht aus den beiden Hauptkomponenten Lichtmaschinenrotor (Läufer, am Primärantriebsritzel) und dem Lichtmaschinenstator (Generatorstator, an der Kurbelgehäusehälfte angebracht). Im Rotor sind Magnete angebracht. Wenn er sich um den Stator dreht, wird ein Magnetfeld erzeugt. Der Spannungsregler konvertiert die erzeugte Wechselspannung zu Gleichspannung. Drehstromgenerator, Leistung 357 Watt (30 Ampere) bei 2000/min und 13,5 Volt, maximal 405 Watt bei 13,5 Volt.
- **Motorsteuergerät ECM** (= **E**ngine **C**ontrol **M**odule) ➔ Bilder 2a, 2b, 3 und 46a. Auf Basis der eingehenden Sensorensignale berechnet das ECM die Vorverstellung des Zündzeitpunkts und steuert die Niederspannungsstromkreise für Zündspulen und Einspritzventile und somit die Kraftstoffzufuhr. Das ECM ist vollständig gekapselt und somit vor Vibrationen, Staub, Wasser oder Öl geschützt. Bei einem Defekt muss es komplett erneuert werden.
- **Spannungsregler** ➔ Bild 45m. Der Spannungsregler konvertiert die erzeugte Wechselspannung der Lichtmaschine zu Gleichspannung. Er kombiniert Gleichrichtungs- und Regelfunktion und hat einen Hochtemperaturschutz-Abschaltungsstromkreis, welcher das Ladesystem abschaltet, wenn der Regler überhitzt. Wenn der Regler abgekühlt ist, funktioniert er wieder.

Relais

- **Anlasserrelais** ➔ Bilder 6 und 10a. Verbaut bis Modelljahr 2013. Die Spulenseite des Anlasserrelais wird über den Anlassermagnetschalter mit Spannung der Batterie versorgt, wenn der Anlasserknopf gedrückt wird. Das **TSM** oder **HFSM** steuert den Masseanschluss zum Anlasserrelais, der bei Sicherheitszuständen und Umkippen deaktiviert wird. Ab Mj. 2014 kein Anlasser-, Blink- und Systemrelais mehr, sondern Zentralsteuergerät BCM.
- **Blinkmodul TSM** (= **T**urn **S**ignal **M**odul, Blinkrelais) ➔ Bilder 10b und 43h. Das **TSM** bzw. HFSM) überwacht die Blinkersignalschalter und steuert die Blinker. Kupplungs- und Leerlaufschalter haben auch Eingänge am TSM, um zu prüfen, ob das Motorrad sicher angelassen werden kann. Wegfahrsperren-/Alarmbauteil) oder **HFSM** (= **H**ands **F**ree **S**ecurity **M**odule) steuern Alarmfunktion, Wegfahrsperre, Blinker und Umkipp-Sensor **BAS** (= **B**ank **A**ngle **S**ensor), dort ist auch der Beschleunigungs-Sensor eingebaut. Ab Mj. 2014 übernimmt dies alles das Zentralsteuergerät BCM.
- **Systemrelais** ➔ Bilder 6 und 10a. Dieses Relais sorgt bis Modelljahr 2013 für allgemeine Stromzufuhr ganz speziell der Benzinpumpe und der Einspritzventile. Ab Mj. 2014 kein Relais mehr, sondern Zentralsteuergerät BCM.

Sensoren

- **BAS** (= **B**ank **A**ngle **S**ensor) Umkipp-Sensor ➔ Bild 10b. Der Umkipp-Sensor ist bis Mj. 2013 im **TSM** oder **HFSM** untergebracht. Wenn das Fahrzeug umkippt (bzw. in Schräglage ist von mehr als 55 Grad zur Senkrechten), wird der Motor abgeschaltet. Wenn das Motorrad wieder aufgerichtet ist, muss die Zündung aus- und wieder eingeschaltet werden, bevor man den Motor wieder starten kann. Ab Mj. 2014 überwacht dies das BCM.
- **Benzinstandgeber** (Reserve-Sensor) ➔ Bild 43f. Dieser ist neben der Benzinpumpe in den Tank eingebaut. Durch eine Spannungsänderung beim Absinken des Benzinstands zeigt er dieses an (siehe Bilder 43f, 34a und 34b).
- **CKP** (= **C**rankshaft **P**osition **S**ensor) Kurbelwellenpositions-Sensor/Zündgeber ➔ Bild 45q. Der CKP ist ein Bauteil mit variablem magnetischen Widerstand, der Wechselspannung erzeugt, wenn die Zähne der Kurbelwellenwange am Sensor vorbeilaufen. Signal wird dem ECM übermittelt und dient zur Ermittlung der Kurbelwellenposition, Motordrehzahl (U/min) und Motorphase (OT-Verdichtungstakt).
- **ET-Sensor** (= **E**ngine **T**emperature **S**ensor) Motortemperatur-Sensor ➔ Bild 43e. Der Motortemperatur-Sensor ist ein Thermistor, er weist somit bei einer bestimmten Temperatur einen bestimmten Widerstand an seinen Kontakten auf. Verändert sich dieser Widerstand, so ändert sich auch die Spannung. ECM überwacht diese Spannung, um verschiedene Betriebsbedingungen zu kompensieren und zur Ermittlung der Position des IAC-Zapfens (Leerlaufluftregelung).
- **IAC** (= **I**dle **A**ir **C**ontrol) Leerlaufsteller für Leerlaufdrehzahl und Kaltstartanreicherung ➔ Bild 44f. Der IAC ist ein Schrittmotor, der die Luftmenge regelt, die während des Leerlaufs in den Ansaugkrümmer geleitet wird. Das ECM steuert die Leerlaufdrehzahl, indem der IAC-Zapfen entsprechend verstellt wird und so mehr oder weniger Luft durch das Drosselklappengehäuse strömt.
- **Lambdasonden** ➔ Bilder 45k und 46k. Lambdasonden erkennen unverbrannten Sauerstoff im Abgas des Motors, abhängig davon regelt das ECM das Luft-/Kraftstoffgemisch.
- **TMAP** (= **T**emperature **M**anifold **A**bsolute **P**ressure) ➔ Bild 44d. Besteht aus dem Ansauglufttemperatur-Sensor **IAT** (= **I**ntake **A**ir **T**emperature) und dem Ansaugluftdruck-Sensor **MAP** (= **M**anifold **A**bsolute **P**ressure). Diese beiden Sensoren **IAT** und **MAP** werden in separaten Einheiten geprüft. Der MAP wird vom ECM mit 5 V versorgt und sendet Signal wieder an ECM zurück. Signal ist abhängig von Motorunterdruck, Ansauglufttemperatur und atmosphärischem Druck. ECM stellt Zünd-/Einspritzsystem auf optimale Leistung ein. Der IAT ist ein Thermistor, er weist somit bei einer bestimmten Temperatur einen bestimmten Widerstand an seinen Kontakten auf. Verändert sich dieser Widerstand, so ändert sich auch die Spannung. ECM überwacht diese Spannung, um verschiedene Betriebsbedingungen zu kompensieren.
- **TPS** (= **Th**rottle **P**osition **S**ensor) Drosselklappenpositions-Sensor ➔ Bild 44a. Der TPS ist ein variabler Widerstand (Potentiometer) auf der Drosselklappenwelle. Sensor-Ausgangssignal ist ein Spannungssignal, abhängig von Drosselklappenposition. Das ECM bestimmt abhängig davon Zündzeitpunkt und Berechnung der Kraftstoffmenge bei jeweiligen Drehzahlen und Motorbelastung.
- **VSS** (= **V**ehicle **S**peed **S**ensor) Geschwindigkeits-Sensor ➔ Bild 43k. Der Geschwindigkeits-Sensor ist ein Hallgeber in der Nähe der Zähne des 5. Gangs des Schaltgetriebes, seine Frequenz ist abhängig von Fahrzeuggeschwindigkeit und an ECM weitergeleitet.

Schalter, Stecker und sonstige Bauteile

- **JSS** (= **J**iffy **S**tand **S**ensor) Seitenständerschalter ➔ Bild 45r. Der Seitenständerschalter überwacht die Ständerposition mit einem Halleffekt-Sensor. Ist der Ständer eingeklappt, erkennt der Sensor die vorhandene Metallzunge am Ständer. Ist der Ständer ausgeklappt, kann der Motor nur im Leerlauf oder bei gezogenem Kupplungshebel gestartet werden.
- **Kupplungsschalter** (in linker Lenkerarmatur) ➔ Bild 45e. Schalter erhält Spannung vom TSM/HFSM oder dem Zentralsteuergerät BCM und wird geöffnet, wenn der Kupplungshebel losgelassen wird. Der Kupplungsschalter schließt bei gezogenem Kupplungshebel und ermöglicht Stromfluss an Masse. ECM verhindert das Starten des Motors, es sei denn, es ist kein Gang eingelegt oder die Kupplung ist gedrückt.
- **Leerlaufschalter** ➔ Bild 43d. Erhält seine Spannung vom Instrument, dieses öffnet, wenn ein Gang eingelegt wird. Ist kein Gang eingelegt, wird der Schalter geschlossen und der Stromfluss wird mit Masse verbunden. TSM/HFSM oder BCM verhindern das Starten des Motors, es sei denn es ist kein Gang eingelegt oder die Kupplung ist gedrückt.
- **Zündschalter** (Zündschloss) ➔ Bilder 31 und 44e. Zündschalter schaltet beim Drehen des Zündschlüssels im Zündschloss Stromversorgung zum Fahrzeug ein und/oder aus. Es gibt drei Zündschlossstellungen »OFF« (Zündung AUSgeschaltet, gesamte Fahrzeugstromversorgung abgeschaltet), »ACC« (Stromversorgung durch Nebenverbrauchersicherung für z. B. Beleuchtung) und »IGN« (Zündung EINgeschaltet, Zündschalter versorgt alle Fahrzeugsysteme mit Strom).
- **Diagnosestecker DLC** (= **D**iagnostic **L**ink **C**onnector) ➔ Bild 46d. Zum Anschluss von Diagnosegeräten (z. B. DIGITAL TECHNICIAN II, Teile-Nr. HD-48650).
- **Stecker »P & A«** (= **P**arts & **A**ccessories) Der »P & A«-Batteriestromkreis ist nach der Hauptsicherung an die Batteriestromleitung angeschlossen. Stromkreis dient der Versorgung zusätzlicher Systeme am Motorrad.
- **Einspritzventile** (zwei Stück) ➔ Bild 45g. Einspritzventile sind impulsbreite-modulierte Magnetventile, die den Kraftstoff im Ansaugtrakt dosieren, sie werden bis Mj. 2013 vom Systemrelais mit Batteriestrom versorgt, ab Mj. 2014 übernimmt dies das BCM.
- **Diebstahlwarnanlage HFSM** (= **H**ands **F**ree **S**ecurity **M**odule) mit Sirene ➔ Bilder 32 und 43h. HFSM steuert Alarmfunktion, Wegfahrsperre, Blinker und Umkipp-Sensor **BAS** (= **B**ank **A**ngle **S**ensor/Umkipp-Sensor), bietet also zusätzliche Sicherheits- und Wegfahrsperrenfunktion, die das TSM nicht hat; ab Mj. 2014 ist das HFSM in das BCM integriert.

* = siehe dazu auch Kapitel 28 »Schaltpläne«

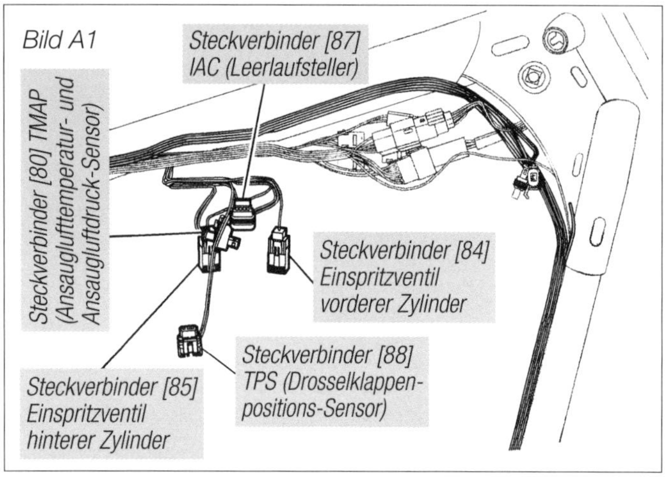

Bild A1

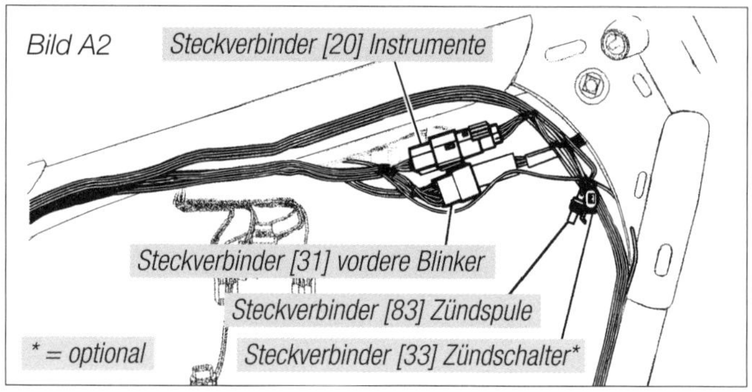

Bild A2

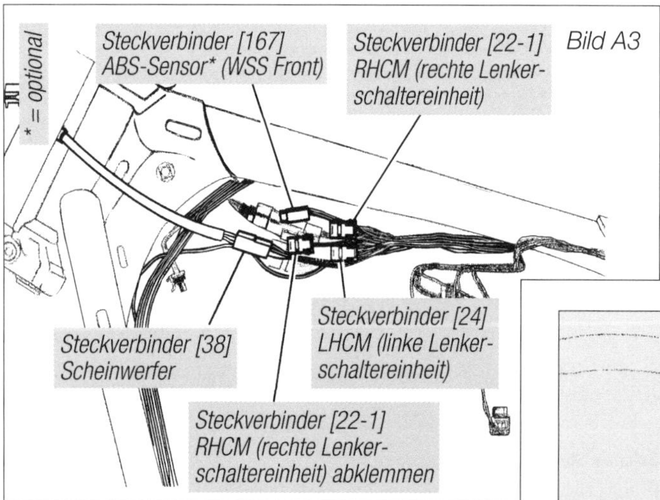

Bild A3

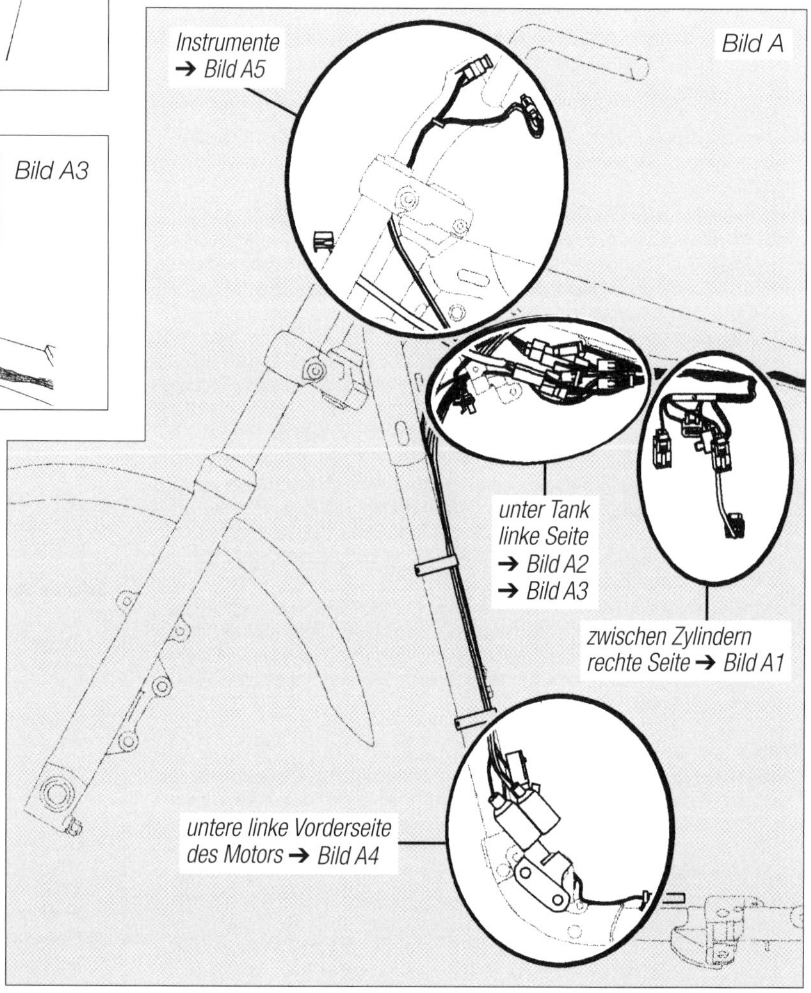

Bild A

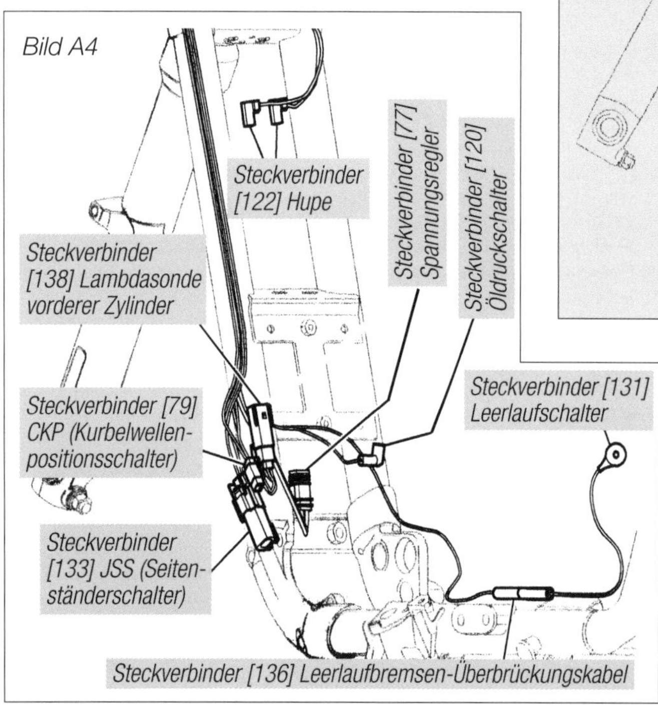

Bild A4

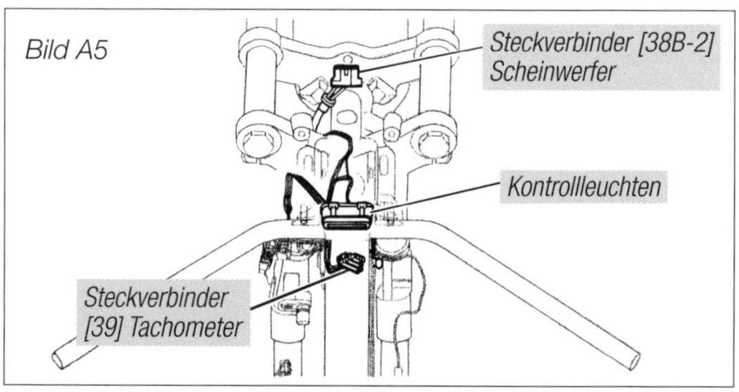

Bild A5

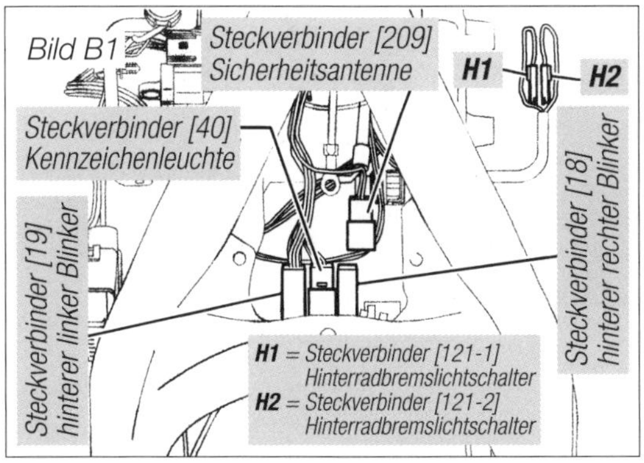

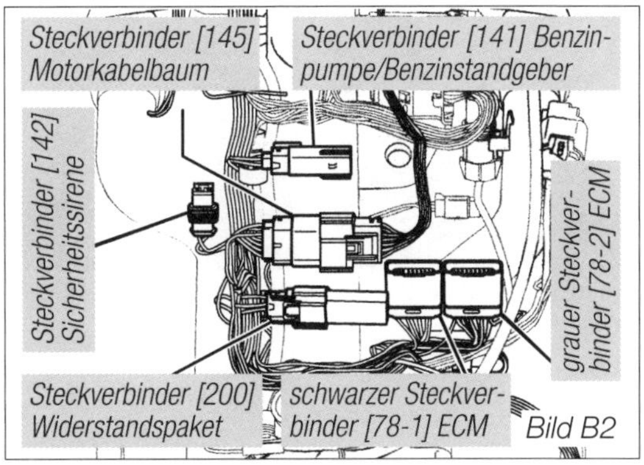

Bilder A1 bis B7 auf linker und dieser Seite: Übersicht von Steckverbindern und korrekter Kabelverlegung am Beispiel der 1200er ab Modelljahr 2016. **Anmerkung:** Ziffern in Klammern [xy] entsprechen den Bezeichnungen in den Schaltplänen in Kapitel 28.

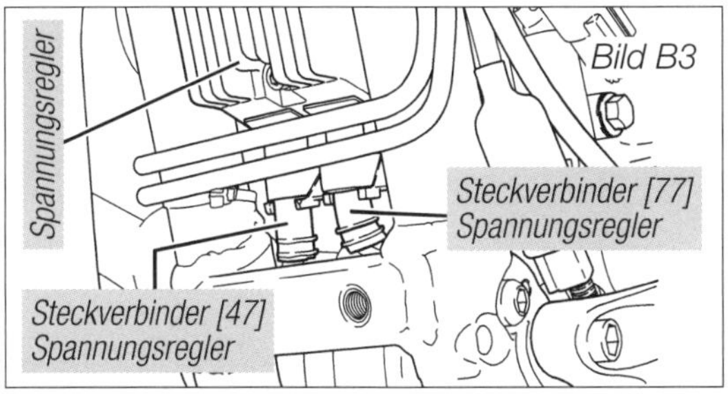

Erklärung zu Bild B4:
1 = Steckverbinder [93] Schlussleuchte
2 = Steckverbinder [19-1] hinterer linker Blinker
3 = Steckverbinder [18-1] hinterer rechter Blinker
4 = Steckverbinder [94] Schlussleuchtenstromzufuhr
5 = Schlussleuchte

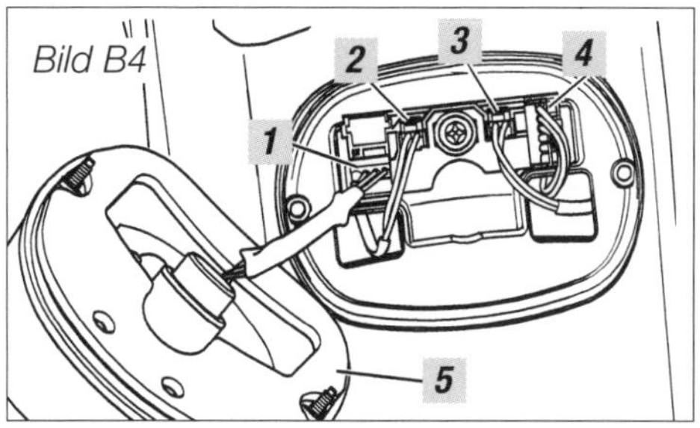

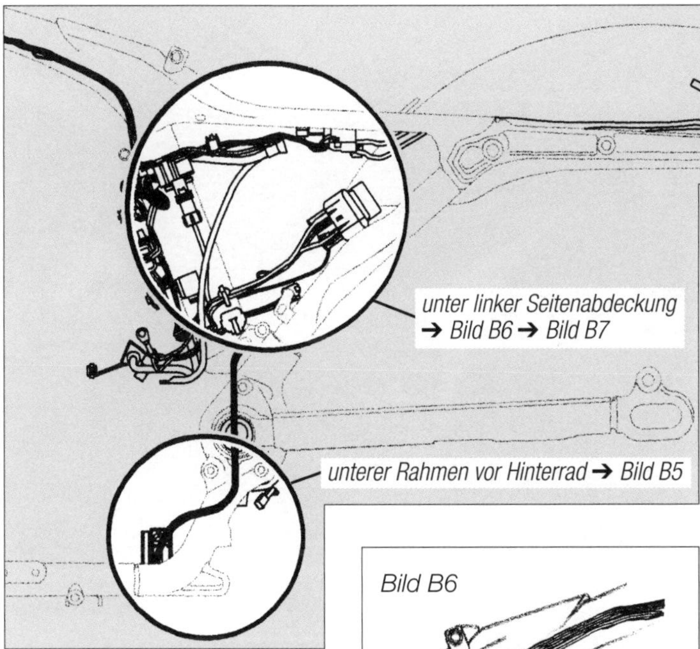

■ Ansicht unter dem Sitz in Bild B1.
■ Ansicht unter ECM-Elektriktafelabdeckung hinter hinterem Zylinder in Bild B2.
■ Schlussleuchte mit Schaltplatine in Bild B4.

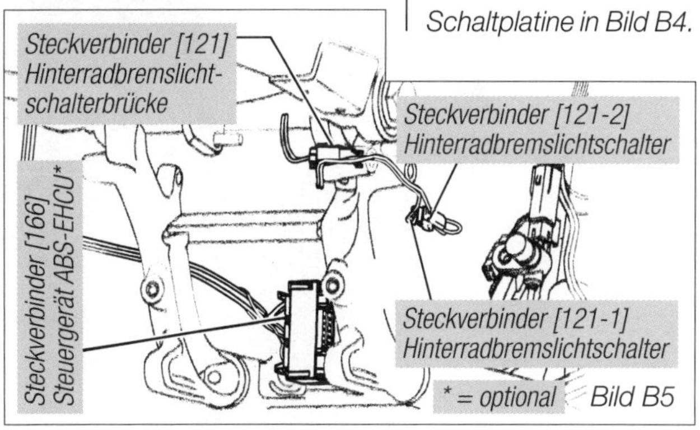

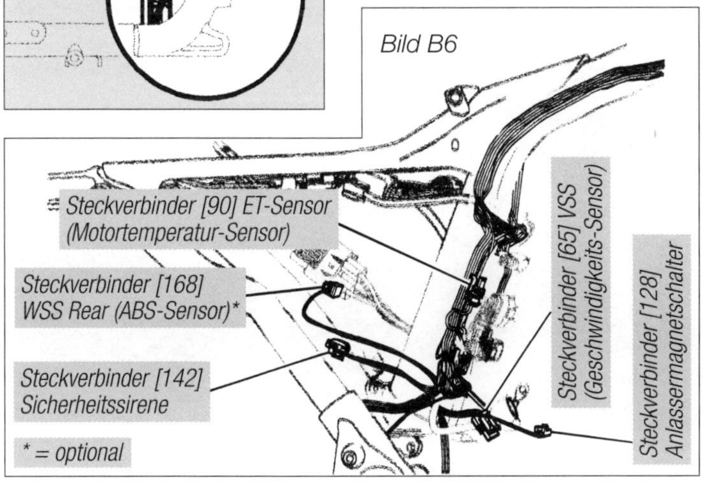

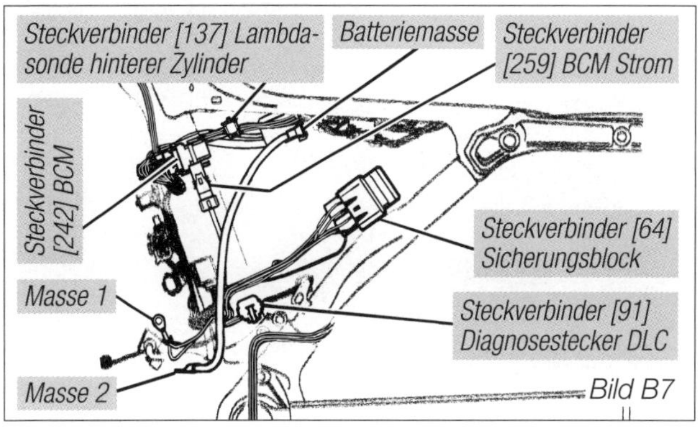

Sichtprüfung

Messen

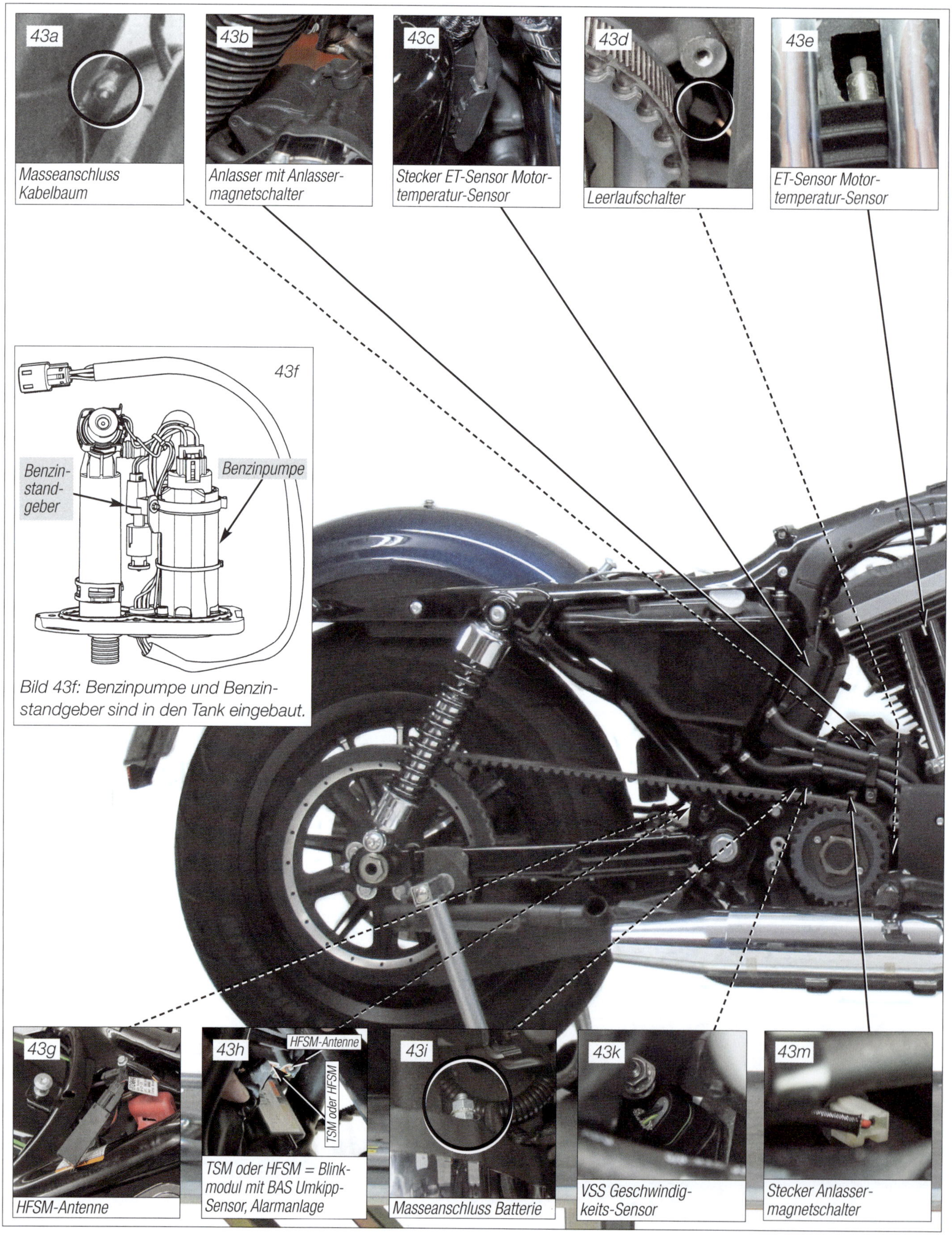

Bild 43f: Benzinpumpe und Benzinstandgeber sind in den Tank eingebaut.

TPS Drosselklappen-positions-Sensor

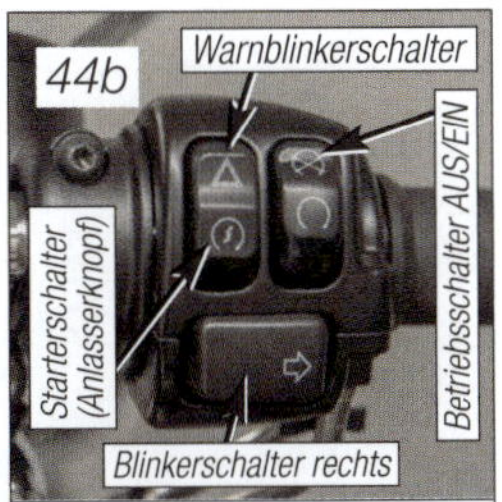

Rechte Lenkerschalter

Instrument

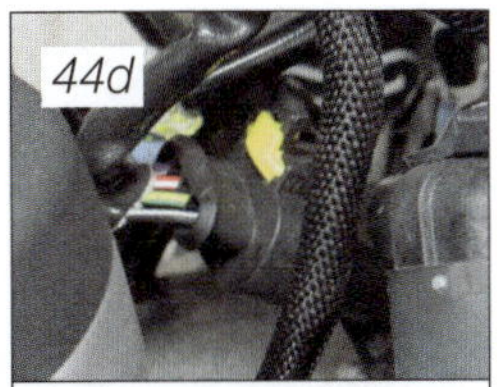

TMAP Ansauglufttem-peratur- und Ansaug-luftdruck-Sensor

Zündschloss/Zündschalter bei »Keyless-Ignition« nur Lenkschloss vorhanden

IAC Leerlaufsteller

Zündspule

Übersicht der elektrischen Bauteile, Relais, Sensoren, Schalter, Stecker und Sonstiges am Beispiel einer XL 1200 C ab Mj. 2016 (Bilder 43a bis 46n)

Elektrische Bauteile
- Anlasser (Elektrostarter, Bild 43b)
- Anlassermagnetschalter (-Stecker, Bild 38, 43m)
- Batterie (Bild 46c)
- Benzinpumpe (in Tank integriert, Bild 43f)
- Doppelzündspulen (Bilder 44g und 45a)
- Hauptsicherung 30 A bzw. 40 A (Bilder 7b, 46e)
- Hupe (Signalhorn, Bild 45c)
- Instrument (Bilder 34a, 34b und 44c)
- Lichtmaschine (Generator, Kapitel 15 »Ladesystem«)
- Motorsteuergerät ECM (Bilder 1a, 1b, 2 und 46a)
- Steuergerät ABS-EHCU* (Bild 46i)
- Sicherungs-/Relaiskasten bis Mj. 2013 (Bild 6)
- Sicherungsblock ab Mj. 2014 (Bild 46e)
- Spannungsregler (Bild 45m)
- Zentralsteuergerät BCM ab Mj. 2014 (Bild 46a)
- Zündkerzen (Bilder 45f und 45h)

Schalter
- Blinkerschalter rechts und links (Bilder 44b, 45d)
- Bremslichtschalter vorne (in rechter Lenkerarmatur)
- Bremslichtschalter hinten (Bild 46m)
- JSS (Seitenständerschalter) (Bild 45r)
- Kupplungsschalter (in linker Lenkerarmatur, Bild 45e)
- Leerlaufschalter (Bild 43d)
- Lichthupen-, Fern-/Abblendlicht- und Hupen-schalter (-knopf) (Bild 45d)
- Motorbetriebsschalter (Bild 44b)
- Öldruckschalter (Bild 45n)
- Starterschalter (Anlasserknopf, Bild 44b)
- Zündschalter (Zündschloss, Bilder 31 und 44e)

Sensoren
- ABS-Sensor* am Hinterrad (WSS Rear, Bild 46n)
- ABS-Sensor* am Vorderrad (WSS Front, Bild 45i)
- BAS (Umkipp-Sensor bis Mj. 2013, Bild 10b); ab Mj. 2014 Umkipp-Abschaltfunktion im BCM)
- Benzinstandgeber (Reserve-Sensor, Bild 43f)
- CKP (Kurbelwellenpositions-Sensor, Bild 45q)
- ET-Sensor (Motortemperatur-Sensor, Bild 43e)
- IAC Leerlaufsteller für Leerlaufdrehzahl und Kaltstartanreicherung (Bild 44f)
- Lambdasonden (Bilder 45k und 46k)
- TMAP (IAT – Ansauglufttemperatur-Sensor und MAP – Ansaugluftdruck-Sensor (Bild 44d)
- TPS (Drosselklappenpositions-Sensor, Bild 44a)
- VSS (Geschwindigkeits-Sensor, Bild 43k)

Relais
- Anlasserrelais bis Mj. 2013 (Bilder 6 und 10a)
- TSM Blinkmodul bis Mj. 2013 (Blinkrelais, Bilder 10b und 43h)
- Systemrelais bis Mj. 2013 (Bilder 6 und 10a)

Sonstiges
- Diagnosestecker DLC (Bild 46d)
- Einspritzventile (zwei Stück, Bild 45g)
- Masseanschluss Batterie (Bild 43i)
- Masseanschluss Kabelbaum (Bild 43a)
- Diebstahlwarnanlage mit Sirene HFSM (Bilder 10b, 32 und 43h) mit Wegfahrsperren-/Alarmfunktion

* = nur bei ABS-Modellen

45a
Zündspule
45b
Zündkabel, hier das des vorderen Zylinders
45c
Hupe
45d
Lichthupenschalter
Hupen-schalter
Fern-/Abblendlichtschalter
Blinkerschalter links
Linke Lenkerschalter
45e
Kupplungsschalter (Blick von oben in Gehäuseunterteil)
45f
Zündkerze des vorderen Zylinders
45g
Einspritzventile
45h
Zündkerze des hinteren Zylinders
45i
ABS-Sensor am Vorderrad
45k
Lambdasonde des vorderen Zylinders
45m
Spannungsregler
45n
Öldruckschalter
45p
Stecker des Seiten-ständerschalters
45q
CKP Kurbelwellenposi-tions-Sensor
45r
JSS Seitenständerschalter

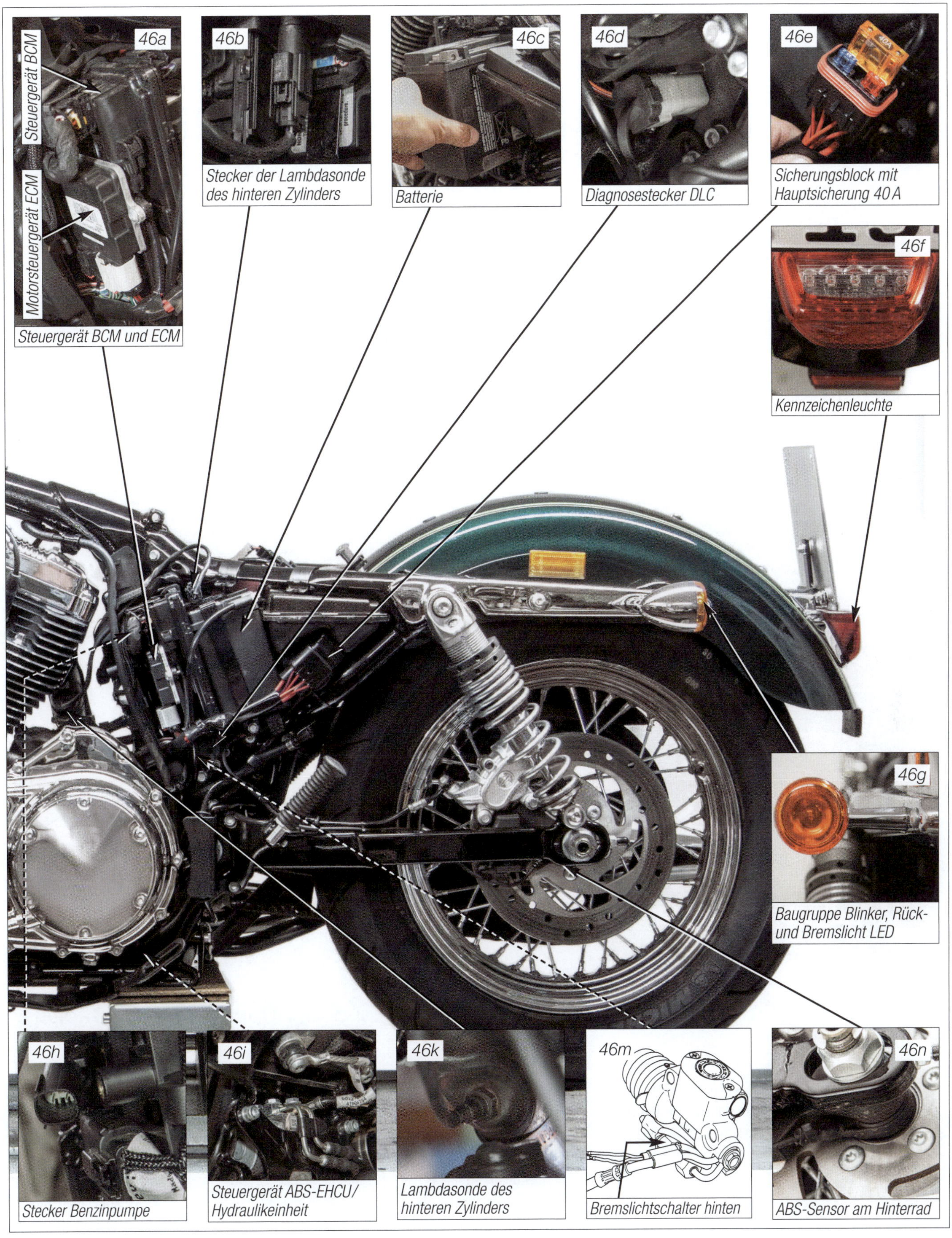

Steuergerät BCM und ECM

Stecker der Lambdasonde des hinteren Zylinders

Batterie

Diagnosestecker DLC

Sicherungsblock mit Hauptsicherung 40 A

Kennzeichenleuchte

Baugruppe Blinker, Rück- und Bremslicht LED

Stecker Benzinpumpe

Steuergerät ABS-EHCU/ Hydraulikeinheit

Lambdasonde des hinteren Zylinders

Bremslichtschalter hinten

ABS-Sensor am Hinterrad

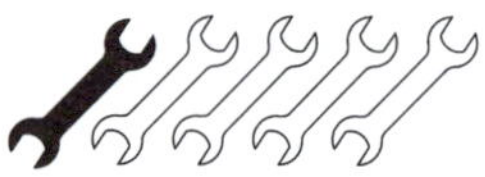

Bild 1: Werkzeug für Befestigungsmutter des Minuskabels am Masseanschluss.

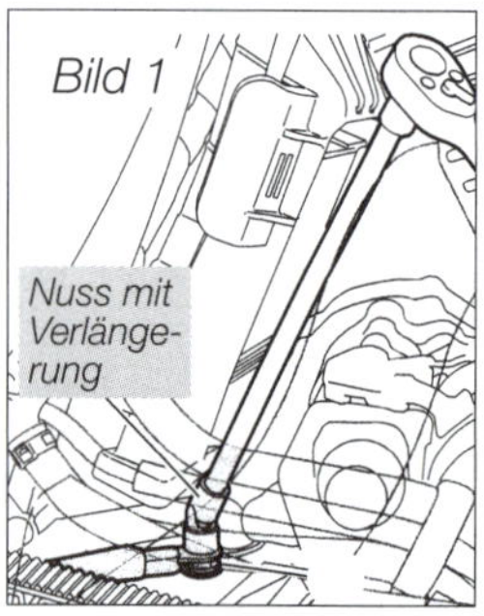

Batterie

In diesem Kapitel: Werkzeug zum Aus- und Einbau der Batterie · Was »MF« bedeutet · Batterie prüfen, aus- und einbauen · Batterie laden, geeignete Ladegeräte · Neue Batterie einbauen: befüllen und erstladen.

Batterie

Bilder 2 und 3a: In die Sportster-Modelle unseres Buchs ist eine MF-Batterie mit 12 Volt (V) und 12 Amperestunden (Ah) eingebaut. Diese Batterie trägt das Markenzeichen von Harley-Davidson, ist also ein Originalersatzteil (Bestell-Nummer 65958-04A). Als Zubehörbatterie akzeptiert Harley-Davidson eine Yuasa-Batterie mit der Bezeichnung »YTX14L-BS«.

Werkzeug zum Aus- und Einbau der Batterie
- Knarre, kleiner Drehmomentschlüssel
- lange Verlängerung mit Kardangelenk
- Bild 1: Nuss 7/16 Zoll (11,11 mm) oder Maulschlüssel für die untere Schraube des Halteblechs und die Mutter der Verschraubung der Minuskabelöse am Motor
- Nuss 10 mm für Schrauben der Batteriepole

Bild 2: Serienmäßige Batterie von Harley-Davidson.

Maße der Batterie
- Länge 149 mm (± 2 mm)
- Breite 87 mm (± 2 mm)
- Höhe 145 mm (± 2 mm)

Was »MF« bedeutet

Im Vergleich zu einer Blei-Säure-Batterie, wie sie bis vor wenigen Jahren bei Motorrädern üblich war, ist eine MF-Batterie kleiner, braucht also weniger Bauraum, und sie ist leichter. Das Kürzel »MF« bedeutet »Maintenance Free« (wartungsfrei). Doch total wartungsfrei ist eine MF-Batterie nicht, sondern nur »wartungsarm«, denn bei einer großen Inspektion soll sie ausgebaut, gereinigt und mit einem elektronischen Ladegerät sorgfältig geladen werden.

Im Gegensatz zu einer Blei-Säure-Batterie, bei der die in der Batterie enthaltene Säure mit der Zeit verdunstet und deswegen regelmäßig mit destilliertem Wasser auf den vorgeschriebenen Stand gebracht werden muss, entsteht bei der Ladung einer MF-Batterie nur Sauerstoff, welcher an der Minusplatte mit dem dort gebundenen Wasserstoff reagiert und sich wieder in Wasser verwandelt. Deswegen bleibt der Flüssigkeitsstand in der MF-Batterie immer konstant. Auch braucht sie keinen Entlüftungsschlauch wie eine Blei-Säure-Batterie, die Wasserstoff freisetzt. Bei der MF-Batterie ist zur Sicherheit ein Ventil eingebaut, das bei Überdruck öffnet und bei Erreichen des Normaldrucks wieder schließt. Weiterhin befindet sich unter dem Deckel auf dem Sicherheitsventil ein Keramikfilter als Schutz gegen Entzündung oder Explosion. **Wichtig:** Bei der MF-Batterie darf die Stopfenleiste (Bild 13) nicht entfernt werden, weil der Säurestand nicht überprüft werden muss und auch das Nachfüllen von destilliertem Wasser entfällt.

Batterie prüfen

Eine schwache Batterie ist vor allem am »müden« Anlasser zu spüren, der den Motor nicht mehr richtig durchdreht. Zum Messen der Batteriespannung wird ein Multimeter benötigt, der Motor sollte mindestens 30 Minuten nicht gelaufen sein.

1. Zündung AUSschalten.
2. Sitz abbauen ab Mj. 2014.
3. Linken Seitendeckel abbauen.
4. Bild 5a: Rote Messspitze (+) des Multimeters an Pluspol der Batterie anlegen.
5. Bis Mj. 2013, Bild 7: Schwarze Messspitze an den Massekabel-Anschluss unten auf dem Motorgehäuse anlegen.

Lieferadresse Batterieladegerät in Bild 13:
fritec Friedrich & Hitschfel GmbH
Mittelrüsselbach 38
D-91338 Igensdorf
www.fritec.de

Sicherheitshinweise ⚠ **Achtung** und ☞ **Tipps** für dieses Kapitel

⚠ Zu allen Arbeiten an der Batterie muss die Hauptsicherung ausgezogen sein – bei eingeschalteter Zündung ziehen!

⚠ Beim Laden der Batterie können aus der Batterie explosive Gase entweichen. Offenes Feuer, Funkenflug und brennende Zigaretten in weitem Umkreis von der am Ladegerät hängenden Batterie fern halten. Für ausreichende Belüftung des Raumes sorgen, in dem die Batterie geladen wird!

☞ Beim Überwintern Ihrer Harley die Batterie ausbauen, reinigen, laden wie in diesem Kapitel beschrieben, und in einem kühlen, trockenen Raum lagern. Im Frühjahr beim Ausmotten der Maschine die Batterie unter fließendem Wasser reinigen, abtrocknen, vorschriftsmäßig laden und sorgfältig einbauen.

5.1. Ab Mj. 2014, Bild 4b: Schwarze Messspitze (–) direkt an den Minuspol der Batterie anlegen.

6. Nun die Spannung der Batterie messen, das gilt für alle Modelle:

- 12,7 bis 13,0 Volt: Batterie ist voll geladen.
- 12,6 Volt: Ladezustand 75%.
- 12,3/12,5 Volt: Ladezustand 50%, nachladen.
- 12,0/12,2 Volt: Ladezustand 25%, nachladen.
- 11,8 Volt oder weniger: Batterie hat keinen Strom mehr, sie muss nachgeladen werden.

Wichtig: Die Batterie kann auch defekt sein.

Batterie ausbauen

Wichtig: Bei Modellen mit Alarmanlage muss man sicherstellen, dass der Schlüsselanhänger in der Nähe ist, sonst geht während der Batteriemontage die Alarmsirene an!

1. Linken Seitendeckel abbauen.
2. Ab Mj. 2014: Sitz abbauen.
3. Bis Mj. 2013: Zündung EINschalten.
3.1. Ab Mj. 2014: Motorbetriebsschalter am rechten Lenkerschalter auf »RUN« stellen.
4. Bilder 6a und 6b: Hauptsicherung ausziehen.
5. Bis Mj. 2013, Bilder 1, 7 und 8: Unten auf der rechten Seite des Motorgehäuses hinter dem Anlasser ist die Öse des Batterie-Massekabels angeschraubt: Entweder mit einer Nuss, langen Verlängerung mit Kardangelenk (Bild 1) oder 7/16 Zoll-Maulschlüssel die Mutter am Masseanschluss lösen und abschrauben, Öse abnehmen.
5.1. Bild 9: An der Öse des Massekabels einen Draht anbringen. Damit lässt sich das Minuskabel beim Einbau der Batterie wieder in seine Einbaulage zurückziehen.
6. Minuskabel aus Haltebügel am Batteriefach aushängen.
7. Bis Mj. 2013, Bild 6a: Hauptsicherungshalter nach hinten ziehen und somit vom Befestigungsstift am Batteriehaltebügel lösen.
7.1. Bild 6a: Steckerverbinder des Diagnosesteckers nach hinten ziehen und somit vom Befestigungsstift am Batteriehaltebügel lösen.
8. Ab Mj. 2014, Bild 4b: Minuskabel von der Batterie abschrauben.
9. Alle Modelle, Bilder 3a und 3b: Befestigungsschraube des Batteriehaltebügels lösen und abschrauben, Haltebügel aus seiner Aufnahme oben am Batteriefach aushängen und abnehmen.
10. Alle Modelle, Bilder 5a und 10: Am Pluspol der Batterie sind zwei Ösen angeschraubt. Schraube mit 10er-Schlüssel lösen, ausschrauben.
11. Bis Mj. 2013, Bild 5b: Nun die Batterie vorsichtig so weit aus dem Batteriefach ziehen, dass die Kabelöse vom Minuspol abgeschraubt werden kann.

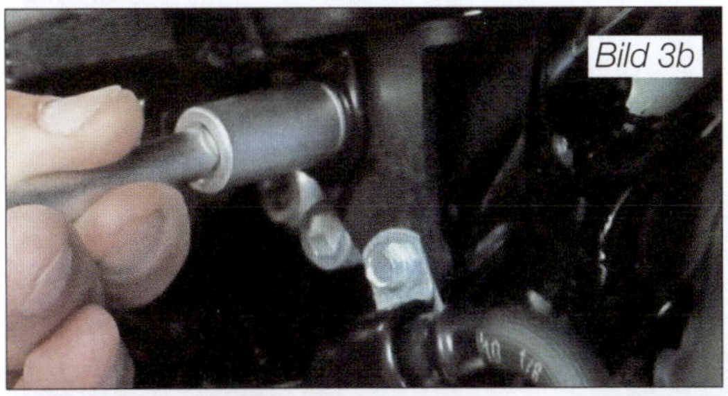

Bilder 3a und 3b: Im Lauftext sind die zu den Bildern gehörenden Arbeitsschritte nummeriert beschrieben.

Bilder 4a bis 5b: Zum Abschrauben des Minuspols die Batterie ein Stück weit aus dem Batteriefach ziehen.

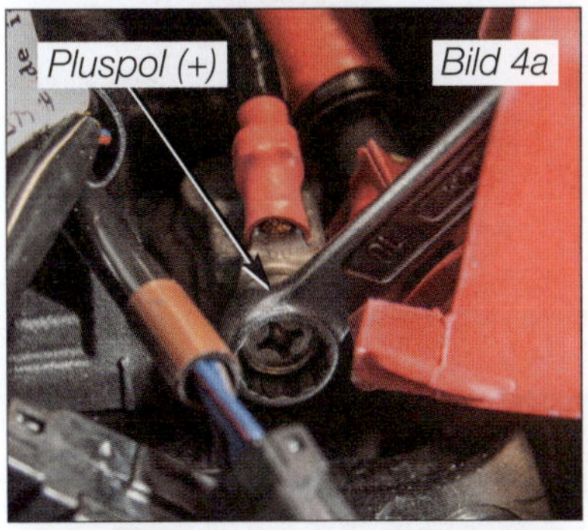

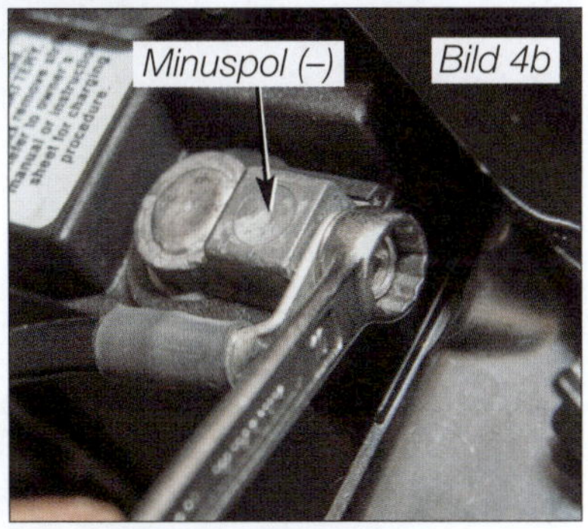

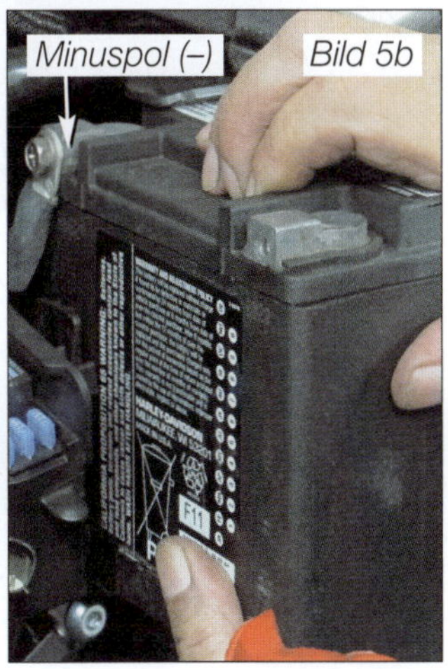

12. Alle Modelle: Batterie aus dem Batteriefach herausnehmen. Batteriefach reinigen.

Batterie laden

1. Vor dem Anklemmen der Ladekabel die Plus- und Minuspole der Batterie mit einer Messingbürste oder feinem Schmirgel reinigen.
1.1. Bild 13: Rotes Ladekabel an Pluspol der Batterie anklemmen, dann schwarzes an Minuspol.
2. Ladegerät einschalten.
Wichtig: Die auf der Batterie angegebenen Ladeströme und Ladezeiten nicht überschreiten, sonst wird die Batterie beschädigt:
2.1. Maximal zulässig:
- Ladestrom 1,4 Ampere
- Ladespannung maximal 14,6 Volt
- Ladezeit 5 bis 10 Stunden.

3. Schnellladung: Soll nicht vorgenommen werden. Wenn es doch sein muss, weil es nicht anders geht: 1 Stunde mit maximal 5 Ampere.
3.1. Wichtig: Eine schnell geladene Batterie soll bei nächster Gelegenheit ausgebaut, gereinigt und langsam geladen werden!
4. Wenn die Batterie geladen ist:
- Ladegerät ausschalten.
- Zuerst Minuspol abklemmen, dann Pluspol.
- Ladedatum auf Batterie vermerken.

Wichtig: Geladene Batterie vor dem Einbau eine halbe Stunde ruhen lassen.

Batterie einbauen

1. Etwas Batteriefett an die Pole geben.
2. Bis Mj. 2013: Batterie zur Hälfte in Batteriefach einschieben.
2.1. Bild 5b: Minuskabel anschrauben und Schraube mit 7 Nm festziehen.
2.2. Batterie ganz in Batteriefach einschieben.
- Währenddessen zieht ein Helfer am vorhin angebrachten Draht (Bild 9), der an der Öse des Minuskabels auf der anderen Fahrzeugseite befestigt ist.

3. Ab Mj. 2014: Batterie in Batteriefach einschieben.
4. Alle Modelle, Bilder 5a und 10: Pluskabel an Batterie anschrauben, Schraube mit 7 Nm festziehen.
5. Alle Modelle: Batteriehaltebügel in seine Aufnahme oben am Batteriefach einhängen, nach unten klappen, Befestigungsschraube (Bild 3b) eindrehen. Festziehen mit:
- 6 Nm bis Mj. 2013
- 10 Nm ab Mj. 2014.

6. Bis Mj. 2013, Bild 6a: Hauptsicherungshalter und Steckverbindung für den Diagnosestecker am Haltebügel anbringen – von hinten auf die Befestigungsstifte aufschieben.
6.1. Bilder 7 und 8: Unten am Motorgehäuse: Ringöse des Minuskabels auf den Gewindebolzen aufstecken und die Mutter aufdrehen, mit 7 Nm festziehen.
- Bild 1: Dazu braucht man 7/16 Zoll-Nuss, lange Verlängerung mit Kardangelenk und kleinen Drehmomentschlüssel.

7. Zündung am Zündschloss AUSschalten (bis Mj. 2013) bzw. Motorbetriebsschalter auf »AUS« (ab Mj. 2014), Hauptsicherung einstecken (Bild 6b).

Bilder 6a und 6b: Hauptsicherung ausziehen. Hauptsicherung mit 30 Ampere bis Mj. 2013 (Bild 6a); Hauptsicherung mit 40 Ampere ab Mj. 2014 (Bild 6b).

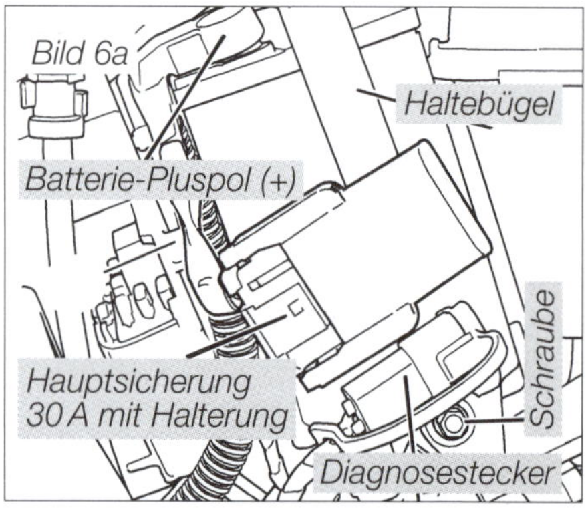

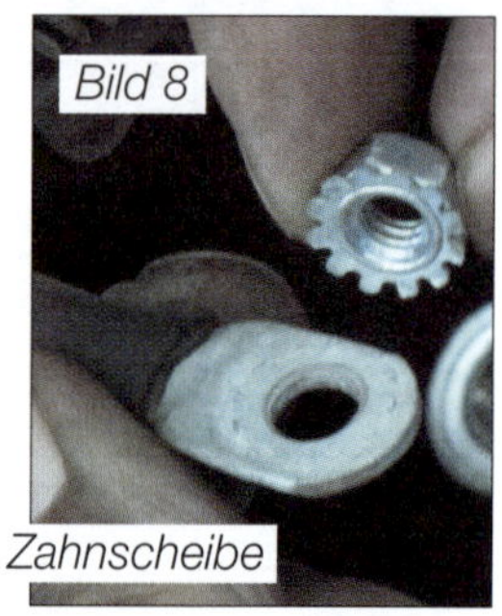

Bild 7: Befestigungsstelle des Minuskabels am Masseanschluss des Motorgehäuses.

Bild 8: Batteriemassekabel gelöst.

Bild 9: Beim Ausbau der Batterie einen Draht an der Ringöse befestigen, daran kann man dann beim Einbau das Minuskabel in seine Anbauposition ziehen.

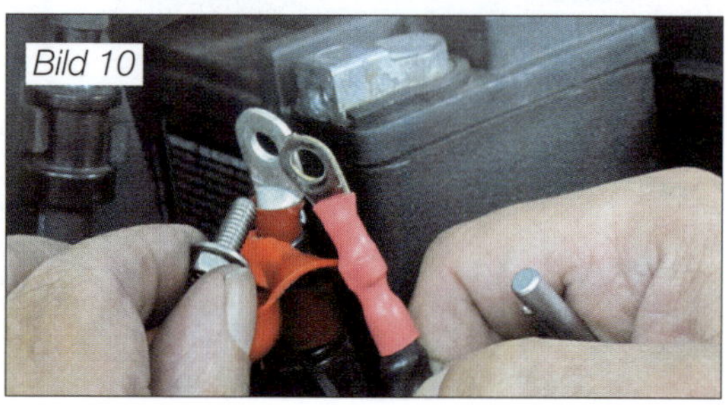

Bild 10: Zwei Kabelösen am Pluspol.

Neue Batterie einbauen

Achtung: NIEMALS eine Blei-Säure-Batterie einbauen!

Wichtig 1: Wenn eine neue Batterie notwendig wird, kaufen Sie entweder beim Harley-Händler eine Originalbatterie oder im Motorrad-Zubehörhandel eine MF-Motorradbatterie guter Qualität.

Wichtig 2: Eine neue MF-Batterie ist zwar trocken vorgeladen und nach der Erstbefüllung mit Säure theoretisch sofort einsatzbereit, doch je sorgsamer die neue Batterie auf ihren ersten Einsatz vorbereitet wird, desto länger lebt sie!

1. Bild 11: Klebestreifen über Einfüllöffnungen der Batterie entfernen.
2. Bild 12: Schutzfolie vom Säurebehälter abziehen, diesen exakt auf den Einfülllöchern der Batterie ansetzen und gleichmäßig eindrücken.
Wichtig: Säuremenge und Fließgeschwindigkeit sind exakt auf die Batterie abgestimmt. Den Behälter NICHT anstechen in dem Glauben, dass die Säure nur dann fließt! Wenn der Säureabfluss stockt, Behälter leicht mit einem Finger anstoßen.
3. Nach ca. einer Stunde ist alle Säure in die Batterie eingelaufen: Leeren Säurebehälter von Batterie abziehen. Stopfenleiste fest aufdrücken, ggf. mit Gummihammer leicht nachklopfen.
4. Batterie vorschriftsmäßig laden und danach mindestens eine halbe Stunde ruhen lassen, dann erst einbauen.

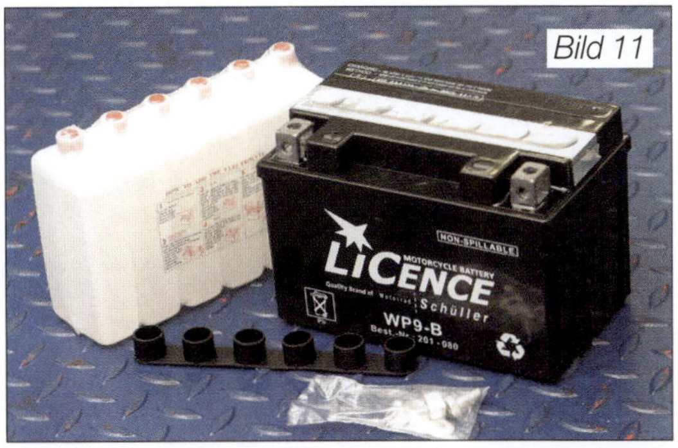

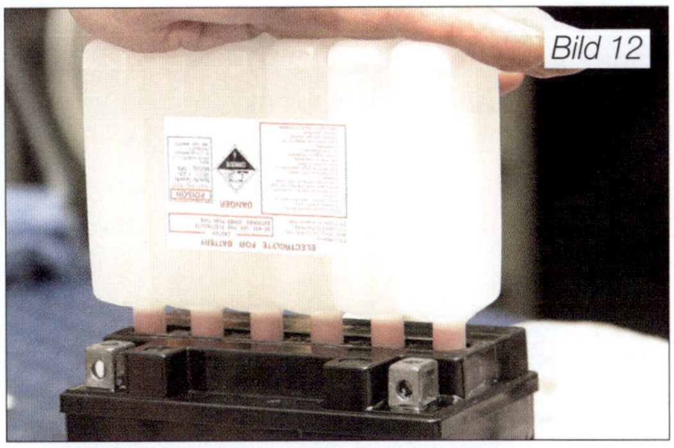

Bilder 11 und 12: Eine neue Batterie muss vor dem Einbau zuerst mit Säure befüllt und danach sorgfältig geladen werden.
■ Klebestreifen über Einfüllöffnungen der Batterie entfernen.
■ Schutzfolie vom Säurebehälter abziehen.
■ Säurebehälter exakt auf Einfülllöcher der Batterie ansetzen und gleichmäßig eindrücken. Säure läuft von alleine in die Batterie ein.

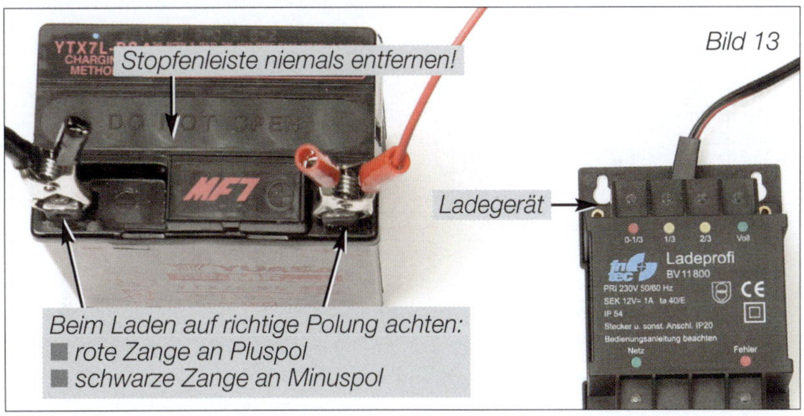

Bild 13: Beim Laden auf richtige Polung der Zangen achten. Wir verwenden das gezeigte Ladegerät »fritec Ladeprofi kompakt BV 11800«.

*Bild 14: ■ Gerät **A** (ca. 10 €), lädt mit 0,3 Ampere. Für langsames Laden der Batterie.*
*■ Gerät **B** (ca. 25 €), lädt mit 1,6 Ampere und entlädt im Wechsel; nicht zu empfehlen.*
*■ Mit dem High-Tech-Gerät **C** (ca. 80 €), können tiefentladene Batterien wieder regeneriert werden.*

Sichtprüfung Messen

Ladesystem

Korrespondenzkapitel:
- 13 »Sicherungen · Relais · Stecker«
- 14 »Batterie«
- 16 »Anlasser«
- 23 »Kupplung«
- 28 »Schaltpläne«

In diesem Kapitel: Batterie wird nicht geladen · Lichtmaschine, Spannungsregler und Stator prüfen · Stator aus- und einbauen.

Batterie wird nicht geladen

Wenn die Batterie nicht richtig geladen wird, liegt das grundsätzlich an einer Störung im Ladesystem. Zur Überprüfung ist ein Multimeter notwendig; die Messtemperatur beträgt 20 °C.

Ladespannung prüfen

Batterie und Hauptsicherung müssen in Ordnung sein. Plus- und Minuskabel bleiben an der Batterie angeschlossen. Wenn wegen eines Problems mit der Ladespannung die Batterie leer ist, muss man zur Prüfung der Ladespannung eine Batterie einbauen, die in Ordnung ist und mindestens 12,7 Volt liefert.

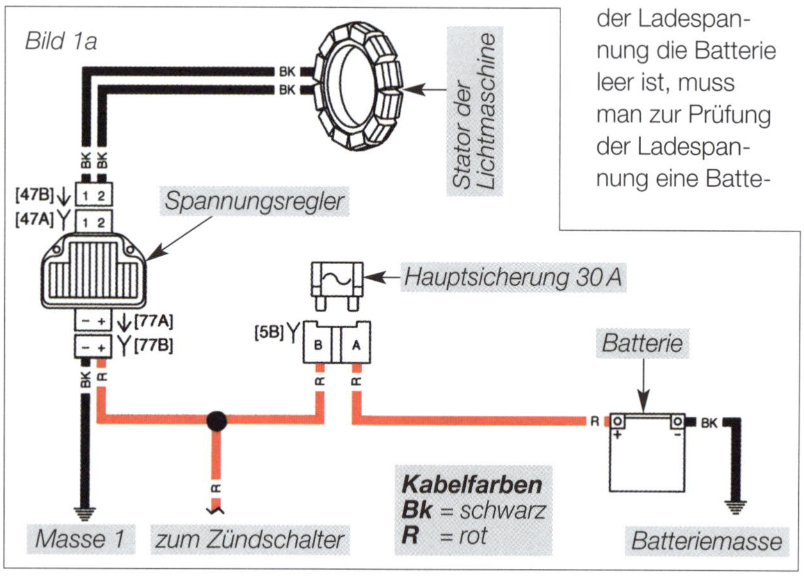

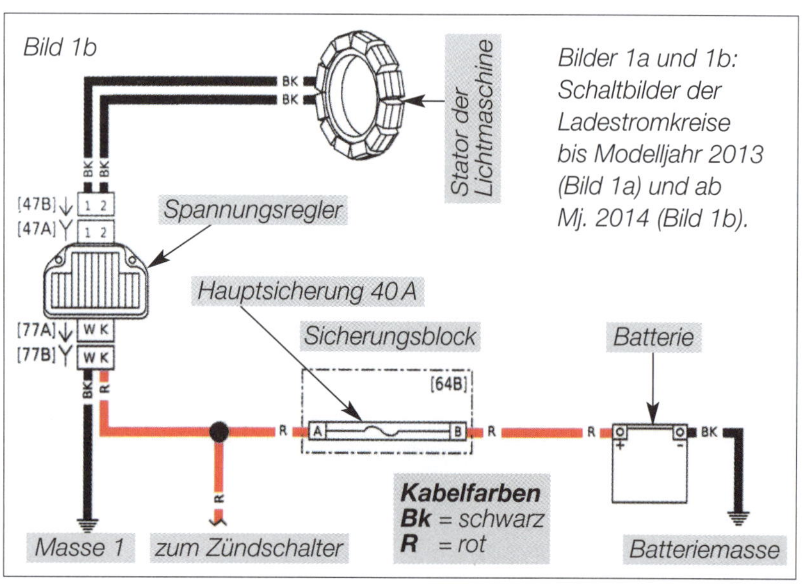

Bilder 1a und 1b: Schaltbilder der Ladestromkreise bis Modelljahr 2013 (Bild 1a) und ab Mj. 2014 (Bild 1b).

1. Batterie muss so weit freigelegt werden, dass Plus- und Minuspol bzw. Masseanschluss unten am Motor mit den Messspitzen des Multimeters gut erreichbar sind.
2. Motor starten und auf Betriebstemperatur bringen (ca. 80 °C Öltemperatur).
3. Motor AUSschalten. Multimeter auf Gleichspannung einstellen und anschließen:
- Plusklemme auf Pluspol der Batterie
- Minusklemme auf Masseanschluss bzw. Minuspol der Batterie

4. Batteriespannung ablesen und notieren.
5. Motor starten. Fernlicht einschalten und Bremse betätigen, damit das Bremslicht aufleuchtet.
6. Motor auf 3000/min hochdrehen und die auf dem Multimeter angezeigte Spannung ablesen: Sie muss zwischen 13 und 15 Volt betragen und größer sein als die Batteriespannung.
7. Ergebnis werten:
7.1. Wenn die angezeigte Spannung im Bereich von 15 Volt liegt, sind der Spannungsregler und die Lichtmaschine in Ordnung.
7.2. Ist die angezeigte Spannung kleiner oder gleich der Batteriespannung, können Spannungsregler oder Lichtmaschine defekt sein.
7.3. Wenn die angezeigte Spannung viel höher ist als 15,5 Volt, können folgende Störungen vorliegen: Batterie defekt, Masseanschluss der Batterie und/oder des Reglers schlecht (siehe dazu den Schaltplan in den Bildern 1a und 1b), Spannungsregler defekt.
8. Ein Defekt in den Kabeln oder Kabelsteckern kann ebenfalls vorliegen.
8.1. Prüfen: Kontakte der Steckverbindungen auf lose Anschlüsse und Korrosion, lockere Kontakte beseitigen, Stecker der Kabel richtig befestigen (z. B. anlöten).
8.2. Korrosion beseitigen: korrodierte Steckkontakte mit feinem Schmirgelpapier abziehen.
8.3. Zwischen jeder Klemme und Masse darf kein Stromdurchgang bestehen.
9. Sind alle Komponenten des Ladesystems in Ordnung, die Steckkontakte nicht locker oder korrodiert, den Spannungsregler gegen ein erwiesenermaßen funktionierendes Teil austauschen und die Ladespannung erneut prüfen.

Statorspule der Lichtmaschine messen

Zum Testen der Statorspule muss der Widerstand ihrer Wicklungen gemessen werden (Bild 2), bei einer Messtemperatur von 20 °C. Zur Überprüfung bleibt der Stator eingebaut.

1. Steckverbindung des Lichtmaschinenkabels zum Spannungsregler trennen.
2. Widerstand der Statorwicklungen jeweils zwischen den Steckkontakten 1 und 2 messen, der Sollwert beträgt 0,1 bis 0,3 Ω.
3. Wenn die Messwerte außerhalb der angegebenen Werte liegen oder bei einem Kabel Stromdurchgang zur Fahrwerksmasse besteht, ist der Stator defekt.

Messtipp aus der Praxis

Zur Überprüfung des Stators in eingebautem Zustand kann man auch die von der Lichtmaschine abgegebene Spannung messen (Bild 4). Diese Messung wird in der Praxis bevorzugt, da sie genaueren Aufschluss über den tatsächlichen Zustand der Lichtmaschine gibt.

1. Steckverbindung des Lichtmaschinenkabels zum Spannungsregler trennen.
2. Motor starten und warmlaufen lassen.
3. Am Multimeter Wechselspannung einstellen. Spannung jeweils zwischen Kontakten 1 und 2 des Lichtmaschinensteckers und Masse messen.
4. Kurz Gas geben auf 3000 bis 4000/min.
5. Bei 2000/min muss der gemessene Wert an jedem der drei Kontakte zwischen 40 und 56 Volt Wechselspannung betragen; dies entspricht 20 bis 28 Volt pro 1000/min.
6. Wird dieser Wert an einem oder mehreren Kontakten nicht erreicht, ist der Stator defekt.

Spannungsregler überprüfen

Häufiger als die an sich unproblematische Lichtmaschine sind Defekte am Spannungsregler. Dieser ist in einem Metallkästchen mit Kühlrippen untergebracht und sitzt zwischen den Rahmenunterzügen vor dem Motor (Bild 5). Dort wird er zwar optimal gekühlt, ist aber Schmutz und Spritzwasser ausgesetzt.

Kontrollieren: Die eingegossenen Kabelanschlüsse dürfen weder rissig noch porös sein. Wenn ja, reinigen und mit Silikon abdichten.

Da man bei Defekten dieses elektronischen Bauteils mit Spannungs- oder Widerstandsmessungen nicht zum Ziel kommt, muss nach dem Ausschlussprinzip verfahren werden:

- Wenn die Lichtmaschine ausreichend Spannung liefert und alle Kabel und Kontakte in Ordnung sind, die Batterie trotz besten Zustands nach längerer Fahrt dennoch ständig entladen wird, ist wohl der Spannungsregler kaputt.
- Vor dem Kauf eines Neuteils prüfen Sie bitte, ob der Masseanschluss fest ist und garantiert korrosionsfrei.
- Spannungsregler versuchsweise gegen ein erwiesenermaßen funktionstüchtiges Teil austauschen (von der Sportster des Freundes ausleihen). Wird die Batterie damit aufgeladen, war der Regler defekt und muss erneuert werden.
- Eine Reparatur des Reglers ist nicht möglich.

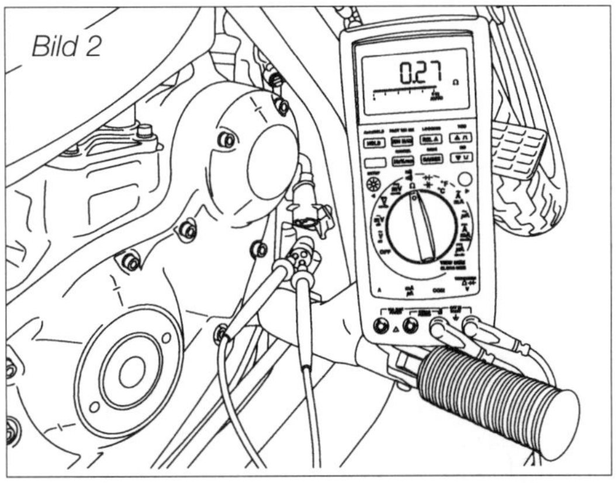

Bild 2: Widerstand der Statorwicklung mit Multimeter prüfen, er muss zwischen 0,1 und 0,3 Ω liegen.

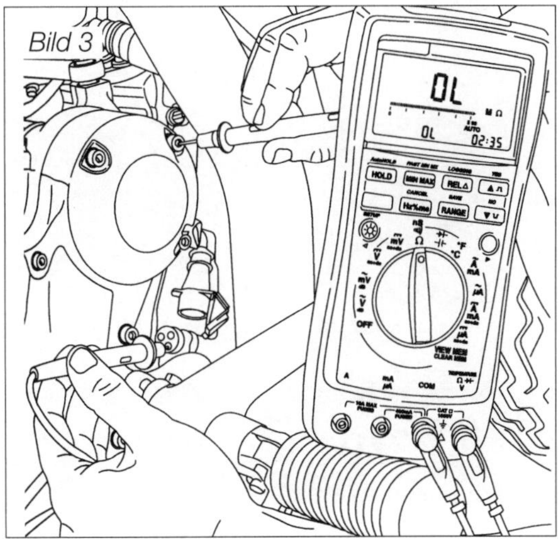

Bild 3: Stator auf Masseschluss prüfen.

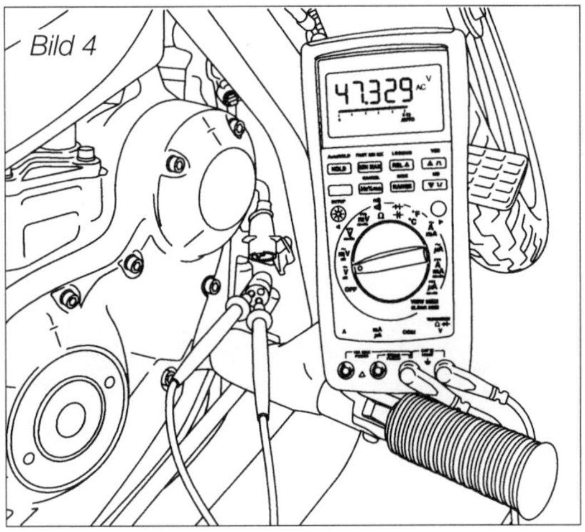

Bild 4: Ausgangsspannung der Lichtmaschine prüfen.

Besteht das Problem auch mit dem neuen Teil, liegt der Fehler an anderer Stelle.

Stator aus- und einbauen

Die Lichtmaschine (Bild 6) ist an sich ein zuverlässiges Bauteil, sie geht normalerweise nicht kaputt. Wenn allerdings die Wicklungen des Stators durchbrennen, ist die Lichtmaschine defekt und liefert keinen Ladestrom mehr. Bild 6: Die Lichtmaschine sitzt an der linken Motorseite im Primärgehäuse hinter dem vorderen Primärkettenrad. Um an ihr schrauben zu können, muss der komplette Primärantrieb ausgebaut werden. Der Aus- und Einbau wird in Kapitel 23 »Kupplung« mit den dazu notwendigen Spezialwerkzeugen beschrieben. Zu den nachfolgenden Arbeitsschritten ist der Primärantrieb ausgebaut.

Bild 5: Der Spannungsregler sitzt in den Rahmenunterzügen vor dem Motor.

■ Falls der Verdacht besteht, dass der Spannungsregler nicht in Ordnung ist, zuerst den Stecker, seine Kontakte und den Masseanschluss prüfen.

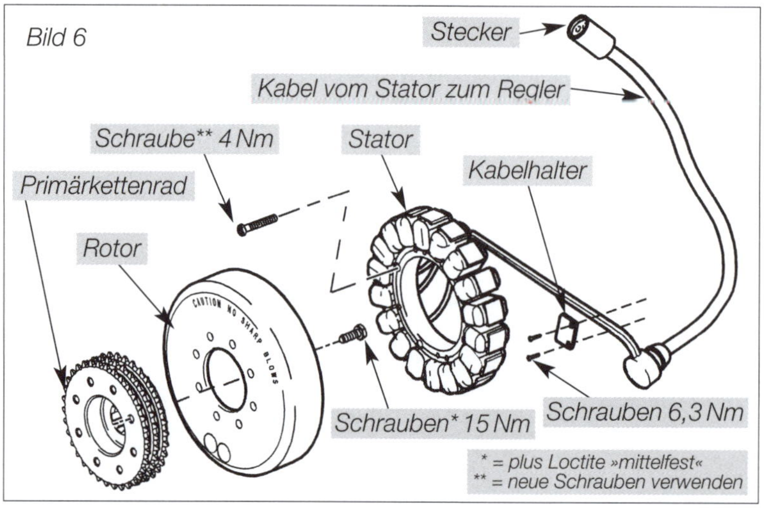

Bild 6: Explosionszeichnung der Lichtmaschine mit Teilebezeichnungen und Anziehdrehmomentwerten.

Stator ausbauen

1. Stecker der Kabel von der Lichtmaschine zum Kabelbaum trennen.
2. Befestigungsschrauben Torx T27 des Stators lösen und ausdrehen, Stator abnehmen und fest in der Hand halten.
3. Bild 6: Kabelhalter abschrauben und das Kabel herausziehen. Stator herausnehmen.

Stator prüfen

Stator an der Außenseite auf Kontaktstellen und Schleiftspuren zum Rotor hin prüfen. Auch die Isolierung genau ansehen, sie kann beschädigt oder gerissen sein.

Stator einbauen

Einbau in umgekehrter Reihenfolge des Ausbaus. Dabei besonders beachten:
1. Beim Einbau des Stators neue Schrauben verwenden und diese Schritt für Schritt gleichmäßig und über Kreuz bis auf 4 Nm festziehen.
2. Die beiden Schrauben des Kabelhalters mit 6,3 Nm festziehen.

Rotor vom Primärkettenrad abschrauben

1. Lichtmaschinenrotor auf eine saubere Unterlage legen. Schrauben lösen und ausschrauben.
2. Lichtmaschinenrotor so auf zwei Holzklötze legen, dass das Primärkettenrad unten zwischen den beiden Holzklötzen ist.
2.1. Kettenrad aus dem Rotor ausdrücken.

Rotor prüfen

1. Rotor mit einem sauberen Tuch gründlich reinigen. Allen Schmutz und Rückstände von den Magneten entfernen.
2. Rotor auf lose oder gesprungene Magnete und das Primärkettenrad auf eventuelle Schäden an der Keilverzahnung kontrollieren.

Rotor anschrauben

Anlageflächen reinigen, Kettenrad und Rotor zusammenfügen, Gewinde der Schrauben mit Loctite »mittelfest« bestreichen, eindrehen und in mehreren Schritten über Kreuz bis auf 15 Nm festziehen.

Anlasser

In diesem Kapitel: Anlasser prüfen · Motor fremdstarten · Motorrad anschieben · Anlasserrelais · Anlassermagnetschalter · Anlasser reparieren · Anlasser ausbauen, zerlegen, prüfen, zusammenbauen, einbauen · Einzelne Bauteile prüfen · Tabelle mit Fehlersuche und Abhilfe.

Anlasser prüfen

Der Anlasser, auch »Elektrostarter« genannt, ist auf 100 000 Starts ausgelegt und damit ein sehr zuverlässiges Bauteil. Dennoch kann ein Defekt auftreten, zum Beispiel an den elektrischen Nebenbauteilen oder den mechanischen, die zum »Startsystem« gehören.

Anlasser auf Funktion prüfen

Der Anlasser läuft nur dann an, wenn …

1. bis Mj. 2013, Bild 1a: … der Motorstoppschalter (»Killschalter«) an der rechten Lenkerarmatur neben dem Anlasserknopf auf RUN steht und die Zündung mit eingestecktem Schlüssel im Zündschloss EINgeschaltet ist,

1.1. ab Mj. 2014, Bild 1b: … der Motorbetriebsschalter auf RUN steht,

2. …bei verbauter Alarmanlage der Handsfree Schlüsselanhänger (FOB) in unmittelbarer Nähe ist,

3. …der Leerlauf EINgelegt ist,

4. …der Seitenständer EINgeklappt ist,

5. …der Starterknopf betätigt wird.

Anmerkung: Wenn ein Gang eingelegt und/oder der Seitenständer ausgeklappt ist, kann der Motor gestartet werden, wenn man den Kupplungshebel ganz durchzieht, weil dann der Kupplungsschalter die Anlassersperre überbrückt. Wird aber mit ausgeklapptem Seitenständer die Kupplung losgelassen, geht der Motor aus. Losfahren ist also nur dann möglich, wenn der Seitenständer eingeklappt wird.

Anlasser funktioniert nicht: Batterie defekt?

Wenn der Motor gestern noch ansprang und heute nicht mehr will, kann die Batterie hinüber sein. Das kann sowohl im Sommer als auch im Winter von einem auf den anderen Moment ganz plötzlich passieren.

Motor mit schwacher Batterie starten

In der Regel schaltet sich das Licht erst dann an, wenn der Motor läuft. Je nach Modell und Baustand kann es vorkommen, dass das Licht schon beim Einschalten der Zündung angeht bzw. also schon dann, wenn man zwar den Starterknopf betätigt und der Anlasser den Motor dreht, dieser aber noch nicht angesprungen ist. Wenn man den Startvorgang abbricht, die Zündung aber eingeschaltet bleibt (weil der Motor ja nicht angesprungen ist), bleibt das Licht weiter angeschaltet.

Wenn der Motor also wegen einer schwachen Batterie nicht anspringen will, sollte man die Batterie schonen: ■ Zündung AUSschalten

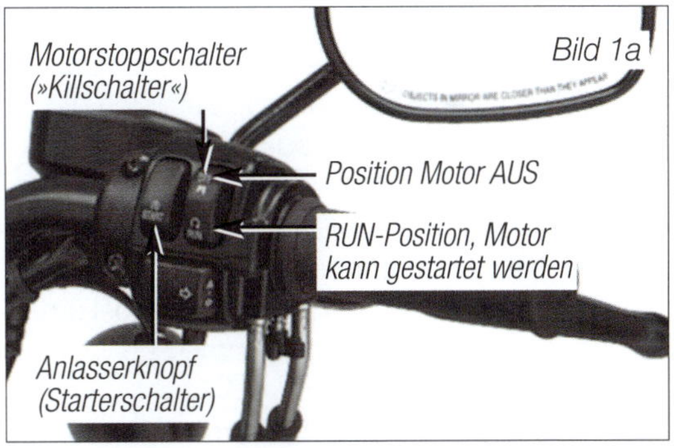

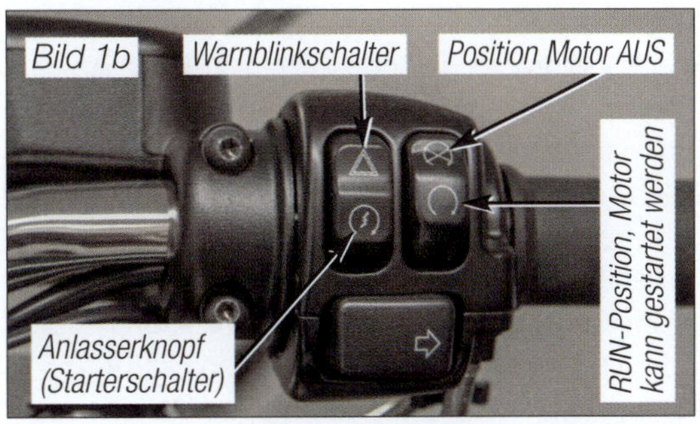

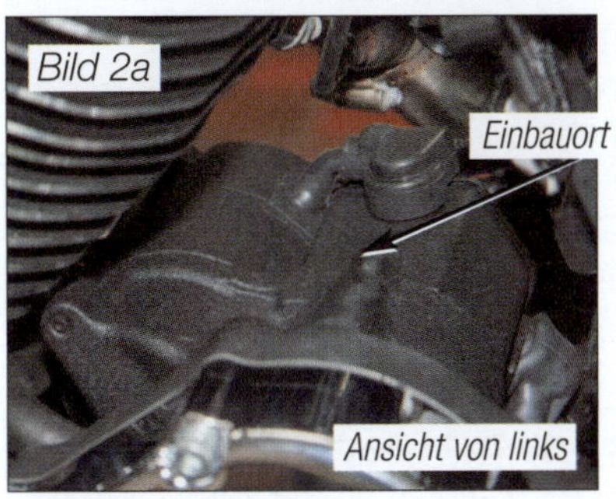

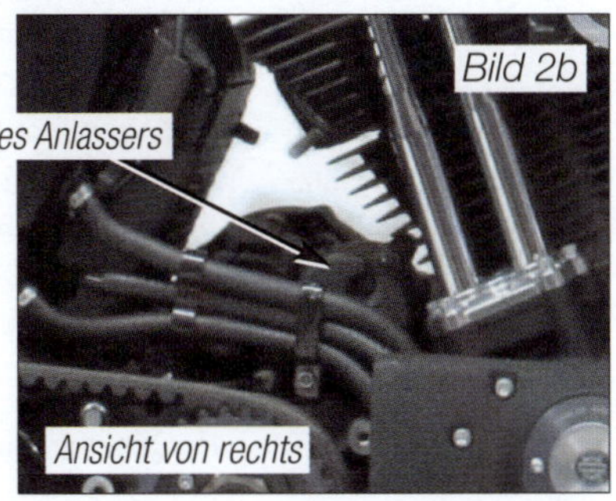

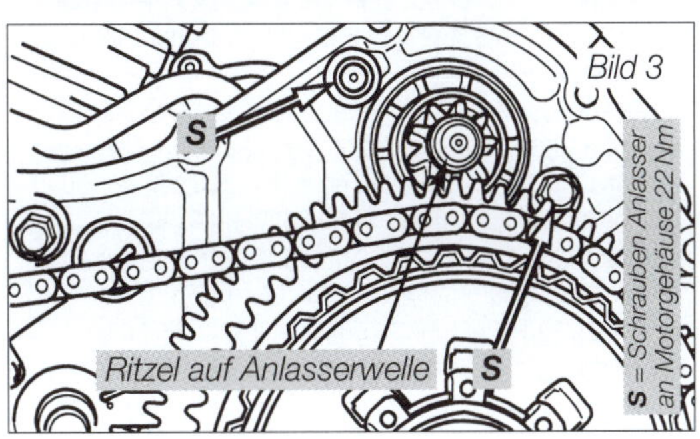

Korrespondenzkapitel:
- 4 »Tank · Rahmen · Anbauteile«
- 13 »Sicherungen · Relais · Stecker«
- 14 »Batterie«
- 15 »Ladesystem«
- 22 »Schmiersystem«
- 27 »Anziehdrehmomente«

Bild 1a: Für das Starten ist die richtige Position des »Killschalters« wichtig (bis Mj. 2013).

Bild 1b: Ab Mj. 2014 dient dieser Schalter zum Abstellen des Motors. Auch hier auf die richtige Position achten.

Bilder 2a und 2b: Der Anlasser sitzt hinten auf dem Motorgehäuse.

Bild 3: Das kleine Ritzel auf der Anlasserwelle greift in das große Zahnrad ein, welches hinter der Primärkette auf dem Kupplungskorb sitzt.

Sichtprüfung Messen

Motor fremdstarten
Wenn die Batterie nicht genügend Strom zum Starten liefert, kann man den Motor mit Hilfe einer externen Stromquelle fremdstarten, z. B. mit der Batterie eines anderen Motorrads oder Autos. Der Strom wird über zwei Starthilfekabel zwischen den Batterieanschlüssen übertragen. Wichtig ist, dass die Stromquelle 12 Volt liefert. Ein Lkw mit 24-Volt-System taugt nicht zum Fremdstarten.
1. Minuspole der fremden Stromquelle und der Sportster-Batterie mit Starthilfekabel verbinden.
2. Gummikappen über Pluspolanschlüssen beider Batterien zurückschieben. Mit dem anderem Starthilfekabel beide Pluspole verbinden.
3. Motor des Starthilfe gebenden Fahrzeugs mit erhöhter Leerlaufdrehzahl laufen lassen (2500 bis 3000/min).
4. Motor der Sportster starten. Wenn er läuft, Starthilfekabel abnehmen: Pluskabel zuerst, dann Minuskabel. Gummikappen aufschieben.
Hinweis 1: Motor nicht sofort ausschalten, Batterie bringt noch nicht wieder genug Strom auf, um den Motor aus eigener Kraft starten zu können. Deswegen den Motor mit leicht erhöhter Leerlaufdrehzahl laufen lassen und möglichst bald losfahren.
Hinweis 2: Wenn die Batterie zwar leer, aber sonst funktionstüchtig ist, wird sie bei laufendem Motor von der Lichtmaschine geladen. Dennoch sollte sie bei nächster Gelegenheit ausgebaut, an ein Ladegerät gehängt und fachgerecht geladen werden (siehe Kapitel 14 »Batterie«).

■ Batterie mindestens 30 Sekunden lang »erholen« lassen
■ Neuen Startversuch machen

Bild 5: Wenn es bei Ihrem Motorrad so ist, dass sich Front- und Rücklicht in dem Moment EINschalten, wo mit dem Zündschlüssel die Zündung EINgeschaltet wird, kann man die Sicherung »Beleuchtung« (siehe dazu Kapitel 13 »Sicherungen · Relais · Stecker«) herausziehen, dann ist der Stromverbrauch entsprechend geringer, weil die Batterie nicht zusätzlich durch »Licht an« belastet wird. Tut sich dann allerdings beim zweiten oder dritten Startvorgang immer noch nichts, dreht sich der Anlassermotor nur »müde« oder gar nicht, ist wahrscheinlich die Batterie hinüber. Es kann aber auch sein, dass der Strom irgendwo auf seinem Weg von der Batterie über das Anlasserrelais verloren geht – dann muss man Kabel um Kabel mit einem Multimeter durchmessen.

Wenn die Batterie garantiert genug »Saft« hat, Folgendes prüfen:
■ Bild 5: Für die Funktion »Anlasser dreht sich auf Knopfdruck« gibt es bis Mj. 2013 das **Anlasserrelais** (auch »Starterrelais« genannt), das im Hauptsicherungskasten untergebracht ist (siehe dazu Kapitel 13 »Sicherungen · Relais · Stecker«). Als Erstes nachsehen, ob die Kabel ordentlich am Relais angeschlossen sind.
■ Weiterhin prüfen, ob die **Sicherungen** in Ordnung sind. Bis Mj. 2013 können Hauptsicherung, Zündungssicherung und Batteriesicherung betroffen sein, ab Mj. 2014 Hauptsicherung und Batteriesicherung.
■ Funktioniert der **Kupplungsschalter** am linken Handhebel? Denn dieser gibt dem Startsignal eine Freigabe, und wenn der Kupplungsschalter defekt ist, gibt er kein »ok«-Signal.
Überprüfen: Wenn der Anlasser beim Drücken des Anlasserknopfs und Ziehen des Kupplungshandhebels nicht reagiert, von unten in den Hebelmechanismus schauen und nachsehen, ob der Stift des Kupplungsschalters frei aus- und einfährt. Wenn der Stift in eingefahrener Position feststeckt, ist der Schalter defekt und muss erneuert werden.

Vier wichtige Tipps zum Fremdstarten:
Kabel: Verwenden Sie zum Fremdstarten Ihrer Sportster niemals Auto-Fremdstartkabel mit dicken Zangen, sondern besorgen Sie sich spezielle Motorrad-Starthilfekabel mit kleinen Zangen.
Zener-Diode: Achten Sie darauf, dass in die Starthilfekabel ein Überspannungsschutz eingebaut ist (»Z-« oder »Zener-Diode«), der die elektronischen Bauteile der Zünd- und Einspritzelektronik vor Überspannung schützt.
Kurzschluss: Beim Fremdstarten mit den Pluszangen keine metallischen Bauteile eines der Fahrzeuge oder die Minuszangen berühren: Kurzschluss ist die Folge.
Starterknopf: Den Starterknopf maximal 10 Sekunden betätigen, sonst läuft der Anlasser heiß und brennt durch!

■ Bild 6: Der **Leerlaufschalter** sitzt unten am Getriebegehäuse. Er meldet dem Motorsteuergerät, ob der Leerlauf eingelegt ist. Dann brennt auch das grüne Kontrolllicht im Cockpit, und gleichzeitig gibt der Schalter an die Bordelektronik die Freigabe, dass der Anlasser in Funktion treten kann. Wenn der Leerlaufschalter aber defekt ist, brennt das grüne Licht im Armaturenbrett nicht und es erfolgt keine Freigabe für den Start. Wenn der Leerlaufschalter nicht defekt ist, sondern nur der Leerlauf nicht richtig eingelegt ist, kann man mit dem Fußschalthebel etwas hin und her spielen und hoffen, dass das grüne Licht angeht und der Motor dann gestartet werden kann. Wenn der Schalter dauerhaft nicht funktioniert, muss er erneuert werden.
Wichtig: Ein defekter Leerlaufschalter verhindert zwar das Starten des Motors mit dem Anlasser, aber Anschieben kann man die Maschine – siehe dazu Text in der Spalte ganz rechts außen.
■ Bis Mj. 2013 **Zündschloss** prüfen: Auf OFF schalten und wieder auf ON. Wenn das Zündschloss innen einen »Wackelkontakt« hat, kann man dieses durch konzentriertes Herumspielen am Zündschlüssel möglicherweise herausfinden.
■ **Kabelkontakte:** Es kann auch sein, dass am Anlasserknopf (und bis Mj. 2013 am Anlasserrelais) schlechter Kabelkontakt ist: Entsprechende Steckverbindungen, Kabelanschlüsse und Sicherungen (siehe Kapitel 13 »Sicherungen · Relais · Stecker«) auf exakten Sitz und Korrosion prüfen.
■ **Alarmanlage** schadhaft: Vergewissern Sie sich, dass Wegfahrsperre bzw. Alarmanlage (HFSM) einwandfrei arbeiten.
Wichtig: Weil es sich bei Wegfahrsperre und Alarmanlage um sicherheitsrelevante Baugruppen handelt, ist eine Self-made-Reparatur nicht möglich. Nur der autorisierte Harley-Händler kann bei solchen Fehlern helfen.

Anlasserrelais

Bis Mj. 2013 ist ein Anlasserrelais verbaut, es sitzt im Sicherungskasten vor der Batterie (Bild 5). Mit Einführung des CAN-Bus ab Mj. 2014 entfällt das Anlasserrelais, die Relaisfunktion wird vom Steuergerät BCM übernommen – dieses kann nur beim Harley-Händler mit dem Harley-eigenen Werkstattcomputer überprüft werden.

Anlasserrelais akustisch prüfen

Bei EINgeschalteter Zündung und EINgelegtem Leerlauf den Anlasserknopf betätigen und ganz genau darauf achten, ob ein Klicken aus dem Relais zu hören ist:

■ Wenn es klickt, sich der Anlasser aber dennoch nicht dreht, scheint das Relais zu funktionieren und der Fehler sitzt in einem anderen Bauteil.

■ Wenn es nicht klickt, scheint das Relais defekt zu sein: Auswechseln und einen erneuten Startversuch unternehmen.

Direkte Stromleitung zum Anlasser legen

Wenn das Anlasserrelais aufgrund der akustischen Prüfung offensichtlich in Ordnung ist, sich der Anlasser aber dennoch nicht dreht, Folgendes prüfen:

1. Zündung AUSschalten.

2. Zugang zur Batterie schaffen (siehe Kapitel 14 »Batterie«). Die Kabelanschlüsse bleiben an die Batterie angeschlossen.

3. Gummikappe vom Pluskabelanschluss am Anlasser schieben.

4. Ein längeres und etwas dickeres Kabel (z. B. ein Fremdstartkabel) mit dem einen Ende direkt an den Pluspol der Batterie anlegen.

4.1. Das andere Ende an den Pluskontakt am Anlasser anlegen: Dieser müsste jetzt anlaufen.

■ Ob der Anlasser anläuft oder nicht: Das Pluskabel nur ganz kurz am Anlasser anlegen!

5. Wenn der Anlasser bei direkter Stromzufuhr anläuft, ist er in Ordnung, und man kann daraus schließen, dass das Anlasserrelais defekt ist, also ein Neuteil einbauen.

6. Wenn der Anlasser aber auch bei direkter Stromzufuhr nicht anläuft, ist er defekt – oder irgendetwas im Motor ist so stark blockiert, dass dieser sich nicht dreht.

Anlassermagnetschalter

Bilder 4 und 7: Der Anlassermagnetschalter sitzt im Gehäuse unter dem Anlasser. Wenn der Anlasserknopf gedrückt wird, wird Spannung (bis Mj. 2013 über das Anlasserrelais) an den Anlassermagnetschalter geleitet und dort ein Magnetfeld erzeugt, das den großen Stromkreis schließt und den Anlasser mit Spannung versorgt. Wenn der Anlassermagnetschalter nicht reagiert, kann er innen »fest« sein, er muss ausgebaut, gereinigt und frisch geschmiert werden.

Anlassermagnetschalter ausbauen

1. Bild 7: Die drei Schrauben aus dem Deckel ausdrehen.

2. Deckel samt Dichtung abnehmen.

3. Einrückanker mit Feder aus dem Magnetschaltergehäuse entnehmen.

4. Bei Bedarf können jetzt die Zapfenschrauben ausgebaut werden. Anordnung der Einzelteile gut merken; Bilder 8 und 9 zu Hilfe nehmen.

5. Alle Teile gut reinigen.

Anlassermagnetschalter einbauen

1. Schmiermittel »Lubriplate 110« auf die Welle des Einrückankers auftragen. Feder einbauen.

■ Anstatt des von Harley vorgeschriebenen Schmiermittels kann man auch Bosch-Anlasserfett nehmen, das gibt's in jeder Bosch-Werkstatt.

2. Bilder 8 und 9: Wenn ausgebaut, Zapfenschrauben einbauen.

3. Bilder 8 und 9: Einrückanker und Feder in Gehäuse einsetzen: Einrückanker zusammendrücken, Kontermutter auf Zapfenschrauben aufdrehen und mit 8 Nm festziehen.

3.1. Prüfen, ob die Kontaktplatten in richtiger Position zur Magnetschalterwicklung stehen.

4. Bild 7: Deckel mit Dichtung montieren, Deckelschrauben noch nicht festziehen.

■ Falls beschädigt: Neue Dichtung verwenden.

Wichtig: Alte Dichtungsreste vor dem Zusammenbau entfernen.

5. Bild 9: Anlasserkabelöse wieder anbringen.

5.1. Mutter mit 8 Nm festziehen.

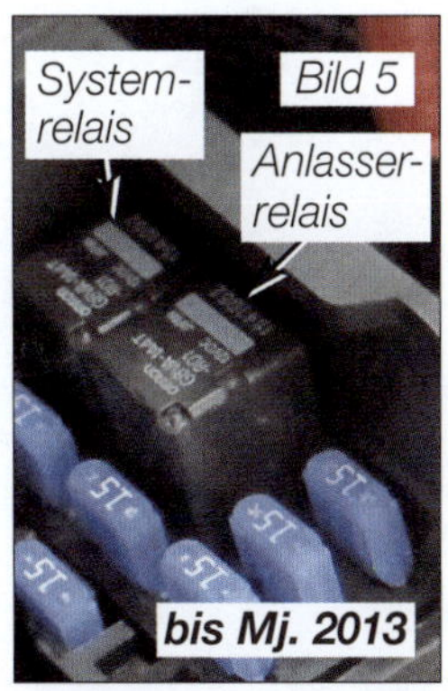

Bilder 4 bis 6: Einbaulage vom Stecker des Anlassermagnetschalters, des Anlasserrelais bis Mj. 2013 und des Leerlaufschalters.

Motorrad anschieben

Je nachdem, wie heftig die Batterie hinüber ist, kann der Motor möglicherweise durch Anschieben gestartet werden (siehe Textkasten »Motor fremdstarten« links). Wichtig ist dabei, dass eine funktionstüchtige Batterie eingebaut ist, die sogar beinahe »leer« sein kann, aber ohne Batterie lässt sich der Motor durch Anschieben nicht starten. **Wichtig:** Beim Anschieben wird der Zahnriemen zum Hinterrad extrem stark belastet. Deswegen muss das unter Punkt 4. beschriebene »Loslassen der Kupplung« mit viel Gefühl geschehen!

1. Zündung ein, Motorstoppschalter (»Kill-schalter) auf RUN, Seitenständer einklappen.

2. Zweiten Gang einlegen, Kupplung ziehen, Motorrad mit gezogener Kupplung etwas zurückschieben, um sicherzugehen, dass die Kupplung auch wirklich trennt.

3. Fahrer hat beide Hände rechts und links am Lenker, hinten in der Mitte drückt ein Freund: Gleichzeitig schieben, bis auf ca. 15 km/h!

4. Fahrer springt in den Sitz und lässt gleichzeitig die Kupplung los – der Motor müsste kommen.

■ Falls »ja«, Motor mit kurzen Gasstößen am Leben halten und nicht unter 2000/min kommen lassen.

■ Falls »nein«: noch einmal versuchen!

Hinweis: Motor der Sportster nicht sofort wieder ausschalten. Die Batterie bringt noch nicht wieder genug Strom auf, den Motor aus eigener Kraft zu starten – die Prozedur war dann umsonst. Ist die Batterie funktionstüchtig, wird sie von der Lichtmaschine geladen. Dennoch sollte die Batterie bei nächster Gelegenheit fachgerecht geladen werden (siehe Kapitel 14 »Batterie«).

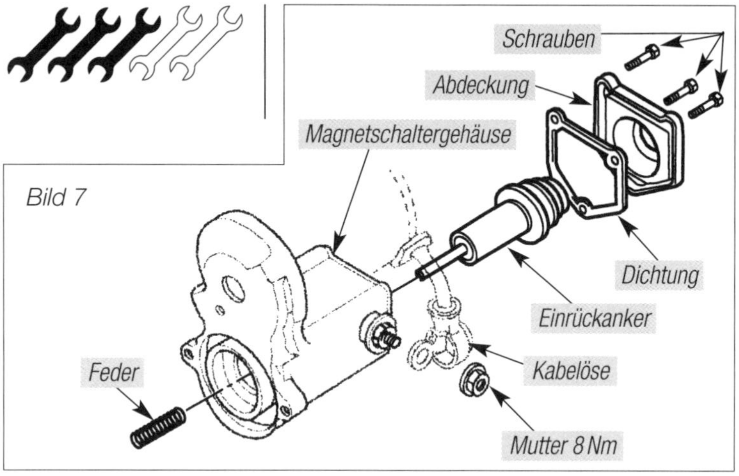

Bild 7

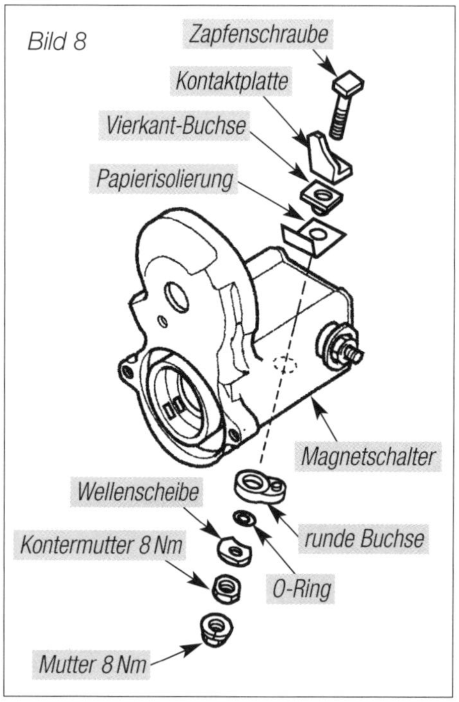

Bild 8

Bilder 7 bis 10 Explosionszeichnungen des Magnetschalters, seiner Kabelanschlüsse und der Antriebszahnräder.

Anlasser reparieren

Anlasser ausbauen

1. Kabelanschlüsse von der Batterie abschrauben (Kapitel 14 »Batterie«).

2. Getriebeöl ablassen (Kapitel 22 »Schmiersystem«), Primärdeckel abschrauben (Kapitel 8 »Zahnriemen · Primärkette«),

3. Auspufftopf und Auspuffkrümmer des hinteren Zylinders abbauen (Kapitel 21 »Auspuffanlage«).

4. Bild 4: Stecker des Anlassermagnetschalters lösen.

5. Am Anlasser das Batteriepluskabel (Bild 8) und das Kabel zum Anlassermagnetschalter (Bild 9) abschrauben.

6. Befestigungsschrauben des Anlassers lösen und mit den Unterlagscheiben herausdrehen.

7. Halterung der Ölleitungsschelle am Anlasser abbauen.

8. Anlasser mitsamt der Dichtung nach rechts aus dem Motorgehäuse herausziehen.

Hinweis: Der Anlasser ist bei Harley-Davidson nur als komplettes Ersatzteil erhältlich. Lediglich der Freilauf und die Innereien des Magnetschalters sind als Ersatzteil lieferbar. Manche Händler bieten aber auch Einzelteile des Anlassers an. Zu empfehlen sind auch so genannte »Austauschanlasser«, sie kosten die Hälfte bis zwei Drittel vom Neupreis. Erkundigen Sie sich vor Beginn der Arbeiten beim Händler.

Anlasser zerlegen

1. Bild 14: Die Muttern von den beiden Stehbolzen abdrehen und mit Scheiben abnehmen.

2. Anlasserkabel abbauen. Auf Scheiben achten.

3. Den Deckelhalter am hinteren Deckel mit Scheibe und Clip abbauen. Deckel abnehmen.

4. Unter dem Deckel kommen Bürsten mit Halter hervor, Bürstenhalter entnehmen.

5. Anker vorsichtig aus dem Gehäuse ausziehen.

6. Beide Befestigungsschrauben herausdrehen, mit

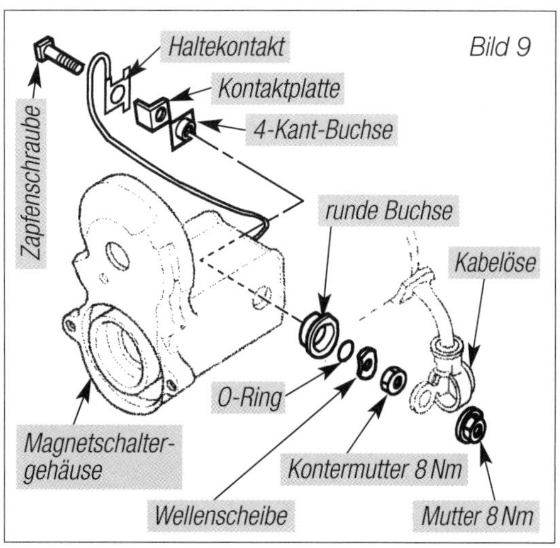

Bild 9

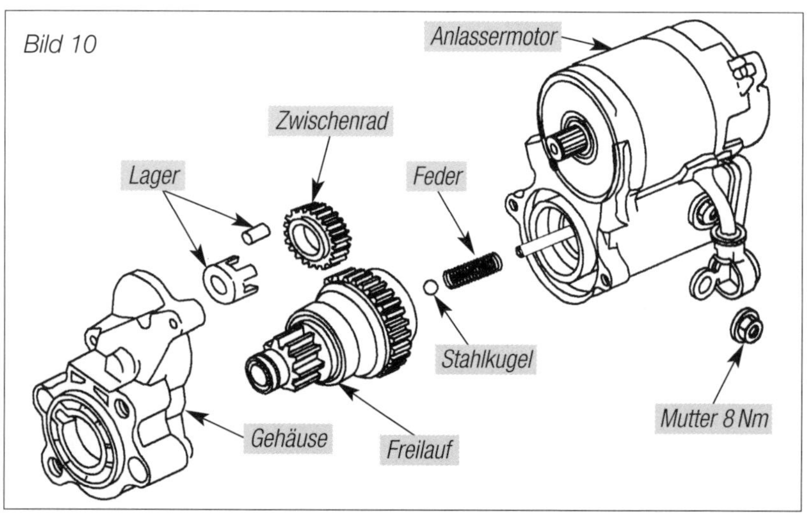

Bild 10

denen das Gehäuse auf dem Magnetschalter befestigt ist. Auf Unterlagscheiben achten.
7. Feder, Freilauf mit dem großen Zahnrad, Zwischenrad, kleines Zahnrad, Lager, Federn und Einrückwelle ausbauen.
■ Bilder 10 und 14: In der Einrückwelle sitzt eine kleine Kugel. Auf diese besonders achten und auf keinen Fall verlieren.

Anlasserbauteile prüfen

1. Mit Multimeter: Am hinteren Deckel zwischen Anschluss des Anlasserkabels und der Bürste (Bürstenhalter) auf Stromdurchgang prüfen.
■ Es muss Stromdurchgang bestehen.
2. Am hinteren Deckel zwischen Anschluss des Anlasserkabels und Deckel auf Stromdurchgang prüfen:
■ Es darf kein Stromdurchgang bestehen.
3. Stromdurchgang zwischen positiver und negativer Bürstenklemme prüfen:
■ Es darf kein Stromdurchgang bestehen.
4. Dichtringe im hinteren und vorderen Gehäuseteil auf einwandfreie Form, Risse, poröse Stellen, Quetsch- und Druckstellen prüfen. Wenn defekt: erneuern!
5. Lager im vorderen Deckel auf Alterung, unbeschädigte Dichtlippen, blaue Verfärbung oder Bruch untersuchen, Lagerstelle der Kollektorwelle ebenfalls. Wenn defekt: erneuern!
6. Buchse im hinteren Deckel und entsprechende Lagerstelle der Kollektorwelle auf ausgelaufene, blanke oder riefige Stellen (Fressspuren) untersuchen. Wenn defekt: erneuern!
7. Kollektor auf Verfärbung und ungewöhnliche Abnutzung überprüfen. Die Spalttiefe (Bild 11) zwischen den einzelnen Kollektoren (»Glimmerunterschneidung«) sollte mindestens 0,2 mm betragen, höchstens ca. 1,0 mm. Gegebenenfalls mit einem Metallsägeblatt ausschaben. Anschließend (und auch dann, wenn die Oberfläche des Kollektors etwas verfärbt ist), mit 400er-Schleifpapier sauber abziehen und einem trockenen Tuch säubern.
■ Anker erneuern, wenn übermäßig abgenutzt.
Achtung: Wenn der Anker überdreht, ausgeschabt oder mit Schleifpapier abgezogen wurde, unbedingt ganz sauber putzen! Es dürfen keine Metallspäne am Anker zurückbleiben! Beim Putzen NICHT mit Benzin oder anderen aggressiven Lösungsmitteln nachhelfen.
8. Die Kollektorlamellen dürfen keine Verfärbungen aufweisen. Paarweise Verfärbung deutet auf geerdete Ankerwicklungen hin (Masseschluss): erneuern!
9. Bild 12: Kollektorstegpaare auf Stromdurchgang prüfen, es muss Stromdurchgang bestehen.
10. Zwischen Kollektorstegen und Ankerwelle auf Stromdurchgang prüfen: Es darf kein Stromdurchgang bestehen.
11. Bürsten aus Halterung herausziehen, Bürsten auf ungewöhnliche Abnutzung, Risse und Unebenheit im Bürstenhalter überprüfen.
12. Bürstenlänge messen: Minimale Länge (Verschleißgrenze) ca. 11 mm. Wenn nur eine der Bürste die Verschleißgrenze erreicht hat oder nur noch geringfügig länger ist, müssen beide Bürsten erneuert werden.

Anlasser zusammen- und einbauen

1. Lagerkäfig in das Zwischenrad so einsetzen, dass die offene Seite zum Magnetschaltergehäuse hin zeigt. Antriebsgehäuse und Magnetschaltergehäuse zusammenschrauben.
2. Freilaufkupplung, Anlasserzwischenwelle, Feder und Zwischenrad einsetzen.
3. Rückstellfeder in die Anlasserritzelwelle setzen, dabei auf Stahlkugel achten: Sie mit etwas hochdruckfestem Fett einsetzen.
4. Befestigungsschrauben mit Unterlagscheiben bestücken und eindrehen.
5. Ankerlager fetten.
6. Bild 13: Anker in das Anlassergehäuse einsetzen, dabei den Anker gut festhalten, damit er durch die Kraft des Gehäusemagneten nicht plötzlich hineingezogen wird und hart an die Innenseite des Gehäuses schlägt, denn der Anker kann dadurch beschädigt werden.
7. Hinteren Deckel aufsetzen: Dabei die Bürsten gegen die Federkraft in den Bürstenhalter drücken und die Nase des Bürstenhalters auf die Nut am Gehäuse ausrichten. Falls notwendig, neuen O-Ring auf das Gehäuse aufziehen.
8. Nut des Gehäusedeckels auf Anlasserkabel ausrichten.
9. Muttern auf den

Bild 11: Falls die Glimmerunterschneidung kleiner ist als 0,2 mm, mit einem Metallsägeblatt ausschaben.

Bild 12: Kollektor auf Stromdurchgang prüfen: Erst Isolierung (1), dann Ankerwicklung (2) durchmessen.

Bild 13: Beim Einsetzen des Ankers in den Bürstenhalter darauf achten, dass die Bürsten nicht verkantet und beschädigt werden.

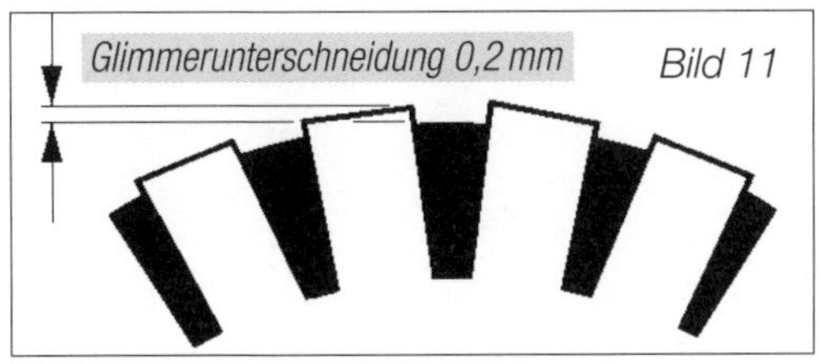

Bild 11

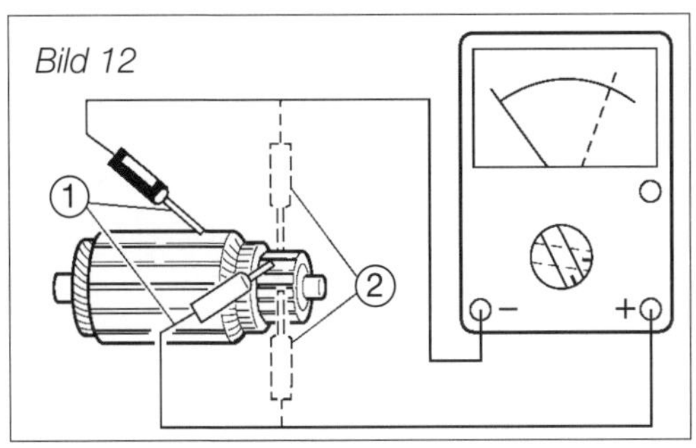

Bild 12

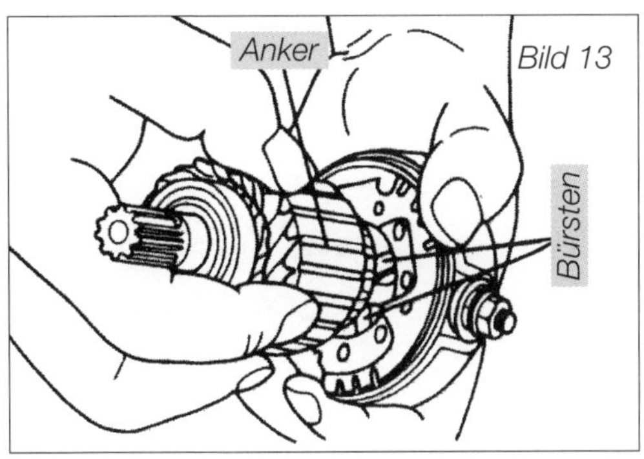

Bild 13

Sichtprüfung Messen

Stehbolzen gleichmäßig festziehen.
10. Anlasser von rechts in Gehäuse einschieben, Pluskabel von Batterie und Kabel des Anlassermagnetschalters wieder anbringen.
11. Beide Befestigungsschrauben auf der Seite des Primärantriebs mit 22 Nm festziehen.
12. Auspufftopf und Auspuffkrümmer des hinteren Zylinders anbauen.
13. Deckel des Primärantriebs anbauen, Getriebeöl auffüllen (Kapitel 22 »Schmiersystem«.
14. Plus- und Minuskabel an die Batterie anschließen, Seitendeckel anbauen.

Einzelne Anlasserbauteile prüfen

Stromaufnahmeprüfung des Anlassers ohne Last (Bild 15)
1. Anlasser ausbauen und am Gehäuse in einen Schraubstock einspannen.
1.1. Ein dickes (schwarzes) Überbrückungskabel zwischen Befestigungsflansch und Minuspol der Batterie anbringen.
1.2. Ein dickes (rotes) Überbrückungskabel zwischen Magnetschalter-Batteriekontakt und Pluspol der Batterie anbringen.
1.3. Ein dünneres (rotes) Überbrückungskabel zwischen Magnetschalterkontakt und Pluspol der Batterie anbringen.
2. Messen mit Amperemeter: Er sollte maximal 90 Ampere anzeigen. Wenn der Wert höher ist, ist der Anlasser defekt.

Prüfen des Anlassermagnetschalters (Bilder 16 bis 18)
Der Anlassermagnetschalter muss bei diesen Prüfungen zusammengebaut sein. Kabel vom Magnetschalter-Motorkontakt (***MM*** in Bildern 15 bis 18) abschrauben. Prüfungen der Einrückung, Haltestellung und Rückstellung nacheinander durchführen. **Wichtig:** Jede Prüfung darf jeweils nur drei bis fünf Sekunden dauern.

Anlassermagnetschalter-Einrückprüfung (Bild 16):
1. Je ein (schwarzes) Überbrückungskabel zwischen Magnetschalter-Motorkontakt und Minuspol der Batterie und zwischen Anlassergehäuse und Minuspol der Batterie anbringen.
1.1. Ein (rotes) Überbrückungskabel zwischen Magnetschalterkontakt und Pluspol der Batterie anbringen.
Anlasserwelle beobachten; wenn sie deutlich ausfährt, ist der Magnetschalter in Ordnung. Wenn nicht, ist der Magnetschalter defekt.

Anlassermagnetschalter-Haltepründung (Bild 17):
1. Je ein (rotes) Überbrückungskabel zwischen Magnetschalter-Motorkontakt und Pluspol der Batterie und zwischen Magnetschalterkontakt und Pluspol der Batterie anbringen.
1.1. Ein (schwarzes) Überbrückungskabel zwischen Anlassergehäuse und Minuspol der Batterie anbringen.
■ Wenn die Anlasserwelle ausgefahren bleibt, ist der Magnetschalter in Ordnung.
■ Wenn sich die Anlasserwelle zurückzieht, ist der Magnetschalter defekt.

Anlassermagnetschalter-Rückstellprüfung (Bild 18):
Anschluss wie in Bild 15 gezeigt und unter »Stromaufnahmeprüfung des Anlassers ohne Last« beschrieben. Dann das dünnere (rote) Überbrückungskabel vom Magnetschalterkontakt abnehmen.
■ Wenn sich die Anlasserwelle zurückzieht, ist der Magnetschalter in Ordnung.
■ Wenn sich die Anlasserwelle nicht zurückzieht, ist der Magnetschalter defekt.

Bild 14

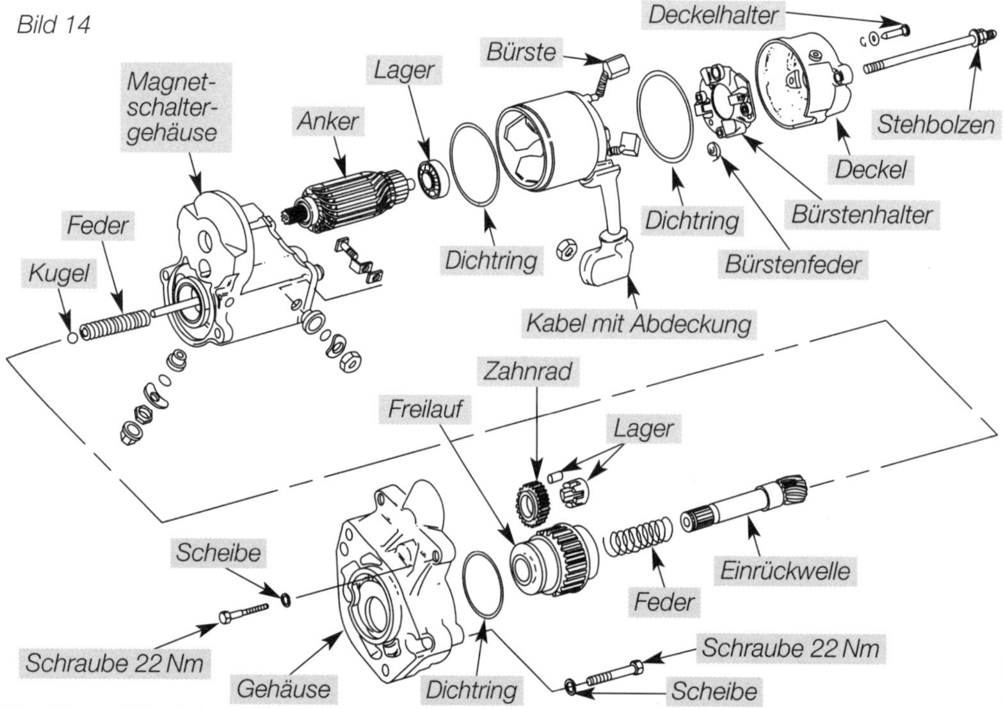

Bild 14: Explosionszeichnung des Anlassers mit Teilebezeichnungen und Anziehdrehmomentwerten.

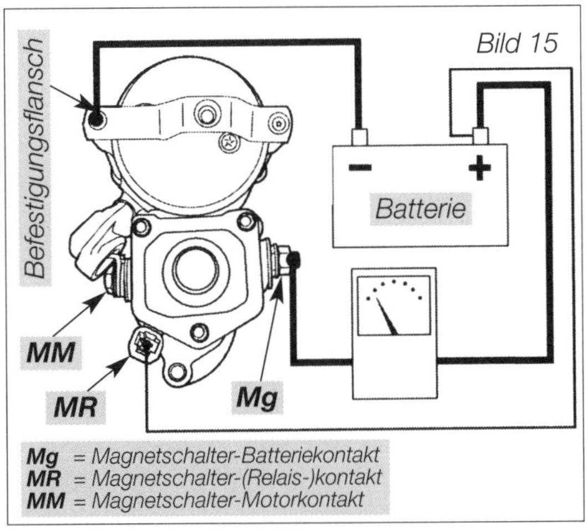

Bild 15

Bilder 15 bis 18: Verschiedene Prüfungen des Anlassers und des Magnetschalters.

Tabelle unten: Fehlersuche am Anlasser, Störquellen, Abhilfe in Kurzform und Kapitelverweise.

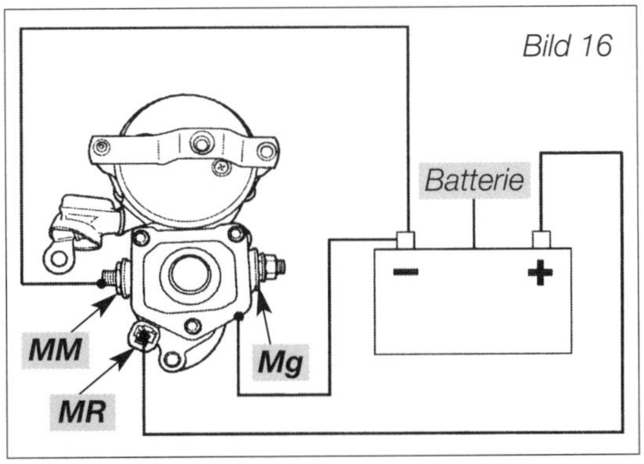

Bild 16

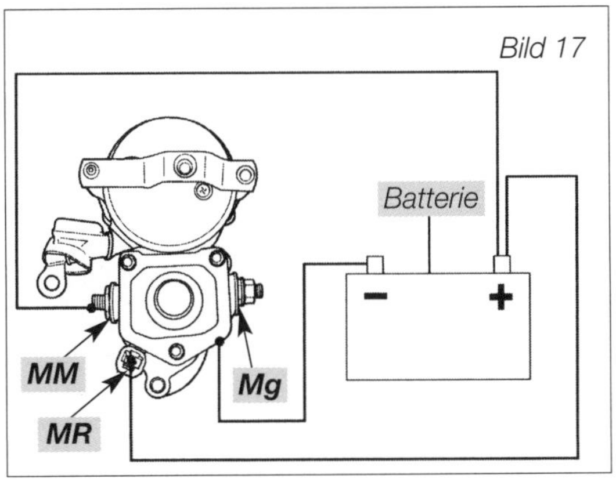

Bild 17

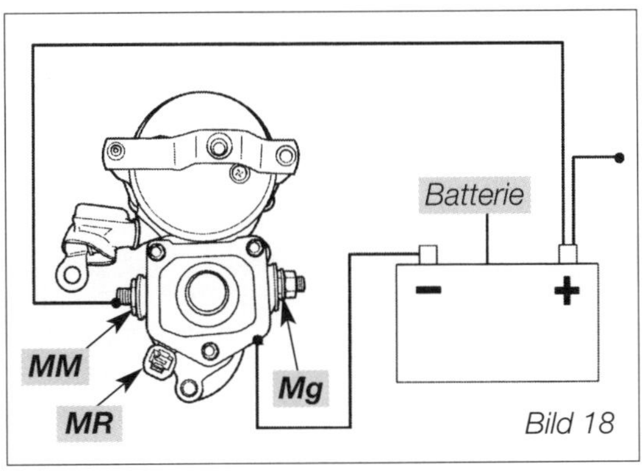

Bild 18

Fehlersuche und Abhilfe

Anlasser läuft nicht oder nur mit sehr niedriger Drehzahl

Problemquelle	Mögliche Ursachen	Abhilfe	Kapitel (K)
Batterie	Spannungsabfall wegen entladener Batterie	Batterie laden	K 14
	Kurzschluss oder Unterbrechung zwischen Elektroden	Batterie erneuern	K 14
	Schlechter Kontakt der Batteriepole	Reinigen, festziehen	K 14
Verkabelung	Schlechter oder kein Anschluss der Batterie-Plus- oder Minuskabel	Reparieren oder Kabel erneuern	K 14
	Batteriekabelenden rissig, korrodiert	Reinigen, festziehen, erneuern	K 14
	Blanke Drähte am Lenkerschalter, Anlasserrelais, insbesondere Relaismassekabel	Anschlüsse festziehen, Kabeltausch	K 14
Anlasserknopf, Kupplungsschalter, Killschalter, Leerlaufschalter	Schlechter Schalterkontakt, Schalter unterbrochen	Schalter erneuern	K 13
Anlasserrelais	Spulenwicklung unterbrochen	Relais erneuern	K 16
	Schlechter oder kein Stromdurchgang an Relaiskontakten	Relais erneuern	K 16
	Anlasserrelais wurde durch TSM, TSSM oder HFSM deaktiviert	Sicherheitssystem entschärfen	K 16
Anlassermagnetschalter	Schlechter Kontakt, verbrannte Kontakte	Magnetschalter erneuern	K 16
	Wicklungen unterbrochen	Magnetschalter erneuern	K 16
Anlassermotor	Bürsten stark abgenutzt	erneuern	K 16
	Kollektor ausgebrannt	erneuern	K 16
	Kollektorglimmer zu hoch	erneuern	K 16
	Feldwicklung an Masse	erneuern	K 16
	Ankerwicklung an Masse oder kurzgeschlossen	erneuern	K 16
	Stromaufnahmen ohne Last außerhalb Sollbereich	erneuern	K 16
	unzureichende Bürstenfederspannung	erneuern	K 16
Anlasserfreilauf	Anlasserfreilauf versagt	Baugruppe erneuern	K 16

Anlasser dreht, greift aber nicht ein

Problemquelle	Mögliche Ursachen	Abhilfe	Kapitel (K)
Batterie	Spannungsabfall wegen entladener Batterie	Batterie laden	K 14
	Kurzschluss oder Unterbrechung zwischen Elektroden	Batterie erneuern	K 14
	Schlechter Kontakt der Batteriepole	Reinigen, festziehen	K 14
Anlassermotor	Zähne an den Ritzeln verschlissen	Anlasserfreilauf-Baugruppe erneuern	K 16
Zahnradzähne an Kupplungskorb, Zahnrad	übermäßig abgenutzte Zähne	Kupplungskorb und Zahnrad erneuern	K 16
Anlasserfreilauf	Anlasserfreilauf versagt	Baugruppe erneuern	K 16

Anlasser läuft weiter, bleibt nicht stehen

Problemquelle	Mögliche Ursachen	Abhilfe	Kapitel (K)
Anlasserknopf/-schalter oder Anlasserrelais	Kontakte bleiben geschlossen schlechter Rücklauf, weil Schalter oder Relaiskontakte hängen	Schalter oder Relais erneuern	K 16
Anlassermagnetschalter	Spule kurzgeschlossen	Baugruppe erneuern	K 16
	Kontaktplatte geschmolzen	Baugruppe erneuern	K 16

Korrespondenzkapitel
- 2 »Wartung«
- 4 »Tank · Rahmen · Anbauteile«
- 13 »Sicherungen · Relais · Stecker«
- 14 »Batterie«
- 18 »Zünd-Einspritzanlage«
- 28 »Schaltpläne«

Zündkerzen

In diesem Kapitel: Zündkerzen Serie und von NGK · Zündkerzen ausbauen, reinigen, einbauen · Elektrodenabstand messen und korrigieren · Kein Zündfunke?· »Bessere« Zündkerzen einbauen? · Das Zündkerzengesicht.

Bild 1

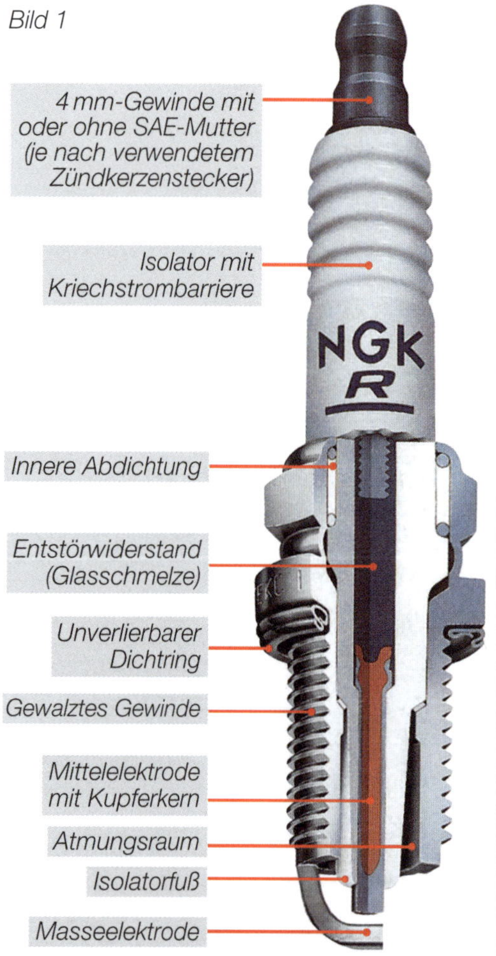

Bild 1: Aufbau einer modernen Motorrad-Zündkerze.

Bild 1a: Bei der originalen Harley-Zündkerze ist die Mutter aufgeschweißt.

Werkzeug zur Zündkerzenmontage
- Kleiner Drehmomentschlüssel
- Knarre
- Zündkerzennuss mit SW 5/8 Zoll (= 15,88 mm)
- NGK- Zündkerzen haben ein 16 mm Sechskant.

Zündkerzen Serie und von NGK

Die Zündkerzen in den Sportster-Modellen unseres Buchs sollen laut Wartungstabelle alle 48 000 km, spätestens jedoch alle zwei Jahre erneuert werden. Allerdings ist das Alter einer Zündkerze nicht in erster Linie ausschlaggebend, ob sie erneuert werden muss, denn es zählt hauptsächlich die Laufleistung, wovon der Verschleiß von Mittel- und Masseelektrode abhängt.

Serienmäßig eingebaut sind Harley-Davidson-Zündkerzen mit der Bezeichnung **6R12**.
- Elektrodenabstand 0,96 bis 1,09 mm
- Anziehdrehmoment 20 Nm

Man kann auch NGK-Zündkerzen einbauen:
- NGK **DCPR7E** im Modelljahr 2007
- NGK **DCPR8E** ab Modelljahr 2008
- Elektrodenabstand 1,0 mm
- Anziehdrehmoment 20 Nm

Die serienmäßigen Zündkerzen sind qualitativ hochwertig und betriebssicher, sie sind für alle Betriebsbedingungen, die bei Fahrten mit einer Maschine unseres Buchs auftreten können, bestens geeignet. Ihre Elektroden werden bei normalen Verbrennungstemperaturen (ca. 400 bis 800 °C) so heiß, dass etwaige Rußablagerungen stets verbrennen, bleiben aber auch so kühl, dass Motor und Zündkerzen nicht beschädigt werden.

Zündkerzen prüfen

Im Wartungsplan (Kapitel 2) ist nur das Erneuern der Zündkerzen alle 48 000 km vermerkt, nicht jedoch ein Prüfen und Reinigen bei den Inspektionen alle 8000 km. Wir empfehlen den Ausbau

Sicherheitshinweise ⚠ Achtung und ☞ Tipps für dieses Kapitel

⚠ Bei Prüfungen von Bauteilen der Zündanlage keine Stecker bei laufendem Motor abziehen, weil dadurch die elektronischen Bauteile beschädigt werden können.

⚠ Zu allen Montagearbeiten an der Zündanlage muss die Zündung zuverlässig ausgeschaltet sein! Zündschlüssel am besten abziehen.

⚠ Kerzenstecker und Zündkerzen nicht fallen lassen oder hart anschlagen! Dadurch können Teile innen oder außen brechen bzw. Risse bekommen, was Stromkreisunterbrechungen bzw. Kurzschlüsse zur Folge hat.

☞ Zündkerzengewinde vor dem Einbau mit einem kleinen Tropfen Kupferpaste hauchdünn einschmieren, dies verhindert Festbacken des Gewindes.

⚠ Beim Einbau der Zündkerze darauf achten, dass schon der erste Gewindegang richtig greift, das Außengewinde der Kerze also richtig am Innengewinde im Zylinderkopf angesetzt ist. Eine schräg angesetzte Kerze ruiniert mit ihrem harten Stahlgewinde das Alugewinde im Zylinderkopf bereits nach einer 1/2 Umdrehung.

⚠ Halten Sie bei einer Funkenprüfung der Zündkerze bei ausgebauter Zündkerze einen Feuerlöscher betriebsbereit; unterwegs genügt auch ein großer Eimer Wasser! Es ist schon passiert, dass der Motor »ersoffen« war, sich das aus dem Zündkerzenloch austretende Gemisch entzündet hat und die ganze Maschine sofort in Flammen stand.

der Zündkerzen bei jeder Inspektion, ihre Prüfung und Reinigung, denn daraus können Schlüsse über den Motorzustand gezogen werden.

Benötigte Werkzeuge: Besorgen Sie sich eine Zündkerzennuss mit einem inneren Haltegummi und einem kardanischen Vierkantansatz für den Drehmomentschlüssel (Bild 2). Die Zündkerzenstecker lassen sich mit der Hand abziehen.

Zündkerzen ausbauen
Zum Aus- und Einbau der Zündkerzen muss die Zündung AUSgeschaltet sein.
1. Zündkerzenstecker von Hand in Flucht der Zündkerze nach oben abziehen.
2. Umgebung der Zündkerze mit weicher Druckluft ausblasen. Dadurch wird verhindert, dass Schmutzpartikel nach Ausbau der Zündkerze in den Zylinderkopf fallen können.
3. Zündkerzenschlüssel auf das Sechskant der Zündkerze setzen, sie lösen und herausdrehen.
4. Offene Zündkerzenbohrung mit einem nicht fusselnden, kleinen Lappen verstopfen, damit Schmutz oder Fremdteile wie Schrauben, Muttern oder Unterlegscheiben nicht in den Motor fallen und dort Beschädigungen verursachen können.

Zündkerze reinigen
Wichtig: Zündkerze nicht mit einer Stahldrahtbürste reinigen! Bild 3: Besser (und billiger) ist eine harte Zahnbürste. Zündkerze mit Bremsenreiniger einsprühen und mit Druckluft ausblasen. Prüfen des Elektrodenabstands siehe nächster Kapitelabsatz »Elektrodenabstand«.

Zündkerze einbauen
1. Bild 4: Eine kleinen Tropfen Kupferpaste auf das Gewinde der Zündkerze geben, dies vermeidet ein »Festbacken« des Gewindes.
2. Zündkerze exakt am Gewinde im Zylinderkopf ansetzen und von Hand ganz einschrauben.
3. Wenn sie ganz eingeschraubt ist und Widerstand spürbar wird, den Zündkerzenschlüssel aufsetzen.
4. Zündkerze festziehen:
■ **Gebrauchte Zündkerze:** Wenn eine bereits benutzte Zündkerze wieder montiert wird, bei der sich der Dichtring schon gesetzt hat, wird sie mit 20 Nm festgezogen.
■ **Neue Zündkerze:** Wenn eine neue Zündkerze mit einem neuen Dichtring montiert wird: Die Zündkerze nach Aufsitzen des Gewindebundes um 1/4 bis 1/2 Umdrehung anziehen, wieder lösen und dann endgültig mit 20 Nm festziehen.

Elektrodenabstand

Wichtig für die ordnungsgemäße Funktion einer Zündkerze ist vor allem der korrekte Elektrodenabstand: Harley-Davidson gibt für die Originalkerzen einen Abstand von 0,96 bis 1,09 mm an (Bild 5a), NGK empfiehlt 1,0 mm (Bild 5b).

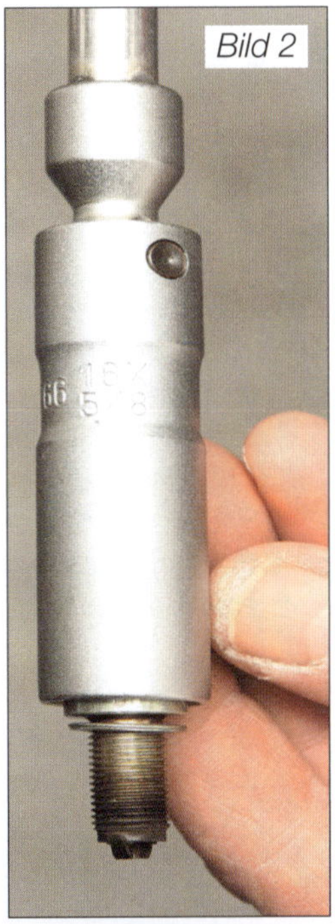

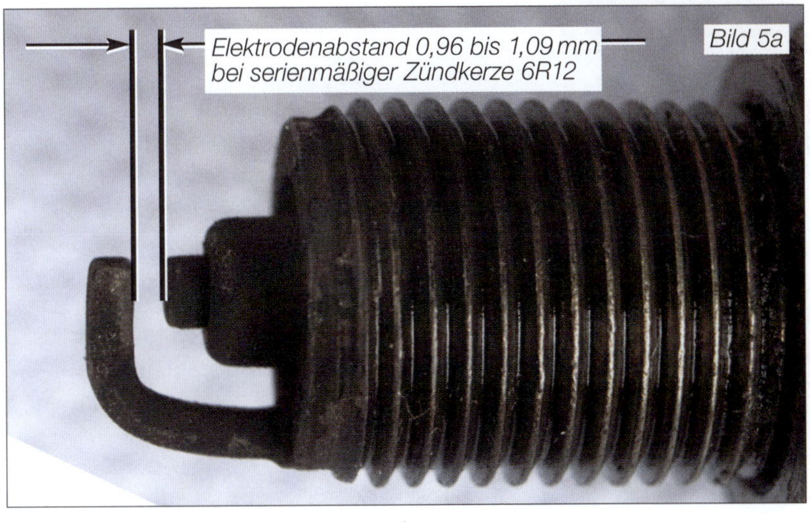

Bild 2: Zündkerzennuss. Bild 3: Zündkerze reinigen mit einer Zahnbürste. Bild 4: Ein Tropfen Kupferpaste ans Gewinde verhindert Festbacken. Bilder 5a und 5b: Elektrodenabstand messen.

Sichtprüfung Messen

Zusatzinformationen zu den Zündkabel-Bildern 6, 7a und 7b: Bevor Sie versuchen, die Zündkabel-Anschlüsse abzuschrauben, prüfen Sie ganz genau, ob diese verschraubt sind oder gesteckt oder gar fest miteinander zu einem Bauteil verbunden sind, denn diese drei Möglichkeiten gibt es.

Bild 6: Aus der Doppelzündspule führen links das vordere Zündkabel und rechts das hintere Zündkabel zu den Zündkerzen.

Bilder 7a und 7b: Jedes Zündkabel muss…

- *…auf der einen Seite mit dem Winkelstück fest in die Zündspule eingesteckt sein*
- *…und auf der anderen Seite auf dem einer Holzschraube ähnlichen Gewinde im Zündkerzenstecker fest verschraubt sein.*

Elektrodenabstand messen

Bild 5b: Zum Messen des Elektrodenabstands eine Flächenfühlerlehre verwenden; das Plättchen mit 1,0 mm muss ich »saugend« durch den Schlitz zwischen Mittel- und Masseelektrode durchziehen lassen.

Verschleißwert: Die Zündkerze muss erneuert werden, wenn Masse- und Mittelelektrode starken Abbrand zeigen (siehe dazu weiter hinten unter »Zündkerzengesicht«) und der Abstand von Masse- zur Mittelelektrode größer ist als…

- 1,09 mm bei der Harley-Davidson-Zündkerze
- 1,0 mm bei der NGK-Zündkerze

Elektrodenabstand korrigieren

Wenn man aus irgendwelchen Gründen keine neue Zündkerze kaufen kann, besteht die Möglichkeit, den Elektrodenabstand gefühlvoll zu korrigieren. **Doch Vorsicht:** Beim Nachbiegen der Masseelektrode ist die Gefahr groß, dass sie abbricht. Für eine gefühllos oder zu oft hin und her gebogene Elektrode besteht im Betrieb höchste Bruchgefahr!

1. Bild 5b: Elektrodenabstand mit Fühlerlehre messen.

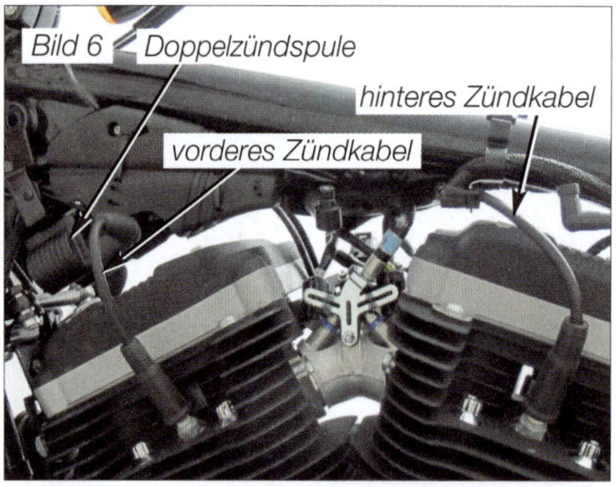

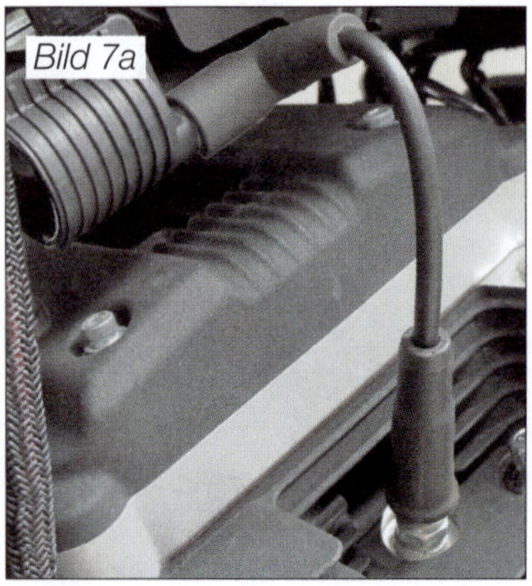

2. Ist der Elektrodenabstand zu weit, was bei einer alten Zündkerze meistens der Fall ist, die Masseelektrode nachbiegen:
2.1. Zündkerze kopfüber in einer Hand halten.
2.2. Mit der anderen Hand einen Schraubenzieher verkehrt herum nehmen und mit dem Griff des Schraubenziehers gaaaanz leicht auf die Elektrode klopfen. Gaaaanz leicht heißt: Lieber einen Hau zu wenig als einen zu viel!
3. Wenn die Masseelektrode aus Versehen zu stark geklopft wurde und der Elektrodenabstand zu eng ist, kann man die Masseelektrode vorsichtig (!) mit einer kleinen Spitzflachzange aufbiegen.

- In jedem Falle gilt: Beim Einstellen des Elektrodenabstands sehr viel Gefühl walten lassen!

Kein Zündfunke?

Wichtig: Halten Sie bei nachfolgender Prüfung einen Feuerlöscher bereit – siehe dazu auch die Warnhinweise am Anfang dieses Kapitels.

Wenn die Zündkerzen keinen oder nur einen schwachen Funken abgeben, kann man folgende Hausmittel-Prüfung durchführen:
1. Zündung AUSschalten.
2. Beide Zündkerzen ausdrehen.
3. Eine Zündkerze nach der anderen auf Funkenfunktion überprüfen:
3.1. In den zum jeweiligen Zylinder gehörenden Kerzenstecker einstecken.
3.2. Mit dem Sechskant sicher und fest an Masse des Zylinders (Kühlrippe) anlegen.
3.3. Zündung einschalten, Elektrostarter betätigen und genau hinsehen, ob die Zündkerze funkt. **Wichtig:** Dabei KEIN Gas geben!
4. Zeigt eine Zündkerze keinen Funken, sie in den anderen Zündkerzenstecker einstecken und die Prüfung wiederholen. Funkt sie dann, ist der zuvor getestete Kerzenstecker defekt.

- Bevor ein neuer Zündkerzenstecker gekauft wird, den Sitz des Zündkabels im Kerzenstecker und im Anschluss der Zündspule prüfen; siehe nachfolgender Text »Weitere einfache Prüfungen«.

Weitere einfache Prüfungen:

- Alle Kabel und Anschlüsse der Zündanlage auf einwandfreie Isolierung und korrekten Sitz überprüfen. Schon ein kleiner Fehler in der Isolierung eines (durchgescheuerten) Kabels kann das gesamte Zündsystem lahmlegen.
- Besonders die Steckverbinder vorne auf der Doppelzündspule (Bild 6) auf festen Sitz und Korrosion überprüfen.

■ Etwaige Korrosion an den Steckverbindungen mit feinem Schmirgelpapier beseitigen.
■ Dabei auch prüfen, ob Feuchtigkeit im Kabelanschluss der Zündspule (Bild 7a) oder gar des Kerzensteckers (Bild 7b) sitzt: Es muss staubtrocken sein, schon die geringste Feuchtigkeit bringt Zündprobleme.
■ Seitenständerschalter prüfen (siehe Kapitel 2 »Wartung«): Ist dieser defekt, ist die Zündung dauerhaft unterbrochen. Dann dreht sich weder der Anlasser beim Druck auf den Starterknopf, noch springt der Motor durch Anschieben an.

Widerstand am Zündkabel messen
Bild 8: Zündung ausschalten. Zündkabel von Zündkerze und Zündspule abnehmen. Nicht am Kabel, sondern an der Gummimanschette bzw. am Stecker ziehen. Multimeter auf »Widerstandsmessung« einstellen und den Durchgangswiderstand messen:
■ Beim kurzen Kabel des vorderen Zylinders muss der Messwert 1750 bis 4836 Ω betragen,
■ beim langen Kabel des hinteren Zylinders zwischen 4843 und 15420 Ω.
Bei abweichenden Werten das Kabel ersetzen.

»Bessere« Zündkerzen einbauen?

Die serienmäßigen Harley-Zündkerzen 6R12 wie auch die von Harley zum Einbau erlaubten NKG-Zündkerzen DCPR7E und DCPR8E sind qualitativ hochwertig und betriebssicher. Wer es gut meint mit seinem Motor, kann ihm höherwertige Zündkerzen spendieren. NGK hat solche Zündkerzen, die haben die Bezeichnung DCPR7EIX (für die Maschinen unseres Buchs im Modelljahr 2007) und DCPR8EIX (für Maschinen ab Modelljahr 2008).

Das »IX« am Ende der Typbezeichnung steht für »Iridium-Mittelelektrode«, siehe Bild 9: Diese misst nur 0,8 mm und ist damit viel dünner als die 2,0 mm messende Stahl-Mittelelektrode einer »normalen« Zündkerze (Bild 1). Dank der geringeren Materialmasse erreicht eine Iridium-Elektrode ihre Betriebstemperatur schneller und an der viel kleineren Oberfläche der Elektrode setzen sich keine Ablagerungen an.

Eine Iridiumkerze kostet rund 20 Euro und ist damit mehr als doppelt so teuer wie die Serienkerze. Sie bietet aber auch Vorteile wie sicherere Funkenbildung und geringere Empfindlichkeit gegen Verschmutzungen, wie sie zum Beispiel bei überwiegenden Kurzstrecken- und Stadtfahrten auftreten können. Weiterhin hat die NGK-Iridium eine höhere Lebenserwartung, sie muss frühstens nach 60 000 km erneuert werden und eine Zeitgrenzen-Vorschrift gibt es nicht.

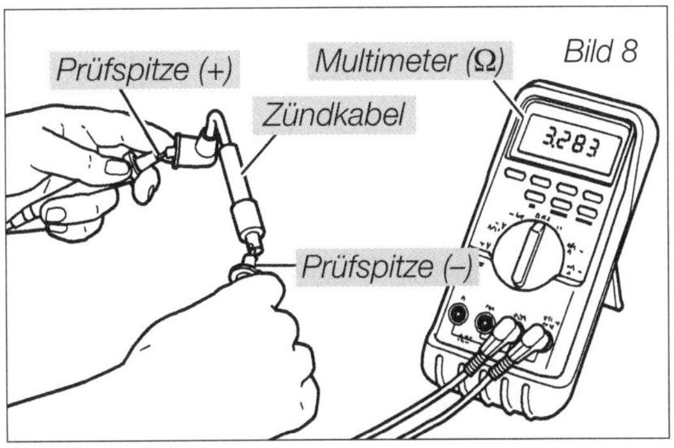

Bild 8: Widerstandsmessung des Zündkabels.

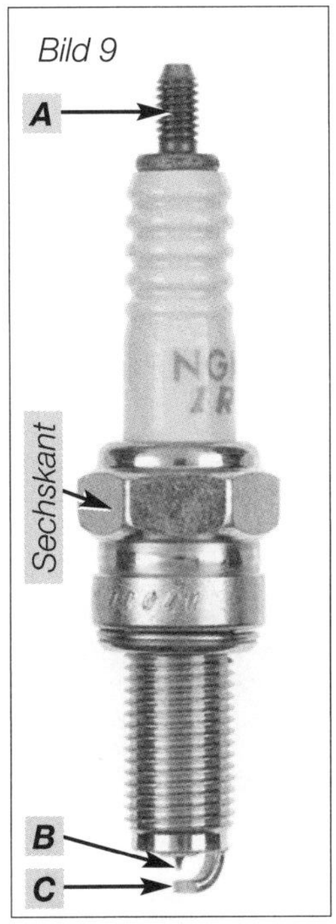

Bild 9: Iridium-Zündkerze von NGK.
***A** = 4 mm-Gewinde für Anschlussmutter, wie sie in Bild 2 aufgeschraubt ist*
***B** = 0,8 mm starke Mittelelektrode*
***C** = Masseelektrode*

Das Zündkerzengesicht

Dieser Kapitelabsatz dient der Information für den Fall, dass ein Motor nicht richtig läuft und man mit normaler Fehlersuche nicht weiter kommt. Denn das Zündkerzengesicht gibt Aufschluss über den Verbrennungsablauf im Motor und kann dem Fachmann wertvolle Hinweise auf den Zustand verschiedener Bauteile im Motor geben: Im Normalfall zeigt die Kerze eine rehbraune Färbung und kaum Abbrand der Elektroden. Wenn das Zündkerzengesicht anders aussieht (siehe dazu Bilder 10 bis 19), ist im Motor möglicherweise etwas nicht in Ordnung.

Zündkerzengesicht beurteilen
1. Motor im mittleren Drehzahlbereich etwa zehn Kilometer warm fahren und möglichst ohne Zwischenstopp zur Werkstatt zurück. Dort den Motor sofort abstellen, also nicht längere Zeit im Leerlauf nachlaufen lassen.
2. Zündkerzen herausschrauben.
3. Bild 11: Keramikisolation und Elektrode sind sauber und ohne Rußbelag, das innere Keramikbauteil hat rehbraunen Farbton, dann passt der Wärmewert der Zündkerze, das Luft-Benzingemisch ist korrekt zusammengesetzt.
4. Zu mageres Gemisch:
4.1. Bei weißem bis aschgrauem Bild ist das Luft-/Kraftstoff-Gemisch zu mager. Ein solches Zündkerzenbild deutet auf mögliche Falschluft im Ansaugsystem hin. So können z. B. die Ansaugstutzen lose, gerissen oder porös sein.
4.2. Eine weiße Zündkerze zeigt sich auch, wenn der Motor ohne Luftfilter betrieben wird.
5. Zu fettes Gemisch:
5.1. Bei dunkelbrauner bis schwarzer Verfär-

Sichtprüfung Messen

Bilder 10 bis 19:
10 Öl- und Verbrennungs-rückstände
11 normales Zünd-kerzengesicht
12 Isolator abgebrochen
13 Isolator beschädigt, starke Ablagerungen
14 verrußte Kerze
15 Anschmelzungen
16 Mittelelektrode innen gebrochen
17 Koronafleck zwischen Isolator und Metall-körper...
18 ...Ursache ist Gas- und Flamm-Durchgang
19 Mittelelektrode herausgefallen

bung ist das Kraftstoff/Luft-Gemisch zu fett. Dieses Zündkerzenbild weist auf einen zugesetzten Luftfilter hin.

6. Bild 10: Ölrückstände an der Zündkerze.

6.1. Eine schwarz verrußte, feucht glänzende Kerze deutet auf verschlissene Ventilführungen

Bild 10

oder abgenutzte Kolbenringe hin, durch die Motoröl in den Brennraum gelangt. Deswegen nennt man ein solches Kerzengesicht »verölte Zündkerze«.

7. Bild 14: Verrußte Zündkerze.

7.1. Wenn eine Zündkerze fett verrußt ist, dreht der Motor nur stotternd hoch und zieht nicht richtig. Starke Rußablagerungen an der Kerze entstehen durch zu fettes Gemisch plus Öl aus internen Lecks, wie z. B. verschlissene Ventilführungen oder Kolbenringe. Es entsteht besonders dann, wenn der Motor permanent untertourig gefahren wurde und/oder meist bei Kurzstreckenverkehr, bei dem er nie richtig warm werden konnte. Ruß verhindert einen korrekten Funken zwischen äußerer und innerer Elektrode. Ruß und andere Ablagerungen an der Zündkerze führen nach kurzer Zeit zu einer Kurzschlussbrücke (»Faden«) zwischen den Elektroden oder auf der Keramikisolation.

7.2. Trockene Rußablagerungen lassen die Elektroden glühen, es gibt unkontrollierte Fehl-

Bild 11

Bild 12

Bild 13

Bild 14

Bild 15

Bild 16

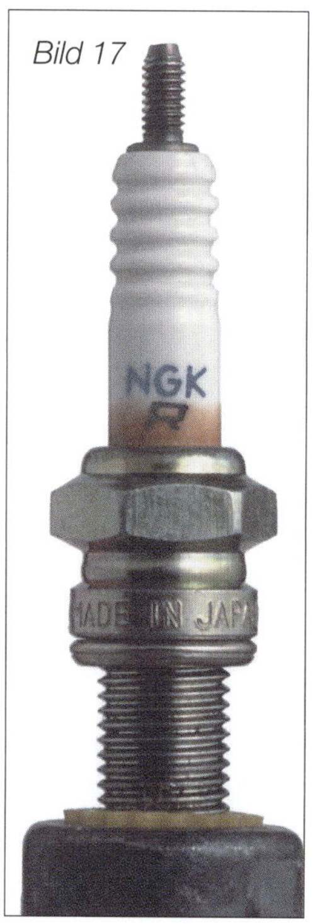

Bild 17

Bild 18

Bild 19

zündungen. Diese machen durch »Klopfen« (gut hörbar bei niedrigen Drehzahlen und starkem Beschleunigen) oder »Klingeln« (bei hoher Drehzahl und deshalb kaum zu hören) auf sich aufmerksam. Fehlzündungen führen oft auch zum Durchbrennen des Kolbenbodens oder einem Verbrennen (Verschmoren) von Ventilen und Ventilsitzen.

Zünd-Einspritz-anlage

In diesem Kapitel: Zünd-Einspritzanlage · Tipps zur Zündfunkensuche · Motorsteuergerät ECM · Zentralsteuergerät BCM · Sensoren · Stellglieder · Eigendiagnosesystem · Fehlercodes, Fehlersuche.

Zünd-Einspitzanlage

Dieses Kapitel soll in erster Linie die Zünd-Einspritzanlage und ihre komplexe Funktion erklären und Tipps geben, bei welchem Problem welches Bauteil kaputt sein könnte, falls der Motor nur unregelmäßig läuft oder auch gar nicht und deswegen ein Fehler in der Zünd-Einspritzanlage vermutet wird.

Bitte beachten Sie die Korrespondenzkapitel, die Auflistung der Kapitel finden Sie rechts oben auf dieser Seite.

EFI und ESPFI
Alle Harley-Davidson Modelle, die in diesem Buch behandelt werden, sind mit einer vollelektronischen Zünd-Einspritzanlage ausgestattet. Harley-Davidson nennt sie **EFI** (»**E**lectronic **F**uel **I**njection« = Elektronische Benzin-Einspritzung) oder auch **ESPFI** (»**E**lectronic **S**equential **P**ort **F**uel **I**njection« = Elektronisch geregelte sequenzielle Saugrohr-Einspritzung). In diesem Kapitel nennen wir sie »EFI«.

Die meisten Bauteile der EFI »arbeiten« für Zündung und Einspritzung, denn sie nehmen Daten auf und liefern diese an das Motorsteuergerät ECM, welche sowohl für den Zündfunken zum richtigen Zeitpunkt (genannt »Zündzeitpunkt«) wie auch für die Einspritzzeit und Einspritzmenge wichtig sind.

Herzstück der Zünd-Einspritzanlage ist das Motorsteuergerät **ECM** (»**E**ngine **C**ontrol **M**odule«, siehe Bilder 3a, 3b und 4). Das ECM ist ein kleiner Computer, auch »Rechner« genannt. In ihm sind Basiswerte für Zündung und Einspritzung einprogrammiert. Während des Motorlaufs werden Daten (»Parameter«) von Sensoren gemessen und in Echtzeit zugeliefert. Daraus errechnet das Motorsteuergerät die jeweils optimale Spritmenge pro Zylinder (»Öffnungszeit der Einspritzventile« ergibt die »Einspritzdauer«), den Einspritzzeitpunkt sowie einen dazu optimal passenden Zündzeitpunkt.

Tipps zur Zündfunkensuche

Folgende Symptome deuten auf eine nicht richtig arbeitende Zündanlage hin
- Motor läuft nicht: Springt nicht an oder geht immer wieder aus
- Motor läuft nicht auf beiden Zylindern
- Motor patscht und knallt aus dem Auspuff
- Motor läuft unrund und ruckelt
- Motor hat schlechte Leistungsabgabe bzw. er zieht nicht richtig

Einfache Prüfung zum Einkreisen von Zündfunken-Problemen
Achtung: Bei nachfolgender Prüfung unbedingt einen Feuerlöscher betriebsbereit halten! Denn wenn der Motor »ersoffen« war und bei der Prüfung mit ausgebauten Zündkerzen sich das aus einem Zündkerzenloch austretende Gemisch entzündet, steht die Maschine sofort in Flammen.

1. Zündung AUSschalten, Kerzenstecker abziehen, Zündkerzen ausdrehen.
2. Jetzt werden beide Zündkerzen nacheinander auf Funken geprüft:

Korrespondenzkapitel:
- 4 »Tank · Rahmen · Anbauteile«
- 13 »Sicherungen · Relais · Stecker«
- 14 »Batterie«
- 17 »Zündkerzen«
- 19 »Luftfilter «
- 21 »Auspuffanlage«
- 28 »Schaltpläne«

Tabelle: Fehlersymptome, mögliche Ursachen, Abhilfe und Nummern der Kapitel, in denen die Bauteile besprochen werden.

Störungen in der Zünd-Einspritzanlage			
Symptome	**Mögliche Ursachen**	**Abhilfe**	**Kapitel (K)**
Kein Funke an der/den Zündkerze(n)	Zündkerze(n) beschädigt	Erneuern	**K 17**
	Zündkerze(n) verrußt	Reinigen, trocknen, erneuern	**K 17**
	Zündkerze(n) verölt	Reinigen, trocknen, erneuern	**K 17**
	Zündspule, Zündkabel, Kerzenstecker defekt	Erneuern	**K 13, K 17**
	Drosselklappenpositions-Sensor defekt	Erneuern	**K 13**
	Motorsteuergerät defekt	Erneuern	**K 13**
	Stromkreisunterbrechung in der Verkabelung	Reparieren	**K 13**
	Systemrelais defekt	Erneuern	**K 13**
	Sicherung defekt	Erneuern	**K 13**
Motor stirbt oft ab, weil kein Funke an der/den Zündkerze(n)	Zündkerze(n) verrußt	Reinigen, erneuern	**K 17**
	Drosselklappenpositions-Sensor defekt	Erneuern	**K 13**
	Motorsteuergerät defekt	Erneuern	**K 13**
Zündkerze(n) wird/werden nass, verrußt, verrußen schnell	Zu fettes Kraftstoff-Luft-Gemisch	Einspritzsystem überprüfen	**K 18**
	Leerlaufdrehzahl zu hoch	Einspritzsystem überprüfen	**K 18**
	Falscher Kraftstoff (Diesel getankt?)	Ablassen, frisches Benzin tanken	**K 26**
	Luftfiltereinsatz verschmutzt	Reinigen, erneuern	**K 19**
	Falsche Zündkerzen (zu kalter Zündkerzentyp)	Serien-Zündkerzen einbauen	**K 17**
Zündkerze(n) wird/werden ölig	Kolbenringe abgenutzt	Erneuern	**Harley-Händler**
	Kolben abgenutzt	Erneuern	**Harley-Händler**
	Zylinder abgenutzt	Erneuern	**Harley-Händler**
	Übermäßiges Spiel zwischen Ventilschaft und Ventilführung	Erneuern	**Harley-Händler**
	Ventilschaft-Dichtringe abgenutzt	Erneuern	**Harley-Händler**
Überhitzung oder Abbrand an den Elektroden der Zündkerze(n)	Falsche Zündkerzen, zu warmer Zündkerzentyp	Serien-Zündkerzen einbauen	**K 17**
	Motor läuft zu heiß	Einstellen, Inspektion durchführen	**K 25**
	Zündkerzen locker	Mit Drehmoment festziehen	**K 17**
	Zu mageres Kraftstoff-Luft-Gemisch	Einspritzsystem überprüfen	**K 18**

Sichtprüfung Messen

Bild 1: Zur Funkenprüfung mit ausgebauter Zündkerze diese mit dem Sechskant fest an Masse anlegen.

2.1. Ausgebaute Zündkerze in den zugehörigen Kerzenstecker sicher einstecken.
2.2. Bild 1: Zündkerze mit Sechskant an Masse anlegen; z. B. an blanke Zylinderkopfmutttern.
Wichtig: Zündkerze muss sicheren Massekontakt haben, es darf KEIN Körperkontakt stattfinden, sonst droht ein elektrischer Schlag – nur Kerzenstecker anfassen, NICHT die Zündkerze!
2.3. Zündung einschalten, Starterknopf drücken (Motor dreht sich also) und an die Elektroden der Zündkerze hinsehen, ob ein Funke zu sehen ist. Dabei KEIN Gas geben!

3. Ergebnisse werten:

3.1. Zeigt die Zündkerze keinen Funken, sie in den Kerzenstecker des anderen Zylinders einstecken und erneut prüfen.

- Funkt sie jetzt, ist vielleicht der zuvor benutzte Zündkerzenstecker defekt oder das Zündkabel.
- Funkt sie auch jetzt nicht, kann natürlich auch die Zündkerze selbst defekt sein – Zündkerzen deswegen untereinander austauschen. Bitte beachten Sie auch das Kapitel 17 »Zündkerzen«.

Weitere Hausmittel-Prüfungen

Alle Kabel und Anschlüsse der Zündanlage auf einwandfreie Isolierung und korrekten Sitz überprüfen. Schon ein kleiner Fehler in der Isolierung eines (durchgescheuerten) Kabels kann das gesamte Zündsystem lahm legen.

- Etwaige Korrosion an den Steckverbindungen mit feinem Schmirgelpapier beseitigen.
- Seitenständerschalter prüfen: Wenn dieser kaputt ist, liefert die Zündung keinen Funken. Dann dreht sich allerdings auch der Anlasser nicht und der Motor springt auch nicht durch Anschieben an.

Wenn sich überhaupt kein Funke zeigt: Motorsteuergerät ECM gegen ein erwiesenermaßen intaktes Gerät tauschen. Das muss allerdings vom Harley-Händler gemacht werden, weil das Motorsteuergerät codiert werden muss.

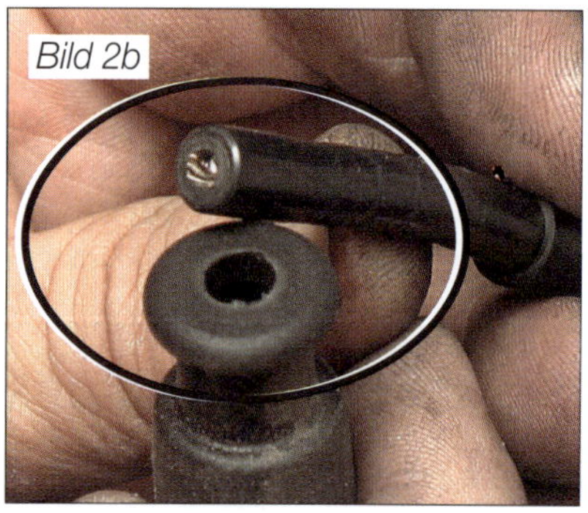

Bilder 2a und 2b: Anschlüsse der Zündspule müssen korrosionsfrei sein, das Zündkabel muss beidseitig fest im Zündkerzenstecker und der Zündspule sitzen.

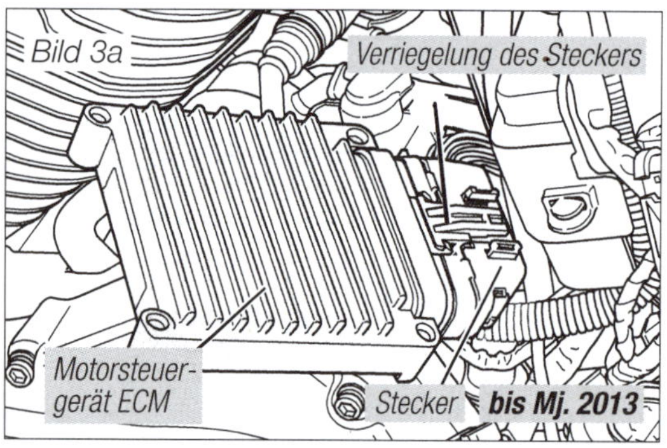

Bilder 3a, 3b und 3c: Motorsteuergerät ECM mit Verriegelung des Steckers bis Mj. 2013.

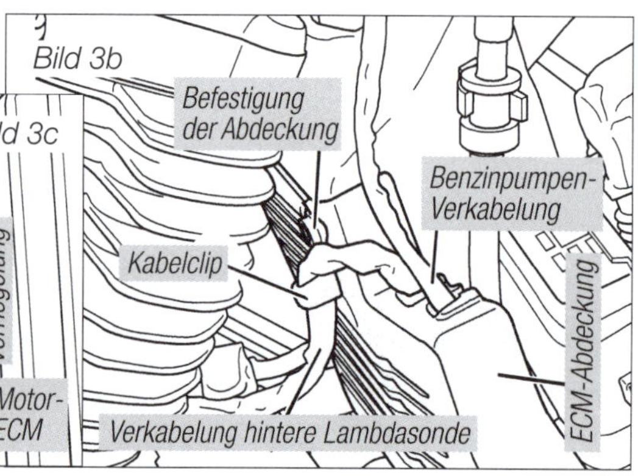

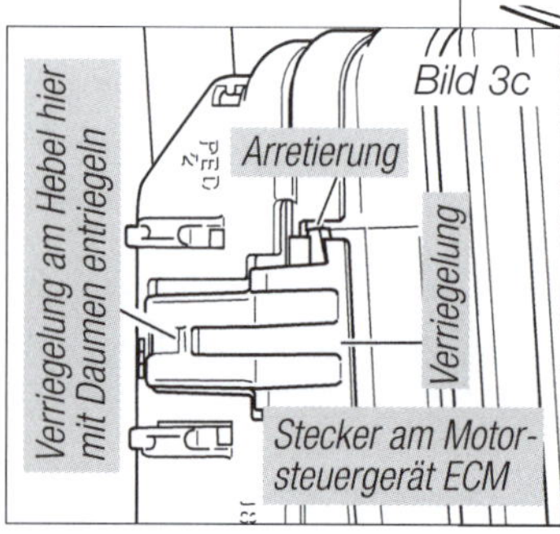

Motorsteuergerät ECM

Bilder 3a, 3b und 4: Das Motorsteuergerät ECM ist hinter dem hinteren Zylinder vor der Batterie eingebaut. Wenn der Verdacht auf ein defektes Motorsteuergerät fällt, kann es zwar ausgebaut und beim Harley-Davidson-Händler überprüft werden. In einem solchen Fall ist es aber besser, die komplette Maschine zum Harley-Händler zu bringen und mit der Diagnosesoftware »Digital-Technician II« zu überprüfen, weil es durchaus sein kann, dass ein Fehler in einem Nebenbauteil sitzt, der ohne den Werkstattcomputer nicht aufzufinden ist.

Das Motorsteuergerät ist mit dem Kabelbaum verbunden:

- Bild 3a: mit einem Stecker bis Mj. 2013
- Bild 4: mit zwei Steckern ab Mj. 2014

Wichtig 1: Stecker erst nach AUSschalten der Zündung und Abklemmen der Batterie lösen und ausziehen.
Wichtig 2: Nach Ausschalten der Zündung mit dem Abziehen des Steckers mindestens eine Minute warten, denn das ECM muss erst seine Abschaltsequenz beenden.
Wichtig 3: Zum Abziehen des Steckers bis Mj. 2013 Verriegelung nach unten drücken (Bild 3c), dann kann man den Stecker herausziehen. Ab Mj. 2014 haben die Stecker keine Verriegelung mehr.

Zentralsteuergerät BCM

Bild 4: Das Zentralsteuergerät »**BCM**« (**B**ody **C**ontrol **M**odule) ist in Fahrzeuge ab Modelljahr 2014 mit CAN-Bus eingebaut und findet sich unter der linken Seitenabdeckung beim Motorsteuergerät ECM. Es liefert Spannung für die Zündung und einen Großteil der Nebenverbraucher, steuert den Energiemodus des elektrischen Systems sowie die Beleuchtung gemeinsam mit anderen Fahrzeugfunktionen, indem die Schalter als Eingänge und die Stromkreise für die Beleuchtung als Ausgänge benutzt werden.

Auch die Funktionen von Blinkrelais und Umkipp-Sensor werden vom BCM übernommen. Das BCM ist mit dem **CAN**-Bus (**C**ontroller **A**rea **N**etwork) verbunden und tauscht darüber Informationen mit anderen Fahrzeugmodulen aus.

Sensoren

Die zur Einspritzmenge und dem Zündzeitpunkt notwendigen Basis- und Korrekturinformationen erhält das ECM von folgenden Sensoren:

TPS = Drosselklappenpositions-Sensor, auch Potentiometer genannt: Dieser ist rechts am Drosselklappengehäuse hinter dem Luftfilter angebaut (Bild 5). Er meldet dem Steuergerät, wie weit die Drosselklappe geöffnet ist. Der Öffnungswinkel der Drosselklappe hat Einfluss auf die Kraftstoffdosierung, weil die Menge des für den einzelnen Arbeitstakt eingespritzten Benzins bestimmt wird durch die Menge der angesaugten Luft. Weiterhin beeinflussen die vom Drosselklappen-Potentiometer gelieferten Echtzeitwerte auch den Zündzeitpunkt und damit auch die Zündverstellung.

CKP = Kurbelwellenpositions-Sensor: Wird auch »Zündgeber« genannt (Bild 6). Er ist vor dem Lichtmaschinendeckel ins Motorgehäuse eingebaut. Der Kurbelwellenpositions-Sensor erfasst die Bewegungen der an der linken Wange der Kurbelwelle angebrachten Zähne, woraus die Stellung der Kurbelwelle berechnet wird. Weiterhin misst er die Motordrehzahl und erkennt, welcher der beiden Kolben im Verdichtungstakt ist. Aufgrund aller Informationen errechnet das Motorsteuergerät die passende Einspritzzeit und Einspritzdauer. Bei Ausfall des Kurbellenpositions-Sensors läuft der Motor nicht weiter, sondern bleibt stehen bzw. springt nicht an.

TMAP = IAT-Ansauglufttemperatur-Sensor und MAP-Ansaugluftdruck-Sensor: Der TMAP befindet sich oberhalb des Drosselklappenpositions-Sensors am Drosselklappengehäuse (Bild 7). Die Messung der Ansauglufttemperatur bewirkt Folgendes: Mit zunehmender Temperatur verringert sich der elektrische Widerstand (NTC), der dem Motorsteuergerät als Spannungssignal gemeldet wird. Es dient als Basis zur Bestimmung der Einspritzmenge: Bei Kälte wird mehr, bei Hitze weniger Benzin eingespritzt. Damit werden gute Verbrennung mit niedrigen Emissionswerten erreicht.

Der MAP (Ansaugluftdruck-Sensor) ist ein hoch präzises Bauteil. Er misst schon kleinste Differenzen im Ansaugluftdruck, wie sie z. B. bei minimalen Veränderungen des Drosselklappenöffnungswinkels auftreten, und gibt diese Informationen weiter an das ECM. Diese Angaben sind speziell bei kleinen Öffnungswinkeln wichtig, um eine genaue Anpassung hinsichtlich der Einspritzmenge und der Zündungseinstellung (»Zündzeitpunkt«) zu ermöglichen und somit einen »runden« Motorlauf zu gewährleisten.

ET-Sensor = Motortemperatur-Sensor: Sitzt im Zylinderkopf des hinteren Zylinders (Bild 8). Er fungiert als Thermistor, womit er ab einer definierten Temperatur einen entsprechend definierten Widerstand an seinen Kontakten aufweist. Wenn sich dieser Widerstand verändert,

Bild 4: Lage der Steuergeräte ab Mj. 2014

TPS = Drosselklappenpositions-Sensor

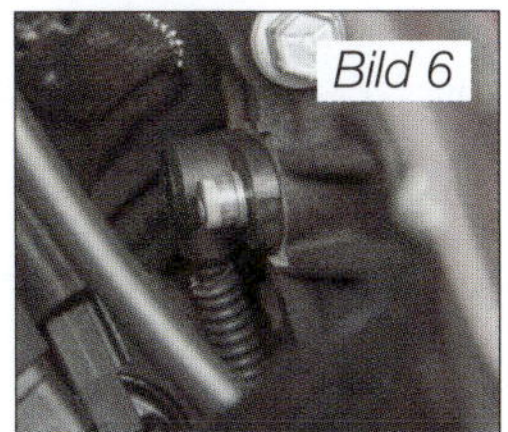

CKP = Kurbelwellenpositions-Sensor/Zündgeber

TMAP = Ansauglufttemperatur- und Ansaugluftdruck-Sensor

ET-Sensor = Motortemperatur-Sensor

VSS = Geschwindigkeits-Sensor

Mangel- und Schadendiagnosen
Es ist für Laien wie für ausgebildete Mechaniker sehr schwierig, mit Gefühl und Gehör einen unsauberen Motorlauf einem bestimmten elektronischen Bauteil zuzuordnen. Beim Erkennen und Definieren von Fehlern kann auch ein in der Einspritzung faktisch begründeter, unsauberer Motorlauf mit »Zündaussetzer« verwechselt werden. Wir verweisen dazu auf Kapitel 25 »Störungssuche«.

Bilder 5 bis 14: Im Lauftext werden die in den Bildern gezeigten Bauteile beschrieben.

Bild 10
TSM Blinkmodul mit BAS – Umkipp-Sensor oder HFSM plus Alarmanlage

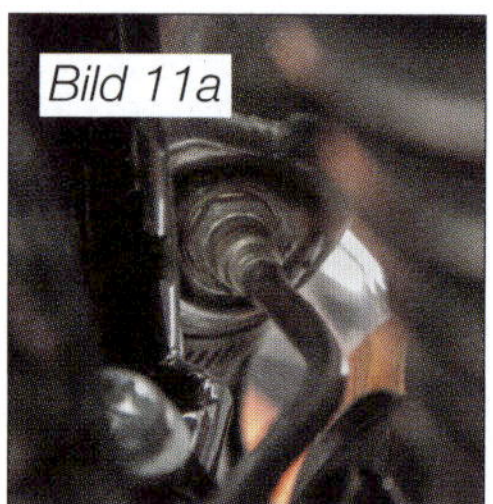
Bild 11a
Lambdasonde vorderer Zylinder

Bild 11b
Lambdasonde hinterer Zylinder

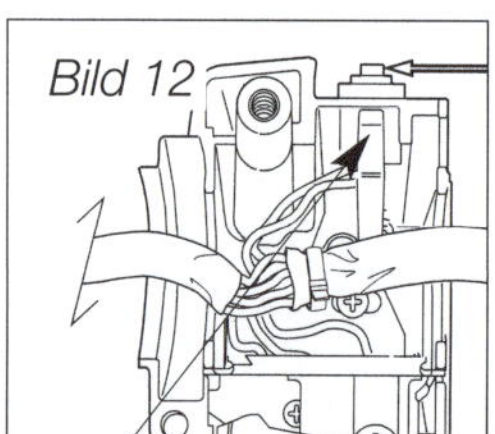
Bild 12
Kupplungsschalter (Blick von oben ins Gehäuseunterteil)

Bild 13
JSS Seitenständerschalter

Bild 14
IAC Leerlaufsteller

ändert sich auch die Spannung. Dies wird an das ECM weitergemeldet, das damit auch die Position des Leerlaufstellers (zum Beispiel zum Starten bei kaltem Motor) festlegt.

VSS = Geschwindigkeits-Sensor: Sitzt im rechten Kurbelgehäuse unter dem Anlasser (Bild 9). Er liefert dem ECM die Daten, aus denen die auf dem Tachometer angezeigte Geschwindigkeit berechnet wird.

BAS = Umkipp-Sensor: Der Umkipp-Sensor ist bis Mj. 2013 in das Blinkmodul TSM bzw. das Wegfahrsperren- und Alarmanlagenmodul HFSM eingebaut (Bild 10). Ab Mj. 2014 liefert das Zentralsteuergerät BSM (Bild 4) die entsprechenden Werte. Wenn das Motorrad auf der Seite liegt, wie das z. B. bei einem Sturz passiert, wird sofort die Spannungsversorung des ECM unterbrochen und damit das Laufen des Motors und die Benzinförderung durch die Benzinpumpe verhindert. Wenn das Motorrad nach dem Sturz (also mit stehendem Motor) wieder senkrecht aufgestellt wird, stellt sich der Sensor wieder automatisch zurück, wozu die Zündung AUSgeschaltet werden muss.

Wichtiger Hinweis zum Motorstart nach einem Sturz: Motorrad afheben und senkrecht stellen, Zündung AUS. Nach etwas mehr als einer Minute die Zündung wieder einschalten und einen Startversuch unternehmen. Wenn die Maschine nicht anspringt: Zündung AUSschalten, Zündschlüssel abziehen, mehr als eine Minute warten, Zündschlüssel einstecken, Zündung EINschalten und den nächsten Startversuch unternehmen.

Lambdasonden: Die in den beiden Auspuffkrümmern montierten Lambdasonden (Bilder 11a und 11b) informieren das Motorsteuergerät über den in den Abgasen vorhandenen Sauerstoffanteil. Die Lambdasonden wirken ab ca. 300 °C Abgastemperatur und kontrollieren das optimale Benzin-/Luftgemisch. Die Messung erfolgt in Form einer elektrischen Spannung über die am Ende der Lambdasonden eingesetzten Elektroden. Sie messen die Sauerstoffdifferenz zwischen Abgasen und Umgebung. Wird das Benzin-/Luftgemisch dabei über den in den Abgasen enthaltenen Restanteil an Sauerstoff als »nicht korrekt« erkannt, regelt das ECM entsprechend nach. Damit ist das Motorsteuergerät in der Lage, eine optimale Zusammensetzung des Benzin-/Luftgemisches zu gewährleisten.

Kupplungsschalter: Dieser befindet sich an der Kupplungsarmatur unter dem Anschlag des Kupplungshebels (Bild 12). Wird gebraucht zum Starten des Motors mit eingelegtem Gang und gezogener Kupplung.

JSS = Seitenständerschalter: Dieser befindet sich neben dem Ständergelenk (Bild 13). Wenn der Seitenständer ausgeklappt ist, lässt sich der Motor nur starten, wenn der Leerlauf eingelegt oder der Kupplungshebel gezogen ist.

Stellglieder

Als Reaktion auf die von den Sensoren erhaltenen Signale sendet das ECM unterschiedliche Informationen an verschiedene elektronische und **elektromechanische Stellglieder**.

IAC = Leerlaufsteller: Direkt oberhalb des Drosselklappenpositions-Sensors am Drosselklappengehäuse befindet sich der Leerlaufsteller (Bild 14). Es ist ein Stellmotor, der auch für die Kaltstartanreicherung zuständig ist. Über einen Nockenhebel wird nach einem Kaltstart die Drosselklappenöffnung vergrößert. Damit kann die Leerlaufdrehzahl in der »Warmlaufphase« so lange gehalten werden, bis der Motor Betriebstemperatur erreicht hat. Auch dient der Leerlaufsteller zur Regulierung der Leerlauf-Solldrehzahl. Die Funktion des Leerlaufstellers hängt somit von zwei Grundbedingungen ab:

- Von der Motortemperatur, sie allein legt Öffnen und Schließen des Leerlaufstellers fest.

- Von Motortemperatur und Startbedingungen des Motors, etwa »schon gefahren«, »länger gestanden«, »kalte Außenbedingungen« oder Ähnliches. Dies greift nur in der Startphase des Motors; sobald der Start erfolgt ist, zählt allein die Motortemperatur.

Einspritzventile: Der Motor hat zwei Einspritzventile, die in den Y-förmigen Ansaugstutzen eingebaut sind (Bild 15); sie bedienen vorderen und hinteren Zylinder getrennt. Das Einspritzmuster ist festgelegt, die Dauer der Einspritzung ist je nach Betriebsbedingungen unterschiedlich; es wird nach den von den Sensoren erhaltenen Daten individuell über das ECM berechnet.

Doppelzündspule: Die Doppelzündspule mit je einem Zündkabel für jede Zündkerze ist am Rahmen oberhalb des vorderen Zylinders angebracht (Bild 16). Das ECM steuert den Zeitpunkt, an dem die Spulen ein- und ausgeschaltet werden. Die Anschaltdauer wird so berechnet, dass die Spulen so weit geladen werden können, dass ein Zündfunken entsteht. Die Spannung in den Spulen wird zum Zeitpunkt des Zündvorgangs abgeschaltet.

Benzinpumpe: Die im Tank eingebaute Benzinpumpe (Bild 17) führt dem Kraftstoffsystem über einen Druckregler Benzin mit einem konstanten Druck von 3,8 bis 4,25 bar zu. Die bei laufendem Motor kontinuierlich arbeitende Pumpe wird beim Einschalten der Zündung kurz betätigt (»sie läuft an«), um sicherzustellen, dass dem System garantierte 3 bar Einspritzdruck zur Verfügung stehen, sobald der Motor angelassen wird.

Anlasserrelais: Über das bis Mj. 2013 im Sicherungskasten angebrachte Anlasserrelais (Bild 18) wird Batteriespannung an den Anlassermagnetschalter geliefert. Das Blinkmodul TSM bzw. das Wegfahrsperren- und Alarmanlagenmodul HFSM steuern den Masseschluss zum Anlasserrelais. Bei unsicheren Betriebszuständen sowie Umkippen des Motorrads wird es abgeschaltet. Ab Mj. 2014 ist kein Anlasserrelais mehr vorhanden. Der Strom für den Magnetschalter wird vom Zentralsteuergerät BSM freigegeben.

Eigendiagnosesystem

Das Motormangement-System verfügt über eine bordeigene Diagnosefunktion, die es ermöglicht, mit Hilfe des Harley-Davidson-Werkstattcomputers und aufgespielter Diagnosesoftware »**Digital Technician II**« (Teile Nr. HD-48650) die im ECM gespeicherten Daten bzw. Fehlermeldungen »**DFC**« = **D**iagnose**f**ehler**c**ode) abzurufen. Zugriff ist möglich über den unter dem linken Seitendeckel angebrachten Diagnosestecker (Bild 19).

Neben der Diagnosesoftware besteht auch die Möglichkeit der Eigendiagnose über den Kilometerzähler. Mit Hilfe des Kilometerzählers können Fehlfunktionen und entsprechende Diagnosecodes von Tachometer, TSM/HFSM und ECM (bis Mj. 2013) bzw. von Tachometer, BSM, ECM und ABS (ab Mj. 2014) abgerufen und bei Bedarf gelöscht werden.

Eigendiagnose im km-Zähler bis Mj. 2013

1. Zum Aufrufen des Diagnosemodus den Tageskilometerzähler-Rückstellknopf auf der Rückseite des Tachos (Bild 20a) gedrückt halten und dabei die Zündung einschalten.
2. Tageskilometerzähler-Rückstellknopf loslassen, nun wird »**diag**« in der Kilometeranzeige eingeblendet.
3. Rückstellknopf wieder drücken und loslassen: Das Kürzel »**PSSPtb**« wird in der Kilometeranzeige (Bild 20b) eingeblendet und zeigt die Baugruppen an, in denen es zu Fehlerhinweisen bzw. Störungscodes gekommen ist. Voraussetzung dabei ist natürlich, dass diese Baugruppen im jeweiligen Modell eingebaut sind. Die Kürzel bedeuten:

- »**P**« = ECM-Codes
- »**S**« = TSM/HFSM-Codes
- »**SP**« = Tachometer-Codes
- »**t**« = Drehzahlmesser-Codes (nur bei Roadster XL 1200 R)
- »**b**« = ABS-Codes (an unseren Sportstern in diesen Modelljahr nicht verbaut).

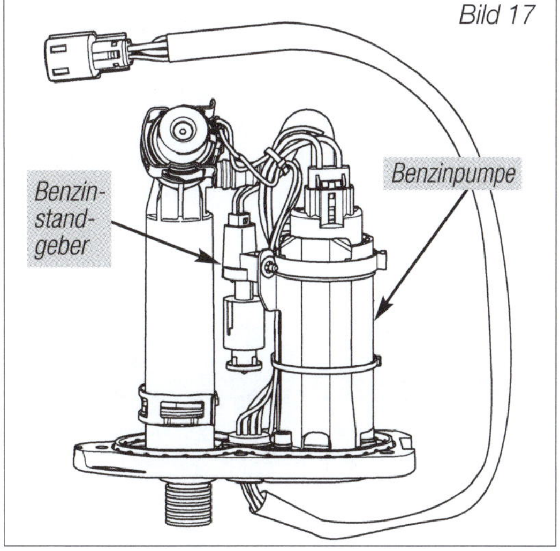

Bild 17

Bild 15

Einspritzventile

Bild 16

Doppelzündspule

Bilder 15 und 16: Einbaulage der Einspritzventile und der Doppelzündspule.

Bild 17: Benzinpumpe und Benzinstandgeber sind in den Tank eingebaut.

Bild 18: Das bis Mj. 2013 verbaute Anlasserrelais befindet sich im Sicherungs-/Relaiskasten.

Bild 19: Diagnosestecker für Anschluss des HD-Werkstattcomputers mit der Diagnosesoftware »Digital Technician II«.

Bild 18
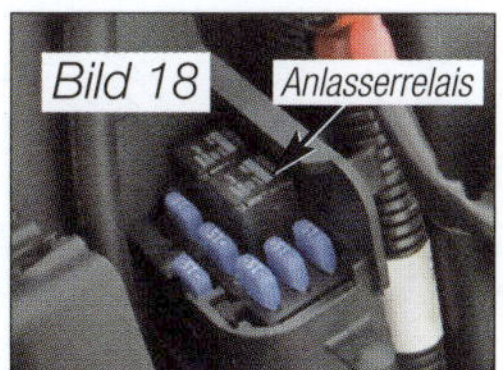

Sicherungs-Relaiskasten

Bild 19

DLC = Diagnosestecker

Fehlersuche: Selbst auf die Gefahr hin, dass wir uns wiederholen oder dass Sie den nun kommenden, kursiv gedruckten Satz schon mal gelesen haben in diesem Buch, aber es ist eben wie es ist: *»Fehler in der Zünd-Einspritzanlage können nur beim autorisierten Harley-Davidson-Händler mit der Harley-Davidson-Diagnosesoftware zielsicher aufgespürt und dauerhaft behoben werden.«* In den Textkästen ab Seite 144 sind die im Servicecomputer angezeigten Fehlercodes und zugehörige Problembereiche aufgelistet.

Bild 20b: Tachometer bis Mj. 2013 mit Warn- und Kontrollleuchten.

4. Den Tageskilometer-Rückstellknopf kurz drücken und loslassen, um durch die Angaben zu blättern. Die Buchstaben blinken, wenn sie ausgewählt werden.

5. Wenn der in dem entsprechenden Modul angewählte Buchstabe blinkt, den Tageskilometer-Rückstellknopf drücken und halten.

6. Wenn keine DFC (Diagnosefehlercodes) vorliegen, wird auf der Kilometeranzeige »**none**« (= keine) eingeblendet.

7. Wenn in dem aufgerufenen Bauteil aktuelle wie auch historische DFC gespeichert sind, werden diese Codes auf der Kilometeranzeige eingeblendet. Durch kurzes Drücken und Loslassen des Tageskilometer-Rückstellknopfs wird durch die gespeicherten DFC geblättert.

- Das ECM Modul »**P**« zeigt »**no rsp**« (= »keine Antwort«), wenn der Motorstoppschalter (»Killschalter) nicht auf EIN / RUN steht, sondern auf AUS. Motorstoppschalter daher auf EIN stellen.

8. Erscheint in der Kilometeranzeige bei anderen Modulen »**no rsp**«, dann ist das Motorrad nicht mit diesen Modulen ausgestattet. Im Fall unserer Modelle betrifft dies die Ausrüstung mit ABS. In diesem Fall zu den anderen Modulen weiter blättern.

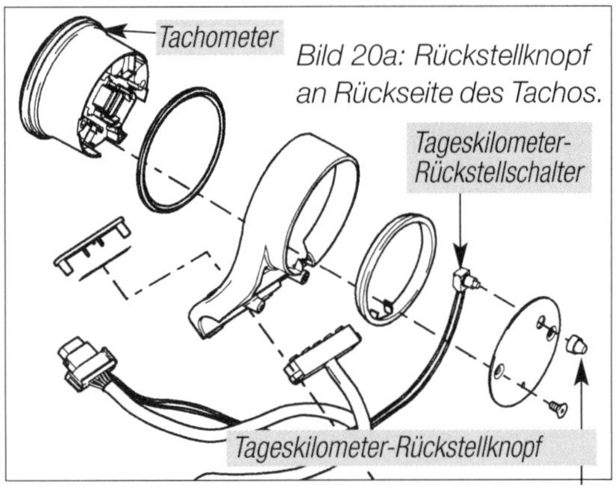

Bild 20a: Rückstellknopf an Rückseite des Tachos.

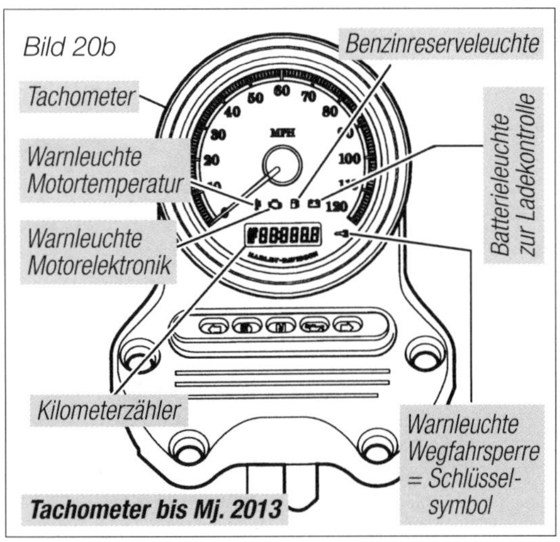

Bild 20b

9. Nach Durchblättern aller DFC wird in der Kilometeranzeige »**end**« angezeigt.

10. Wenn die DFC in dem betreffenden Modul gelöscht werden sollen, den Tageskilometerzähler-Rückstellknopf gedrückt halten. Sollen die DFC nicht gelöscht werden, Rückstellknopf rasch drücken und sofort loslassen. Dann erscheint wieder das Kürzel für das entsprechende Bauteil.

11. Den Tageskilometerzähler-Rückstellknopf drücken, um zum nächsten Bauteil zu gelangen.

12. Die Zündung AUSschalten, um den Diagnosemodus zu beenden.

Eigendiagnose im km-Zähler ab Mj. 2014

1. Zum Aufrufen des Diagnosemodus den Tageskilometerzähler-Rückstellschalter an der linken Schaltereinheit (Bild 21) gedrückt halten und dabei die Zündung einschalten.

2. Tageskilometerzähler-Rückstellschalter loslassen: »**diag**« wird in km-Anzeige eingeblendet.

3. Rückstellschalter wieder drücken und loslassen: Das Kürzel »**ECM**« wird in der Kilometeranzeige (Bild 22) eingeblendet. Hinter »**ECM**« steht noch »**Y**« oder »**N**«, je nachdem, ob ECM-Codes anliegen (dann »**Y**«) oder nicht (dann »**N**«).

4. Durch mehrmaliges kurzes Drücken kann man durch die verschiedenen Baugruppen blättern. Die Kürzel bedeuten:

- »**ECM**« = ECM-Codes
- »**SPDO**« = Tachometer-Codes
- »**ABS**« = ABS-Codes

5. Wenn die gewünschte Baugruppe angezeigt wird, den Tageskilometer-Rückstellschalter gedrückt halten.

6. Wenn in der aufgerufenen Baugruppe aktuelle wie auch historische DFC gespeichert sind, werden diese Codes auf der Kilometeranzeige eingeblendet. Durch kurzes Drücken und Loslassen des Tageskilometer-Rückstellschalters wird durch die gespeicherten DFC geblättert.

7. Wenn bei einem aufgerufenen DFC der Tageskilometer-Rückstellschalter gedrückt gehalten wird, werden alle DFC in dieser Baugruppe gelöscht. Wenn die DFC nicht gelöscht werden sollen, den Tageskilometer-Rückstellschalter immer nur kurz drücken und loslassen.

8. Wenn alle DFC aufgerufen sind, zeigt die Kilometeranzeige »**end**« an.

9. Durch erneutes kurzes Drücken und Loslassen wechselt die Anzeige in die nächste Baugruppe.

10. Alle angezeigten DFC notieren, dann löschen.

11. Die Zündung AUSschalten, um den Diagnosemodus zu beenden.

Die »WOW«-Prüfung

Zur schnellen Prüfung der Instrumentenfunktion kann die so genannte »WOW«-Prüfung durchgeführt werden. Dazu Zündung einschalten, jetzt muss die Hintergrundbeleuchtung des Tachos aufleuchten, der Zeiger des Tachos über die gesamte Anzeige ausschlagen und die Kontrollleuchten für Batterie, Sicherheit und Warnleuchte Motorelektronik müssen aufleuchten.

Wenn diese Funktionen nicht gestartet und durchgeführt werden können, dann müssen Batteriespannung, Masseanschluss und Zündspannung zum Instrument geprüft werden.

Arten der Fehlercodes DFC

Es werden zwei Arten von Fehlercodes unterschieden: Aktuelle und historische Fehlercodes. **Aktuelle Fehlercodes** liegen vor, wenn während der Fahrt Fehlermeldungen auftreten. Von **»Historische Codes«** wird dann gesprochen, wenn sich ein aufgetretenes Problem eventuell von selber gelöst hat, es somit nicht mehr aktiv ist, aber weiterhin gespeichert bleibt. Ebenso verlieren aktuelle DFC ihren aktiven Status, wenn die Zündung ausgeschaltet wird. Bleibt das Problem bei nochmals eingeschalteter Zündung aber bestehen, wird der Fehlercode weiterhin als aktueller Code behandelt.

■ Bei der Kilometerzähler-Eigendiagnose werden sowohl aktuelle wie auch historische DFC angezeigt. Um zwischen beiden Arten unterscheiden zu können, muss das Diagnosesystem »Digital Technician II« eingesetzt werden.
■ Aktuelle DFC sind im Speicher so lange gespeichert, bis der Fehler behoben wird.
■ Historische DFC werden 50 Zündzyklen (das ist »Anlassen und Fahren«) lang gespeichert, dann löscht sich der DFC von selbst, sofern kein weiterer Fehler des gleichen Typs innerhalb dieses Zeitraums auftritt. Die Sicherheitstatusleuchte und die Warnleuchte Motorelektronik zeigen historische DFC über zwei Zündzyklen hinaus an.
■ Historische DFC liegen übrigens immer dann vor, wenn das System einen aktuellen Fehlercode anzeigt. Die Diagnoseverfahren sind zur Auswertung aktueller Fehlercodes vorgesehen, können aber im gleichen Sinn auch zur Auswertung historischer Fehlercodes dienen. Dabei sollte allerdings geprüft werden, ob ein als »fehlerhaft« gemeldetes Bauteil wirklich ausgetauscht werden muss.
■ Den Ziffern der Fehlercodes ist ein Buchstabe vorangestellt: B, C, P oder U. Daran erkennt man, von welchem Modul die Fehlermeldung ausgelöst wurde. Tachometer, TSM/HFSM bzw. BCM oder ECM können »B«-Codes auslösen. Das ABS-Modul löst »C«-Codes aus. »P«-Codes zeigen Bauteil-Probleme an, die vom ECM überwacht werden. Wenn Kommunikationsstörungen zwischen den Modulen auftreten, werden »U«-Codes angezeigt.

Prioritäten der Fehlercodes: Liegen verschiedene Fehlercodes vor, müssen diese nach einer festgelegten Prioritätenliste abgearbeitet werden (siehe Tabellen). Dabei muss zunächst das DFC mit der höchsten Priorität diagnostiziert werden.

Löschen von Fehlercodes: Sobald ein Fehlercode erkannt und erfolgreich beseitigt wurde, sollte er gelöscht werden (siehe weiter vorne in diesem Textabschnitt). Harley-Davidson empfiehlt, danach das Motorrad nicht nur anzulassen, sondern auch eine Probefahrt zu unternehmen, da einige DFC die Fahrzeuggeschwindigkeit oder andere Eingangssignale vom Fahren her benötigen, damit die Reparatur und die Löschung des Codes über das System bestätigt werden kann.

Sicherheitswarnleuchte: Die Sicherheitswarnleuchte (Schlüssel-Symbol, Bilder 20b und 22) funktioniert wie die Warnleuchte Motorelektronik, wird jedoch vom TSM/HFSM bzw. BCM gesteuert. Liegen dort Fehlercodes vor, leuchtet die Sicherheitswarnleuchte auf.

Warnleuchte Motorelektronik: Wenn Systemprobleme am ECM auftreten, werden sie von der Warnleuchte Motorelektronik (Bilder 20b und 22) angezeigt. Der Ablauf ist wie folgt.

1. Zündung einschalten (Schlüssel auf »IGN«, Motorstoppschalter (»Killschalter«) auf ON bzw. Motorbetriebsschalter auf ON, Motor läuft nicht): Warnleuchte Motorelektronik leuchtet rund 4 Sekunden auf und geht dann wieder aus. Es liegen keine DFC vor, weder aktuelle noch historische.
2. Leuchtet die Warnleuchte Motorelektronik nicht auf, ist die Stromzufuhr zum ECM gestört. Das Motorrad springt zwar an, der Nocken des Leerlaufstellers wird beim Ausschalten der Zündung nicht mehr zurückgesetzt, was Leistungsprobleme zur Folge hat. Daher: Zündung ausschalten, 10 Sekunden warten und Zündung wieder einschalten, damit Leerlaufsteller wieder in Normalposition zurückgesetzt wird. Bis Mj. 2013 ECM- und Zündungssicherung überprüfen.
3. Nur bis Mj. 2013: Geht die Warnleuchte 4 Sekunden an, 4 Sekunden aus, wieder an, leuchtet weitere 8 Sekunden und geht dann wieder aus, dann liegen einer oder mehrere historische, aber kein aktueller DFC vor.
■ Ab Mj. 2014 werden historische DFC nicht mehr von der Warnleuchte angezeigt.
4. Geht die Warnleuchte 4 Sekunden an, 4 Sekunden aus, wieder an und bleibt dann an, liegen einer oder mehrere aktuelle

Bild 21: Zum Aufrufen des Diagnosemodus den Tageskilometerzähler-Rückstellschalter an der linken Schaltereinheit gedrückt halten und dabei die Zündung einschalten.

Bild 22: Tachometer ab Mj. 2014 mit Warn- und Kontrollleuchten.

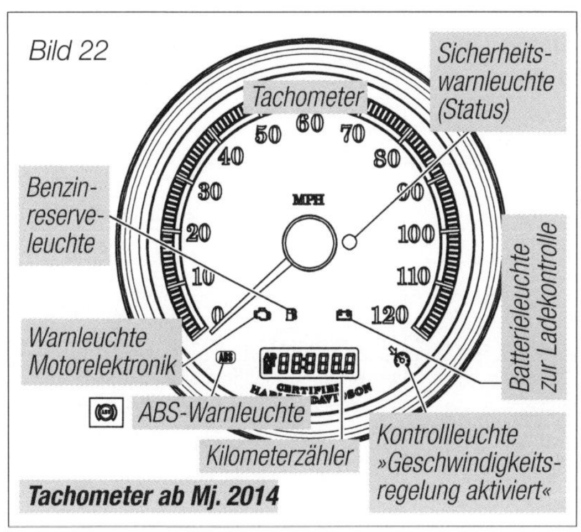

DFC vor. Zusätzlich können auch noch historische DFC vorliegen. Das Auslesen kann über den Tageskilometerzähler-Rückstellknopf/-Rückstellschalter oder über das Diagnosesystem »Digital Technician II« erfolgen.

■ Nochmals der Hinweis: Bei einigen DFCs genügt es nicht, nachdem das Problem behoben worden ist, das Motorrad einfach nur anzulassen, da die Fehlerbehebung vom ECM damit noch nicht erkannt ist. Daher ist eine Probefahrt in diesen Fällen unerlässlich. Erfolgt dies nicht, kann weiterhin ein aktueller DFC angezeigt werden.

In den meisten Fällen, in denen ein Fehler erkannt wird, greift das Motormanagement-System auf ein »Notlaufprogramm« (Ausfall-Sicherheitssystem) zurück: Es gewährleistet, dass der Motor betriebsfähig bleibt, wenn eine Störung an einem Bauteil dauerhaft vorliegt (zwar eingeschränkt, aber immerhin läuft er noch!).

Mit anderen Worten: Wenn die Motorsteuerung feststellt, dass etwas nicht in Ordnung ist, läuft der Motor im »Notlaufprogramm« weiter. Dann werden fest im Speicher des Motorsteuergeräts einprogrammierte Daten verwendet, anstatt der üblicherweise von den verschiedenen Sensoren an den Rechner gelieferten Realwerte. Oftmals ist kaum ein Unterschied zum Normalbetrieb wahrzunehmen.

Fehlercodes und Fehlersuche

Tipp: Fehler in der Einspritzanlage sind meistens auf korrodierte oder nicht richtig angeschlossene Steckverbindungen zurückzuführen. Bei jeder Betriebsstörung raten wir, ganz banal erst mal alle in Frage kommenden Stecker zu checken, ihre Kontakte zu reinigen und auf Festsitz zu prüfen.

Tabelle 1a: Fehlercodes (DFC) und ihre Ursachen bis Modelljahr 2013

DFC-Code	Prioritäts-reihenfolge	Fehlfunktion am Bauteil
B0563	66	TSM- oder HFSM-Spannung zu hoch (Blinkermodul ohne oder mit Alarmanlage)
B1004	70	Benzinstandgeber-Spannung zu niedrig
B1005	71	Benzinstandgeber-Stromkreis unterbrochen/ Benzinstandgeber-Spannung zu hoch
B1006	72	Nebenverbraucher-Spannung zu hoch
B1007	73	Zündungs-Spannung zu hoch
B1008	74	Tageskilometerzähler-Rückstellschalter länger als 2 Minuten geschlossen
B1121	57	Fehler des linken Blinkerausgangs
B1122	58	Fehler des rechten Blinkerausgangs
B1123	59	Linkes Blinkerkabel an Masse kurzgeschlossen
B1124	60	Rechtes Blinkerkabel an Masse kurzgeschlossen
B1125	61	Linkes Blinkerkabel an Spannung kurzgeschlossen
B1126	62	Rechtes Blinkerkabel an Spannung kurzgeschlossen
B1131	67	Alarmausgangs-Spannung zu niedrig
B1132	68	Alarmausgangs-Spannung zu hoch
B1134	56	Anlasserrelaisausgangs-Spannung zu hoch
B1135	19	Fehler im BAS (Umkipp-Sensor)
B1136	20	Umkipp-Sensor Fehler beim Selbsttest
B1141	69	Zündschalter-Stromkreis unterbrochen, Spannung zu niedrig
B1142	18	Interner Fehler
B1143	63	Sicherheitsantenne an Masse kurzgeschlossen
B1144	64	Sicherheitsantenne an Batterie kurzgeschlossen
B1145	65	Sicherheitsantenne-Stromkreis unterbrochen
B1154	21	Kupplungsschalter hat Kurzschluss an Masse
B1155	22	Leerlaufschalter hat Kurzschluss an Masse
P0107	35	MAP-Sensor Stromkreis unterbrochen, Spannung zu niedrig
P0108	36	MAP-Sensor Spannung zu hoch (Ansaugluftdruck-Sensor)
P0112	39	IAT-Sensor Spannung zu niedrig (Ansauglufttemperatur-Sensor)
P0113	40	IAT-Sensor-Stromkreis unterbrochen, Spannung zu hoch
P0117	37	ET-Sensor-Spannung zu niedrig (Motortemperatur-Sensor)
P0118	38	ET-Sensor-Stromkreis unterbrochen, Spannung zu hoch
P0122	23	TPS-Stromkreis unterbrochen, Spannung zu niedrig (Drosselklappenpos.-Sensor)
P0123	24	TPS-Drosselklappenpositions-Sensor-Spannung zu hoch
P0131	50	Vordere Lambdasonde: Spannung zu niedrig oder Motor läuft zu mager
P0132	52	Vordere Lambdasonde: Zu fettes Gemisch des Motors
P0134	54	Vordere Lambdasonde: Stromkreis unterbrochen, Spannung zu hoch
P0151	51	Hintere Lambdasonde: Spannung zu niedrig oder Motor läuft zu mager
P0152	53	Hintere Lambdasonde: Zu fettes Gemisch Lambdasonde des Motors

Tabelle 1b: Fehlercodes (DFC) und ihre Ursachen bis Modelljahr 2013

DFC-Code	Prioritäts-reihenfolge	Fehlfunktion am Bauteil
P0154	55	Hintere Lambdasonde: Stromkreis unterbrochen, reagiert nicht, Spannung zu hoch
P0261	31	Vorderes Einspritzventil: Stromkreis unterbrochen, Spannung zu niedrig
P0262	33	Vorderes Einspritzventil: Spannung zu hoch
P0263	32	Hinteres Einspritzventil: Stromkreis unterbrochen, Spannung zu niedrig
P0264	34	Hinteres Einspritzventil: Spannung zu hoch
P0373	17	Wackelkontakt im CKP (Kurbelwellenpositions-Sensor, Zündgeber)
P0374	16	CKP (Kurbelwellenpositions-Sensor, Zündgeber) nicht erkannt, Synchronisation nicht möglich
P0501	43	VSS-Sensor Spannung zu niedrig (Geschwindigkeits-Sensor)
P0502	44	VSS-Sensor Spannung zu hoch
P0505	47	Leerlaufdrehzahlregelung ausgefallen
P0562	41	Motorsteuergerät ECM-Spannung zu niedrig
P0563	42	Motorsteuergerät ECM-Spannung zu hoch
P0603	2	Motorsteuergerät ECM EEPROM-Fehler
P0605	1	Motorsteuergerät ECM-Flashfehler
P0661	48	Einlassmagnetschalter-Stromkreis unterbrochen, Spannung zu niedrig (Modell XR)
P0662	49	Einlassmagnetschalter kurzgeschlossen, Spannung zu hoch (nur Modell XR)
P1001	12	Systemrelaisspule-Stromkreis unterbrochen, Spannung zu niedrig
P1002	11	Systemrelaisspule kurzgeschlossen, Spannung zu hoch
P1003	10	Systemrelaiskontakte unterbrochen
P1004	13	Systemrelaiskontakte geschlossen
P1009	14	Falsches Kennwort
P1010	15	Fehlendes Kennwort
P1351	27	Vordere Zündspule: Stromkreis unterbrochen, Spannung zu niedrig
P1352	29	Vordere Zündspule kurzgeschlossen, Spannung zu hoch
P1354	28	Hintere Zündspule: Stromkreis unterbrochen, Spannung zu niedrig
P1355	30	Hintere Zündspule kurzgeschlossen, Spannung zu hoch
P1501	25	JSS Spannung zu niedrig (Seitenständerschalter)
P1502	26	JSS Spannung zu hoch
P1653	75	Drehzahlmesser Spannung zu niedrig
P1654	76	Drehzahlmesser Spannung zu hoch
U1016	6	Verlust serieller Motorsteuergerät ECM-Daten
U1064	5	Verlust serieller TSM- oder HFSM-Daten
U1097	7	Verlust serieller Tachometer-Daten
U1098	8	Verlust serieller Drehzahlmesser-Daten
U1255	9	Keine Anwort im Modul
U1300	3	Serielle Daten Spannung zu niedrig
U1301	4	Serielle Daten: Stromkreis unterbrochen, Spannung zu hoch

Stecker finden: Weiter vorne in diesem Kapitel haben wir die einspritzrelevanten Bauteile und ihre Einbauorte genannt.

- Einen **Stecker** direkt am Bauteil haben die Sensoren für Drosselklappenposition, Ansauglufttemperatur und -druck, Geschwindigkeit sowie die Einspritzventile.
- Ein **Kabel** ist fest am Kurbelwellenpositions-Sensor und führt von diesem weg. Der Stecker sitzt unter einer Gummikappe am linken vorderen Rahmenrohr (siehe auch Kapitel 13 »Sicherungen · Relais · Stecker«).

In den Tabellen 1a bis 2c haben wir die Fehlercodes, die Prioritätsreihenfolge und die entsprechenden Problembereiche bzw. Fehlfunktionen aufgelistet. Für einige Fehler gibt es auch eher mechanische Ursachen, die wir im Folgenden aufgelistet haben.

→ **Problem: Schlechtes Ansprechen der Drosselklappe bei niedrigen Drehzahlen**
Mögliche Ursache: Niedriger Kraftstoffdruck durch Verstopfen des Benzinfilters oder Lecks in den Leitungen.

→ **Problem: Fehlzündungen im Leerlauf**
Mögliche Ursache:
- Leerlaufsteller defekt.
- Niedriger Kraftstoffdruck.
- Mageres Gemisch wegen Luftleck an Drosselklappeneinheit/Übergang zum Zylinderkopf.

→ **Problem: Leerlaufdrehzahl zu niedrig/zu hoch**
Mögliche Ursache:
- Leerlaufsteller hängt fest.
- Fehlerhafte Einstellung für geschlossene Drosselklappenposition.
- Mechanischer Fehler im Drosselklappengestänge.

→ **Problem: Fehlfunktionen der Diagnosesoftware während des Abstimmungs-Download-Verfahrens**
Mögliche Ursache: Zu niedrige Batteriespannung.

→ **Problem: Drosselklappenblockade**
Mögliche Ursache: Fehlerhafte Einstellung für geschlossene Drosselklappenposition.

→ **Problem: Motorrad springt an, geht aber sofort wieder aus**
Mögliche Ursache: Leerlaufsteller fest.

→ **Problem: Ungewöhnlich hoher Benzindruck**
Mögliche Ursache: Kraftstoffdruckregler defekt.

Messen von Einzelkomponenten: Bei einigen Komponenten der Zünd-/Einspritzanlage, wie dem IAT-Sensor, den Einspritzventilen und den Zündkabeln, können über die Kontrolle der Widerstandswerte in Ergänzung zur Harley-Davidson-Diagnosesoftware auch mögliche Fehlerquellen lokalisiert und behoben werden. Im Folgenden listen wir die entsprechenden Werte auf (Messtemperatur 20 °C).

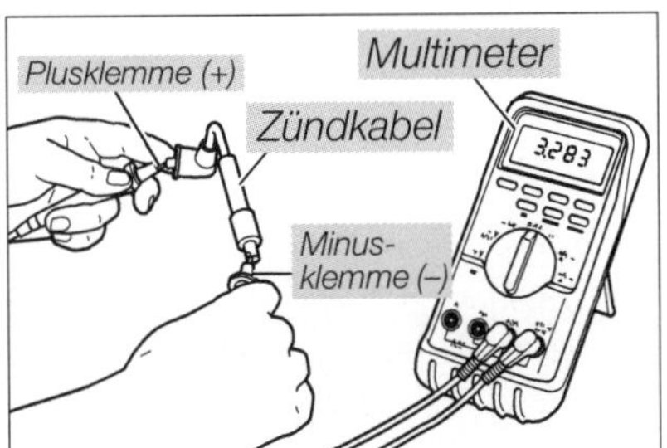

Bild 23: Widerstandsmessung des Zündkabels.

IAT-Sensor bei Fehlercode DFC P0112

- Widerstand zwischen Kontakten 1 und 2: 500 bis 5000 Ω

Ja: Widerstand am IAT-Sensor Signalkabel zwischen Kontakt 2 und Masse messen: muss kleiner 1 Ω sein
Nein: TMAP-Sensor wechseln

Einspritzventile bei Fehlercode DFC P0261

- Widerstand zwischen Kontakten A und B des Einspritzventil: 10 bis 20 Ω

Ja: ECM tauschen **Nein:** Einspritzventil tauschen

Zündkabel (Bild 23)

- Widerstand Zündkabel vorderer Zylinder: 1750 bis 4836 Ω
- Widerstand Zündkabel hinterer Zylinder: 4843 bis 15 420 Ω

Tabelle 2a: Fehlercodes (DFC) und ihre Ursachen ab Modelljahr 2014

DFC-Code	Prioritäts-reihenfolge	Fehlfunktionen am Bauteil
B1103	34	Linke Lenkerschaltereinheit (LHCM) interner Fehler
B1153	33	Rechte Lenkerschaltereinheit (RHCM) interner Fehler
B1200	22	Tachoinstrument – interner Fehler
B1210	149	Benzinstandgeber Kurzschluss an Masse, unterbrochen
B1211	150	Benzinstandgeber Kurzschluss an Spannung
B2102	35	Systemstrom-Versorgungsausgang am BCM Kurzschluss an Spannung
B2103	36	Systemstrom-Versorgungsausgang am BCM Kurzschluss an Masse
B2104	43	Systemstrom-Versorgungsausgang überlastet
B2106	229	L4-Ausgang für Licht am BCM unterbrochen (Body Control Modul)
B2107	197	L4-Ausgang für Licht am BCM Kurzschluss an Spannung
B2108	198	L4-Ausgang für Licht am BCM Kurzschluss an Masse
B2109	199	L4-Ausgang für Licht am BCM überlastet
B2112	113	M2-Ausgang für Nebenverbraucher am BCM Kurzschluss an Spannung
B2113	115	M2-Ausgang für Nebenverbraucher am BCM Kurzschluss an Masse
B2114	117	M2-Ausgang für Nebenverbraucher am BCM überlastet
B2116	82	F4-Ausgang für Benzinpumpe am BCM unterbrochen
B2117	83	F4-Ausgang für Benzinpumpe am BCM Kurzschluss an Spannung
B2118	84	F4-Ausgang für Benzinpumpe am BCM Kurzschluss an Masse
B2119	85	F4-Ausgang für Benzinpumpe am BCM überlastet
B2121	47	L2-Ausgang für Magnetschalter am BCM unterbrochen
B2122	48	L2-Ausgang für Magnetschalter am BCM Kurzschluss an Spannung
B2123	49	L2-Ausgang für Magnetschalter am BCM Kurzschluss an Masse
B2124	50	L2-Ausgang für Magnetschalter am BCM überlastet
B2127	215	E4-Ausgang für Hupe am BCM Kurzschluss an Spannung
B2128	216	E4-Ausgang für Hupe am BCM Kurzschluss an Masse
B2129	217	E4-Ausgang für Hupe am BCM überlastet
B2132	206	Fernlicht-Ausgang am BCM Kurzschluss an Spannung
B2133	207	Fernlicht-Ausgang am BCM Kurzschluss an Masse
B2134	208	Fernlicht-Ausgang am BCM überlastet
B2137	202	Abblendlicht-Ausgang am BCM Kurzschluss an Spannung
B2138	203	Abblendlicht-Ausgang am BCM Kurzschluss an Masse
B2139	204	Abblendlicht-Ausgang am BCM überlastet
B2141	179	Linker vorderer Blinker-Ausgang am BCM unterbrochen
B2143	186	Linker vorderer Blinker-Ausgang am BCM Kurzschluss an Masse
B2144	187	Linker vorderer Blinker-Ausgang am BCM überlastet
B2146	188	Rechter vorderer Blinker-Ausgang am BCM unterbrochen
B2148	189	Rechter vorderer Blinker-Ausgang am BCM Kurzschluss an Masse
B2149	190	Rechter vorderer Blinker-Ausgang am BCM überlastet
B2151	191	Linker hinterer Blinker-Ausgang am BCM unterbrochen
B2153	192	Linker hinterer Blinker-Ausgang am BCM Kurzschluss an Masse
B2154	193	Linker hinterer Blinker-Ausgang am BCM überlastet
B2156	194	Rechter hinterer Blinker-Ausgang am BCM unterbrochen
B2158	195	Rechter hinterer Blinker-Ausgang am BCM Kurzschluss an Masse

Fortsetzung Tabelle 2b: Fehlercodes (DFC) und ihre Ursachen ab Modelljahr 2014		
DFC-Code	**Prioritäts-reihenfolge**	**Fehlfunktion**
B2159	196	Rechter hinterer Blinker-Ausgang am BCM überlastet
B2161	170	Bremslicht-Ausgang am BCM unterbrochen
B2163	171	Bremslicht-Ausgang am BCM Kurzschluss an Masse
B2164	172	Bremslicht-Ausgang am BCM überlastet
B2168	146	J3-Ausgang für Licht am BCM Kurzschluss an Masse
B2169	147	J3-Ausgang für Licht am BCM überlastet
B2172	209	H2-Ausgang für Sirene am BCM Kurzschluss an Spannung
B2173	210	H2-Ausgang für Sirene am BCM Kurzschluss an Masse
B2176	211	Hands-Free-Antennen-Ausgang unterbrochen
B2177	212	Hands-Free-Antennen-Ausgang Kurzschluss an Spannung
B2178	213	Hands-Free-Antennen-Ausgang Kurzschluss an Masse
B2183	223	G2-Ausgang am BCM Kurzschluss an Masse (bei Sportster nicht belegt)
B2188	226	G3-Ausgang am BCM Kurzschluss an Masse (bei Sportster nicht belegt)
B2193	228	H4-Ausgang am BCM Kurzschluss an Masse (bei Sportster nicht belegt)
B2198	231	H3-Ausgang am BCM Kurzschluss an Masse (bei Sportster nicht belegt)
B2201	41	Unterbrochener Stromkreis zwischen Zündschloss und BCM, Geschwindikeits-Sensor meldet »Fahren«
B2203	39	Zündschloss-Eingang am BCM Kurzschluss an Masse
B2206	40	Motorbetriebsschalter-Stromeingang am BCM unterbrochen/ Kurzschluss an Spannung
B2208	42	Motorbetriebsschalter-Stromeingang am BCM Kurzschluss an Masse
B2210	44	Motorbetriebsschalter – beide Stromeingänge sind offen
B2212	45	Motorbetriebsschalter – beide Stromeingänge sind geschlossen
B2218	112	Leerlaufschalter Kurzschluss an Masse
B2223	169	Bremslichtschalter hinten Kurzschluss niedrig, Bremslicht dauerhaft an
B2250	111	Kupplungsschalter klemmt
B2251	214	Hupenknopf klemmt
B2253	200	Lichthupenschalter klemmt
B2254	175	Linker Blinkerschalter klemmt
B2255	218	Tageskilometerschalter klemmt
B2260	46	Anlasserknopf klemmt
B2261	176	Rechter Blinkerschalter klemmt
B2262	168	Bremslichtschalter vorne klemmt
B2263	174	Warnblinkschalter klemmt
B2270	14	BCM – interner Fehler
B2271	13	BCM-Spannung zu niedrig
B2272	18	BCM-/Tachometerspannung hoch
B2274	38	Konstanter Batterieleitungsfehler
C0562	23	ABS-Spannung zu niedrig
C0563	25	ABS-Spannung zu hoch
C1014	155	ABS, ECU-Relaisfehler
C1021	163	ABS vorne, ABS-Sensor stets null
C1023	164	ABS hinten, ABS-Sensor stets null
C1025	166	ABS, Wackelkontakt Vorderraddrehzahl
C1027	167	ABS, Wackelkontakt Hinterraddrehzahl
C1029	165	Unterschied der ABS-Geschwindigkeiten zu hoch
C1032	161	ABS, Vorderraddrehzahlstromkreis unterbrochen, kurzgeschlossen
C1034	162	ABS, Hinterraddrehzahlstromkreis unterbrochen, kurzgeschlossen
C1040	156	Fehler an ABS-Pumpe, Motor
C1055	24	ABS, interner ECU-Fehler
C1061	157	Stromkreis des Magnetschalters für ABS-Vorderradbetätigung unterbrochen, hoher Widerstand
C1062	159	Stromkreis des Magnetschalters für ABS-Vorderradfreigabe unterbrochen, hoher Widerstand
C1065	158	Stromkreis des Magnetschalters für ABS-Hinterradbetätigung unterbrochen, hoher Widerstand

Fortsetzung Tabelle 2c: Fehlercodes (DFC) und ihre Ursachen ab Modelljahr 2014		
DFC-Code	**Prioritäts-reihenfolge**	**Fehlfunktion**
C1066	160	Stromkreis des Magnetschalters für ABS-Hinterradfreigabe unterbrochen, hoher Widerstand
C1159	30	ABS – Ungültige, gespeicherte VIN
C1178	28	ABS – keine VIN vom ECM erhalten
C1184	29	ABS – ungültige VIN von ECM
P0031	128	Vordere Lambdasonde niedrig, unterbrochen
P0032	131	Vordere Lambdasonde Kurzschluss an Spannung
P0051	129	Hintere Lambdasonde niedrig, unterbrochen
P0052	130	Hintere Lambdasonde Kurzschluss an Spannung
P0107	90	Ansaugluftdruck-Sensor versagt niedrig, unterbrochen
P0108	91	Ansaugluftdruck-Sensor ausgefallen hoch, unterbrochener Anschluss
P0112	106	Ansauglufttemperatur-Sensor Kurzschluss an Masse
P0113	108	Ansauglufttemperatur-Sensor ausgefallen hoch, unterbrochen
P0117	92	Motortemperatur-Sensor Kurzschluss an Masse
P0118	95	Motortemperatur-Sensor Spannung zu hoch, unterbrochen
P0122	64	Drosselklappenpositions-Sensor niedrig, unterbrochen
P0123	65	Drosselklappenpositions-Sensor Spannung zu hoch
P0131	132	Lambdasonde vorne Spannung zu niedrig, Motor läuft vorne mager
P0132	134	Motor läuft fett vorne
P0134	136	Lambdasonde vorne Spannng zu hoch, unterbrochen
P0151	133	Lambdasonde hinten Spannung zu niedrig, Motor läuft hinten mager
P0152	135	Motor läuft fett hinten
P0154	138	Lambdasonde hinten Spannung zu hoch, unterbrochen
P0261	86	Einspritzventil vorne Spannung zu niedrig, unterbrochen
P0262	87	Einspritzventil vorne Spannung zu hoch, kurzgeschlossen
P0264	88	Einspritzventil hinten Spannung zu niedrig, unterbrochen
P0265	89	Einspritzventil hinten Spannung zu hoch, kurzgeschlossen
P0371	54	CKP-Sensor, falsche Impulsanzahl
P0374	53	CKP-Sensor, keine Impulse
P0502	118	Geschwindigkeits-Sensor Spannung zu niedrig, versagt (defekt)
P0503	119	Geschwindigkeits-Sensor Spannung zu hoch, versagt
P0506	107	Leerlaufdrehzahlregelung – Leerlauf zu niedrig
P0507	109	Leerlaufdrehzahlregelung – Leerlauf zu hoch
P0562	110	ECM-Spannung zu niedrig
P0603	16	ECM EEPROM-Speicherfehler
P0605	15	ECM Flash-Speicherfehler
P0641	51	5-Volt-Stromkreis außerhalb des Sollbereichs
P1009	17	Wegfahrsperre schaltet Benzinpumpe ab wegen falschem Passwort
P1353	120	Keine Verbrennung erkannt im vorderen Zylinder
P1356	121	Keine Verbrennung erkannt im hinteren Zylinder
P1501	144	JSS Spannung zu niedrig (Seitenständerschalter)
P1502	145	JSS Spannung zu hoch, unterbrochen
P2300	78	Zündspulentreiber vorne Spannung zu niedrig, unterbrochen
P2301	79	Zündspulentreiber vorne Spannung zu hoch, kurzgeschlossen
P2303	80	Zündspulentreiber hinten Spannung zu niedrig, unterbrochen
P2304	81	Zündspulentreiber Spannung zu hoch, kurzgeschlossen
U0001	1	CAN-Bus-Fehler
U0002	12	CAN Komm-Bus Leistungsfehler
U0011	2	CAN-Bus Kurzschluss in Niedrig- und Hochstromkreisen
U0100	4	Kommunikation mit ECM unterbrochen
U0121	8	Kommunikation mit ABS unterbrochen
U0140	3	Kommunikation mit BCM unterbrochen
U0141	6	Kommunikation mit linker Lenkerschaltereinheit (LHCM) unterbrochen
U0142	5	Kommunikation mit rechter Lenkerschaltereinheit (RHCM) unterbrochen
U0156	7	Kommunikation mit Tachometer unterbrochen
U0300	11	Inkompatible Software des internen Steuergeräts

Luftfilter

Der Luftfilter muss bei 1600 km und dann alle 8000 km im Rahmen der Inspektion gereinigt und bei Bedarf erneuert werden. Wenn die Maschine überwiegend starkem Schmutz und Staub ausgesetzt ist, muss der Luftfilter öfter gereinigt werden.

Achtung: Betrieb ohne Luftfilter oder mit gerissenem oder anders beschädigtem Luftfilter führt ganz schnell zu starkem Verschleiß im Motor. Deshalb muss man darauf achten, dass der Luftfilter immer in gutem Zustand ist.

Luftfilter aus- und einbauen

1. Ovaler Luftfilter, Bilder 1 und 3: Schrauben in der Blende des Luftfilterdeckels lösen, ausschrauben und mit Blende abnehmen.
1.1. Runder Luftfilter, Bild 3: Schraube im Luftfilterdeckel lösen und ausdrehen.
2. Bilder 3 und 4: Luftfilterdeckel mit Dichtung abnehmen.
3. Bilder 2 und 3: Die drei Schrauben, mit denen der Luftfilter befestigt ist, lösen und ausdrehen. Luftfilter abnehmen, Dichtung bleibt auf dem Bund sitzen.
4. Bild 6: Luftfilter reinigen. Wenn er defekt ist, z. B. eingerissen, unbedingt erneuern.
4.1. Grundplatte und Luftfilterdeckel mit Ölspray und sauberem Lappen gut reinigen.
5. O-Ringe kontrollieren, leicht einölen, neue Dichtung auf Bund am Luftfilter setzen, dabei ihre Löcher auf die in der Grundplatte ausrichten.
■ Luftfilter so einbauen, dass die Beschriftung »THIS SIDE OUT« oben ist.
6. Etwas Loctite »mittelfest« an die Gewinde der Luftfilter-Befestigungsschrauben geben.
6.1. Luftfilter ansetzen, Kreise in Bild 2: Schrauben eindrehen und mit 6 Nm festziehen.
7. Dichtung exakt ringsum am Luftfilterdeckel anbringen, Deckel auf Grundplatte aufsetzen.
8. Bild 3: Blende beim ovalen Luftfilter ansetzen, Schraube(n) eindrehen, mit 5 Nm festziehen.

Luftfilter reinigen

Bild 6: Groben Schmutz vom Luftfilter auf einer Holzunterlage abklopfen. Dann mit weicher Druckluft entgegen der Ansaugrichtung sanft durchblasen. Bei starker Verschmutzung den Filter in warmer Seifenlauge 30 Minuten einweichen, trocknen und gegen eine Lichtquelle halten: Filter ist sauber, wenn Licht durchscheint.

Werkzeug zur Luftfiltermontage
■ Kleiner Drehmomentschlüssel und eine Knarre
■ Inbusnuss 3/16 Zoll (4,76 mm) für Deckelschrauben
■ Torxnuss T20 für Befestigungsschrauben des Luftfilters
■ Langnuss 9/16 Zoll (14,29 mm) für die Hohlschrauben der Motorentlüftung, die in den Luftfilterkasten führt

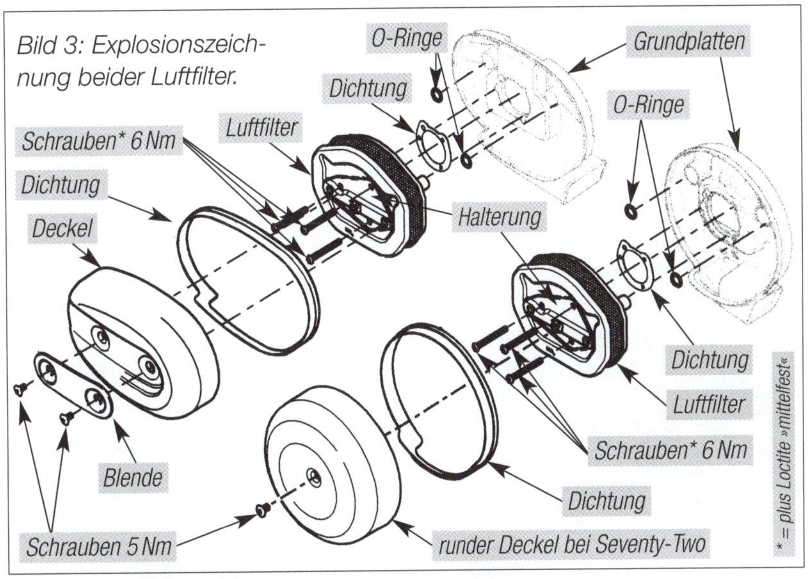

Bild 3: Explosionszeichnung beider Luftfilter.

Bilder 1, 2, 4 und 5: Im Lauftext sind die zu den Bildern gehörenden Arbeitsschritte beschrieben.

Bild 6: Luftfilter erst abklopfen, dann entgegen der Ansaugrichtung ausblasen.

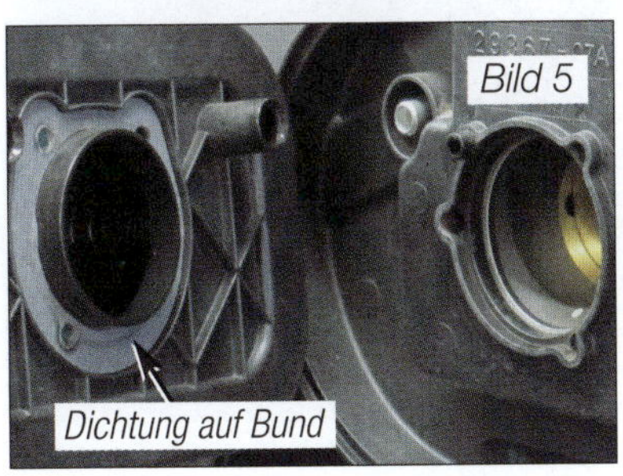

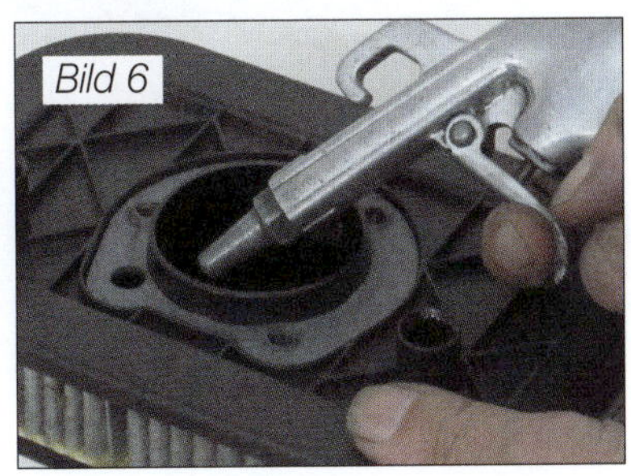

Werkzeug für Gasgriff und Gaszüge
- Kleiner Drehmomentschlüssel
- Knarre
- Nuss Torx T 25 für Schraube der rechten Lenkerarmatur
- Gabelschlüssel 3/8" (9,53 mm) für Einsteller und Kontermutter im Gaszug

Bild 1: Für Einsteller in den Gaszügen und Kontermuttern werden Gabelschlüssel benötigt.

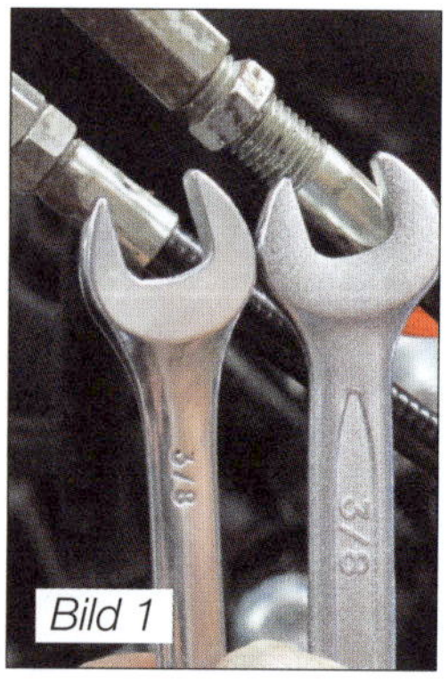

Bild 2: Führung der Gaszüge.

Bilder 3a, 3b und 4: Nach dem Zurückschieben der Gummitüllen sind die Einsteller zugänglich.

Gasgriff · Gaszüge

In diesem Kapitel: Gasgriff und Gaszüge prüfen · Leerweg am Gasgriff prüfen, Gaszüge einstellen · Verlegung der Gaszüge · Gasgriff zerlegen, reinigen, zusammenbauen · Neue Gaszüge einbauen.

Gasgriff und Gaszüge

Bild 2: Die beiden Gaszüge laufen vom Gasgriff unter dem Lenker nach vorne zur Lampe hin, dort in einem großen Bogen um das rechte Gabelrohr und weiter parallel zum Rahmenrohr nach hinten zur Drosselklappe. Bild 4: Mit dem Einsteller im Öffnergaszug wird der Leerweg am Gasgriff eingestellt und der Einsteller im Schließergaszug wird so eingestellt, dass dieser Gaszug nicht gegen den Öffnergaszug verspannt wird.

Gasgriff und Gaszüge prüfen

Bei ausgeschaltetem Motor (!) den Gasgriff einige Male auf Vollgas drehen und loslassen:
- Gasgriff muss von alleine in seine Nullstellung zurückschnappen. Wenn der Gasgriff schwer geht, muss er zerlegt, gereinigt und geschmiert werden.
- Wenn man spürt, dass der Gasgriff selbst leicht dreht, aber etwas reibt und der Gasgriff »hakt«, kann es sein, dass eine der beiden Gaszughüllen geknickt, oder einer der inneren Züge aufgespleißt ist. Dann müssen beide Gaszüge erneuert werden.

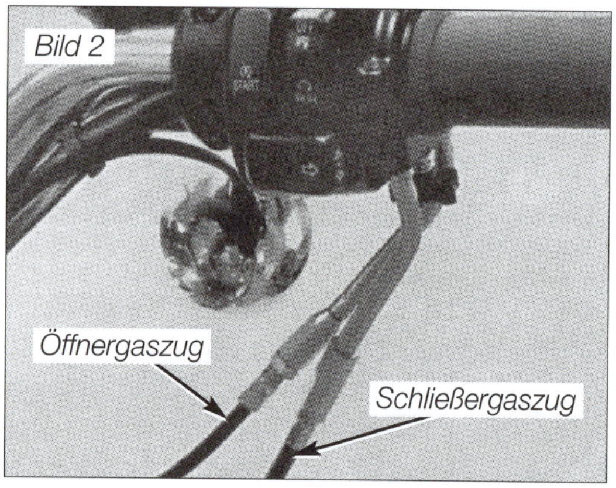

Verlegung der Gaszüge prüfen: Motor starten, im Leerlauf laufen lassen. Lenkung einige Male ganz nach links und rechts einschlagen und dabei prüfen, ob die Leerlaufdrehzahl gleich bleibt.
»JA«: Verlegung der Züge ist in Ordnung, Gasgriff ist leichtgängig.
»NEIN«: Gaszüge überprüfen: Sie dürfen sich, während der Lenker eingeschlagen wird, weder über ein anderes Bauteil spannen, noch dürfen sie an ein anderes anstoßen und daran knicken.

Leerlaufdrehzahl verändert sich: Wenn bei vollem Lenkeinschlag die Leerlaufdrehzahl steigt, ist wahrscheinlich das Spiel im Öffnergaszug zu gering und muss überprüft werden.

Leerweg am Gasgriff

Der Leerweg am Gasgriff muss 2 bis 3 mm betragen, er wird am Bund des Gasgriffgummis zum Gasgriffgehäuse hin gemessen. Die richtige Einstellung des Leerwegs ist wichtig für die Gasdosierung und bestimmt entscheidend das Gefühl beim Gas geben. Bei einem ordentlich gepflegten Motorrad verändert sich das Spiel in den Gaszügen (bzw. der Leerweg am Gasgriff) kaum.

Leerweg am Gasgriff überprüfen

Bilder 5a und 5b: Gasgriff ist geschlossen. Einen durchgehenden Kreidestrich an Gasgriffgummi und Gasgriffgehäuse anbringen (Bild 5a). Jetzt den Gasgriff ganz langsam drehen, bis man am Widerstand spürt, dass der Öffnergaszug eben dabei ist, die Drosselklappe zu bewegen: Wenn sich die Markierungen um 2 bis 3 mm zueinander verschoben haben (Bild 5b), ist das ideal und das Spiel im Öffnergaszug ist in Ordnung.

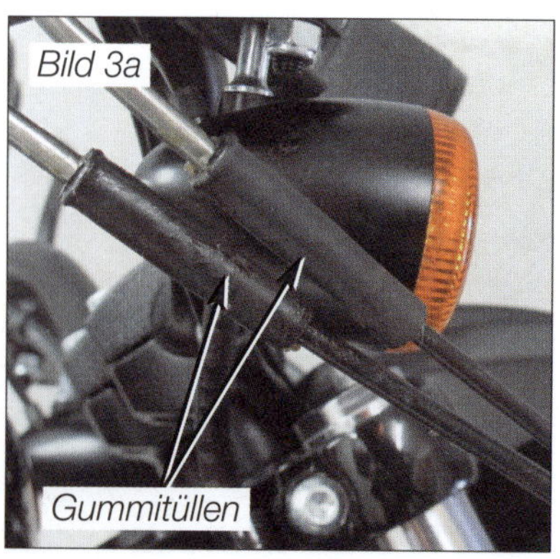

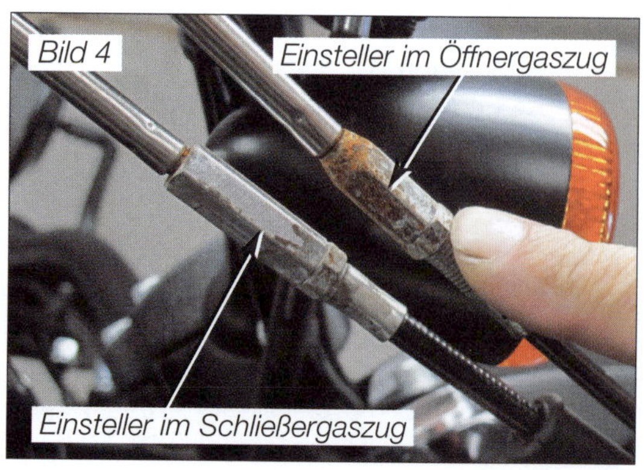

Leerweg einstellen

Wenn sich die beiden Markierungen weniger oder mehr als 2 bis 3 mm zueinander verschieben, muss man das Gaszugspiel einstellen.
1. Bilder 3a und 3b: Gummitülle über dem Einsteller des Öffnergaszugs zurückschieben.
2. Bild 4: Kontermutter des Öffnergaszugs lösen, Einsteller ein-/ausdrehen, bis das Spiel stimmt.
3. Kontermutter gegen den Einsteller kontern: Den Einsteller unbedingt in Einstellposition gegenhalten und die Kontermutter festziehen.
Wichtig: Bitte benutzen Sie keine Zange um die Kontermutter möglichst fest anzuziehen! Kontermutter und Einsteller stets mit passenden Gabelschlüsseln (Bilder 1 und 7) anziehen.
4. Bild 3b: Etwas Fett an den Einsteller geben und die Gummitülle überschieben.

Hinweis 1: Vergrößert sich der Leerweg am Gasgriff bereits nach kurzer Fahrstrecke, ist dies ein deutlicher Hinweis auf einen sich längenden Gaszug, der eben dabei ist, kaputt zu gehen.
Hinweis 2: Wenn der Gasgriff allerdings leicht aufgedreht werden kann, aber dann, wenn er losgelassen wird, nicht wieder von ganz alleine zugeht, und man sicher ist, dass keiner der beiden Gaszüge geknickt ist oder innen reibt, ist wahrscheinlich die Grundeinstellung beider Gaszüge falsch.

Grundeinstellung der Gaszüge

Voraussetzung: So wie im Text weiter vorne beschrieben, muss der Gasgriff leichtgängig sein. Auch muss er, wenn er bei Stellung »Vollgas« (Motor AUSgeschaltet!) losgelassen wird, von selbst in seine Nulllage (»Gas zu«) zurückgehen. Bewegt sich der Gasgriff dagegen schwer, kann das Gaszugspiel nicht korrekt eingestellt werden.

Wann eingestellt werden muss: Eine Grundeinstellung der Gaszüge an den motorseitigen Einstellern muss grundsätzlich nur dann vorgenommen werden, wenn neue Gaszüge eingebaut werden, denn von selbst verstellen sich die Gaszugeinsteller nicht. Es sei denn, dass die Kontermuttern bei der letzten Schraubaktion nicht richtig festgezogen wurden und sich deswegen die Einsteller von Öffner- und Schließergaszug verstellt haben.

Montagepunkte

Bild 8: Um an die Nippel des Öffner- und Schließergaszugs am Drosselklappengehäuse zu gelangen, muss der Luftfilterkasten komplett abgebaut werden, siehe Kapitel 19 »Luftfilter«.

Gaszüge einstellen

1. Bild 6: Feststeller am Gasgriff lösen.
2. Bild 3: Gummitüllen von beiden Einstellern zurückschieben.
3. Bild 4: Die Kontermuttern beider Einsteller lösen und einige Umdrehungen wegdrehen.
4. Einsteller so verdrehen, dass die Außenhüllen der Gaszüge so kurz wie möglich werden.
5. Lenkung gerade stellen.
5.1. Bei ausgeschaltetem Motor (!) den Gasgriff ganz aufdrehen und in dieser Position halten.
6. Bild 4: Den Seilzugspanner des Öffnergas-

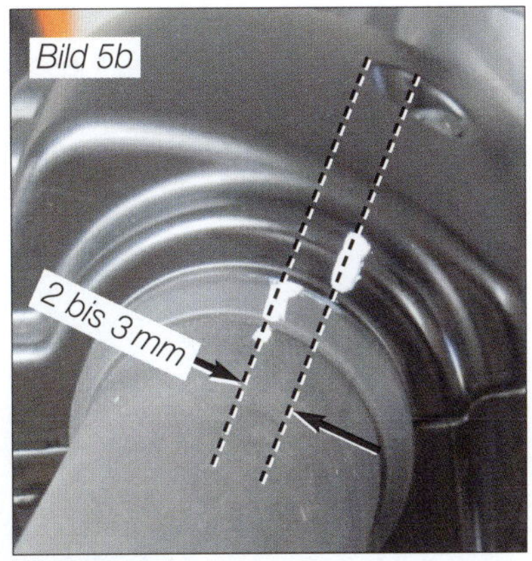

Bilder 5a und 5b: Der Leerweg am Gasgriff muss 2 bis 3 mm betragen, gemessen vom Gasgriffgummi zum Gasgriffgehäuse hin.

■ Zum Einstellen wird der Gaszugeinsteller im Öffnergaszug (Bild 7) entsprechend ein- oder ausgedreht.

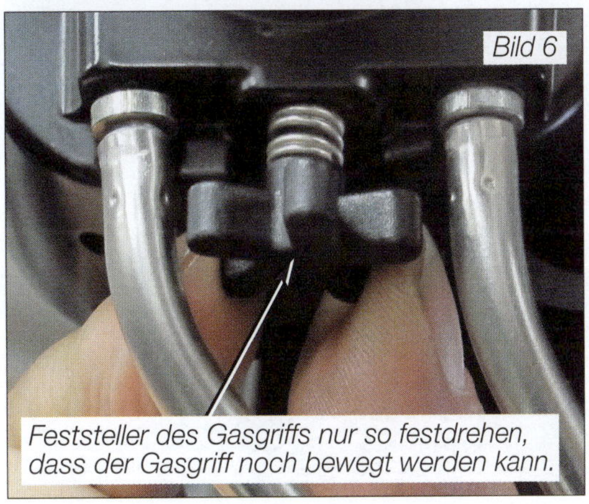

Bild 6: Feststeller des Gasgriffs.

Bild 7: Einsteller mit Kontermuttern an Öffner- und Schließergaszug. Keine Zange zum Bearbeiten der Einsteller und Muttern benutzen!

Bild 8: Korrekt montierte Gaszüge unten am Drosselklappengehäuse.

Bilder 9 und 10: Geschlossene und geöffnete Drosselklappe (»Gas zu« und »Vollgas«).

■ Stellung der Seilzugrolle und des Gaszugs beachten.

zugs langsam gegen den Uhrzeigersinn drehen, bis die Seilzugrolle ihren Anschlag gerade eben berührt.

6.1. Gasgriff loslassen. Einsteller im Öffnergaszug um eine weitere halbe bis ganze Umdrehung gegen den Uhrzeigersinn drehen, Kontermutter gegen den Einsteller kontern.

7. Lenker ganz nach rechts drehen. Einsteller im Schließergaszug so verdrehen, dass das Ende der Außenhülle den Anschlag in der Seilzugführung am Drosselklappengehäuse berührt.

8. Einstellung prüfen: Den Gasgriff zwei oder drei Mal aufdrehen und wieder loslassen. Die Drosselklappe muss jedes Mal, wenn der Gasgriff losgelassen wird, in die Leerlaufposition zurückkehren.

■ Wenn der Gasgriff nicht in die Leerlaufposition zurückkehrt, den Einsteller im Schließergaszug drehen, bis die richtige Einstellung erreicht wird.

9. Kontermutter des Schließergaszugs festziehen, Gummitüllen auf Seilzugeinsteller schieben.

10. Motor starten, im Leerlauf laufen lassen. Lenkung einige Male ganz nach links und rechts einschlagen, bleibt die Leerlaufdrehzahl unverändert, ist alles in Ordnung.

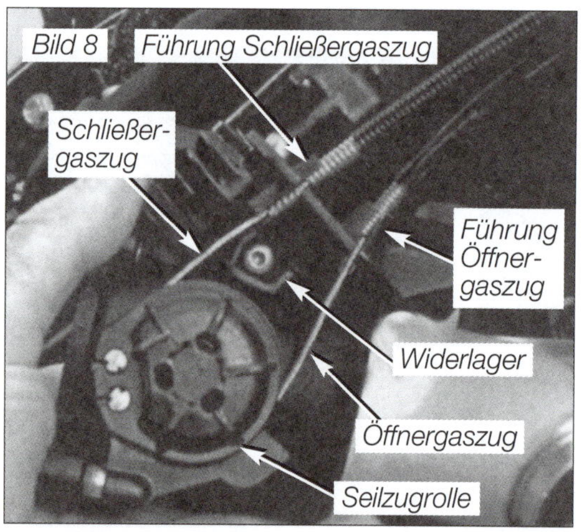

10.1. Verändert sich der Leerlauf, ist wahrscheinlich das Leerspiel im Öffnergaszug zu gering: Unbedingt überprüfen und ggf. vergrößern.

■ Stellt sich auch damit keine Besserung ein, muss die Verlegung der Gaszüge überprüft und ggf. korrigiert werden: Sie dürfen an keinem anderen Bauteil spannen oder sich knicken.

Gasgriff, neue Gaszüge

Gasgriff reinigen und schmieren

Der Gasgriff muss jederzeit leichtgängig sein. Wenn er schwer geht, weil z. B. Dreck hineingekommen ist, was nach einem Sturz der Fall sein kann, muss er abgebaut, gereinigt und geschmiert werden.

1. Bild 3b: Gummitülle über dem Einsteller des Öffnergaszugs abschieben.

2. Bild 4: Kontermutter vom Einsteller lösen und den Einsteller so verdrehen, dass der Gaszug »lang« und lose wird.

3. Bilder 6 und 12: Feststeller des Gasgriffs lösen.

4. Klemmschrauben des Gasgriffgehäuses lösen und ausschrauben.

5. Gehäusehälften vorsichtig (!) voneinander trennen.

6. Bilder 12 und 13: Nippel der Gaszüge aushängen.

7. Gasgriff vom Lenkerrohr abziehen, reinigen.

Wichtige Punkte zur Beachtung: Zur Reinigung des Gasgriffs keine aggressiven Lösungsmittel wie z.B. Bremsenreiniger verwenden, weil diese die Verklebung des Griffgummis lösen können! Am besten den Gasgriff innen und außen sowie das Lenkerrohr mit Ölspray (WD-40) und sauberem Lappen reinigen.

■ Zum Schmieren des Gasgriffs Graphitfett dünn auf Lenkerrohr und im Gasgriff in die Seilzugführung auftragen.

■ Feststellfeder mit der konkaven Seite nach oben so einbauen, dass ihre Stiftbohrung über dem Ende des Feststellers liegt.

Zusammenbau in umgekehrter Reihenfolge der Zerlegung.

Gaszüge ausbauen

Hinweis 1: Verlegung der Gaszüge gut einprägen, bevor diese ausgebaut werden.
Hinweis 2: Zum Aus- und Einbau der Gaszüge muss der Gasgriff nicht vom Lenker abgenommen werden.
Hinweis 3: Zum Aus- und Einbau der unteren Nippel an den Gaszügen, welche in die Seilzugrolle am Drosselklappengehäuse eingehängt sind, braucht das Drosselklappengehäuse nicht ausgebaut werden, man muss lediglich den Luftfilterkasten abbauen.

1. Sitzbank abbauen.
2. Tank abbauen (Kapitel 4 »Tank · Rahmen · Anbauteile«).
3. Luftfilterkasten komplett abbauen (Kapitel 19 »Luftfilter«).
4. Linke und rechte Kabelbaumhalterung unter dem Tank abbauen, Kabelbinder der Gaszüge durchtrennen.
4.1 Befestigung der Zündspulenhalterung lösen und die Gaszüge aus der Aussparung in der rechten Kabelbaumhalterung herausnehmen.
5. Kontermuttern der Einsteller in den Gaszügen lösen und so weit zurückdrehen, dass die Gaszüge »lang« werden und somit aus ihren Widerlagern am Drosselklappengehäuse ausgebaut werden können.
6. Bild 8: Nippel aus Seilzugrolle am Drosselklappengehäuse nehmen.
7. Bild 6: Feststeller am Gasgriff ganz ausschrauben, dabei auf die Feder achten (!).
8. Gasgriff öffnen und Züge ausbauen.

Neue Gaszüge einbauen

Einbau in umgekehrter Reihenfolge. Dabei besonders beachten:
1. Bild 13: Am Gasgriff die Nippel von Öffner- und Schließergaszug einhängen.
■ Der Öffnergaszug ist vorne am unteren Gehäuse.
■ Der Schließergaszug ist hinten am unteren Gehäuse.
2. Gasgriffgehäusehälften aufeinander legen und dabei darauf achten, dass die Gaszüge in ihren Führungen liegen.
2.1. Schrauben in die Gasgriffgehäusehälften eindrehen, Gasgriff in Position bringen, Schrauben mit Gefühl (!) handfest anziehen.
3. Feststeller einschrauben.
4. Bild 3b: Gummitüllen gut einfetten und über die Gaszugführungen schieben (Bild 3a).
5. Bild 8: An den unteren Nippeln ziehen und dadurch die Gaszüge spannen.
5.1. Nippel in Seilzugrolle einsetzen:
■ Nippel des Öffnerzuges hat 7,9 mm.
■ Nippel des Schließerzugs hat 6,3 mm.
6. Bild 8: Gaszüge in ihre Führungen einsetzen.
7. Leerweg der Gaszüge einstellen siehe Text weiter vorne in diesem Kapitel.
8. Luftfilterkasten aufbauen.
9. Tank und Sitzbank aufbauen.

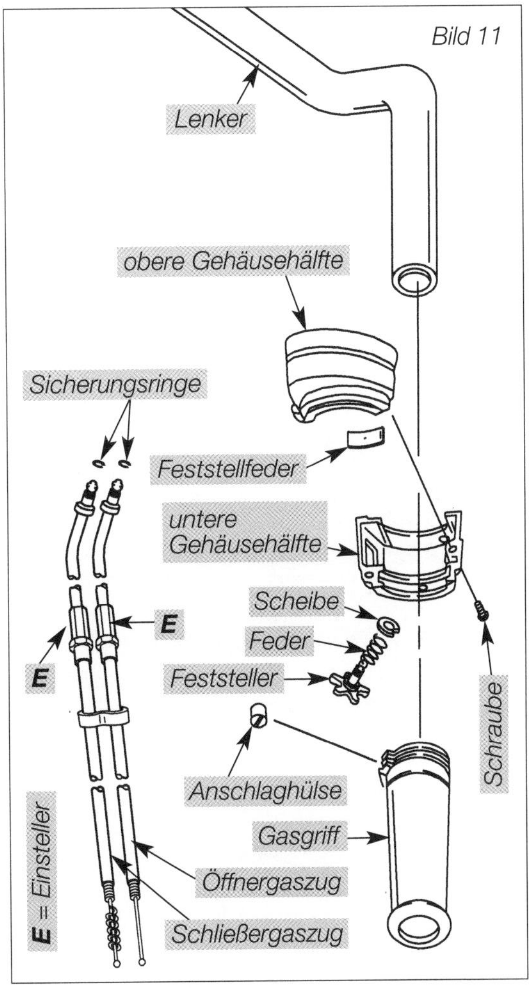

Bild 11: Explosionszeichnung des Gasgriffs.

Bilder 12 und 13: Position und Befestigung der Gaszüge am Gasgriff.

■ Der Öffnergaszug mit silberfarbenem Einsatz wird in vordere Aufnahme eingehängt.

■ Der Schließergaszug mit goldfarbenem Einsatz wird in hintere Aufnahme eingehängt.

■ zu Bild 13: In der Draufsicht auf den geöffneten Gasgriff sieht man Öffnergaszug (1), Nut im Gasgriff (2), Kerbe im Gasgriff (3), Messingnippel (4) und den Schließergaszug (5).

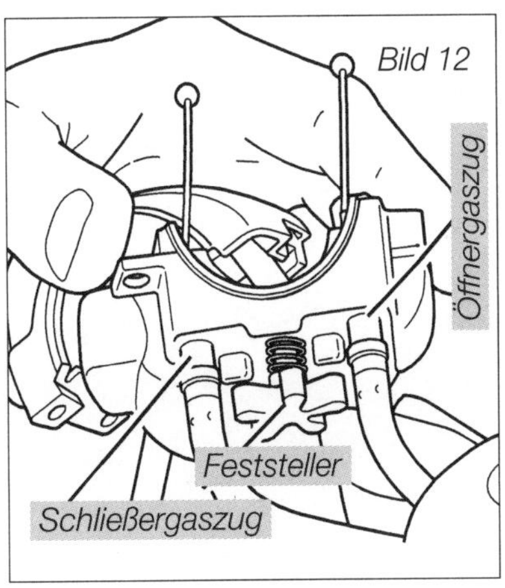

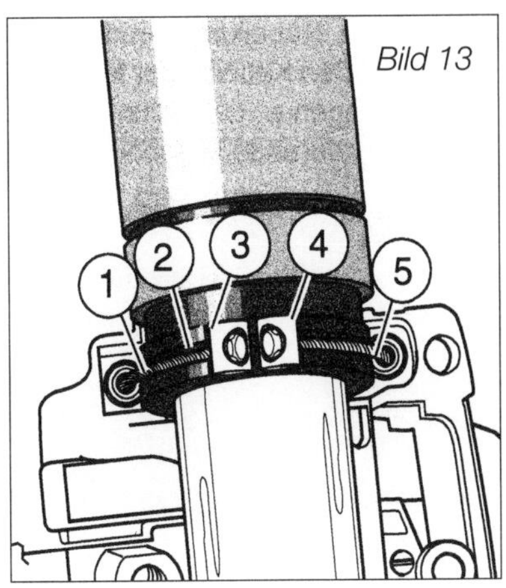

Auspuffanlage

In diesem Kapitel: Auspuffanlage · Hitzeschutz · Auspuff ab- und anschrauben.

Korrespondenzkapitel:
- 4 »Tank · Rahmen · Anbauteile«
- 8 »Zahnriemen · Primärkette«
- 13 »Sicherungen · Relais · Stecker«

Auspuffanlage

Die Auspuffanlage besteht aus je einem Auspuffkrümmer und einem Schalldämpfer pro Zylinder. Die untere Auspuffhalterung zum Rahmen hin ist als »Interferenzrohr« ausgebildet, wodurch das Volumen der Auspuffanlage vergrößert wird.

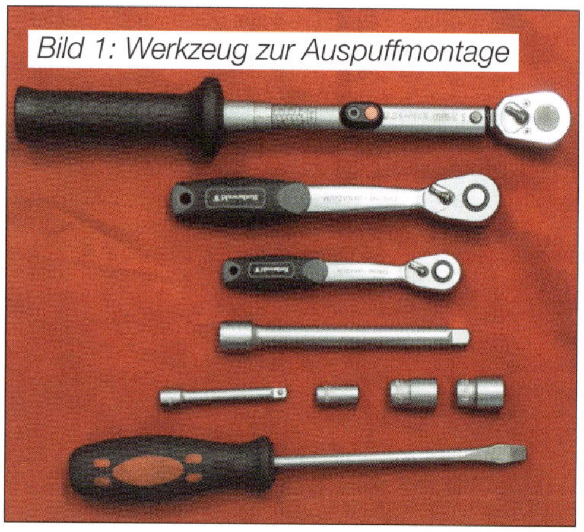

Bild 1: Werkzeug zur Auspuffmontage

Werkzeug zur Montage der Auspuffanlage
- Großer und kleiner Drehmomentschlüssel
- Knarre
- Nuss 1/2" (12,7 mm) für Schrauben Auspufftopf an Interferenzrohr und Muttern Krümmer an Zylinderkopf
- Nuss 9/16" (14,29 mm) für Mutter auf Schelle Auspufftopf an Krümmer
- Schlitzschraubenzieher oder Nuss 5/16" (7,94 mm) für Schraubschellen Hitzeschutz

Harley-Fahrer montieren gerne zur Optimierung von Sound, Optik oder Leistung andere Auspuffanlagen. Wer mit einer anderen Auspuffanlage liebäugelt, vielleicht auch wegen Defekt der serienmäßigen Anlage (Alter, Unfall, etc.), sollte sich beim Hersteller bzw. Importeur der Auspuffanlage und beim Harley-Händler kundig machen, ob das Betreiben der Auspuffanlage im öffentlichen Straßenverkehr legal ist.

Auspuffanlage prüfen

- Auspufftöpfe, Krümmer und Interferenzrohr dürfen nicht gerissen oder verformt sein.
- Sichtprüfung: Alle Schweißnähte dicht? Oberfläche ohne Dellen und Löcher?
- Hörprobe: Wenn man mit der Faust gegen den Auspufftopf klopft und es klappert nichts, ist alles in Ordnung. Wenn Klappergeräusche zu hören sind, hat sich innen im Auspuff etwas gelöst, entweder ein »Prallblech« oder ein Abgasführungsrohr.

Allgemeine Montagetipps

Wichtig 1: Beschrauben der Auspuffanlage nur in kaltem Zustand. Verletzungsgefahr!
Wichtig 2: Vor der Demontage etwas Rostlöser an die Schraubverbindungen geben und einige Minuten einwirken lassen.
Wichtig 3: Bei der Montage etwas Kupferpaste an die Dicht- und Kontaktstellen sowie die Schraubverbindungen geben.
Wichtig 4: Bei Montage der Auspuffanlage neue Dichtungen verwenden. Wenn Auspuffgase an irgendeiner Stelle der Auspuffanlage unkontrolliert entweichen, läuft der Motor nicht sauber.

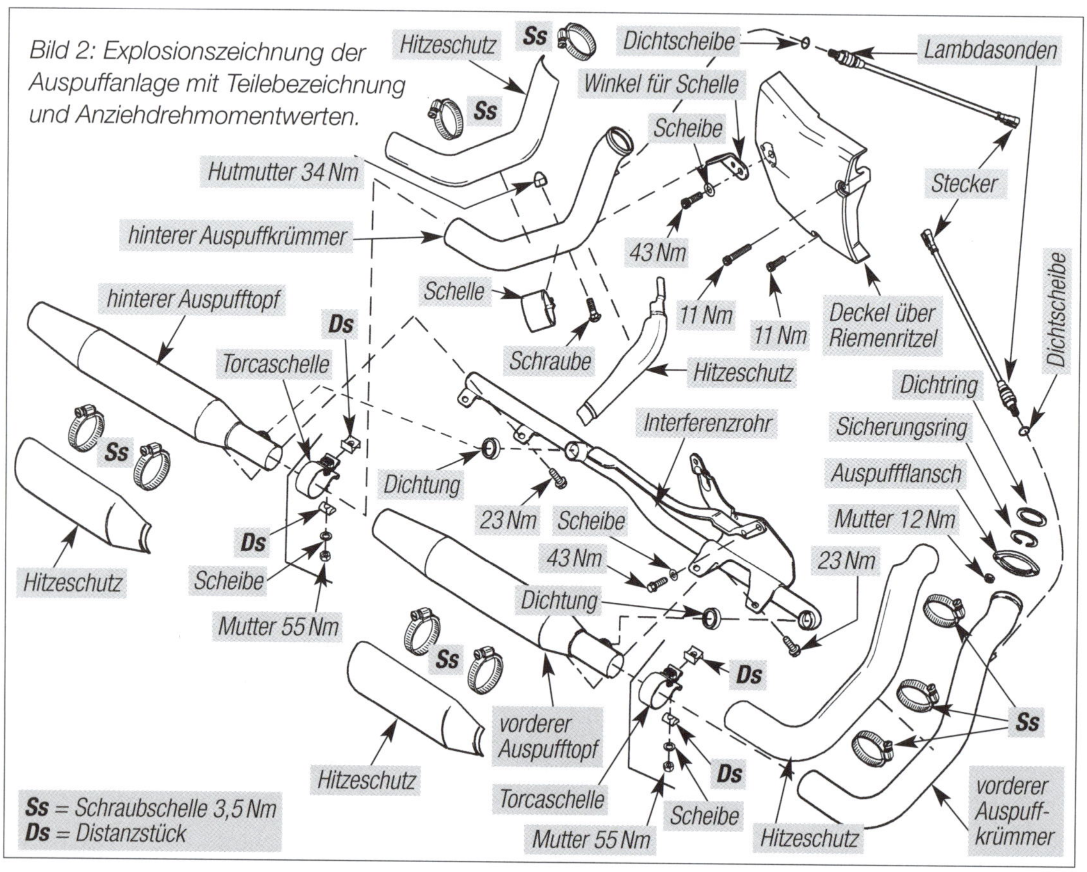

Bild 2: Explosionszeichnung der Auspuffanlage mit Teilebezeichnung und Anziehdrehmomentwerten.

Hitzeschutz

Montage Hitzeschutz: Festziehen der Spannschrauben mit Gefühl, damit die Haltebleche der Hitzeschutzblenden (Kreise in Bild 4) nicht ein- oder abreißen.

Auspuff ab- und anschrauben

Bitte nehmen Sie vor allem die Explosionszeichnung in Bild 2 zu Hilfe.

Auspufftopf abbauen

1. Bilder 5 und 6: Mutter der Torcaschelle einige Umdrehungen lösen und die Schelle von der Klemmstelle wegschieben.
2. Schrauben unten am Auspufftopf zum Interferenzrohr lösen und ausschrauben.
3. Bild 7: Auspufftopf mit beiden Händen packen und mit leichten Drehbewegungen von seinem Sitz auf dem Auspuffkrümmer lösen, abziehen.

Krümmer abbauen

1. Schrauben in den Schellen der Hitzeschutzbleche lösen, Hitzeschutz abnehmen.
2. Stecker der Lambdasonden-Kabel trennen (siehe Kapitel 13 »Sicherungen · Stecker · Relais«).
3. Hinterer Krümmer: Mutter der Klemmschelle lösen und abschrauben, Schraube ausziehen, Schelle vom Haltewinkel wegschieben.
4. Krümmerflansch am Zylinderkopf abbauen: Muttern lösen, abschrauben, Flansch abziehen.
5. Auspuffkrümmer ausziehen.
6. Krümmer kontrollieren: Der aufgeschweißte Bund muss fest sitzen, die Anlagefläche der Krümmerdichtung muss plan sein.

Krümmer anbauen

1. Wenn die Lambdasonde ausgebaut war: Ihr Gewinde dünn mit Harley-Fett (Best.-Nr. 98960-97) einstreichen, Lambdasonde mit neuer Dichtscheibe einschrauben und festziehen.
1.1. Anziehdrehmoment der Lambdasonde:
- 50 Nm bis Modelljahr 2015
- 18 Nm ab Modelljahr 2016

2. Neue Dichtung in Zylinderkopf einsetzen.
3. Krümmer in Montageposition bringen, Flansch nachführen, Muttern auf Stehbolzen aufdrehen, aber noch nicht festziehen.
4. Bild 2: Am hinteren Krümmer die Schelle über Winkel am Deckel des Riemenritzels schieben, Schraube von unten einstecken, Hutmutter aufdrehen, aber noch nicht festziehen.
- Wenn die Schelle ganz abgenommen war, die Schelle so auf den Krümmer schieben, dass das Vierkantloch unten sitzt.
- Festziehen der Schraube und Muttern erfolgt erst nach Montage der Auspufftöpfe.

Auspufftopf anbauen

1. Bild 3: Neue Dichtung in die Kontaktstelle von Auspufftopf zum Interferenzrohr einsetzen.
2. Torcaschelle auf Auspufftopf schieben.
3. Auspufftopf auf Krümmer schieben.
3.1. Auspufftopf so drehen, bis die Montageposition zum Interferenzrohr ausgerichtet ist und vorsichtig auf den Stutzen schieben.
4. Schrauben von Auspufftopf an Interferenzrohr eindrehen und mit 23 Nm festziehen.
5. Restliche Muttern und Schrauben in folgender Reihenfolge festziehen:
- Muttern auf Stehbolzen am Zylinderkopf mit 12 Nm.
- Bild 5: Muttern der Torcaschellen mit 55 Nm.
- Bild 2: Mutter der Halteschelle am hinteren Krümmer mit 34 Nm.

6. Bild 2: Stecker der Lambdasonden zusammenstecken.
7. Bilder 2 und 4: Hitzeschutz montieren, Spannschrauben mit 3 bis 4 Nm festziehen.

Pflegetipp für den Auspuff:
Wie man eingebrannte Flecken entfernt, steht in Kapitel 1 »Pflege«.

Bild 3: Bei jeder Montage neue Dichtungen verwenden.

Bilder 4 bis 7: Im Lauftext sind die zu den Bildern gehörenden Arbeitsschritte nummeriert beschrieben.

Bild 3

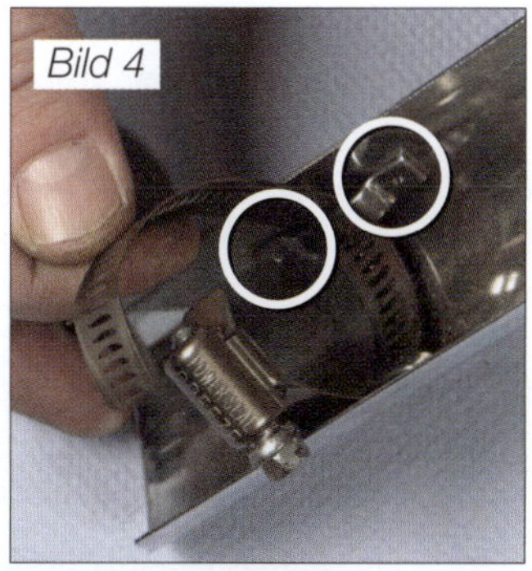
Bild 4

Bild 5

Bild 6

Bild 7

Schmiersystem

In diesem Kapitel: Motorschmierung · Motoröl · Motorölstand · Motorölwechsel · Öldruckschalter prüfen · Öldruck · Öl in Primärantrieb und Getriebe · Zeichnungen Motorölkreislauf.

Motorschmierung

Konstruktion

Trockensumpf-Druckumlaufschmierung. Zahnradgetriebene Trochoiden-Doppelölpumpe: Eine Druckpumpe fördert das Öl aus dem Öltank in den Motor, eine Saugpumpe fördert das Öl aus der Ölwanne zurück in den Öltank.

Ölverbrauch

Der Motor der Sportster 1200-Modelle unseres Buchs darf bis zu einem Liter Motoröl auf 1000 km verbrauchen. Die meisten Motoren begnügen sich mit 0,1 bis 0,3 Liter auf 1000 km Fahrstrecke oder weniger. Ein neuer Motor braucht weniger als ein »alter« Motor, der schon mehr als 100 000 km gelaufen hat. Grundsätzlich hängt der Ölverbrauch stark von den Betriebszuständen ab: Wird eine Maschine längere Zeit mit hoher Geschwindigkeit gefahren, ist der Ölverbrauch höher als bei Bummeln mit niedrigen Drehzahlen.

Motoröl

Füllmenge

■ 2,6 Liter mit Filterwechsel

Vorgeschriebenes Motoröl*

Harley-Davidson schreibt Folgendes zum Motoröl: *»Dieses Motorrad wurde im Werk mit Motoröl Genuine H-D 360 in der Viskosität SAE 20W-50 befüllt. H-D 360 ist das für normale Betriebsbedingungen bevorzugte Öl. Bei Betrieb bei extremer Kälte oder Hitze auf die später genannten Alternativöle Bezug nehmen.*

Sicherheitshinweise ⚠ Achtung und ☞ Tipps für dieses Kapitel

☞ Zur Kontrolle des Ölstands kann das Motorrad auf dem Seitenständer abgestellt sein; es soll jedoch auf einem waagerechten Untergrund stehen.

⚠ Im Öl-Verschlussstopfen ist ein O-Ring (Bild 4e). Diesen kontrollieren, ob er in Ordnung ist, er darf keine geklemmte oder ausgerissene Stelle haben. Sollte er beschädigt sein, unbedingt erneuern, sonst drückt es (bzw. zieht der Fahrtwind!) Öl heraus.

☞ Vor einer längeren Fahrt zu Hause den Ölstand kontrollieren und ggf. mit dem richtigen Öl auffüllen. Wer auf mehrtägige Fahrt geht, sollte sich eine flache, 0,5 bis 1,0 Liter fassende, ölfeste Plastikflasche mit öldichtem Verschluss mit dem Motoröl auffüllen, das garantiert im Motor drinnen ist, und die Flasche ins Gepäcksystem packen. Entsprechende Flaschen gibt es z. B. im Chemiefachhandel.

☞ Motoröl nur in betriebswarmem Zustand wechseln, also vorher den Motor mindestens zehn Kilometer warm fahren. Damit wird sichergestellt, dass Metallabriebteile, die sich noch nicht abgesetzt haben, sondern noch in der Schwebe sind, vom heißen Öl aufgenommen und beim Ablassen mit herausgespült werden.

⚠ Altöl niemals wegschütten, sondern an einer Sammelstelle oder Tankstelle abliefern. Ölverkäufer sind zur Rücknahme einer entsprechenden Menge Altöls verpflichtet! Wichtig: Beim Kauf von neuem Öl die Quittung aufbewahren und bei der Rückgabe des Altöls vorzeigen!

⚠ NIEMALS Getränkeflaschen als Altölbehälter verwenden! Besser sind alte Benzinkanister, die mit einem dauerhaften Etikett »Altes Motoröl« versehen werden.

⚠ Dem Altöl keine anderen Flüssigkeiten beimischen, wie z. B. Bremsflüssigkeit. Diese extrem giftigen, überhaupt nicht umweltfreundlichen Betriebsstoffe müssen in extra Behältern aufgefangen und zu Problemstoff-Sammelstellen gebracht werden.

⚠ Zum Ölablassen ein so großes Gefäß verwenden, das den Bereich von Ölablassöffnung und Ölfilter unterm Motor nicht nur abdeckt, sondern allseitig um mindestens zehn Zentimeter übersteht. Es gibt im Motorrad-Zubehörhandel kombinierte Ölfangwannen-Behälter, bei denen das Öl in eine Wanne und von dort direkt in den Sammelbehälter läuft (Bild 1). Dieser ist verschließbar und mit einem Tragegriff versehen, also leicht transportabel. Altöl wird in Ölsammelstellen umweltgerecht entsorgt.

⚠ Das Öl beginnt zu laufen, wenn der Verschlussstopfen aus dem Ablassschlauch gezogen bzw. wenn die Ölablassschraube des Getriebes (und des Primärantriebs) ihren letzten Gewindegang erreicht hat, Finger wegziehen! Es ist besser, den Verschlussstopfen bzw. die Ölablassschraube mit dem ersten Schuss Öl ins Auffanggefäß fallen zu lassen, als sich am heißen Öl die Finger zu verbrühen! Öl läuft erst im Strahl, nach einiger Zeit nur noch tropfenweise. Geduldig warten, bis der letzte Tropfen im Auffanggefäß gelandet ist – kann bis zu einer halben Stunde dauern.

Bild 1

Bild 1: Eine solche Ölauffang-Transportwanne eignet sich prima zum Ölwechsel.

* = Stand der Recherche zum Redaktionsschluss dieses Buchs im Oktober 2016

Muss Öl nachgefüllt werden und steht kein H-D 360 zur Verfügung, bitte ein für Dieselmotoren zertifiziertes Öl einfüllen. Zulässige Typen sind: CH-4, CI-4 und CJ-4. Folgende Viskositäten sind vorzuziehen (in absteigender Folge): 20W-50, 15W-40 und 10W-40. Sobald wie möglich einen Vertragshändler aufsuchen, um wieder zu 100% Harley-Davidson-Öl zu wechseln.«

■ **Screamin Eagle SYN3** (Bild 3a)
Viskosität .... SAE 20W-50
Nennwert .... HD 360
Niedrigste Umgebungstemperatur....... über −1 °C
Kaltwetterstarts unter 10 °C........... hervorragend

Redaktionelle Anmerkung: Dieses vollsynthetische, sehr moderne Schmiermittel ist erst seit kurzer Zeit* für die luftgekühlten Harley-Motoren freigegeben. Dieses Öl kann nicht nur für den Motor, sondern auch für das Getriebe und den Primärtrieb verwendet werden.

■ **Genuine H-D 360 Multi Grade** (Bild 3b)
Viskosität .... SAE 20W-50
Nennwert .... HD 360
Niedrigste Umgebungstemperatur .... über 4 °C
Kaltwetterstarts unter 10 °C .... gut

■ **Genuine H-D 360 Regular Heavy**
Viskosität... SAE 50
Nennwert .... HD 360
Niedrigste Umgebungstemperatur ...... über 16 °C
Kaltwetterstarts unter 10 °C............ ungenügend

■ **Genuine H-D 360 Extra Heavy**
Viskosität... SAE 60
Nennwert .... HD 360
Niedrigste Umgebungstemperatur ...... über 27 °C
Kaltwetterstarts unter 10 °C............ ungenügend

■ **Multi-Grade**
Viskosität .... SAE 10W-40
Nennwert..................... SH, CH-4, CI-4 und CJ-4
Niedrigste Umgebungstemperatur .... unter 4 °C
Kaltwetterstarts unter 10 °C........... hervorragend

Redaktionelle Anmerkung: Dieses Öl ist ein von Harley-Davidson freigegebenes Dieselöl. Wie links *kursiv* geschrieben steht, soll es nur im Notfall verwendet werden.

Zwei andere Markenöle* (Bilder 3c und 3d)
Man muss nicht zwingend Harley-Öl verwenden. Beispielhaft zeigen wir zwei Castrol- und Shell-Öle, die für unsere Modelle geeignet sind.

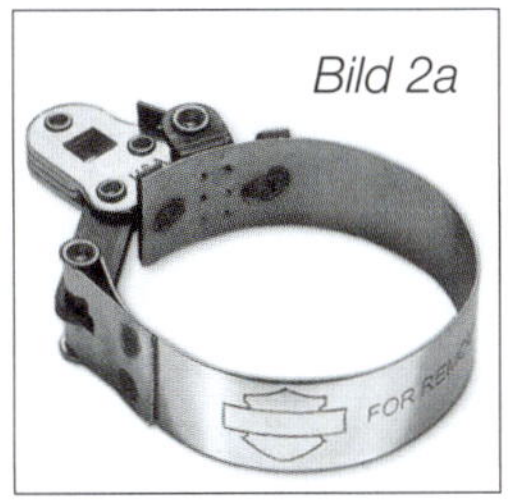
Bild 2a

Bild 2a: Ölfilterschlüssel von Harley-Davidson.

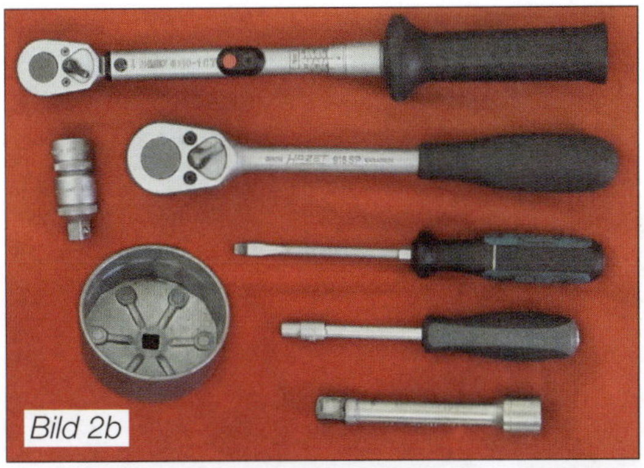
Bild 2b

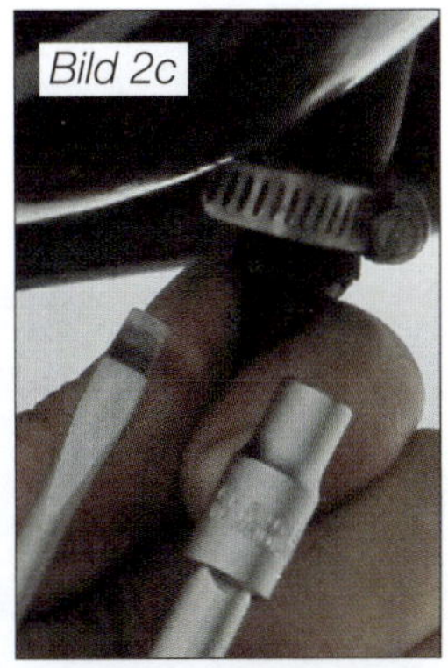
Bild 2c

Bilder 2b und 2c: Für den Ölwechsel benötigtes Werkzeug.

Werkzeug zum Ölwechsel an Motor und Getriebe
- Kleiner Drehmomentschlüssel
- Knarre
- Ölfilterschlüssel: entweder den originalen von Harley-Davidson (HD-42311 oder HD-44067-A) oder einen aus dem Motorrad-Zubehörhandel (siehe Bild 2a)
- Nuss 1/4" (6,35 mm) für Schraube in der Klemmschelle des Ölablassschlauchs für den Stopfen
- Nuss Torx T27 für Schrauben des Kupplungsdeckels
- Nuss 5/8" (15,88 mm) für Getriebeöl-Ablassschraube

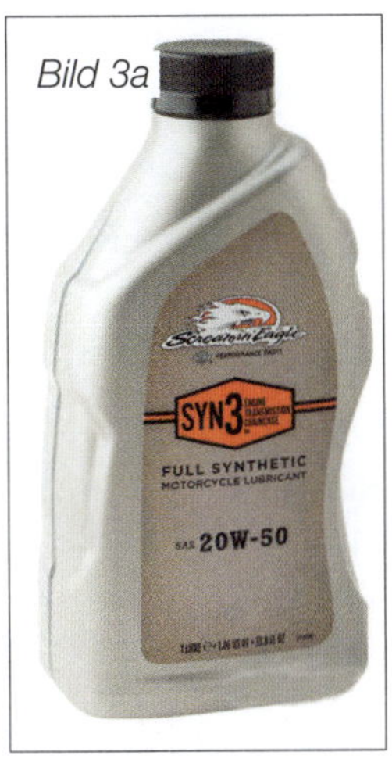
Bild 3a

Bild 3b

Bild 3c

Bild 3d

Bilder 3a bis 3d: Verschiedene vollsynthetische Motoröle.
■ Bild 3a: Harley-Öl Screamin Eagle SYN3 in SAE 20W-50
■ Bild 3b: Harley-Öl Genuine H-D 360 Multi-Grade in SAE 20W-50
■ Bild 3c: Castrol Power 1 Racing 4T in SAE 10W-50
■ Bild 3d: Shell Advance 4T Ultra in SAE 15W-50

* = Stand der Recherche zum Redaktionsschluss dieses Buchs im Oktober 2016

Sichtprüfung Messen

Bilder 4a bis 4e: Aus- und Einbau des Öltank-Verschlussstopfens mit Ölmessstab.

■ Der Ölstand soll immer zwischen den beiden Markierungen (Bild 4e) sein.

Bild 5: Offener Öleinfüllstutzen des Öltanks.

Von Castrol empfohlen
■ **Vollsynthetisches Öl:** Castrol »Power 1 Racing 4T« in der Spezifikation 10W-50.
■ **Teilsynthetisches Öl:** Castrol »Power 1 4T« in der Spezifikation 15W-50.

Von Shell empfohlen
■ **Vollsynthetisches Öl:** Shell »Advance 4T Ultra« in der Spezifikation 15W-50.
■ **Teilsynthetisches Öl:** Shell »Advance 4T AX7« in der Spezifikation 15W-50.

Bei Motor- und Getriebeöl beachten
■ Keine Ölzusätze dem Motoröl zugeben! Wir raten sogar dringend davon ab.
■ Keine Öle mit Graphit- oder Molybdänzusatz verwenden, sonst besteht die Gefahr, dass die Kupplung rutscht.
■ Nicht verwenden darf man so genannte »Leichtlauföle« ab SAE 5 oder »Ultra-Mehrbereichsöle« wie z. B. SAE 0W-50. Diese sind für Automotoren entwickelt worden und für Motorradmotoren nicht geeignet.
■ Nicht verwenden darf man Öle der Spezifikation »Energy Conserving II«/»energiesparend«.

Ölwechsel-Intervalle
Öl- und Filterwechsel ist erstmals bei 1600 km, dann bei 8000 km und danach alle 8000 km vorgeschrieben. Bei jedem Ölwechsel auch einen neuen Ölfilter anbauen. Harley-Empfehlung: Bei Kurzstrecken bis 24 km bei Temperaturen unter 16 °C soll alle 2400 km ein Ölwechsel gemacht werden – Harley-Spezialisten halten dies allerdings für einen übertriebenen Sicherheitsratschlag.

Ölwechsel einmal im Jahr! Wenn man keine 8000 km im Jahr schafft, soll einmal im Jahr ein Öl- mit Filterwechsel durchgeführt werden, weil Motoröl schon durch den Kontakt mit Luft altert (es »oxydiert«).

Motorölstand kontrollieren

Motorölstand: Ölstand nicht vor dem Start des Motors bei kaltem Motor kontrollieren, sondern erst dann, wenn der Motor mindestens 10 Minuten gelaufen und warm ist.
■ Zum korrekten Prüfen des Ölstands den Motor abschalten und das Motorrad auf einer ebenen Fläche auf dem Seitenständer abstellen.
■ Der Ölstand wird am Ölmessstab (Bild 4e) begutachtet, dieser sitzt am Öltank-Verschlussstopfen. Der Ölstand sollte sich zwischen den Markierungen befinden.
■ Wenn der Ölstand vor dem ersten Start (»Kaltstart«) kontrolliert werden soll, muss man den Motor einige Zeit (ca. 10 Minuten) »warm laufen lassen«.

Öltank-Verschlussstopfen abnehmen
1. Bilder 4b und 4c: Verschlussstopfen senkrecht nach unten drücken und dann loslassen: Verschlussstopfen springt nach oben.
2. Bild 4d: Verschlussstopfen um 1/4 Umdrehung nach links drehen.
3. Bild 4e: Verschlussstopfen mit Ölmessstab kann ausgezogen werden.

Öltank-Verschlussstopfen einsetzen
1. Bild 4e: Verschlussstopfen am Öltank ansetzen.
2. Bild 4d: Verschlussstopfen um 1/4 Umdrehung nach rechts bis zum Anschlag drehen.
3. Bild 4b: Verschlussstopfen nach unten drücken, bis er einrastet und oben bündig abschließt.

Bild 4a

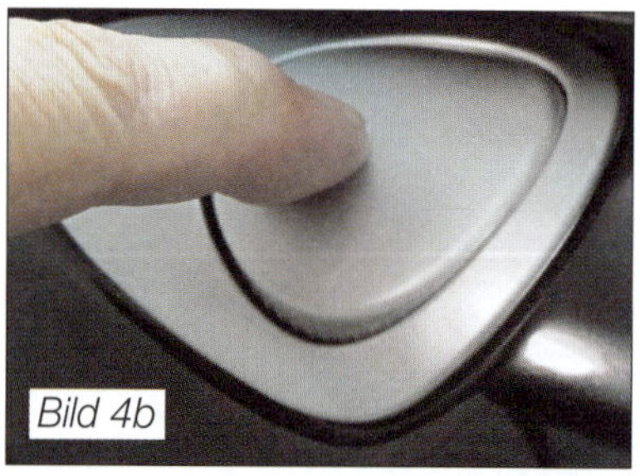
Bild 4b

Bild 4c

Bild 4d

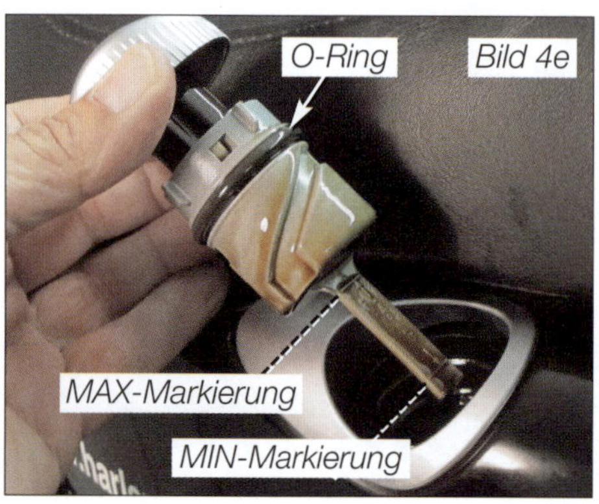

Bild 4e

Bild 5

Motoröl nachfüllen
Ist der Motorölstand zu niedrig, muss entsprechend Öl durch die Einfüllöffnung im Öltank (Bild 5) nachgefüllt werden. Füllen Sie vorsichtig in kleinen Schritten auf, sonst leert man schnell einmal zu viel Öl ein, denn zwischen Minimal- und Maximalmarkierung liegen nur 0,3 bis 0,4 Liter.

Welches Öl nachfüllen? Wenn Sie kein Öl zum Nachfüllen dabei haben, lassen Sie sich vom Tankwart nicht einen Liter vom teuersten Öl aufschwatzen, sondern verlangen exakt die Ölsorte, die Sie im Motor drin haben. Wenn es das nicht gibt, können Sie zum Nachfüllen teil- und vollsynthetisches bzw. teilsynthetisches und Mineralöl miteinander mischen.

Ölwechsel

Wichtig: Ein Ölwechsel soll nur bei warmem Motor durchgeführt werden. Selbst wenn der Motor einige Monate nicht mehr gelaufen ist, und man denkt, dass sich die Schmutzteile im Motoröl »gesetzt« haben und alle mit dem kalten Öl herauskommen, sollte man das Motoröl nicht kalt ablassen, sondern den Motor vorher warm fahren oder starten und 10 bis 15 Minuten im Stand warm laufen lassen.

Motoröl ablassen
Bild 6: Damit das Öl nicht Motor und Rahmen versaut, sollte man aus einer aufgeschnittenen Kunststoffflasche eine »Ölrutsche« basteln.

1. Maschine auf Heckmontageständer (aber dazu muss der hintere Auspuff abgebaut sein) oder einen Mittelmontageständer benutzen.
2. Bilder 4a bis 4e: Öltank-Verschlussstopfen ausbauen.
3. Bilder 1 und 6: Geeignetes Auffanggefäß unter den Motor schieben.
4. Bild 9b: Schraube in Schelle am Ende des Ölablassschlauchs lösen und einige Umdrehungen aufdrehen.
4.1. Bild 9a: Vorsicht, heiß: Verschlussstopfen ausziehen.
■ Wenn das Öl zu laufen beginnt, Finger weg, es ist heiß! Am besten den Verschlussstopfen mit dem ersten Schuss Öl ins Auffanggefäß fallen lassen.
5. Bild 6: Ölrutsche unterm Ölfilter platzieren, Ölfilter mit Ölfilterschlüssel lösen und abschrauben. Auch hier kommt heißes Öl heraus.
5.1. Altöl auch aus dieser Öffnung lange genug auslaufen und abtropfen lassen.
5.2. Verschüttetes Öl von Kurbelgehäuse und Rahmen abwischen.
6. Verschlussstopfen in Ölablassschlauch einsetzen, Schelle mit 0,9 Nm festziehen.

Neuen Ölfilter anschrauben, Öl einfüllen
1. Am Motor die Anlagefläche des Ölfilters mit einem sauberen und nicht fusselnden Lappen abwischen.

Bilder 6 bis 9b: Motorölwechsel. Im Lauftext sind die zu den Bildern gehörenden Arbeitsschritte nummeriert beschrieben.

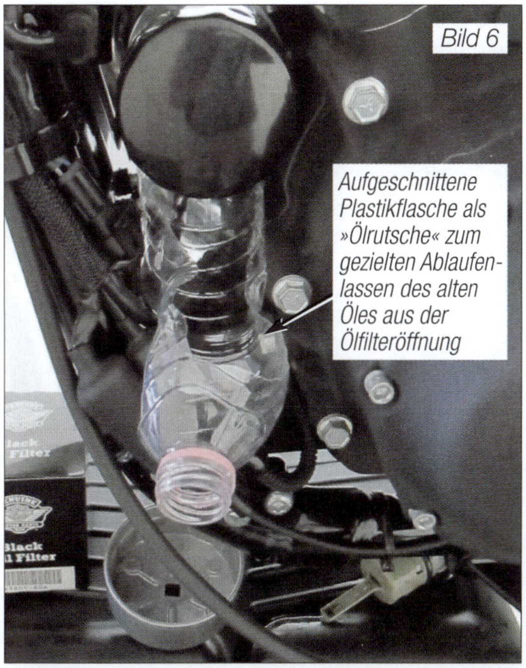
Bild 6
Aufgeschnittene Plastikflasche als »Ölrutsche« zum gezielten Ablaufenlassen des alten Öles aus der Ölfilteröffnung

Bild 7
Ölfilterdichtring und Gewinde mit frischem Motoröl einstreichen.

Bild 8

Bild 9a

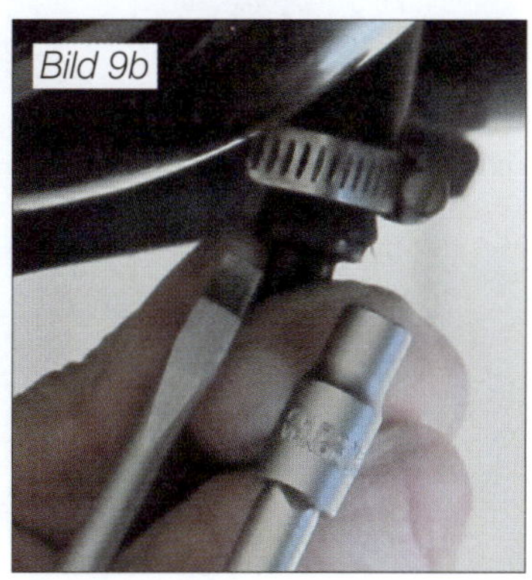
Bild 9b

Bild 10

Öldruckschalter prüfen
Bild 10: Der Öldruckschalter sitzt im Kurbelgehäuse unterhalb des Ölfilters. Wenn nach dem Einschalten der Zündung die Öldruckwarnleuchte nicht brennt, kann man sie folgendermaßen prüfen:
1. Motor AUSgeschaltet, Zündschlüssel im Zündschloss auf »OFF«.
2. Kabelklemme vom Öldruckschalter abschrauben.
3. Kabelklemme an eine Motormasse anlegen.
4. Zündschlüssel im Zündschloss auf »ON« schalten, Motor jedoch nicht starten.
5. Wenn die Öldruckwarnleuchte im Cockpit jetzt leuchtet, ist dies ein Zeichen, dass der Öldruckschalter defekt ist: Neuen einbauen.
6. Wenn sie jetzt auch nicht leuchtet, ist wahrscheinlich das Kabel zwischen Öldruckschalter und Öldruckwarnleuchte defekt. Seltener geht die LED in der Instrumenteneinheit kaputt.
■ Wenn die Leuchte nicht ausgeht, der Motor aber mit normalem Geräuschniveau läuft, sollte man den Öldruck messen (beim Harley-Händler messen lassen).

2. Bild 7: Dichtring und Gewinde des neuen Ölfilters mit frischem Motoröl bestreichen.
2.1. Bild 7: Den neuen Ölfilter mit einem guten Schuss (ca. 120 cm) frischem Motoröl füllen, dadurch wird beim ersten Anlassen des Motors der Öldruck schneller aufgebaut.
3. Ölfilter exakt am Gewinde des Motors ansetzen und von Hand so weit andrehen, bis man spürt, dass der Dichtring des Ölfilters an der Dichtfläche des Motors anliegt.
4. Ölfilter 1/2 Umdrehung festziehen, dann mit Drehmomentschlüssel (Bild 8) bis auf 12 Nm.
5. Bild 5: Durch die Einfüllöffnung im Öltank frisches Öl einfülen.
Wichtig: Füllen Sie zu Anfang nur etwas mehr als 2,0 Liter ein, weil der Ölstand erst nach dem Motor-Probelauf auf den korrekten Wert gebracht wird.
6. Bilder 4e bis 4a: Verschlussstopfen in die Öleinfüllöffnung einsetzen und den Öltank damit verschließen.
7. Motor starten und zwei bis drei Minuten im Leerlauf laufen lassen. Prüfen, ob die Öldruckkontrollleuchte ausgeht. Ölfilterrand und auch den Stopfen im Ölablassschlauch auf Dichtheit prüfen.
8. Motor ausschalten. Bild 4e: Ölstand kontrollieren, er sollte etwas über der Mitte zwischen beiden Markierungen auf dem Messstab liegen.
8.1. Fehlende Ölmenge auffüllen.

Öldruck

Bilder 10 und 11: Im Ölkreislauf ist ein Öldruckschalter eingebaut, der nach dem Starten des Motors und bei korrektem Öldruck einen Kontakt schließt, die rote Öldruckwarnleuchte im Cockpit geht aus.

Bild 12a

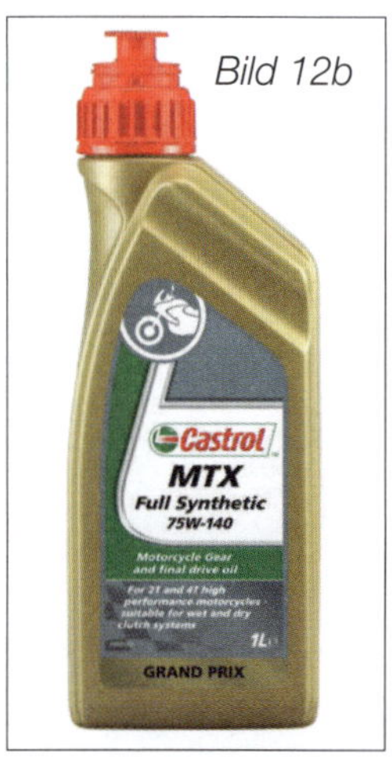

Bild 12b

Bilder 12a und 12b: Geeignete Getriebeöle für Getriebe und Primärantrieb.

Bild 11

Rote Öldruckwarnleuchte leuchtet auf
Bei zu niedrigem Öldruck reagiert der Öldruckschalter und die rote Öldruckwarnleuchte im Cockpit geht an: **Anhalten und sofort Motor abschalten!**
■ Wenn der Motor bis zum Aufleuchten der Öldruckwarnleuchte mit normalem Motorgeräusch gelaufen ist, kann das Aufleuchten der Öldruckwarnleuchte signalisieren, dass zu wenig Öl im Motor ist: Motor AUSschalten, Ölstand auf korrekt Ölstand auffüllen, Motor starten – die rote Öldruckwarnleuchte müsste jetzt ausgehen.
■ Wenn der Motor jedoch stark klappert, hilft auch ein Ölauffüllen nichts mehr, dann besteht der Verdacht auf Lagerschaden und er wird damit ein Fall für die Harley-Werkstatt.
■ Wenn der Motor aber nicht klappert und normal läuft, die Öldruckwarnleuchte trotz korrektem Ölstand weiterhin brennt, kann der Öldruckschalter defekt sein – Hilfe finden Sie links auf dieser Seite unter Bild 10.

Öl in Primärantrieb und Getriebe

Primärantrieb und Getriebe haben einen gemeinsamen Ölkreislauf. Wenn wir der Einfachheit halber von »Getriebeöl« sprechen, meinen wir das Öl von Getriebe und Primärantrieb.

Vorgeschriebenes Öl
Harley-Davidson schreibt folgendes (eigenes) Öl vor: *»Formula+ Transmission and Primary Chaincase Lubricant«* (Bild 12a). Eine Flasche enthält 0,95 Liter (1 Quart). Exakt diese Menge wird beim Getriebeölwechsel benötigt. Ist dieses Öl nicht vorhanden, kann auch ein anderes Getriebeöl verwendet werden. In den Primärkasten, wo ja auch die Kupplung läuft, sollte kein schweres Getriebeöl (z. B. SAE 90) eingefüllt werden, damit trennt die Kupplung nicht sauber, sondern Öl der Spezifikation SAE 80 »leicht«. Bild 12b: Hervorragend geeignet ist das Castrol-Öl »MTX Full Synthetic 75W-140«. Dieses Öl ist in kaltem Zustand recht dünnflüssig und bei Wärme wird es dicker. Mit diesem Öl bleibt die Kupplung auch bei kaltem Motor leichtgängig und verklebt nicht (was bei dickem Getriebeöl bei kaltem Motor lautstarkes Schaltkrachen mit sich bringt).

Bild 3a: Es kann auch das vollsynthetische Motoröl »Screamin Eagle SYN 3« in der Viskosität SAE 20W-50 eingefüllt werden. Dieses Öl ist von Harley-Davidson für Getriebe und Primärantrieb freigegeben (siehe dazu die Ölempfehlung am Anfang dieses Kapitels).

Ölstand kontrollieren

1. Motorrad fahren, bis der Motor Betriebstemperatur erreicht hat.

2. Maschine auf Heckmontage- (hinterer Auspuff abgebaut) oder Mittelmontageständer abstellen.

3. Linke Fußraste und Halterung abbauen (siehe Kapitel 4 »Tank · Rahmen · Anbauteile«).

4. Bild 14a: Kupplungsdeckel abbauen: Die fünf Torx-T27-Schrauben über Kreuz lösen, ausdrehen und den Deckel abnehmen.

■ Darunter sitzt in einer Nut ein Vierkant-Dichtring (»Quadring«). Harley schreibt vor, dass dieser bei jeder Demontage des Deckels erneuert wird. Wenn er aber ringsum in Ordnung ist, kann er nochmals verwendet werden.

5. Bild 13: Der Ölstand im Primärkasten soll bis zum unteren Rand der Tellerfeder der Kupplung reichen. Dabei gilt: Motorrad muss senkrecht und waagerecht stehen.

Ölstand auffüllen: Frisches Getriebeöl wird durch die jetzt offene große Bohrung eingefüllt.

Achtung: Niemals mehr Öl einfüllen als bis zum unteren Rand der Tellerfeder der Kupplung! Denn zu viel Öl kann beim Ein- und Auskuppeln und damit beim Schalten zu Problemen führen. Zu viel Öl kann auch Dichtungen und Simmerringe herausdrücken.

Kupplungsdeckel aufschrauben

1. Anlageflächen des Deckels und der Dichtungsnut, Vierkantdichtring und Deckel gut reinigen. In der Nut stehendes Öl herauswischen.

2. Vierkantdichtring exakt in seine Nut einsetzen, er darf nicht verformt sein.

3. Deckel ansetzen, Torx-Schrauben eindrehen und handfest anziehen, dann mit 12 Nm festziehen nach dem in Bild 14b gezeigten Anziehmuster.

Getriebeöl wechseln

Das Getriebeöl muss erstmals bei 1600 km, dann bei 16 000 km und danach alle weiteren 16 000 km gewechselt werden.

Öl ablassen

1. Motor warm fahren oder 10 bis 15 Minuten im Stand warm laufen lassen.

2. Motorrad auf Seitenständer abstellen.

3. Ausreichend große Ölauffangwanne unter die Ablassschraube im Primärdeckel stellen.

4. Bild 14a: Kupplungsdeckel abbauen.

5. Bild 15: Ablassschraube mit 5/8"-Nuss lösen und ausdrehen – Öl läuft aus. Vorsicht heiß!

6. Motorrad senkrecht und waagerecht stellen. So kann weiteres Öl aus Getriebe, Kupplung und Primärkasten auslaufen. Maschine lange genug senkrecht stehen und Altöl auslaufen lassen.

Öl einfüllen

1. Magnet der Ablassschraube kontrollieren und reinigen, anhängende Metallspäne und evtl. vorhandene Fremdkörper entfernen.

2. Loctite 565 »Gewindedichtmittel« auf das gereinigte Gewinde der Ablassschraube auftragen.

2.1. Schraube eindrehen, mit 30 Nm festziehen.

3. Vorgeschriebene Menge Getriebeöl durch die Öffnung des Kupplungsdeckels einfüllen.

4. Kupplungsdeckel aufschrauben, die Schrauben aber nur »handfest« anziehen.

5. Motor starten und zwei bis drei Minuten laufen lassen, abschalten. Zum Prüfen des Ölstands den Kupplungsdeckel wieder abschrauben.

6. Wenn der Ölstand stimmt, den Kupplungsdeckel aufschrauben. Schrauben in der vorgeschriebenen Reihenfolge mit 12 Nm festziehen.

Bilder linke Seite
Bild 10: Einbaulage des Öldruckschalters.

Bild 11: Öldruckwarnleuchte an Forty-Eight.

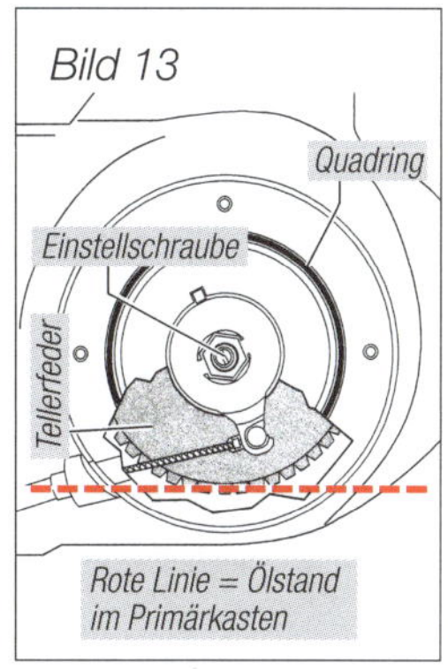

Bild 13: Der Ölstand im Primärkasten soll bis zum unteren Rand der Tellerfeder der Kupplung reichen.

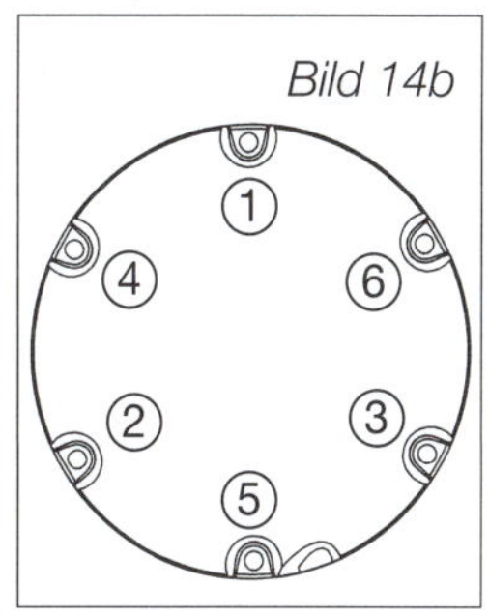

Bilder 14a und 14b: Kupplungsdeckel ab- und aufbauen.
■ Anziehreihenfolge der Schrauben 1 bis 6 in Bild 14b beachten.

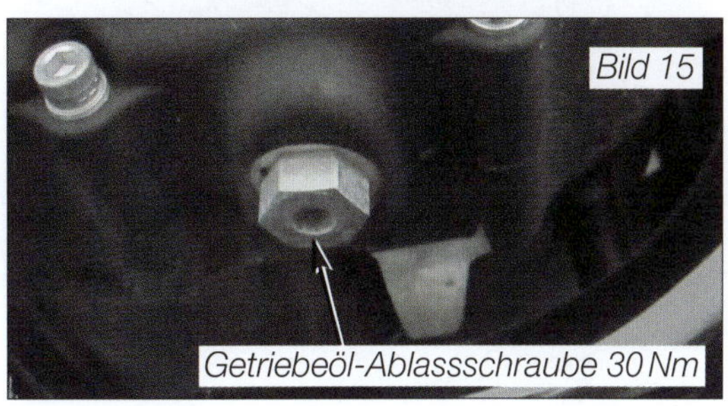

Bild 15: Gewinde der Getriebeöl-Ablassschraube beim Einbau leicht mit Loctite 565 »Gewindedichtmittel« bestreichen.

Bilder 1a und 1b: Kupplungsspiel am Handhebel.

Bilder 2a, 2b und 3: Zugeinsteller im Kupplungszug.

Bilder 4a und 4b: Die Grundeinstellung des Kupplungsspiels wird unten am Ausrückmechanismus vorgenommen.

Kupplung

In diesem Kapitel: Kupplungsspiel einstellen · Kupplungszug aus- und einbauen · Kupplungsscheiben aus- und einbauen · Kupplungsbauteile prüfen und vermessen · Kupplungskorb, Kupplungsnabe und Primärantrieb aus- und einbauen.

Kupplungsspiel

Das richtige Kupplungsspiel ist wichtig:

- Wenn das Kupplungsspiel zu groß ist, trennt die Kupplung nicht richtig und es kracht beim Schalten.
- Bei weniger, gar keinem oder negativem Kupplungsspiel besteht die Gefahr, dass die Kupplung schleift: »Gas geben« wird nicht in Beschleunigung umgesetzt, sondern der Motor dreht hoch, die Kupplung »schleift« und verschleißt deswegen rasch.

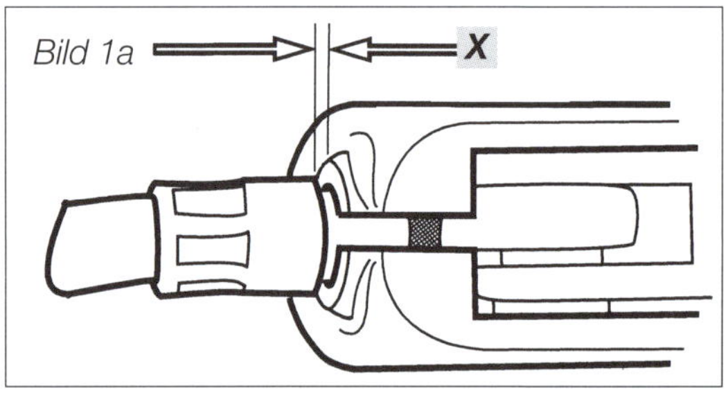

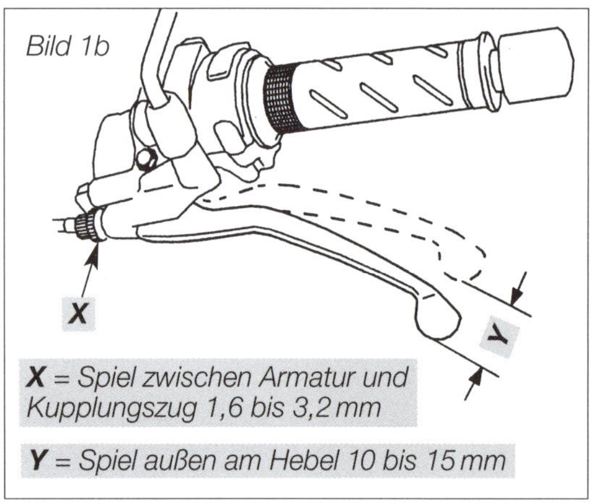

X = Spiel zwischen Armatur und Kupplungszug 1,6 bis 3,2 mm

Y = Spiel außen am Hebel 10 bis 15 mm

Einstellmaße am Kupplungszug:

- ***X*** in Bildern 1a und 1b: Spiel muss 1,6 bis 3,2 mm betragen zwischen Hebelarmatur und Kupplungszug.
- ***Y*** in Bild 1b: Dieses Spiel summiert sich auf 10 bis 15 mm am Ende des Kupplungshebels.

Kupplungsspiel einstellen

1. Bilder 2a und 2b: Kupplungszug aus Halteclips am Rahmenrohr nehmen.

2. Bild 3: Gummitülle vom Zugeinsteller nach oben wegschieben.

3. Passende Gabelschlüssel auf Zugeinsteller und Kontermutter setzen, Kontermutter lösen.

3.1. Bild 3: Zugeinsteller aus- oder eindrehen, bis das Kupplungsspiel beträgt:

- 1,6 bis 3,2 mm zwischen Hebelarmatur und Kupplungszug (***X*** in Bildern 1a und 1b);
- entspricht 10 bis 15 mm außen am Hebel (***Y*** in Bild 1b).

Beachten: Das Außengewinde des Kupplungszugs (***A*** in Bild 3) soll mindestens 1/3 bis 1/2 seiner Länge in das Innengewinde des Zugeinstellers eingeschraubt sein.

4. Kontermutter gegen den Zugeinsteller mit 14 Nm »gut handfest« festziehen.

5. Etwas Fett auf den Zugeinsteller schmieren, Gummitülle überschieben (Bild 2a) und die Halteclips anbringen.

Grundeinstellung des Kupplungsspiels

Wenn das Kupplungsspiel im Kupplungszug nicht eingestellt werden kann, weil das Gewinde ***A*** in Bild 3 dazu entweder zu tief in den Zugeinsteller eingedreht oder zu weit ausgedreht werden muss, muss man eine Einstellung an der geschlitzten Einstellschraube (Bild 4a) durch-

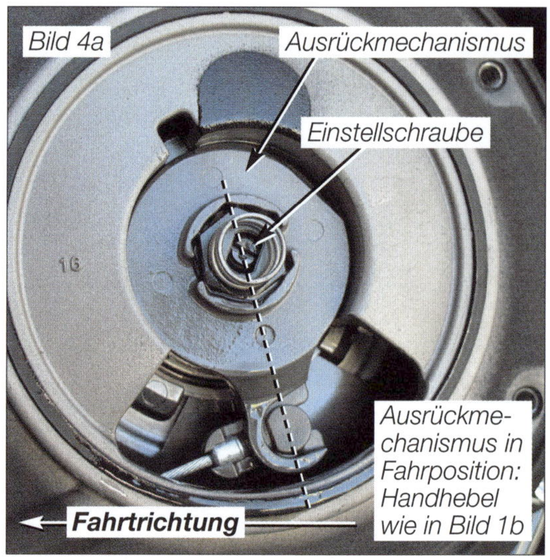

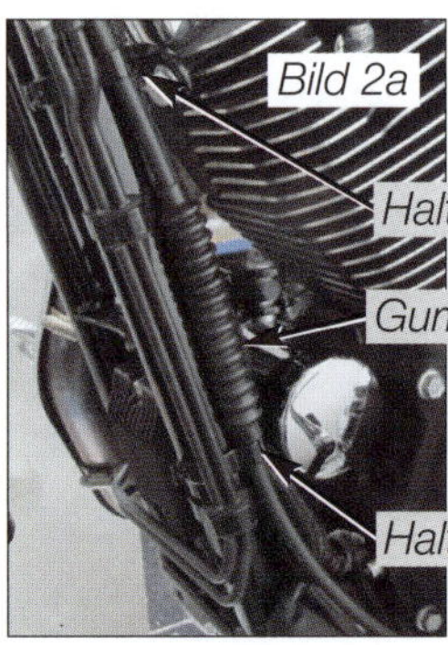

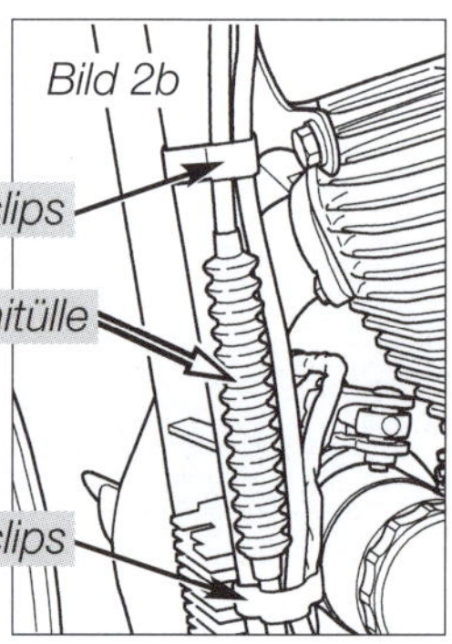

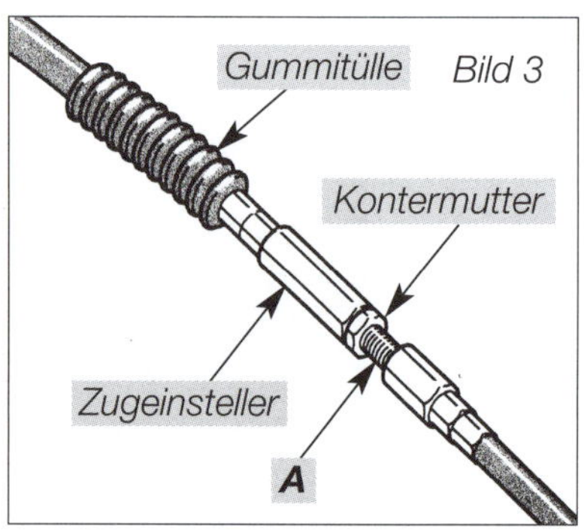

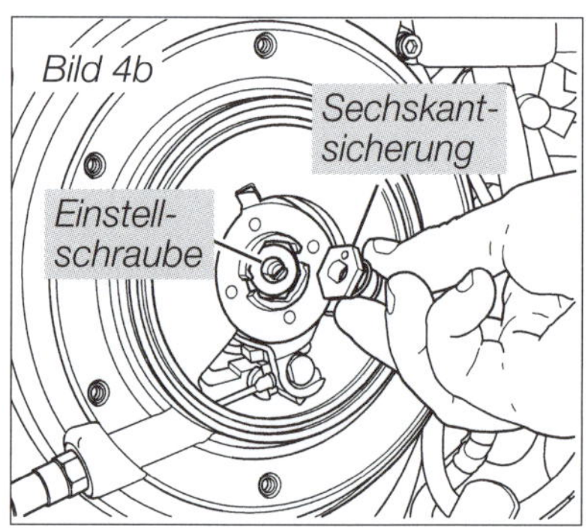

führen. Als Anhaltspunkt für die Grundeinstellung am Hebel des Ausrückmechanismus gilt, dass dieser etwa 5 Grad nach hinten versetzt sein muss (siehe gestrichelte Linie in Bild 4a), wenn die Kupplung in Fahrposition ist:

- »Fahrposition« = Kupplung hat Kraftschluss, Kupplungshandhebel steht wie in Bild 1b.

Grundeinstellung einstellen

1. Bei mittig montierten Fußrasten: Linke Fußraste mit Halter abbauen (Kapitel 4).
2. Kupplungsdeckel abschrauben (Bild 6 und Kapitel 22).
3. Bild 4b: Feder mit Sechskantsicherung abziehen.
4. Mit einem mittelbreiten Schraubenzieher die Einstellschraube so weit _links_ herum (gegen den Uhrzeigersinn) drehen, bis man spürt, dass sie Widerstand bekommt.
4.1. Dann um 1/4 Umdrehung _rechts_ herum (im Uhrzeigersinn) wieder lose drehen.
5. Bild 4b: Sechskantsicherung mit angebrachter Feder in Montageposition ansetzen.
5.1. Einstellschraube rechts herum (im Uhrzeigersinn) drehen, bis die Sechskantsicherung auf die Abflachungen der Einstellschraube passt.
6. Kupplungsdeckel aufschrauben (Bilder 6, 6a und Kapitel 22).
7. Bilder 1a und 1b: Kupplungsspiel am Handhebel prüfen. Wenn es nicht korrekt ist, am Einsteller im Kupplungszug (Bild 3) einstellen wie weiter vorne beschrieben.

Kupplungszug aus-/einbauen

Kupplungszug ausbauen

Oben am Handhebel

1. Bild 5: Den kleinen Seegerring unten am Gelenkbolzen abbauen.
1.1. Gelenkbolzen nach oben ausziehen und von unten her ausdrücken.
2. Kupplungshebel aus Hebelarmatur ziehen.
3. Zugbolzen, der die Öse am Kupplungszug mit dem Hebel verbindet, nach oben ausziehen.
4. Kupplungszug nach vorne aus dem Kupplungshebel und gleichzeitig aus dem Schlitz in der Hebelarmatur ziehen.

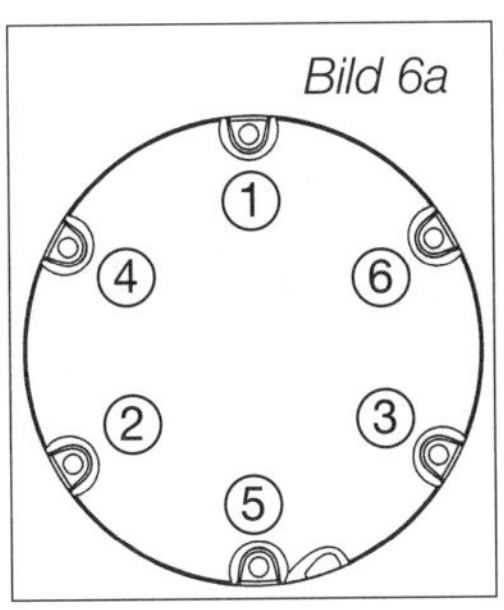

Unten am Motor

1. Bei mittig montierten Fußrasten: Linke Fußraste mit Halter abbauen (Kapitel 4).
2. Bild 3: Kupplungsspiel am Einsteller im Kupplungszug so einstellen, dass der Kupplungszug möglichst »lang« wird.
3. Kupplungsdeckel abschrauben (Bild 6 und Kapitel 22).
4. Bild 4b: Feder mit Sechskantsicherung abziehen.
5. Bild 4a: Einstellschraube im Uhrzeigersinn drehen, bis sich der Hebel am Ausrückmechanismus nach vorne in Fahrtrichtung bewegt.
5.1. Noch etwas weiter rechts herum drehen, bis man den Anschlussnippel (Bild 7) nach hinten ziehen und vom Nippel abnehmen kann.
5.2. Druck von der Einstellschraube lösen und den Ausrückmechanismus in Ruheposition bringen.
6. Bild 6: Unteren Zuganschluss aus der Deckelbohrung ausbauen.

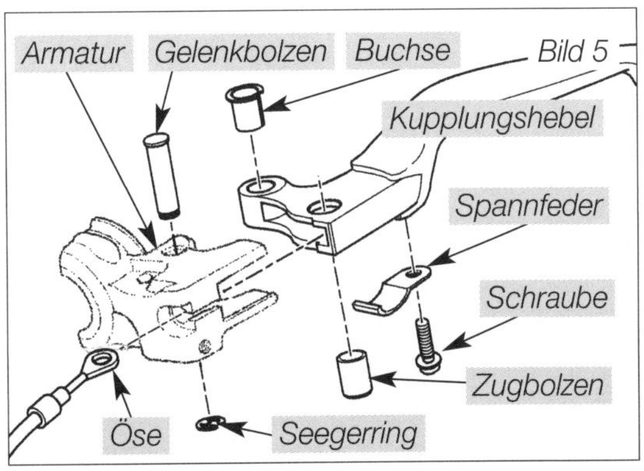

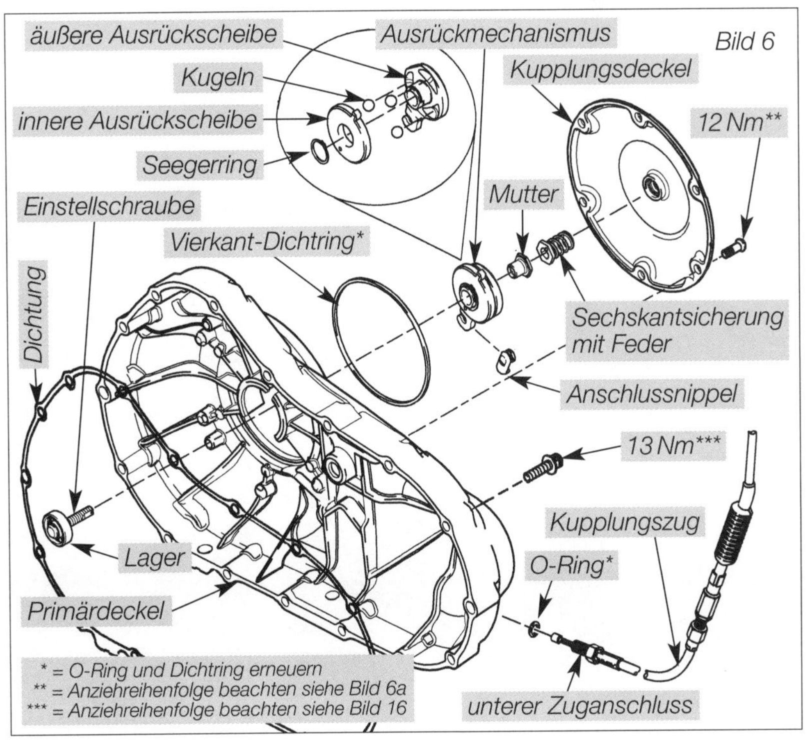

Korrespondenzkapitel:

- 4 »Tank · Rahmen · Anbauteile«
- 8 »Zahnriemen · Primärkette«
- 14 »Batterie«
- 22 »Schmiersystem«
- 24 »Schaltung«
- 27 »Anziehdrehmomente«

Bild 5: Explosionszeichnung des Kupplungshandhebels mit Anschluss des Kupplungszugs.

Bild 6: Explosionszeichnung der unteren Kupplungsmechanik mit Ausrücker und Anschluss des Kupplungszugs.

Bild 6a: Anziehreihenfolge der Schrauben des Kupplungsdeckels 1 bis 6 beachten.

Sichtprüfung Messen

Ausrückmechanismus
Der Ausrückmechanismus besteht im Wesentlichen aus der äußeren und inneren Ausrückscheibe mit drei inneren Kugeln, die auf Rampen laufen (siehe Kreis in Bild 6 und Explosionszeichnung in Bild 14). Wenn der Kupplungshandhebel gezogen und der Kupplungszug gespannt wird, bewegt sich die äußere Ausrückscheibe um einen gewissen Winkelbetrag (Bild 8) und drückt über die Kugeln auf den Rampen die innere Ausrückscheibe gegen Ausrückplatte, Lager und Einstellschraube, wodurch Reib- und Stahscheiben der Kupplung voneinander gelöst werden.

Der Ausrückmechanismus ist ein problemloses Bauteil. Sollte dennoch ein Defekt eintreten, z. B. die Kugeln kaputt gehen oder die Rampen einlaufen, muss man den kompletten Ausrückmechanismus erneuern.

Bilder 7 und 8: Ausrückmechanismus in zwei Positionen.

Kupplungszug einbauen
Unten am Motor

1. Bild 6: Neuen O-Ring auf den unteren Zuganschluss schieben.
1.1. Unteren Zuganschluss in den Primärdeckel einbauen, mit 8 Nm festziehen.
2. Kupplungsinnenzug oben packen und so weit durchschieben, dass der untere Nippel beim Hebel des Ausrückmechanismus auftaucht.
3. Bilder 6 und 7: Anschlussnippel mit der abgerundeten Seite nach innen und dem Kopf nach außen auf den Nippel des Kupplungszugs setzen und in den U-förmigen Ausschnitt einsetzen.
4. Kupplungszug oben packen und so weit ziehen, dass der Zug in sich keine Luft mehr hat.

Oben am Handhebel
Beachten: Zum Einbau des neuen Kupplungszugs muss dieser möglichst »lang« sein: Der Einsteller im Kupplungszug unter der Gummitülle muss also so weit es geht in sich zusammengeschraubt sein.

1. Bilder 2a und 2b: Kupplungszug am Rahmen entlang nach oben verlegen.
2. Bild 5: Zugöse des Kupplungszugs durch die Hebelarmatur in den Handhebel einführen, Bohrungen von Zugöse und Handhebel zueinander in Deckung bringen und jetzt den eingefetteten Zugbolzen in Handhebel einschieben.
3. Handhebel in Hebelarmatur einschieben.
4. Eingefetteten Gelenkbolzen einsetzen, durchschieben und unten einen neuen Seegerring montieren.
5. Hülle des Kupplungszugs anpacken, nach vorne ziehen und in ihren Sitz in der Hebelarmatur einsetzen.

Finish
1. Kupplungsspiel einstellen wie weiter vorne beschrieben. Halteclips am linken Rahmenrohr montieren.
2. Kupplungsdeckel auf Primärdeckel schrauben (siehe Bilder 6, 6a und Kapitel 22).
3. Kontrolle: Lenkung voll nach rechts und links einschlagen: der Kupplungszug darf nirgendwo anstehen, in sich spannen oder Kabel einquetschen.

Kupplung aus- und einbauen

Motorrad ordentlich aufbocken wie im Kapitel 3 »Werkstatt« beschrieben und in den Bildern 8, 9 und 10 zu sehen ist. Öl aus Primärantrieb und Getriebe ablassen. Wenn Sie unterwegs einen Kupplungsschaden haben, legen Sie das Motorrad auf die rechte Seite, dann braucht das Öl in Primärantrieb und Getriebe nicht abgelassen zu werden zum Abschrauben des Primärdeckels vom Motor.

Zugang zur Kupplung schaffen
1. Linken Seitendeckel abnehmen (Kapitel 4).
2. Bis Mj. 2013: Batterie-Minuskabel am Masseanschluss auf dem Motorgehäuse abschrauben (Kapitel 14).
2.1. Ab Mj. 2014: Minuskabel an der Batterie abschrauben (Kapitel 14).
3. Pluskabel an der Batterie abschrauben.
4. Linke Fahrerfußraste mit Halterung abbauen (Kapitel 4).
5. Schalthebel (bei mittig montierter Fußraste) bzw. kleinen Schalthebel (bei vorne montierter Fußraste) abbauen (Kapitel 24).

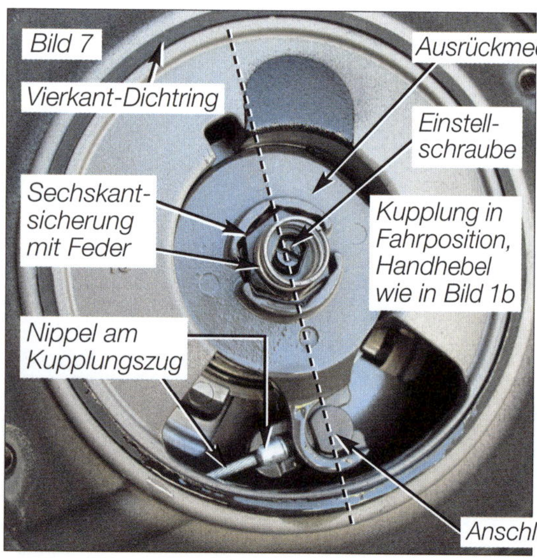

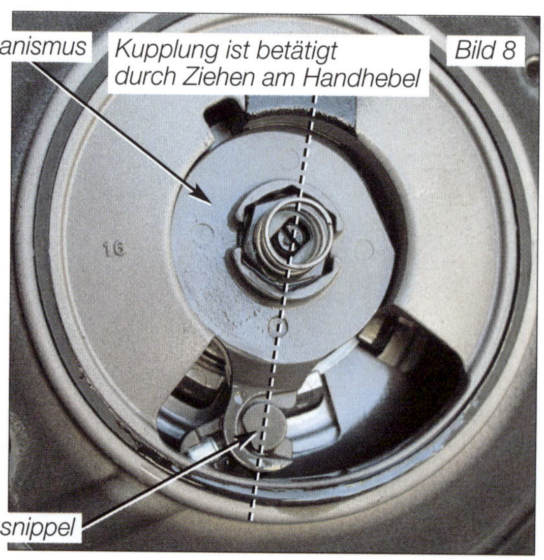

Primärdeckel abschrauben
1. Getriebeöl ablassen (Kapitel 22).
2. Primärkette entspannen (Kapitel 8).
3. Am Kupplungszugeinsteller maximales Kupplungsspiel einstellen (siehe vorne in diesem Kapitel).
4. Kupplungsdeckel abbauen (Bild 6 und Kapitel 22).
5. Kupplungszug vom Ausrückmechanismus abbauen (in diesem Kapitel weiter vorne).

6. Alle Schrauben im Primärdeckel ringsum nacheinander lösen und ausdrehen.
7. Deckel mit Dichtung abnehmen. Bei älteren Maschinen ist er meistens über die Dichtung auf dem Gehäuse verklebt: Mit einem Gummihammer ringsum leicht auf (auf!) den Deckel klopfen, das löst die Verklebung. Dabei Deckel, Kanten des Deckels und des Motorgehäuses nicht beschädigen!

Kupplungsscheiben ausbauen
1. Ausrückmechanismus und Einstellschraube voneinander lösen: Mutter abdrehen, dann den Ausrückmechanismus abnehmen.
2. Bild 9: Spezialwerkzeug »Tellerfeder-Druckschraube« (Nr. HD-38515-91) auf die Einstellschraube aufdrehen.
3. Bild 9: Spezialwerkzeug »Brücke für Federspanner« (Nr. HD-38515-A) auf die »Tellerfeder-Druckschraube« aufschrauben.
4. Bild 9: Mit einer Hand den Griff des Spezialwerkzeugs »Brücke für Federspanner« im Uhrzeigersinn (rechts herum) drehen, bis die Tellerfeder so weit vorgespannt ist, dass Seegerring 5 und Federsitzring ausgebaut werden können.
■ Dabei das Spezialwerkzeug »Tellerfeder-Druckschraube« mit einem Gabelschlüssel gegenhalten, damit es sich nicht mitdreht.
5. Bild 14: Seegerring 5 ausbauen. Federsitzring aus Nut in Kupplungsnabe nehmen.
6. Spezialwerkzeuge abbauen und folgende Teile entnehmen: Tellerfeder, Federsitzring, Druckplatte mit Einstellschraube, Lager, Seegerring 3, Ausrückplatte und Seegerring 4.
6.1. Bild 9: Griff des Spezialwerkzeugs gegen den Uhrzeigersinn (links herum) drehen und somit die »Tellerfeder-Druckschraube« von der Einstellschraube abschrauben.
6.2. Bild 14: Tellerfeder abnehmen.
6.3. Reibscheiben, Stahlscheiben und Federplatte herausziehen und in der Reihenfolge des Ausbaus ablegen.
Hinweis: Wenn nur Reib- und Stahlscheiben sowie die Federplatte gewechselt werden sollen, braucht die Kupplung nicht weiter zerlegt zu werden. Deswegen prüfen und vermessen wir die Kupplungsbauteile nachstehend und bauen dann die Kupplung wieder zusammen. Danach folgt der Kapitelabsatz »Kupplungskorb mit Primärantrieb aus- und einbauen«.

Kupplung prüfen und vermessen
1. Bild 11: Stahlscheiben auf Richtplatte mit Fühlerlehre auf Verzug prüfen. Sind sie mehr als 0,15 mm verzogen oder blau verfärbt, müssen alle Stahl-, Reibscheiben und Federplatte erneuert werden.
Hinweis: Für die Stahlscheiben gibt es kein Verschleißmaß, hier sind für die Verschleißbeurteilung allein Verzug und Verfärbung wichtig.
2. Bild 12: Dicke der Reibscheiben mit Messschieber an mindestens vier Messstellen messen: Verschleißgrenze 2,02 mm.
3. Bild 13: An den Stellen, wo die Reibscheiben im Kupplungskorb und die inneren Zähne der Stahlscheiben in der Kupplungsnabe anliegen, sind Druckstellen zu sehen: Bis zu einer gewissen Tiefe sind das normale Gebrauchsspuren. Wenn die Riefen, Kerben, Scharten oder aufgeworfenen Kanten stark ausgeprägt sind, muss die Kupplung komplett erneuert werden.
3.1. Aufgeworfene Kanten an Klauen der Reibscheiben können abgefeilt werden.

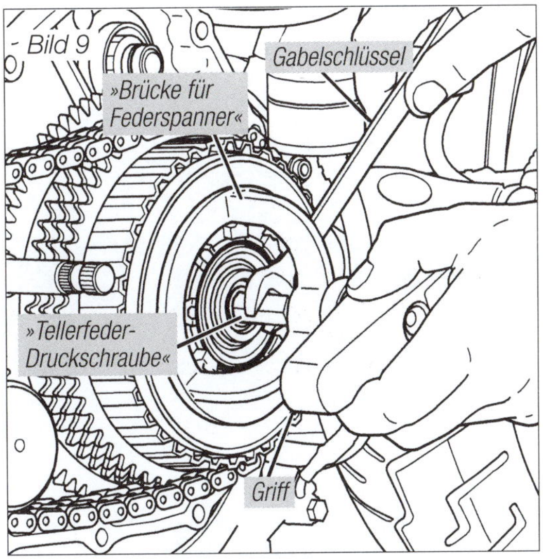

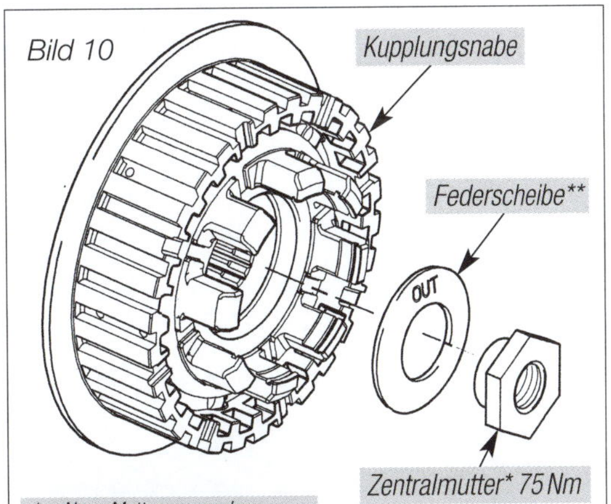

* = Neue Mutter verwenden, LINKSgewinde, Loctite »hochfest« an gereinigtes Gewinde
** = neue Federscheibe verwenden; mit Markierung »OUT« nach außen montieren

Bilder 9 und 10: Spezialwerkzeug zur Kupplungsmontage.

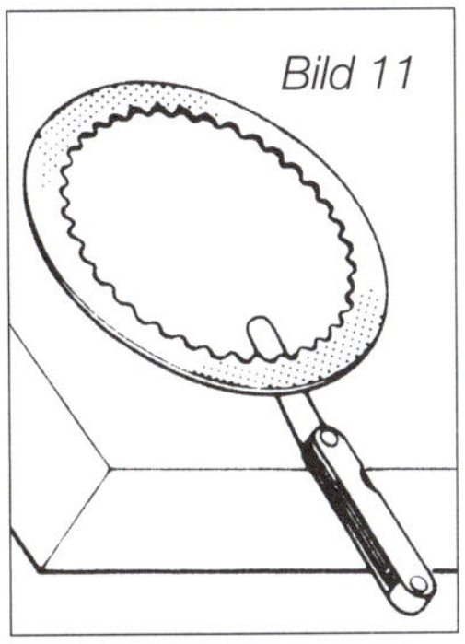

Bild 11: Stahlscheiben mit Fühlerlehre auf Verzug prüfen.

Bild 12: Dicke der Reibscheiben mit Messschieber an mindestens vier Stellen messen.

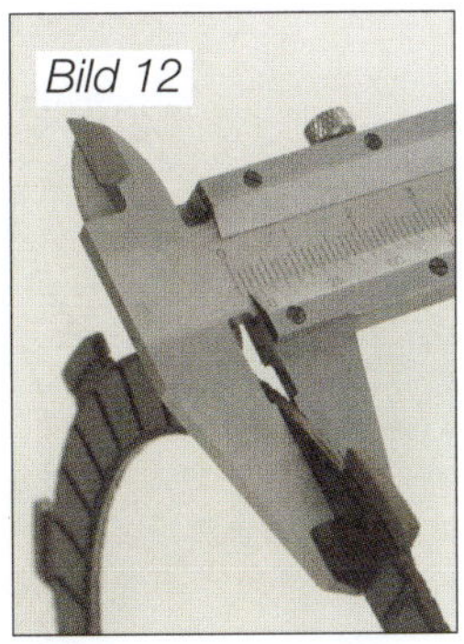

Bild 13: Druckstellen sind dort, wo die äußeren Klauen der Reibscheiben im Kupplungskorb und die inneren Zähne der Stahlscheiben in der Kupplungsnabe anliegen.

Sichtprüfung Messen

■ Kanten nicht stark brechen, sonst werden die Anlageflächen zu schmal und die Klauen schlagen sich rasch wieder im Kupplungskorb ein.
■ Reib- und Stahlscheiben sowie Federplatte gemeinsam erneuern.
4. Tellerfeder auf Risse und verbogene Zungen prüfen, bei Bedarf austauschen.
5. Drucklager prüfen: Alle Kugeln müssen vorhanden sein, es muss sich leicht drehen lassen, darf keine starken Geräusche abgeben.
6. Primärkettenrad und Anlasserzahnkranz prüfen. Bei starkem Verschleiß erneuern.

Kupplung zusammenbauen

Wichtig: Wenn neue Reibscheiben eingebaut werden, muss man diese mindestens eine halbe Stunde in frischem Getriebeöl »baden«. Erst wenn sie satt mit Öl vollgesogen sind, sind sie einbaufertig. Auch die Stahlscheiben gut einölen.
■ Wenn sie trocken montiert werden, besteht die Gefahr, dass die Beläge bei der ersten Benutzung der Kupplung verbrennen!

1. Kupplungsscheiben und Federplatte in der Reihenfolge wie in Bild 14 gezeigt einsetzen:
R-S-R-S-R-S-R-F-R-S-R-S-R-S-R
■ ***R*** = Reibscheiben 8 Stück
■ ***S*** = Stahlscheiben 6 Stück
■ ***F*** = Federplatte 1 Stück
2. Druckplatte mit Einstellschraube, Lager und Ausrückplatte montieren.
3. Tellerfeder mit konkaver Seite nach innen auf die Druckplatte setzen. Ausschnitte der Tellerfeder auf Löcher in Druckplatte ausrichten.
4. Bild 9: Spezialwerkzeug »Tellerfeder-Druckschraube« auf Einstellschraube aufschrauben.
4.1. »Brücke für Federspanner« ansetzen und mit »Tellerfeder-Druckschraube« verschrauben.
5. Bild 9: Griff der »Brücke für Federspanner« im Uhrzeigersinn nur so weit drehen, bis die Tellerfeder so weit vorgespannt ist, dass Federsitzring und Seegerring 5 in die Rille in den Stiften der Kupplungsnabe eingebaut werden können.
■ Bild 9: Dabei das Spezialwerkzeug »Tellerfeder-Druckschraube« mit einem Gabelschlüssel gegenhalten, damit es sich nicht mitdreht.
■ Federsitzring mit dem größeren Durchmesser nach innen einsetzen.
■ Neuen Seegerring 5 einbauen. Darauf achten, dass er am

Bild 14: Explosionszeichnung der Kupplung mit Teilebezeichnungen und Anziehdrehmomentwerten.

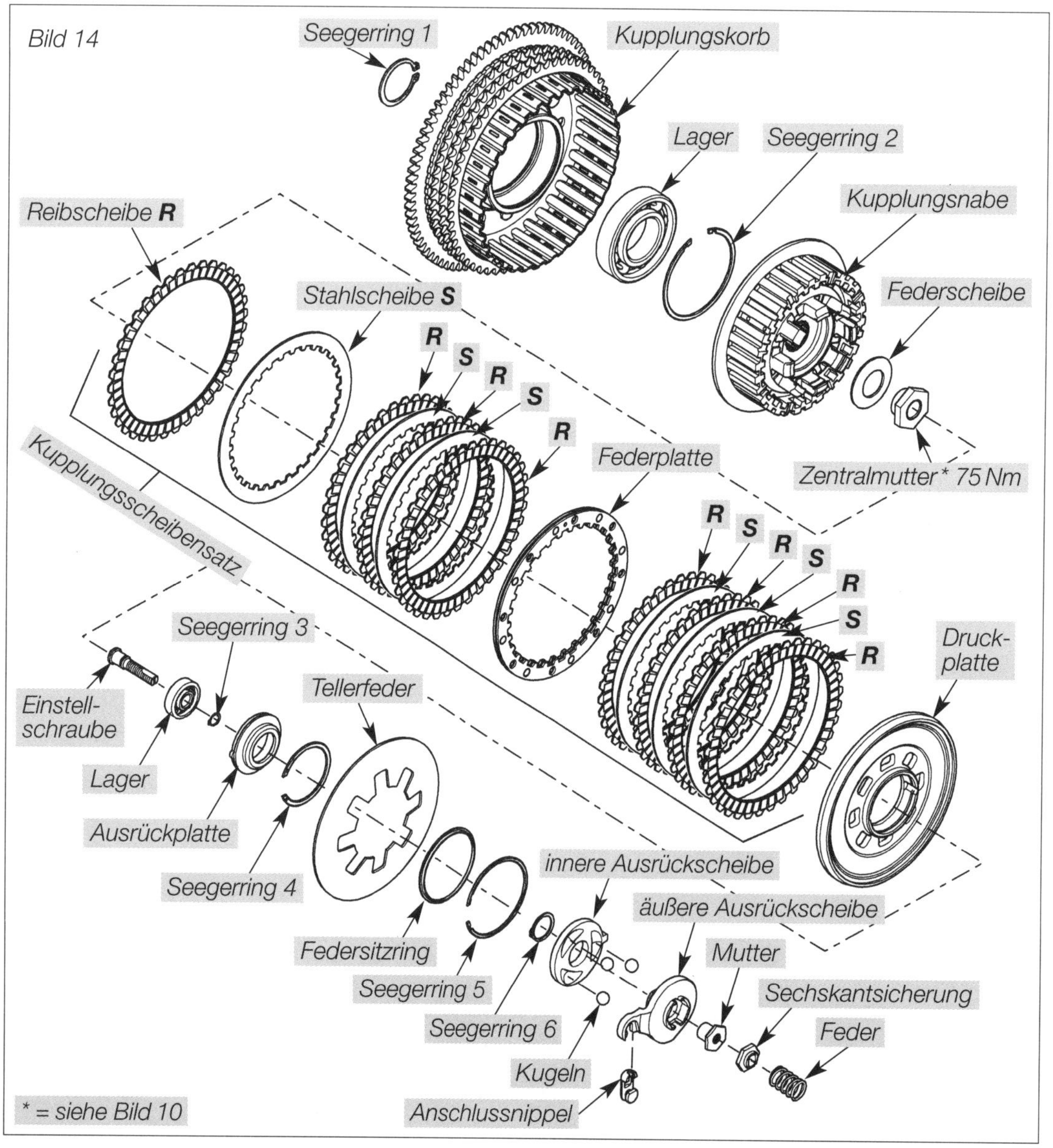

Federsitzring anliegt und ringsum in der Rille der Kupplungsnabe sitzt.
6. Spezialwerkzeug lösen und abnehmen.

Primärdeckel aufbauen

1. Dichtflächen an Motorgehäuse und Deckel sorgfältig reinigen.
2. Neue Dichtung auflegen, Deckel aufsetzen.
3. Alle Deckelschrauben eindrehen, in kleinen Schritten in der vorgeschriebenen Anziehreihenfolge bis auf 13 Nm festziehen (Anziehreihenfolge siehe Bild 16).
4. Getriebeöl einfüllen.
5. Kupplungszug montieren, Kupplungsspiel einstellen, wie im Text weiter vorne beschrieben.
6. Kupplungsdeckel aufbauen (Kapitel 22).

Kupplungskorb, Primärantrieb

Kupplungskorb und Kupplungsnabe werden zusammen mit dem kleinen Primärzahnrad und aufgelegter Primärkette (diese Bauteile bilden zusammen den Primärantrieb) ausgebaut.

Primärantrieb ausbauen

Der Primärdeckel ist abgebaut, die Kupplung mit Reib- und Stahlscheiben sowie dem Kupplungsausrück-Mechanismus ausgebaut wie weiter vorne in diesem Kapitel beschrieben.
1. Bild 15a: Arretierungshalter zwischen Primärzahnrad und Kupplungskorb anbringen.
Wichtig: »Arretierungshalter« mit Abstand zur Schaltwelle platzieren wie in Bild 15a zu sehen.
2. Mutter des vorderen Primärkettenrads lösen und abschrauben.
■ Primärkettenrad wird noch nicht ausgebaut.
3. Bild 10: Zentralmutter der Kupplung lösen und abschrauben (LINKSgewinde!). Mutter mit Federscheibe abnehmen.
4. Jetzt werden Kupplungskorb mit Kupplungsnabe, Primärkette und vorderes Primärkettenrad gemeinsam ausgebaut: Vorne wie hinten fest mit den Händen anpacken, ertwas daran wackeln und abziehen. es geht nicht sehr leicht, deswegen einen Gummihammer zu Hilfe nehmen.

Anmerkung zu Bild 14: Wenn Kupplungskorb und Kupplungsnabe getrennt werden sollen, muss der Seegerring 1 entfernt werden und die Kupplungsnabe mit einer Dornpresse aus dem Lager im Kupplungskorb gedrückt werden. Im Normalfall ist dies nicht nötig, denn die Praxis zeigt, dass wenn eines dieser Bauteile defekt ist, das andere auch erneuert werden muss; also Kupplungskorb, Kupplungsnabe und Lager.

Primärantrieb einbauen

1. Primärkettenrad gemeinsam mit der Kupplung mit aufgelegter Primärkette auf Kurbel- und Getriebeeingangswelle schieben.
2. Bild 15b: »Arretierungshalter« anbringen.
3. In das Gewinde der Mutter des vorderen Primärkettenrads etwas »Loctite 262 hochfest« geben und sie aufdrehen.
3.1. Mutter mit 340 Nm festziehen.
4. Bild 10: Unterlegscheibe mit »OUT« auf Getriebe-Eingangswelle aufschieben.
4.1. In das Gewinde der Mutter etwas »Loctite 262 hochfest« geben, aufdrehen und festziehen mit 75 Nm (LINKSgewinde).

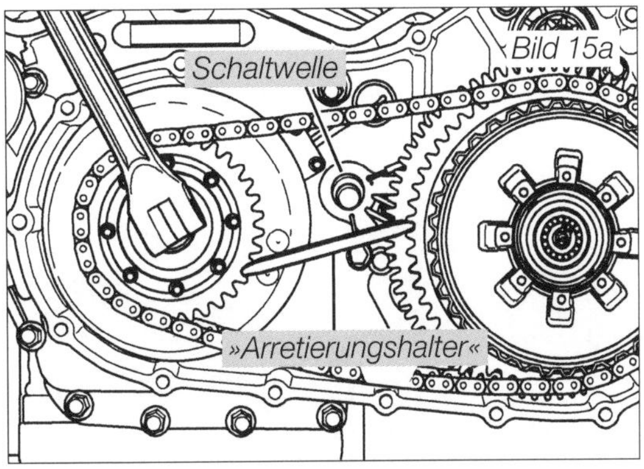

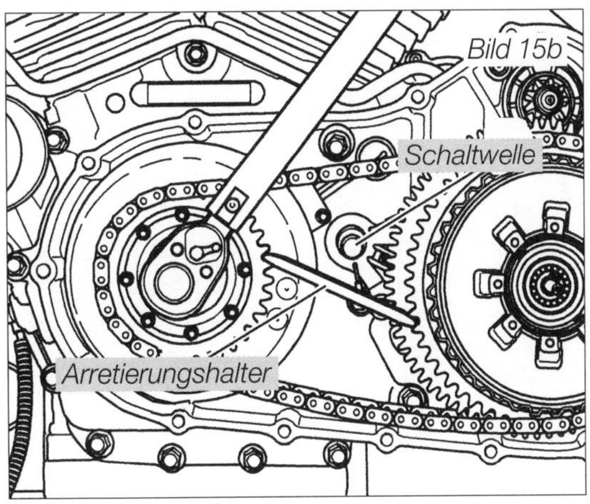

Bilder 15a und 15b: Spezialwerkzeug »Arretierungshalter« zum Lösen der vorderen Mutter (15a) und zum Festziehen (15b) mit 340 Nm. Aus- und Einbau des Kupplungskorbs erfolgt zusammen mit dem Primärtrieb.

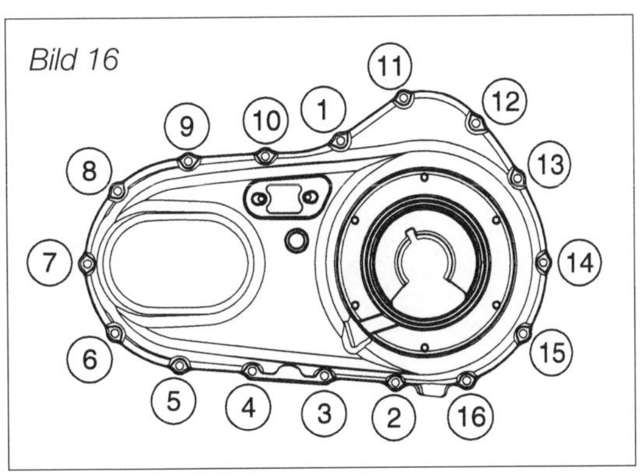

Bild 16: Schrauben des Primärdeckels mit 13 Nm festziehen. Anziehreihenfolge 1 bis 16 beachten.

Schaltung

Korrespondenzkapitel:
- 4 »Tank · Rahmen · Anbauteile«
- 15 »Ladesystem«
- 23 »Kupplung«

Bilder 1 und 1a: Konventionell montierte Fußrasten mit Schalthebel am Motor.

Bilder 2 und 2a: Vorverlegte Fußrasten mit Schalthebel und Schaltgestänge.

In diesem Kapitel: Schaltprobleme? · Fußschalthebel, Schaltgestänge · Schaltgestänge prüfen, reparieren · Schaltung innen: Bauteile, Schaltung ausbauen, prüfen und einbauen.

Schaltprobleme?

Wenn die Schaltung nicht richtig funktioniert, kann dies an Störungen folgender Bauteile liegen: Schalthebel lose, Verzahnung des Schalthebels auf der Schaltwelle lose bzw. ausgeschlagen (siehe Kreis in Bild 1a), Schaltgestänge lose, Lagerung des Schalthebels schwergängig bzw. nicht genügend freigängig (vorverlegte Fußrasten und Schalthebel Bilder 2 und 2a), Schaltwelle verbogen, Schaltklinke schwergängig oder abgenutzt, Schaltfeder und Zugfedern gebrochen (Bilder 3a und 3b). Diese Probleme lassen sich bei eingebautem Motor beseitigen. Bei Schäden an Arretierhebel (z. B. Rolle defekt), Schaltwalze, Schaltgabeln oder Getriebezahnrädern und Getriebewellen muss der Motor zerlegt werden.

Fußschalthebel, Schaltgestänge

- Bilder 1 und 1a: Bei konventionell montierten Fußrasten ist der Fußschalthebel auf der Schaltwelle direkt montiert.
- Bilder 2 und 2a: Bei vorverlegter Fußrastenanlage ist der Fußschalthebel extra gelagert. Auf der aus dem Motor ragenden Schaltwelle ist ein kleiner Schalthebel montiert, der mit dem Fußschalthebel über eine Schaltstange mit Kugelgelenken verbunden ist.

Bild 1a: Beim direkt am Motor montierten Fußschalthebel muss darauf geachtet werden, dass der Hebel so waagerecht wie möglich angebaut wird. Weiterhin beachten, dass bei Montage des Fußschalthebels die auf die Schaltwelle aufgesteckte Gummi-Dichtscheibe (in Bild 1 zu sehen) nicht porös ist und einwandfrei in Form. Bei der Montage leicht einfetten.

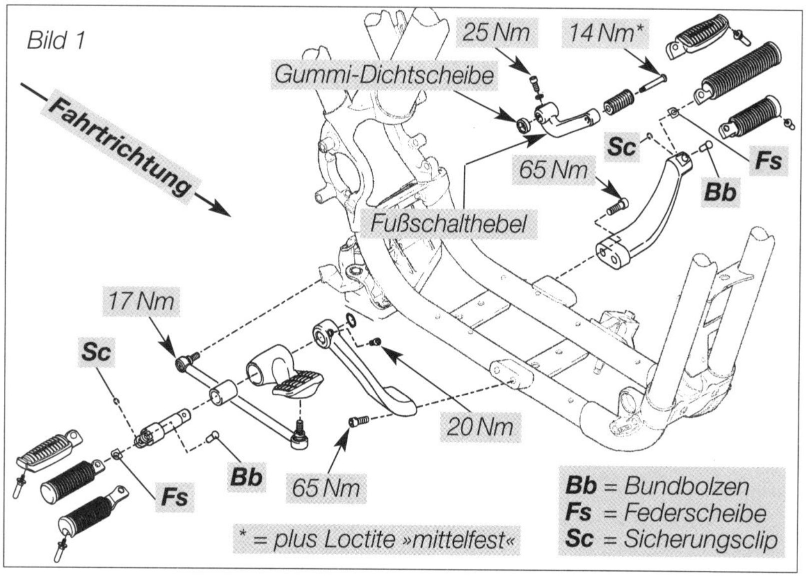

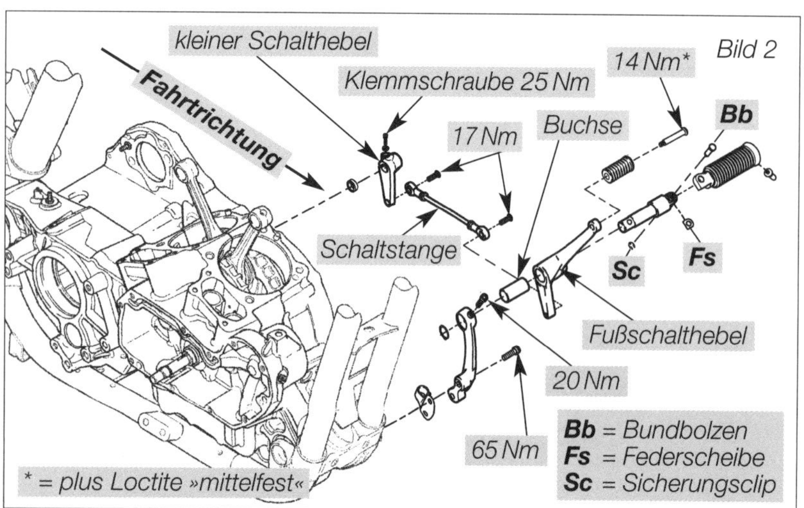

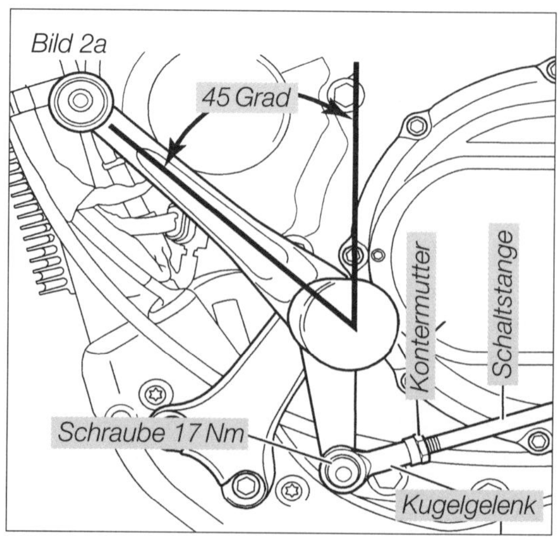

Schalthebel und Gestänge prüfen

Wenn sich die Gänge nicht exakt einlegen lassen, zuerst das Schaltgestänge prüfen:

1. Prüfen: Klemmschraube im Fußschalthebel (Bilder 1 und 1a) bzw. im kleinen Schalthebel bei vorverlegten Fußrasten (Bild 2) gut festgezogen? Falls nicht: Mit 25 Nm festziehen.

2. Prüfen: Verzahnungen im Schalthebel und an der Schaltwelle (Kreis in Bild 1a) einwandfrei? Wenn die Klemmschraube lange Zeit lose war, hat sich der Schalthebel unkontrolliert bewegt, weswegen nun die Außenverzahnung der Schaltwelle und die Innenverzahnung des Schalthebels beschädigt sind, es haben sich die Spitzen abgenutzt.

Problem beseitigen: Kleinen Schalthebel abbauen, Verzahnung mit Messingbürste putzen, dickes Fett an Verzahnung geben, Schalthebel aufbauen. Neue Klemmschraube verwenden!

3. Bei vorverlegten Fußrasten:

Prüfen: Lagerung des Fußschalthebels ausreichend leichtgängig oder verbogen und/oder korrodiert?

Merke: Alle Lager und Kugelgelenke der Schaltung müssen leichtgängig sein, sie dürfen sogar etwas »Luft« haben. Keinesfalls darf der Schalthebel auf seiner Lagerstelle klemmen und damit schwergängig sein. Wenn doch: Abbauen, reinigen, einfetten und korrekt zusammenbauen.

Schaltung innen

In den Bildern 3a und 3b ist die Schaltklinke zu sehen, welche mit der Schaltwelle ein Bauteil bildet. Es sind zwei Zugfedern und eine Schenkelfeder eingesetzt. Bei diesen Federn kann es zu Problemen kommen: Diese sind zu spüren, wenn der Schalthebel »hängt«, also nach dem Einlegen eines Gangs nicht mehr von selbst in seine Nulllage zurückschnappt.

Kontrolle, ob die Federn defekt sind: Kupplungsdeckel abbauen, mit einem kleinen und abgewinkelten Zahnarztspiegel hinter die Kupplung schauen, dabei den Schalthebel nach oben und unten bewegen. Wenn eine der Federn defekt ist, müssen Schaltklinke mit Schaltwelle ausgebaut werden (sie sind in das Motorgehäuse eingesteckt), dann kann man die Federn erneuern.

Schaltung ausbauen

1. Primärdeckel abbauen, Kupplung ausbauen.

1.1. Kupplungskorb und Primärtrieb abbauen (siehe Kapitel 23 »Kupplung«).

2. Bild 4: Schaltklinken zusammendrücken und Schaltwelle ausziehen. Wenn die Schaltklinken nicht eingedrückt werden, stoßen sie beim ausziehen an der Schaltkrone an.

2.1. Schaltwelle ganz aus ihrer Lagerbohrung im Motor ausziehen.

Schaltung prüfen

1. Spitzen der Schaltklinken dürfen nicht verschlissen, abgerundet oder ab- bzw. ausgebrochen sein.

2. Schaltklinken müssen sich leicht bewegen lassen, sie dürfen ein wenig Spiel haben.

3. Die kleinen Federn der Schaltklinken dürfen nicht verbogen oder gebrochen sein. Sie müssen genügend Federspannung haben, um die Schaltklinken zurückzuziehen.

4. Bild 3a: Die Schenkelfeder muss formstabil sein und genügend Federkraft haben.

■ Ist ein Teil verschlissen, verbogen oder defekt, komplett neue Schaltwelle einbauen.

Schaltung einbauen

1. Bild 4: Schaltklinken zusammendrücken und die Schaltwelle in ihre Lagerbohrung einführen.

2. Schaltklinken gleichzeitig loslassen.

■ **Beachten:** Spitzen müssen an den Stiften der Schaltkrone zum Eingriff kommen.

3. Primärtrieb und Kupplung einbauen.

4. Neue Gummi-Dichtscheibe einfetten, auf Schaltwelle schieben. Abgebaute Teile anbauen.

Bilder 3a und 3b: Zeichnungen der Schaltklinke. Die beiden kleinen Zugfedern und die große Schenkelfeder können bei einem alten Motorrad so stark verschlissen sein, dass sie wirkungslos werden.

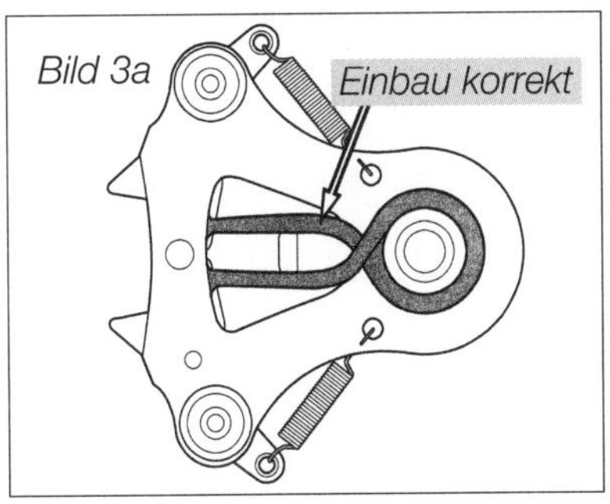

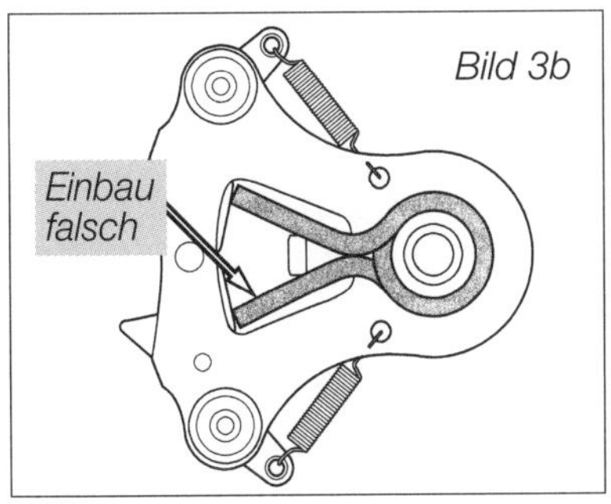

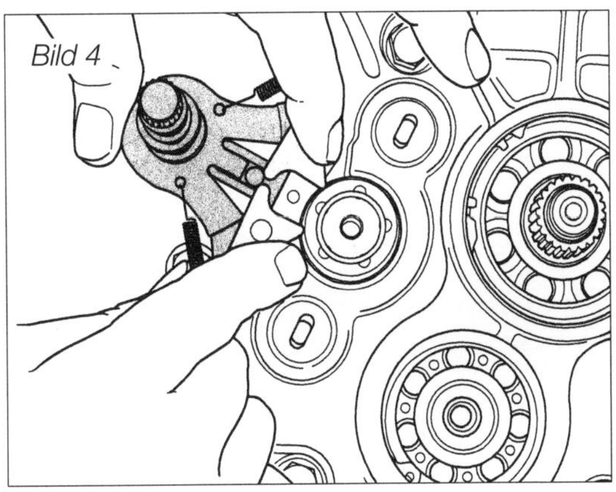

■ Einbau einer neuen Schenkelfeder wie in Bild 3a gezeigt, sonst funktioniert die Schaltung nicht.

Bild 4: Beim Aus- und Einbau der Schaltung beide Schaltklinken mit den Fingern zusammendrücken.

Störungssuche

In diesem Kapitel: Störungssuche in Elektrik, Motor, Kraftübertragung und Fahrwerk.

Die 1200er Sportster-Modelle mit Einspritzung, welche in unserem Buch behandelt werden, sind als zuverlässige Motorräder bekannt. Sollte bei Ihrer Maschine dennoch irgendwo ein Fehler auftreten, kann dieses Kapitel bei der Suche nach der Ursache helfen. Wir empfehlen Ihnen, es ab und zu durchzulesen, auch ohne dass Sie wegen eines Defekts am Motorrad dazu gezwungen werden. Sie lernen dazu und sensibilisieren sich damit für den Fall der Fälle, können bei einem auftretenden Fehler schneller zur »Möglichen Ursache« kommen und dieser dann rasch auf den Grund gehen.

Wenn Sie in den Text dieses Kapitels einsteigen, werden Sie feststellen, dass sich einige Textpassagen unter »Mögliche Ursachen« bei ganz verschiedenen Fehlerursachen wiederholen, denn mögliche Fehlerquellen können sich verzahnen und eine Negativkette bilden. Beispiel: Wenn über Winter mehrere Tage lang (oder auch Wochen) am teilzerlegten Motorrad geschraubt wurde und der Motor danach nicht anspringt, kann es durchaus sein, dass folgende Dinge zusammenkommen: Spritleitung nicht richtig angeschlossen und Zündkerzen geben keinen Funken ab, weil die Zündkerzenstecker nicht richtig aufgesteckt sind.

Sollte Ihre Maschine einmal den Geist aufgeben und einfach stehen bleiben, sei es mit oder ohne grobe Nebengeräusche, dann bleiben Sie cool. Überlegen Sie: Wo wurde zuletzt herumgeschraubt? Was könnte nicht richtig gemacht worden sein? Fehler und Probleme haben meist einfache Gründe, man muss sie nur finden! Vieles ist simpel, alles ist logisch. Denn bei allen Emotionen, die im Motorradfahren drinstecken, ist ein Motorrad eben doch bloß ein technisches Gerät, dessen einzelne Bauteile nach physikalisch-technischen Gesichtspunkten funktionieren und zusammenwirken.

Eigendiagnosesystem: Die Sportster 1200-Modelle unseres Buchs sind mit einem Eigendiagnosesystem ausgestattet, das bei einem Problem in der Motor-, Einspritz- und Zündelektronik nicht nur den Fehler aufzeichnet, sondern auch auf das fehlerhafte Bauteil hinweist. Wir verweisen dazu auf Kapitel 18 »Zünd-Einspritzanlage«, in dem alle Fehlercodes im Verbund mit der Ursache der Störung aufgelistet sind. Wir bitten um entsprechende Beachtung.

Zu den Anmerkungen: »→ *Fachwerkstatt*« oder »→ *Fachelektriker*« meint Motorrad-Werkstätten oder Kfz-Elektrowerkstätten, die von einem Meister geführt werden. »→ *Harley-Davidson-Werkstatt*«: Zur Lösung eines solchen Problems werden interne Unterlagen von Harley-Davidson und Diagnosegeräte mit Harley-eigener Software benötigt.

In diesem Sinne wünschen wir frohes Fehlersuchen!

Elektrik

BELEUCHTUNG UND BLINKER

Fehler: Scheinwerfer funktioniert nicht
Mögliche Ursachen:
- Lampe(n) durchgebrannt → *Kapitel* 12
- Lampentyp falsch → *Kapitel* 12
- Kabelanschlüsse / Steckverbinder korrodiert, nicht fest genug → *Kapitel* 12
- Sicherung(en) defekt → *Kapitel* 13
- Zündschloss oder Betriebsschalter defekt → *Harley-Davidson-Werkstatt*

Fehler: Blinker funktioniert nicht
Mögliche Ursachen:
- Blinklampe(n) durchgebrannt → *Kapitel* 12
- Lampentyp falsch → *Kapitel* 12
- Sicherung(en) defekt → *Kapitel* 13
- Blinkerschalter, Kabel, Stecker schadhaft → *Kapitel* 13 → *Fachelektriker*

Fehler: Blinkrhythmus zu langsam oder zu schnell
Mögliche Ursachen:
- Lampentyp falsch → *Kapitel* 12
- Blinkerschalter defekt → *Kapitel* 13 → *Fachelektriker*
- Blinkmodul (Blinkrelais, bis Mj. 2013) defekt → *Kapitel* 13 → *Fachelektriker*
- Fehler im BCM (ab Mj. 2014) → *Kapitel* 13 → *Harley-Davidson-Werkstatt*
- Zündschloss defekt → *Harley-Davidson-Werkstatt*
- Blinklampe(n) durchgebrannt → *Kapitel* 12

Fehler: Hupe funktioniert nicht
Mögliche Ursachen:
- Sicherung für Hupe defekt (bis Mj. 2013) → *Kapitel* 13
- Hupe defekt, falsche Hupe montiert → *Kapitel* 12
- Kabel zur Hupe hat schadhafte Stelle → *Kapitel* 12 13 → *Fachelektriker*
- Hupenknopf defekt → *Kapitel* 13 → *Fachelektriker*
- Batterie defekt → *Kapitel* 14

BATTERIE UND LADESYSTEM

Fehler: Kein Strom trotz eingeschalteter Zündung
Mögliche Ursachen:
- Batterie leer oder altersbedingt funktionsunfähig → *Kapitel* 14 15
- Batteriekabel am Anschluss lose → *Kapitel* 14 15
- Massekabel der Batterie und/oder des Spannungsreglers hat keine zuverlässige Masseverbindung (»schlechter Kontakt«) oder ein Kabel ist in sich gebrochen → *Kapitel* 13 14
- Kontakte der Steckverbindungen im Ladesystem lose, korrodiert → *Kapitel* 15
- Hauptsicherung durchgebrannt, Kontaktflächen korrodiert → *Kapitel* 15
- Spannungsregler defekt → *Kapitel* 15
- Zündschloss oder Betriebsschalter defekt → *Harley-Davidson-Werkstatt*

Fehler: Schwacher Strom: Anlasser dreht langsam durch, Motor springt nicht an
Mögliche Ursachen:
- Batterie leer, zu niedrige Spannung → *Kapitel* 14 15
- Kabel zum oder am Anlasser lose → *Kapitel* 16
- Batterieanschlüsse lose → *Kapitel* 14 15

Fehler: Schwacher Strom bei laufendem Motor
Mögliche Ursachen:
- Batterie unzureichend geladen → *Kapitel* 14 15
- Batterie hat eine oder mehrere »tote« Zellen → *Kapitel* 14
- Störung im Ladesystem, Spannungsregler defekt → *Kapitel* 15
- Kontakte der Steckverbindungen im Ladesystem korrodiert → *Kapitel* 15

Fehler: Zeitweilig aussetzender Strom (»Wackelkontakte«)
Mögliche Ursachen:
- Kabelanschlüsse an Batterie oder im Ladesystem lose → *Kapitel* 13 14 15

ZÜNDSYSTEM

Fehler: Motor wird durchgedreht, springt aber nicht an
Mögliche Ursachen:
- Kein Funke an Zündkerze(n) → *Kapitel* 17 18
- Zündspule defekt, Kabelanschlüsse los, feucht → *Kapitel* 17 18
- Kerzenstecker defekt, Kabelanschlüsse lose, feucht → *Kapitel* 17 18
- Motorsteuergerät ECM defekt → *Kapitel* 13 18 → *Harley-Davidson-Werkstatt*

Fehler: Kein Funke an den Zündkerzen
Mögliche Ursachen:
- Motorstoppschalter defekt → *Kapitel* 13 → *Fachelektriker*
- Stromkreisunterbrechung oder Wackelkontakt im Zündsystem wegen schlecht angeschlossenem, defektem Kabel → *Harley-Davidson-Werkstatt*
- Motorsteuergerät ECM defekt → *Kapitel* 13 18 → *Harley-Davidson-Werkstatt*
- Zündschloss oder Betriebsschalter defekt → *Harley-Davidson-Werkstatt*
- Zündspule defekt, Kabelanschlüsse los, feucht → *Kapitel* 17 18

- Kerzenstecker defekt, Kabelanschlüsse lose, feucht → *Kapitel* 17 18
- Batterie schwach, nicht ausreichend geladen → *Kapitel* 14 15
- CKP (Kurbelwellenpositions-Sensor/Zündgeber) defekt → *Kapitel* 13 18

Fehler: Motor springt zwar an, läuft aber stotternd und/oder dreht nicht hoch

Mögliche Ursachen:

- Elektrodenabstand der Zündkerzen zu groß → *Kapitel* 17
- Zündkerze(n) verrußt oder verölt (»nass«) → *Kapitel* 17
- Zündkerzenstecker lose, Zündkerze(n) nicht festgezogen → *Kapitel* 17
- Zündspule, Kerzenstecker oder Zündkerze(n) defekt → *Kapitel* 17 18
- Zündkabel defekt → *Kapitel* 17 18 → *Harley-Davidson-Werkstatt*
- Loses oder blankes Kabel im Kabelbaum → *Harley-Davidson-Werkstatt*
- Falscher Zündzeitpunkt durch defekten CKP (Kurbelwellenpositions-Sensor/Zündgeber) → *Kapitel* 13 18
- Motorsteuergerät ECM oder einer der Sinal gebenden Sensoren defekt → *Kapitel* 13 18
- Defekt im Einspritzsystem → *Kapitel* 18
- Steuerzeiten falsch, Hydrostößel defekt → *Kapitel* 25

ANLASSER

Fehler: Anlassermotor reagiert nicht bei Druck auf Anlasserknopf

Mögliche Ursachen:

- Batterie entladen (»schwach«) → *Kapitel* 14
- Starterknopf defekt, Kontaktschwäche im Gehäuse oder im Kabelbaum → *Kapitel* 13 → *Fachelektriker*
- Motorstoppschalter/Betriebsschalter auf »OFF«-Position → *Kapitel* 13
- Anlasserrelais defekt → *Kapitel* 13 16
- Stromkreisunterbrechung/Kontaktschwäche durch loses oder abgetrenntes Kabel → *Kapitel* 13 → *Fachelektriker* → *Harley-Davidson-Werkstatt*
- Seitenständerschalter defekt, verschmutzt → *Kapitel* 1 13

Fehler: Anlasser (Elektrostarter) dreht Motor nur langsam durch

Mögliche Ursachen:

- Schwache Batterie → *Kapitel* 14
- Kabel an Batterie schlecht angeschlossen → *Kapitel* 14
- Anlassermotor klemmt, defekt → *Kapitel* 16
- Zähes Motoröl (zu dickes Öl für Winterbetrieb) → *Kapitel* 22

Fehler: Anlasser läuft, ohne den Motor durchzudrehen

Mögliche Ursachen:

- Anlassermotor und/oder Anlasserfreilauf defekt → *Kapitel* 16
- Zahnräder der Anlassermechanik defekt → *Kapitel* 16
- Anlassermotor läuft rückwärts → *Kapitel* 16

Fehler: Bis Mj. 2013: Anlasserrelais »klickt«, Anlasser dreht Motor aber nicht durch

Mögliche Ursachen:

- Zu schwache Batterie → *Kapitel* 14
- Kabel an Anlasser schlecht angeschlossen → *Kapitel* 13 16
- Anlasserrelais defekt → *Kapitel* 13 16
- Kurbelwelle dreht sich nicht, weil blockiert → *Fachwerkstatt*

Motor

Fehler: Motor wird vom Anlasser durchgedreht, springt aber nicht an

Mögliche Ursachen:

- Kein Benzin im Tank
- Benzin verunreinigt oder von schlechter Qualität → *Kapitel* 3
- Motor mit Benzin überflutet (»ersoffen«): Einspritzung funktioniert, Zündung aber nicht → *Kapitel* 17 18
- Benzinpumpe arbeitet nicht → *Kapitel* 3 18
- Benzinpumpe oder Benzinschlauch verstopft → *Kapitel* 3
- Luftfilter mit Schmutz zugesetzt oder stark verölt → *Kapitel* 19
- Kein Funke an Zündkerze(n) → *Kapitel* 17 18
- Motorelektronik, Steuergerät oder signalgebende(r) Sensor(en) defekt → *Kapitel* 13 18 → *Harley-Davidson-Werkstatt*
- Kompression zu niedrig: Ventile blasen durch, Zylinderkopfdichtung defekt → *Harley-Davidson-Werkstatt* → *Fachwerkstatt*
- Benzin gelangt nicht zu den Einspritzdüsen → *Kapitel* 13 18
- Einspritzdüse(n) verstopft, defekt → *Kapitel* 18
- Benzin gelangt nicht in den Ansaugtrakt → *Kapitel* 18
- Benzinpumpe arbeitet nicht richtig → *Kapitel* 3 18

Fehler: Motor springt schlecht an, geht sofort aus

Mögliche Ursachen:

- Zündanlage hat Unterspannung → *Kapitel* 18 → *Harley-Davidson-Werkstatt*
- Zündkerze(n) defekt: falscher Elektrodenabstand, Kerze hat Masseschluss → *Kapitel* 17
- Zündkabel beschädigt: in sich gebrochen, Kerzenstecker ist (sind) nicht richtig auf die Zündkerze(n) aufgesteckt → *Kapitel* 17 18
- Leerlaufdrehzahl zu niedrig → *Kapitel* 18
- Tankbelüftungsschlauch geknickt, verstopft → *Kapitel* 3
- Motorelektronik, Steuergerät oder signalgebende(r) Sensor(en) defekt → *Kapitel* 13 18 → *Harley-Davidson-Werkstatt*
- Benzin verschmutzt: Dreck im Tank, in Benzinleitungen, im Einspritzsysten oder beim letzten Mal Diesel getankt? → *Kapitel* 3 18

Fehler: Unrunder Leerlauf

Mögliche Ursachen:

- Ventilspiel nicht korrekt, weil Hydrostößel defekt → *Harley-Davidson-Werkstatt*
- Zündanlage defekt → *Kapitel* 18 → *Harley-Davidson-Werkstatt*
- Zündkerze(n) defekt: zu geringer oder zu großer Elektrodenabstand, Kerze hat Masseschluss → *Kapitel* 17
- Kerzenstecker haben keinen Kontakt zu den Zündkerzen → *Kapitel* 17 18
- Motorsteuergerät ECM oder Sensor(en) defekt → *Kapitel* 13 18
- Benzin und Einspritzsystem verschmutzt → *Kapitel* 3 18
- Drosselklappenbetätigung defekt → *Kapitel* 18 20
- Benzinpumpe defekt → *Kapitel* 3 18

Fehler: Aussetzer beim Beschleunigen

Mögliche Ursachen:

- Elektrodenabstand der Zündkerzen falsch → *Kapitel* 17
- Zündkerzenstecker lose, nicht richtig angebracht → *Kapitel* 17
- Zündkerzenstecker schlagen durch → *Kapitel* 17
- Feuchtigkeit und Kontaktprobleme in den Steckverbindungen der Motorelektrik → *Kapitel* 13 18
- Drosselklappe falsch eingestellt → *Kapitel* 18 20
- Motorelektronik, Steuergerät oder signalgebende(r) Sensor(en) defekt → *Kapitel* 13 18 → *Harley-Davidson-Werkstatt*

Fehler: Motor patscht, produziert Fehlzündungen

Mögliche Ursachen:

- Zündspule defekt → *Kapitel* 17 18
- Zündkerzenstecker defekt, nicht richtig aufgesteckt → *Kapitel* 17 18
- Einspritzventile lose, defekt → *Kapitel* 18 → *Harley-Davidson-Werkstatt*
- Drosselklappengehäuse zieht Nebenluft (Falschluft) → *Kapitel* 18
- Batterie defekt oder hat zu niedrige Spannung → *Kapitel* 14
- CKP (Kurbelwellenpositions-Sensor/Zündgeber) defekt → *Kapitel* 13 18
- Benzin verschmutzt: Dreck in Tank, Benzinpumpe, Leitungen → *Kapitel* 3 18

Fehler: Geringe Leistung und hoher Verbrauch

Mögliche Ursachen:

- Luftfilter mit Schmutz zugesetzt oder stark verölt → *Kapitel* 19
- Benzinsystem verstopft → *Kapitel* 3 18
- Motorelektronik, Steuergerät oder signalgebende(r) Sensor(en) defekt → *Kapitel* 13 18 → *Harley-Davidson-Werkstatt*

- Lambdasonde(n) defekt → *Kapitel* 13 18 21 → *Harley-Davidson-Werkstatt*
- Motorelektronik, Steuergerät oder signalgebende(r) Sensor(en) defekt → *Kapitel* 13 18 → *Harley-Davidson-Werkstatt*

Fehler: Motor zieht nicht richtig, wird zu heiß
Mögliche Ursachen:
- Benzinleitung gequetscht, eingeklemmt → *Kapitel* 3
- Druckverlust im Benzinsystem → *Kapitel* 3 18
- Tankbelüftung verstopft, Belüftungsschlauch geknickt oder eingeklemmt → *Kapitel* 3
- Motorelektronik, Steuergerät oder signalgebende(r) Sensor(en) defekt → *Kapitel* 13 18 → *Harley-Davidson-Werkstatt*
- Zu mageres Gemisch: Einspritzdüsen verstopft → *Kapitel* 18

Fehler: Motor zieht nicht, raucht aus dem Auspuff
Mögliche Ursachen:
- Luftfilter mit Schmutz zugesetzt oder stark verölt → *Kapitel* 19
- Lambdasonde(n) defekt → *Kapitel* 13 18 21 → *Harley-Davidson-Werkstatt*
- Zu fettes Gemisch → *Kapitel* 18 → *Harley-Davidson-Werkstatt*

SCHMIERSYSTEM

Fehler: Ölstand zu niedrig, hoher Ölverbrauch
Mögliche Ursachen:
- Zu wenig Öl im Motor → *Kapitel* 1 22
- Öl läuft aus, Dichtungen lassen Öl durch → *Kapitel* 22
- Zylinder, Kolbenringe und/oder Ölabstreifringe verschlissen, gebrochen oder falsch eingebaut → *Fachwerkstatt*
- Öl wird durch Überdruck im Motorgehäuse aus Entlüftung herausgedrückt: Verschlissene Kolbenringe, Ölabstreifringe, Ventilführungen, Ventilschaftdichtungen → *Fachwerkstatt*

Fehler: Öl stark verschmutzt oder emulgiert
Mögliche Ursachen:
- Motoröl oder Ölfilter nicht rechtzeitig gewechselt → *Kapitel* 1 22
- Zylinderkopfdichtung schadhaft → *Fachwerkstatt*
- Kolbenringe verschlissen → *Fachwerkstatt*
- Ventilführungen/Ventilschaftdichtungen verschlissen → *Fachwerkstatt*

Fehler: Öldruck zu niedrig
Mögliche Ursachen:
- Ölstand zu niedrig → *Kapitel* 22
- Zu wenig oder falsches Öl im Motor → *Kapitel* 22
- Rückschlagventil defekt → *Kapitel* 22
- Ölpumpe oder Ölpumpenantrieb defekt → *Kapitel* 22
- Lagerschaden an der Kurbelwelle → *Fachwerkstatt* → *Harley-Davidson-Werkstatt*

Fehler: Öldruck zu hoch
Mögliche Ursachen:
- Ölfilter bzw. Ölkreislauf verstopft → *Kapitel* 22
- Falsche Ölviskosität (zu dickes Öl) → *Kapitel* 22

Fehler: Kein Öldruck
Mögliche Ursachen:
- Ölstand zu niedrig → *Kapitel* 22
- Ölpumpe oder ihr Antrieb defekt → *Kapitel* 22
- Motorinternes Ölleck → *Kapitel* 22 → *Fachwerkstatt* → *Harley-Davidson-Werkstatt*

Fehler: Öl wird nicht in den Öltank zurück transportiert
Mögliche Ursachen:
- Kein Öl im Öltank → *Kapitel* 22
- Ölpumpe oder ihr Antrieb defekt → *Kapitel* 22
- Ölleitungen und/oder Ölfilter verstopft → *Kapitel* 22

ZYLINDER, KOLBEN, ZYLINDERKOPF

Fehler: Zu niedrige oder ungleichmäßige Kompression, schlechtes Anspringen, geringe Leistung
Mögliche Ursachen:
- Hydrostößel defekt, zu wenig Ventilspiel → *Fachwerkstatt*
- Ventilsitze verbrannt, Ventil verbogen → *Fachwerkstatt*
- Falsche Ventilsteuerzeiten (Montagefehler) → *Fachwerkstatt*
- Ventilfeder(n) gebrochen → *Fachwerkstatt*
- Zylinderkopfdichtung undicht → *Fachwerkstatt*
- Zylinderkopf verzogen oder gerissen → *Fachwerkstatt*
- Ventilsitz(e) undicht, Ventilführung(en) ausgeschlagen → *Fachwerkstatt*
- Zylinder und/oder Kolben verschlissen → *Fachwerkstatt*
- Kolbenringe verschlissen oder gebrochen → *Fachwerkstatt*
- Nockenwelle(n) defekt oder abgenutzt → *Fachwerkstatt*

Fehler: Zu hohe Kompression, Überhitzen oder Klopfen
Mögliche Ursachen:
- Starke Ölkohleablagerung im Brennraum → *Fachwerkstatt*
- Motorelektronik, Steuergerät oder signalgebende(r) Sensor(en) defekt → *Kapitel* 13 18 → *Harley-Davidson-Werkstatt*

Fehler: Starke Geräuschentwicklung
Mögliche Ursachen:
- Auspuffkrümmer am Zylinderkopf undicht → *Kapitel* 21
- Bauteile des Auspuffsystems gerissen → *Kapitel* 21
- Hydrostößel defekt → *Fachwerkstatt*
- Klemmendes Ventil, gebrochene/ermüdete Ventilfeder → *Fachwerkstatt*
- Nockenwellen, Stößel und/oder Stößelstangen, Kipphebel, Ventilfedern defekt → *Fachwerkstatt*
- Nockenwellenzahnräder verschlissen → *Fachwerkstatt*
- Zylinderlaufbuchsen und Kolben verschlissen → *Fachwerkstatt*
- Kolben gebrochen → *Fachwerkstatt*
- Kolbenbolzen oder Kolbenbolzenbohrung verschlissen → *Fachwerkstatt*
- Pleuelfußlager verschlissen → *Fachwerkstatt*
- Kurbelwellenhaupt- oder Getriebelager verschlissen → *Fachwerkstatt*

Fehler: Starke Rauchentwicklung
Mögliche Ursachen:
- Zu viel Motoröl im Motor, wird herausgedrückt → *Kapitel* 1 22
- Luftfilter zugesetzt, verölt → *Kapitel* 19
- Zylinder und Kolben verschlissen → *Fachwerkstatt*
- Kolben und Zylinderwand mit Riefen oder Schrammen → *Fachwerkstatt*
- Kolbenring(e) und Ölabstreifring(e) verschlissen, gebrochen, keine Spannung mehr, falsch montiert → *Fachwerkstatt*
- Ventilführungen und Ventilschäfte abgenutzt → *Fachwerkstatt*
- Ventilschaftdichtung(en) defekt → *Fachwerkstatt*

Fehler: Motor überhitzt
Mögliche Ursachen:
- Zylinder und Zylinderkopf stark verschmutzt → *Kapitel* 1
- Übermäßige Ölkohleablagerung im Brennraum → *Fachwerkstatt*
- Zu wenig Öl im Motor → *Kapitel* 22

Kraftübertragung

KUPPLUNG

Fehler: Kupplung rutscht beim Beschleunigen
Mögliche Ursachen:
- Kein Spiel am Kupplungshebel und deswegen Spannung im Kupplungszug und der Kupplungsbetätigung → *Kapitel* 23
- Motoröl zu alt → *Kapitel* 22
- Graphit- oder Molybdänzusatz im Motoröl → *Kapitel* 22
- Kupplungsfeder ermüdet, gebrochen → *Kapitel* 23

- Kupplungs-Reibscheiben verschlissen, abgenutzt, ausgebrochen → *Kapitel* 23
- Kupplungs-Stahlscheiben verzogen, verschlissen → *Kapitel* 23
- Kupplungs-Druckplatte verzogen, verschlissen → *Kapitel* 23

Fehler: Kupplung rückt nicht aus, es kracht beim Schalten
Mögliche Ursachen:
- Kupplung falsch eingestellt: zu viel Spiel → *Kapitel* 23
- Kupplungshandhebel verbogen → *Kapitel* 23
- Kupplungszug teilweise gerissen, längt sich → *Kapitel* 23
- Kupplungsscheibe(n) verzogen → *Kapitel* 23
- Kupplungs-Ausrückmechanismus defekt → *Kapitel* 23
- zu viel Öl im Motor → *Kapitel* 22
- falsche Ölviskosität (zu dickes Öl) → *Kapitel* 22

Fehler: Kupplung rupft
Mögliche Ursachen:
- Verzahnung der Kupplungsscheiben auf der Kupplungsnabe oder im Kupplungskorb eingeschlagen → *Kapitel* 23
- Kupplungsreibscheibe(n) gebrochen, verbrannt → *Kapitel* 23
- Kupplungszug gelängt, geknickt, defekt → *Kapitel* 23

Fehler: Kupplung verlangt übermäßig starke Handkraft
Mögliche Ursachen:
- Kupplungshebellager am Handgriff gefressen, verdreckt, verbogen oder anderweitig beschädigt → *Kapitel* 23
- Kupplungszug schwergängig, geknickt, innen aufgespleißt → *Kapitel* 23
- Kupplungsdruckplatte verzogen → *Kapitel* 23

GETRIEBE UND SCHALTUNG

Fehler: Getriebe schwer schaltbar
Mögliche Ursachen:
- Position des Fußschalthebels falsch → *Kapitel* 24
- Kupplung rückt nicht aus → *Kapitel* 23 24
- zu wenig Öl im Getriebe, falsche Ölviskosität → *Kapitel* 22
- Schaltwelle krumm, Lager defekt, klemmt → *Kapitel* 24 → *Fachwerkstatt*
- Fremdkörper blockieren Schaltung → *Kapitel* 24 → *Fachwerkstatt*
- Schaltwalze, Schaltwelle, Schaltgabeln defekt → *Kapitel* 24 → *Fachwerkstatt*

Fehler: Schalthebel hängt
Mögliche Ursachen:
- Schalthebellagerung schwergängig, gefressen, klemmt → *Kapitel* 24
- Schaltwelle schwergängig, gefressen, klemmt→ *Kapitel* 24
- Rückstellfeder im Schaltautomat gebrochen → *Kapitel* 24
- Schaltgabeln verbogen oder abgenutzt → *Fachwerkstatt*

Fehler: Gänge springen heraus
Mögliche Ursachen:
- Schalthebel lose oder falsch auf Schaltwelle angebracht → *Kapitel* 24
- Schaltwelle klemmt → *Kapitel* 24
- Schaltwalzen-Arretierung, Feder gebrochen → *Kapitel* 24
- Schaltautomat oder Schaltkrone beschädigt → *Kapitel* 24
- Schaltgabeln verschlissen oder verbogen → *Kapitel* 24
- Klauen an den Gangzahnrädern abgenutzt → *Fachwerkstatt*

HINTERRADANTRIEB

Fehler: Motorrad ruckelt bei langsamer Fahrt, unregelmäßiges Geräusch vom Hinterradantrieb her
Mögliche Ursachen:
- Zahnriemen verzogen, eingerissen, unregelmäßig gelängt → *Kapitel* 7
- Riemenräder vorne und/oder hinten lose (»eiert«) → *Kapitel* 7
- Riemenräder und Zahnriemen verschlissen → *Kapitel* 7

Fehler: Motorrad schiebt sich schwer, dabei knackendes Geräusch
Mögliche Ursachen:
- Bremsen defekt: Bremsklötze in den Bremssätteln nicht freigängig, sie klemmen deswegen oder Bremskolben festgefressen → *Kapitel* 6
- Radlager defekt oder Radachse lose, verbogen → *Kapitel* 5
- Radlager-Distanzbuchse falsch eingebaut oder vergessen → *Kapitel* 5 7
- Zahnriemen zu straff oder schräg gespannt → *Kapitel* 7
- Lager der Getriebeabtriebswelle defekt → *Fachwerkstatt*

Fahrwerk

LENKUNG UND FRONTPARTIE

Fehler: Lenkung schwergängig
Mögliche Ursachen:
- Reifenluftdruck zu niedrig → *Kapitel* 4
- Lenklager zu fest eingestellt → *Kapitel* 9
- Kabel oder Bowdenzug falsch verlegt, spannt in sich → *Kapitel* 9
- Starke Verschmutzung im Bereich der Lenklager → *Kapitel* 9
- Lenklager trocken, verrostet und deswegen defekt → *Kapitel* 9

Fehler: Motorrad zieht nach einer Seite
Mögliche Ursachen:
- Gabelbeine verzogen → *Kapitel* 8 10
- Falscher Ölstand in den Gabelbeinen → *Kapitel* 10
- Vorderachse verbogen → *Kapitel* 5
- Rad falsch eingebaut → *Kapitel* 5
- Hinterrad steht schief: Vorder- und Hinterrad stehen zueinander extrem aus der Spur → *Kapitel* 5 7 11
- Lenklager defekt → *Kapitel* 9
- Rahmen verzogen → *Harley-Davidson-Werkstatt*
- Radlager ausgeschlagen → *Kapitel* 5
- Schwingenlager verschlissen → *Kapitel* 11
- Hinterradschwinge verbogen → *Kapitel* 11

Fehler: Vorderrad flattert
Mögliche Ursachen:
- Reifen hat zu geringen Luftdruck oder ist unwuchtig → *Kapitel* 4
- Reifen falsch montiert (»eiert«) → *Kapitel* 4
- Rad verzogen, hat starken Seitenschlag (»eiert«) → *Kapitel* 5
- Vorderradlager ausgeschlagen, defekt → *Kapitel* 5
- Gabelbeine zueinander verzogen oder verklemmt, Gabel kann deswegen nicht federn → *Kapitel* 10
- Vorderachse und Klemmschraube(n) lose → *Kapitel* 5 9 10
- Dämpfung in den Gabelbeinen defekt, wirkungslos → *Kapitel* 10

TELEGABEL UND FEDERUNG

Fehler: Federung zu weich
Mögliche Ursachen:
- Zu geringer Reifendruck → *Kapitel* 4
- Gabelfedern ermüdet → *Kapitel* 10
- Zu wenig Gabelöl, zu dünnes Öl → *Kapitel* 10

Fehler: Federung zu hart
Mögliche Ursachen:
- Zu hoher Reifendruck → *Kapitel* 4
- Gabelbeine verbogen (wegen Unfall/Sturz) → *Kapitel* 10 → *Fachwerkstatt*
- Zu viel oder zu dickes Gabelöl → *Kapitel* 10
- Gabelöl verschmutzt, Dämpferelement verstopft → *Kapitel* 10
- Vorderachse verbogen → *Kapitel* 5
- Gabelbeine in den Gabelbrücken zueinander verspannt → *Kapitel* 10

Fehler: Geräusche beim Einfedern
Mögliche Ursachen:
- Gaszüge oder Kupplungszug knarzen (falsch verlegt) → *Kapitel* 20 23
- Gabeltauchrohre oder Gabelstandrohre abgenutzt, defekt → *Kapitel* 10
- Zu wenig oder zu altes Gabelöl → *Kapitel* 10
- Vorderradgabel-Anbauteile lose → *Kapitel* 10
- Gabelinnereien lose, gebrochen → *Kapitel* 10
- Federbeinbefestigung lose oder ausgeschlagen → *Kapitel* 11
- Schwingenlager defekt → *Kapitel* 11

HINTERRADAUFHÄNGUNG UND FEDERUNG

Fehler: Federung zu weich
Mögliche Ursachen:
- Reifendruck zu niedrig → *Kapitel* 4
- Federn in den Federbeinen ermüdet, gebrochen → *Kapitel* 11
- Federvorspannung falsch eingestellt → *Kapitel* 8
- Federbein(e) undicht, haben ein Öl- oder Gasleck → *Kapitel* 11

Fehler: Federung zu hart
Mögliche Ursachen:
- Reifendruck zu hoch → *Kapitel* 4
- Federvorspannung falsch eingestellt → *Kapitel* 8
- Kolbenstange im Federbein verbogen → *Kapitel* 11
- Schwingenlager defekt → *Kapitel* 11
- Gabelbeine verbogen (wegen Unfall/Sturz) → *Kapitel* 10 → *Fachwerkstatt*

Fehler: Geräusche beim Einfedern (Knacken)
Mögliche Ursachen:
- Schwingenlager defekt → *Kapitel* 11
- Federbeinverschraubung unten/oben lose → *Kapitel* 11
- Trockene Lager der Hinterradschwinge → *Kapitel* 11
- Feder gebrochen, Windungen zueinander verschoben, reibt am Stoßdämpfergehäuse → *Kapitel* 11

RÄDER

Fehler: Trommeln oder seitliches Flattern des Rades
Mögliche Ursachen:
- Zu geringer Reifendruck → *Kapitel* 4
- Reifen sitzt nicht richtig in der Felge → *Kapitel* 4
- Reifen defekt oder unwuchtig → *Kapitel* 4
- Felge verzogen, starker Seitenschlag (»eiert«) → *Kapitel* 5
- Radachse und/oder Achsmutter lose → *Kapitel* 5
- Radlager lose, Lager gebrochen → *Kapitel* 5
- Schwingenlagerung lose, Lager defekt → *Kapitel* 11

Fehler: Rad schwergängig
Mögliche Ursachen:
- Bremse schleift → *Kapitel* 6
- Radlager defekt → *Kapitel* 5
- Achse verbogen → *Kapitel* 5

BREMSEN

Fehler: Schlechte Bremsleistung
Mögliche Ursachen:
- Luft im Hydrauliksystem → *Kapitel* 6
- Hydrauliksystem undicht, Bremflüssigkeit tritt aus → *Kapitel* 6
- Bremsbeläge abgenutzt, verschmutzt, verglast → *Kapitel* 6
- Bremsscheibe(n) verschmutzt, riefig, überhitzt (»geschirmt«) → *Kapitel* 6
- Bremsscheibe(n) wegen undichter Radlager-Simmerringe mit Fett verschmiert → *Kapitel* 5 6
- Bremsscheibe(n) vorne oder hinten wegen undichter Gabelsimmerringe oder Motorölsystem mit Öl verschmiert → *Kapitel* 6 10
- Kolben in den Bremssätteln schwergängig → *Kapitel* 6
- Bremskolben-Dichtringe in den Bremssätteln gebrochen, gequollen, verschlissen → *Kapitel* 6
- Bremsflüssigkeit überaltert, verschmutzt, verdickt → *Kapitel* 6

Fehler: Bremshebel wippt, pumpt, pulsiert (»Bremse rubbelt«)
Mögliche Ursachen:
- Bremsscheibe hat zu viel Seitenschlag (»eiert«) → *Kapitel* 6
- Bremsscheibe(n) unterschiedlich dick → *Kapitel* 6
- Bremsscheibe(n) gerissen → *Kapitel* 6
- Bremsscheiben-Befestigungsschrauben lose → *Kapitel* 6
- Bremskolben im Bremssattel festgefressen → *Kapitel* 6
- Bremssattel-Gleitstifte festgefressen → *Kapitel* 6

Fehler: Nachlassende Bremswirkung unter starker Belastung (z. B. bei Passabfahrten), Hebelweg wird länger, Bremse wird »teigig«
Mögliche Ursachen:
- Bremsflüssigkeit überaltert, sie »kocht sich auf« → *Kapitel* 6
- Bremsbeläge schräg/total abgenutzt → *Kapitel* 6
- Bremsbeläge ausgebrochen → *Kapitel* 6

Fehler: Bremshebelweg wird größer
Mögliche Ursachen:
- Luft in der Bremshydraulik → *Kapitel* 6
- Stand der Bremsflüssigkeit zu gering, deswegen Luft in der Bremshydraulik → *Kapitel* 6
- Falsche Bremsflüssigkeit → *Kapitel* 6

Fehler: Bremse quietscht, hat zu wenig Bremsleistung
Mögliche Ursachen:
- Bremsbeläge verölt, verglast oder abgenutzt → *Kapitel* 6
- Bremsklötze im Bremssattel fest: verschmutzt, korrodiert → *Kapitel* 6
- Grundplatten der Bremsklötze zu groß, haben zu wenig Seitenspiel, weswegen die Bremsklötze im Bremssattel nicht genügend Freigang haben und klemmen → *Kapitel* 6
- Bremskolben im Bremssattel festgefressen → *Kapitel* 6
- Bremskolben-Dichtringe in den Bremssätteln gebrochen, gequollen, verschlissen → *Kapitel* 6
- Bremskolben sitzen im Bremssattel fest, korrodiert → *Kapitel* 6
- Fremdkörper oder Schmutz in der Bremsflüssigkeit, deswegen »hängen« die Bremskolben ab und zu → *Kapitel* 6
- Bremssattel-Gleitstifte fest, korrodiert → *Kapitel* 6

Fehler: Bremse schleift
Mögliche Ursachen:
- Bremsbelag und/oder Bremsscheibe verschmutzt → *Kapitel* 6
- Bremsschlauch oder Hydrauliksystem verstopft → *Kapitel* 6
- Bremsscheibe verzogen/verformt → *Kapitel* 6
- Bremskolben sitzen im Bremssattel fest, korrodiert → *Kapitel* 6
- Bremssattel-Gleitstifte fest, korrodiert → *Kapitel* 6

Technische Daten, Verschleißmaße, Servicedaten

Technische Daten und wichtige Verschleißmaße der Sportster 1200-Modelle mit Einspritzung ab Modelljahr 2007*.

MODELLE, MODELLBEZEICHNUNGEN

Die Daten und Angaben in diesem Kapitel beziehen sich auf die dreizehn eigenständigen Modelle der Sportster-Baureihe mit 1200 cm³-großem Zweizylinder-V-Motor:*

- **Custom XL 1200 C** der Modelljahre 2007 bis 2010
- **Custom XL 1200 C** der Modelljahre 2011 bis 2015
- **Custom XL 1200 C Anniversary 110th** Modelljahr 2013
- **Custom XL 1200 C** ab dem Modelljahr 2016
- **Custom Limited Edition XL 1200 CA** der Modelljahre 2013 bis 2016
- **Custom Limited Edition XL 1200 CB** ab dem Mj. 2013
- **Forty-Eight XL 1200 X** ab Modelljahr 2010
- **Low XL 1200 L** der Modelljahre 2007 bis 2009
- **Nightster XL 1200 N** der Modelljahre 2008 bis 2012
- **Roadster XL 1200 R** der Modelljahre 2007 und 2008
- **Roadster XL 1200 CX** ab dem Modelljahr 2016
- **Seventy-Two XL 1200 V** der Modelljahre 2012 bis 2016
- **Super Low XL 1200 T** ab dem Modelljahr 2014

Fahrgestellnummer: Die wichtigste Nummer zur Identifikation der Maschine ist die Fahrgestellnummer (**VIN** = **V**ehicle **I**dentification **N**umber). Sie ist 17-stellig und setzt sich aus Zahlen und Buchstaben zusammen (z. B. »5HD1CT3CXGC400375«, siehe dazu auch Bild 1a und auf Seite 2 in diesem Buch. Die Fahrgestellnummer ist in Fahrtrichtung rechts vorne am Lenkkopf eingestanzt und ein zweites Mal im Typenschild zu finden, das an einem Rahmenrohr aufgeklebt ist. Eine abgekürzte VIN ist als Motornummer auf der linken Seite des Kurbelgehäuses am Zylinderfuß eingraviert (siehe Bild 1b).

Motornummer: Die zehnstellige Motornummer ist, in Fahrtrichtung gesehen, auf der linken Seite des Kurbelgehäuses unterm Zylinderfuß eingraviert. Die sechsstellige Ziffernfolge von Stelle 12 bis 17 der Fahrgestellnummer findet sich auch in der Motornummer wieder (siehe Bild 1b). Die Motornummer dient der Identifikation des Motors, hat jedoch keine zulassungsrechtliche Bedeutung, ist aber wichtig für Motorspezifikationen, Bauzustand und Ersatzteilkauf.

Datenlogik: In der nachfolgenden Datensammlung werden zunächst die Basisdaten der 1200er-Modelle unseres Buchs aufgelistet für Leistung, Motor, Einspritzung, Zündung, Auspuffanlage, Kupplung, Getriebe, Schmierung, Antrieb, elektrische Anlage und Beleuchtung. Danach folgen die wichtigsten modellspezifischen Servicedaten.

Bild 1a Drosselklappengehäuse mit TPS (Drosselklappenpositions-Sensor)

* = Stand der Recherche zum Redaktionsschluss dieses Buches im Oktober 2016

MOTOR

Leistungsdaten:

- Bei Custom XL 1200 C (Mj. 2007 bis 2015), Custom XL 1200 C Anniversary 110th, Custom Limited Edition XL 1200 CA (Mj. 2013), Custom Limited Edition XL 1200 CB (Mj. 2013), Forty-Eight XL 1200 X (Mj. 2010 bis 2013), Low XL 1200 L, Nightster XL 1200 N, Roadster XL 1200 R:

Leistung .... 67 PS (49 kW) bei 5700/min
maximales Drehmoment .... 98 Nm bei 3200/min
Verdichtung (Mj. 2007 bis 2011) .... 9,7 : 1
Verdichtung (Mj. 2012) .... 9,7 : 1 oder 10,0 : 1
Verdichtung (Mj. 2013 bis 2015) .... 10,0 : 1

- Bei Seventy-Two (Mj. 2012 und 2013):

Leistung .... 67 PS (49 kW) bei 5950/min
maximales Drehmoment .... 96 Nm bei 3500/min
Verdichtung .... 10,0 : 1

- Bei Forty-Eight XL 1200 X (ab Mj. 2016), Seventy-Two (Mj. 2014 bis 2016):

Leistung .... 67 PS (49 kW) bei 6000/min
maximales Drehmoment .... 96 Nm bei 3500/min
Verdichtung .... 10,0 : 1

- Bei Custom XL 1200 C (ab Mj. 2016) Custom Limited Edition XL 1200 CA (Mj. 2014 bis 2016), Custom Limited Edition XL 1200 CB (ab Mj. 2014), Forty-Eight XL 1200 X (Mj. 2014 und 2015), Super Low XL 1200 T:

Leistung .... 68 PS (50 kW) bei 5750/min
maximales Drehmoment .... 96 Nm bei 3750/min
Verdichtung (im Mj. 2014) .... 9,7 : 1
Verdichtung (ab Mj. 2015) .... 10,0 : 1

Bauart: Fahrtwindgekühlter Viertaktmotor, zwei Zylinder im Winkel von 45 Grad längs zur Fahrtrichtung eingebaut.
Bohrung x Hub .... 88,9 x 96,8 mm
Hubraum .... 1202 cm^3

Gassteuerung: Zwei Ventile je Zylinder, Betätigung über Kipphebel, Stößelstangen, vier unten liegende, über Zahnräder angetriebene Nockenwellen. Automatischer Ventilspielausgleich durch Hydrostößel.

Kraftstoffsystem: Elektronische Benzineinspritzung mit Benzinpumpe. Seilzugbetätigte Drosselklappe, Saugrohr-Ø 45 mm. Vorgeschrieben ist Superbenzin bleifrei, min. 95 ROZ.
Leerlaufdrehzahl .... 950 bis 1050/min.

Tankinhalte/Benzinstand-Warnleuchte (bei Restmenge):

- Seventy-Two XL 1200 V (Mj. 2014 bis 2016) ...... 7,9/2,5 Liter
- Forty-Eight XL 1200 X (ab Mj. 2016) .... 7,95/2,5 Liter
- Forty-Eight XL 1200 X (Mj. 2010 bis 2013) .... 7,95/3,0 Liter
- Forty-Eight XL 1200 X (Mj. 2014 und 2015), Seventy-Two XL 1200 V (Mj. 2012 und 2013)..... 8,0/3,0 Liter
- Nightster XL 1200 N (ab Mj. 2011), Roadster XL 1200 R (Mj. 2007), Roadster XL 1200 CX .... 12,5/3,0 Liter

- Nightster XL 1200 N (Mj. 2008 bis 2010) .... 12,5/3,8 Liter
- Custom XL 1200 C (ab Mj. 2011), Custom XL 1200 C Anniversary 110th, Custom Limited Edition XL 1200 CA und CB, Low XL 1200 L, Super Low XL 1200 T (Mj. 2014 und 2015), Roadster XL 1200 R (Mj. 2008), Super Low (Mj. 2014 und 2015) ..... 17,0/3,0 Liter
- Custom XL 1200 C (Mj. 2007 bis 2010), Roadster XL 1200 R (Mj. 2008), Super Low (Mj. 2016) .... 17,0/3,8 Liter

Kraftstoffdruck .... 3,8 bis 4,25 bar

Auspuffanlage: 2-in-2-Auspuffanlage mit zwei Katalysatoren, je eine Lambdasonde pro Auspuffkrümmer. Lambdaregelung ab Betriebstemperatur (und damit ca. 80 °C Öltemperatur). Abgasnorm Euro 3, ab Mj. 2016 Euro 4.

KRAFTÜBERTRAGUNG

Primärantrieb: Dreifach-Rollenkette, endlos vernietet, Kettenräder Z 57/38, i_{prim} = 1,50

Kupplung: Seilzugbetätigte Mehrscheibenkupplung im Ölbad. Kupplungsspiel am Handhebel zum Halter hin 1,6 bis 3,2 mm, Einstellschraube in Kupplungsdruckplatte 1/4-Drehung »auf«.

Kupplungs-Reibscheiben 8 Stück
Dicke .... 2,20 ± 0,08 mm
Verschleißmaß .... 2,02 mm
maximaler Verzug .... 0,15 mm

Kupplungs-Stahlscheiben 7 Stück
Dicke .... 1,60 mm
maximaler Verzug .... 0,15 mm

Getriebe: Klauengeschaltetes 5-Gang-Getriebe.

Getriebeöl: 0,95 Liter. Empfohlen wird »Harley-Davidson Formula + Getriebe- und Primärantriebsöl«.

Gangabstufungen:
- 1. Gang 2,65
- 2. Gang 1,89
- 3. Gang 1,41
- 4. Gang 1,17
- 5. Gang 1,00

Hinterradantrieb: über Zahnriemen »137 T«.
Zähnezahlen von Riemenritzel und Riemenrad 30/68
Zähnezahl des Riemens 137

Richtwerte Riemenspannung
Abstand der Durchbiegungsmarkierungen .... 3,2 mm
Kraftaufwand bei Messung der Durchbiegung .... 4,5 kg
Riemendurchbiegung .... 6,4 bis 7,9 mm

SCHMIERSYSTEM UND MOTORÖL

Trockensumpfschmierung mit zahnradgetriebener Doppel-Trochoidenölpumpe.
Ölmenge bei Öl- und Filterwechsel .... 2,6 Liter

Empfohlene Motoröle bei überwiegenden Fahrten bei Temperaturen von:
- über –1°C .... SAE 20W-50
  »Screamin Eagle SYN3« (vollsynthetisches Öl)
- über 4°C .... SAE 20W-50
  »Genuine Harley-Davidson H-D 360«
- über 16°C .... SAE 50
  »Genuine Harley-Davidson H-D 360«
- über 27°C .... SAE 60
  »Genuine Harley-Davidson H-D 360«
- unter 4°C .... SAE 10W-40
  »Genuine Harley-Davidson H-D 360«

Öldruck gemessen am Öldruckschalter bei Betriebstemperatur (und damit ca. 80 °C Öltemperatur):
- bei 1000/min .... 0,5 bis 0,8 bar
- bei 2500/min .... 0,7 bis 1,2 bar

ELEKTRISCHE ANLAGE

Zündkerzen: Harley-Davidson 6R12, Gewinde-Ø 12 mm, Länge 19 mm. Elektrodenabstand .... 0,97 bis 1,09 mm
Alternativ: NGK DCPR8E. Elektrodenabstand .... 1,0 mm

Batterie: Harley-Davidson-Batterie, 12 Volt 12 Ah
Kaltstartleistung .... 225 Ampere
Alternativbatterie Yuasa YTX14L-BS

Prüfwerte der Batterie bei Messtemperatur 20 °C
- 12,7 Volt .... voll geladen
- 12,6 Volt .... Ladezustand 75%
- 12,3 Volt .... Ladezustand 50%
- 12,0 Volt .... Ladezustand 25%
- 11,8 Volt oder weniger .... Ladezustand 0%

Lichtmaschine: Drehstromgenerator auf Kurbelzapfen, Leistung 380 Watt (32 Ampere) bei 3600/min

Sicherungen in den Modelljahren 2007 bis 2013:
Hauptsicherung 30 Ampere direkt an der Batterie

Belegung im Sicherungskasten, Stärken
Zündung (Ignition) .... 15 Ampere
Beleuchtung (Lights) .... 15 Ampere
Nebenverbraucher (Accessory) .... 15 Ampere
Steuergerät ECM (ECM) .... 15 Ampere
Batterie (Battery) .... 15 Ampere
Ersatzsicherung .... 15 Ampere
(...) = Bezeichnung auf dem Deckel des Sicherungskastens

Sicherungen ab Modelljahr 2014 links neben der Batterie im Sicherungsblock:
Hauptsicherung .... 40 Ampere
P & A (= Parts & Accessories, Nebenverbraucher) .... 15 Ampere
Batterie .... 10 Ampere

BELEUCHTUNG

Lampen
Fern-/Abblendlichtlampe .... 12 Volt 60/55 Watt (H4)
Standlichtlampe .... 12 Volt/4 Watt
Blinklampen
vorne .... 12 Volt/21 Watt (2 Stück)
hinten .... 12 Volt/21 Watt (2 Stück)
■ *nicht bei Forty-Eight, Nightster und Seventy-Two*
Blinklampen hinten bei Forty-Eight, Nightster und Seventy-Two .... LED
Kennzeichenlampe bei Forty-Eight, Nightster und Seventy-Two .... 12 Volt/5 Watt
Rück-/Bremslicht bei Custom bis Mj. 2010, Low, Roadster und Super Low .... 12 Volt 25/7 Watt
Rück-/Bremslicht bei Forty-Eight, Nightster und Seventy-Two ..... LED (in den Blinkern)
Rück-/Bremslicht bei Custom ab Mj. 2011, Custom Anniversary und Limited Edition CA und CB .... LED
Instrumentenbeleuchtung .... LED

Warn-/Kontrollleuchten bis Mj. 2013 für Motorelektronik, Motortemperatur, Benzinstand/Reserve, Batterieleuchte (Ladekontrollleuchte), Wegfahrsperre, Blinker, Fernlicht, Leerlauf und Öldruck .... LED

Warn-/Kontrollleuchten ab Mj. 2014 für Motorelektronik, Benzinstand/Reserve, Batterieleuchte (Ladekontrollleuchte), Sicherheitssystem, ABS, Blinker, Fernlicht, Leerlauf und Öldruck .... LED

Custom XL 1200 C
Modelljahre 2007 bis 2010

Gewicht vollgetankt .... 270 kg
Erlaubte Zuladung .... 183,6 kg
Zulässiges Gesamtgewicht ... 453,6 kg

TELEGABEL

Standrohr-Ø 39 mm. Federweg des Vorderrads:
■ 141 mm im Modelljahr 2007
■ 145 mm in den Mj. 2008 bis 2010

Gabelöl, Menge: Harley-Davidson Typ E. Menge 342 cm³ pro Holm. Ölstand 146 mm, gemessen von Oberkante des Gabelstandrohres, das zur Messung ganz in das Gabeltauchrohr eingeschoben ist, Gabeltragfeder ist nicht eingesetzt.

Einbaumaß: Überstand der Standrohre 10,7 bis 12,7 mm über der oberen Gabelbrücke

HINTERRADFEDERUNG

Zweiarmschwinge aus Stahl. Federweg des Hinterrads:
■ 61 mm im Modelljahr 2007
■ 54 mm in den Mj. 2008 bis 2010

Federbeine: Zwei hydraulisch gedämpfte Federbeine, Länge 297,5 mm. Federvorspannung 5-fach einstellbar

RÄDER UND REIFEN

Räder: vorne Speichenrad, hinten Scheibenrad, zulässiger Schlag radial und axial .... max. 0,76 mm

Felgengrößen: vorne T21 x 2,15 TLA
hinten T16 x 3,00 MT

Reifen:
■ vorne mit Schlauch MH 90-21 M/C 54H
■ hinten schlauchlos 150/80 B16 M/C 71H

Reifenluftdrücke bei kalten Reifen:
■ Vorderrad 2,1 bar
■ Hinterrad 2,8 bar

BREMSEN

Bremse vorne: Schwimmsattel mit zwei Kolben, gelochte Bremsscheibe, Ø 292 mm.

Bremse hinten: Schwimmsattel mit einem Kolben, gelochte Bremsscheibe, Ø 292 mm

Bremsflüssigkeit .... DOT 4

Verschleißmaße
Bremsbelagdicke .... min. 1,02 mm
Scheibendicke vorne .... min. 4,57 mm
hinten .... min. 5,21 mm
Scheibenschlag .... maximal 0,20 mm

Custom XL 1200 C
Modelljahre 2011 bis 2015

Gewicht vollgetankt .... 264 kg
Erlaubte Zuladung .... 189,6 kg
Zulässiges Gesamtgewicht .. 453,6 kg

TELEGABEL

Standrohr-Ø 39 mm. Federweg des Vorderrads 105 mm

Gabelöl, Menge: Harley-Davidson Gabelöl Typ E, Menge 366 cm³ pro Holm. Ölstand 120 mm, gemessen von Oberkante des Gabelstandrohres, das zur Messung ganz in das Gabeltauchrohr eingeschoben ist, Gabeltragfeder ist nicht eingesetzt.

Einbaumaß: Überstand der Standrohre 10,7 bis 12,7 mm über der oberen Gabelbrücke

HINTERRADFEDERUNG

Zweiarmschwinge aus Stahl. Federweg des Hinterrads .... 54 mm

Federbeine: Zwei hydraulisch gedämpfte Federbeine, Länge 297,5 mm. Federvorspannung 5-fach einstellbar

RÄDER UND REIFEN

Räder: Speichenräder oder Gussräder, zulässiger Schlag radial und axial .... max. 0,76 mm

Felgengrößen
- Speichenräder:
  vorne T16 x 3,00 D
  hinten T16 x 3,00 D
- Gussräder:
  vorne T16 x 3,00 MT
  hinten T16 x 3,00 MT

Reifen
- Speichenräder: Reifen mit Schlauch:
  vorne 130/90 B16 M/C 72H
  hinten 150/80 B16 M/C 77H
- Gussräder: Schlauchlosreifen:
  vorne 130/90 B16 M/C 72H
  hinten 150/80 B16 M/C 77H

Reifenluftdrücke bei kalten Reifen:
- Vorderrad 2,5 bar
- Hinterrad 2,8 bar

BREMSEN

Bremse vorne: Schwimmsattel mit zwei Kolben, ab Mj. 2014 mit ABS. Gelochte Bremsscheibe:
- Ø 292 mm in den Mj. 2011 bis 2013
- Ø 300 mm in den Mj. 2014 und 2015.

Bremse hinten: Schwimmsattel mit einem Kolben in den Modelljahren 2011 bis 2013. Festsattel mit zwei Kolben bei ABS in den Mj. 2014 und 2015. Gelochte Bremsscheibe, Ø 260 mm

Bremsflüssigkeit .... DOT 4

Verschleißmaße
Bremsbelagdicke .... min. 1,02 mm
Scheibendicke minimal noch zulässig:
vorne Mj. 2011 bis 2013...... 5,08 mm
hinten Mj. 2011 bis 2013..... 5,84 mm
vorne Mj. 2014 und 2015 ...... 4,5 mm
hinten Mj. 2014 und 2015...... 6,5 mm
Scheibenschlag.......... maximal 0,20 mm

Custom XL 1200 C Anniversary 110th
Modelljahr 2013

Gewicht vollgetankt .... 270 kg
Erlaubte Zuladung .... 183,6 kg
Zulässiges Gesamtgewicht ... 453,6 kg

TELEGABEL

Standrohr-Ø 39 mm. Federweg des Vorderrads 105 mm

Gabelöl, Menge: Harley-Davidson Gabelöl Typ E, Menge 366 cm³ pro Holm. Ölstand 125 mm, gemessen von Oberkante des Gabelstandrohres, das zur Messung ganz in das Gabeltauchrohr eingeschoben ist, Gabeltragfeder ist nicht eingesetzt.

Einbaumaß: Überstand der Standrohre 10,7 bis 12,7 mm über der oberen Gabelbrücke

HINTERRADFEDERUNG

Zweiarmschwinge aus Stahl. Federweg des Hinterrads .... 54 mm

Federbeine: Zwei hydraulisch gedämpfte Federbeine, Länge 297,5 mm. Federvorspannung 5-fach einstellbar

RÄDER UND REIFEN

Räder: Gussräder, zulässiger Schlag radial und axial .... max. 0,76 mm

Felgengrößen: vorne T16 x 3,00 MT
hinten T16 x 3,00 MT

Reifen Schlauchlosreifen:
- vorne 130/90 B16 M/C 72H
- hinten 150/80 B16 M/C 77H

Reifenluftdrücke bei kalten Reifen:
- Vorderrad 2,5 bar
- Hinterrad 2,8 bar

BREMSEN

Bremse vorne: Schwimmsattel mit zwei Kolben, gelochte Bremsscheibe, Ø 292 mm

Bremse hinten: Schwimmsattel mit einem Kolben, gelochte Bremsscheibe, Ø 260 mm

Bremsflüssigkeit .... DOT 4

Verschleißmaße
Bremsbelagdicke .... min. 1,02 mm
Scheibendicke vorne........ min. 5,08 mm
hinten.......................... min. 5,84 mm
Scheibenschlag.......... maximal 0,20 mm

Custom XL 1200 C
ab Modelljahr 2016

Gewicht vollgetankt .... 266 kg
Erlaubte Zuladung .... 188 kg
Zulässiges Gesamtgewicht ...... 454 kg

TELEGABEL

Standrohr-Ø 39 mm, linkes Gabelbein mit Cartridge-Patrone. Federweg des Vorderrads 105 mm

Gabelöl, Menge: Harley-Davidson Gabelöl Typ E, Menge nicht angegeben. Ölstand im rechten Gabelbein 120 mm, im linken Gabelbein 142 mm, gemessen von Oberkante des Gabelstandrohres, das zur Messung ganz in das Gabeltauchrohr eingeschoben ist, Gabeltragfeder ist nicht eingesetzt.

Einbaumaß: Überstand der Standrohre 10,7 bis 12,7 mm über der oberen Gabelbrücke

HINTERRADFEDERUNG

Zweiarmschwinge aus Stahl. Federweg des Hinterrads .... 54 mm

Federbeine: Zwei hydraulisch gedämpfte Federbeine, Länge 297,5 mm. Federvorspannung stufenlos einstellbar

RÄDER UND REIFEN

Räder: Speichenräder, zulässiger Schlag radial und axial..... max. 0,76 mm

Felgengrößen: vorne T16 x 3,00 D
hinten T16 x 3,00 D

Reifen mit Schlauch:
- vorne 130/90 B16 M/C 72H
- hinten 150/80 B16 M/C 77H

Reifenluftdrücke bei kalten Reifen:
- Vorderrad 2,5 bar
- Hinterrad 2,8 bar

BREMSEN

Bremse vorne: mit ABS, Schwimmsattel mit zwei Kolben, gelochte Bremsscheibe, Ø 300 mm

Bremse hinten: mit ABS, Festsattel mit zwei Kolben, gelochte Bremsscheibe, Ø 260 mm

Bremsflüssigkeit .... DOT 4

Verschleißmaße
Bremsbelagdicke .... min. 1,02 mm
Scheibendicke vorne.......... min. 4,5 mm
hinten............................ min. 6,5 mm
Scheibenschlag.......... maximal 0,20 mm

Custom Limited ED XL 1200 CA
Modelljahre 2013 bis 2016

Gewicht vollgetankt .... 268 kg
Erlaubte Zuladung .... 186 kg
Zulässiges Gesamtgewicht ...... 454 kg

TELEGABEL

Standrohr-Ø 39 mm, ab Mj. 2016 linkes Gabelbein mit Cartridge-Patrone. Federweg des Vorderrads 105 mm

Gabelöl, Menge: Harley-Davidson Gabelöl Typ E. Menge pro Holm:
- 366 cm³ in den Mj. 2013 bis 2015
- nicht angegeben ab Mj. 2016

Ölstand, gemessen von Oberkante des Gabelstandrohres, das zur Messung ganz in das Gabeltauchrohr eingeschoben ist, Gabeltragfeder ist nicht eingesetzt:
- 120 mm in den Mj. 2013 bis 2015
- 120 mm im rechten Gabelbein, 142 mm im linken Gabelbein im Mj. 2016

Einbaumaß: Überstand der Standrohre 10,7 bis 12,7 mm über der oberen Gabelbrücke

HINTERRADFEDERUNG

Zweiarmschwinge aus Stahl. Federweg des Hinterrads .... 54 mm

Federbeine: Zwei hydraulisch gedämpfte Federbeine, Länge 297,5 mm. Federvorspannung:
- 5-fach einstellbar Mj. 2013 bis 2015
- Stufenlos einstellbar im Mj. 2016

RÄDER UND REIFEN

Räder: 5-Speichen-Gussräder, zulässiger Schlag radial und axial.......................... max. 0,76 mm

Felgengrößen: vorne T16 x 3,00 MT
hinten T16 x 3,00 MT

Reifen Schlauchlosreifen:
- vorne 130/90 B16 M/C 72H
- hinten 150/80 B16 M/C 77H

Reifenluftdrücke bei kalten Reifen:
- Vorderrad 2,5 bar
- Hinterrad 2,8 bar

BREMSEN

Bremse vorne: Schwimmsattel mit zwei Kolben. Mit ABS ab Mj. 2014. Gelochte Bremsscheibe:
- Ø 292 mm im Mj. 2013
- Ø 300 mm in den Mj. 2014 bis 2016

Bremse hinten: Schwimmsattel mit einem Kolben im Mj. 2013. Mit ABS ab Mj. 2014 Festsattel mit zwei Kolben. Gelochte Bremsscheibe, Ø 260 mm

Bremsflüssigkeit .... DOT 4

Verschleißmaße
Bremsbelagdicke .... min. 1,02 mm
Scheibendicke minimal noch zulässig:
vorne Mj. 2013 .... 5,08 mm
hinten Mj. 2013 .... 5,84 mm
vorne ab Mj. 2014 .... 4,5 mm
hinten ab Mj. 2014................. 6,5 mm
Scheibenschlag.......... maximal 0,20 mm

Custom Limited ED XL 1200 CB
ab Modelljahr 2013

Gewicht vollgetankt .... 272 kg
Erlaubte Zuladung .... 182 kg
Zulässiges Gesamtgewicht ...... 454 kg

TELEGABEL

Standrohr-Ø 39 mm, ab Mj. 2016 linkes Gabelbein mit Cartridge-Patrone. Federweg des Vorderrads 105 mm

Gabelöl, Menge: Harley-Davidson Gabelöl Typ E. Menge pro Holm:
- 366 cm³ in den Mj. 2013 bis 2015
- nicht angegeben ab Mj. 2016

Ölstand, gemessen von Oberkante des Gabelstandrohres, das zur Messung ganz in das Gabeltauchrohr eingeschoben ist, Gabeltragfeder ist nicht eingesetzt:
- 120 mm in den Mj. 2013 bis 2015
- ab Mj. 2016: 120 mm im rechten Gabelbein, 142 mm im linken Gabelbein

Einbaumaß: Überstand der Standrohre 10,7 bis 12,7 mm über der oberen Gabelbrücke

HINTERRADFEDERUNG

Zweiarmschwinge aus Stahl. Federweg des Hinterrads .... 54 mm

Federbeine: Zwei hydraulisch gedämpfte Federbeine, Länge 297,5 mm. Federvorspannung:
- 5-fach einstellbar Mj. 2013 bis 2015
- Stufenlos einstellbar ab Mj. 2016

RÄDER UND REIFEN

Räder: Speichenräder, zulässiger Schlag radial und axial..... max. 0,76 mm

Felgengrößen: vorne T16 x 3,00 D
hinten T16 x 3,00 D

Reifen mit Schlauch:
- vorne 130/90 B16 M/C 72H
- hinten 150/80 B16 M/C 77H

Reifenluftdrücke bei kalten Reifen:
- Vorderrad 2,5 bar
- Hinterrad 2,8 bar

BREMSEN

Bremse vorne: Schwimmsattel mit zwei Kolben, mit ABS ab Mj. 2014. Gelochte Bremsscheibe:
- Ø 292 mm im Mj. 2013
- Ø 300 mm ab Mj. 2014

Bremse hinten: Schwimmsattel mit einem Kolben im Mj. 2013. Mit ABS ab Mj. 2014 Festsattel mit zwei Kolben. Gelochte Bremsscheibe, Ø 260 mm

Bremsflüssigkeit .... DOT 4

Verschleißmaße
Bremsbelagdicke .... min. 1,02 mm
Scheibendicke minimal noch zulässig:
vorne im Mj. 2013................ 5,08 mm
hinten im Mj. 2013.............. 5,84 mm
vorne ab Mj. 2014 .... 4,5 mm
hinten ab Mj. 2014................ 6,5 mm
Scheibenschlag.......... maximal 0,20 mm

Forty-Eight XL 1200 X
ab Modelljahr 2010

Gewicht vollgetankt .... 257 kg
Erlaubte Zuladung .... 197 kg
Zulässiges Gesamtgewicht ...... 454 kg

TELEGABEL

Standrohr-Ø 39 mm (Mj. 2010 bis 2015), ab Mj. 2016 Standrohr-Ø 49 mm und linkes Gabelbein mit Cartridge-Patrone. Federweg des Vorderrads 92 mm

Gabelöl, Menge: Harley-Davidson Gabelöl Typ E. Menge pro Holm:
- 337 cm³ in den Mj. 2013 bis 2015
- ab Mj. 2016 nicht angegeben

Ölstand, gemessen von Oberkante des Gabelstandrohres, das zur Messung ganz in das Gabeltauchrohr eingeschoben ist, Gabeltragfeder ist nicht eingesetzt:
- 161 mm in den Mj. 2010 bis 2015
- 161 mm im rechten Gabelbein, 123 mm im linken Gabelbein im Mj. 2016

Einbaumaß: Überstand der Standrohre 10,7 bis 12,7 mm über der oberen Gabelbrücke

HINTERRADFEDERUNG

Zweiarmschwinge aus Stahl. Federweg des Hinterrads .... 54 mm

Federbeine: Zwei hydraulisch gedämpfte Federbeine
- Mj. 2010 bis 2015: Länge 297,5 mm, Federvorspannung 5-fach einstellbar
- ab Mj. 2016: Länge 285 mm, Federvorspannung stufenlos einstellbar

RÄDER UND REIFEN

Räder: Speichenräder in den Mj. 2010 bis 2015, Gussräder mit 9 Doppelspeichen ab Mj. 2016, zulässiger Schlag radial und axial .... max. 0,76 mm

Felgengrößen: vorne T16 x 3,00 D
hinten T16 x 3,00 D

Reifen:
- Mj. 2010 bis 2015 mit Schlauch:
  vorne 130/90 B16 M/C 72H
  hinten 150/80 B16 M/C 77H
- ab Mj. 2016 Schlauchlosreifen:
  vorne 130/90 B16 M/C 72H
  hinten 150/80 B16 M/C 77H

Reifenluftdrücke bei kalten Reifen:
- Vorderrad 2,5 bar
- Hinterrad 2,8 bar

BREMSEN

Bremse vorne: Schwimmsattel mit zwei Kolben. Mit ABS ab Mj. 2014. Gelochte Bremsscheibe:
- Ø 292 mm in den Mj. 2010 bis 2013
- Ø 300 mm ab Mj. 2014

Bremse hinten: Schwimmsattel mit einem Kolben in den Mj. 2010 bis 2013. Mit ABS ab Mj. 2014 Festsattel mit zwei Kolben.
Gelochte Bremsscheibe:
- Ø 292 mm im Mj. 2010
- Ø 260 mm ab Mj. 2011

Bremsflüssigkeit .... DOT 4

Verschleißmaße
Bremsbelagdicke .... min. 1,02 mm
Scheibendicke minimal noch zulässig:
vorne im Mj. 2010 .... 4,57 mm
hinten im Mj. 2010 .... 5,21 mm
vorne Mj. 2011 bis 2013 ...... 5,08 mm
hinten Mj. 2011 bis 2013 ..... 5,84 mm
vorne ab Mj. 2014 .... 4,5 mm
hinten ab Mj. 2014 .... 6,5 mm
Scheibenschlag maximal 0,20 mm

Low XL 1200 L
Modelljahre 2007 bis 2009

Gewicht vollgetankt .... 260 kg
Erlaubte Zuladung .... 194 kg
Zulässiges Gesamtgewicht ...... 454 kg

TELEGABEL

Standrohr-Ø 39 mm. Federweg des Vorderrads:
- 141 mm im Mj. 2007
- 105 mm in den Mj. 2008 und 2009

Gabelöl, Menge: Harley-Davidson Gabelöl Typ E. Menge 364 cm³ pro Holm. Ölstand 122 mm, gemessen von Oberkante des Gabelstandrohres, das zur Messung ganz in das Gabeltauchrohr eingeschoben ist, Gabeltragfeder ist nicht eingesetzt.

Einbaumaß: Überstand der Standrohre 10,7 bis 12,7 mm über der oberen Gabelbrücke

HINTERRADFEDERUNG

Zweiarmschwinge aus Stahl. Federweg des Hinterrads:
- 61 mm im Mj. 2007
- 54 mm in den Mj. 2008 und 2009

Federbeine: Zwei hydraulisch gedämpfte Federbeine, Länge 297,5 mm. Federvorspannung 5-fach einstellbar

RÄDER UND REIFEN

Räder: Speichenräder, zulässiger Schlag radial und axial .... max. 0,76 mm

Felgengrößen: vorne T19 x 2,15 MT
hinten T16 x 3,00 D

Reifen mit Schlauch:
- vorne 100/90-19 M/C 57H
- hinten 150/80 B16 M/C 77H

Reifenluftdrücke bei kalten Reifen:
- Vorderrad 2,1 bar
- Hinterrad 2,8 bar

BREMSEN

Bremse vorne: Schwimmsattel mit zwei Kolben, gelochte Bremsscheibe Ø 292 mm

Bremse hinten: Schwimmsattel mit einem Kolben, gelochte Bremsscheibe Ø 292 mm

Bremsflüssigkeit .... DOT 4

Verschleißmaße
Bremsbelagdicke .... min. 1,02 mm
Scheibendicke vorne .... min. 4,57 mm
hinten .... min. 5,21 mm
Scheibenschlag .... maximal 0,20 mm

Nightster XL 1200 N
Modelljahre 2008 bis 2012

Gewicht vollgetankt .... 260 kg
Erlaubte Zuladung .... 194 kg
Zulässiges Gesamtgewicht ...... 454 kg

TELEGABEL

Standrohr-Ø 39 mm. Federweg des Vorderrads 92 mm

Gabelöl, Menge: Harley-Davidson Gabelöl Typ E. Menge 401 cm^3 pro Holm. Ölstand 79 mm, gemessen von Oberkante des Gabelstandrohres, das zur Messung ganz in das Gabeltauchrohr eingeschoben ist, Gabeltragfeder ist nicht eingesetzt.

Einbaumaß: Überstand der Standrohre 10,7 bis 12,7 mm über der oberen Gabelbrücke

HINTERRADFEDERUNG

Zweiarmschwinge aus Stahl. Federweg des Hinterrads .... 41 mm

Federbeine: Zwei hydraulisch gedämpfte Federbeine, Länge 339,5 mm. Federvorspannung 5-fach einstellbar

RÄDER UND REIFEN

Räder: Speichenräder, zulässiger Schlag radial und axial ..... max. 0,76 mm

Felgengrößen: vorne T19 x 2,15 MT
hinten T16 x 3,0 D

Reifen mit Schlauch:
- vorne 100/90-19 M/C 57H
- hinten 150/80 B16 M/C 77H

Reifenluftdrücke bei kalten Reifen:
- Vorderrad 2,1 bar
- Hinterrad 2,8 bar

BREMSEN

Bremse vorne: Schwimmsattel mit zwei Kolben, gelochte Bremsscheibe Ø 292 mm

Bremse hinten: Schwimmsattel mit einem Kolben. Gelochte Bremsscheibe:
- Ø 292 mm in den Mj. 2008 bis 2010
- Ø 260 mm in den Mj. 2011 und 2012

Bremsflüssigkeit .... DOT 4

Verschleißmaße
Bremsbelagdicke .... min. 1,02 mm
Scheibendicke minimal noch zulässig:
vorne Mj. 2008 bis 2010...... 4,57 mm
hinten Mj. 2008 bis 2010..... 5,21 mm
vorne Mj. 2011 und 2012 .... 5,08 mm
hinten Mj. 2011 und 2012.... 5,84 mm
Scheibenschlag.......... maximal 0,20 mm

Roadster XL 1200 R
Modelljahre 2007 und 2008

Gewicht vollgetankt .... 260 kg
Erlaubte Zuladung .... 194 kg
Zulässiges Gesamtgewicht ...... 454 kg

TELEGABEL

Standrohr-Ø 39 mm. Federweg des Vorderrads:
- 141 mm im Mj. 2007
- 145 mm im Mj. 2008

Gabelöl, Menge: Harley-Davidson Gabelöl Typ E. Menge 366 cm^3 pro Holm. Ölstand 125 mm, gemessen von Oberkante des Gabelstandrohres, das zur Messung ganz in das Gabeltauchrohr eingeschoben ist, Gabeltragfeder ist nicht eingesetzt.

Einbaumaß: Überstand der Standrohre 10,7 bis 12,7 mm über der oberen Gabelbrücke

HINTERRADFEDERUNG

Zweiarmschwinge aus Stahl. Federweg des Hinterrads:
- 104 mm im Mj. 2007
- 94 mm im Mj. 2008

Federbeine: Zwei hydraulisch gedämpfte Federbeine, Länge 297,5 mm. Federvorspannung 5-fach einstellbar

RÄDER UND REIFEN

Räder: Speichenräder, zulässiger Schlag radial und axial .... max. 0,76 mm

Felgengrößen: vorne T19 x 2,15 MT
hinten T16 x 3,00 D

Reifen mit Schlauch:
- vorne 100/90-19 M/C 57H
- hinten 150/80 B16 M/C 77H

Reifenluftdrücke bei kalten Reifen:
- Vorderrad 2,1 bar
- Hinterrad 2,8 bar

BREMSEN

Bremse vorne: Schwimmsättel mit zwei Kolben, zwei gelochte Bremsscheiben Ø 292 mm

Bremse hinten: Bremssattel mit einem Kolben, gelochte Bremsscheibe Ø 292 mm

Bremsflüssigkeit .... DOT 4

Verschleißmaße
Bremsbelagdicke .... min. 1,02 mm
Scheibendicke vorne .... min. 4,57 mm
hinten .... min. 5,21 mm
Scheibenschlag .... maximal 0,20 mm

Roadster XL 1200 CX
ab Modelljahr 2016

Gewicht vollgetankt .... 259 kg
Erlaubte Zuladung .... 195 kg
Zulässiges Gesamtgewicht ...... 454 kg

TELEGABEL

Upside-Down-Telegabel, Tauchrohr-Ø 43 mm. Federweg des Vorderrads 114 mm

Gabelöl, Menge: Harley-Davidson Großkolben-Gabelöl. Menge 580 cm^3 pro Holm. Ölstand 45 mm, gemessen von Oberkante des Gabelstandrohres, das zur Messung ganz auf das Gabeltauchrohr geschoben ist, Gabeltragfeder ist nicht eingesetzt.

Einbaumaß: Überstand der Standrohre 9,86 bis 11,88 mm über der oberen Gabelbrücke

HINTERRADFEDERUNG

Zweiarmschwinge aus Stahl. Federweg des Hinterrads .... 83 mm

Federbeine: Zwei hydraulisch gedämpfte Federbeine, Länge 297,5 mm. Federvorspannung stufenlos einstellbar

RÄDER UND REIFEN

Räder: Gussräder, zulässiger Schlag radial und axial .... max. 0,76 mm

Felgengrößen: vorne T19 x 3,00 MT
hinten T18 x 4,25 MT

Reifen Schlauchlosreifen:
- vorne 120/70 ZR19 M/C 60W
- hinten 150/70 B18 M/C 76H

Reifenluftdrücke bei kalten Reifen:
- Vorderrad 2,5 bar
- Hinterrad 2,9 bar

BREMSEN

Bremse vorne: mit ABS, Schwimmsättel mit zwei Kolben, zwei gelochte Bremsscheiben Ø 300 mm

Bremse hinten: mit ABS, Festsattel mit zwei Kolben, gelochte Bremsscheibe Ø 260 mm

Bremsflüssigkeit .... DOT 4

Verschleißmaße
Bremsbelagdicke .... min. 1,02 mm
Scheibendicke vorne ...... min. 4,5 mm
hinten .... min. 6,5 mm
Scheibenschlag .... maximal 0,20 mm

Seventy-Two XL 1200 V
Modelljahr 2012 bis 2016

Gewicht vollgetankt .... 254 kg
Erlaubte Zuladung .... 200 kg
Zulässiges Gesamtgewicht ...... 454 kg

TELEGABEL

Standrohr-Ø 39 mm, ab Mj. 2016 linkes Gabelbein mit Cartridge-Patrone. Federweg des Vorderrads:
- 145 mm in den Mj. 2012 bis 2015
- 140 mm ab Mj. 2016

Gabelöl, Menge: Harley-Davidson Gabelöl Typ E. Menge pro Holm:
- 366 cm^3 in den Mj. 2012 bis 2015
- nicht angegeben im Mj. 2016

Ölstand, gemessen von Oberkante des Gabelstandrohres, das zur Messung ganz in das Gabeltauchrohr eingeschoben ist, Gabeltragfeder ist nicht eingesetzt:
- 125 mm in den Mj. 2012 bis 2015
- 125 mm im rechten Gabelbein, 168 mm im linken Gabelbein im Mj. 2016

Einbaumaß: Überstand der Standrohre 10,7 bis 12,7 mm über der oberen Gabelbrücke

HINTERRADFEDERUNG

Zweiarmschwinge aus Stahl. Federweg des Hinterrads .... 54 mm

Federbeine: Zwei hydraulisch gedämpfte Federbeine, Länge 297,5 mm. Federvorspannung:
- 5-fach einstellbar Mj. 2012 bis 2015
- Stufenlos einstellbar ab Mj. 2016

RÄDER UND REIFEN

Räder: Speichenräder, zulässiger Schlag radial und axial..... max. 0,76 mm

Felgengrößen: vorne T21 x 2,15 TLA
hinten T16 x 3,00 D

Reifen mit Schlauch:
- vorne MH 90-21 M/C 54H
- hinten 150/80 B16 M/C 71H

Reifenluftdrücke bei kalten Reifen:
- Vorderrad 2,1 bar
- Hinterrad 2,8 bar

BREMSEN

Bremse vorne: Schwimmsattel mit zwei Kolben. Mit ABS ab Mj. 2014. Gelochte Bremsscheibe:
- Ø 292 mm in den Mj. 2012 und 2013
- Ø 300 mm ab Mj. 2014

Bremse hinten: Schwimmsattel mit einem Kolben in den Mj. 2012 und 2013. Mit ABS ab Mj. 2014, Festsattel mit zwei Kolben, gelochte Bremsscheibe Ø 260 mm

Bremsflüssigkeit........................ DOT 4

Verschleißmaße
Bremsbelagdicke .... min. 1,02 mm
Scheibendicke minimal noch zulässig:
vorne Mj. 2012 und 2013 .... 5,08 mm
hinten Mj. 2012 und 2013.... 5,84 mm
vorne ab Mj. 2014 .... 4,5 mm
hinten ab Mj. 2014................. 6,5 mm
Scheibenschlag.......... maximal 0,20 mm

Super Low XL 1200 T ab Modelljahr 2014

Gewicht vollgetankt .... 272 kg
Erlaubte Zuladung .... 183 kg
Zulässiges Gesamtgewicht ...... 455 kg

TELEGABEL

Standrohr-Ø 39 mm. Federweg des Vorderrads 105 mm

Gabelöl, Menge: Harley-Davidson Gabelöl Typ E. Menge pro Holm:
- 366 cm^3 in den Mj. 2014 und 2015
- nicht angegeben im Mj. 2016

Ölstand, gemessen von Oberkante des Gabelstandrohres, das zur Messung ganz in das Gabeltauchrohr eingeschoben ist, Gabeltragfeder ist nicht eingesetzt:
- 125 mm in den Mj. 2014 und 2015
- 114 mm im Mj. 2016

Einbaumaß: Überstand der Standrohre 10,7 bis 12,7 mm über der oberen Gabelbrücke

HINTERRADFEDERUNG

Zweiarmschwinge aus Stahl. Federweg des Hinterrads .... 54 mm

Federbeine: Zwei hydraulisch gedämpfte Federbeine, Länge 285 mm. Federvorspannung:
- 5-fach einstellbar Mj. 2014 und 2015
- Stufenlos über Einstell-Handrad einstellbar ab Mj. 2016

RÄDER UND REIFEN

Räder: Gussräder, zulässiger Schlag radial und axial .... max. 0,76 mm

Felgengrößen: vorne T18 x 3,5 MT
hinten T17 x 4,5 MT

Reifen Schlauchlosreifen:
- vorne 120/70 ZR18 M/C 59W
- hinten 150/70 ZR17 M/C 69W

Reifenluftdrücke bei kalten Reifen:
- Vorderrad 2,5 bar
- Hinterrad 2,9 bar

BREMSEN

Bremse vorne: Mit ABS, Schwimmsattel mit zwei Kolben, gelochte Bremsscheibe Ø 300 mm

Bremse hinten: Mit ABS, Festsattel mit zwei Kolben, gelochte Bremsscheibe, Ø 260 mm

Bremsflüssigkeit........................ DOT 4

Verschleißmaße
Bremsbelagdicke .... min. 1,02 mm
Scheibendicke vorne.......... min. 4,5 mm
hinten............................ min. 6,5 mm
Scheibenschlag.......... maximal 0,20 mm

Anziehdrehmomente

In diesem Kapitel sind die von Harley-Davidson vorgeschriebenen Anziehdrehmomentwerte für folgende Schraubverbindungen aufgelistet:

- Standard-Anziehdrehmomentwerte für Standard-Schrauben und -Muttern
- Bremsen: Schrauben, Muttern, Hohlschrauben, Gleitstifte
- Räder: Achsmuttern, Achsklemmschrauben, Nippel auf Speichen bei den Modellen mit Speichenrädern
- Telegabel und Lenkung: Klemmschrauben der Standrohre in den Gabelbücken, Gabeldeckelschrauben (»Standrohrstopfen«), Gabelöl-Ablassschrauben, Einstellschraube der Lenklagerung, Lenkerklemmschrauben, Klemmschrauben der Handarmaturen (Brems- und Kupplungshebel), Spiegelarme
- Federbeine und Schwinge: Schrauben und Muttern der Federbeinbefestigung an Rahmen und Schwinge, Schwingenlagerbolzen
- Kupplung und Primärkette: Klemmschrauben Kupplungshandhebel, Einsteller des Kupplungszugs, Schrauben für Kupplungsdeckel, Inspektionsdeckel und Primärkettenkasten, Kontermutter Primärkettenspanner, Mutter Primärkettenrad
- Schaltung und Getriebe: Schalthebel, Schaltgestänge
- Zahnriemen: Schrauben der Abdeckung, Riemenritzel (das ist das kleine Riemenrad auf der Getriebewelle) mit Sicherungsblech, Riemenrad an Hinterrad
- Tank und Rahmen: Tankbefestigung an Rahmen, Benzinpumpe im Tank, Fußrasten an Rahmen, Schutzbleche vorne und hinten, Motorhalterung und Motoraufhängung im Rahmen
- Auspuffanlage: Auspuffkrümmer an Zylinderkopf, kombiniertes Interferenzrohr und Auspuffhalterung an Rahmen, Hitzeschutzbleche an Auspuffkrümmer, Lambdasonde in den Auspuffkrümmern
- Zündanlage: Zündkerzen in Zylinderkopf, Zündspulen an Rahmen, Zündschloss an Rahmen
- Schmiersystem: Montagestellen bei Ölwechsel an Motor, Primärgehäuse und Getriebe
- Lichtmaschine und Anlasser: Stator, Rotor, Kabelösen, Batterie, Anlasserfreilauf, Magnetschalter
- Kraftstoffsystem: Gasdrehgriff, Gaszughalter, Luftfilter, Drosselklappe, Ansaugkrümmer
- Elektrische Bauteile und Beleuchtung
- Zylinderkopf, Kurbelgehäuse, Kurbelwelle

Bauteilbezeichnungen: Bei den Bezeichnungen der Bauteile, die in der Tabelle aufgeführt sind, richten wir uns weitgehend nach den Vorgaben von Harley-Davidson, sofern diese allgemein verständlich gehalten sind.

Andere Schrauben und Muttern als serienmäßig: Es kann auch durchaus sein, dass bei einer Harley Sportster, die gebraucht erstanden wurde und zuvor durch verschiedene Hände gegangen ist, andere Schrauben und Muttern als die serienmäßigen eingebaut sind. In Europa werden dann oft anstelle einer (verschlissenen) Zollschraube oder Zollmutter entsprechend metrische eingebaut. Falls in Motor, Getriebe, Kupplung, Fahrwerk oder der Ausstattung spezielle Zubehör- oder Tuningbauteile verwendet sind, die entweder von Harley-Davidson oder anderen Marken stammen, sind die Drehmomentangaben der Teilehersteller zu beachten; diese sind im Beipackzettel oder auf der Verpackung angegeben.

Warum ist ein bestimmtes Anziehdrehmoment nötig? Schraubverbindungen müssen mit einem festgelegten Drehmomentwert angezogen werden, damit die Bauteile sicher miteinander verbunden sind. Die genannten Werte müssen möglichst genau eingehalten werden, sonst besteht die Gefahr, dass sich die Schraubverbindung lockert (wenn zu lose angezogen) oder die Schrauben bzw. ihr Gegengewinde oder die Bauteile zu stark belastet werden (wenn zu fest angezogen) und sie dann im Betrieb reißen oder brechen.

Bei Harley-Davidson-Maschinen ist es sehr wichtig, dass Schrauben und Muttern mit den vorgeschriebenen Drehmomentwerten angezogen werden, weil die charakteristischen Vibrationen des V2-Motors für alle Schraubverbindungen eine große Belastung darstellen.

Sauberkeit: Eine wichtige Voraussetzung zum korrekten Anziehen aller Schrauben und Muttern ist, dass ihre Gewinde und Anlageflächen unbeschädigt und frei von Schmutz sind.

- Verschmutzte Gewinde NICHT mit einer Stahlbürste reinigen, denn die kann das Gewinde beschädigen. Benutzen Sie eine Messingbürste mit feinen Borsten (»Zündkerzenbürste«).

Beschädigte Gewinde: Schrauben und Muttern mit verrostetem oder beschädigtem Gewinde, defekten Schraubenköpfen bzw. Muttern-Außenseite müssen durch Neuteile ersetzt werden.

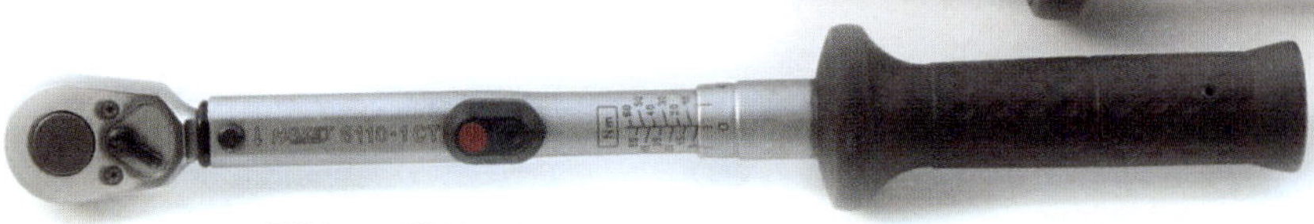

Bild 1: Kleiner (5 bis 50 Nm) und großer Drehmomentschlüssel (40 bis 200 Nm).

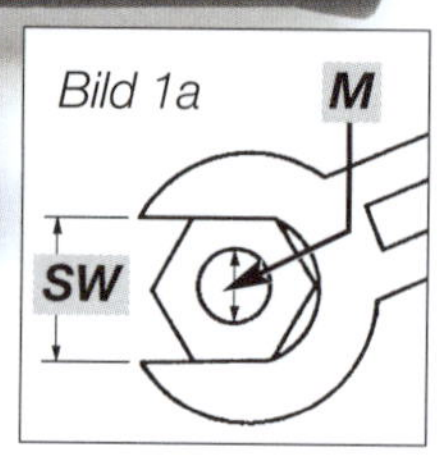

*Bild 1a: **SW** = Schlüsselweite und **M** = Gewindedurchmesser, beides wird entweder in Zoll oder Millimeter angegeben.*

Schmieren: Schraubverbindungen sollen vor dem Zusammenbau etwas geschmiert werden; dazu entweder frisches Motoröl verwenden oder Wälzlagerfett.

Flüssige Schraubensicherung, Dichtmasse:
An einigen Schraubverbindungen ist die Verwendung von flüssiger Schraubensicherung vorgeschrieben. Harley Davidson empfiehlt Produkte von »Loctite« in den Klebequalitäten:

- »mittelfest« Loctite 243
- »hochfest« Loctite 2701
- »hochfest und hochtemperaturbeständig« Loctite 272
- »flüssige Dichtmasse« Silikondichtmittel Loctite 5940

Am meisten benötigt wird »mittelfest« Loctite 243, diese vereint einerseits hohe Festigkeit im Betrieb mit der Möglichkeit des Lösens der Schraubverbindung ohne Zerstörung des Gewindes.

Vorarbeit: Ausgedrehte Schrauben, an denen Reste von Schraubensicherung oder Dichtmittel hängen, müssen vor dem Beträufeln mit frischem Loctite oder Dichtmittel gereinigt und entfettet werden. Verwenden Sie dazu eine Messingbürste und zur Unterstützung Bremsenreiniger oder Aceton.

Wenn eine Schraube vor dem Einbau speziell vorbehandelt werden muss, wird dieses nach der Bezeichnung des Bauteils mit dem Zeichen »■« besonders herausgestellt.

Anziehdrehmoment-Mittelwert:
In den internen Werkstatthandbüchern von Harley-Davidson werden die meisten Drehmomente mit einer weiten Spanne zwischen Minimal- und Maximalwert angegeben. In der Werkstattpraxis orientiert sich der Mechaniker am Zwischenwert. In diesem Buch sind die Harley-Angaben in Klammern (z. B. 81 bis 88 Nm) und der praxisnahe Zwischenwert von demnach 85 Nm nach der Auspunktierung am Zeilenende. Die Toleranz beträgt ± 5 Prozent.

Standard-Anziehdrehmomentwerte

Anziehdrehmomente für Zollschrauben und Zollmuttern:
1/4 Zoll .... 10 bis 12 Nm
5/16 Zoll .... 22 bis 24 Nm
3/8 Zoll .... 34 bis 38 Nm
7/16 Zoll .... 38 bis 42 Nm
1/2 Zoll .... 55 bis 60 Nm

Anziehdrehmomente für metrische Schrauben und Muttern:
M5 x 1 .... 5 Nm
M6 x 1 .... 10 Nm
M8 x 1,25 .... 25 Nm
M10 x 1,5 .... 45 Nm
M12 x 1,75 .... 55 Nm

Bremsen

Alle Vorderradbremsen ohne und mit ABS
Schrauben Bremssattel an Gabeltauchrohr (38,0 bis 51,5 Nm) .... 45 Nm
Bremsklotz-Haltestift (14,8 bis 19,5 Nm) .... 17 Nm
Entlüftungsventil im Bremssattel (4,0 bis 6,9 Nm) .... 5,5 Nm
Deckelschrauben Bremsflüssigkeits-Vorratsbehälter (1,0 bis 2,0 Nm) .... 1,5 Nm
Schrauben Halbschale Handbremshebel an Lenker (12,2 bis 14,9 Nm) .... 14 Nm
Schrauben Bremsscheibe an Radnabe (21,7 bis 32,6 Nm) .... 27 Nm
■ *Neue Schrauben verwenden*
Gelenkbolzen Handbremshebel (0,5 bis 1,5 Nm) .... 1 Nm
Kontermutter auf Gelenkbolzen Handbremshebel (4,9 bis 6,9 Nm) .... 6 Nm
Schraube Bremsleitung an obere Gabelbrücke (5,1 bis 7,4 Nm) .... 6 Nm

Vorderradbremse ohne ABS Mj. 2007 bis 2013
Kontermadenschraube Bremsklotz-Haltestift (2,0 bis 2,9 Nm) .... 2,5 Nm
Hohlschraube Bremsschlauchanschluss (27,1 bis 33,9 Nm) .... 30 Nm
Schrauben Bremsleitung an untere Gabelbrücke, Lenkschaftrohr (13,6 bis 19,0 Nm) .... 16 Nm

Vorderradbremse mit ABS ab Mj. 2014
Hohlschraube Bremsleitungsanschluss (19,0 bis 24,4 Nm) .... 22 Nm
Schrauben Verteiler Bremsleitung an untere Gabelbrücke (4,1 bis 5,4 Nm) .... 5 Nm
Überwurfmutter Bremsleitung (14,5 bis 19,5 Nm) .... 17 Nm
Befestigungsmutter Halteschelle der Bremsleitung (2,3 bis 3,4 Nm) .... 3 Nm

Alle Hinterradbremsen ohne und mit ABS
Schrauben Bremsscheibe an Radnabe (40,7 bis 61,1 Nm) .... 51 Nm
■ *Neue Schrauben verwenden*
Schrauben Bremshebel/Bremsstange an Bremspedal und Umlenkhebel (13,6 bis 20,4 Nm) .... 17 Nm
Mutter Druckstange für Fußbremszylinder (14,7 bis 19,6 Nm) .... 17 Nm
Schrauben in Befestigungsschellen Bremsleitung (3,4 bis 4,5 Nm) .... 4 Nm

Hinterradbremse Einkolben-Schwimmsattel ohne ABS
Bremsklotz-Haltestift (14,8 bis 19,5 Nm) .... 17 Nm
Kontermadenschraube an Bremsklotz-Haltestift (2,0 bis 2,9 Nm) .... 2,5 Nm
Entlüftungsventil im Bremssattel (4,0 bis 6,9 Nm) .... 5,5 Nm
Bremssattel-Gleitstift an Bremssattelhalterung (9,8 bis 14,7 Nm) .... 12 Nm

Bremssattel-Gleitstift an Bremssattel
(19,6 bis 24,5 Nm) ..... 22 Nm
Schrauben Bremszylinderhalterung
(23,1 bis 29,9 Nm) ..... 27 Nm
Schrauben Bremszylinder an
Halterung (23,1 bis 29,9 Nm) ..... 27 Nm
Hohlschraube Bremsschlauch-
anschluss (27,1 bis 33,9 Nm) ..... 30 Nm
Schraube Bremsflüssigkeits-Behälter
an Rahmen (2,3 bis 2,8 Nm) ..... 2,5 Nm
Bremslichtschalter an Bremsleitung (14,9 bis 18,9 Nm) ..... 17 Nm
Bremslichtschalter an Rahmen (8,1 bis 13,6 Nm) ..... 11 Nm
Schraube Bremslichtschalter an Batterie-
halteplatte (8,1 bis 13,6 Nm) ..... 11 Nm
Schraube Bremsleitung an Batterie-
halteplatte (3,4 bis 4,5 Nm) ..... 4 Nm

Hinterradbremse mit ABS Zweikolben-Festsattel

Schrauben Bremssattel an Brems-
sattelhalter (38,0 bis 51,5 Nm) ..... 45 Nm
Bremsklotz-Haltestift (14,8 bis 19,5 Nm) ..... 17 Nm
Entlüftungsventil im Bremssattel (3,6 bis 6,9 Nm) ..... 5,5 Nm
Deckelschrauben Bremsflüssig-
keitsbehälter (1,0 bis 2,0 Nm) ..... 1,5 Nm
Hohlschraube Bremsleitungsanschluss
(19,0 bis 24,4 Nm) ..... 22 Nm
Schrauben Bremszylinderhalterung (61 bis 68 Nm) ..... 65 Nm
Schrauben Bremszylinder an
Halterung (24,4 bis 29,9 Nm) ..... 27 Nm
Bremslichtschalter (1,4 bis 1,6 Nm) ..... 1,5 Nm
Schraube Bremsleitung an Schwinge (3,4 bis 4,5 Nm) ..... 4 Nm
Bremsleitungshalterung an Rahmen bei Modellen
ohne Soziusfußrasten (13,6 bis 20,3 Nm) ..... 17 Nm
Druckstangenbund an Einstellschraube an der
hinteren Bremspumpe (14,7 bis 19,6 Nm) ..... 17 Nm

ABS-Bauteile

Schrauben Halterung ABS-Hydraulikeinheit (EHCU)
an Rahmen (20,3 bis 24,4 Nm) ..... 22 Nm
Schrauben ABS-Hydraulikeinheit an
Halterung (5,8 bis 7,8 Nm) ..... 7 Nm

Vorder- und Hinterrad

Vorderradachsmutter (81 bis 88 Nm) ..... 85 Nm
Mutter Achsklemmschraube vorne (28,5 bis 36,6 Nm) ..... 33 Nm
Hinterachsmutter (129 bis 142 Nm) ..... 136 Nm
Nippel auf Speiche ..... 6,2 Nm
Mutter Reifenventil mit Schlauch (0,3 bis 0,8 Nm) ..... 0,5 Nm
Mutter Reifenventil ohne Schlauch (1,4 bis 1,7 Nm) ..... 1,5 Nm

Kupplung und Primärkette

Kontermutter im Einsteller Kupplungszug (13,6 Nm) ..... 14 Nm
Schraube unterer Kupplungseinsteller (4,1 bis 12,2 Nm) ..... 8 Nm
Schrauben im Kupplungsdeckel
bis Mj. 2015 (10,3 bis 13,6 Nm) ..... 12 Nm
ab Mj. 2016 (11,3 bis 13,6 Nm) ..... 12,5 Nm
■ *Anziehreihenfolge 1 bis 6 in Bild 4a beachten*
Zentralmutter Kupplungsnabe (67,8 bis 81,3 Nm) ..... 75 Nm
■ *Neue Mutter verwenden, Linksgewinde*
■ *Loctite »hochfest« an gereinigtes Gewinde*
Schrauben Primärdeckel (»Deckel Primärkettengehäuse«)
bis Mj. 2015 (11,3 bis 13,6 Nm) ..... 13 Nm
ab Mj. 2016 (13,6 bis 15,8 Nm) ..... 15 Nm
■ *Loctite »mittelfest« an gereinigtes Gewinde*
■ *Anziehreihenfolge 1 bis 16 in Bild 4b beachten*
Schrauben Inspektionsdeckel Primärkette
bis Mj. 2015 (10,2 bis 13,6 Nm) ..... 12 Nm
ab Mj. 2016 (11,3 bis 13,6 Nm) ..... 12 Nm
Sicherungs-/Kontermutter des Primärketten-
spanners (27,1 bis 33,9 Nm) ..... 31 Nm
Befestigungsmutter Primärkettenrad (326 bis 353 Nm) ..... 340 Nm
■ *Loctite »hochfest« an gereinigtes Gewinde*

Schaltung und Getriebe

Klemmschraube U-Halter Fußraste an
Rastenhalterung (17,6 bis 23,0 Nm) ..... 20 Nm
Schrauben Kugelgelenke an
Schalthebel (13,6 bis 20,4 Nm) ..... 17 Nm
Kontermuttern Kugelgelenke an
Schaltstange (9,5 bis 14,9 Nm) ..... 12 Nm

Bild 2a: Mutter Riemenritzel an Getriebewelle mit Voranzug 68 Nm festziehen, dann um weitere 30 bis 40 Grad anziehen.

Bild 2b: Zahnradhalter für Achsantrieb, Hauptwellen-Sicherungsmuttern- und Drehmomentschlüssel zur Montage benutzen.

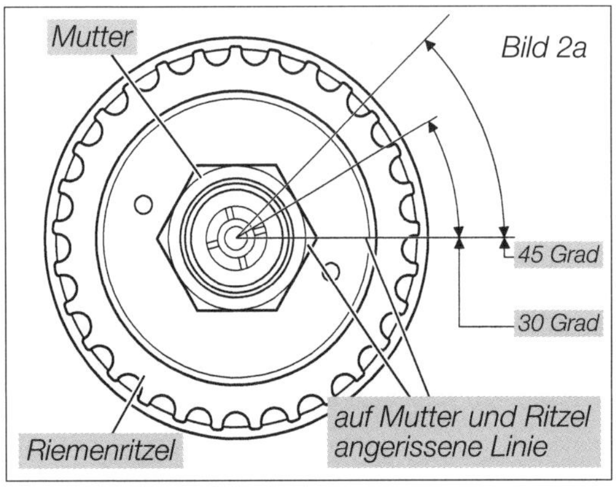

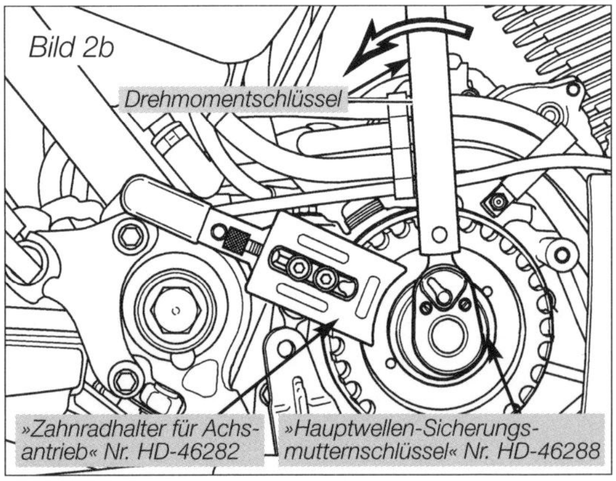

Klemmschraube Schalthebel (21,7 bis 27,1 Nm)............. 25 Nm
Schraube Fußgummi am Schalthebel (10,9 bis 16,3 Nm)... 14 Nm
■ *Loctite »mittelfest« an gereinigtes Gewinde*
Lagerschraube Arretierhebel (10,2 bis 12,4 Nm) .... 11 Nm
Schraube Vorgelegewelle (44,8 bis 50,2 Nm).................. 48 Nm
■ *Loctite »hochfest« auf Gewinde auftragen*

Zahnriemen

Schrauben Deckel Riemenritzel (9,0 bis 13,6 Nm)........... 11 Nm
■ *Lange Schraube oben, kurze unten*
Schraube Winkel für Schelle des hinteren Krümmers an Deckel Riemenritzel (40,7 bis 44,7 Nm).................. 43 Nm
Schrauben Zahnriemenabdeckung unten (4,1 bis 6,8 Nm) .. 6 Nm
Vordere Schraube oberer Zahnriemenschutz (13,6 bis 20,4 Nm) .... 17 Nm
Mutter Riemenritzel an Getriebewelle (Linksgewinde!)
■ *Loctite »hochfest« auf Gewinde auftragen*
■ *»Screamin Eagle Montagefett« auf Rückseite der Mutter auftragen*
■ *Voranzug 68 Nm, dann um weitere 30 bis 40 Grad anziehen (siehe Bild 2a)*
■ *Bild 2b: Bei Montage benutzen: Zahnradhalter für Achsantrieb (Teile Nr. HD-46282), Hauptwellen-Sicherungsmutternschlüssel (Teile Nr. HD-46288) und Drehmomentschlüssel*
Schrauben Sicherungsblech Riemenritzel (10,3 bis 13,6 Nm)................................ 12 Nm
Sicherungsmutter Primärkettenspanner (27,1 bis 33,9 Nm) .... 31 Nm
Schrauben Riemenzahnrad an Hinterrad .... 108 Nm
■ *Voranzug 81 Nm, dann Schrauben um eine halbe Umdrehung lösen, Endanzug 108 Nm*
■ *Schrauben jeweils über Kreuz anziehen*
■ *Neue Schrauben verwenden*

Tank

Tank
Schrauben/Muttern Tankbefestigung (20,4 bis 27,1 Nm).. 23 Nm
Schraube Benzinpumpenhalterung (2,1 bis 4,1 Nm) .... 3 Nm
Befestigungsschrauben Benzinpumpeneinheit (4,5 bis 5,1 Nm).. 4,8 Nm
■ *Anziehreihenfolge 1 bis 5 in Bild 3 beachten*

Telegabel und Lenkung

Standrohr-Klemmschrauben in oberer und unterer Gabelbrücke (40,7 bis 47,5 Nm)...................... 44 Nm
■ *Anziehreihenfolge bei XL 1200 CX und XL 1200 X ab Mj. 2016 in unterer Gabelbrücke: oben – unten – oben*
Gabeldeckel(schraube) in Gabelstandrohr
alle Modelle außer XL 1200 CX (29,9 bis 78,7 Nm*)...... 30 Nm
bei XL 1200 CX (29 bis 39 Nm*).................................. 35 Nm
Mutter Achsklemmschraube vorne (28,5 bis 36,6 Nm)..... 33 Nm
Lenkerschellenschrauben (16,3 bis 24,4 Nm).................. 20 Nm
Schraube Riserabdeckung (0,9 bis 1,4 Nm)................... 1,2 Nm
Schrauben Lenkerböcke (»Riser«) an obere Gabelbrücke (40,7 bis 54,3 Nm)........................ 48 Nm
Schrauben Chromabdeckung an untere Gabelbrücke bei XL 1200 V (13,5 bis 21,6 Nm) .... 17 Nm
Befestigungsschrauben rechte und linke Schaltereinheit (4,0 bis 5,1 Nm)................................. 4,5 Nm
Schrauben Schalter in Schaltereinheit (0,9 bis 1,9 Nm).. 1,5 Nm
Schrauben Halbschale Kupplungshebel und Handbremshebel (12,2 bis 14,9 Nm)......................... 14 Nm
Einstellschraube Lenklagerung (8,1 bis 10,9 Nm)........... 9,5 Nm
■ *Erstanzug (31,2 bis 36,6 Nm) 34 Nm, dann lösen, Endanzug (8,1 bis 10,9 Nm) 9,5 Nm*
Lenkschaft-Klemmschraube (40,7 bis 47,5 Nm)............... 44 Nm
Gabelöl-Ablassschraube (XL 1200 N, 1,5 bis 2,0 Nm) .... 2 Nm
Dämpferhalteschraube unten in Gabelbein
bis Mj. 2015 alle Modelle links und rechts (14,9 bis 24,4 Nm).. 20 Nm
ab Mj. 2016 alle Modelle rechts außer XL 1200 X, XL 1200 T alle Mj. links und rechts (14,9 bis 24,4 Nm).. 20 Nm
XL 1200 X ab Mj. 2016 rechte Seite (50 bis 60 Nm) ..... 55 Nm
■ *Neue Schraube und neue Dichtscheibe verwenden*
Halteschraube Dämpferpatrone unten in Gabelbein
ab Mj. 2016 linke Seite alle außer XL 1200 X und XL 1200 T (15 bis 25 Nm).................................... 20 Nm
Halteschraube Dämpferpatrone unten in Gabelbein
XL 1200 X links ab Mj. 2016 (30 bis 40 Nm)................ 35 Nm
■ *Neue Schraube und neue Dichtscheibe verwenden*
Kontermutter Gabeldeckelschraube an Dämpferpatrone ab Mj. 2016 linke Seite alle außer XL 1200 T, 17,5 bis 22,5 Nm).................................... 20 Nm

Bild 3: Befestigungsschrauben Benzinpumpeneinheit, Anziehreihenfolge 1 bis 5 beachten.

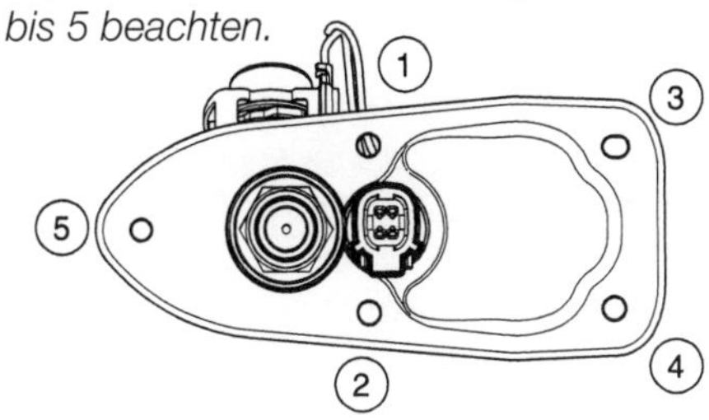

Bild 4a: Schrauben Kupplungsdeckel, Anziehreihenfolge 1 bis 6 beachten.

Bild 4b: Schrauben Primärdeckel, Anziehreihenfolge 1 bis 16 beachten.

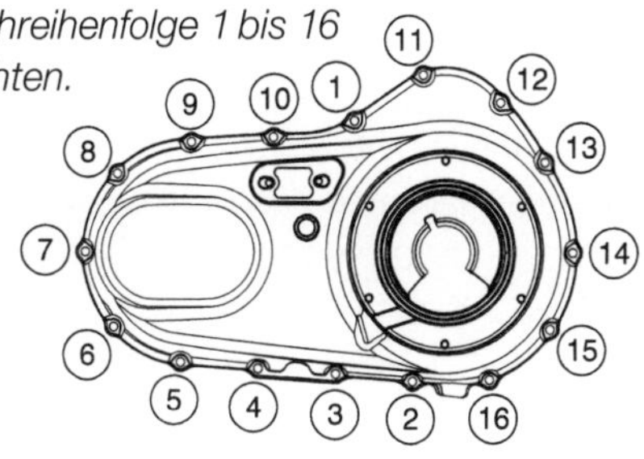

* = die angegebenen 78,7 Nm sind eindeutig zu viel

Vorderradschutzblech an Gabel alle außer XL 1200 X (10,9 bis 17,6 Nm) ... 14 Nm
Vorderradschutzblech an Gabelstabilisator bei XL 1200 X (3,4 bis 4,7 Nm) ... 4 Nm
Gabelstabilisator an Gabel bei XL 1200 X (25 bis 30 Nm) ... 28 Nm
Mutter Spiegelarm (10,9 bis 16,3 Nm) ... 14 Nm

Federbein und Schwinge

Schraube Federbein oben (61 bis 68 Nm) ... 65 Nm
■ *Loctite »mittelfest« an gereinigte Gewinde*
Mutter und Schraube Federbein unten (61 bis 68 Nm) ... 65 Nm
Bis Mj. 2013: Schwingenlagerbolzen (81,4 bis 95,0 Nm) ... 88 Nm
Ab Mj. 2014: Mutter auf Schwingenachse (162,7 bis 176,9 Nm) ... 170 Nm

Auspuffanlage

Muttern auf Stehbolzen Auspuffkrümmer an Zylinderkopf (10,9 bis 13,6 Nm) ... 12 Nm
Schraubschellen Hitzeschutz (2,3 bis 4,5 Nm) ... 3,5 Nm
Schraube Auspufftopf an Interferenzrohr (20,4 bis 25,8 Nm) ... 23 Nm
Mutter Halteschelle hinterer Krümmer (27,1 bis 40,7 Nm) ... 34 Nm
Schraube Winkel für Schelle des hinteren Krümmers an Deckel Riemenritzel (40,7 bis 44,7 Nm) ... 43 Nm
Lambdasonden in Krümmer
bis Mj. 2015 (39,3 bis 59,7 Nm) ... 50 Nm
ab Mj. 2016 (16,5 bis 19,3 Nm) ... 18 Nm
Mutter Torcaschellen Auspufftopf an Krümmer (51,6 bis 58,4 Nm) ... 55 Nm
Schrauben Auspuffhalterung an Motorgehäuse unter dem Riemenritzel (40,7 bis 44,8 Nm) ... 43 Nm
Schrauben Schalldämpferhalter an Auspuffhalterung (23,0 bis 27,1 Nm) ... 25 Nm
Schrauben Schalldämpfer an Halter (23,0 bis 27,1 Nm) ... 25 Nm
Schrauben Interferenzrohr an Motorgehäuse (40,7 bis 44,8 Nm) ... 43 Nm

Zündung

Zündkerzen (16,3 bis 24,4 Nm) ... 20 Nm
Schrauben Zündspulen an Halter (2,7 bis 8,1 Nm) ... 6 Nm
Schrauben Zündspulenhalter an Rahmen (4,0 bis 5,1 Nm) ... 5 Nm
Schraube Halterung Zündschloss (4,0 bis 5,1 Nm) ... 4,5 Nm
Mutter Zündschloss an Halter (8,1 bis 10,8 Nm) ... 9 Nm
CKP-Sensor (»Kurbelwellenpositions-Sensor«)
bis Mj. 2015 (10,3 bis 13,6 Nm) ... 12 Nm
ab Mj. 2016 (11,3 bis 13,6 Nm) ... 12 Nm

Schmiersystem

Ölfilter: Wenn der Filter leicht am Motorgehäuse anliegt, mit Gefühl eine 1/2 bis 3/4 Umdrehung weiter festziehen.
Ölfilteradapter an Kurbelgehäuse (24,4 bis 29,8 Nm) ... 27 Nm
■ *Loctite »mittelfest« an gereinigtes Gewinde*
Ölablassschraube unten im Primärkettenkasten (19,0 bis 40,7 Nm) ... 30 Nm
■ *Loctite 565 »Gewindedichtmittel« an gereinigtes Gewinde*
Schelle auf Ölablassschlauch (0,7 bis 1,1 Nm) ... 1 Nm
Öldruckschalter an Kurbelgehäuse (5,6 bis 7,9 Nm) ... 7 Nm
Deckelschrauben Ölpumpe (7,9 bis 9,0 Nm) ... 8,5 Nm
Schraube Ölpumpe an Kurbelgehäuse (14,1 bis 16,9 Nm) ... 16 Nm
Mutter Ölschlauch an Ölpumpenanschluss (9,6 bis 11,8 Nm) ... 11 Nm
Ölpumpenanschluss an Ölpumpe (11,3 bis 13,6 Nm) ... 12,5 Nm
Ölschlauch an Kurbelgehäuse (6,8 bis 10,2 Nm) ... 8,5 Nm
Befestigungsschrauben Öltank
bis Mj. 2015 (4,1 bis 6,8 Nm) ... 6 Nm
ab Mj. 2016 (8,1 bis 10,8 Nm) ... 10 Nm
Befestigungsschrauben Öltankhalterung (8,1 bis 10,8 Nm) ... 10 Nm

Lichtmaschine, Anlasser, Batterie

Schrauben Lichtmaschinenrotor an Primärkettenrad (13,6 bis 15,8 Nm) ... 15 Nm
■ *Loctite »mittelfest« an gereinigte Gewinde*
Schrauben Stator an Gehäuse (3,4 bis 4,5 Nm) ... 4 Nm
Schraube Kabelhalter ... 6,3 Nm
Kontermutter Anschluss vom Magnetschalter und vom Pluskabel (7,3 bis 9,0 Nm) ... 8 Nm
Mutter Pluskabel, Kabel vom Magnetschalter an Anlasser ... 8 Nm
Schrauben Anlasser an Motor (17,6 bis 27,1 Nm) ... 22 Nm
Schraube in Schelle Ölleitung an Anlasser (1,8 bis 2,4 Nm) ... 2 Nm
Mutter Minuskabel Batterie an Motor (6,2 bis 8,5 Nm) ... 7,5 Nm
Schrauben Batteriefach an Rahmen (10,9 bis 17,6 Nm) ... 14 Nm
Schraube Batteriehaltebügel bis Mj. 2013 (4,1 bis 6,8 Nm) ... 6 Nm
ab Mj. 2014 (8,1 bis 10,8 Nm) ... 10 Nm
Schrauben Batteriepole (6,8 bis 7,9 Nm) ... 7 Nm

Luftfilter, Kraftstoffsystem

Schrauben Deckel an Luftfilterkasten (4,1 bis 6,8 Nm) ... 5 Nm
Schrauben Luftfilter an Luftfilterkasten (4,5 bis 6,8 Nm) ... 6 Nm
■ *Neue Schrauben verwenden*
Schrauben Motorentlüftung (9,5 bis 13,6 Nm) ... 12 Nm
■ *Loctite »mittelfest« auf gereingtes Gewinde auftragen*
Schraube Gaszughalterung an Drosselklappengehäuse .. 6,8 Nm
Schrauben Drosselklappengehäuse an Ansaugkrümmer ... 4 Nm
Schrauben Ansaugkrümmer an Zylinderköpfe und Halter an Drosselklappengehäuse (10,9 bis 13,6 Nm) ... 12 Nm
Schraube Kabelhalter an Drosselklappengehäuse ... 6,8 Nm
Schraube Halter Benzinschlauch an Ansaugkrümmer ... 6,8 Nm

Rahmen

Mutter und Schraube vordere Motoraufhängung Motor in Rahmen (129 bis 142 Nm) ... 136 Nm
Schrauben hintere Stabilisatorstange an Kurbelgehäuse und Rahmen (33,9 bis 47,5 Nm) ... 41 Nm
Schrauben vordere obere Rahmenhalterung an Rahmen (33,9 bis 47,5 Nm) ... 41 Nm
Schraube vordere obere Stabilisatorstange an Motorhalterung (74,6 bis 88,2 Nm) ... 81 Nm
Schraube vordere obere Stabilisatorstange an Rahmenhalterung (33,9 bis 47,5 Nm) ... 41 Nm
Schrauben vordere untere Rahmenhalterung an Rahmen (33,9 bis 47,5 Nm) ... 41 Nm
Schraube vordere untere Stabilisatorstange an Motorhalterung (33,9 bis 47,5 Nm) ... 41 Nm
Schraube vordere untere Stabilisatorstange an Rahmenhalterung (61 bis 68 Nm) ... 65 Nm
Schraube Dämpfungselemente vorne unten an Motor und Aufhängung (33,9 bis 47,5 Nm) ... 41 Nm
Mutter auf Schraube Aufhängung der Dämpfungselemente an Rahmen (129 bis 142 Nm) ... 135 Nm
Schrauben vordere obere Motorhalterung an Zylinderkopf (74,6 bis 88,2 Nm) ... 81 Nm
Schraube Halterung an Sitzbank
bis Mj. 2015 (10,9 bis 17,6 Nm) ... 14 Nm
ab Mj. 2016 (4,5 bis 6,8 Nm) ... 6 Nm
Schraube Sitzbankbefestigung an Rahmen
bis Mj. 2015 (2,3 bis 4,5 Nm) ... 3,5 Nm
ab Mj. 2016 (1,7 bis 3,4 Nm) ... 2,5 Nm
Haltebolzen Sitzbank an Schutzblech (13,6 bis 19,0 Nm) ... 16 Nm
Schwingenlagerbolzen Motor, Schwinge an Rahmen (81,4 bis 95,0 Nm) ... 88 Nm
Schrauben Fahrer-Fußrastenhalterung (61 bis 68 Nm) ... 65 Nm
Schrauben Fahrer-Fußrastenaufnahme an Fußrastenhalterung (17,6 bis 23,0 Nm) ... 20 Nm
Schleifnippel an Fahrer-Fußraste (8,1 bis 12,2 Nm) ... 10 Nm
Schrauben Sozius-Fußrastenhalterung (61 bis 68 Nm) ... 65 Nm
Schrauben Hinterradschutzblech und Strebenabdeckung an Rahmenausleger
bis Mj. 2015 (14,9 bis 24,4 Nm) ... 20 Nm
ab Mj. 2016 (13,6 bis 19,0 Nm) ... 16 Nm
Schraube Hinterradschutzblech an Haltestrebe bei XL 1200 N, X und V, (2,3 bis 2,8 Nm) ... 2,5 Nm
Schrauben innere Schutzblechstrebe und Strebenabdeckung an Rahmenausleger bei oben montiertem Kennzeichen, außer XL 1200 C, CA und CB, (13,3 bis 19,0 Nm) ... 16 Nm
Muttern Satteltaschen an Rahmen bei XL 1200 T (32,6 bis 36,6 Nm) ... 35 Nm

Elektrik

Elektrische Bauteile

Schraube Zündschlosshalter an Rahmen (4,0 bis 5,1 Nm) .. 5 Nm
Mutter Zündschloss an Halter (8,1 bis 10,8 Nm) ... 9 Nm
Schrauben Batteriegrundplatte an Rahmen (10,9 bis 17,6 Nm) ... 14 Nm
Schrauben Batterie-Minus-und -Pluspol (6,8 bis 7,9 Nm) ... 7 Nm
ET-Sensor (»Motortemperatur-Sensor«) (13,6 bis 19,0 Nm) ... 16 Nm
CKP-Sensor (»Kurbelwellenpositions-Sensor«) bis Mj. 2015 (10,3 bis 13,6 Nm); ab Mj. 2016 (11,3 bis 13,6 Nm) ... 12 Nm
Öldruckschalter an Kurbelgehäuse
bis Mj. 2015 (5,6 bis 7,9 Nm) ... 7 Nm
ab Mj. 2016 (6,8 bis 10,2 Nm) ... 8,5 Nm
TMAP-Sensor (»Ansauglufttemperatur-« und »Ansaugluftdruck-Sensor«) ... 9 Nm
Abdeckung Motorsteuergerät ECM (3,4 bis 6,8 Nm) ... 5 Nm
Schraube Halterung Motorsteuergerät ECM
bis Mj. 2015 (8,1 bis 10,8 Nm) ... 10 Nm
ab Mj. 2016 (2,1 bis 2,7 Nm ... 2,5 Nm
Befestigungsschraube Spannungsregler
bis Mj. 2015 (4,1 bis 6,8 Nm) ... 6 Nm
ab Mj. 2016 (3,4 bis 6,8 Nm) ... 5 Nm
Befestigungsschraube IAC (»Leerlaufsteller«) ... 6,8 Nm
JSS (»Seitenständerschalter«) (10,9 bis 13,6 Nm) ... 12 Nm
VSS (»Geschwindigkeits-Sensor«) bis Mj. 2015 (10,2 bis 13,6 Nm); ab Mj. 2016 (11,3 bis 13,6 Nm) ... 12 Nm
TPS (»Drosselklappenpositions-Sensor«) ... 4 Nm
Leerlaufschalter (13,6 bis 20,3 Nm) ... 17 Nm

Beleuchtung

Scheinwerfer-Einstellung und -Befestigung bei allen außer XL 1200 N und XL 1200 T:
Schraube zur horizontalen Einstellung und Befestigung (40,7 bis 47,5 Nm) ... 44 Nm
Schraube zur vertikalen Einstellung (40,7 bis 47,5 Nm) ... 44 Nm
Horizontale und vertikale Scheinwerfereinstellung und Befestigung bei XL 1200 N und XL 1200 T:
Schellenmutter (13,6 bis 27,1 Nm) ... 21 Nm
Schrauben Scheinwerferhalterung an obere Gabelbrücke bei XL 1200 N und XL 1200 T (14 bis 22 Nm) ... 18 Nm
Schrauben Scheinwerferabdeckung an obere Gabelbrücke (14 bis 22 Nm) ... 18 Nm
Schrauben Kennzeichengehäuse an Kennzeichenhalterung
bis Mj. 2015 (1,2 bis 1,3 Nm) ... 1,3 Nm
ab Mj. 2016 (1,6 bis 1,8 Nm) ... 1,7 Nm
Schrauben Rücklichtsockel an Schutzblech (5,1 bis 5,4 Nm) ... 5,3 Nm
Schrauben LED-Rücklichtsockel an Schutzblech (4,5 bis 5,6 Nm) ... 5 Nm
Schrauben LED-Rücklicht an Sockel (2,3 bis 2,8 Nm) ... 2,5 Nm
Schrauben Rücklichtglas an Rücklicht (2,3 bis 2,7 Nm) . 2,5 Nm
Schraube Blinker an Halter vorne (10,9 bis 17,6 Nm) ... 14 Nm
Haltebolzen Blinker vorne bis Mj. 2015,

nicht bei XL 1200 X (10,8 bis 16,3 Nm) ... 14 Nm
Feststellschraube Blinker vorne an Lenkerarmatur
ab Mj. 2016, nicht bei XL 1200 X,
und XL 1200 T (10,9 bis 13,6 Nm) ... 12 Nm
Schraube in Schelle Blinker an Lenker nicht bei
XL 1200 X und XL 1200 T (10,8 bis 16,3 Nm) ... 12 Nm
Mutter Blinker an Halter vorne
bei XL 1200 T (16,3 bis 21,7 Nm) ... 20 Nm
Schraube in Blinkerhalterschelle vorne
bei XL 1200 T (4,1 bis 6,1 Nm) ... 5 Nm
Schraube Blinkerhalter an Rahmen vorne
bei XL 1200 X (16,3 bis 21,7 Nm) ... 19 Nm
Schraube Blinker an Blinkerarm vorne
bei XL 1200 X (13,6 bis 17,6 Nm) ... 16 Nm
Mutter Blinkerarm hinten bis Mj. 2015 (14,9 bis 24,4 Nm) . 20 Nm
ab Mj. 2016 (13,6 bis 19,0 Nm) ... 16 Nm
Muttern Blinkerarm und Kennzeichenhalter an
Schutzblech bei XL 1200 T (2,3 bis 2,8 Nm) ... 2,5 Nm
Mutter Kennzeichenklemme (2,3 bis 2,8 Nm) ... 2,5 Nm
Sicherungsmutter Blinkergehäuse hinten
bei XL 1200 T (7,2 bis 8,4 Nm) ... 2,5 Nm
Schraube Blinker an Halter hinten (10,9 bis 17,6 Nm) ... 14 Nm
Mutter an Rückstrahler (1,1 bis 1,7 Nm) ... 1,5 Nm

Zylinderkopf

Schrauben oberer Ventildeckel (13,5 bis 19,0 Nm) ... 16 Nm
- *Neue Dichtungen verwenden*
- *Dichtungen mit frischem Motoröl einschmieren*
- *Anziehreihenfolge 1 bis 5 in Bild 5 beachten*

Schrauben innerer Ventildeckel (Bild 6)
innen, groß 1 bis 5 in Bild 6 (24,4 bis 29,8 Nm) ... 27 Nm
innen, klein 6,7,8 in Bild 6 (15,3 bis 17,5 Nm) ... 16 Nm
innen 9, 10 in Bild 6 (15,3 bis 17,5 Nm) ... 16 Nm
- *Anziehreihenfolge 1 bis 10 in Bild 6 beachten*

Schraube Motorentlüftung an inneren
Ventildeckel (4,0 bis 6,2 Nm) ... 5 Nm
Zylinderstehbolzen (13,6 bis 27,1 Nm) ... 20 Nm
Zylinderkopfschrauben (18 bis 20 Nm) ... 19 Nm
- *Schrauben in der angegebenen Reihenfolge anziehen: kurze Schraube, kurze Schraube, lange Schraube, lange Schraube (siehe Bilder 7a und 7b)*
- *Schrauben in drei Schritten festziehen: Voranzug 13 Nm (11 bis 14 Nm), 2. Anzug auf 19 Nm (18 bis 20 Nm), dann Zylinderkopf und Bund der Zylinderkopfschrauben mit einer Linie markieren (Bild 8), jede Schraube um weitere 90 Grad (85 bis 95 Grad) anziehen*

Bild 5: Schrauben oberer Ventildeckel, Anziehreihenfolge 1 bis 5 beachten.
- *Schritt 5 nur bis Mj. 2015 durchführen*

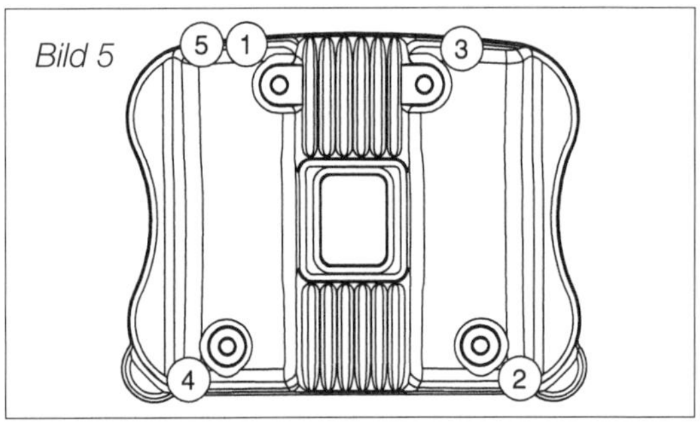

Bild 6: Schrauben innerer Ventildeckel, Anziehreihenfolge 1 bis 10 beachten.

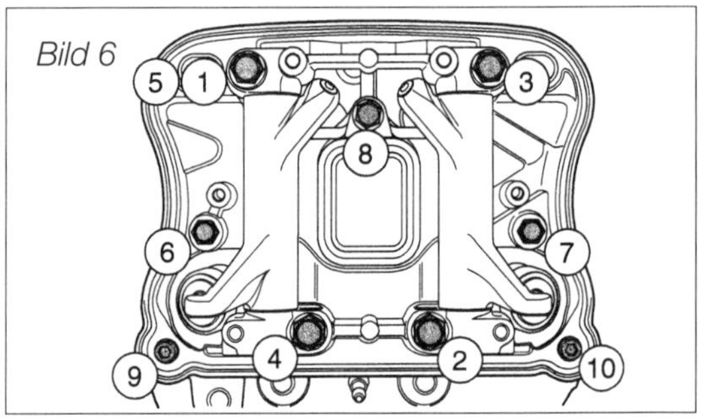

Bilder 7a und 7b: Schrauben mit Längen und Anziehreihenfolge für vorderen und hinteren Zylinder.

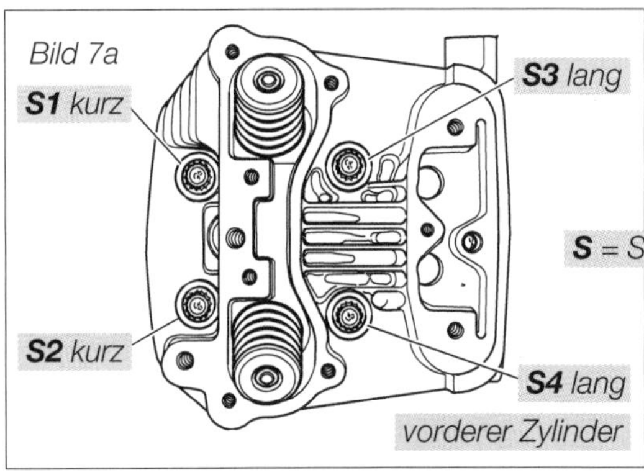

S = Schrauben

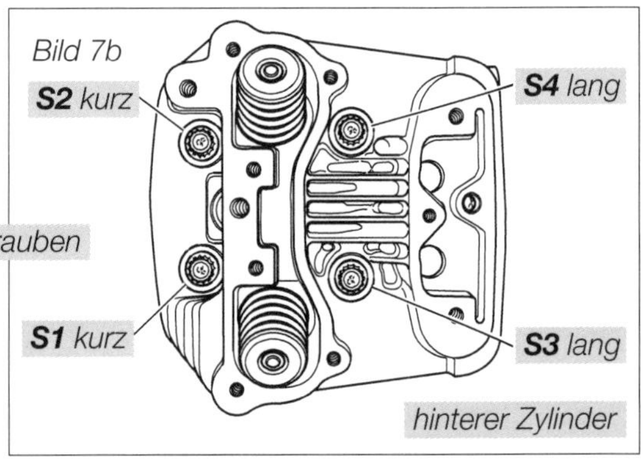

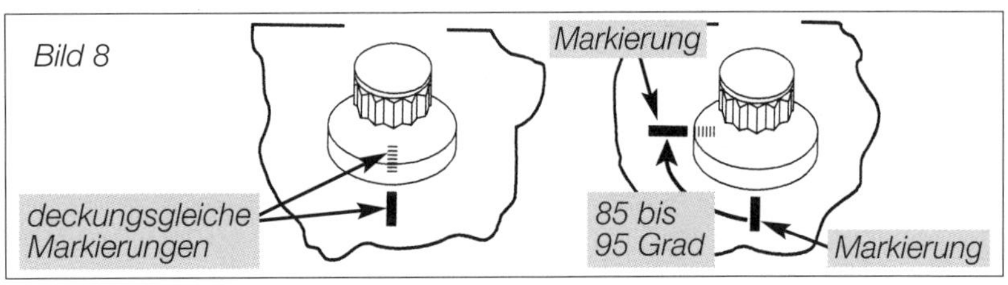

Bild 8: Anziehvorschrift der Zylinderkopfschrauben.
- *Schrauben mit Voranzug 11 bis 14 Nm.*
- *Dann auf 18 bis 20 Nm festziehen.*
- *Dann deckungsgleiche Markierungen auf Zylinderkopf und Bund der Schrauben anbringen.*
- *Dann jede Schraube um weitere 85 bis 95 Grad endgültig festziehen.*

Stichwortverzeichnis